土壤侵蚀
与关键地理要素空间分异

蔡崇法 等 著

科学出版社
北 京

内 容 简 介

本书全面总结了作者多年来在土壤侵蚀机理及环境要素耦合关系方面的研究成果。全书分为上、下篇。上篇介绍中国南方主要土壤（第四纪黏土红壤、花岗岩红壤、泥质页岩红壤、紫色土）侵蚀的机理、过程与调控，以及植物篱控制土壤侵蚀的机理。下篇介绍主要地理要素空间分异与生态效益。本书可为水土流失危害评价、侵蚀退化土壤修复、土壤保护对策制订等提供科学依据。

本书可供水土保持、土壤、生态、自然地理等领域科研人员、高等院校相关专业的师生参考。

图书在版编目（CIP）数据

土壤侵蚀与关键地理要素空间分异/蔡崇法等著. —北京：科学出版社，2022.6

ISBN 978-7-03-070022-3

Ⅰ. ①土… Ⅱ. ①蔡… Ⅲ. ①土壤侵蚀–研究 Ⅳ. ①S157

中国版本图书馆 CIP 数据核字(2021)第 207212 号

责任编辑：李秋艳 / 责任校对：彭珍珍
责任印制：吴兆东 / 封面设计：蓝正设计

科学出版社 出版
北京东黄城根北街 16 号
邮政编码: 100717
http://www.sciencep.com

北京中科印刷有限公司 印刷

科学出版社发行　各地新华书店经销

*

2022 年 6 月第 一 版　开本：787×1092 1/16
2022 年 6 月第一次印刷　印张：21 1/2
字数：500 000

定价：239.00 元

(如有印装质量问题，我社负责调换)

前　言

土壤侵蚀一直是农学、地理学、生态学的重要研究领域。土壤侵蚀驱动的生态系统失衡、土壤质量下降等问题受到各国政府和学者的关注。揭示土壤侵蚀机理、研究土壤侵蚀影响因子的定量表达方法、厘清侵蚀环境因子之间耦合机制及其时空变化规律，进而准确预测和评估土壤侵蚀危害、量化水土保持措施的效应，一直是土壤侵蚀研究重点，也是水土保持与生态环境建设的基础性科学问题。

土壤侵蚀过程及危害的空间异质性，受自然条件、环境要素和人类活动的影响，同时土壤侵蚀也影响到农业生产布局、土地利用结构、景观格局和生态系统稳定。因此，土壤侵蚀与地理要素之间存在相互制约的耦合关系，其复杂性、空间异质性强，在土壤侵蚀规律研究领域具有较大挑战，系统全面总结该领域的工作对于土壤保护具有重要的理论意义和实用价值。尤其是在我国南方湿润区，具有人类活动强、降水丰富、土壤铁铝等胶结物含量高等特点，且因植被覆盖度高，造成公众对土壤侵蚀问题的关注度低于其他地区，研究实证更为缺乏。作者一直致力于亚热带土壤侵蚀机理、过程及其影响的环境要素理论研究和防控对策实践探索。本书以作者对南方主要土壤类型的研究为实证，较为全面地总结了土壤侵蚀机理及其环境要素时空变异的相互关系，在土壤侵蚀过程精细化、定量化描述，土壤侵蚀环境要素分析及其相互影响评价方面取得了新进展，丰富了国际上高强度人为活动区土壤侵蚀机理和过程的研究，为水土流失危害评价、侵蚀退化土壤修复、土壤保护对策制订等提供了科学依据。

本书主要特点有：①从土壤学的角度直接揭示土壤侵蚀机理，是比较新颖的视角；②研究实证以我国热带、亚热带土壤为主，是对国际土壤侵蚀研究关注度低的地区重要补充；③突出介绍了环境要素对土壤侵蚀的影响与土壤侵蚀对环境要素的响应两者之间的耦合关系。全书分上、下篇，共 7 章。上篇介绍中国南方主要土壤侵蚀的机理、过程与调控，包括第 1 章，第四纪黏土红壤侵蚀，由李朝霞、闫峰陵、王军光、杨伟、马仁明、吴新亮执笔；第 2 章，花岗岩红壤侵蚀，由夏栋、魏玉杰、邓羽松执笔；第 3 章，紫色土侵蚀，由付智勇、王小燕、刘窑军执笔；第 4 章，土壤侵蚀调控，由郭忠录、程冬兵、徐勤学、叶超执笔。下篇介绍主要地理要素空间分异与生态效应，包括第 5 章，区域景观格局与土壤侵蚀响应与评价，由史志华、华丽、朱惇、陈芳执笔；第 6 章，区域土地利用变化机制与生态效应评价，由曲晨晓、王天巍、陈峰云、李璐、张瑜执笔；第 7 章，地理要素空间异质性与利用，由张明伟、朱俊林、邵亚执笔。全书由蔡崇法、李朝霞、王军光统稿；蔡崇法定稿。

本书的主要内容来自作者最近 20 多年来承担项目的研究结果，主要有国家自然科学基金重点项目“红壤团聚体稳定性及其在坡面侵蚀过程中的迁移和转化规律”（40930529）、

“花岗岩风化岩土体特征的地带性分异及崩岗形成机理”（41630858），国家自然基金面上项目“典型地带性土壤团聚体抗侵蚀稳定性及其与铁铝氧化物关系”（41471231）、“等高绿篱对浅沟流及泥沙淤积过程的影响”（40671114），国家“十一五”科技支撑计划项目第一课题“红壤水土流失阻控关键技术研究”（2009BADC6B001），国家重点基础研究发展计划（973 计划）“不同类型区土壤侵蚀过程与机理”（2007CB4070201）中专题内容“红壤、紫色土侵蚀过程与机理”、“土壤质量演变规律与持续利用”（G19990118）中专题内容“红壤侵蚀与红壤结构相互关系”，以及相关省、部及地方政府或部门委托的科研任务，也有部分成果是在合作单位的支持下完成的。

作者十分感谢国家自然科学基金委员会、科学技术部、农业农村部、水利部、中国科学院有关专家对研究工作的支持，感谢在项目立项、论文出版、成果认定、成果推广与示范等环节支持的专家和同行，感谢一直奋斗在科研一线的博士、硕士研究生对本书成果的直接贡献。

限于作者的水平，书中定有不妥之处，敬请同仁批评指正。

蔡崇法
2021 年 9 月

目　　录

上篇　土壤侵蚀机理、过程与调控

上　篇

土壤侵蚀机理、过程与调控

第1章　第四纪黏土红壤侵蚀

1.1　降雨过程中红壤表土结构变化与侵蚀特点

降雨过程中土壤微形态的变化过程，能够清楚地反映土壤结构的发育过程。土壤表面结构的一系列变化取决于外界能量和土壤结构的稳定性，土壤结构的稳定性主要取决于土壤团聚体的稳定性，受土壤母质、利用状况、土壤质地等因素的影响，因此不同母质土壤侵蚀过程中土壤结构变化互不相同，即便是同种母质的土壤，由于土壤侵蚀退化程度不同，结构变化也不尽相同。鉴于此，本章主要以第四纪黏土红壤为对象，对比泥质页岩和花岗岩两种红壤，结合室内分析和模拟降雨方法，确定降雨过程中表土结构变化和坡面侵蚀特征。

1.1.1　降雨侵蚀中土壤表面结构变化过程

供试的第四纪黏土红壤原来是林地，后来开垦成为旱地，期间经过了两年的耕作。图1-1是降雨过程中第四纪黏土红壤的表土微形态照片。第四纪黏土红壤模拟降雨3分钟时，表层团聚体开始破碎，破碎团聚体堆积在一起，形成了大量的疏松堆积孔隙，该层次厚为0.5～1mm。紧邻该层次下部的土壤被压实，形成紧实层，紧实层土壤孔隙略少，在紧实层下部土壤中可明显观测有大量的大孔隙，为原状土土壤孔隙。当降雨8分钟时，在土壤表面仍清晰可见较稳定的团聚体，这些团聚体下部的孔隙被细颗粒或微团聚体填充，形成了一层不连续的密度相对较大的紧实层，厚度约为0.2～0.5mm。图1-1（b）可以清晰地看到破碎的细颗粒进入到土壤孔隙中。降雨14分钟时，表土仍能观测到较大的团聚体，在团聚体下部见到密度明显较大、连续的紧实表皮层。降雨26分钟时，部分区域土壤表面已经不容易见到完整的团聚体，土壤表面为光滑的密实层，该层次多

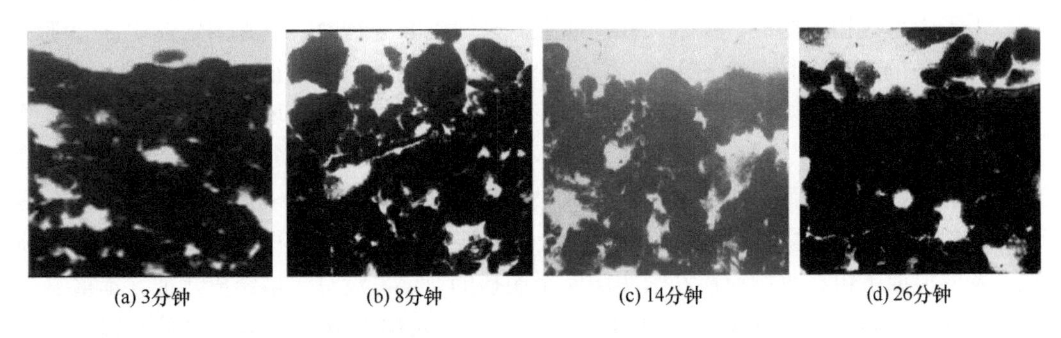

(a) 3分钟　(b) 8分钟　(c) 14分钟　(d) 26分钟

图1-1　降雨过程中第四纪黏土红壤表土微形态

以排列较紧密的微团聚体为主，厚度约为 0.2mm，表现出结皮层具有的特征。在之后的降雨过程中，表面结皮被破坏，冲蚀槽中部有细沟发育。降雨过程中由于结皮发育较弱，因此，表面结构一直处于结皮的形成与破坏的过程中。

图 1-2 是泥质页岩红壤在模拟降雨过程中表土微形态的照片。降雨初始 3 分钟，表土中团聚体已明显破碎，产生较多细粒，且细颗粒大小和形状较均一。细颗粒填充部分表面孔隙，土壤变得较为密实，但仍有一些团聚体没有破坏；在雨滴的持续打击下，降雨到 8 分钟时，坡面有薄层水流，土壤细粒被水带走向下运输，土壤表面可见一些起伏的雨滴坑，微形态上可见破碎的土壤团聚体进一步破碎分离，形成了比较均匀的 <0.05mm 细小颗粒，基本上看不到较大的团聚体，仅见少量较大的圆形密实结构体，可能是较难分散的土块，土表部分区域已形成结皮层；到降雨 14 分钟时，土表形成了厚度约为 0.5mm、形态光滑、排列紧密、连续性较好、透光性差的薄层，缺乏多级孔隙，可以认为是发育完整的结皮层；到 26 分钟时，土壤结皮进一步发育，变得更加密实，厚度增大。此后，泥质页岩红壤的表面结构的变化都不很明显，由于泥质页岩含有较大石块，降雨过后，表面粗骨化现象明显，往往是石块与结皮层相伴生形成紧实表土。泥质页岩红壤在供试的土壤中团聚体稳定性比较差，土壤质地比较均匀，黏粒含量不高。中等质地的土壤在降雨过程中表面结构容易受到破坏形成结皮（Bradford et al.，1987），在本章中泥质页岩红壤正是这种情况。

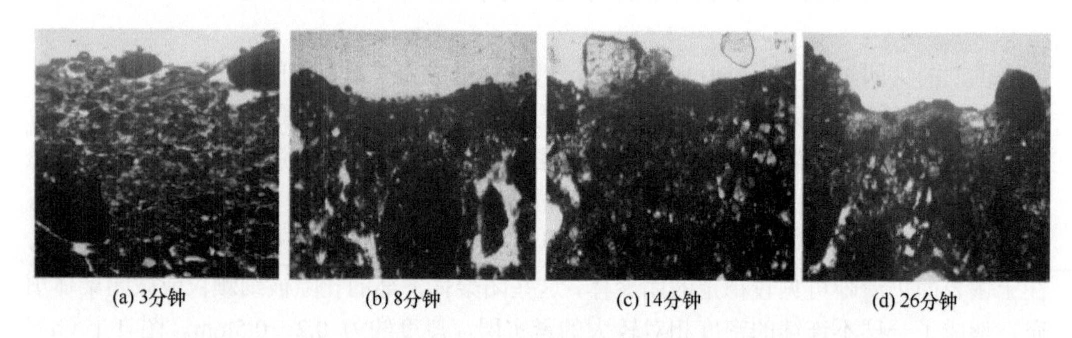

(a) 3分钟　(b) 8分钟　(c) 14分钟　(d) 26分钟

图 1-2　泥质页岩红壤在模拟降雨过程中表土微形态

图 1-3 是降雨过程中花岗岩红壤表土微形态图片。由图知：降雨到 3 分钟时，花岗岩红壤土表可见较多团聚体，结构比较松散，排列较疏松，团聚体中粗细颗粒结合不紧密，由于土壤结构较松散，土壤大孔隙明显。降雨到 8 分钟时，表土团聚体中部分细粒物质与较大的石英颗粒分离，土表结构疏松，未发现明显结皮特征。降雨到 21 分钟时，有大量细粒物质与粗颗粒分离，粗颗粒在表面的分布明显多，土壤压实现象明显，这显然是细粒被向下坡冲失或向土表层下部淋入造成的。降雨到 30 分钟时，土壤表层覆盖着大量的粗石英砂，而土表下的石英颗粒被细粒物质包围形成 0～0.5mm 紧实层，土壤表面粗化现象明显。降雨到 39 分钟时，土壤表层覆盖石英砂面积增大，几乎无细小颗粒，表层形成了粗石英颗粒层和紧实层两个明显的亚层，没有土壤结皮特征。本章中花岗岩红壤在降雨过程中主要经历了团聚体破坏、紧实层形成和沙砾化相对增加几个阶

段，未有明显结皮产生，这与在野外小区的模拟降雨试验有一定的差别（蔡崇法等，1994），可能与土壤的个体差异有关。

图 1-3　降雨过程中花岗岩红壤表土微形态

1.1.2　表土结构变化与降雨侵蚀过程

供试土样的编号、母质、利用状况、类型等基本情况如表 1-1 所示。

表 1-1　供试土样基本情况

土样编号	母质	利用状况	土壤层次	采样地点	侵蚀程度	类型
HS	泥质页岩	旱地	A 层	低丘下坡	轻度	面蚀
HQ1	第四纪黏土	旱地	A 层	低丘顶部	轻度	面蚀
HQ2	第四纪黏土	林改旱地	A 层	低丘中下坡	轻度	面蚀
HQ3	第四纪黏土	杂草荒地	B 层	低丘下坡	中度	面蚀
HQ4	第四纪黏土	裸地	BC 层	低丘下坡	强度	面蚀
TG1	花岗岩	旱地	A 层	低丘下坡	轻度	面蚀
TG2	花岗岩	杂草荒地	B 层	低丘中下坡	中度	面蚀和沟蚀
TG3	花岗岩	裸地	BC 层	低丘顶部	强度	面蚀和沟蚀

图 1-4 是盖网处理和不盖网处理在模拟降雨过程中的产流量，由该图可知，所有土壤不盖网处理的产流量均比盖网的高，盖网处理产流量减少了 5%～30%。不同土壤在相同处理条件下的侵蚀产流量也有较大差异，其中 HS 盖网和不盖网处理径流量在所有供试土壤中均是最高的。

图 1-5 是不同处理产沙量比较，产沙量大小及变化幅度较径流量大。盖网处理消除雨滴动能后，侵蚀产沙量减少了 27%～76%。对于不同的土壤，同种处理条件下侵蚀产沙量之间有较大的差异。第四纪黏土红壤的侵蚀量除 HQ1 较高外，其他几个土壤较低；

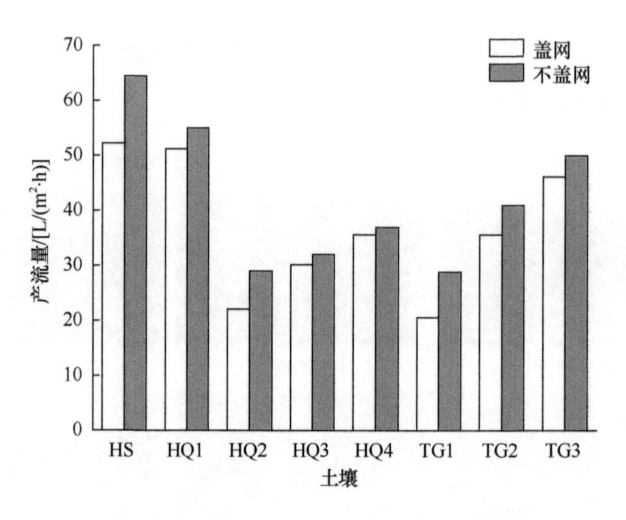

图 1-4　不同处理产流量比较

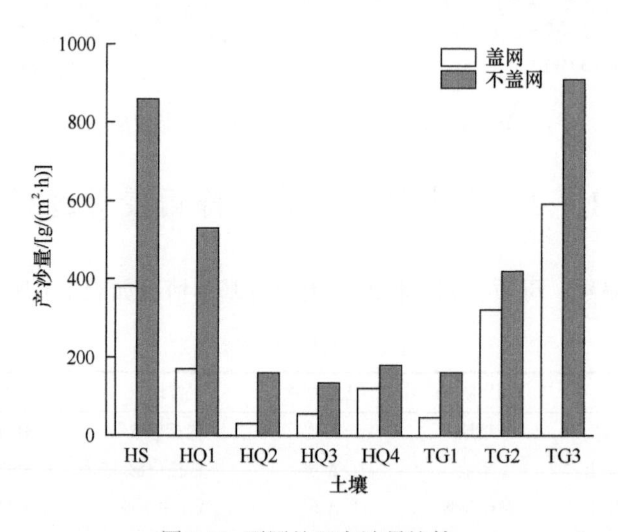

图 1-5　不同处理产沙量比较

花岗岩红壤在 TG2 和 TG3 两种处理下产沙量都最高，且产沙量随侵蚀程度的加剧而增大，这是由于 TG2 和 TG3 中砾石和粗沙含量较高，土壤结构较差，湿筛法测定结果受到砾石的严重影响，平均重量直径偏高，而在侵蚀过程中，附着在砾石上的细颗粒易被分散搬运，因此产沙量也较高。

图 1-6 和图 1-7 分别反映了不同处理产流速率和产沙速率的变化过程，由图可知，产流历时相同，同一土样盖网处理侵蚀产流率比不盖网处理低，该现象在产流率基本稳定后尤为明显。从产流到稳流这个阶段，盖网处理所用的时间要大于不盖网处理所用时间；而产沙率曲线的变化在不盖网处理与盖网处理下比较复杂，起伏变化较大，且不同土壤产沙率随产流历时变化不同。总的来说，降雨初期一般因为土壤表面土粒松散，易被溅散和搬运，产沙率很快出现高峰，但是由于土壤性质的不同，峰值的大小和是否突出有明显差异。产流中后期，由于坡面侵蚀形式和侵蚀形态出现分异，产沙率的变化也有较大不同。

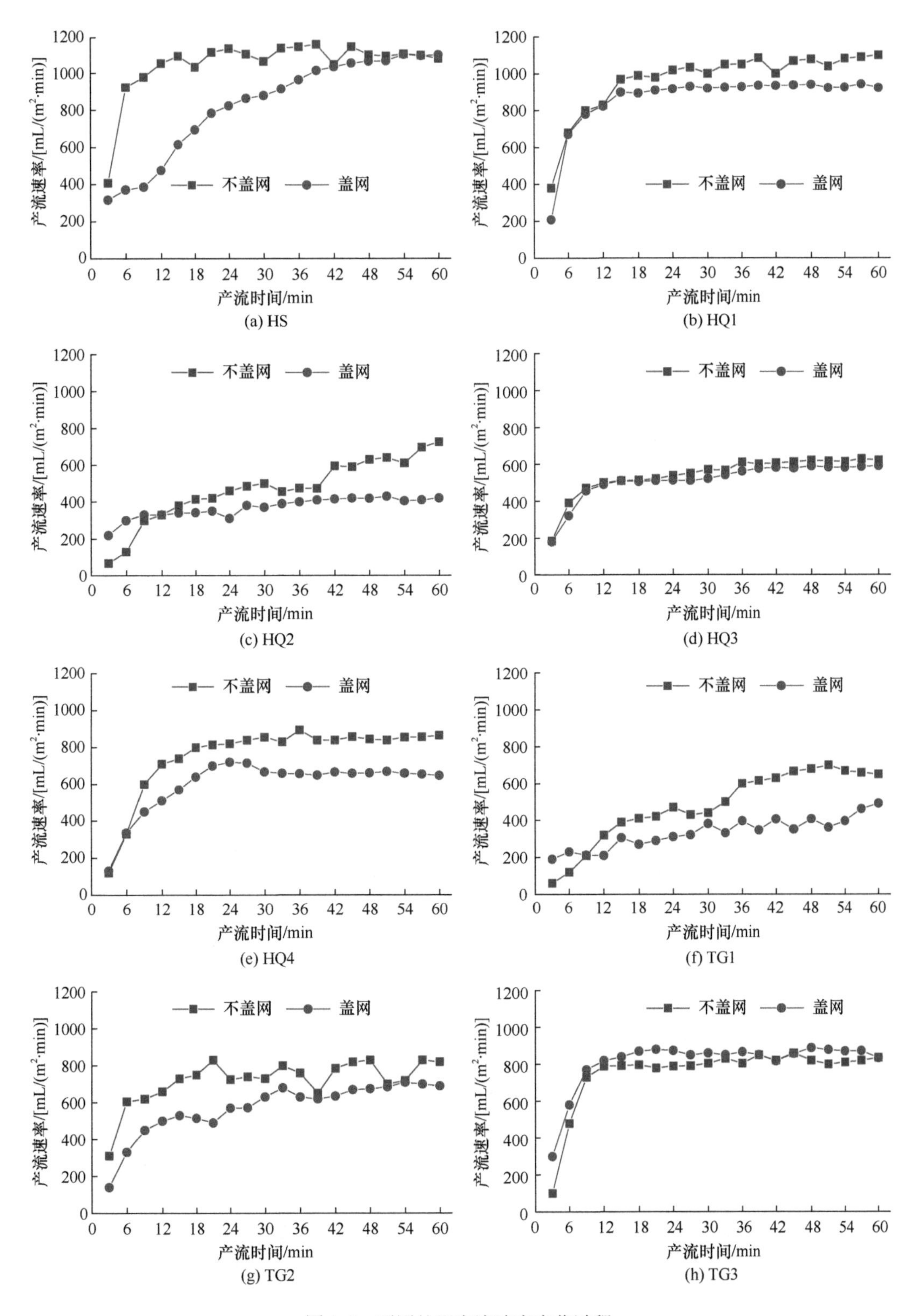

图 1-6　不同处理产流速率变化过程

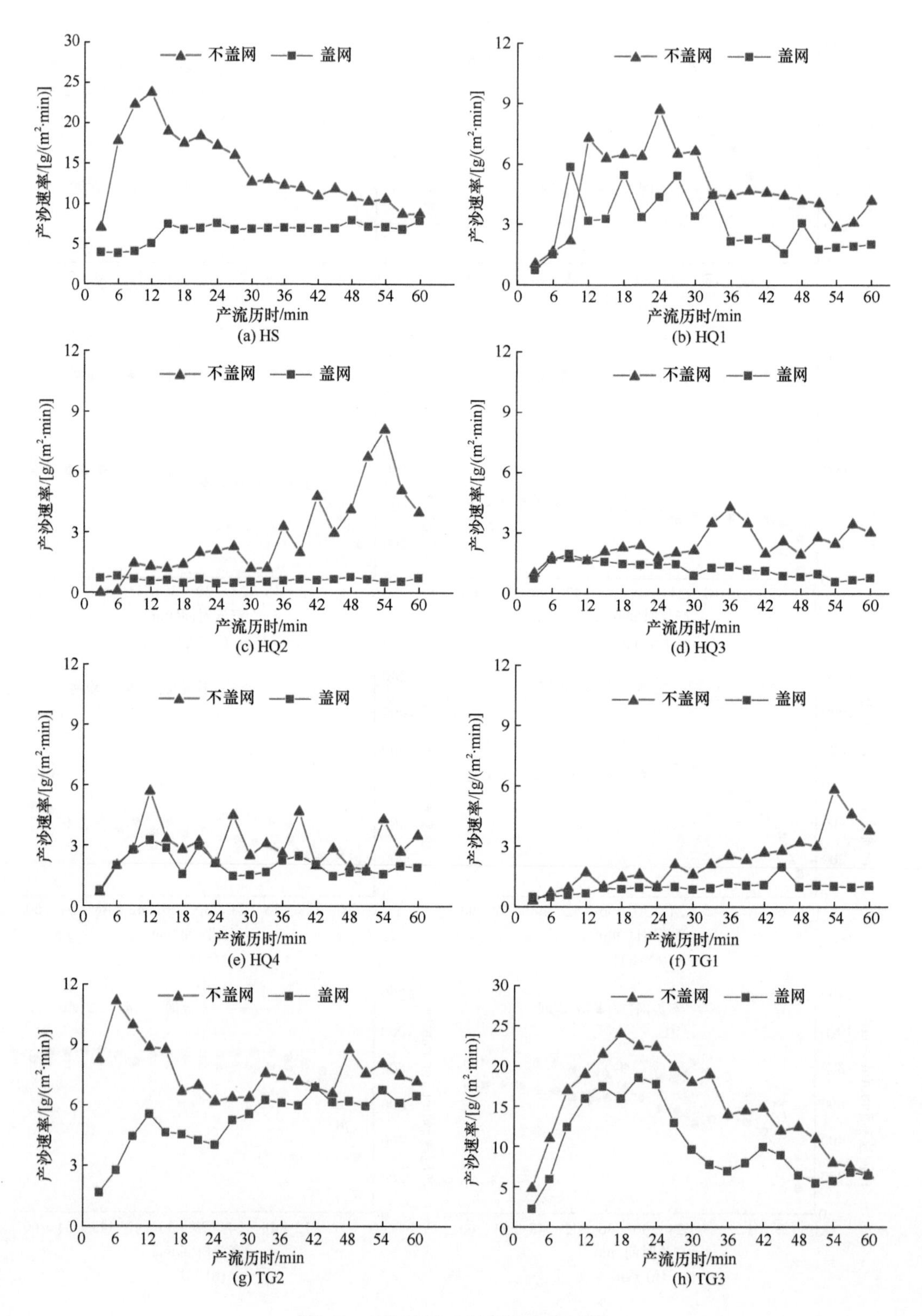

图 1-7　不同处理产沙速率变化过程

1.1.3　红壤坡面侵蚀泥沙特征

目前的研究较注重测定侵蚀过程中单位面积、单位时间的侵蚀产沙量，对侵蚀过程中泥沙颗粒分布没有给予足够重视。侵蚀过程中泥沙的颗粒分布状况与土壤团聚体的破碎情况和侵蚀能量密切相关，可以反映土壤表面结构变化、径流携带搬运能力以及径流选择性搬运特性。许多泥沙输移模型都考虑了侵蚀中泥沙的颗粒特性和动态变化（Rhoton，2003）。

表 1-2 是盖网和不盖网处理侵蚀泥沙的平均重量直径（mean weight diameter，MWD）。不同处理对侵蚀泥沙颗粒特征的影响可以通过比较盖网泥沙和不盖网泥沙的 MWD 得出：供试土壤不盖网泥沙的 MWD 比盖网泥沙的 MWD 有不同程度的增大。不同土壤的泥沙颗粒分布状况也有较大差异。

表 1-2　不同处理侵蚀泥沙的平均重量直径　　（单位：mm）

处理	土样							
	HS	HQ1	HQ2	HQ3	HQ4	TG1	TG2	TG3
盖网	0.10	0.21	0.07	0.15	0.23	0.14	0.14	0.23
不盖网	0.11	0.31	0.36	0.34	0.39	0.16	0.19	0.24

泥质页岩红壤泥沙颗粒较细，两种处理的 MWD 差别较小，只有 0.11mm（不盖网）和 0.10mm（盖网）。第四纪黏土红壤不盖网处理泥沙的 MWD 最高。盖网处理的泥沙颗粒分布差异较大，MWD 分布在 0.07～0.23mm 之间。花岗岩红壤 TG2 和 TG3 泥沙 MWD 较接近，TG3 的泥沙中粗颗粒略高，但同一土壤两种处理泥沙的 MWD 差异较小。

泥沙运移依赖于其自身的颗粒大小。侵蚀过程中，细颗粒泥沙与粗颗粒泥沙相比，可以搬运较长的距离。团聚体稳定性较高的土壤产沙量较低，但是粗颗粒泥沙的比例却较高。这可能是由于土壤中含有较多的黏粒和铁铝氧化物，降雨过程中，雨滴打击和径流搬运破坏的能量不能打碎这些稳定的团聚体，因此，泥沙中粗颗粒含量较高，泥沙的 MWD 较高；泥质页岩和花岗岩红壤虽然土壤中有很多砾石和石块，但是质量和密度都较大的砾石难以搬运，因此泥沙的 MWD 较小。

对泥沙的样品分析表明，不同的泥沙颗粒分布范围较广。表 1-3 列出了 8 种土壤盖纱网和不盖纱网处理的泥沙大小分布。表 1-4 列出了不盖网时 3 种泥沙的颗粒组分分散后单粒的大小分布。

大部分土壤的不盖网处理泥沙中>0.02mm 的泥沙含量都高于盖网处理，这表明当溅蚀参与到侵蚀过程中，土壤侵蚀泥沙的颗粒比仅由薄层水流引起的冲蚀作用产生的泥沙的颗粒粗一些，且两个处理中 0.002～0.02mm 粒径泥沙的百分含量很高，最高可以达到 60.33%（HS，不盖网）。

表 1-3　8 种土壤不同处理的泥沙大小分布　　（单位：%）

颗粒/mm	HS					HQ1				
	不盖网泥沙	盖网泥沙	分散土壤	不盖网分散	盖网分散	不盖网泥沙	盖网泥沙	分散土壤	不盖网分散	盖网分散
1～2	4.11	2.73	6.17	0.85	0.33	4.44	3.94	0.92	1.45	1.15
0.5～1	2.39	1.96	4.31	1.80	1.25	21.24	11.49	0.76	0.55	0.38
0.25～0.5	1.05	0.94	2.56	1.38	0.76	19.20	12.21	0.81	0.80	0.44
0.05～0.25	1.13	19.16	6.07	4.56	2.73	6.58	4.58	1.94	7.45	5.08
0.02～0.05	9.14	14.88	19.90	6.87	10.74	8.77	8.96	10.85	8.80	10.04
0.002～0.02	60.33	44.68	37.27	57.13	50.74	31.34	42.30	49.67	58.03	55.60
<0.002	21.85	15.65	23.73	27.40	33.45	8.43	16.52	35.07	22.92	27.32

颗粒/mm	HQ2					HQ3				
	不盖网泥沙	盖网泥沙	分散土壤	不盖网分散	盖网分散	不盖网泥沙	盖网泥沙	分散土壤	不盖网分散	盖网分散
1～2	3.59	0.00	0.35	0.26	0.00	7.89	3.56	0.19	0.37	0.25
0.5～1	27.87	0.00	0.52	0.54	0.00	17.76	6.61	0.30	0.10	0.28
0.25～0.5	19.77	10.61	0.61	0.52	0.39	19.40	6.84	0.30	0.30	0.42
0.05～0.25	9.22	14.36	1.14	2.36	1.75	5.51	6.17	1.01	1.43	1.27
0.02～0.05	6.80	12.44	6.95	6.76	8.95	10.54	12.01	1.98	1.84	1.99
0.002～0.02	26.68	38.07	46.37	59.96	57.48	32.58	55.02	46.48	48.37	50.09
<0.002	6.07	24.52	44.06	29.59	31.43	6.37	12.65	49.74	46.48	45.69

颗粒/mm	HQ4					TG1				
	不盖网泥沙	盖网泥沙	分散土壤	不盖网分散	盖网分散	不盖网泥沙	盖网泥沙	分散土壤	不盖网分散	盖网分散
1～2	10.46	5.21	1.03	1.98	1.37	2.84	1.49	26.94	0.66	0.27
0.5～1	19.60	16.75	1.16	1.29	1.46	9.95	9.82	9.12	4.65	1.38
0.25～0.5	18.40	11.59	1.31	0.87	1.31	6.74	5.60	6.80	4.25	1.76
0.05～0.25	6.68	4.79	1.57	2.4	1.26	9.91	9.26	11.52	0.32	2.18
0.02～0.05	7.95	5.67	5.64	5.49	5.78	5.72	8.02	8.33	0.88	2.49
0.002～0.02	34.61	48.85	30.69	32.43	35.54	40.02	44.62	11.43	33.12	35.84
<0.002	2.30	7.15	58.59	55.54	53.28	24.82	21.19	25.87	56.13	56.08

颗粒/mm	TG2					TG3				
	不盖网泥沙	盖网泥沙	分散土壤	不盖网分散	盖网分散	不盖网泥沙	盖网泥沙	分散土壤	不盖网分散	盖网分散
1～2	4.56	3.02	31.72	2.96	0.70	2.79	2.70	10.27	2.40	1.32
0.5～1	8.09	5.75	7.43	6.29	1.95	17.23	15.53	17.92	13.09	8.94
0.25～0.5	10.56	7.54	8.70	5.15	3.01	13.39	10.90	11.23	7.01	10.24
0.05～0.25	13.31	11.21	18.16	12.95	9.61	14.17	13.10	24.75	16.02	11.93
0.02～0.05	11.39	13.15	7.90	4.25	10.09	10.30	9.63	7.04	5.33	8.27
0.002～0.02	50.94	58.01	18.15	47.38	51.71	41.08	46.95	20.55	39.65	41.37
<0.002	1.15	1.32	7.93	21.02	22.92	1.04	1.19	8.24	16.49	17.93

表 1-4　不盖网处理 3 种泥沙的颗粒组分分散后单粒的大小分布（单位：%）

原始颗粒/mm	HS			HQ1			HQ2			HQ3		
	>0.25	0.05～0.25	<0.05	>0.25	0.05～0.25	<0.05	>0.25	0.05～0.25	<0.05	>0.25	0.05～0.25	<0.05
泥沙	7.55	1.13	91.32	44.88	6.58	48.54	51.23	9.22	39.55	26.34	6.17	67.49
1～2	6.68			6.90			0.13			0.28		
0.5～1	11.07			0.88			1.08			0.97		
0.25～0.5	17.40			1.22			0.80			0.9		
0.05～0.25	17.30	37.38		2.59	14.61		1.30	3.99		2.01	2.47	
0.02～0.05	1.54	18.74	2.46	12.57	15.90	9.82	20.45	0.24	16.44	17.38	2.30	10.47
0.002～0.02	27.22	23.69	50.12	48.72	60.10	67.66	56.20	63.63	59.52	40.14	53.29	65.23
<0.002	18.79	20.20	47.42	27.11	9.38	22.52	20.05	32.14	24.04	38.32	41.49	24.30

原始颗粒/mm	HQ4			TG1			TG2			TG3		
	>0.25	0.05～0.25	<0.05	>0.25	0.05～0.25	<0.05	>0.25	0.05～0.25	<0.05	>0.25	0.05～0.25	<0.05
泥沙	48.46	6.68	44.86	19.53	9.91	70.56	23.21	13.31	63.48	33.41	14.17	52.42
1～2	0.90			1.65			20.67			4.16		
0.5～1	0.57			4.10			23.94			13.36		
0.25～0.5	1.25	4.72		3.29			17.62			8.26		
0.05～0.25	1.68	1.24		43.92	26.90		30.86	41.08		65.89	66.20	
0.02～0.05	16.46	2.99	12.75	4.73	19.18	16.93	1.81	33.41	9.93	5.68	18.76	3.43
0.002～0.02	45.25	58.31	59.58	15.26	21.80	21.67	2.57	17.51	66.33	2.46	10.79	69.24
<0.002	35.14	32.74	27.67	27.05	32.12	61.40	2.54	8.01	23.73	0.20	4.26	27.33

注：泥沙粒径单位为 mm

这两个现象是雨滴溅蚀作用和径流选择性搬运共同作用的结果。不盖网处理反映了雨滴打击分散搬运（溅蚀）和薄层水流的搬运（冲蚀）动态结合的过程。溅蚀产生的泥沙粒径远远大于冲蚀产生的泥沙粒径，但是总泥沙的粒径分布还是取决于侵蚀过程中占主要地位的侵蚀方式（Wan and EI-Swaify，1998）。单纯的薄层水流冲蚀由于其侵蚀力有限，不能携带较大粒径的颗粒或者较大粒径的泥沙在搬运过程中沉积，都会导致盖网处理中大粒径泥沙的含量较低。

比较不盖网泥沙、盖网泥沙与土壤原始颗粒，结果表明：如果将泥沙按照<0.002mm、0.002～0.02mm、0.02～2mm 这样三个级别来划分的话，泥质页岩红壤和花岗岩红壤泥沙中 0.002～0.02mm 和<0.002mm 的泥沙颗粒百分含量远远大于对应粒径的土壤原始颗粒的百分含量，只有第四纪黏土红壤泥沙中粉粒级和黏粒级颗粒比土壤原始颗粒少。这表明，泥质页岩红壤和花岗岩红壤泥沙比土壤原始颗粒要细，而第四纪黏土红壤的泥沙比原始颗粒粗。

分散后泥沙的原始颗粒组成与土壤中原始颗粒组成不太一致，该结果与 Meyer 等（1992）的研究结果不同。本章中泥沙分散后，细颗粒的含量普遍增高，尤其是泥质页岩红壤和花岗岩红壤，粉粒含量都有明显的增加，砂粒含量明显减少。Meyer 等（1992）针对耕作土壤，土壤质地由轻到重，分布较广，但是他研究的土壤中粗砂及砾石的含量远远低于本章中供试土壤的粗砂和砾石含量。在径流侵蚀力有限的情况下，土壤中的粗砂和砾石成分不容易进入到径流中形成泥沙，同时，即便是进入到径流中，在搬运过程中也很容易沉降下来，因此，泥质页岩红壤和花岗岩红壤泥沙中细颗粒含量较高。对于黏粒含量较高的第四纪黏土红壤，其土壤中砂粒本来就很低，泥沙中更多的是团聚体，因此，泥沙分散后原始颗粒的分布与侵蚀土壤原始颗粒分布较接近。

表 1-4 是将侵蚀泥沙收集后分为<0.05mm、0.05～0.25mm、>0.25mm 这三个级别，然后进行化学分散，得到这三个级别泥沙的原始颗粒分布状况。通过对不同粒级泥沙的分散，可以有助于了解泥沙中原始颗粒的团聚情况。第四纪黏土红壤泥沙中>0.25mm 颗粒含量相当高，但是经过化学分散后，其原始颗粒大部分是<0.25mm 的单粒，>0.25mm 的单粒不到 10%，这表明第四纪黏土红壤侵蚀泥沙中>0.25mm 的部分绝大多数是团聚体，而且由于分散颗粒中砂粒含量也较低，这些团聚体多是由黏粒和粉粒经过多级团聚形成的团聚体。同样分析可知泥质页岩红壤和花岗岩红壤泥沙中单粒的含量远远高于第四纪黏土红壤，HS 和 TG1 分散后单粒集中在 0.05～0.25mm 的较粗粒级。这表明在这两种土壤这一粒级的侵蚀泥沙多是由较粗砂粒经过简单团聚形成的。TG2 和 TG3 分散后 90%以上的颗粒是砂粒，这表明该粒级泥沙多数是单粒成分。泥质页岩红壤 90%以上是<0.05mm 的细颗粒，且这 90%的泥沙中，黏粒和粉粒占了 98%。

由侵蚀泥沙的粒径分布以及泥沙分散后原始颗粒的分布状况可以知道，侵蚀泥沙和土壤质地之间存在密切关系，因此，我们将盖网处理侵蚀泥沙的 MWD 和不盖网处理泥沙的 MWD，分别与土壤中的黏粒含量做了相关分析，统计结果表明，不盖网处理侵蚀泥沙的 MWD 与土壤黏粒含量呈显著线性正相关（图 1-8）；盖网处理泥沙的 MWD 与土壤黏粒含量之间无明显关系。这可能是侵蚀能量较大时（如不盖网），土壤中较稳定的团聚体被分散破碎形成泥沙。由此可知，黏粒不仅是保持团聚体稳定性的主要成分，而且是保持泥沙结构稳定的主要成分。

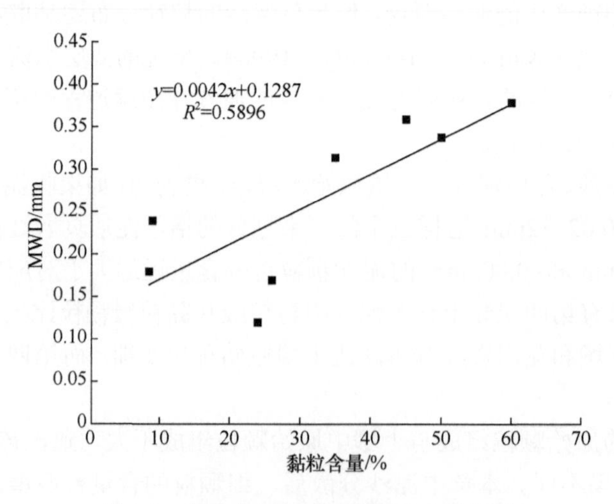

图 1-8　黏粒含量与泥沙粒径分布的关系

在雨滴动能的作用下，坡面土壤侵蚀过程中各时段泥沙颗粒组成呈现不同变化规律

（图 1-9）。盖网和不盖网处理，在产流初期，泥沙的 MWD 均较低，在 0～6 分钟产流时段，除 HQ2 外，其他所有侵蚀泥沙中 0.002～0.02mm 的泥沙的百分含量均达到 50%以上。随着径流的发展和冲刷力的增加，侵蚀泥沙中>0.02mm 的粗颗粒的含量逐渐增加，0.002～0.02mm 泥沙含量逐渐下降，<0.002mm 泥沙含量基本上保持不变，侵蚀泥沙的 MWD 呈逐渐上升趋势，并最终趋于稳定。泥沙中 0.002～0.02mm 含量逐渐减少，始终比其他粒径的泥沙含量高，HQ4 的 MWD 和曲线在所有土壤中上升幅度最大，一方面是由于土壤团聚体稳定性较高，不易分散成细颗粒，因此，径流携带的粗颗粒较多；另一方面是由于 HQ4 产流率也很大，尤其是产流中后期，径流挟沙能力较强，因此，大颗粒泥沙较多。

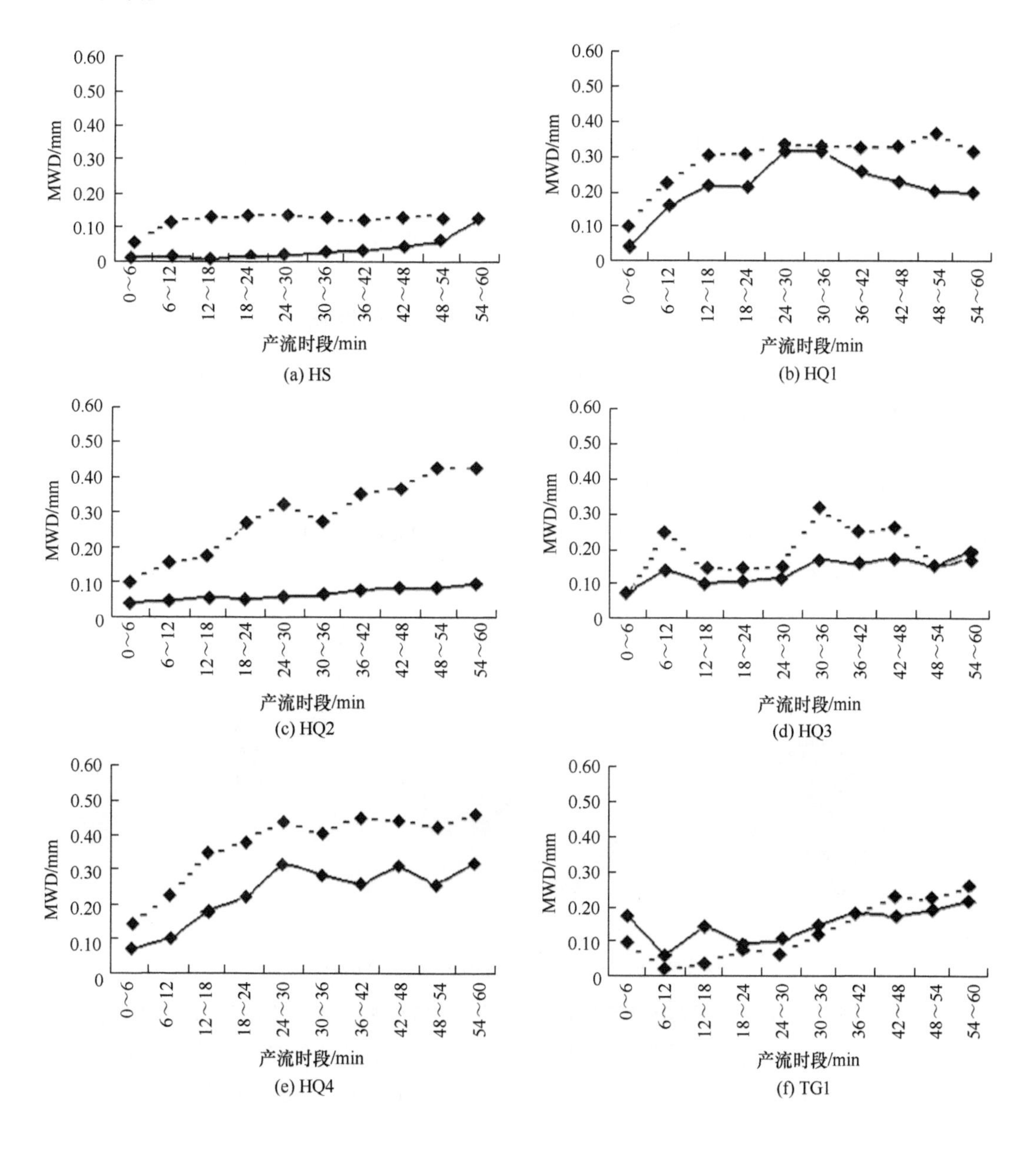

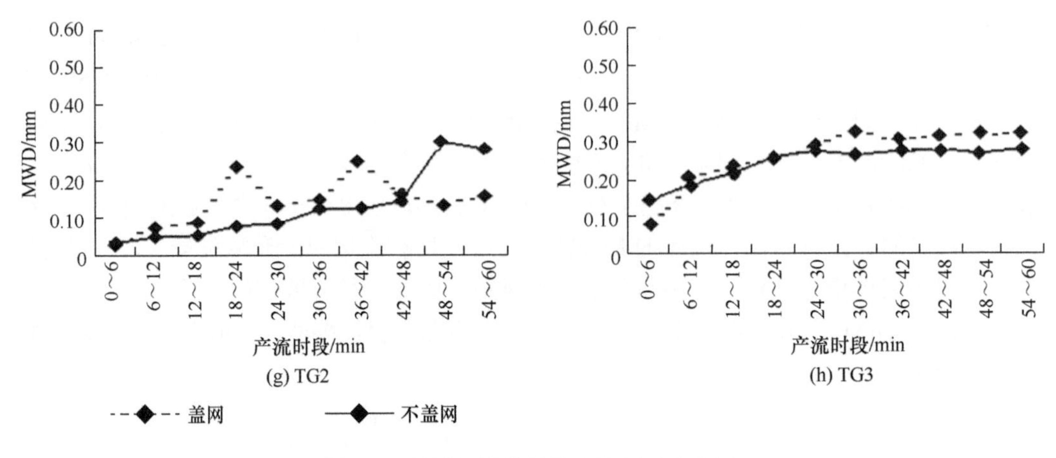

图 1-9 侵蚀泥沙粒径随产流历时变化图

1.2 降雨过程中红壤团聚体破碎特征及其微形态结构

1.2.1 降雨过程中团聚体破碎特征及其对溅蚀的影响

1. 不同前期含水率下团聚体破碎特征及其对溅蚀的影响

将 50g 团聚体置于吸力为 0.3kPa 的湿滤纸上进行慢速湿润，随后将团聚体转移至直径为 15cm、高 1cm、孔径为 0.25mm 已知质量的筛盘上均匀铺平，置于 20℃无风条件下的百分率天平上，通过静置，达到质量含水率为 3%、5%、10%、15%和 20%。

团聚体动态破碎的观测在自行设计的溅蚀盘内，该溅蚀盘是根据摩根（Morgan）溅蚀盘和勒古（Legout）溅蚀盘（Legout et al.，2005a，2005b）原理进行改造的，其结构如图 1-10 所示。

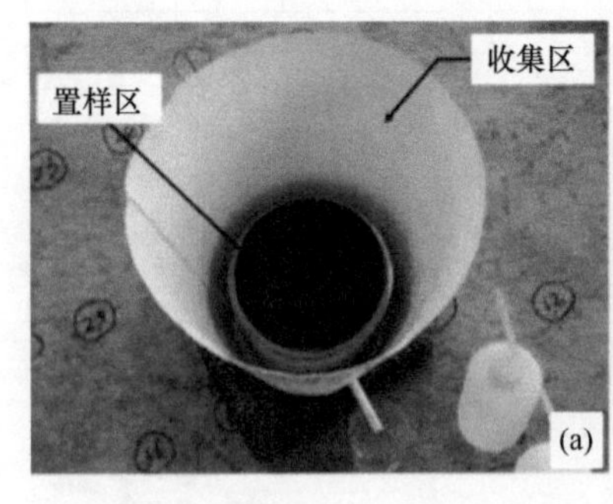

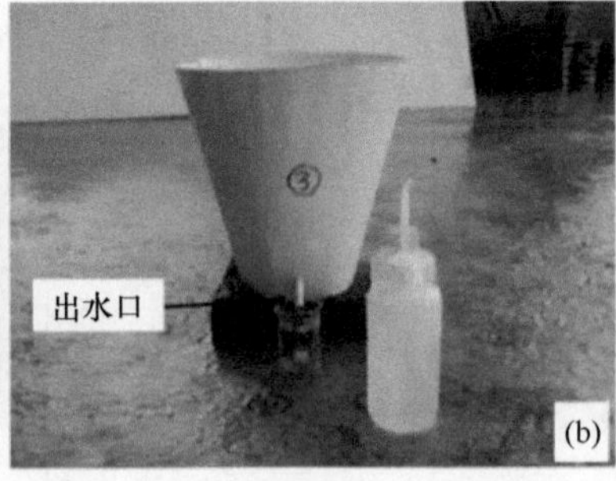

图 1-10 溅蚀盘装置图

（a）图和（b）图为溅蚀盘装置；（c）图为湿筛分级操作

雨强控制在 60mm/h。降雨时间根据预试验设定为 45 分钟。降雨过程中用洗瓶随时冲洗溅在外环收集区的团聚体颗粒，以防止雨滴二次打击造成的破碎。将收集到的溅蚀颗粒湿筛分级，即将团聚体颗粒洗入套筛（0.25mm、0.5mm、1mm 和 2mm）中，轻轻振荡 10 次，小于 0.25mm 团聚体用荷兰 Eyetech 激光粒度仪测定粒径分布。将湿筛分级后的团聚体颗粒烘干并称量（精确到 0.01g）。每个土样设置 3 个重复，共 60 场降雨。

不同前期含水率条件下团聚体溅蚀特征：供试土样溅蚀量随着前期含水率的升高逐渐减小（图 1-11）。泥质页岩发育 2 个红壤（SX1、SX3）溅蚀量在含水率为 20%时达到最小，而第四纪黏土发育 2 个红壤（QX4、QX2）溅蚀量呈现先减小后增大的趋势，即在含水率为 15%时最小，当含水率升高到 20%时，土样 QX4 溅蚀量显著增加，土样 QX2 增加不显著。对于相同前期含水率而言，除含水率在 15%外，土样 SX1 和 QX4 土样溅蚀量均显著高于土样 SX3 和 QX2。

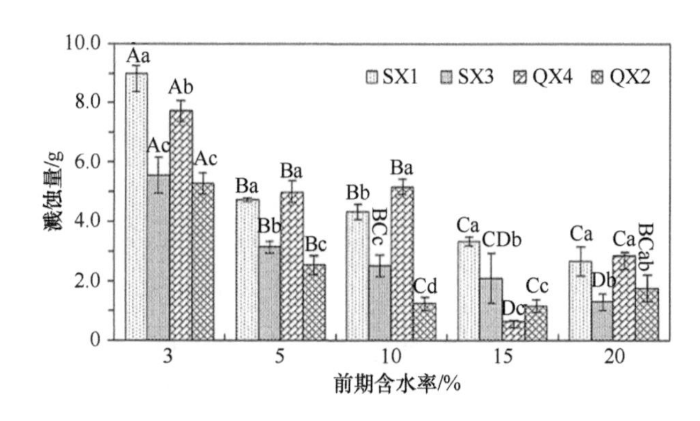

图 1-11 不同前期含水率条件下供试土样溅蚀量分布

不同大写字母表示相同土样在不同含水率条件下溅蚀量达到 $P<0.05$ 显著性差异；
不同小写字母表示相同含水率条件下土样之间溅蚀量达到 $P<0.05$ 显著性差异

溅蚀量的大小只能反映溅蚀为径流搬运提供“物质量”的多少，而不能体现出溅蚀过程团聚体分离及输移能力。通过对收集到的溅蚀颗粒粒径分析，更能有效地阐明团聚体在不同前期含水率条件下的降雨溅蚀特征。图 1-12 表明，土样 SX1 和 QX4，溅蚀颗粒分布主要呈单峰曲线分布，除含水率为 20%时<0.05mm 外，溅蚀颗粒粒径主要分布在 0.25～1.0mm 范围内，其中含水率在 3%～10%范围内峰值分布尤为明显；而土样 SX3 和 QX2，溅蚀颗粒分布主要呈双峰曲线分布，溅蚀颗粒粒径主要分布在 0.5～1mm 和 <0.05mm 范围内，并且<0.05mm 峰值明显高于 0.5～1mm 峰值。随着前期含水率的升高，4 个土样溅蚀颗粒粒径分布均显示出由大粒径颗粒逐渐向小粒径颗粒过渡的趋势。

2. 雨滴打击作用下团聚体破碎特征及其对溅蚀的影响

土样制备：筛选 50g、2～5mm 的团聚体，均匀地铺在溅蚀盘后，在酒精中浸泡 10 分钟，以消除消散作用的影响（Le Bissonnais，1996）。

模拟降雨：雨强控制在 60mm/h。第一场降雨持续时间为 3 分钟，以后每场降雨比前一场依次延长 3 分钟，直到第 21 分钟后每场降雨比前一场依次延长 5 分钟，到第 61 分钟时降雨结束，降雨结束后更换溅蚀盘内的团聚体，每个土样共 15 场降雨。被雨滴分散后的团聚体利用湿筛分级，并将湿筛分级后的团聚体烘干称重（精确至 0.01g）。每个土样设置 3 个重复，共计 180 场降雨。

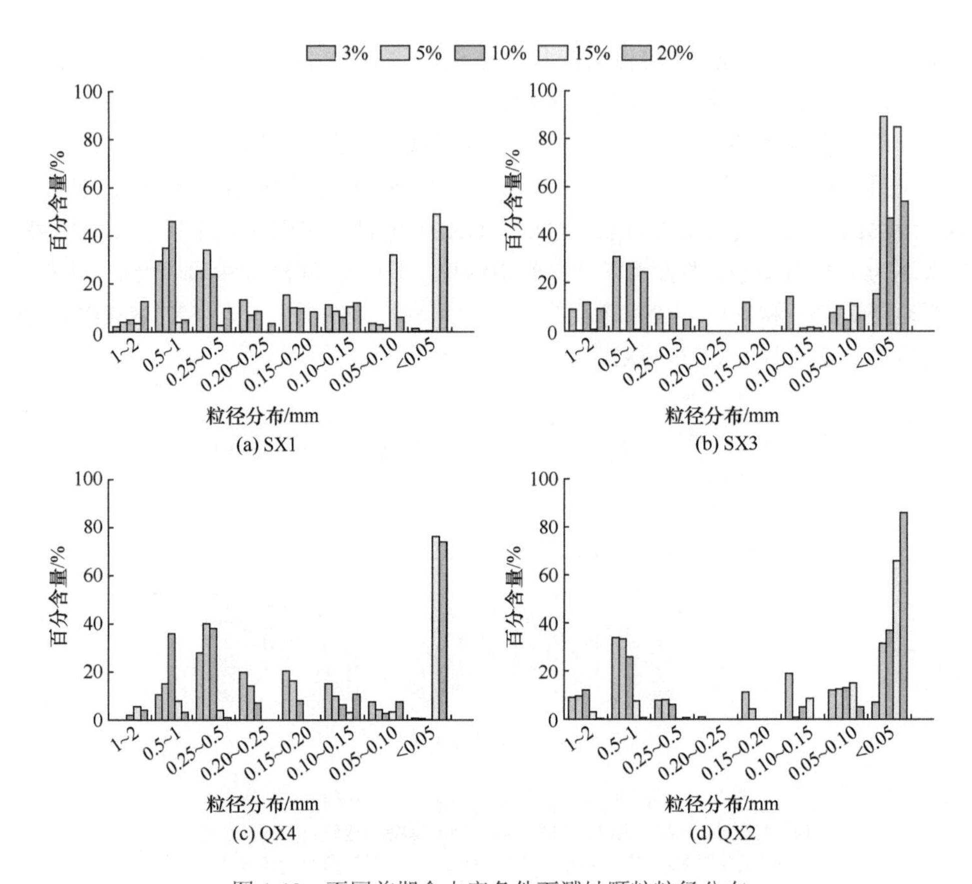

图 1-12　不同前期含水率条件下溅蚀颗粒粒径分布

Erfect 和 Kay（1995）研究发现土壤颗粒和团聚体颗粒分布表现出明显的分形特征，因此，本章采用分形维数（*D*）来表征团聚体粒径分布特征（Tyler and Wheatcraft，1992）。

降雨过程中溅蚀量特征：溅蚀量是普遍用来描述土壤击溅侵蚀的特征指标。国内外学者研究发现溅蚀与降雨时间呈现出经典变化曲线关系，即溅蚀率在开始阶段增加，到达某一时刻后逐渐减小，即陡涨陡落的特点（Parsons et al.，1994）。本章整个降雨过程中累积溅蚀量呈幂函数增加的趋势（表 1-5），随着降雨的进行，溅蚀量增加更加明显，且团聚体稳定性越差，这种趋势越明显。

表 1-5　累积溅蚀量和降雨时间的回归方程

土样	回归方程	决定系数 R^2
QX1	M=0.0014$T^{1.93}$	0.99
QX3	M=0.0015$T^{1.73}$	0.99
SX2	M=0.0005$T^{1.85}$	0.98
SX4	M=0.0016$T^{1.45}$	0.99

注：*M* 为累积溅蚀量；*T* 为降雨时间

降雨过程中破碎团聚体粒径分布特征：雨滴打击作用下团聚体粒径分布见图 1-13。

由图可知，降雨过程中 4 个供试土样 2～5mm 团聚体含量逐渐减小，而<2mm 颗粒含量逐渐增加，其中<0.25mm 微团聚体增加明显。0.25～5mm 团聚体含量是由降雨过程中 2～5mm 团聚体破碎和自身破碎共同决定的。

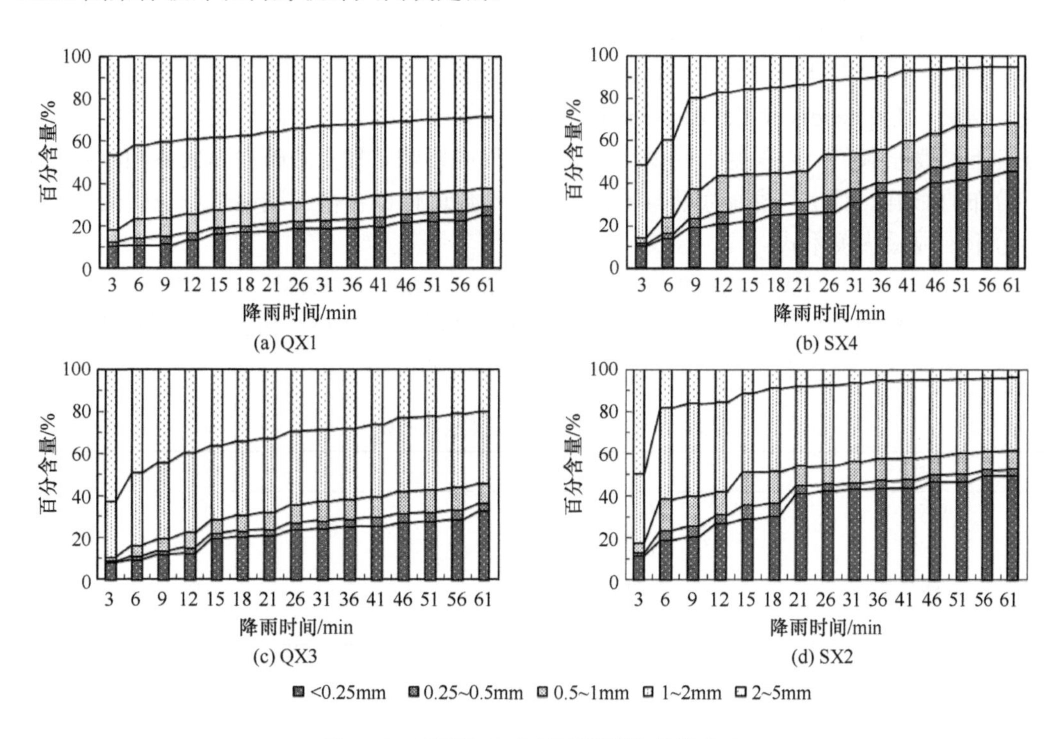

图 1-13　雨滴打击作用下团聚体粒径分布

研究表明，团聚体表现出明显的分形特征，因此，可以用分形维数（D）来评价团聚体的粒径分布（李保国，1994）。从图 1-14 可以看出，除个别点以外，在相同降雨时间条件下的 D 值：SX2>SX4>QX3>QX1，结合图 1-13，发现团聚体分形维数越小，团聚体中较大直径的颗粒越多，反之，则团聚体中较小直径的颗粒越多。

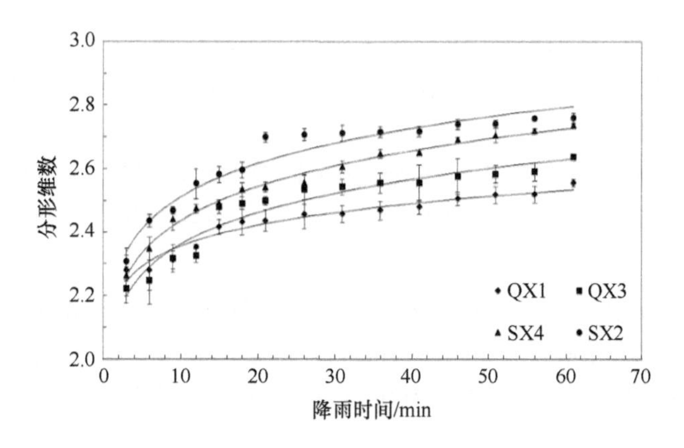

图 1-14　降雨过程中团聚体破碎后粒径分形维数

降雨过程中溅蚀量与团聚体分形维数的关系：在侵蚀过程中，团聚体的破碎与侵蚀程度密切相关（李朝霞等，2005），通过对本章中溅蚀总量与溅蚀盘内团聚体分形维数的观察发现，溅蚀总量团聚体分形维数呈显著幂函数的关系（表 1-6）。溅蚀总量与分形维数的关系表明，溅蚀量随着团聚体颗粒的减小而增大，这主要是由于团聚体分形维数越大，小颗粒团聚体含量越多，可被雨滴溅散及携带的物质就越多，其溅蚀量就越多，这一结果与 Leguédois 和 Le Bissonnais（2004）的研究结果一致。可见，在一定雨强的条件下，溅蚀率在很大程度上受团聚体破碎过程的影响，且受破碎后团聚体颗粒粒径大小分布的影响。因此，溅蚀总量与团聚体分形维数进行拟合得到溅蚀总量与团聚体破碎后分形维数最优关系式：

$$M = (8\times10^{-15}) \times D^{33.14} \quad (R^2 = 0.88, P<0.01) \tag{1-1}$$

式中，M 为溅蚀总量（g）；D 为降雨过程中团聚体破碎后粒径分形维数。通过式（1-1）发现，团聚体破碎后颗粒大小对溅蚀量表现出显著的作用。

表 1-6 溅蚀总量和分形维数的回归方程

土样	回归方程	决定系数 R^2
QX1	$M = (7\times10^{-15})\ D^{34.51}$	0.95
QX3	$M = (6\times10^{-13})\ D^{28.93}$	0.93
SX2	$M = (2\times10^{-12})\ D^{27.49}$	0.98
SX4	$M = (6\times10^{-14})\ D^{30.96}$	0.94

1.2.2 团聚体孔隙结构特征及其对团聚体破碎的影响

1. 基于同步辐射显微 CT 的团聚体孔隙特征研究

采集圆柱形原状土（直径 7cm、高 5cm），用保鲜膜包裹并盖上取土器的上下盖子，运至实验室后去除保鲜膜及取土器上部盖子，恒温（25℃）条件下自然风干，在风干过程中避免阳光照射。随后将取土器置于去离子水中进行慢速湿润。将湿润后的土样置于40℃烘箱内烘至恒重（精确至 0.01g），即完成一个干湿过程。共设置 3 个干湿循环处理，即 0 次（T_0）、5 次（T_5）、11 次（T_{11}），每个处理设置 6 个重复。将干湿循环后的土样置于干燥的室内储存。

将干湿循环后的土样筛选出 3～5mm 团聚体用于孔隙观测。团聚体孔隙观测在 X 射线成像及生物医学应用光束线站（BL13W1）完成。图像分析及三维结构的可视化利用 Image J 软件完成。

土壤孔隙结构分析利用 Image J 软件中的插件 3D Object Counter 来完成。孔隙的信息主要包括孔隙的数量、孔隙度和孔隙当量直径。按孔隙当量直径将孔隙分为 5 个等级：≤5μm、5～30μm、30～75μm、75～100μm 和>100μm。根据计算出的当量直径来确定孔隙形状因子。本章中，将孔隙分类为规则孔隙（$F\geq0.5$）、不规则孔隙（$0.2<F<0.5$）和加长孔隙（$F\leq0.2$）（周虎等，2012）。

从二维图像可以观察到，两种红壤土样团聚体随着干湿循环的进行，团聚体孔隙数量明显减少，但大孔隙及不规则裂隙明显增多（如图 1-15 黄色箭头所示），团聚体结构变得较为疏松。结合三维孔隙结构图（图 1-16），在干湿循环作用下，团聚体结构变得相对疏松，大孔隙和长形孔隙明显增多，孔隙间连通性得到改善，团聚体呈现明显的复杂多孔结构。

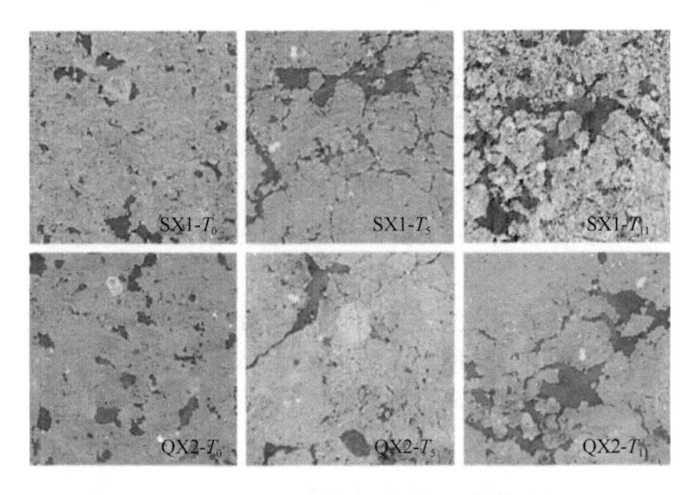

图 1-15　两种供试红壤土样在干湿循环后的切片灰度图像（像元尺寸：541×541×541）

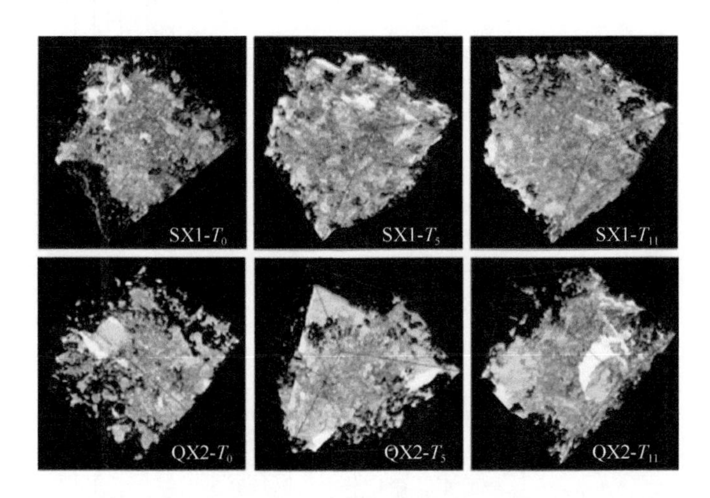

图 1-16　两种供试红壤土样在干湿循环后的三维孔隙结构

两种红壤土样在干湿循环处理下的团聚体孔隙的基本特征如表 1-7 所示。两种土样团聚体总孔隙度均呈现出增加的趋势，而总孔隙数量在干湿循环处理过程中呈现出减少的趋势，其中土样 QX2 总孔隙数显著减少（$P<0.05$）。从团聚体孔隙形态来看，规则孔隙度和不规则孔隙度在干湿循环过程中显著减少（$P<0.05$），而加长孔隙度却分别增加了 26%和 52.5%。土样 SX1 具有更大的孔隙度和更多的孔隙数量，团聚体内部孔隙特征呈现孔隙度变大、孔隙形态变长的趋势。

表 1-7　两种供试红壤土样在干湿循环后的团聚体孔隙基本特征

团聚体孔隙特征	SX1			QX2		
	T_0	T_5	T_{11}	T_0	T_5	T_{11}
总孔隙度/%	11.09b	20.05ab	25.23a	9.55a	13.28a	18.26a
总孔隙数量/个	54051a	50099a	47894a	52630a	28007ab	23006b
规则孔隙度/%	6.83a	1.96b	1.46b	6.99a	4.23ab	1.84b
不规则孔隙度/%	16.86a	3.85b	2.28b	31.10a	8.08b	3.69b
加长孔隙度/%	76.31b	94.19a	96.26a	61.93a	87.69a	94.47a

注：同一行字母不同表示达到 $P<0.05$ 显著性水平差异

孔隙大小分布如图 1-17 所示，从孔径大小分布规律来看，当量孔径的孔隙度含量顺序为（>100μm）>（<30μm）>30～75μm>75～100μm，孔隙度主要集中分布在>100μm。随着干湿循环次数的增加，<30μm、30～75μm、75～100μm 的孔隙度随着干湿循环次数的增加表现出不同程度的减小（土样 SX1 的 30～75μm 孔隙度除外），而>100μm 孔隙度却逐渐增加，其中土样 SX1 显著增加（$P<0.05$）。SX1 土样>100μm 孔隙度明显高于土样 QX2，而 75～100μm 孔隙度却明显低于土样 QX2。

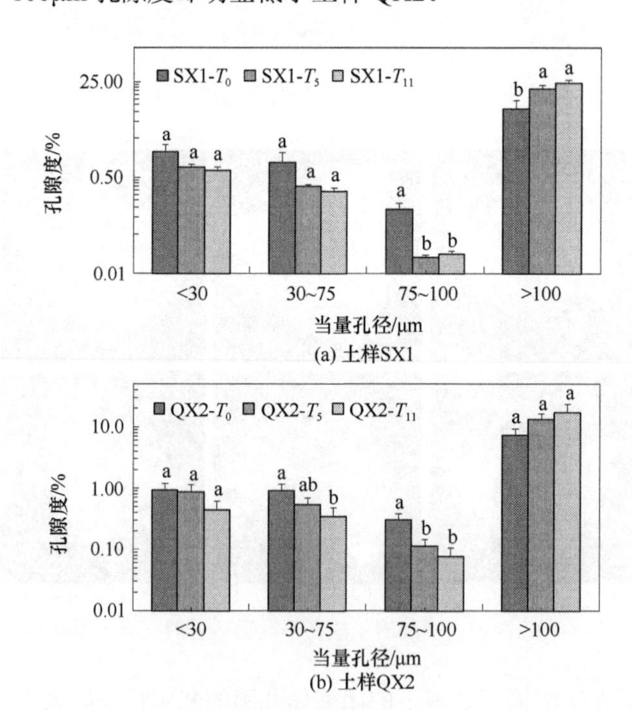

图 1-17　两种供试红壤土样在干湿循环后的孔隙大小分布
同一处理中不同字母表示达到 $P<0.05$ 显著性差异

2. 团聚体孔隙结构特征对团聚体破碎的影响

将干湿循环处理后的土样筛选出 3～5mm 团聚体，用于团聚体稳定性测定（Le Bissonnais，1996）。

Le Bissonnais（LB）法测得的不同处理下团聚体稳定性见图 1-18。对于消散作用，土样 SX1 在干湿循环 5 次时 MWD 显著减小，减小了 44.57%，而干湿循环 11 次时却并未继续发生明显的减小（减小了 1.96%）；土样 QX2 团聚体 MWD 同样表现出这种变化趋势。对于机械破坏作用，土样 SX1 在干湿循环 5 次时 MWD 显著减小，随着干湿循环的进行并未发生明显的减小，土样 QX2 团聚体 MWD 在干湿循环过程中只表现出微弱的减小；对于不均匀胀缩作用下的土壤团聚体 MWD 则均表现出随着干湿循环次数的增加而显著降低的趋势。

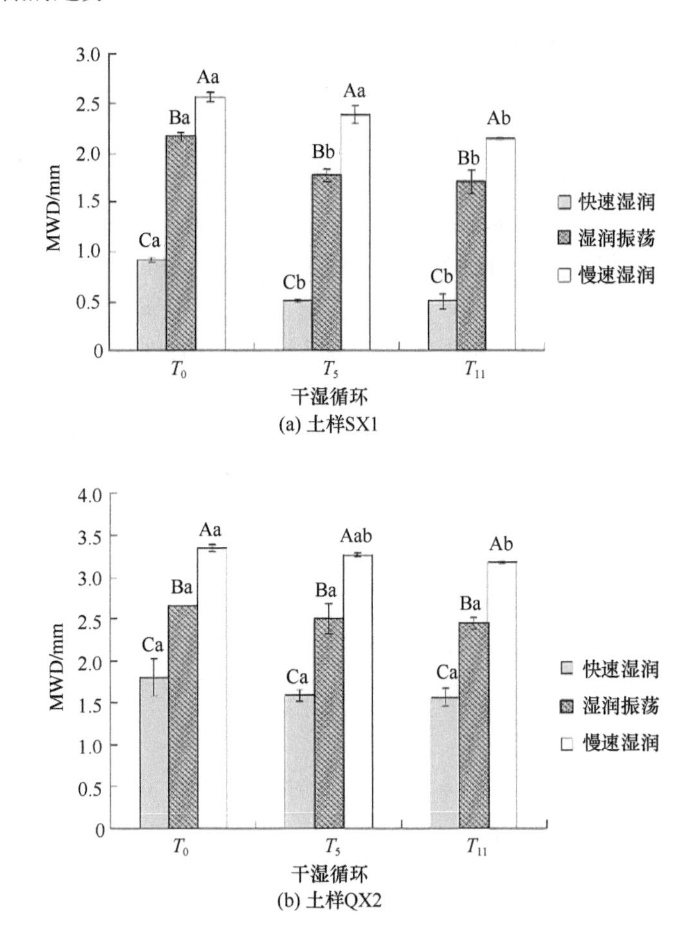

图 1-18　两种供试红壤土样在干湿循环后团聚体 MWD

大写字母不同表示同一处理中达到 $P<0.05$ 显著性差异，小写字母不同表示不同处理间达到 $P<0.05$ 显著性差异

利用偏最小二乘回归（PLSR）方法，完成多因变量对多自变量的回归，且更易于识别系统信息与噪点，回归模型对因变量也有较好的解释能力（许凤华，2006）。由表 1-8 可以看出，对于快速湿润处理获得的 MWD（MWD_{FW}）、湿润振荡处理获得的 MWD（MWD_{WS}）和慢速湿润处理获得的 MWD（MWD_{SW}），系统模型均提取了 2 个主成分，模型对自变量和因变量的解释能力均分别高于 0.99 和 0.98，说明回归模型精度和可靠性均较高。

表 1-8　团聚体稳定性和抗张强度 PLSR 模型概述

因变量	R^2Y	Q^2	成分	R^2Y（cum）	Q^2Y	Q^2Y（cum）
MWD_{FW}	0.996	0.99	1	0.714	0.60	0.60
			2	0.996	0.98	0.99
MWD_{WS}	0.993	0.99	1	0.740	0.65	0.65
			2	0.993	0.97	0.99
MWD_{SW}	0.99	0.98	1	0.706	0.58	0.58
			2	0.993	0.95	0.98

注：R^2Y 为模型拟合度；Q^2 为模型预测度

由表 1-9 可看出，MWD_{FW} 模型中变量投影重要性指标（variable importance in projection，VIP）值大于 1 的变量有黏粒含量（1.53）、总孔隙数（1.13）和 75～100μm 孔隙度（1.05），证明对 MWD_{FW} 有显著影响。根据回归系数 RCs 值，黏粒含量（0.39）、75～100μm 孔隙度（0.19）、不规则孔隙度（0.09）、规则孔隙度（0.05）和 30～75μm 孔隙度（0.02）与 MWD_{FW} 之间有正相关关系，表明这 5 个孔隙参数在快速湿润条件下可以提高团聚体稳定性。MWD_{WS} 模型 VIP 值大于 1 的变量有黏粒含量（1.43）、总孔隙数（1.09）、75～100μm 孔隙度（1.06）、总孔隙度（1.05）和>100μm 孔隙度（1.03），证明对 MWD_{WS} 有显著影响。根据 RCs 值，黏粒含量（0.36）、75～100μm 孔隙度（0.18）、不规则孔隙度（0.09）、规则孔隙度（0.06）和 30～75μm 孔隙度（0.04）与 MWD_{FW} 之间有正相关关系，表明这 5 个孔隙参数在预湿润振荡条件下可提高团聚体稳定性。MWD_{SW} 模型中 VIP 值大于 1 的变量有黏粒含量（1.55）、总孔隙数（1.17）、75～100μm 孔隙度（1.02）和总孔隙度（1.01），证明对 MWD_{SW} 有显著影响。根据 RCs 值，黏粒含量（0.40）、75～100μm 孔隙度（0.17）、不规则孔隙度（0.07）、规则孔隙度（0.04）和 30～75μm 孔隙度（0.01）与 MWD_{FW} 之间有正相关关系，表明这 5 个孔隙参数在团聚体慢速吸水条件下可以提高团聚体稳定性。

表 1-9　团聚体稳定性和抗张强度 PLSR 模型的 RCs 值和 VIP 值

解释变量	MWD_{FW}		MWD_{WS}		MWD_{SW}	
	RCs	VIP	RCs	VIP	RCs	VIP
总孔隙度	−0.15	0.99	−0.17	1.05	−0.17	1.01
总孔隙数	−0.30	1.13	−0.28	1.09	−0.31	1.17
规则孔隙度	0.05	0.81	0.06	0.86	0.04	0.79
不规则孔隙度	0.09	0.85	0.09	0.89	0.07	0.82
加长孔隙度	−0.08	0.85	−0.08	0.89	−0.07	0.83
<30μm 孔隙度	−0.17	0.81	−0.13	0.72	−0.18	0.81
30～75μm 孔隙度	0.02	0.78	0.04	0.83	0.01	0.76
75～100μm 孔隙度	0.19	1.05	0.18	1.06	0.17	1.02
>100μm 孔隙度	−0.14	0.97	−0.16	1.03	−0.16	0.98
黏粒含量	0.39	1.53	0.36	1.43	0.40	1.55

1.3　团聚体水稳性特征及其对坡面侵蚀响应

研究区位于湖北省咸宁市，位于东经 113°32′～114°58′，北纬 29°02′～30°19′，地理位置上东邻赣北，南接潇湘，西望荆楚，北靠武汉，是我国红壤的北缘；地势呈东南高、西北低；地形为平缓丘陵，地貌破碎，垅岗发育。研究区属于亚热带季风气候，年平均气温 16.8℃，降雨量 1455.3mm，主要集中在春、夏两季，无霜期 254 天。

1.3.1　团聚体稳定性及其与土壤性质的关系

团聚体的稳定性不仅受土壤自身结构的影响，还与许多外部因素有关，如土壤初始含水量、湿润速率、初始粒径和测定方法等。本章在采用传统湿筛法指标衡量团聚体稳定性的基础上，结合能区分降雨条件下团聚体破碎机制的 LB 法，从破坏机理上对团聚体的稳定性作了评价，并采用相对消散指数和相对机械破碎指数来评价红壤团聚体对不同破碎机制的敏感性。此外，针对红壤独特的成土条件及物理化学性质，分析了在坡耕地条件下影响红壤团聚体稳定性的主要因素及其作用机制，其中对黏粒、铁铝氧化物和有机质与团聚体稳定性之间关系进行了重点探讨。

根据土地利用状况和坡度选取野外研究点 7 个，其中第四纪黏土发育红壤 3 个、泥质页岩和花岗岩发育红壤各 2 个。采样时按“S”形采集表层土（0～15cm），其中用于土壤理化性质分析样品按常规方法采集、风干，化学分析样品过 0.25mm 筛，物理分析样品过 10mm 筛，分别储藏备用。采集团聚体性质分析样品时，为保证田间原状土壤结构不被破坏，需在田间采集大土块，用特制木盒装至实验室，风干至合适含水量后沿自然破裂面小心掰开，过 5mm 筛储藏备用。

湿筛法：将一定重量的风干土样，通过孔径依次为 5mm、2mm、1mm、0.5mm、0.25mm 的套筛，分别称重计算出各级干筛团聚体占土样总量的百分率，并按比例配成 50g 风干土样。将套筛（从上到下的顺序为 5mm、2mm、1mm、0.5mm、0.25mm）放于振荡架上，并置于水桶中。将土样轻轻放入套筛内，2 分钟后开动马达，振荡速度为 30r/min 的频率振动 0.5 小时。然后慢慢使套筛离开水面，待水稍干后，用将团聚体轻轻冲洗至已知重量蒸发皿中，弃去上层清液，置于电热板上蒸干称重，准确至 0.01g。每个样品重复 5 次，采用以下指标衡量团聚体稳定：MWD、团聚体分散度（percentage of aggregate disruption，PAD）、>0.25mm 水稳性团聚体（water stable aggregates，WSA，$WSA_{0.25}$）。

LB 法：干筛法筛出 1～2mm、2～3mm、3～5mm 三级团聚体，于 40℃烘箱内烘 24 小时，使团聚体土壤含水量一致后进行以下三种处理：快速湿润、湿润振荡和慢速湿润。将已做湿润处理的土壤转移到浸没在 95%酒精中的 50μm 孔径筛子上，上下振荡 20 次（幅度 2cm）；然后在 40℃烘箱中蒸干酒精，转入铝盒中，40℃条件下烘干 24 小时，称重。干筛依次过 2mm、1mm、0.5mm、0.2mm、0.1mm 和 0.05mm 的套筛，称重得到每个粒级的破碎团聚体。

1. 土壤理化性质

第四纪黏土红壤质地普遍比较黏重，黏粒含量在 35.1%～58.6%之间，砂粒含量较低，少于 20%；花岗岩红壤砂粒含量较高（>60%），黏、粉粒含量较低。供试土壤容重在 1.19～1.44g/cm^{3}之间，其中花岗岩红壤容重最大，第四纪黏土红壤容重最小，泥质页岩红壤介于二者之间。饱和含水量和田间持水量也存在明显差异，第四纪黏土红壤的饱和含水量与田间持水量均高于泥质页岩红壤与花岗岩红壤。

供试土壤均为酸性，pH 在 4.67～5.83 之间。土壤阳离子交换能力（cation exchangeable capacity，CEC）较低，总量在 6.09～17.64cmol/kg 之间，第四纪黏土红壤较高，泥质页岩红壤次之，花岗岩红壤最低。供试土壤有机质含量普遍较低，平均含量为 16.89g/kg。第四纪黏土红壤中 Fed 与 Ald 分布在 16.46～39.42g/kg 与 4.99～7.71g/kg 之间，泥质页岩和花岗岩红壤明显较低。第四纪黏土红壤中，土壤腐殖酸碳平均值为 5.61g/kg；泥质页岩和花岗岩红壤中，土壤腐殖酸碳平均值为 4.63g/kg。第四纪黏土红壤中，胡敏酸和富里酸碳均值为 2.35g/kg 和 3.25g/kg；泥质页岩和花岗岩红壤中，均值为 2.16g/kg 和 2.47g/kg。土壤胡敏酸和富里酸的比值（H/F）平均值为 0.79。

2. 土壤团聚体稳定性

湿筛法：由试验可知，第四纪黏土红壤、泥质页岩红壤和花岗岩红壤在湿筛处理中土壤团聚体稳定性差异显著。土壤团聚体稳定性指标不同，各土壤的稳定性排序也不同，但大体趋势是第四纪黏土红壤>花岗岩红壤>泥质页岩红壤。花岗岩红壤中，黏粒含量和有机质含量都较低，且含有大量砾石，土壤颗粒仅依靠粉粒和少量黏粒结合，土壤结构差。泥质页岩红壤黏粒含量和有机质含量都较低，土壤结构很差，但大颗粒砾石较少，湿筛过程基本上破坏了所有的团聚结构，所以表现出很弱的水稳性。

LB 法：在三种不同破碎机制中，团聚体稳定性排序是快速湿润<湿润振荡<慢速湿润，团聚体标准平均重量直径（normalized mean weigh diameter，NMWD）随团聚体粒径减小而增大。不同初始粒径的团聚体的稳定性不同，在三个处理中，大多数土壤团聚体的 NMWD 随着团聚体的粒径减小而增大，尤其是在快速湿润处理和湿润振荡处理中，3～5mm 团聚体和 1～2mm 团聚体的 NMWD 有明显差异，这表明在这两种破坏机制作用下团聚体越小，稳定性越强。在慢速湿润处理中，不同初始粒径团聚体的稳定性差异不明显。

3. 红壤团聚体稳定性与主要土壤性质的关系

红壤团聚体稳定性与常规理化性质、铁铝氧化物、腐殖酸的相关性见表 1-10。统计分析结果表明：团聚体稳定性与黏粉粒含量、CEC 相关性较高，与有机质含量相关水平较低，但黏粒含量与描述消散作用的参数（MWD_{FW}，R=0.26；RSI，R=0.27）相关性较低。团聚体稳定性与铁铝氧化物相关性较高，说明铁铝氧化物是影响红壤团聚体稳定性的重要物质。PAD>2mm 与铁铝氧化物之间存在显著负相关关系，表明土壤中氧化物含量较高的时，土壤中>2mm 的团聚体水稳性较强。红壤团聚体稳定性与腐殖酸含量未显示较强相关性，但除胡敏酸外，其他腐殖酸含量及胡富比与团聚体稳定性指标 PAD>2mm 均呈显著负相关，说明腐殖酸对较大粒径团聚体的形成及稳定机制有重要作用。

表 1-10　红壤团聚体稳定性与常规理化性质、铁铝氧化物、腐殖酸的相关关系

参数	湿筛法				LB 法				
	MWD	WSA>0.25mm	PAD>0.25mm	PAD>2mm	MWD_{FW}	MWD_{WS}	MWD_{SW}	RSI	RMI
黏粒	0.82*	0.94**	–0.93**	–0.79*	0.26	0.93*	0.84**	0.27	–0.80*
粉粒	0.75*	0.76*	–0.86**	–0.76*	–0.04	0.71*	0.74*	0.43	–0.72*
CEC	0.86**	0.75*	–0.78*	–0.50	–0.02	0.90**	0.84**	0.54	–0.73*
SOM	0.32	0.76*	0.29	–0.48	0.61	0.31	0.13	–0.45	–0.45
Fed	0.89**	0.77*	–0.79*	–0.89**	0.92**	0.93**	0.89**	–0.92**	0.22
Feo	0.76*	0.32	0.41	–0.77*	0.77*	0.76*	0.92**	–0.89**	–0.11
Ald	0.76*	0.15	–0.12	–0.77*	0.77*	0.76*	0.92**	–0.89**	–0.09
Alo	0.82*	0.85**	–0.74*	–0.76*	0.05	0.23	0.16	–0.36	0.15
腐殖酸	0.65	0.77*	–0.59	–0.79*	0.32	0.53	0.75*	0.62	0.33
胡敏酸	0.76*	–0.18	–0.42	–0.67	0.27	0.05	–0.12	0.53	0.75*
富啡酸	0.56	0.33	–0.21	–0.77*	0.79*	0.12	0.61	–0.33	0.08
胡富比	0.32	0.45	–0.12	0.82*	0.31	0.25	0.09	0.33	–0.05

注：LB 法中为 3～5mm 粒级团聚体稳定性参数；*：0.05 显著水平；**：0.01 显著水平；本书下同

红壤团聚体稳定性特征。湿筛法与 LB 法测定团聚体稳定性结果均表明：第四纪黏土红壤团聚体稳定性最高，花岗岩红壤稳定性次之，泥质页岩红壤团稳性最低；不同初始粒径团聚体稳定性不同，在不同处理中，总的趋势是团聚体的初始粒径越小，团聚体越稳定。

红壤团聚体稳定机制。不同破碎机制中，所有土壤团聚体稳定性排序均为快速湿润<湿润振荡<慢速湿润。其中，第四纪黏土红壤对消散作用较为敏感，花岗岩红壤对机械破碎作用较为敏感，且花岗岩红壤稳定性主要是通过较大粒径的砾石体现，泥质页岩红壤对上述两种作用均很敏感。快速湿润引起的消散作用和外界应力引起的湿润振荡作用，是红壤团聚体破碎的主要机制。

红壤团聚体稳定性与土壤性质的关系。在有机质含量比较低的情况下，土壤团聚体稳定性与土壤有机质、腐殖酸含量及其组成之间相关性较低，与铁铝氧化物及黏粉粒含量之间存在显著相关关系，说明在低有机质含量条件下，无机胶体如黏粒、氧化铁铝在保持土壤团聚体的稳定性上起到主要作用。

1.3.2 表土团聚体破碎对坡面侵蚀过程影响

团聚体稳定性是影响坡面侵蚀的重要因素，本节基于团聚体破碎理论，通过控制湿润速度、初始粒径和降雨特征等条件，研究降雨条件下红壤表土团聚体的破坏过程、结果和机理，探讨团聚体稳定性及不同破碎机制对坡面侵蚀过程的影响。在此基础上，通过比较不同团聚体稳定性测定方法和表征参数与坡面侵蚀过程参数相关性程度，提出衡量团聚体稳定性特征的新参数。

本节采用室内模拟降雨试验，其中坡面降雨试验采用变坡冲蚀槽，规格为 60cm×30cm×15cm。在冲蚀槽的下端径流出口处安装“V”形钢槽收集径流，并在冲蚀槽两侧设置 5cm 的缓冲带。冲蚀槽底板均匀打孔，便于土壤水分自由渗透。室内降雨试验雨强均采用 60mm/h，坡度设置为 15%。

土壤是由大小不同团聚体或单粒复合而成，这些粒径不同团聚体在降雨过程中稳定性差异显著。根据红壤团聚体结构特征及已有研究结论，干筛法筛出<2mm、2～3mm、3～5mm 三级团聚体，模拟不同粒径对坡面侵蚀过程的影响。降雨过程具体操作同前，各个粒级降雨重复 3 次，实际有效降雨 27 场（表 1-11）。

表 1-11　室内模拟降雨信息汇总

处理	试验方法	选用土壤	降雨场次/次	试验目的
湿润速率	2mm/h、10mm/h、60mm/h 湿润土壤	QT1、QT2、QT3、SH1、SH2、GT1，过 5mm 筛风干土	54	区分消散作用
纱网覆盖	裸土、纱网覆盖	QT1、QT2、QT3、SH1、SH2、GT1，过 5mm 筛风干土	36	区分机械破碎作用
不同粒径	分粒级：<2mm、2～3mm、3～5mm	QT1、QT2、QT3	27	区分不同粒级

1. 湿润速率对侵蚀过程的影响

湿润速率对产流过程的影响：在持续降雨过程中，由于湿润速率不同，导致土壤结构发生不同程度的破坏，坡面径流过程存在明显差异。在所有供试土壤中，径流强度大小顺序依次为 60mm/h>10mm/h>2mm/h。在湿润速率为 60mm/h 时产流时间最快，2mm/h 时产流时间最慢。

湿润速率对侵蚀产沙的影响：在持续降雨条件下，湿润速率在不同土壤中对坡面侵蚀率的影响存在一定差异。在侵蚀产沙过程中，湿润速率对其他土壤坡面侵蚀率均有显著作用；相较于坡面产流过程而言，侵蚀率受团聚体稳定性与湿润速率的影响更为明显。湿润速率和团聚体稳定性对侵蚀率的作用要比对产流过程的作用显著。

湿润速率对泥沙粒径的影响：三种红壤侵蚀泥沙平均重量直径随时间变化很小，未显示出差异，但不同湿润速率的侵蚀泥沙平均重量直径变化显著。其中，湿润速率为 2mm/h 时的侵蚀泥沙平均重量直径最大，60mm/h 时的最小。供试三种土壤慢速湿润的泥沙平均重量直径均与其他两种湿润速率差异显著。

2. 雨滴打击对侵蚀过程的影响

雨滴打击对产流过程的影响：在裸土条件下，团聚体稳定性较高的土壤在产流后 20 分钟内径流量迅速增加，并很快趋于稳定，最终产流强度稳定在 35～38mm/h 之间。而团聚体稳定性较低的土壤产流在 40 分钟后径流量还在继续增加，稳定产流强度分别为 41.25mm/h、46.32mm/h 和 42.35mm/h。在纱网覆盖处理中，绝大部分雨滴动能被消除，土壤孔隙恶化程度大大降低，有利于降雨入渗。因此，几乎在所有的土壤中纱网覆盖处理和裸土条件下，径流曲线都相隔一定距离，且稳定径流强度都有较大幅度的减少，达到稳定径流强度的时间也有所推迟。

在持续降雨条件下，在不同土壤中雨滴打击对坡面侵蚀率的影响也存在一定差异。在纱网覆盖处理和裸土两种条件下，不同土壤坡面侵蚀量排序均与团聚体稳定性排序有很强的一致性。在所有土壤中，纱网覆盖处理的侵蚀量均小于裸土降雨侵蚀量。

泥沙运移依赖于其自身的颗粒大小。在侵蚀过程中，细颗粒泥沙与粗颗粒泥沙相比，可以搬运较长的距离。在裸土条件下，侵蚀泥沙 MWD 显著低于纱网覆盖处理。可见，即使在团聚体稳定性较高的红壤中，雨滴击溅分散对泥沙的分选作用仍然较为显著。

3. 团聚体粒径对侵蚀过程的影响

团聚体粒级对产流过程的影响：小粒级团聚体径流强度大，大粒级团聚体径流强度较小。在持续降雨过程中，由于团聚体粒径不同，径流过程差异明显。3～5mm 团聚体稳定性最差，产流最快，10 分钟左右径流强度趋于稳定。在 2～3mm 团聚体径流过程中，稳定产流时间较 3～5mm 团聚体滞后 10 分钟左右，但是稳定径流强度与 3～5mm 团聚体差异不显著。<2mm 团聚体与 3～5mm 团聚体、2～3mm 团聚体径流强度差异显著，不仅产流时间推迟，而且稳定产流强度较 2～3mm 团聚体都显著增大。

团聚体粒级对侵蚀产沙的影响：不同粒径的团聚体，均表现出<2mm 团聚体侵蚀量明显高于其他两种粒径，差异显著。3～5mm 团聚体侵蚀量最小，2～3mm 团聚体介于两者之间。供试三种红壤不同粒径团聚体稳定侵蚀量具体变化为：2～3mm 粒径团聚体比<2mm 团聚体的稳定侵蚀量分别减小 58%、59.2%、51.6%，3～5mm 团聚体较<2mm 团聚体的稳定侵蚀量分别减小 74.5%、83%、82%，<2mm 团聚体稳定侵蚀量依次为 153.22g/(m^2·h)、199.83g/(m^2·h)、204.36g/(m^2·h)。

团聚体粒级对泥沙粒径的影响：试验中产流初期，>1mm 的泥沙较少，<0.25mm 的泥沙较多，随着产流时间推移，径流挟沙能力增强，>1mm 的泥沙增多，但<0.25mm 的泥沙含量始终高于其他粒径的泥沙，达到 40%以上，供试三种土壤均表现出相同的趋势。

湿润速率对红壤坡面侵蚀过程有显著作用，且这种作用因土壤团聚特征差异而不同。所有供试土壤中，径流强度随着湿润速率增大而增大；不同黏粒含量土壤对湿润速率响应过程不同，黏粒含量越高，消散作用越明显，产流强度越小；黏粒含量越低，消散作用越小，产流强度越大。

雨滴打击对红壤坡面侵蚀过程有显著作用，且这种作用因土壤团聚特征差异而有所不同。在团聚体稳定性较低、对机械破碎作用敏感的红壤中，雨滴打击对坡面径流的影响主要是由表层土壤团聚体结构的破坏引起的；而在团聚体稳定性较高、对机械破碎作用不甚敏感的红壤中，雨滴打击对坡面径流的影响主要表现为对表层土壤的压实作用。纱网覆盖处理侵蚀均小于裸土降雨侵蚀量，但只有在团聚体稳定性较弱红壤中二者差异达到显著。裸土条件下侵蚀泥沙 MWD 显著低于纱网覆盖处理。

不同粒径团聚体稳定性差异显著，试验结果表明，团聚体粒径与径流强度和侵蚀量有很好的相关性。<2mm 团聚体的径流强度和侵蚀量均大于其他两种粒径。此外，<2mm 团聚体易形成结皮，短时间内径流强度增大，挟沙能力增强，入渗率减小，最终导致侵蚀量剧增。不同粒径团聚体对侵蚀泥沙分布影响显著。<2mm 团聚体的 MWD 明显大于其他两种粒径。这一方面是由于<2mm 团聚体易形成结皮，坡面径流强度大，能搬运较大粒级泥沙；另一方面和团聚体的排列紧实程度有关。

1.3.3 团聚体特征与坡面侵蚀定量关系

本节通过野外原位模拟降雨试验，揭示土壤团聚体破碎对降雨产流、入渗和坡面侵蚀过程的影响，并利用霍顿（Horton）入渗模型和 WEPP 模型细沟间侵蚀预测方程，对红壤团聚体特征与降雨条件下水分入渗及坡面侵蚀间的关系进行了定量描述，为红壤可蚀性的确立、水土保持措施配置、雨水高效利用、农田水分最优调控等提供了科学依据。

本节采用野外人工模拟降雨试验完成。降雨试验采用临时径流小区（图 1-19），降雨前，按当地苗床整地标准，对小区内土壤进行 10cm 左右耕翻后耙平，手工捡去较大砾石及植物根系。试验小区为 2m×1m，四周使用厚 0.5cm 钢板打入 30cm 作为隔水墙，以分隔小区内外径流；小区下设集流装置，可定时采集径流样。试验期间，各点土壤含水量在 16%～19%之间。按当地中等雨强及一年一遇暴雨频率，采用 30mm/h、60mm/h 两种雨强处理，用裸露地与纱网覆盖（网孔 2mm×2mm）处理来区别两种破碎方式，每种处理重复 3 次，实际有效降雨 72 场。

(a) 径流小区1

(b) 径流小区2

图 1-19　野外临时径流小区

1. 团聚体稳定性对入渗的影响

Horton入渗模型的结构见式（1-2），适用于均匀降雨条件下计算入渗率随降雨时间变化的模型。本节则选用该模型模拟入渗率随降雨时间变化过程。

$$f = f_c + \left(f_0 - f_c\right) \times \mathrm{e}^{-k\left(t-t_0\right)} \qquad t \geqslant t_0 \tag{1-2}$$

式中，f 为 t 时刻的入渗率；f_c 为稳定入渗率；f_0 为初渗率；t_0 为地表产流时间；k 为与土壤有关的系数；t 为降雨时间。

产流时间与团聚体破碎：试验中雨强稳定，土壤前期含水量较一致，填注量影响也较小。将60mm/h雨强下裸土与纱网覆盖处理的模拟降雨产流时间和两种破碎方式下团聚体的MWD值进行趋势分析，团聚体稳定性对产流时间影响显著，随着团聚体稳定性增加，产流时间从3.7分钟增加到16.2分钟；消除雨滴动能后，产流时间在3.9～40.2分钟之间，除团聚体稳定性较低的泥质页岩红壤外，其他土壤的产流时间都明显推迟。MWD_{WS} 与无网覆盖的产流时间之间有较好的相关性，MWD_{FW} 与两种处理均有较好的相关性。对裸土和纱网覆盖处理的产流时间与 MWD_{FW} 和 MWD_{WS} 进行逐步回归分析，可以得到如下的关系式：

$$T_{0(\mathrm{bare})} = 3.86\mathrm{MWD}_{\mathrm{WS}} + 3.62\mathrm{MWD}_{\mathrm{FW}} - 1.33 \quad (R^2 = 0.87) \tag{1-3}$$

$$T_{0(\mathrm{net})} = 58.44\mathrm{MWD}_{\mathrm{FW}} - 18.58 \quad (R^2 = 0.82) \tag{1-4}$$

式中，$T_{0(\mathrm{bare})}$、$T_{0(\mathrm{net})}$ 分别为裸土和纱网覆盖处理下的产流时间。

入渗过程与团聚体破碎及二者量化关系：当雨强一定，开始时表土含水量小，入渗速率大，随着降雨进行，土壤入渗率不断降低，直至达到稳定入渗率。监测到地表径流的流量后，使用水量平衡法计算得到了随降雨时间变化的土壤入渗率 f_0；降雨过程中，入渗率随时间呈指数衰减趋势，且不同土壤间入渗率存在明显差异。土壤团聚体稳定性越小，入渗率随着降雨时间衰减的速度越快，最后趋于稳定；覆盖纱网后，土壤入渗率随降雨时间衰减的速度明显减缓，且稳定入渗率都有较大提高。使用Horton入渗模型进行回归分析，得到入渗率随降雨时间变化的关系式。在裸土条件下，稳定入渗率 f_c 随 MWD_{WS} 减小而降低，在0.05～0.28mm/min之间。消除雨滴动能后，稳定入渗率 f_c 随 MWD_{FW} 减小而降低，在0.12～0.63mm/min之间，增加了60%～130%。Horton入渗模型中的 k 为与土壤有关的系数，反映了降雨过程中入渗率的递减程度，裸土条件下其值为0.079～0.273，消除雨滴动能后在0.046～0.191之间。不同条件下，f_c、k 与 MWD_{FW}、MWD_{WS} 之间表现为非线性关系，最优回归方程和决定系数如下：

$$f_{c-\mathrm{fallow}} = 0.024\mathrm{e}^{1.008(\mathrm{MWD_{WS}})} \quad (R^2=0.93) \tag{1-5}$$

$$f_{c-\mathrm{net}} = 0.058\mathrm{e}^{2.375(\mathrm{MWD_{FW}})} \quad (R^2=0.86) \tag{1-6}$$

$$k_{\mathrm{fallow}} = 0.224 - 0.159\ln\left(\mathrm{MWD_{WS}}\right) \quad (R^2=0.82) \tag{1-7}$$

$$k_{\mathrm{net}} = 0.043 - 0.136\ln\left(\mathrm{MWD_{FW}}\right) \quad (R^2=0.78) \tag{1-8}$$

式中，$f_{c\text{-fallow}}$ 为裸土处理下的稳定下渗率；$f_{c\text{-net}}$ 为纱网覆盖处理下的稳定下渗率；k_{fallow} 为与裸土有关的系数；k_{net} 为与纱网覆盖有关的系数。

2. 团聚体稳定性对泥沙粒径的影响

湿筛法中，团聚体 MWD 和>0.25mm 水稳性团聚体与泥沙 MWD 存在显著正相关关系；LB 法中，MWD_{FW} 和 MWD_{WS} 与泥沙粒径存在较好正相关关系，但未达到显著；团聚体特征参数（K_a）与各个处理中泥沙粒径均存在显著负相关关系。由此可见，与室内试验结果相似，在野外原位土壤上，红壤团聚体稳定性也可作为衡量泥沙粒径的指标，湿筛团聚体 MWD、$WSA_{0.25}$ 及 K_a 与泥沙粒径都存在显著相关关系。同时，团聚体破碎和泥沙搬运所需能量也是一个重要因素。

3. 团聚体稳定性与侵蚀率定量关系建立

侵蚀过程响应：野外降雨试验过程中，对每次降雨的实际雨强、总雨量、径流小区坡度、含水量等外在影响因素进行了监测。结果表明，各个试验点坡度在 14%～20%之间，含水量在 16%～19%之间，中等雨强为 30±1.4mm/h，大雨强为 60±2.2mm/h。

以土壤初始含水量、坡度、总降雨量为协变量，分析雨强和土壤类型对坡面侵蚀过程的影响。结果表明，在持续降雨条件下，雨强和土壤类型对侵蚀过程有显著作用；不同母质发育的红壤团聚体特征不同，产流产沙结果差异明显。

就径流强度和径流系数来看，雨强较大时不同土壤间径流强度差异随之变大。同时，雨强和土壤类型的交互作用也达到极显著水平（F=6.48，P=0.001）。60mm/h 雨强条件下产流时间显著快于 30mm/h 雨强下的产流时间。土壤类型对产流时间也有显著作用（F=4.35，P=0.04）。此外，在 30mm/h 雨强条件下，土壤类型对坡面侵蚀率的作用达到极显著水平（F=88.70，P=0.000）。在 60mm/h 雨强条件下平均侵蚀率显著高于 30mm/h（F=9.31，P=0.006），雨强和土壤类型的交互作用对侵蚀率的影响也达到显著水平（F=94.47，P=0.000）。协变量对土壤侵蚀的影响较小，仅有坡度和总降雨量对坡面产流过程的影响较为显著。

上述多因素分析结果表明，雨强和土壤类型是影响坡面产流产沙过程的主要因素。对比团聚体稳定性分析结果可发现，不同土壤间径流强度和产沙强度的排序和团聚体稳定性排序有很强的一致性，且侵蚀率受土壤团聚体稳定性的影响更为明显，这与室内试验分析结果相一致。

预测方程建立：本章室内结果已经表明，团聚体特征参数 K_a 与坡面侵蚀间存在显著相关关系，是衡量红壤可蚀性的良好指标。为验证参数 K_a 与野外坡面侵蚀的相关性，以坡度、初始含水量为控制变量，对径流强度、产沙率与 K_a 进行偏相关分析发现，二者与 K_a 均存在较好的相关性，特别是在 60mm/h 雨强下，呈极显著相关。由此可见，室内所得试验结果在野外同样适用，K_a 可以作为野外评价红壤可蚀性的指标。

在不同雨强条件下，K_a 与侵蚀率关系体现得更为明显。K_a 在不同土壤中变化趋势与侵蚀率有很强的一致性，特别是在 60mm/h 雨强条件下，这种一致性体现得更为明显。由如上分析可知，K_a 不仅与侵蚀率有较强的相关性，同时具备了一定的物理学意义，以上都为利用 K_a 替代红壤可蚀性因子、与坡面侵蚀建立定量关系提供了可能性。

受耕作方式和气候条件影响，区域坡耕地侵蚀类型主要为面蚀（即细沟间侵蚀），细沟侵蚀较少，故本章采用 WEPP 细沟间侵蚀预测模型框架建立 K_a 与坡面侵蚀量的关系。WEPP 描述细沟间侵蚀方程如下：

$$D_i = K_i S_f I^2 \tag{1-9}$$

式中，D_i 为单位时间单位面积侵蚀量，kg/(s·m^2)；K_i 为可蚀性因子；S_f 为坡度地形因子；I 为雨强，m/s。由于式（1-9）未考虑坡面产流和渗透对侵蚀率的影响，Kinnell（1993）提出了包含径流因子在内的细沟间侵蚀预测模型：

$$D_i = K_i I q S_f \tag{1-10}$$

式中，q 为径流强度，m/s。

S_f 的值由下式计算得出

$$S_f = 1.05 - 0.85e^{-4\sin\theta} \tag{1-11}$$

K_i 由下式计算得出

$$K_i = 2.728\times10^6 + 1.921\times10^5\,\text{vfs} \tag{1-12}$$

当土壤砂粒含量≥30%时用式（1-12）计算，其中 vfs 为极细沙粒百分含量（粒径为 0.05～0.1mm）。

$$K_i = 6.054\times10^6 - 5.130\times10^4\,\text{clay} \tag{1-13}$$

当土壤砂粒含量<30%时用式（1-13）计算，其中 clay 为黏粒含量（粒径<0.002mm）。

在建立新的预测方程前，对 WEPP 细沟间侵蚀模型在红壤区域的适用性进行检验。通过式（1-11）～式（1-13）计算出可蚀性参数和坡度参数，再代入式（1-9）得出坡面侵蚀率计算值。

将 WEPP 模型计算值与实测值进行比较发现，计算值远远高于实测值，说明 WEPP 模型对红壤坡面侵蚀预测有严重的过量估算趋势。土壤可蚀性是土壤理化性质共同作用决定的，而 WEPP 模型在计算可蚀性 K_i 时，仅仅简单考虑了土壤质地的影响，而忽略了土壤结构、土壤团聚体稳定性等重要因素，分析结果表明 WEPP 模型中可蚀性的计算不适合于红壤区域。前述研究结果已经表明，无论是在室内试验还是野外试验尺度，红壤团聚体特征参数 K_a 与坡面侵蚀均存在显著相关关系。基于此，本章利用团聚体稳定性特征参数 K_a 代替 WEPP 模型中可蚀性因子 K_i，建立新的坡面侵蚀预测方程。

在本章中，坡面侵蚀率与径流强度也显著相关，因此尝试利用团聚体稳定性因子 K_a 代替可蚀性因子，分别代入式（1-9）和式（1-10），通过回归分析，得出新的包含和不包含径流因子的预测方程：

$$D_i = 0.23K_a I^2(1.05 - 0.85e^{-4\sin\theta}) \quad (R^2 = 0.87 \quad P<0.001) \tag{1-14}$$

$$D_i = 0.37K_a q I(1.05 - 0.85e^{-4\sin\theta}) \quad (R^2 = 0.89 \quad P<0.001) \tag{1-15}$$

新建立方程的决定系数分别为 0.87 和 0.89，均达到极显著水平（$P<0.001$），说明新建立方程可靠性较高，但其预测准确性有待进一步验证。

预测方程检验：本章中有 36 场野外降雨数据不作为研究结论分析及模型建立，仅用于对所建立的预测模型进行校验。利用式（1-14）和式（1-15）计算得出坡面侵蚀率预测值，与实测值进行比较，结果表明二者拟合度较高，说明新建立方程能较为准确地预测红壤坡面侵蚀（图 1-20）。

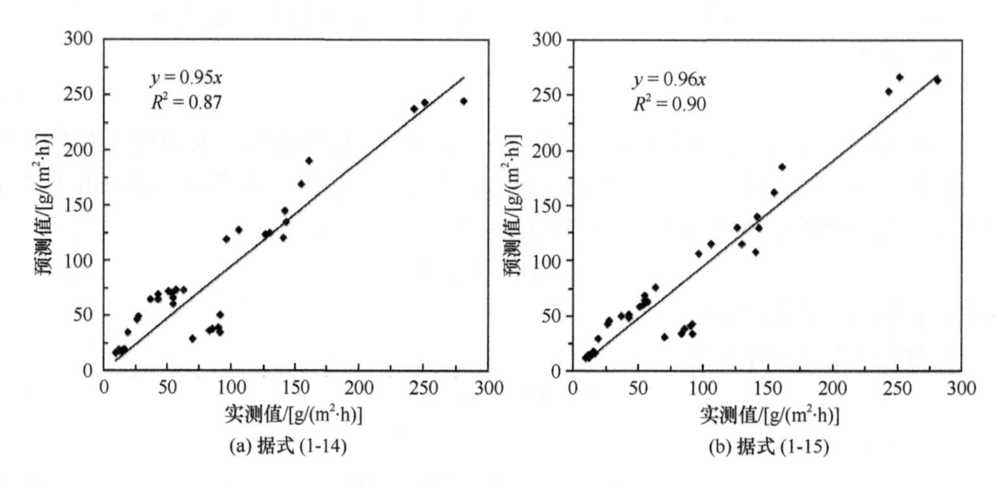

图 1-20　预测值与实测值比较

本章中，包含径流因子的式（1-15）决定系数稍高，但就模型准确性而言，式（1-14）和式（1-15）未体现较大差异，均显示了较好的预测性能，这主要与红壤结构特征有关。同时，表土结皮是影响坡面径流的重要因素，因此，土壤团聚体稳定性与坡面产流过程存在必然联系。本章室内及野外试验结果均表明，坡面径流强度与红壤团聚体稳定性显著相关，新建立的预测方程中参数 K_a 包含了侵蚀过程中团聚体主要破碎效应，能够表达径流因素对侵蚀过程的影响，因此，不包括径流因子的方程式（1-14）亦显示了较好的预测性能。考虑到野外试验测量坡面径流强度费时费力，且小区设置不同时测量存在一定偏差，因此，针对红壤而言，式（1-14）具有更强的实用性和广泛性。

在野外，红壤团聚体稳定性依然是影响坡面侵蚀的重要因素，并与径流强度、侵蚀率、入渗率、泥沙粒径等坡面侵蚀参数显著相关。室内试验结果已经表明，团聚体稳定性特征参数 K_a 包含了侵蚀过程中红壤团聚体结构破坏的主要效应，是衡量红壤可蚀性的良好指标。野外试验中利用 Horton 入渗模型和 WEPP 细沟间侵蚀模型框架，建立了侵蚀预测方程，结果显示，新建立方程能较为准确地预测红壤坡面入渗量和侵蚀量。

在坡面侵蚀量预测方程中，不包含径流因子的计算方法简单、结果可靠，具有更强的实用性和适用性。影响坡面侵蚀的因素众多，本章研究结果表明，团聚体特征参数 K_a 是衡量红壤坡面侵蚀的良好指标，并在野外试验条件下证明了该结论，扩展了团聚体稳定性特征指标的适用尺度。此外，K_a 计算方法简单、容易获取，具有较强的实用性。由于研究区域限制，该参数普适性有待进一步验证。

1.4　团聚体力稳性及其与坡面侵蚀的关系

团聚体稳定性是红壤抗侵蚀能力的主要决定因素，是预测红壤抗侵蚀能力的良好指标。目前土壤侵蚀研究领域团聚体稳定性常采用湿筛、振荡等程序测定，对团聚体施加的能量难以量化，而雨滴法、超声波分散法等虽然从理论上提供了团聚体稳性定量化测定的可能性，但是其理论和实际操作办法都尚需要进一步完善。土壤力学指标是一种土壤结构的定量化指标，许多研究都关注到了土体力学性质，如抗剪强度和贯入阻力，与土壤侵蚀之间的关系。

团聚体最常见的力学指标是抗张强度：能引起土体张力破碎的单位面积上的力。抗张强度是一种对团聚体微结构非常敏感的指标，目前多被应用于土壤耕作等领域。团聚体内部遍布着不同性质和不同程度的结构弱点，比如团聚体内部的孔隙或裂隙、不同矿物之间的接触面、团聚体内含物或包含物、团聚体表面缺口等。在临界压力作用下，团聚体会由内部存在的或者由于压力集中在孔洞、缺口等附近而产生的最严重的一条裂隙，逐步蔓延扩大，并且在蔓延扩大过程中产生了压力波进而促进其他裂隙的活动，最终导致整个团聚体发生破裂。抗张强度就是这一临界压力的表征。

贯入阻力被定义为根或者探针轴向压力与其横截面积之比，是研究土壤机械阻力和植物根系穿透力时最常见的一种土壤物理结构指标。但是这种技术一般只适用于野外田间测定或者室内环刀样的测定。Misra 等（1986a，1986b，1988）为了研究团聚体对植物幼苗根系生长的影响，提出了团聚体的贯入阻力测定方法。该方法将预先湿润的团聚体用玻璃珠呈三角形固定，用与压力传感器连接的探针恒速刺穿团聚体，记录该过程中的最大轴向压力。该方法从力学角度表达了团聚体的稳定性，从一定程度上解决了团聚体稳定性的定量化问题。

1.4.1　团聚体力稳机制与水稳机制及其相互关系

为研究抗张强度与土壤性质的关系，从湖北省咸宁市咸安区和江西省进贤县采集了 18 种红壤。其中咸宁包括 4 种第四纪黏土红壤和 4 种泥质页岩红壤，进贤县 10 种红壤均为第四纪黏土红壤。选用 3～5mm 团聚体，40℃风干 24 小时后用压裂法测定团聚体抗张强度（Yang et al.，2012），用湿筛法和 LB 法测定团聚体水稳性。

1. 团聚体力稳性与理化性质

用十字板剪切仪和袖珍贯入仪测定了土壤的抗剪强度和贯入阻力。为保证野外测定时各样点土壤的含水量一致，测定时间均在雨后 24 小时左右，土壤含水量接近田间持水量。18 种土壤抗剪强度分布在 7.34～202.33kPa 之间，平均值为 80.61kPa；贯入阻力分布在 42～607kPa 之间，平均值为 260kPa。将土壤抗剪强度、贯入阻力与土壤基本理化性质进行相关分析，如表 1-12 所示。抗剪强度与土壤容重没有明显的相关关系。抗剪强度与 pH、Fed、Ald 和 Alo 有显著的相关关系，而贯入阻力与 Fed、Ald 和 Alo 有显著或极显著的相关关系。

表 1-12　土壤抗剪强度、贯入阻力与土壤基本理化性质相关分析结果

	容重	pH	砂砾	粉粒	黏粒	有机质	CEC	Fed	Feo	Ald	Alo
抗剪强度	0.466	0.563*	–0.036	0.028	–0.019	0.282	0.452	0.524*	0.435	0.489*	0.502*
贯入阻力	0.289	–0.118	–0.378	0.009	0.347	0.107	0.335	0.594**	0.338	0.578*	0.599**

18 种土壤 3～5mm 团聚体抗张强度分布在 181～735kPa 之间，平均值为 362kPa，第四纪黏土红壤的抗张强度一般大于泥质页岩红壤的抗张强度。通过分析，发现抗张强度与有机质和 CEC 有显著的相关关系，但与土壤中铁铝氧化物含量、土壤质地等未发现明显关系（表 1-13）。

表 1-13　抗张强度与土壤基本理化性质相关性

	容重	pH	砂砾	粉粒	黏粒	有机质	CEC	Fed	Feo	Ald	Alo
抗张强度	0.373	0.273	–0.313	–0.142	0.441	0.470*	0.503*	0.106	0.057	–0.058	–0.052

2. 团聚体力稳性与水稳性的关系

湿筛法模拟了快速湿润和湿润后机械能量对团聚体的破坏过程，是最常用的团聚体水稳性测定方法。测试发现，抗张强度与湿筛法 MWD 的相关关系达到了显著水平，与 WSA（≥0.25mm 水稳性团聚体含量）的关系达到了极显著水平，说明抗张强度与团聚体快速湿润和湿润振荡两种破碎机理有一定的联系。与 LB 法三种团聚体处理方式的 MWD 进行比较，抗张强度与快速湿润处理 MWD 的相关关系达到了极显著水平，与湿润振荡处理 MWD 的相关关系达到了显著水平。土壤抗剪强度和贯入阻力也与湿筛法 MWD 和 LB 法的 MWD 表现出了一定的显著相关关系，但均未与 WSA 表现出显著的相关关系。此外，抗剪强度与贯入阻力之间也存在显著的相关关系。

以上结果证明，抗张强度与团聚体的消散破碎和机械破碎机理，尤其是与消散破碎之间存在着紧密联系。Zhang 和 Horn（2001）、Li 等（2005）等研究证明，消散和机械破碎，尤其消散作用是红壤团聚体破碎的主要机制。团聚体的破碎是土壤侵蚀的基础，抗张强度与消散和机械破碎，尤其与消散破碎的密切关系，为利用抗张强度表征红壤抗侵蚀能力提供了可能性。

1.4.2　红壤有机质对力稳性作用分析

为进一步分析有机质与红壤团聚体力稳性的关系，本章选取华中农业大学咸宁红壤试验站不同培肥管理措施的土壤进行进一步研究。采集了 4 种不同培肥处理（未培肥处理、化肥处理、化肥+秸秆处理、粪肥处理）、4 个深度（0～5cm、5～15cm、15～25cm、25～40cm）上的团聚体样品，测定其抗张强度和有机碳（organic carbon，OC）、热水溶性碳水化合物（hot-water-extractable carbohydrate，HWEC）含量（Yang et al.，2013），

同时还采用 Misra 等（1986a，1986b，1988）方法测定团聚体的贯入阻力，来分析有机质与力稳性的关系。

1. 有机质对团聚体水稳性的作用

长期使用有机质和化肥在表层 15cm 内显著增加了 OC 和 HWEC 的含量。在 0～5cm 土层和 5～15cm 土层两个层次，粪肥处理均表现出了 OC 和 HWEC 的最高值。在 0～5cm 土层，与未培肥相比，化肥处理、化肥+秸秆处理、粪肥处理 3 种处理，OC 分别增加了 41%、44%和 66%，同时 HWEC 分别增加了 45%、29%和 94%。

对于湿筛法和 LB 法，测得的团聚体稳定性均随土壤深度增加而降低。培肥在 0～15cm 土层显著增强了团聚体的稳定性，与有机质的变化一致。对于 LB 法，3 种处理 MWD 差异显著。慢速湿润处理 MWD 的平均值最高，而快速湿润处理 MWD 的平均值最低。快速湿润处理的 MWD 在 0.50～2.46mm 之间，湿润振荡处理的 MWD 分布在 1.84～4.04mm 之间，而慢速湿润处理的 MWD 分布在 1.52～4.46mm 之间。3 种处理的 MWD 没有表现出相同的变化趋势：在 0～5cm 土层和 5～15cm 土层，4 种培肥处理快速湿润处理和湿润振荡的 MWD 和湿筛法 MWD 的大小顺序相同。但是 4 种培肥处理的慢速湿润处理之间没有明显差异。

对于 0～40cm 土层，两种团聚体 4 种处理的 MWD 均与有机质（OC 和 HWEC）含量表现出了较好的回归关系。快速湿润处理的 MWD 与有机质含量的相关关系最好，而慢速湿润处理 MWD 与有机质含量的关系最弱。OC 和 HWEC 解释了湿筛法和 LB 法快速湿润处理 MWD 80%以上的变异，OC 与慢速湿润处理 MWD 呈直线关系，解释了 MWD 50%左右的变异。

2. 有机质对团聚体力稳性的作用

未培肥处理和化肥+秸秆处理的团聚体抗张强度未随土壤深度的增加而明显改变。与未培肥处理相比，粪肥处理和化肥+秸秆处理在 0～15cm 土层明显增强了团聚体抗张强度，0～5cm 土层粪肥处理和化肥+秸秆处理抗张强度分别增加了 59%和 21%，在 5～15cm 土层分别增长了 33%和 57%。而化肥处理虽然与未培肥处理相比，有机碳和热水溶性碳水化合物含量较高，但是其抗张强度与未培肥并未表现出明显差别。

团聚体贯入阻力随深度增加而增加，但是并非对所有处理都很明显。团聚体贯入阻力在 0～5cm 土层位于 168～253kPa 之间，而在 25～40cm 土层则位于 278～375kPa 之间。所有的培肥处理均在 0～5cm 土层和 5～15cm 土层处，增强了团聚体的贯入阻力。与未培肥相比，在 0～5cm 土层，化肥处理、化肥+秸秆处理、粪肥处理 3 种处理团聚体贯入阻力分别增长了 35%、51%和 45%，而在 5～15cm 则分别增长了 36%、71%和 60%。

对于 0～40cm 整个剖面，抗张强度与热水溶性碳水化合物表现出了正相关关系（$R = 0.545$，$P < 0.05$），但是与有机碳之间未发现明显的相关关系。通过对团聚体贯入阻力与有机碳和团聚体孔隙度的偏相关分析，证明团聚体贯入阻力与团聚体孔隙度（$R = -0.611$，$P < 0.05$）和有机碳（$R = 0.472$，$P < 0.1$）存在一定关系。

抗张强度与热水溶性碳水化合物含量表现出了良好的正相关线性关系，但是与有机碳之间却未发现明显关系。有机碳影响抗张强度的方式十分复杂，通过有机质的物理胶结和捆绑作用直接改变团聚体强度，也可以通过改变黏粒稳定性、增加土壤空隙等方式改变团聚体的结构强度。团聚体抗张强度受团聚体含水量、黏粒含量、土壤溶液、非晶型氧化物等众多因素的共同影响，有机质并非团聚体抗张强度的唯一决定因素。此外，土壤有机质的种类和成分也十分复杂，不同的有机质可能对抗张强度的影响也不相同。

1.4.3 团聚体粒径、抗张强度与降雨破碎的关系

为理解抗张强度与土壤侵蚀的关系，选取了一种第四纪黏土红壤和一种泥质页岩红壤，筛选不同粒径（1～2mm、2～3mm、3～5mm、5～10mm、10～20mm）团聚体，经40℃干燥处理后，开展60mm/h雨强下不同持续降雨时间试验（Yang et al.，2012）。

1. 不同粒径团聚体降雨破碎特征

对于相同粒径的团聚体，第四纪黏土红壤团聚体黏粒含量高于泥质页岩红壤团聚体，而砂粒含量、粉粒含量和有机质含量则相反。对于1～2mm团聚体，第四纪黏土红壤团聚体抗张强度较高，而对10～20mm团聚体则相反。对于同一种土壤，抗张强度随着团聚体粒径的增加而降低，但是土壤结构和有机质等并没有表现出明显的增加或降低趋势。小团聚体由于内部矿物颗粒之间排列致密、孔隙少，面对机械压力更加稳定。而大团聚体含有更多的结构弱点，降低了团聚体破碎的抵抗力。

对两种土壤不同粒径团聚体降雨过程中的破碎过程进行分析，发现所有团聚体均有类似的破碎特征。团聚体破碎后形成的小土壤颗粒根据变化情况可以分为三种：<0.25mm、0.25～2mm 和>2mm。>2mm 的颗粒其质量百分比随着降雨量增加以指数形式降低，相反，由于>0.25mm 的颗粒不断破碎形成<0.25mm 的颗粒，<0.25mm 的颗粒百分比随降雨时间延长逐渐增加。该结果与 Legout 等（2005a，2005b）的结果相同，也证实了 Tisdall 和 Oades（1982）、Oades 和 Waters（1991）以及 Puget 等（2000）提出的土壤团聚层级模型。根据团聚层级模型，大团聚体的破碎过程是逐级破碎：大团聚体（>2mm）首先破碎成为较小的团聚体（0.25～2mm），然后较小的团聚体再进一步破碎成更小的团聚体或土壤颗粒（<0.25mm）。

比较不同粒径团聚体破碎后的粒径分布情况，不同粒径团聚体破碎后的粒径分布差异明显。随着初始团聚体粒径的增长，破碎后>2mm 的颗粒百分比增加，而 0.25～2mm 和<0.25mm 的颗粒的百分比下降。但是这种差异随着累计降雨量的增加逐渐减小，不同粒径团聚体破碎后的粒径分布趋于一致，尤其是 0.25～2mm 和<0.25mm 的颗粒。

MWD 用来描述降雨过程团聚体破碎后的粒径分布状况。随着累积降雨量的增加，MWD 以指数形式降低，表现为：降雨开始阶段，MWD 迅速降低，然后转入缓慢下降

并趋于稳定阶段。Concaret（1967）和 Legout 等（2005a，2005b）指出在大雨强下，在降雨开始阶段（大约 1mm 降雨量），消散是团聚体破碎的主要机制，然后不均匀膨胀和机械打击破碎成为团聚体破碎的主要机制。在本次条件下，根据 MWD 曲线，前 1.5mm 降雨是团聚体破碎的主要阶段，对于所有的 10 种团聚体，MWD 降低了 65%以上，所以，消散是本章中团聚体破碎的主要机制。此外，Li 等（2005）也对该地区的红壤团聚体稳定性进行了研究，证明消散是红壤团聚体破碎的主要机制。

2. 团聚体抗张强度与降雨破碎的关系

为了比较不同粒径团聚体的稳定性差异以及研究抗张强度和粒径分布特征的关系，引入标准化平均重量直径（normalized mean weight diameter，NMWD）（Zhang and Horn，2001）。比较 3mm、6mm、12mm 和 24mm 累积降雨后，10 种团聚体 NMWD 与团聚体抗张强度之间的关系，发现不同持续降雨时间后，NMWD 与抗张强度均存在着明显的线性相关关系。

一般认为，降雨过程中团聚体的主要破碎机理有 3 种：①消散，即团聚体快速湿润过程中团聚体内部闭蓄空气“爆破”对团聚体的破坏作用；②团聚体内部不同矿物不均匀膨胀导致的破碎；③雨滴打击的机械破坏作用（Le Bissonnais，1996）。团聚体内部结构弱点决定了团聚体抗张强度。团聚体的破碎是从团聚体的某一结构弱点的破裂开始和发展起来的。因此，抗张强度越弱的团聚体，团聚体的结构弱点就越多，在降雨过程中就越易于破碎。

快速湿润产生的消散作用是本条件下降雨过程中团聚体的主要破碎机制。团聚体抗张强度越低，意味着团聚体的结构弱点越多，即团聚体有更多的孔隙裂隙。更多的团聚体孔隙裂隙导致快速湿润过程中团聚体内“闭蓄”的空气更多，从而增强了“闭蓄”空气“爆破”对团聚体造成的破坏。因此，消散引起的团聚体破碎与抗张强度的关系更为紧密。

1.4.4　红壤类型、抗张强度与降雨破碎的关系

为进一步研究抗张强度与团聚体破碎的关系，选择咸宁地区 8 种典型红壤（4 种第四纪黏土红壤和 4 种泥质页岩红壤）的 3～5mm 粒径团聚体开展降雨试验（Li et al.，2013）。

8 种团聚体 MWD 随累计降雨量的增长呈指数下降趋势：在初始阶段，MWD 迅速减小，随后 MWD 缓慢减小至恒定值。但是泥质页岩红壤团聚体和第四纪黏土红壤团聚体表现出了明显差异。泥质页岩红壤团聚体 MWD 下降速度更快，说明泥质页岩红壤团聚体稳定性更低。泥质页岩红壤团聚体破碎主要发生在 0～0.5mm 降雨量过程中，MWD 在 2mm 降雨量即达到基本稳定，而第四纪黏土红壤团聚体破碎主要发生在 0～1mm 之间，MWD 在 24mm 降雨量时才达到稳定。在相同的降雨量情况下泥质页岩红壤团聚体 MWD 均小于第四纪黏土红壤团聚体 MWD。此外，4 种第四纪黏土红壤

团聚体 MWD 曲线之间有明显的差异，而 4 种泥质页岩红壤团聚体 MWD 曲线分布集中，差异不明显。

本章分别比较 8 种土壤径团聚体在 1mm、3mm、6mm 和 12mm 累积降雨后，团聚体 MWD 与抗张强度的关系，发现抗张强度与不同累积降雨量下的 MWD 均表现出较好的线性相关关系。这是因为不论团聚体破碎还是抗张强度，均取决于团聚体的微观结构。团聚体内部裂隙是团聚体的结构弱点，决定了团聚体的强度。团聚体抗张强度越弱，意味着团聚体含有更多的裂隙或孔隙。如前面所讨论的，消散是降雨过程中团聚体破碎的主要机理。消散由团聚体快速湿润过程中“闭蓄”空气的“爆破”引起，而“闭蓄”空气的爆破作用依赖于团聚体内部“闭蓄”空气的体积（Le Bissonnais，1996）。而团聚体中的这些裂隙正是团聚体内部空气的存在场所，所以面对消散作用的破坏，抗张强度越弱的团聚体内部的可容纳“闭蓄”空气的体积越大（Macks et al.，1996），团聚体的稳定性就越低。因此，团聚体的抗张强度与团聚体消散破碎后的 MWD 存在密切关系。

1.5 红壤分离机制及团聚体剥蚀特征

土壤分离、搬运和沉积是土壤坡面水蚀过程中相互影响和相互制约的三个重要子过程，并且许多土壤性质直接或间接地影响着这三个子过程，尤其是土壤结构性状，如土壤团聚体的稳定性（Morgan，1995）。土壤结构对土壤坡面水蚀过程的影响，不仅包括降雨作用下的抗细沟间侵蚀的分散和抗坡面集中水流作用下的泥沙启动（土壤分离），还包括泥沙在坡面径流传输过程中的颗粒形态转化以及坡面集中水流水力学参数的影响。目前，关于土壤结构在降雨作用下的抗细沟间侵蚀分散的侵蚀机理研究取得了显著进展，但在很大程度上忽视了后面两个方面的研究。红壤自身黏粒含量较高，富含铁、铝及锰等氧化物，与温带地区的黄土相比，土壤结构和物质组成独特，理化性质迥然不同，从而致使坡面侵蚀过程存在较大差异（赵其国，2002；唐克丽，2004）。鉴于此，本章依据团聚体破碎机制理论、集中水流内水力学参数变化、坡面侵蚀物理过程 WEPP 模型以及河流中砾石剥蚀规律，选取我国亚热带丘陵区分布广泛的两种典型红壤为研究对象，采用野外原状土取样、室内性质分析以及模拟冲刷试验相结合的方法，确定集中水流内红壤分离机制及团聚体剥蚀特征。

1.5.1 水力学参数变化及对扰动红壤分离速率的影响

不同坡度和流量的红壤分离速率结果值如表 1-14 所示，对其数值进行双因素方差分析可以看出，流量和坡度对红壤分离速率的影响都是极显著的。通过 F 值可知，本试验条件下坡度对红壤分离速率的影响大于流量的影响，此结果与王瑄等（2008）得出的流量对土壤分离速率的影响大于坡度不同，可能因为试验设计流量及装置差别较大。

表 1-14　红壤分离速率计算结果　[单位：kg/(m²·s)]

坡度/%	流量/（L/s）					$F_{流量}$	$F_{0.01}$
	0.2	0.4	0.6	0.8	1.0		
8.8	0.014	0.019	0.044	0.061	0.084		
17.6	0.050	0.114	0.180	0.233	0.409		
26.8	0.082	0.190	0.290	0.377	0.562	15.71	4.10
36.4	0.181	0.263	0.391	0.462	0.651		
46.6	0.250	0.421	0.522	0.781	0.899		
$F_{坡度}$	25.11						
$F_{0.01}$	4.10						

由图 1-21 和图 1-22 可知，红壤分离速率随着坡度和流量的增大而增加，并且在较大坡度时，流量对红壤分离率影响更加明显。但两个图中所表示的红壤分离速率与流量和坡度之间的关系略有差异，由图 1-21 可看出，红壤分离速率随着坡度的增大而增加，

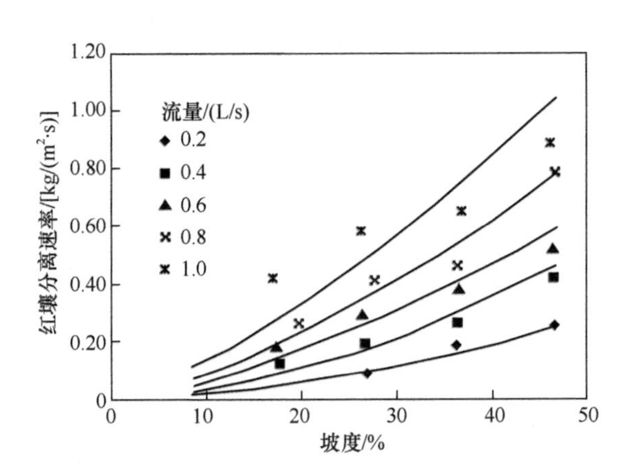

图 1-21　红壤分离速率与坡度变化关系

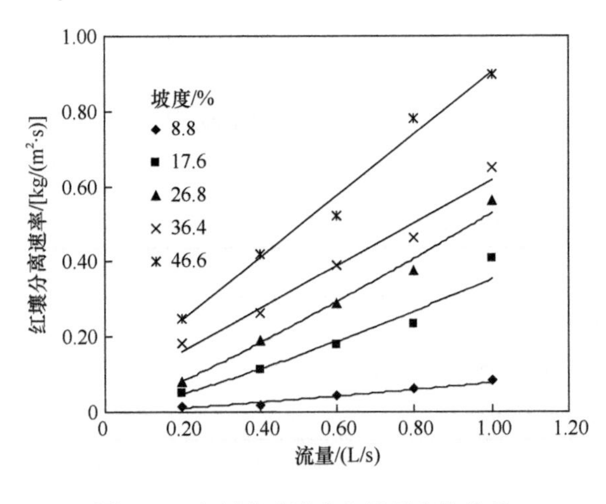

图 1-22　红壤分离速率与流量变化关系

且均呈幂函数关系，而图 1-22 则表明，红壤分离速率也随着流量的增大而增大，但其变化趋势略有不同，在小坡度时，随着流量的增加，红壤分离速率呈幂函数增加，而在较大坡度（36.4%和 46.6%）时，流量对红壤分离速率的影响变为线性关系。

用多元回归分析表明，红壤分离速率可以用流量和坡度的幂函数来模拟，其方程式如下：

$$Dr = 335.67q^{0.95}S^{1.16} \quad (R^2 = 0.97, \ n = 25) \tag{1-16}$$

式中，Dr 为红壤分离速率，kg/(m^2·s)；q 为单宽流量，m^3/(m·s)；S 为坡度的正切值。

对于一种特定的土壤而言，土壤的可蚀性视为常数，此时，土壤分离速率只受到坡面集中水流内水动力条件的影响。目前国内外描述土壤分离速率的水动力参数指标常用的为水流剪切力、水流功率以及单位水流功率三种形式。其中，水流功率是作用在单位面积的水流所消耗的功率（Bagnold，1966）；单位水流功率则为作用在泥沙床面的单位重量水体所消耗的功率（Yang，1972）。

本章红壤分离速率与水流剪切力、水流功率和单位水流功率三种水动力参数关系见图 1-23，由图可知，红壤分离速率与上述三者的关系均呈线性正相关。

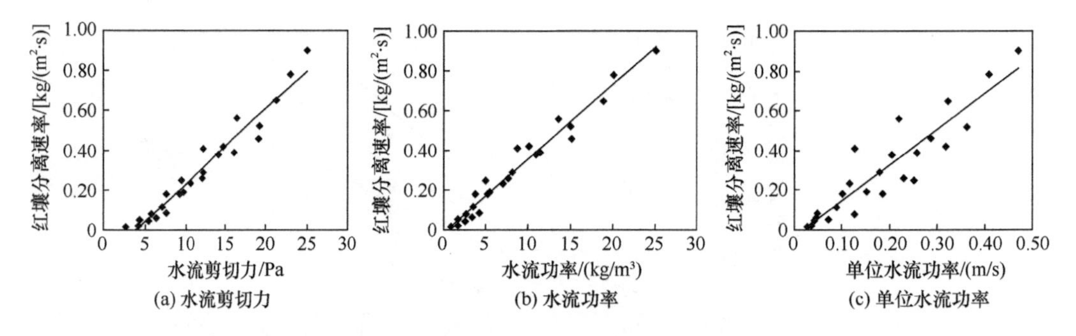

图 1-23　红壤分离速率与水流剪切力、水流功率、单位水流功率的关系

表 1-15 各方程式中，斜率表示与土壤可蚀性有关的系数，直线与横坐标的截距为各水动力参数的临界值，即临界水流剪切力、临界水流功率和临界单位水流功率，它们分别为 3.858Pa、0.367kg/m^3、0.020m/s。由上述关系式的 R^2 可知，上述三个水动力参数中，水流功率是描述红壤分离速率的最为确切的水动力参数，此结果与何小武等（2003）、Zhang 等（2002）研究褐土土壤分离速率的结论一致。

表 1-15　红壤分离速率与水动力参数指标关系式

模拟关系式	R^2	n
Dr=0.038（τ_c–3.858）	0.95	25
Dr=0.037（ω–0.367）	0.97	25
Dr=1.803（P–0.020）	0.85	25

注：τ_c 为临界水流剪切力，Pa；ω 为临界水流功率，kg/m^3；P 为临界单位水流功率，m/s

选取水流剪切力关系式中的可蚀性参数与 Zhang 等（2002）研究的褐土土壤可蚀性参数进行比较，虽然试验用土前处理较为一致（过筛粒径、填土称重以及前期含水量），但可蚀性系数有较大差异，其系数值相差 5 倍。这可能是因为第四纪黏土红壤结构多为块状，表土团聚结构明显，且富含较高黏粒和铁铝氧化物（何园球和孙波，2008），而褐土结构多为屑粒状，结构疏松，黏粒含量较低，故导致其土壤可蚀性系数有较大差异。

南方红壤抗冲指数与北方黄土也相差较大，并且北方黄土土壤具有粒度细、土层上下均一等特点，其土壤分离过程机理与红壤之间有较大差别。相关文献指出，土壤团聚体稳定性是南方红壤丘陵区坡面侵蚀过程中的主控因子，其稳定性大小是控制土壤可蚀性的重要因素之一（李朝霞等，2004；闫峰陵等，2009）；还有结果表明，土壤团聚体结构影响着坡面径流冲刷过程中的侵蚀产沙和泥沙启动，团聚体结构稳定性被认为是土壤对径流侵蚀敏感性的主要决定因素（Bryan，2000）。因此，对南方红壤丘陵区坡面土壤分离过程进一步研究时，我们应该综合考虑水力学参数和土壤团聚体结构稳定性等指标。

1.5.2　集中水流内原状土红壤分离机制

坡面冲刷过程中的土壤分离是径流作用力和表土之间的响应过程，本章中供试红壤含水量、表面状况基本一致，分离过程主要受土壤结构和水流剪切力的影响。供试 8 种红壤的分离速率在各水流剪切力作用下显著不同，特别是在较大水流剪切力（17.49Pa、22.45Pa）作用下各红壤间分离速率差异更加明显（图 1-24）。第四纪黏土发育的 4 种红壤分离速率顺序为 QX3、QX4>QX2>QX1，而泥质页岩发育的 4 种红壤分离速率为 SX4>

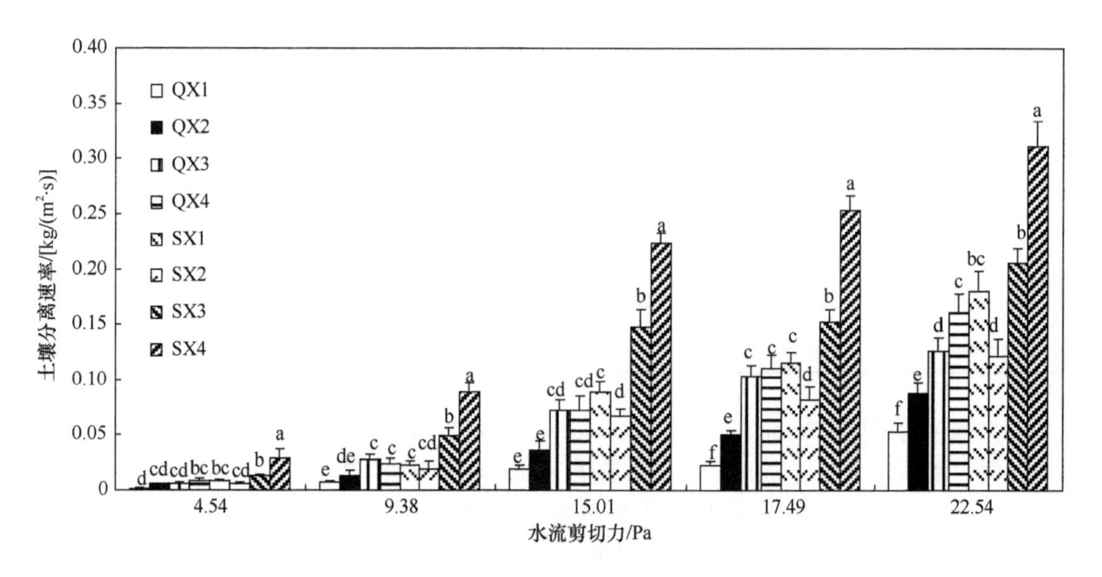

图 1-24　不同水流剪切力作用下各红壤分离速率

SX3>SX1>SX2。对同一种母质发育的红壤而言，耕地土壤分离速率均高于茶园及苗木。在较大雨强和表面径流作用下，耕地土壤更容易从地表分离。在相同土地利用类型中，泥质页岩红壤分离能力高于第四纪黏土红壤。

土壤分离速率与水流剪切力呈较好的线性关系，此预测方程与 Laflen 等（1991）、Zhang 等（2009）的研究结果一致。由 WEPP 模型可知，如果两者间为线性关系，斜率代表集中水流可蚀性系数 K_c，与 x 轴截距为临界水流剪切力 τ_c（Nearing et al.，1989）。供试 8 种不同红壤中可蚀性系数 K_c 与临界水流剪切力 τ_c 列于表 1-16。可蚀性系数 K_c 范围在 0.0026～0.0166s/m 之间，而临界水流剪切力 τ_c 范围在 2.92～6.04Pa 之间，各红壤间可蚀性系数 K_c 与临界水流剪切力 τ_c 有较大差异，原因可能为供试红壤间土壤某一种或几种性质差别较大所致。

表 1-16　红壤分离速率与水流剪切力线性回归结果

土样编号	回归方程	可蚀性系数 K_c/（s/m）	临界水流剪切力 τ_c/Pa	决定系数 R^2
QX1	$Dr=0.0026\tau_c-0.0157$	0.0026	6.04	0.87
QX2	$Dr=0.0045\tau_c-0.0238$	0.0045	5.29	0.93
QX3	$Dr=0.0071\tau_c-0.0303$	0.0071	4.27	0.98
QX4	$Dr=0.0087\tau_c-0.0452$	0.0087	5.20	0.96
SX1	$Dr=0.0099\tau_c-0.0527$	0.0099	5.32	0.96
SX2	$Dr=0.0066\tau_c-0.0321$	0.0066	4.86	0.96
SX3	$Dr=0.0112\tau_c-0.0409$	0.0112	3.65	0.97
SX4	$Dr=0.0166\tau_c-0.0485$	0.0166	2.92	0.98

不同水流剪切力中，红壤分离速率与团聚体稳定性特征参数 A_s 有较好的相关性，由表 1-17 中相关系数和显著性概率可知，随着水流剪切力的变大，两者间相关程度增加，特别是在高水流剪切力条件下（22.54Pa），相关系数为 0.67。

表 1-17　红壤分离速率与团聚体稳定性特征参数相关性分析

	水流剪切力/Pa				
	4.54	9.38	15.01	17.49	22.54
相关系数	0.42	0.43	0.59*	0.60*	0.67*
显著性概率	0.084	0.079	0.026	0.024	0.013

土壤抗剪强度表征着土壤颗粒间的黏结状况，与团聚体稳定性特征一样，也是预测坡面集中水流内土壤分离速率的重要参数。相关研究表明，饱和土壤抗剪强度是预测集中水流内临界水流剪切力最好的土壤性能，同时指出二者之间存在较好的线性关系（Knapen et al.，2007；Léonard and Richard，2004）。本章得出饱和抗剪强度（σ_s）与临界水流剪切力（τ_c）之间的线性关系如图 1-25 所示（$R^2=0.64$，$P=0.02$），由决定系数

R^2 和显著性概率 P 可知两者间线性关系较好。

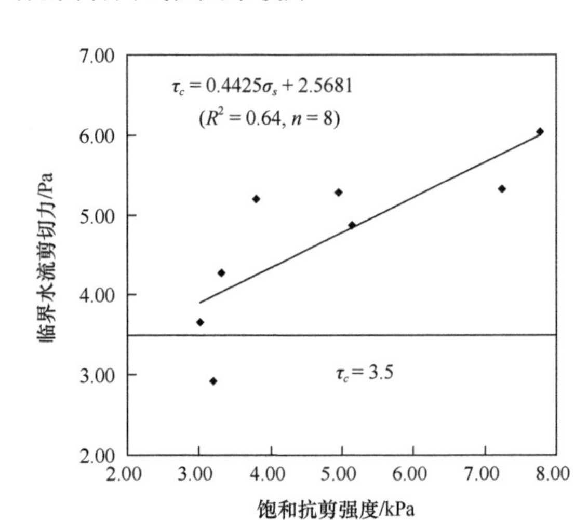

图 1-25　饱和抗剪强度（σ_s）与临界水流剪切力（τ_c）的关系

在 WEPP 模型中，当土壤含砂量大于 30%时，基础临界水流剪切力 τ_c=3.5Pa。而由图 1-25 可知，本章中除 2.92Pa 外，所得 τ_c 值均大于 3.5Pa，WEPP 模型中所给值并不能较好地预测 τ_c 值。

上述研究结果已经表明，红壤团聚体稳定性特征参数 A_s 与可蚀性系数 K_c，饱和抗剪强度 σ_s 与临界水流剪切力 τ_c 均存在显著相关关系。基于此，本章采用 WEPP 细沟侵蚀预测模型框架，利用团聚体稳定性特征参数 A_s 和饱和抗剪强度 σ_s 代替 WEPP 模型中可蚀性因子 K_c 与临界水流剪切力 τ_c，将试验结果通过回归分析，得出新的预测方程和决定系数如下：

$$Dr = 0.0385A_s[\tau - (1.431\sigma_s - 2.487)] \quad (R^2 = 0.89，n = 40) \tag{1-17}$$

式中，Dr 为红壤分离速率，kg/(m^2·s)；A_s 为团聚体稳定性特征参数；τ 为水流剪切力，Pa；σ_s 为饱和抗剪强度，kPa。

由于表层土壤植被覆盖物和根系的存在，可减少集中水流内土壤侵蚀（Knapen et al.，2007）。尽管式（1-17）的预测性能较好，但并未考虑作物覆盖或根系对集中水流内红壤分离速率的影响。在本章中，不同土壤样本试验中并未有植被覆盖物，因此，仅考虑作物根系密度与集中水流内红壤分离过程中可蚀性因子的关系。

考虑根系后，新的预测集中水流内红壤可蚀性及分离速率方程详见式（1-18）和式（1-19）。

$$K_c = 0.0286A_s + 0.0546\exp(-2.744R_d) \quad (R^2 = 0.93，P < 0.01) \tag{1-18}$$

$$Dr = [0.0283A_s + 0.0706\exp(-3.431R_d)][\tau - (1.272\sigma_s - 2.610)] \quad (R^2 = 0.95，P = 0.01) \tag{1-19}$$

式中，K_c 为集中水流内可蚀性系数，s/m；R_d 为根系密度，kg/m^3。通过将式（1-19）与式（1-17）进行比较，式（1-19）的决定系数 R^2 明显高于式（1-17），说明式（1-19）更能准确地预测集中水流内红壤分离速率。

1.5.3 集中水流内团聚体剥蚀演变规律

Larionov 等（2007）指出团聚体在坡面水流运移中的剥蚀破坏特征与河流中砾石的运移剥蚀规律相似。河流中砾石的剥蚀规律遵循斯坦伯格（Steinberg）方程：

$$P = P_0 \exp^{-\alpha x} \tag{1-20}$$

式中，P_0 和 P 分别为最初砾石质量与运移 x 距离剥蚀后剩下的质量；α 为剥蚀系数。

将式（1-20）中各砾石的相关参数用团聚体在集中水流内不同运移距离后的残留在 0.25mm 筛子团聚体与原始团聚体质量比（W_r/W_i）代替，所得团聚体剥蚀系数 α 并非常数，3 种粒径在不同运移距离后所得 α 值不同。Steinberg 方程认为剥蚀系数 α 为常数，其前提假设是砾石在河流中的剥蚀破坏发生在整个运移距离过程，即认为运移砾石在整个剥蚀过程与河床底面接触，而供试 3 种粒径团聚体质量与砾石有较大差别，且在集中水流内不同运移过程中随着距离的延伸，伴随有滚动、跳跃及悬浮等不同运动形态，故 3 种粒径团聚体剥蚀系数 α 在不同运移距离不同。

由图 1-26 可知，供试两种红壤的各粒径团聚体剥蚀系数 α 与其运移距离均为抛物线关系，但其抛物线形状不同。SX3 红壤 3～5mm、5～7mm 粒径团聚体剥蚀系数 α 在较短距离内（36m）随距离逐渐变大，而后降低；QX1 红壤各粒径团聚体剥蚀系数 α 则在较长距离（72m）随距离呈变大趋势，而后降低；两种红壤团聚体剥蚀系数 α 均由先增大后减小的两阶段组成。

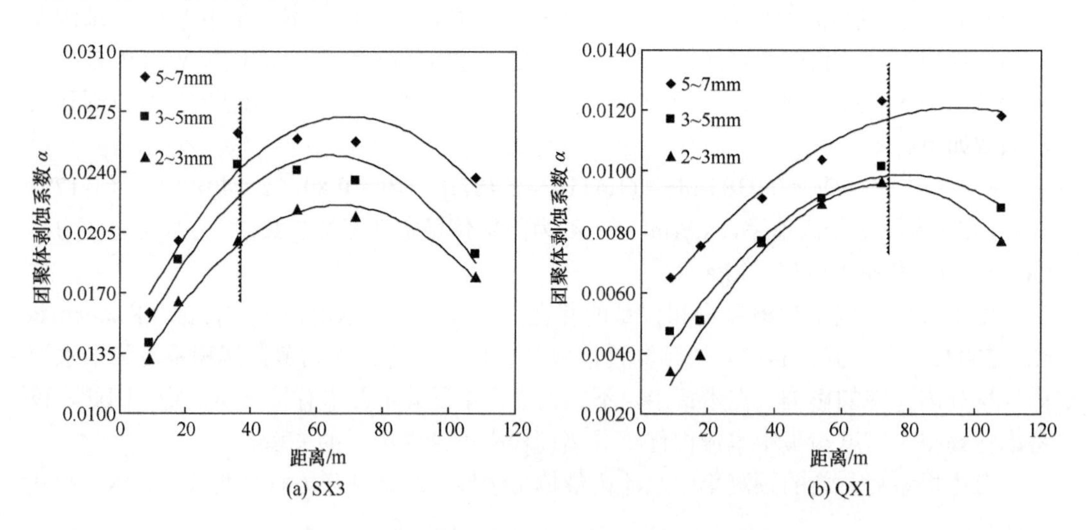

图 1-26 不同运移距离中各粒径团聚体剥蚀系数 α

根据团聚体剥蚀系数 α 变化关系，将团聚体在运移距离中的剥蚀破坏划分为两个阶段。转运过程初期，团聚体由不规则形状逐渐剥蚀变圆，不断释放细小物质，剥蚀破坏速度较大，表现出团聚体剥蚀系数 α 增加的趋势；随之，剥蚀变圆后的团聚体形状规则，且质量减小，碰撞坡面概率减小，剥蚀破坏速度降低，表现为团聚体剥蚀系数 α 的下降。

此外，SX3 团聚体自身稳定性较弱，对机械破碎敏感程度较高，转运过程中剥蚀变圆迅速，所需距离较短（36m、54m）；QX1 团聚体初始粒径形状虽与 SX3 相似，但自身稳定性较强，运移过程中剥蚀破坏程度较小，团聚体在剥蚀变圆的过程缓慢，所需距离较长（72m）。

供试两种红壤团聚体运移一定距离后的 W_r/W_i，在坡度为 8.8%～17.6%时均随流量的增大呈现幂函数的增加（图 1-27），表现为团聚体剥蚀程度下降；而在较陡坡度（26.8%～46.6%）下的 W_r/W_i 随流量变化规律有所不同，在大流量（1.0～1.2L/s）条件下 W_r/W_i 均有不同程度的下降，表现为团聚体剥蚀程度的加剧。原因为在小坡度范围内，尽管流量不断增加，但此时一定粒径团聚体在水流中的运动形态主要是以悬浮为主，与坡面底部碰撞概率较小，因此，表现为团聚体的剥蚀程度下降；而在大坡度范围内，随着流量的增加，由于坡度较陡，运动形态中伴有滚动、跳跃及悬浮等多种形态，与坡面底部碰撞概率较大，此时表现为团聚体的剥蚀程度增加。图 1-28 为两种红壤团聚体

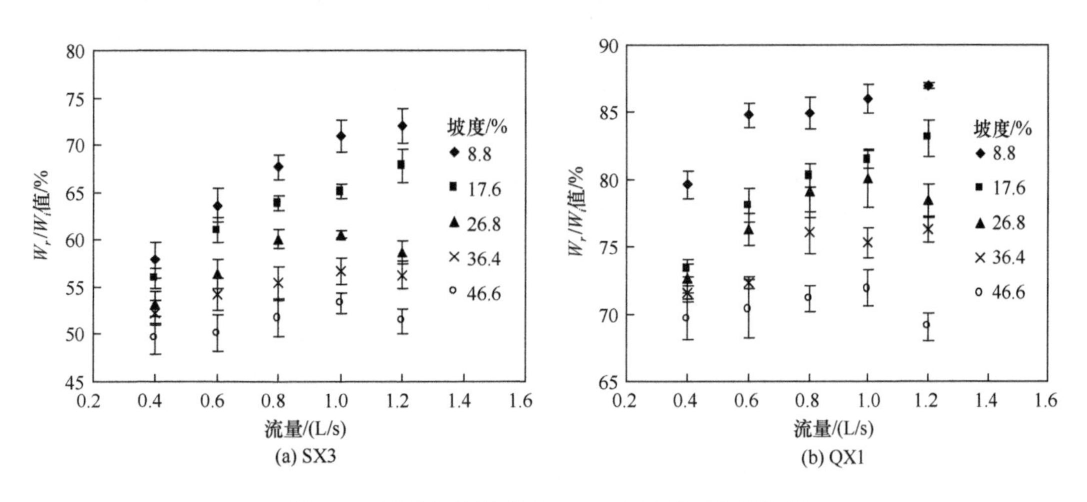

图 1-27　两种红壤团聚体 W_r/W_i 与流量变化的关系

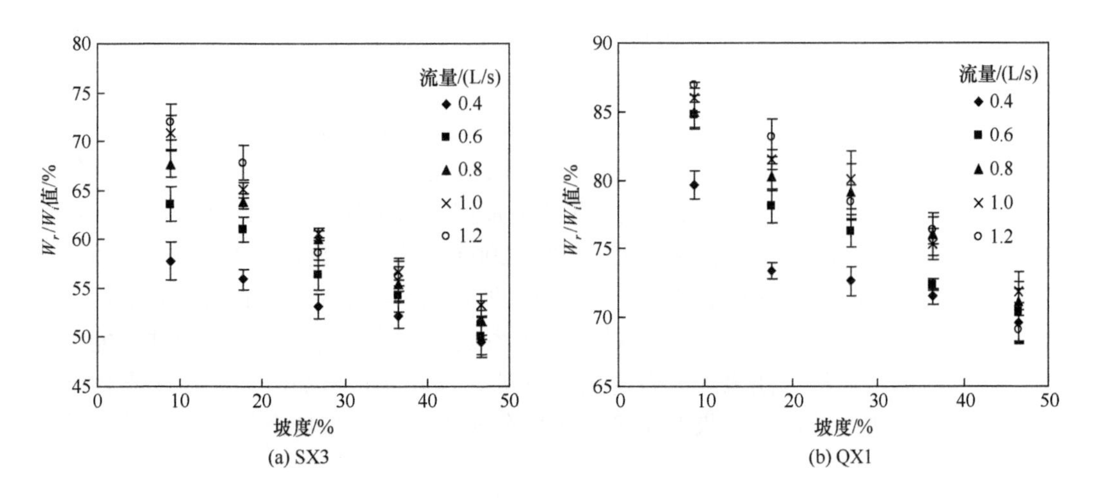

图 1-28　两种红壤团聚体 W_r/W_i 与坡度变化的关系

运移一定距离后的 W_r/W_i 随坡度的变化关系，由图可知，W_r/W_i 均随坡度增加而呈现幂函数减少，团聚体剥蚀程度随着坡度的增加而增加，并且在大坡度（46.6%）条件下各流量间 W_r/W_i 差异变化较小，上述团聚体剥蚀变化情况仍与其自身在坡面中的运动形态变化有关。

对 SX3 和 QX1 红壤团聚体运移一定距离后的 W_r/W_i 与坡度和流量进行多元回归分析，结果分别如下：

$$W_r/W_i = 96.88S^{-0.1483}q^{0.1326} \quad (R^2=0.92,\ n=25) \tag{1-21}$$

$$W_r/W_i = 107.54S^{-0.0992}q^{0.0700} \quad (R^2=0.92,\ n=25) \tag{1-22}$$

式中，q 为流量，L/s；S 为坡度的正切值。由上述方程决定系数 R^2 可知，利用流量和坡度的幂函数可以准确地预测团聚体剥蚀破坏程度。

上述分析得出团聚体的剥蚀破坏程度，在不同流量条件下均随坡度的增加而增大，而在不同坡度条件下随流量的变化规律并不相同，不同稳定性团聚体的剥蚀程度，尽管可以从流量和坡度两个参数直接反映，但其与水力学参数间的内在关系并不清楚。因此，更进一步的研究应该从流速、径流水深、阻力系数以及相关水动力学参数方面分析，探讨其与团聚体剥蚀破坏程度关系。

径流水深也是坡面集中水流内最基本的水力学参数。初始团聚体粒径为 5～7mm，加之团聚体自身质量较小，径流水深的变化会直接导致团聚体在坡面运移过程中运动形态的变化，从而影响团聚体的剥蚀破坏程度。两种红壤团聚体运移一定距离后的 W_r/W_i 均随着径流水深的增加而呈现幂函数增加的趋势，团聚体的剥蚀程度随着径流水深的增加而降低。原因为初始粒径一定的团聚体在运移过程中的运动形态随着径流水深的增加逐渐发生变化，其运动形态由以滚动形态为主转变为悬浮、跳跃形态为主，从而进一步影响到团聚体与底面碰撞概率及剥蚀程度的大小。

将坡度和径流水深两个参数综合考虑，得出 SX3 和 QX1 新的预测方程如下：

$$W_r/W_i = 56.83h^{0.237}S^{-0.094} \quad (R^2=0.91,\ n=25) \tag{1-23}$$

$$W_r/W_i = 73.69h^{0.126}S^{-0.071} \quad (R^2=0.92,\ n=25) \tag{1-24}$$

式中，h 为径流水深，cm；S 为坡度的正切值。

水流在流动过程中必然会受到阻力的作用，Darcy-Weisbach 阻力系数 f 反映坡面流在流动过程中所受阻力的大小（张光辉，2002）。已有研究表明，在流量、坡度等水力条件相同的情况下，阻力系数越大，水流克服阻力所消耗的能量越多，则水流用于土壤分离和泥沙输移的能量越少（柳玉梅等，2009）。由试验数据分析可知，随着阻力系数的增大，两种红壤团聚体 W_r/W_i 呈幂函数形式减小，团聚体剥蚀程度随着阻力系数的增加而增加（图 1-29）。可见，随着阻力系数增大，即使水流用于侵蚀的能量降低，但对粗泥沙颗粒（团聚体）自身的剥蚀破坏程度却是增加趋势。在团聚体结构状况典型的红壤区域，该结果对于更加全面分析阻力系数与坡面侵蚀之间的关系得出了新的认识。

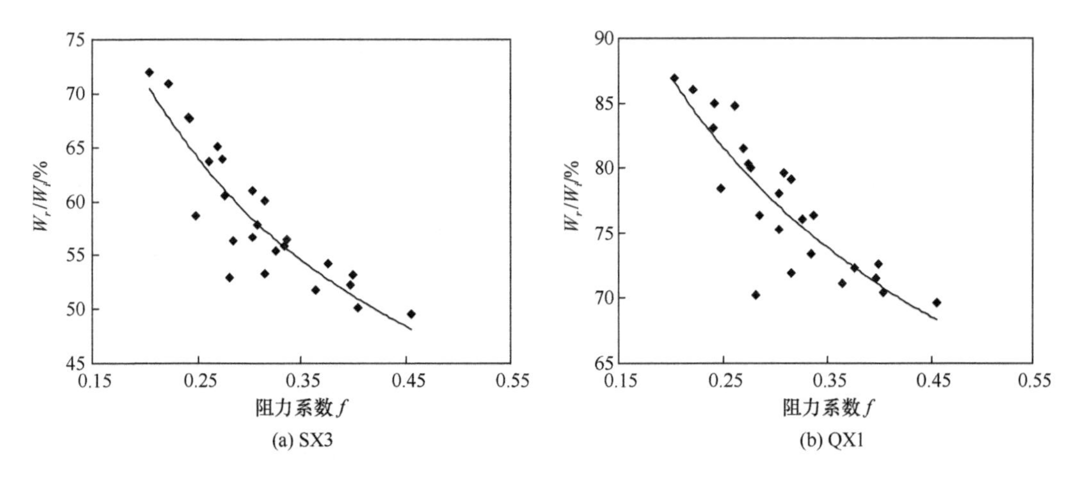

图 1-29　两种红壤团聚体 W_r/W_i 与阻力系数 f 变化关系

国外较多模型中涉及水动力学参数与径流中土壤分离能力的关系（De Roo et al.，1996；Huang et al.，1996），而水动力学参数与粗颗粒泥沙（团聚体）在坡面径流运移过程中的剥蚀破坏关系研究较少。供试两种红壤团聚体的 W_r/W_i 均随着水流剪切力、水流功率及单位水流功率的增加呈现幂函数减少的趋势，即说明集中水流内团聚体剥蚀程度随着 3 种水动力参数的增加而呈幂函数增加。由各参数回归方程式决定系数 R^2 可知，初步得出单位水流功率是描述集中水流内两种供试红壤团聚体剥蚀破坏程度较好的水动力学参数（表 1-18）。

表 1-18　两种红壤团聚体 W_r/W_i 与水动力学参数指标关系式

土样编号	模拟关系式	R^2	n
SX3	$W_r/W_i=79.82\tau_c^{-0.117}$	0.32	25
	$W_r/W_i=85.76\omega^{-0.049}$	0.28	25
	$W_r/W_i=48.45P^{-0.096}$	0.50	25
QX1	$W_r/W_i=96.29\tau_c^{-0.084}$	0.39	25
	$W_r/W_i=67.53\omega^{-0.067}$	0.22	25
	$W_r/W_i=67.75P^{-0.067}$	0.58	25

注：τ_c 为临界水流剪切力，Pa；ω 为临界水流功率，kg/m^3；P 为临界单位水流功率，m/s

集中水流内团聚体剥蚀破坏程度除了上述外界因素的影响之外，还应受自身稳定性强弱的影响，因此，在上述两种红壤的研究基础之上，扩大了样本数量（以两种母质发育的 12 个典型红壤土样为研究对象），进一步分析湿筛法和 LB 法测得，稳定性与团聚体剥蚀破坏程度间的关系，以及不同运移距离团聚体剥蚀破坏后的粒径分布特征和某些胶结物质性质的变化。

表 1-19 给出了不同团聚体稳定性参数（湿筛法和 LB 法）与不同运移距离内 W_r/W_i、剥蚀系数 α 的相关系数。不同的稳定性参数与 5 种运移距离后 W_r/W_i、剥蚀系数 α 的相关关系不同。在湿筛法和 LB 法中，团聚体稳定性参数[$WSA_{0.25}$、MWD_{wet}、团聚体破坏度（aggregate deterioration rate，ADR）、MWD_{FW}、MWD_{WS} 和相对机械破碎指数（relative mechanical breakdown index，RMI）]与 5 种运移距离后的 W_r/W_i、剥蚀系数 α 都有不同程度的显著性相关，且相关系数均随着运移距离的增加而增加，特别是 RMI 与 5 种运移距离后的 W_r/W_i、剥蚀系数 α 均达到了显著性相关。但 LB 法中的 MWD_{SW} 与所有距离中的 W_r/W_i、剥蚀系数 α 均未达到显著性相关。

表 1-19　团聚体稳定性参数与 W_r/W_i、剥蚀系数 α 的相关系数

稳定性参数		W_r/W_i/%					剥蚀系数 α				
		9m	18m	36m	54m	72m	9m	18m	36m	54m	72m
湿筛法	$WSA_{0.25}$	0.41	0.53	0.53	0.66*	0.69*	–0.40	–0.53	–0.52	–0.63*	–0.66*
	MWDwet	0.53	0.61*	0.62*	0.71*	0.73**	–0.53	–0.60*	–0.62*	–0.68*	–0.71**
	ADR	–0.42	–0.54	–0.54	–0.66*	–0.69*	0.41	0.53	0.52	0.63*	0.66*
LB 法	MWD_{FW}	0.57	0.66*	0.70*	0.79**	0.82**	–0.56	–0.65*	–0.67*	–0.74**	–0.76**
	MWD_{SW}	0.19	0.32	0.35	0.41	0.42	–0.19	–0.32	–0.37	–0.42	–0.44
	MWD_{WS}	0.51	0.61*	0.63*	0.64*	0.66*	–0.51	–0.62*	–0.65*	–0.67*	–0.69*
	RMI	–0.64*	–0.71*	–0.72**	–0.71**	–0.72**	0.64*	0.72**	0.75**	0.75**	0.76**

从表 1-19 可知，不同运移距离中团聚体剥蚀破坏程度 W_r/W_i 与 RMI 均达到显著性相关（P<0.05），基于此，本章利用 RMI 和运移距离 x 相结合，来预测其在集中水流内剥蚀破坏程度，同时具有一定的物理意义。将试验结果进行多元回归分析，得出集中水流中不同运移距离红壤团聚体剥蚀程度 W_r/W_i 预测方程：

$$W_r/W_i = -70.50\mathrm{RMI} + 222.31x^{-0.29} \quad (R^2 = 0.87，P < 0.001，n = 60) \qquad (1\text{-}25)$$

由决定系数 R^2 及显著性概率 P 可知，新建立方程[式(1-25)]能较为准确地预测坡面集中水流不同运移距离红壤团聚体剥蚀破坏程度。

1.6　地带性土壤团聚体稳定机制与坡面侵蚀响应

土壤自身的性质尤其是团聚体稳定性直接影响着土壤侵蚀的发生发展过程。土壤类型和性质的不同，其土壤侵蚀规律各有特点。在宏观区域尺度上，对性质上差异较大、侵蚀较严重的典型土壤，如红壤、紫色土、黄土、黑土等土壤侵蚀过程和机理的差异性已经进行了研究（李锐等，2009）。我国幅员辽阔，自然条件复杂多样，不同类型土壤的形成、发育呈明显的地带性分布规律。然而，目前较少有人重视由于土壤类型的地带分布规律而引起的土壤结构稳定性与抗侵蚀特性差异。长期以来，区域性土壤侵蚀预测和水土保持规划的重要技术指标，大多采用划片分区同一取值的办法，其科学性和实用性还有待证实。鉴于此，本章以我国中南部热带、亚热带、温带地区典型地带性土壤为研究对象，以影响土壤结构稳定性和抗侵蚀能力主要因素的地带性差异为研究内容，探讨土壤团聚体稳定性和坡面侵蚀过程的地带性规律，为土壤侵蚀预测和土壤结构的改善管理提供科学依据。

根据我国东部土壤类型纬度地带性分布规律，选取相似母质（马兰黄土、下蜀黄土、第四纪黏土红壤和玄武岩）发育的六种典型地带性土壤为研究对象（表 1-20），分别为褐土、黄褐土、棕红壤、红壤、赤红壤和砖红壤。在采样过程中，尽可能选择剖面结构完整、地形、土地利用方式一致的土壤样地。土地利用方式选择耕地土壤及其周边未人为扰动的自然植被（林地和草地）土壤，其中耕地和荒草地采集淋溶层土壤，林地按发生层次自下而上采集母质层（C）、淀积层（B）和淋溶层（A）。对于砖红壤，由于母质层质地与上层土壤差异较大，本章只采集淀积层和淋溶层土样。

表 1-20　供试土壤基本信息

土壤类型	位置	地形	土地利用	年均降雨/mm	年均气温/℃	母质类型	中国土壤系统分类（2001）
褐土	34°48′ N，112°36′ E	岗地	荒草地、杨树林、耕地（花生-小麦）	595	14.2	马兰黄土	简育干润淋溶土
黄褐土	32°08′ N，112°16′ E	岗地	荒草地、次生林、耕地（玉米-小麦）	828	16.0	下蜀黄土	铁质湿润淋溶土
棕红壤	30°01′ N，114°21′ E	丘陵	次生林、茶园、荒草地	1599	17.2	第四纪黏土红壤	铝质湿润淋溶土
红壤	28°29′ N，112°54′ E	丘陵	林地、荒草地、耕地（玉米）	1428	17.4	第四纪黏土红壤	黏化湿润富铁土
赤红壤	24°19′ N，113°59′ E	山前台地	林地、荒草地、耕地（甘蔗）	1725	20.7	第四纪黏土红壤	富铝湿润富铁土
砖红壤	19°52′ N，110°34′ E	台地	林地、荒草地、耕地（香蕉）	1656	24.5	玄武岩	暗红湿润铁铝土

1.6.1　土壤结构及其稳定性的地带性变化

土壤理化性质测定包括容重、孔隙度、pH、土粒密度、机械组成、有机碳和总氮、阳离子交换量和交换性盐基离子，游离态和非晶形铁铝锰氧化物、黏土矿物类型和相对含量等指标。团聚体稳定性采用干筛湿筛法和 Le Bissonais 法测定。

从褐土到砖红壤，土壤由中性向酸性变化，盐基饱和度（除砖红壤盐基饱和度为 12%～30%）和盐基离子总量总体呈现下降的趋势（图 1-30），其中褐土和黄褐土为中性或微酸性，其盐基离子总量明显高于其他土壤，而棕红壤、红壤、赤红壤和砖红壤为酸性；所有交换性盐基离子中，Ca^{2+}地带性变化最明显（0.1～25.2cmol/kg，CV=122%），其次为 Mg^{2+}（0～3.2cmol/kg）；相对于钙镁离子，钾钠离子变异程度相对较小，变化范围分别为 0.1～1.4cmol/kg 和 0～0.8cmol/kg。受施肥作用的影响，对于红壤、赤红壤和砖红壤，耕地表层土壤盐基离子含量高于荒地和林地。

从褐土到砖红壤，游离态铁铝氧化物（Fed、Ald）含量呈现逐渐增加的趋势[图 1-31(a)]，变化范围分别为 14.1～145.1g/kg 和 1.7～34.0g/kg，变异系数分别为 76%和 82%。非晶形铁铝氧化物（Feo、Alo）含量总体呈现先增加后降低的趋势[图 1-31(b)]，其中红壤平均含量最高，褐土最低；非晶形氧化铁和非晶形氧化铝含量比较接近，变化范围分别为 1.0～7.2g/kg 和 1.5～5.2g/kg。对于铁铝氧化物而言，非晶形氧化物和游离氧化物含量间的差异自北向南逐渐增大，表明除褐土外，游离态铁铝氧化物以晶形氧化物尤其是晶形氧化铁为主，而且其含量自北向南逐渐增加。

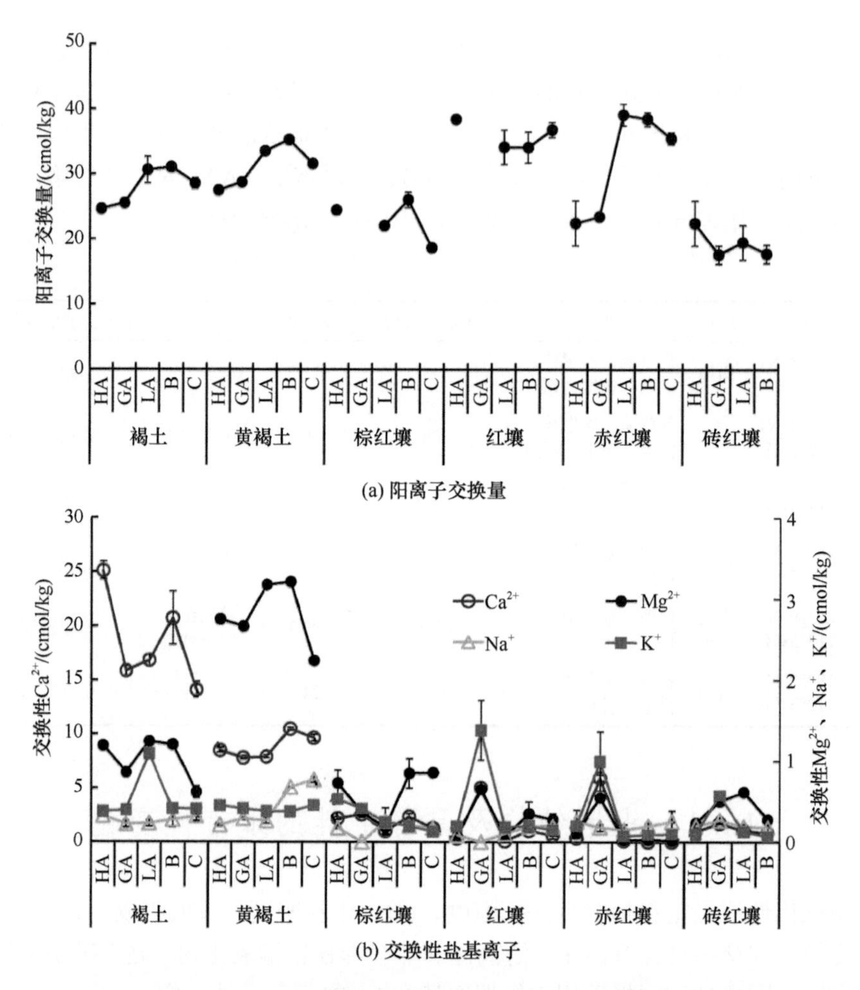

(a) 阳离子交换量

(b) 交换性盐基离子

图 1-30 土壤阳离子交换量和交换性盐基离子变化

HA、GA 和 LA 表示荒地、耕地和林地的淋溶层；A 表示淋溶层，B 表示淀积层，C 表示母质层；下同

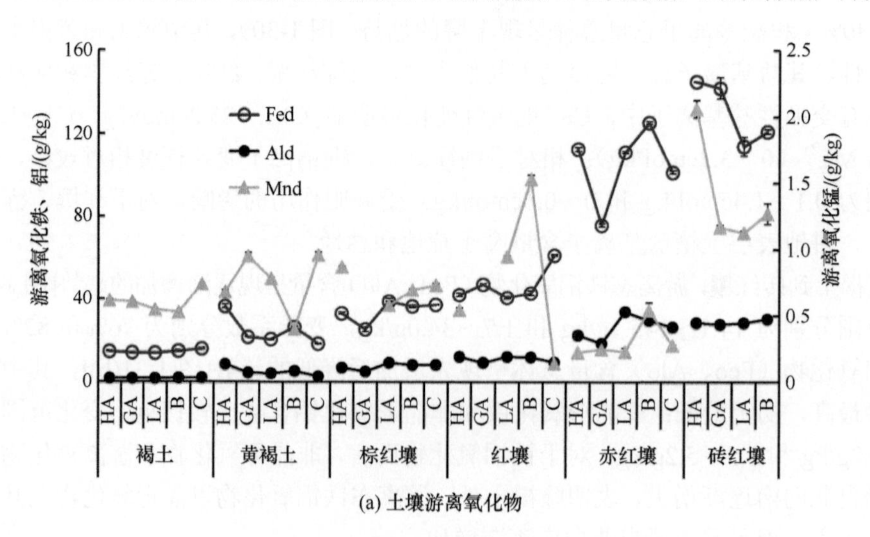

(a) 土壤游离氧化物

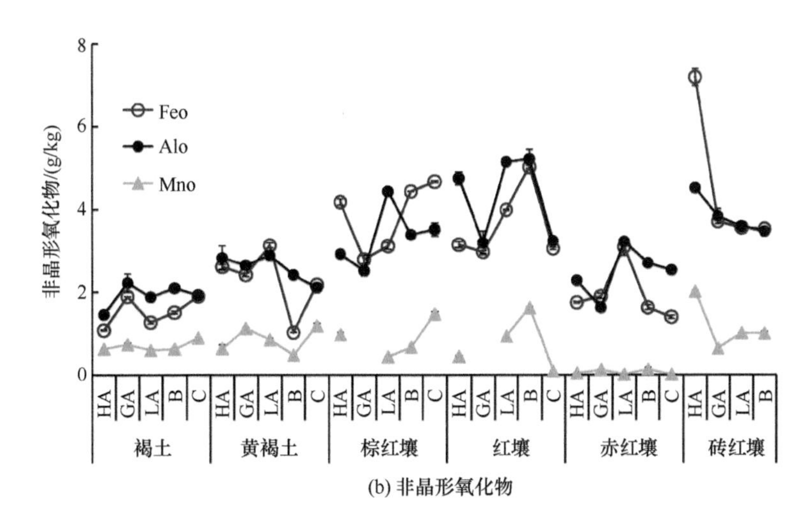

图 1-31　土壤游离氧化物（Fed、Ald、Mnd）和非晶形氧化物（Feo、Alo、Mno）变化

土壤总体以黏质土壤为主，质地由褐土的粉质黏壤土向砖红壤的黏土变化，其中黏粒含量呈现增加趋势（32%～77%），粉粒含量逐渐降低（11%～63%），砂粒含量小于9%（图 1-32）。对于黏土矿物而言，褐土、黄褐土和棕红壤主要以水云母、蛭石和高岭石为主，膨胀性黏土矿物-蛭石含量（5%～35%）从褐土向棕红壤逐渐降低，红壤和赤红壤主要以水云母、高岭石和 1.4nm 过渡矿物为主，砖红壤以高岭石和 1.4nm 过渡矿物，对于红壤、赤红壤和砖红壤，1.4nm 过渡矿物含量相对较低（3%～12%）。总体而言，自北向南，2∶1 型矿物（蛭石、1.4nm 过渡矿物和水云母）含量逐渐降低，而 1∶1 型矿物（高岭石）含量逐渐升高（11%～92%）。

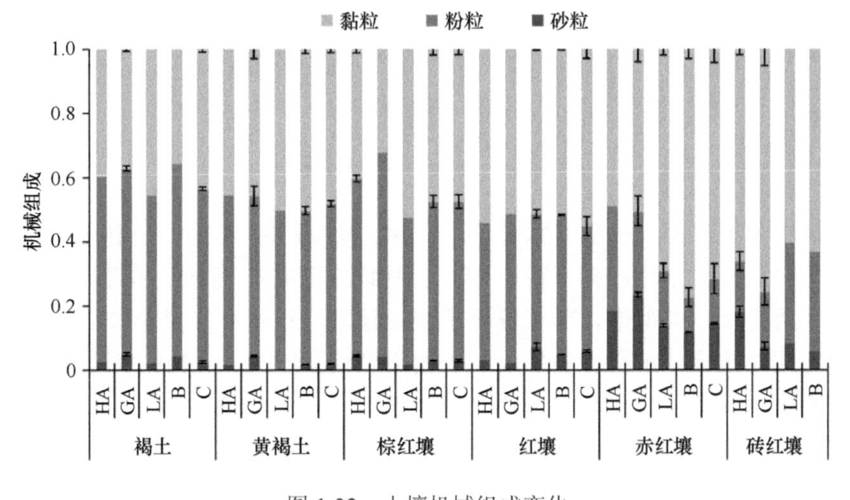

图 1-32　土壤机械组成变化

相比而言，土壤有机碳、碳氮比、容重和孔隙度等指标地带性变化不明显（图 1-33），但在土体尺度上变异较大，其中土壤有机碳和碳氮比随土壤深度增加逐渐降低；耕地土

壤容重大于荒地和林地；淋溶层土壤容重总体小于淀积层和母质层；土壤孔隙以毛管孔隙为主（0.34～0.56cm^3/cm^3），非毛管孔隙含量相对较低（0.02～0.16cm^3/cm^3）。

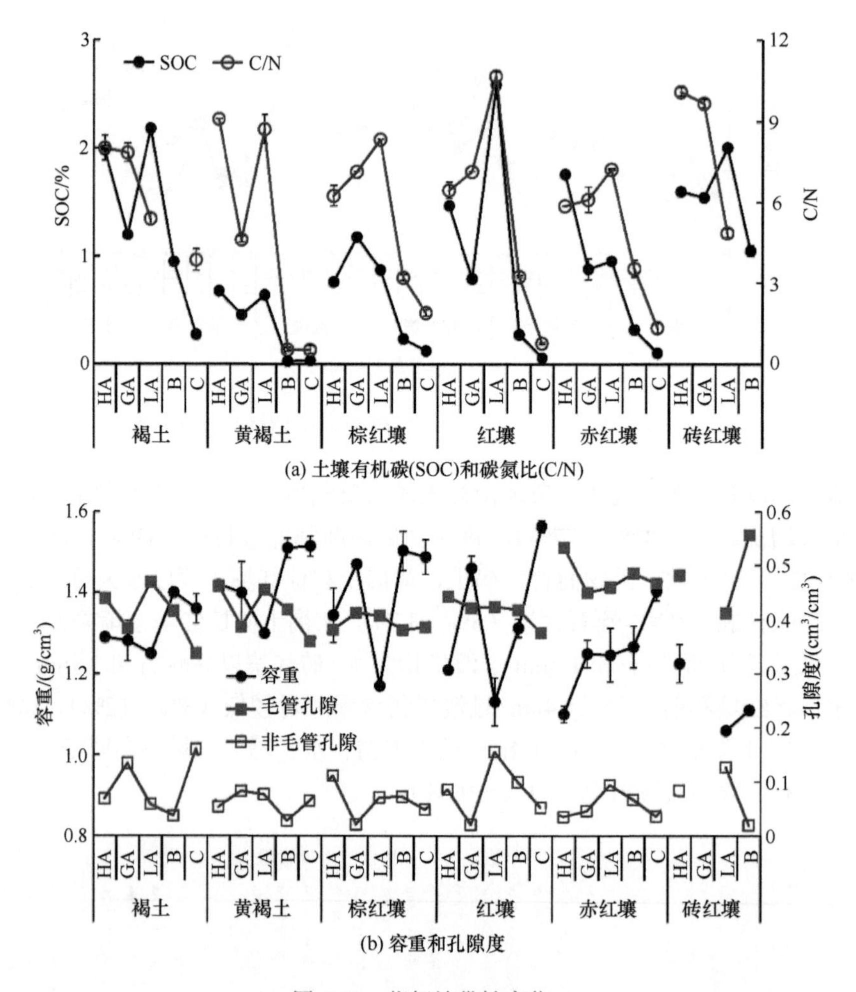

图 1-33　指标地带性变化

对于风干团聚体而言（图 1-34），除褐土和砖红壤外，不同土地利用方式下风干团聚体平均重量直径大小顺序为：耕地>荒地>林地；而砖红壤风干团聚体稳定性大小顺序则相反。所有土壤类型中，砖红壤风干团聚体平均重量直径最小（1.73～2.44mm）。土地利用方式对团聚体水稳性的影响因土壤类型而异[图 1-34(b)]。对于红壤、赤红壤和砖红壤而言，耕地土壤团聚体水稳性明显低于荒地和林地；而对于棕红壤，耕地下团聚体稳定性最高；对于褐土，荒地和耕地间团聚体水稳性无明显差异，但显著低于林地。从褐土到砖红壤，风干团聚体稳定性呈现逐渐降低的趋势（图 1-35），除褐土和砖红壤外，风干团聚体稳定随着土层深度逐渐增加。团聚体水稳性自北向南呈现先增加后降低的变化趋势，其中红壤团聚水稳性最高；此外团聚体水稳性随着土层深度增加逐渐降低。

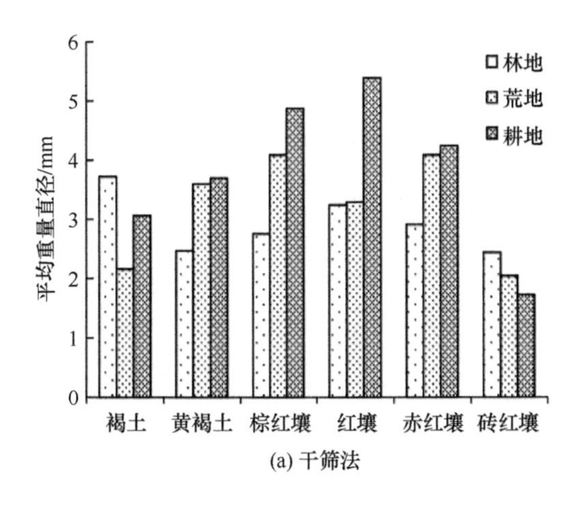

(a) 干筛法

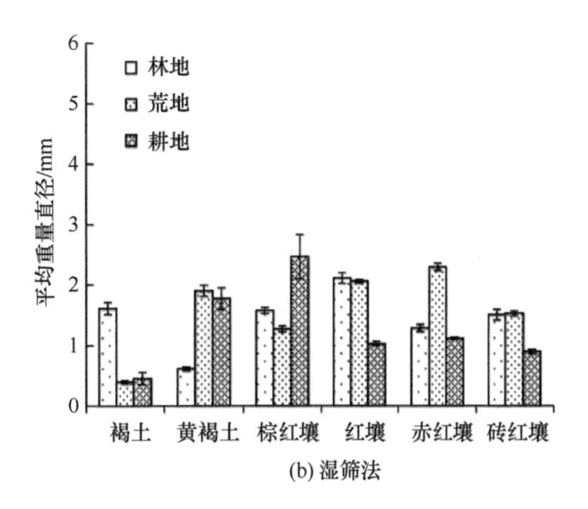

(b) 湿筛法

图 1-34　不同土地利用方式表层土壤团聚体稳定性

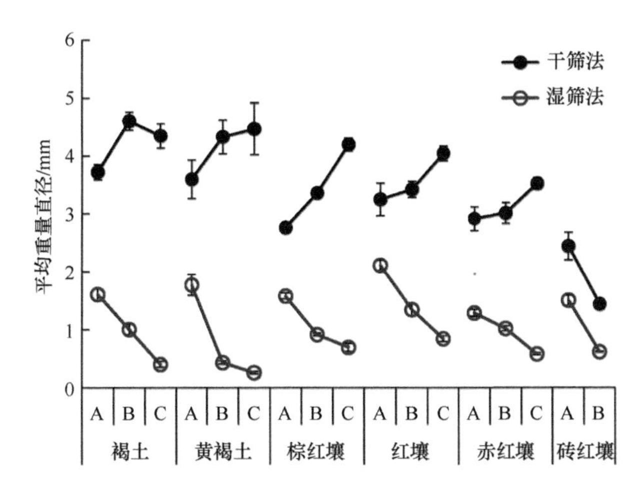

图 1-35　自然植被下土壤团聚体稳定性变化

黄褐土为荒地，其他均为林地

不同处理条件下团聚体稳定性由高到低的顺序为：慢速湿润>湿润振荡>快速湿润（图 1-36），表明消散作用对团聚体破碎的贡献最大，其次为机械破碎作用，而不均匀膨胀作用的影响最小。从褐土到砖红壤，消散作用下团聚体稳定性总体上呈现逐渐增加的趋势，变异系数为 49%，在三种处理中最大，说明不同类型土壤团聚体稳定性对消散作用比较敏感，而且母质层和淀积层团聚体稳定性明显低于淋溶层。不均匀膨胀作用下，褐土和黄褐土团聚体稳定性低于其他土壤类型，这与其膨胀性矿物蛭石有关，而其他土壤黏土矿物主要以非膨胀性的高岭石和水云母为主。机械破碎作用下，所有土壤类型中，黄褐土团聚体稳定性最差（1.42～1.74mm），其次为褐土（1.59～2.29mm），而其他土壤团聚体稳定性相对较高，尤其是赤红壤（3.03～3.17mm），说明其抵抗机械破碎作用的能力最强。总体而言，褐土和黄褐土团聚体稳定性较差，对消散作用和机械破碎作用比较敏感，而其他土壤而言团聚体破碎主要受消散作用影响，尤其是有机质含量较低的淀积层和母质层。

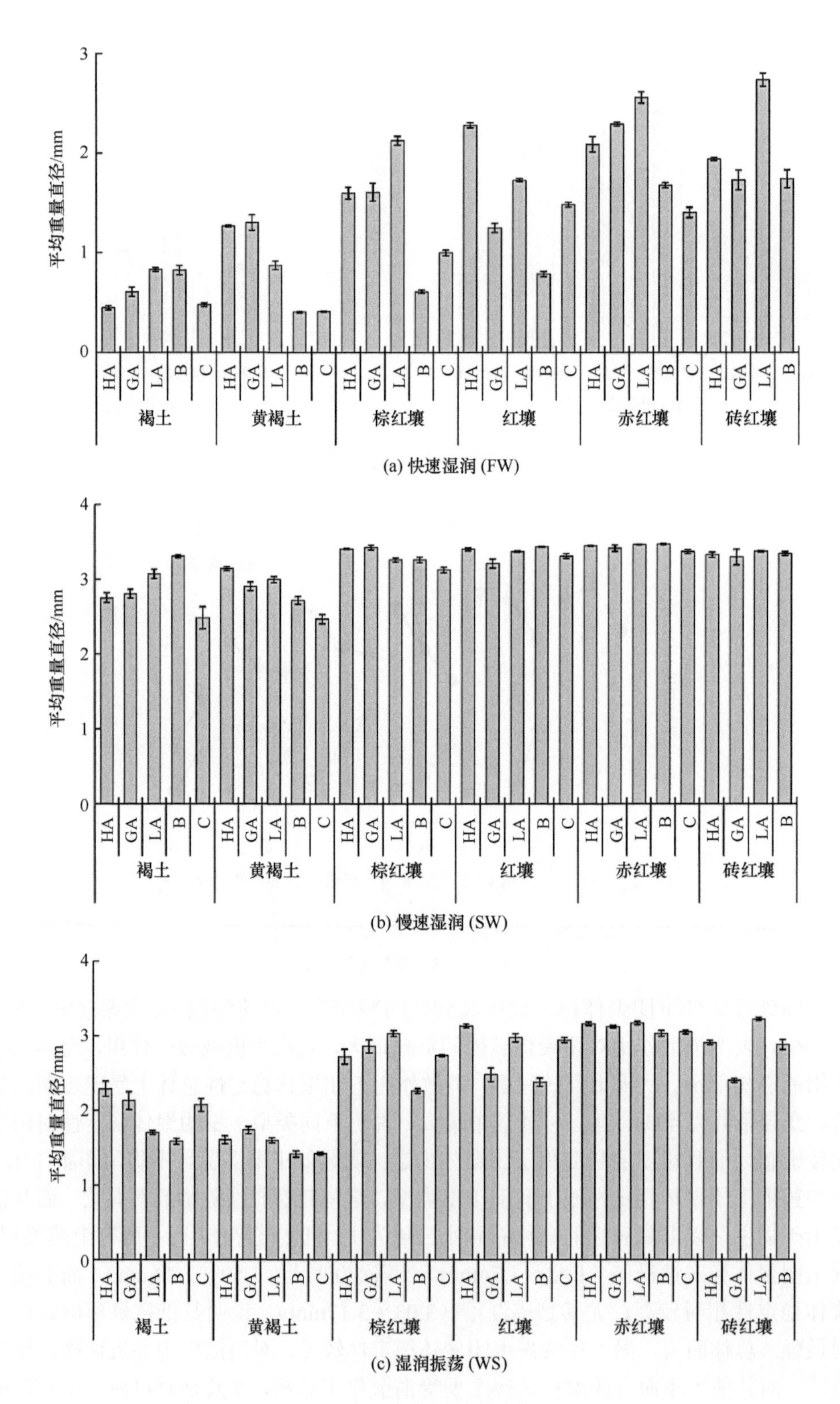

图 1-36　不同处理条件下团聚体稳定性变化

风干团聚体稳定性与容重呈显著正相关关系（R=0.62，P<0.001），与碳氮比和黏粒呈显著负相关关系（R = –0.53 和–0.53，P<0.01）（表 1-21），表明容重可以增加风干团聚体力稳性，而有机质存在降低团聚体力稳性（Munkholm，2011）。团聚体水稳性与 pH、交换性钠离子呈显著负相关关系（R = –0.52 和–0.51，P<0.01），与有机碳呈显著正相关关系（R=0.50，P<0.01）。有机质通过增加斥水性和黏聚力来提高团聚体水稳性（Chenu et al.，2000）；随着 pH 降低，矿物表面有机质层厚度会增加，颗粒间的黏结力会增强，高价阳离子的溶解性会增加（Regelink et al.，2015）。LB 法中，不同预处理下团聚体稳定性与游离态铁铝氧化物、砂粒、黏粒、1.4nm 过渡矿物和高岭石呈显著正相关关系（P<0.01），与 pH、粉粒、交换性盐基离子、容重和蛭石呈显著负相关关系（P<0.01）；所有指标中团聚体稳定性与 pH、游离态铁铝氧化物、交换性钙镁、蛭石、高岭石关系最密切（|R|=0.63～0.85，P<0.001）。此外，消散作用下团聚体稳定性还与有机碳呈显著正相关关系（R=0.48，P<0.01）；不均匀膨胀作用下团聚体稳定性与蛭石关系最密切（R = –0.80，P<0.001）；机械振荡作用下团聚体稳定性与交换性镁离子和蛭石关系最密切（R = –0.85 和–0.84，P<0.001）。综上可知，蛭石和交换性盐基离子可以降低团聚体稳定性，这可能与湿润过程中水化膨胀作用可以降低土壤颗粒间连接力有关（Wilson et al.，2014；Rengasamy et al.，2016）；而高岭石和游离态铁铝氧化物可以增强团聚体稳定性，由于其较大的比表面积和表面电荷，可以增加土壤颗粒间的黏结力（Lao and Ben-Hur，2004；Regelink et al.，2015）。

表 1-21　团聚体稳定性指标和土壤基本理化性质间的相关关系（n = 29）

	$MWD_{干筛}$	$MWD_{湿筛}$	$MWD_{快速湿润}$	$MWD_{慢速湿润}$	$MWD_{湿润振荡}$
土粒密度					0.61^{**}
pH		-0.52^{**}	-0.71^{***}	-0.77^{***}	-0.77^{***}
游离氧化铁			0.73^{***}	0.66^{***}	0.73^{***}
游离氧化铝			0.78^{***}	0.72^{***}	0.77^{***}
有机碳		0.50^{**}	0.48^{**}		
碳氮比	-0.53^{**}				
砂粒			0.60^{**}	0.70^{***}	0.68^{***}
粉粒			-0.64^{***}	-0.53^{**}	-0.67^{***}
黏粒	-0.53^{**}		0.58^{**}		0.60^{**}
交换性钙			-0.69^{***}	-0.73^{***}	-0.81^{***}
交换性镁			-0.68^{***}	-0.75^{***}	-0.85^{***}
交换性钠		-0.51^{**}		-0.53^{**}	
交换性钾					-0.58^{**}
容重	0.62^{***}		-0.66^{***}		-0.60^{**}
蛭石			-0.72^{***}	-0.80^{***}	-0.84^{***}
1.4nm 过渡矿物			0.62^{***}	0.53^{**}	0.64^{***}
高岭石			0.71^{***}	0.63^{***}	0.78^{***}

，* 分别表示显著性水平为 P<0.01 和 P<0.001

1.6.2 坡面侵蚀过程的地带性变化

通过野外模拟降雨试验研究坡面降雨过程。本节选择褐土、黄褐土、红壤、赤红壤和砖红壤五种土壤类型，每类土壤选择三种侵蚀程度（无、强烈、剧烈侵蚀）（其中砖红壤不含剧烈侵蚀）进行研究。

野外原位径流小区的尺寸为 3m×0.8m=2.4m^2，坡度设置为 10°，同时每个处理设置两个重复，垂直于等高线布设小区。为了避免地表植被对强烈侵蚀和剧烈侵蚀程度表土性质的影响，修建小区之前，对选定坡面进行初步修整，去除地表植被、大的根系和表面松土层（1～3cm），平整坡面。在小区布设时，周围选择宽 25cm，厚度 5mm 厚的铝塑板作为隔水墙，其中铝塑板埋入土中 15cm，埋好后对板子两侧土壤进行压实，防止渗水。在小区出口处布设集水槽，便于收集径流泥沙。按坡耕地播种期间地表状况（苗床整地标准），对小区内坡面整理，用锄头对表层 5cm 土壤进行翻耕，用耙子将表面大土块粉碎，使土块直径小于 3cm，为消除隔水板的边界效应，小区两侧沿铝塑板部分略高于中间部分。

模拟降雨采用便携式降雨器（Luk et al.，1986），该装置主要由 SPRACO 锥形喷头、5m 高支架、水压表、水泵组成。通过压力阀和喷头数量来控制降雨强度和雨滴分布，当水压力控制在 0.08MPa 时，雨滴中数直径为 2.40mm，均匀度为 90%，有效控雨面积为 20m^2（Cai et al.，2005）。试验采用 45mm/h 和 90mm/h 两个雨强。为保证降雨前土壤初始含水状况一致，降雨试验开始前，用 45mm/h 的雨强对表土进行预湿润，将孔径 2mm 的纱网覆盖到小区上，纱网距离坡面高度 10cm，以降低雨滴打击对表土结构的影响，至地表开始产流为止。然后塑料布覆盖径流小区放置 12 小时，排除自由水。降雨试验开始前，对表土进行采样，测定其含水率。降雨过程中的实际雨强，通过小区周围 8 个雨量筒进行监测，降雨历时为坡面产流后 1 小时，记录产流历时，每间隔 3 分钟接一次径流样，接样时间视产流大小而定，样品称重后将水沙混合样转移至塑料瓶内带回实验室。观测内容包括：泥沙有效粒径分布、产流强度、径流泥沙浓度、产沙率、土壤可蚀性（RUSLE-K）等指标。

1. 入渗产流过程

土壤入渗速率随着产流时间总体上呈现先快速降低，然后缓慢减小至波动稳定状态的变化（图 1-37）。在产流初始阶段，大雨强下土壤入渗速率明显高于小雨强，但是其差异逐渐减小，随着降雨的继续，土壤入渗速率受降雨强度影响呈现不同变化趋势，大致可以分为三类：①大雨强下入渗速率大于小雨强（$P<0.05$），如强烈和剧烈侵蚀褐土、强烈侵蚀黄褐土、剧烈侵蚀赤红壤、砖红壤，其中对于剧烈侵蚀褐土和强烈侵蚀砖红壤而言，大雨强下土壤入渗速率是小雨强下的 2 倍以上；②入渗稳定阶段，两种雨强下的入渗速率差异不显著（$P>0.05$），如无明显侵蚀的褐土、黄褐土、剧烈侵蚀黄褐土、红壤；③小雨强下土壤入渗速率大于大雨强，如无明显侵蚀和强烈侵蚀的赤红壤。相比大雨强，小雨强作用下土壤入渗速率随着降雨时间的变化相对平缓。

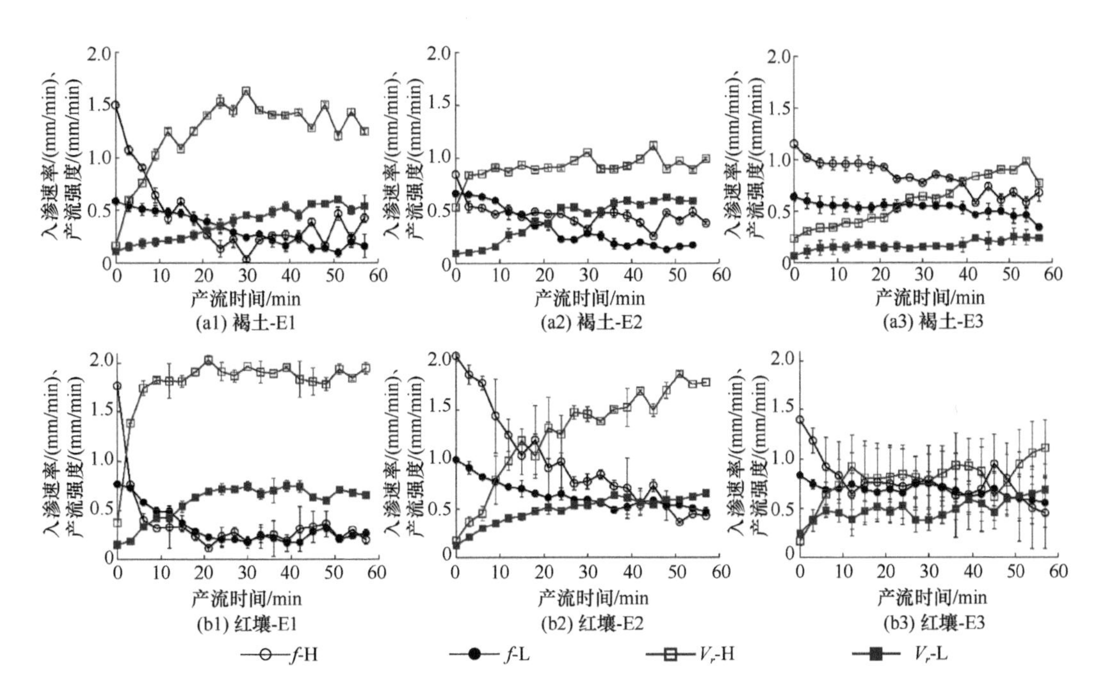

图 1-37　降雨过程中褐土和红壤入渗速率（f）和产流强度（V_r）随产流时间变化

E1：无明显侵蚀；E2：强烈侵蚀；E3：剧烈侵蚀；“-H”和“-L”分别表示大雨强（90mm/h）和小雨强（45mm/h），下同

对于褐土、红壤和赤红壤而言，随着侵蚀程度的增加土壤入渗速率逐渐增加；对于黄褐土而言，随着侵蚀程度增加，小雨强下土壤入渗速率逐渐降低，大雨强下，剧烈侵蚀低于其他侵蚀程度；对于砖红壤而言，大雨强下强烈侵蚀土壤入渗速率高于无明显侵蚀土壤，而小雨强下则相反（图 1-38）。所有土壤中，砖红壤稳渗速率最大，其中大雨强下大于 0.88mm/min，小雨强下大于 0.40mm/min，而无明显侵蚀的其他土壤入渗速率最小，如对于无明显侵蚀赤红壤，大雨强下其稳定入渗速率接近 0，这与其地表结皮形成有关。

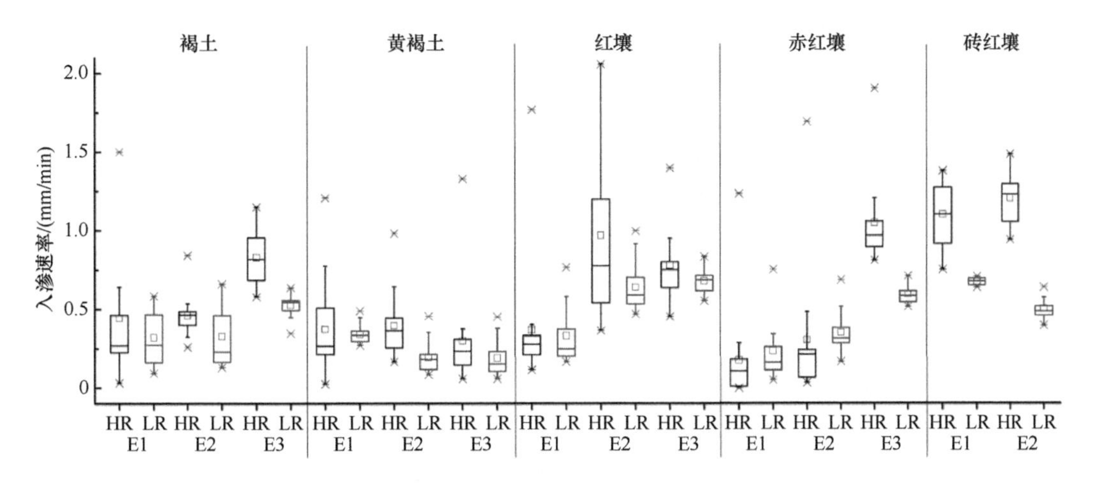

图 1-38　降雨过程中土壤入渗速率变化

HR 表示大雨强，LR 表示小雨强；箱式图上中下边分别表示 75%、50%和 25%分位数；“×”表示异常值，“□”表示平均值；下同

降雨过程中土壤产流强度呈现与入渗速率相反的变化趋势。产流初始阶段，产流强度逐渐增加，随着降雨进行，达到波动稳定状态。降雨强度对产流强度的具体影响因土壤类型和侵蚀程度而异，大雨强作用下初始阶段产流强度快速增加，达到稳定阶段明显快于小雨强，这可能与大雨强下土壤结皮形成相对较快有关。除剧烈侵蚀红壤外（图 1-39），大雨强作用下土壤产流强度不同程度地大于小雨强。对于剧烈侵蚀褐土和强烈侵蚀砖红壤，稳定产流阶段，不同降雨强度下产流速率无显著差异。除黄褐土外，随着侵蚀程度增加，稳定产流阶段两个雨强间的产流强度差异逐渐降低。

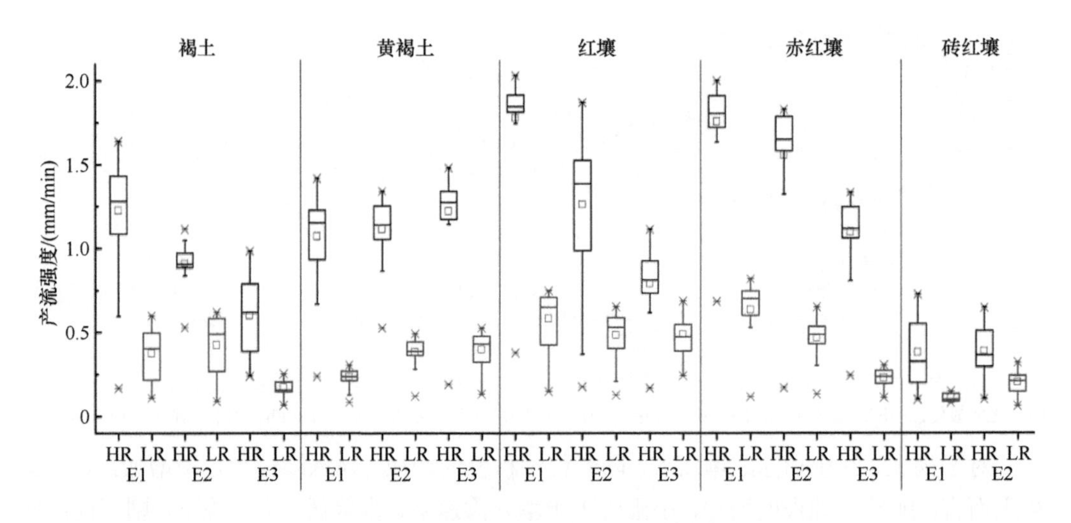

图 1-39 降雨过程中土壤产流强度的变化

总体而言，对于无侵蚀影响的褐土、黄褐土、红壤和赤红壤，其表土富含有机质、容重较小、团聚体抗剪强度相对较小，在雨滴打击作用下容易形成结构紧实、透水性弱的结皮，导致土壤入渗速率快速降低、产流强度和径流系数迅速增加，达到稳定状态，尤其是在大雨强下更为明显。而对于无明显侵蚀影响的砖红壤，由于其富含高岭石和铁铝氧化物，团聚体稳定性较高，不利于结皮的形成，因此，其土壤入渗速率明显高于相同侵蚀程度的土壤，而产流强度和径流系数则反之。对于剧烈侵蚀土壤，土壤结构以大块状为主，结构紧实、土体强度高，足以抵抗降雨和径流的破坏，结构性结皮较难形成，主要以沉积性结皮为主且形成速率相对较慢，因此，土壤入渗速率较大，降低较慢，而产流强度较低。相对于小雨强，大雨强条件下，径流深度较大，由于水力梯度的存在，导致其入渗速率较大。强烈侵蚀土壤，团聚体稳定性处于无明显侵蚀土壤和剧烈侵蚀土壤之间，因此，入渗速率和产流强度也呈现相似的规律。

2. 产沙过程

除剧烈侵蚀褐土和黄褐土外，大雨强下径流泥沙浓度总体上显著高于小雨强，如对于强烈侵蚀红壤，大雨强下其平均径流泥沙浓度为 61.7g/L，是小雨强下的 9 倍，但是降雨强度的影响程度因土壤类型和侵蚀程度而异。径流泥沙浓度随着产流时间呈现不同的变化形式（图 1-40），可以为四类：①先增加，达到峰值后逐渐降低，如无明显侵蚀褐土、大雨强下无明显侵蚀红壤、小雨强下无明显侵蚀赤红壤等；②先增加然后达到稳定状态，如大雨强下无明显侵蚀黄褐土、小雨强下无明显侵蚀红壤；③自产流开始逐渐降低，如大雨强下强烈侵蚀和剧烈侵蚀红壤、大雨强下无明显侵蚀赤红壤；④在一定数值附近平缓变化，如小雨强下剧烈侵蚀土壤。泥沙侵蚀速率取决于径流搬运能力和土壤剥蚀速率中的较小者。大多数情况，产流初始阶段，径流泥沙浓度随着径流速率的增加逐渐增加，达到峰值后再逐渐降低，尤其在大雨强下尤为明显，这表明在侵蚀初始阶段泥沙的输移主要受径流搬运能力的限制，然后转变为受剥蚀能力的限制（Kinnell，2005）。径流泥沙浓度随着产流时间逐渐下降主要是由于当地表结皮形成时地表可侵蚀物质的减少和表土抗剪强度的增加（Lado and Ben-Hur，2004）；随着降雨的持续，以跃移和滚动方式运移的粗颗粒在地表形成疏松表层可以保护其下土壤免受雨滴和径流的剥蚀（Kinnell，2005，2012）。此外，随着径流深度的增加，径流对雨滴打击能量消散作用逐渐增强，这也会导致径流泥沙浓度的降低（Kinnell，2010）。小雨强下，径流泥沙浓度随着产流强度逐渐增加，这是由于泥沙侵蚀主要受径流搬运能力有限导致的（Jin et al.，2008；Vaezi et al.，2017）。

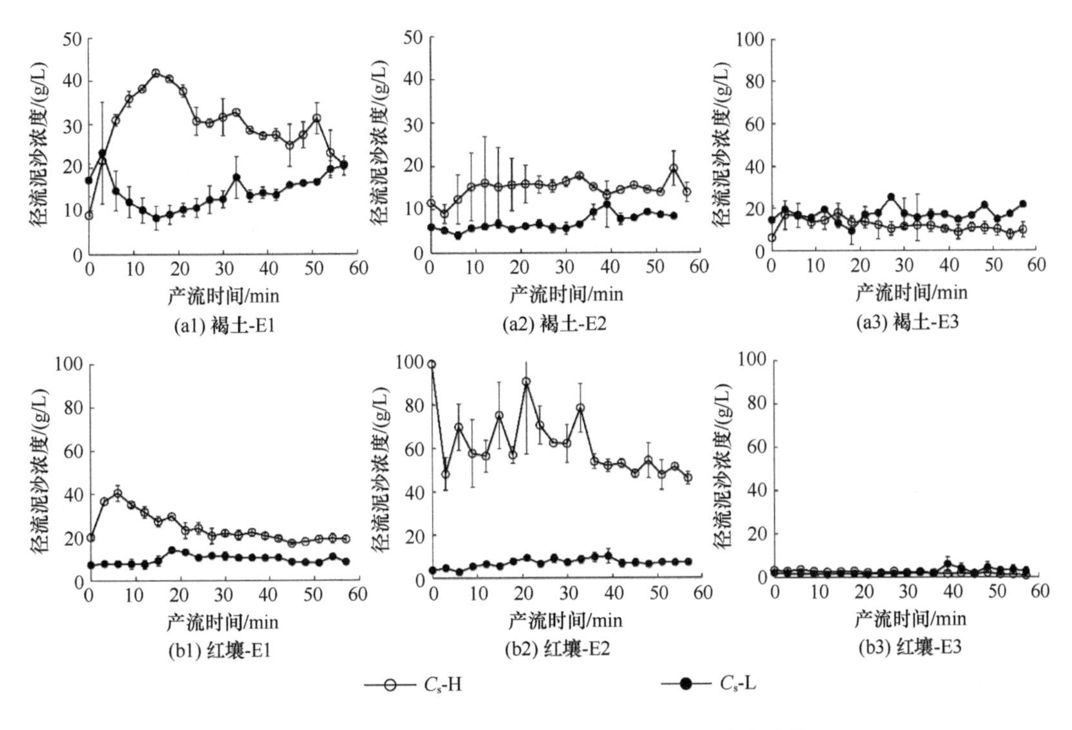

图 1-40　褐土和红壤的径流泥沙浓度（C_s）动态变化

对于褐土和小雨强下的红壤和赤红壤，径流泥沙浓度总体上随着侵蚀程度的增加逐渐降低（图 1-41），说明侵蚀过程中径流泥沙浓度主要受土壤性质影响；而对于大雨强作用下黄褐土、红壤、赤红壤和砖红壤，剧烈侵蚀下的径流泥沙浓度（<8.8g/L）明显低于其他侵蚀程度；对于红壤而言，强烈侵蚀下（61.7g/L）其径流泥沙浓度显著高于无明显侵蚀土壤（24.3g/L），说明除剧烈侵蚀程度土壤外，大雨强下，径流泥沙浓度受土壤

性质和降雨强度综合影响。对于剧烈侵蚀程度土壤，表土为大块状结构、土体强度较高，团聚体稳定性足以抵抗雨滴打击和径流冲刷的破坏，不易发生剥蚀、形成结皮，因此，径流泥沙浓度和侵蚀产沙速率相对较低。

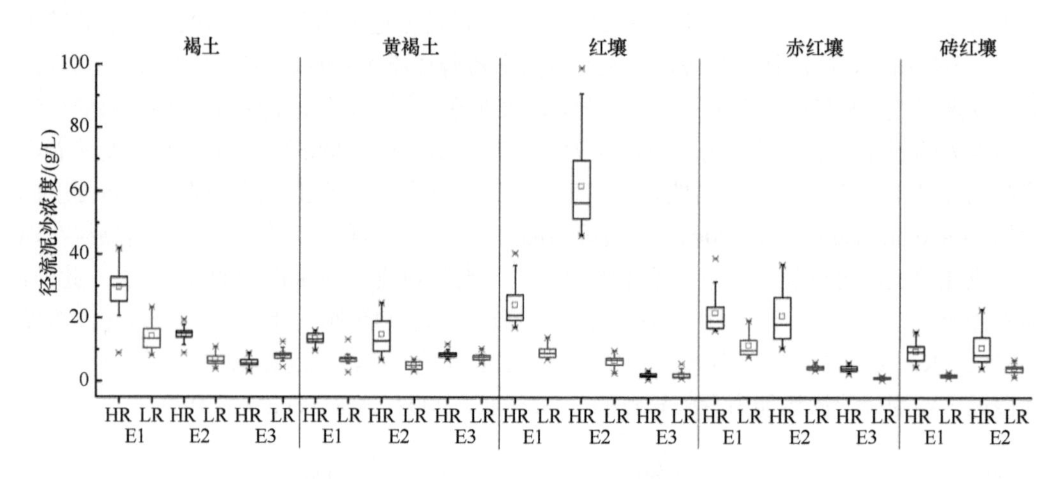

图 1-41　降雨过程中土壤径流泥沙浓度的变化

产流初始阶段，土壤可蚀性因子值随产流时间逐渐增加，然后呈现不同的变化趋势（图 1-42）：①继续增加，如无明显侵蚀和强烈侵蚀的黄褐土、小雨强下无明显侵蚀的褐土；②达到峰值后逐渐减小，如大雨强下无明显侵蚀的褐土、红壤和赤红壤，以及强烈侵蚀砖红壤；③达到稳定状态，如大雨强下强烈侵蚀褐土和赤红壤、无明显侵蚀砖红壤。在五种土壤类型中，砖红壤可蚀性最低，为 0.0005～0.0024t·hm^2·h/(hm^2·MJ·mm)，这是因为热带土壤通常富含高岭石和铁铝氧化物，土壤团聚体稳定性较高，不易形成结皮，而且土壤结构疏松、土粒密度大，导致降雨侵蚀过程中土壤产流强度较低、团聚体不易破碎和搬运，尤其在小雨强作用下更为明显（Kinnell，2012）。所有处理中，大雨强下强烈侵蚀红壤可蚀性最大，其平均值为 0.0166t·hm^2·h/(hm^2·MJ·mm)。除黄褐土和强烈侵蚀红壤外，土壤可蚀性因子随着侵蚀程度的增加逐渐降低（图 1-43）。剧烈侵蚀下土壤可蚀性明显低于无明显侵蚀和强烈侵蚀土壤。

3. 泥沙搬运方式

对于剧烈侵蚀褐土、小雨强下强烈侵蚀和剧烈侵蚀黄褐土、剧烈侵蚀红壤和小雨强下剧烈侵蚀赤红壤而言，泥沙颗粒主要以<0.10mm 粒径为主，含量在 70%以上。对于其他处理，随着产流时间的增加，<0.10mm 泥沙含量逐渐降低，而>0.10mm 泥沙含量逐渐增加。对于无明显侵蚀和强烈侵蚀的褐土和黄褐土而言，泥沙粒径仍以<0.10mm 粒径为主，其次为 0.5～1mm 和 1～2mm 粒径，随着降雨历时和降雨强度的增加，其含量逐渐增加。对于红壤、赤红壤和砖红壤而言，产流初期阶段，泥沙以<0.10mm 粒级为主，随着降雨进行，除剧烈侵蚀红壤和小雨强作用下剧烈侵蚀赤红壤外，>0.10mm 粒径泥沙含量明显增加。在>0.10mm 粒径泥沙中，除大雨强作用下，强烈侵蚀和剧烈侵蚀赤红壤泥沙以 2～5mm 粒径泥沙为主外，其他处理泥沙粒径以 0.5～1mm 粒径泥沙为主，其次

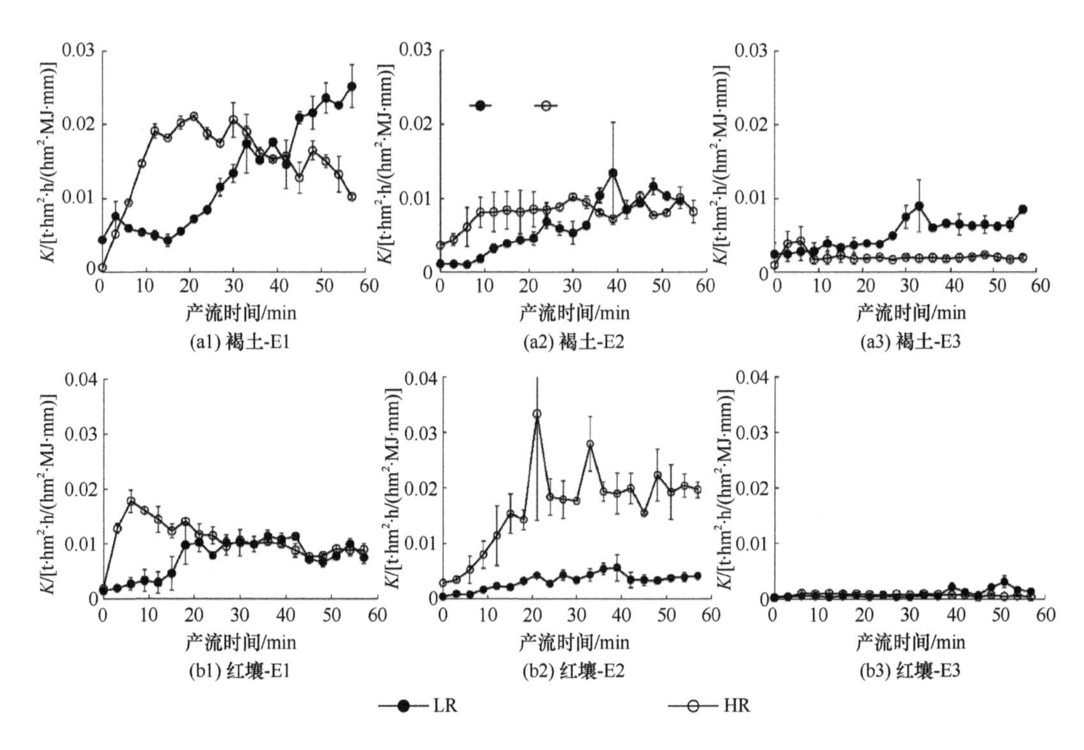

图 1-42　降雨过程中褐土和红壤土壤可蚀性因子 K 的动态变化

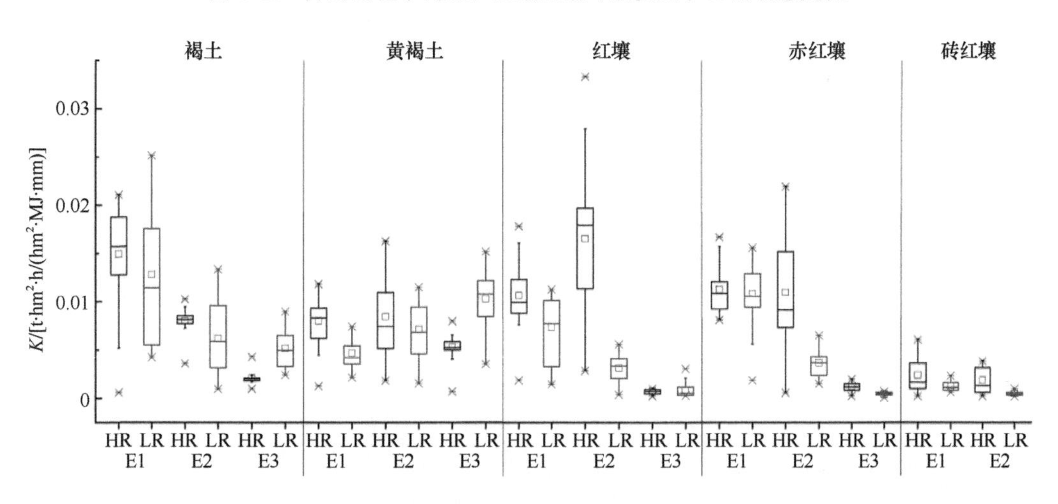

图 1-43　降雨过程中土壤可蚀性因子 K 的变化

为 1～2mm 粒径泥沙。相比红壤和赤红壤，砖红壤侵蚀泥沙中 2～5mm 颗粒含量相对较少（<6%），这可能与其相对较低的土壤侵蚀速率有关。总体而言，除产流初始阶段外，侵蚀泥沙以<0.10mm 和 0.5～1mm 或 1～2mm 粒径为主（图 1-44），即呈现“双峰”分布的特征，而且从褐土到砖红壤，泥沙组成的“双峰”分布特征更加明显。据此可以推测，褐土、黄褐土、剧烈侵蚀红壤和赤红壤以及其他土壤侵蚀最初阶段，泥沙输移以悬移-跃移为主，而对于其他土壤，悬移-跃移和滚移两种搬运方式同时存在。

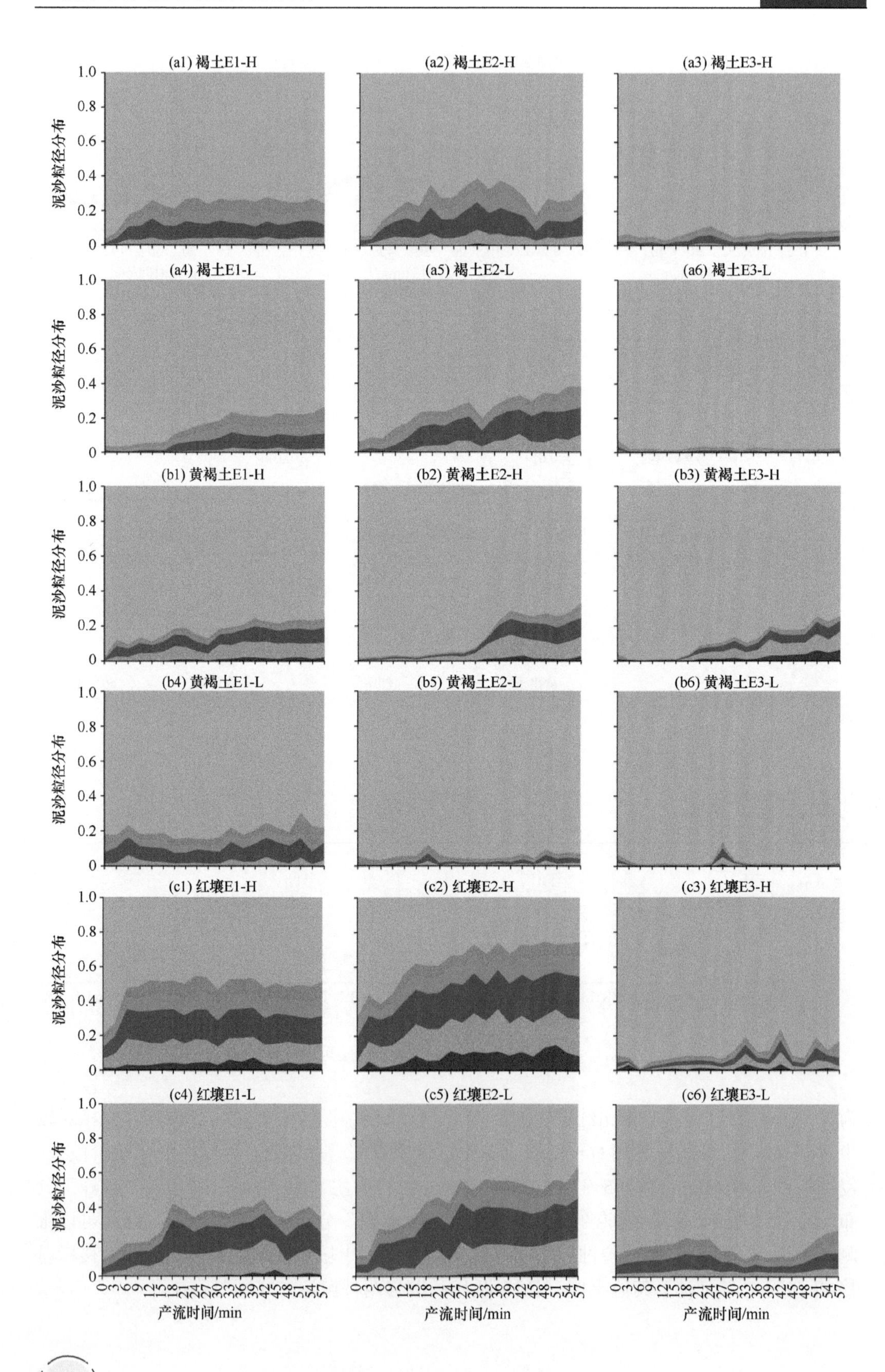
(a1) 褐土E1-H
(a2) 褐土E2-H
(a3) 褐土E3-H
(a4) 褐土E1-L
(a5) 褐土E2-L
(a6) 褐土E3-L
(b1) 黄褐土E1-H
(b2) 黄褐土E2-H
(b3) 黄褐土E3-H
(b4) 黄褐土E1-L
(b5) 黄褐土E2-L
(b6) 黄褐土E3-L
(c1) 红壤E1-H
(c2) 红壤E2-H
(c3) 红壤E3-H
(c4) 红壤E1-L
(c5) 红壤E2-L
(c6) 红壤E3-L
泥沙粒径分布
产流时间/min

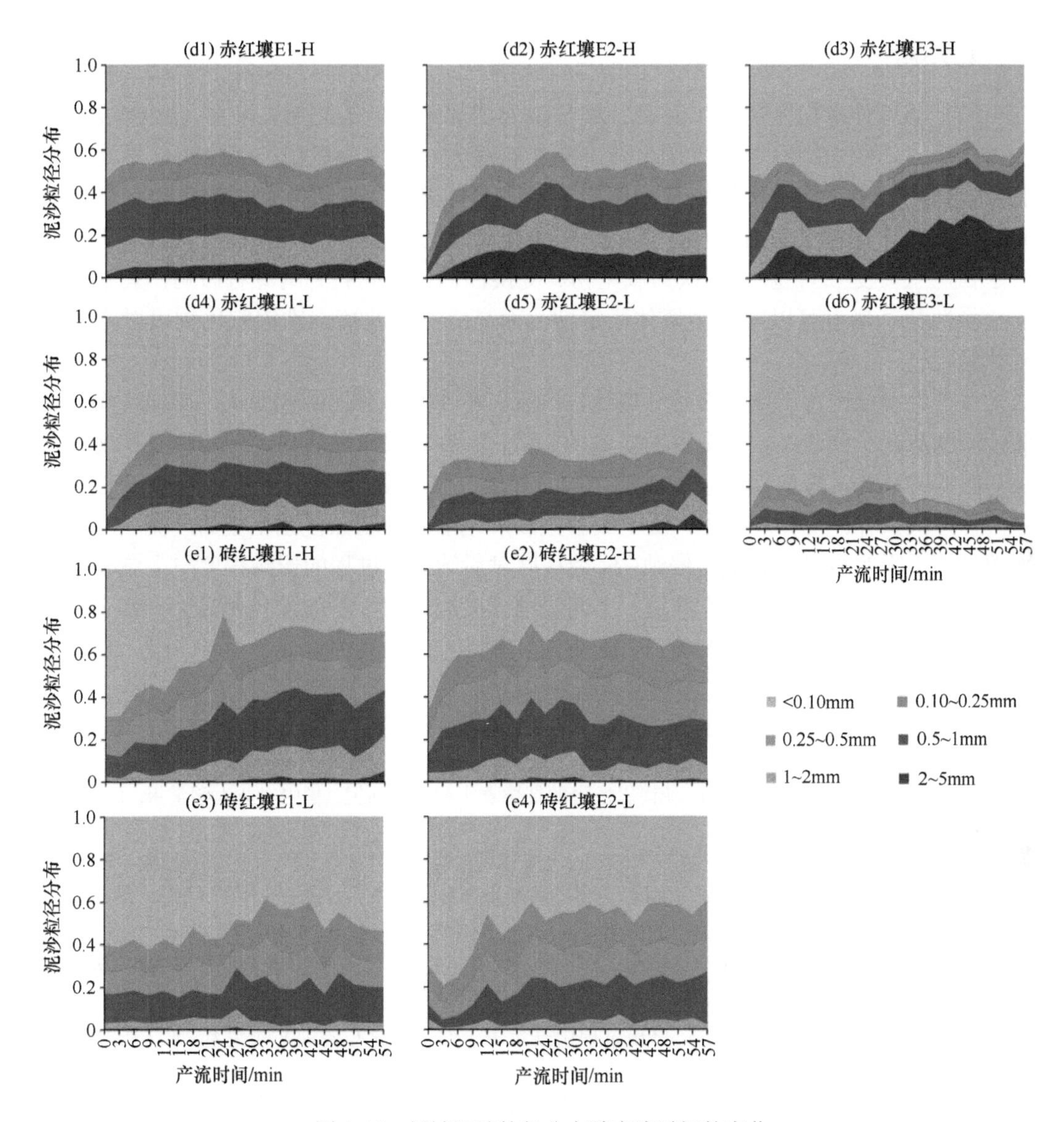

图 1-44　侵蚀泥沙粒径分布随产流时间的变化

降雨侵蚀过程中，不同粒径颗粒运移速率的差异影响泥沙粒径组成的动态变化（Kinnell，2005，2012）。悬移的细颗粒运移速率与径流流速相同，很容易快速地随径流运移；而以跃移和滚动为主的粗颗粒径流搬运相对困难，且运移速率较小。因此产流初期，泥沙粒径组成以细颗粒为主，随着径流量搬运能力的增加，滚移的粗颗粒在泥沙中所占比例逐渐增加。对于结构稳定性较弱的褐土和黄褐土，受机械破碎和分散作用影响，团聚体容易破碎为细小颗粒，这从源头上决定了侵蚀泥沙以细颗粒为主；相比而言，对于剧烈侵蚀土壤（除大雨强下赤红壤），土壤以大块状结构为主，土体强度较高，抗剥蚀能力强，而且地表糙度较高，受限于径流较小的搬运能力，侵蚀泥沙同样以悬移-跃移的细颗粒为主。总体而言，随着土壤结构稳定性的增加，侵蚀泥沙中粗颗粒相对含量呈现单峰变化。

4. 小结

风干团聚体水稳性从褐土到砖红壤呈现先增加后降低的趋势，随着土壤深度的增加而降低；消散作用对于风干团聚体破坏影响最大，其次为机械振荡作用，不均匀膨胀破坏作用最小，随着土壤发育程度增加，团聚体破碎主要机制由消散作用和机械破碎作用逐渐转变为仅受消散作用影响。风干团聚体力稳性主要受容重和有机质影响，其水稳性主要受 pH、游离态铁铝氧化物、交换性钙镁、蛭石、高岭石影响，其中蛭石和交换性盐基离子可以降低团聚体稳定性，而高岭石和游离态铁铝氧化物可以增强团聚体稳定性。

对于无明显侵蚀土壤，除砖红壤外，产流、产沙速率的地带性变化不明显；而径流泥沙浓度从褐土到砖红壤呈现逐渐降低的趋势；泥沙有效粒径从褐土到砖红壤呈现先增加后减低的趋势，相应地，侵蚀泥沙搬运方式由以悬移-跃移为主转变为悬移-跃移和滚移两种方式共存。土体尺度上，受土壤容重和质地影响，剧烈侵蚀土壤的产流、产沙速率明显低于无明显侵蚀和重度侵蚀；侵蚀程度对后续侵蚀过程的影响程度与土壤类型和降雨强度有关，对于红壤和赤红壤，不同侵蚀程度间产流产沙的差异明显大于褐土、黄褐土和砖红壤，降雨强度对产流产沙起促进作用。

参 考 文 献

蔡崇法, 张光远, 丁树文, 等. 1994. 花岗岩发育的红壤表土粗化的研究. 华中农业大学学报, 15(增刊): 18-26.
何小武, 张光辉, 刘宝元. 2003. 坡面薄层水流的土壤分离实验研究. 农业工程学报, 19(6): 52-55.
何园球, 孙波. 2008. 红壤质量演变与调控. 北京: 科学出版社.
李保国. 1994. 分形理论在土壤科学中的应用及其展望. 土壤学进展, 22(1): 1-10.
李朝霞, 蔡崇法, 史志华, 等. 2004. 鄂南第四纪黏土红壤团聚体的稳定性及其稳定机制初探. 水土保持学报, 18(4): 69-72.
李朝霞, 王天巍, 史志华, 等. 2005. 降雨过程中红壤表土结构变化与侵蚀产沙关系. 水土保持学报, 19(1): 1-4, 9.
李锐, 上官周平, 刘宝元, 等. 2009. 近 60 年我国土壤侵蚀科学研究进展. 中国水土保持科学, 5: 1-6.
柳玉梅, 张光辉, 李丽娟, 等. 2009. 坡面流水动力学参数对土壤分离能力的定量影响. 农业工程学报, 25(6): 96-99.
唐克丽. 2004. 中国水土保持. 北京: 科学出版社.
王瑄, 李占斌, 尚佰晓, 等. 2008. 坡面土壤剥蚀率与水蚀因子关系室内模拟试验. 农业工程学报, 24(9): 22-26.
许凤华. 2006. 偏最小二乘回归分析中若干问题的研究. 青岛: 山东科技大学.
闫峰陵, 李朝霞, 史志华, 等. 2009. 红壤团聚体特征与坡面侵蚀定量关系. 农业工程学报, 25(3): 37-41.
张光辉. 2002. 坡面薄层流水动力学特性的实验研究. 水科学进展, 13(2): 561.
赵其国. 2002. 中国东部红壤区土壤退化的时空变化、机理及调控对策. 北京: 科学出版社.
周虎, 彭新华, 张中彬, 等. 2012. 基于同步辐射微 CT 研究不同利用年限水稻土团聚体微结构特征. 农业工程学报, 27(12): 343-347.
Bagnold R A. 1966. An approach to the sediment transport problem from general physics. US Geological Survey Professional Paper: 422.

Bradford J M, Ferris J E, Remley P A. 1987. Interrill soil erosion processes II.Relationship of splash detachment to soil properties. Soil Science Society of America, 51: 1571-1575.

Bryan R B. 2000. Soil erodibility and processes of water erosion on hillslopes. Geomorphology, 32: 385-415.

Cai Q G, Wang H, Curtin D, et al. 2005. Evaluation of the EUROSEM model with single event data on Steeplands in the Three Gorges Reservoir Areas, China. Catena, 59: 19-33.

Chenu C, Le Bissonnais Y, Arrouays D. 2000. Organic matter influence on clay wettability and soil aggregate stability. Soil Science Society of America, 64: 1479-1486.

Concaret J. 1967. Etude des mecanismes de la destruction des agregates de terre au contact de solutions aqueuses. Annales Agronomiques, 18: 99-144.

De Roo A P J, Wesseling C G, Ritsema C J. 1996. LISEM: a single event physically based hydrological and soil erosion model for drainage basins. I: theory, input and output. Hydrological Processes, 10: 1107-1117.

Erfect E, Kay B D. 1995. Applications of fractals in soil and tillage research: a review. Soil and Tillage Research, 36: 1-20.

Huang C, Bradford J M, Laflen J M. 1996. Evaluation of the detachment transport coupling concept in the WEPP rill erosion equation. Soil Science Society of America Journal, 60: 734-739.

Jin K, Cornelis W M, Gabriels D, et al. 2008. Soil management effects on runoff and soil loss from field rainfall simulation. Catena, 75: 191-199.

Kinnell P I A. 1993. Sediment transport by shallow flows impacted by pulsed artificial rainfall. Soil Research, 31(2):1-10.

Kinnell P I A. 2005. Raindrop impact induced erosion processes and prediction: a review. Hydrological Processes, 19: 2815-2844.

Kinnell P I A. 2010. Event soil loss, runoff and the universal soil loss equation family of models: a review. Journal of Hydrology, 385: 384-397.

Kinnell P I A. 2012. Raindrop-induced saltation and enrichment of sediment discharged form sheet and interill erosion areas. Hydrological Processes, 26: 1449-1456.

Knapen A, Poesen J, Govers G, et al. 2007. Resistance of soils to concentrated flow erosion: a review. Earth-Science Reviews, 80: 75-109.

Lado M, Ben-Hur M. 2004. Soil mineralogy effects on seal formation, runoff and soil loss. Applied Clay Science, 24: 209-224.

Laflen J M, Elliot W J, Simanton J R, et al. 1991. WEPP soil erodibility experiments for rangeland and cropland soils. Journal of Soil and Water Conservation, 46(1): 39-44.

Larionov G A, Bushueva O G, Dobrovol'skaya N G, et al. 2007. Destruction of soil aggregates in slope flows. Eurasian Soil Science, 40: 1128-1134.

Le Bissonnais Y. 1996. Aggregate stability and assessment of soil crustability and erodibility: I. Theory and methodology. European Journal of Soil Science, 47(4): 425-437.

Legout C, Leguédois S, Le Bissonnais Y. 2005a. Aggregate breakdown dynamics under rainfall compared with aggregate stability measurements. European Journal of Soil Science, 56: 225-237.

Legout C, Leguédois S, Le Bissonnais Y. 2005b. Splash distance and size distributions for various soils. Geoderma, 124: 279-292.

Leguédois S, Le Bissonnais Y. 2004. Size fractions resulting from an aggregate stability test, interrill detachment and transport. Earth Surface Processes and Landforms, 29(9): 1117-1129.

Léonard J, Richard G. 2004. Estimation of runoff critical shear stress for soil erosion from soil shear strength. Catena, 57(3): 233-249.

Li Z X, Cai C F, Shi Z H, et al. 2005. Aggregate stability and its relationship with some chemical properties of red soils in subtropical China. Pedosphere, 15: 129-136.

Li Z X, Yang W, Cai C F, et al. 2013. Aggregate mechanical stability and relationship with aggregate breakdown under simulated rainfall. Soil Science. 178: 369-377.

Luk S, Abrahams A D, Parsons A J. 1986. A simple rainfall simulator and trickle system for hydro-geomorphic experiments. Physical Geography, 7: 344-356.

Macks S P, Murphy B W, Cresswell H P, et al. 1996. Soil friability in relation to management history and suitability for direct drilling. Soil Research, 34(3):1-10.

Meyer L D, Line D E, Harmon W C. 1992. Size characteristics of sediment from agricultural soils. Journal of Soil and Water Conservation, 47(1): 107-111.

Misra R K, Alston A M, Dexter A R. 1988. Root growth and phosphorus uptake in relation to the size and strength of soil aggregates. I. experimental studies. Soil and Tillage Research, 11: 103-116.

Misra R K, Dexter A R, Alston A M. 1986a. Penetration of soil aggregates of finite size I. blunt penetrometer probes Plant and Soil, 94: 43-58.

Misra R K, Dexter A R, Alston A M. 1986b. Penetration of soil aggregates of finite size II. plant roots. Plant and Soil, 94: 59-85.

Morgan R P C. 1995. Soil Erosion and Conservation. Longman, Edinburgh: Addison-Wesley.

Munkholm L J. 2011. Soil friability: a review of concept, assessment and effects of soil properties and management. Geoderma, 167-168: 236-246.

Nearing M A, Foster G R, Lane L J, et al. 1989. A process-based soil erosion model for USDA-Water Erosion Prediction Project technology. American Society of Agricultural and Biological Engineers, 32(5): 1587-1593.

Oades J M, Waters A G. 1991. Aggregate hierarchy in soils. Australian Journal of Soil Research, 29: 815-828.

Parsons A J, Abrahams A D, Wainwright J. 1994. Rainsplash and erosion rates in an interrill area on semi-arid grassland, Southern Arizona. Catena, 22(3): 215-226.

Puget P, Chenu C, Balesdent J. 2000. Dynamics of soil organic matter associated with particle-size fractions of water-stable aggregates. European Journal of Soil Science, 51: 595-605.

Regelink I C, Stoof C R, Rousseva S, et al. 2015. Linkages between aggregate formation, porosity and soil chemical properties. Geoderma, 247-248: 24-37.

Rengasamy P, Tavakkoli E, Mcdonald G K. 2016. Exchangeable cations and clay dispersion: net dispersive charge, a new concept for dispersive soil. European Journal of Soil Science, 67: 659-665.

Rhoton F E. 2003. Ferrihydrite influence on infiltration, runoff, and soil loss. Soil Science Society of America, 67: 1220-1226.

Tisdall J M, Oades J M. 1982. Organic matter and water–stable aggregates in soils. Journal of Soil Science, 33: 141-163.

Tyler S W, Wheatcraft S W. 1992. Fractal scaling of soil particle-size distributions: analysis and limitations. Soil Science Society of America, 56: 362-369.

Vaezi A R, Ahmadi M, Cerdà A. 2017. Contribution of raindrop impact to the change of soil physical properties and water erosion under semi-arid rainfalls. Science of the Total Environment, 583: 382-392.

Wan Y, El-Swaify S A. 1998. Characterizing Interrill sediment size by partitioning splash and wash processes: sediment delivery. Soil Science Society of America, 62: 430-437.

Wilson M J, Wilson L, Patey I. 2014. The influence of individual clay minerals on formation damage of reservoir sandstones: a critical review with some new insights. Clay Minerals, 49: 147-164.

Yang C T. 1972.Unit stream power and sediment transport. The American Society of Civil Engineers, (10): 1805-1826.

Yang W, Li Z X, Cai C F, et al. 2012. Tensile strength and friability of Ultisols in Sub-Tropical China and effects on aggregate breakdown under simulated rainfall. Soil Science, 177: 377-384.

Yang W, Li Z X, Cai C F, et al. 2013. Mechanical properties and soil stability affected by fertilizer treatments for an Ultisol in subtropical China. Plant and Soil, 363: 157-174.

Zhang B, Horn R. 2001. Mechanisms of aggregate stabilization in Ultisols from subtropical China. Geoderma, 99: 123-145.

Zhang G H, Liu B Y, Nearing M A, et al. 2002. Soil detachment by shallow flow. Transactions of the ASAE, 45(2): 351-357.

Zhang G H, Tang K M, Zhang C X. 2009. Temporal variation in soil detachment under different land uses in the Loess Plateau of China. Earth Surface Processes and Landforms, 34: 1302-1309.

第 2 章　花岗岩红壤侵蚀

2.1　花岗岩区崩岗特性与地理环境因素

2.1.1　崩岗侵蚀概述

1. 崩岗的定义与分布

崩岗是我国南方丘陵区一种特殊的土壤侵蚀地貌，是指在水力和重力共同作用下，山坡土体受破坏而崩塌和冲刷的侵蚀现象。崩岗是我国南方热带和亚热带丘陵区危害最严重的土壤侵蚀地貌（图 2-1）。对于崩岗侵蚀的关注，可追溯到 20 世纪 40 年代，为防治土壤退化，福建省长汀县建立了水土保持观测机构“福建省研究院土壤保肥试验区”。1960 年，我国著名的地貌学家曾昭璇提出“崩岗”的概念（曾昭璇，1960），而后相关学者对于崩岗侵蚀的危害和机理开展广泛研究，许炯心认为我国的崩岗侵蚀地貌与马达加斯加“lavaka”地貌相似（Xu，1996）。类似地貌在国外也有较多的报道，相关学者称为崩坡（landslide 或 derrumbes）、崩沟（collapsed gully），也有人称之为劣地（badland）（Costa et al.，2007；Derose，2015）。

图 2-1　花岗岩区典型崩岗示意图

根据 2005 年水利部开展全国崩岗调查数据显示，这种特殊的侵蚀地貌主要分布在我国南方花岗岩母质发育的丘陵地区，其他母质类型发育较少。崩岗的分布广泛，主要包括广东、福建、江西、广西、湖北、湖南和安徽共 7 省（自治区）（冯明汉等，2009）。

其中，广东崩岗分布数量占总数的 45.1%，崩岗面积占总面积的 67.8%；广西崩岗分布数量占总数的 11.6%，崩岗面积占总面积的 5.4%；福建崩岗分布数量占总数的 10.9%，崩岗面积占总面积的 6.0%；江西崩岗分布数量占总数的 20.1%，崩岗面积占总面积的 17.0%；湖南崩岗分布数量占总数的 10.8%，崩岗面积占总面积的 3.0%；湖北崩岗分布数量占总数的 1.0%，崩岗面积占总面积的 0.5%；安徽崩岗分布数量占总数的 0.5%，崩岗面积占总面积的 0.3%；崩岗数量最多以及面积最大的均为广东，发育程度大致上自东南向西北方向逐渐减少。

2. 崩岗的形态类型

曾昭璇（1960）最初将崩岗的形态进行了描述，认为崩岗由弧形崩壁、冲沟和堆积扇组成。随后，相关学者概括崩岗为崩壁、崩积堆以及洪（冲）积扇三部分组成（吴志峰和王继增，2000）。但同时吴克刚等（1989）研究认为崩岗需要包括潜在发育区和潜在危害区，并认为一个完整的崩岗应具有沟头、沟壁、崩积锥、沟床以及洪积扇五个部分，这个观点得到不少学者的引用（阮伏水，2003；夏栋，2015；Xu，1996；Sheng and Liao，1997；Xia et al.，2015；Deng et al.，2017）。针对崩岗形态的分类，科研工作者根据研究的需要划分不同的类型，但总体来说，崩岗按照形态划分的层面上，5 种崩岗类型分别包括瓢形崩岗、弧形崩岗、条形崩岗、爪形崩岗和混合型崩岗的认可度比较高（图 2-2）。

图 2-2　花岗岩区 5 种形态的典型崩岗示意图

3. 崩岗的危害

崩岗在水土流失面积中所占的比例虽然不大，但产沙量和危害程度远大于面蚀和沟蚀，崩岗侵蚀最显著的危害方式是坡面土地资源的破坏，其次是崩岗侵蚀产生的泥沙随着沟道经历搬运和沉积的过程（图 2-3）。沉积的泥沙对农田、河道、水库、道路等民用工程措施造成不同程度的毁坏，严重威胁到崩岗区域的农业产量，阻碍了山区的经济发展。

图 2-3　崩岗侵蚀的危害

（a）威胁交通；（b）淤塞池塘；（c）掩埋农田；（d）冲毁房屋

2.1.2　典型崩岗侵蚀区调查

1. 崩岗面积及数量分布

根据详细的野外调查，通城、赣县、长汀和五华样区的崩岗侵蚀严重，各崩岗的空间位置和土地利用图见图 2-4～图 2-7，统计的数量和面积特征见表 2-1。由表 2-1 可知，通城样区共有崩岗 128 个，密度为 0.32 个/hm^2，总面积为 8.27hm^2，占所选样区总面积的 2.07%；赣县样区共有崩岗 256 个，密度为 0.64 个/hm^2，总面积为 21.47hm^2，占所选样区总面积的 5.37%；长汀样区共有崩岗 169 个，密度为 0.42 个/hm^2，总面积为 17.72hm^2，占所选样区总面积的 4.43%；五华样区共有崩岗 306 个，密度为 0.77 个/hm^2，总面积为 37.07hm^2，占所选样区总面积的 9.27%。各崩岗样区崩岗的数量和面积有较大差异，但存在变化规律。崩岗的数量和密度在总体上由北往南呈增加的趋势，侵蚀逐渐严重，总面积和崩岗平均面积均变大，数量更多。

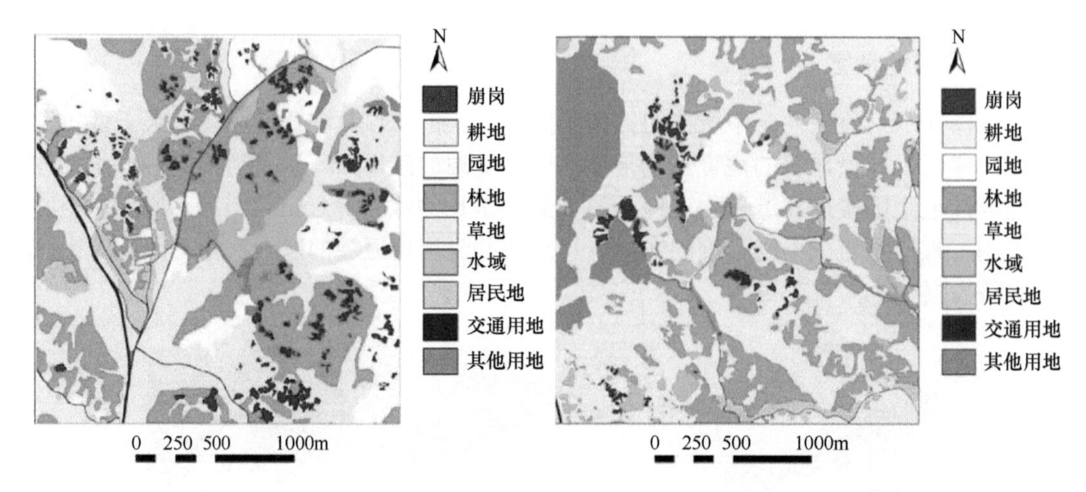

图 2-4 通城样区崩岗侵蚀分布图

图 2-5 赣县样区崩岗侵蚀分布图

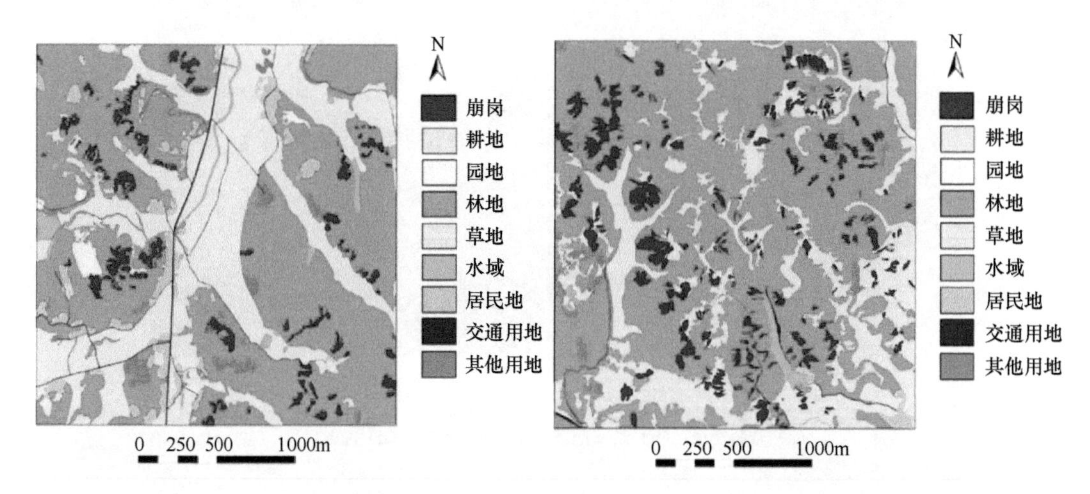

图 2-6 长汀样区崩岗侵蚀分布图

图 2-7 五华样区崩岗侵蚀分布图

表 2-1 各样区崩岗数量和面积特征

样区	数量/个	密度/（个/hm^2）	总面积/hm^2	平均值/m^2
TC	128	0.32	8.27	646.12
GX	256	0.64	21.47	838.78
CT	169	0.42	17.72	1048.73
WH	306	0.77	37.07	1211.60

注：TC、GX、CT 和 WH 表示通城、赣县、长汀和五华的崩岗样区。下同

2. 崩岗的形态分布

崩岗形态特征是指崩岗在形成和发育的过程中，所在的坡面表现出外部形态各异的现象（丁光敏，2001）。根据水利部普查的形态标准，调查过程中将崩岗划分为 5 种类型：瓢形、条形、弧形、爪形和混合型。由图 2-8 可以看出，通城、赣县、长汀和五华样区的

崩岗形态各异，瓢形崩岗、条形崩岗、弧形崩岗、爪形崩岗和混合型崩岗都有不同比例的分布。通城样区瓢形崩岗的数量比例最高，占样区崩岗数量的 36.72%，其次是混合型崩岗和条形崩岗，分别占样区崩岗数量的 22.66%和 16.41%，弧形崩岗和爪形崩岗相对较少，分别占 13.28%和 10.94%。样区崩岗面积比例最大的为瓢形崩岗，占样区崩岗总面积的 34.89%，其次是混合型崩岗，占样区崩岗总面积的 32.16%，爪形崩岗、条形崩岗和弧形崩岗的面积比例相对较少，分别占样区崩岗总面积的 16.62%、8.00%和 7.65%。通城样区爪形崩岗的数量和所占比例最小，然而面积和所占比例大于条形崩岗和弧形崩岗。赣县样区瓢形崩岗和混合型崩岗的数量比例接近，均显著大于其他形态的崩岗，分别占样区崩岗数量的 35.55%和 29.30%，爪形崩岗和条形崩岗的数量和比例相似，分别为 15.23%和 14.45%，弧形崩岗最少，仅占样区崩岗数量的 5.47%。样区各形态的崩岗面积比例和数量比例的变化趋势相似，瓢形崩岗、条形崩岗、弧形崩岗、爪形崩岗和混合型崩岗的面积比例分别为 38.72%、10.07%、3.40%、13.73%和 34.08%。长汀样区瓢形崩岗的数量比例最高，占样区崩岗数量的 33.14%，其次是条形崩岗和混合型崩岗，分别占样区崩岗数量的 21.89%和 20.71%，弧形崩岗和爪形崩岗相对较少，分别为 16.57%和 7.69%。样区崩岗面积比例最大的为混合型崩岗，占样区崩岗总面积的 39.82%，其次是瓢形崩岗，占 31.78%，条形崩岗、弧形崩岗和爪形崩岗的面积比例相对较少，分别为 13.19%、8.23%和 6.99%。长汀样区瓢形崩岗的数量比例最高，占样区崩岗数量的 45.10%，其次是条形崩岗、混合

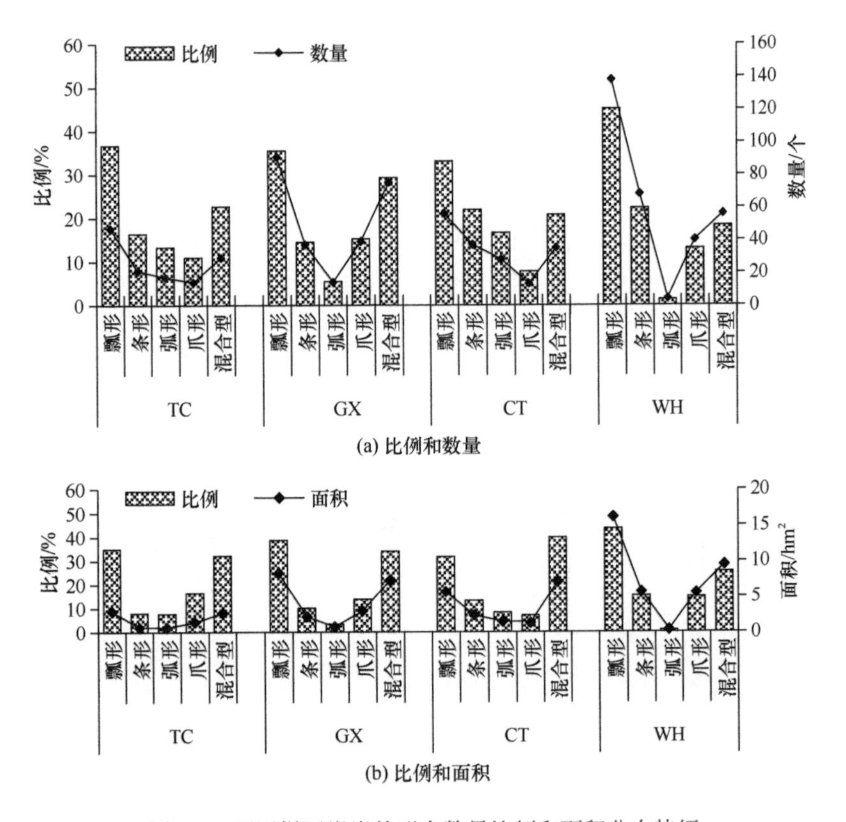

图 2-8　不同样区崩岗的形态数量比例和面积分布特征

型崩岗和爪形崩岗，分别占样区崩岗数量的22.22%、18.30%和13.07%，弧形崩岗的数量仅占样区崩岗数量的1.31%。样区崩岗面积比例最大的为瓢形崩岗，占样区崩岗总面积的43.54%，其次是混合型崩岗、条形崩岗和爪形崩岗，分别占样区崩岗面积的25.5%、15.23%和14.85%，弧形崩岗的面积所占比例最少，为0.84%。

3. 崩岗的活动类型分布

崩岗的发育活动情况主要与崩岗是否还在继续产生崩塌有关。由图2-9可以看出，通城、赣县、长汀和五华样区两种活动类型的崩岗均有分布。通城样区稳定型崩岗占崩岗数量的80.00%，活动型崩岗占样区崩岗数量的20.00%，活动型崩岗面积为5.02hm^2，占总面积的60.29%，稳定型崩岗面积为5.02hm^2，占总面积的39.03%。赣县样区稳定型崩岗占崩岗数量的32.42%，活动型崩岗占样区崩岗数量的67.58%，活动型崩岗面积为16.80hm^2，占总面积的78.25%，稳定型崩岗面积为4.67hm^2，占总面积的21.75%。长汀样区稳定型崩岗占崩岗数量的17.16%，活动型崩岗占样区崩岗数量的82.84%，活动型崩岗面积为15.15hm^2，占总面积的85.5%，稳定型崩岗面积为2.57hm^2，占总面积的14.50%。五华样区稳定型崩岗占崩岗数量的25.16%，活动型崩岗占样区崩岗数量的74.84%，活动型崩岗面积为31.26hm^2，占总面积的84.33%，稳定型崩岗面积为5.81hm^2，占总面积的15.67%。

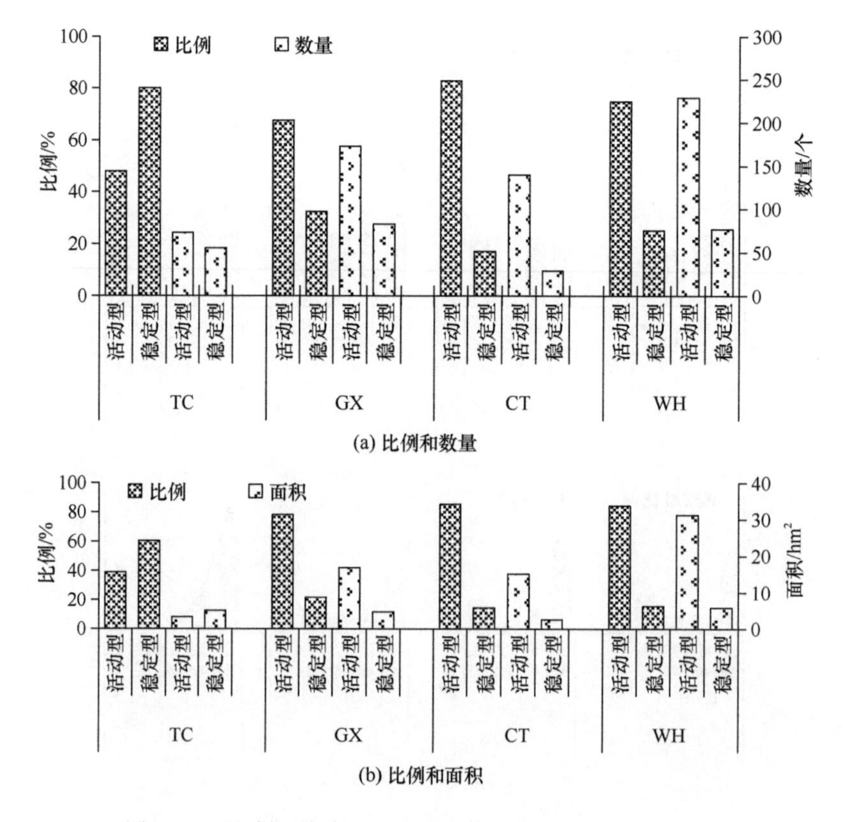

图2-9　不同样区崩岗活动类型的数量比例和面积分布特征

由北向南，活动型崩岗的数量和面积均有增加的趋势，而稳定型崩岗的数量和面积均有减少的趋势，尤其是五华样区的活动型崩岗的面积是其他三个样区的两倍以上。因此，由北往南，活动型崩岗规模变大，潜在的侵蚀也更为严重。

2.1.3　基于崩岗形态参数的侵蚀强度评价

1. 崩岗侵蚀强度评价

所有的形态参数指标分布范围较大（表 2-2），除了主沟坡降的变异系数较小之外，所有的指标参数都达到了中等变异水平。面积变化范围为 68～5198m^2，均值为 984.2m^2，变异系数最大，为 84.5%，崩岗高度的变化范围为 5～64m，均值为 24.3m，变异系数为 46.5%。崩岗坡度的变化范围为 9°～52°，均值为 23.4m，变异系数为 31.2%。崩岗朝向的变化范围为 0°～358°，均值为 200°，变异系数为 49.1%。崩岗斜边长的变化范围为 8～180m，均值为 64.0m，变异系数为 42.2%。崩壁高度的变化范围为 3～40m，均值为 13.1m，变异系数为 51.1%。崩壁宽度的变化范围为 4～100m，均值为 25.1m，变异系数为 53.0%。崩壁倾角的变化范围为 45°～90°，均值为 79.8°，变异系数为 12.3%。主沟长度的变化范围为 4～235m，均值为 52.2m，变异系数为 46.9%。主沟坡降的变化范围为 2°～82°，均值为 19.5%m，变异系数为 51.8%。沟口宽度的变化范围为 2～65m，均值为 12.5m，变异系数为 52.8%。

表 2-2　全体崩岗参数的描述性统计（n=859）

指标	极小值	极大值	中位数	偏度	峰度	均值	标准差	C_V/%
面积/m^2	68	5198	760	2.19	6.09	984.2	831.5	84.5
崩岗高度/m	5	64	22	0.80	0.12	24.3	11.3	46.5
坡度/（°）	9	52	23	1.02	1.39	23.4	7.3	31.2
崩岗朝向/（°）	0	358	200	–0.25	–0.94	186.6	91.7	49.1
斜边长/m	8	180	60	0.56	0.52	64.0	27.0	42.2
崩壁高度/m	3	40	12	1.12	1.06	13.1	6.7	51.1
崩壁宽度/m	4	100	22	1.42	3.06	25.1	13.3	53.0
崩壁倾角/（°）	45	90	82	–1.18	1.00	79.8	9.8	12.3
主沟长度/m	4	235	50	0.86	3.63	52.2	24.5	46.9
主沟坡降/%	2	82	17	1.36	3.34	19.5	10.1	51.8
沟口宽度/m	2	65	11	1.89	7.22	12.5	6.6	52.8
支沟数量/条	0	8	2	0.39	–0.46	2.7	1.7	63.0

2. 形态参数的相关性分析

对崩岗形态参数各评价指标进行相关分析，结果见表 2-3。由表 2-3 可知，崩岗面积和崩岗高度、斜边长、崩壁高度、崩壁宽度、崩壁倾角、主沟长度、沟口宽度、支沟数量呈极显著的正相关关系（P<0.01），其中崩岗面积与斜边长的关系最为密切，相关

系数为 0.77。除了崩岗朝向与崩岗形态参数之间的相关性并未达到显著水平外（$P>0.05$），各崩岗形态参数的相关性均达到了显著水平（$P<0.01$）。

表 2-3　崩岗形态参数间的相关系数（n=859）

参数	面积	高度	坡度	崩岗朝向	斜边长	崩壁高度	崩壁宽度	崩壁倾角	主沟长度	主沟坡降	沟口宽度	支沟数量
面积	1											
高度	0.66^{**}	1										
坡度	-0.11^{**}	0.21^{**}	1									
崩岗朝向	0.01	-0.07^{*}	-0.14^{**}	1								
斜边长	0.77^{**}	0.82^{**}	-0.30^{**}	0.02	1							
崩壁高度	0.72^{**}	0.80^{**}	0.17^{**}	-0.10^{**}	0.68^{**}	1						
崩壁宽度	0.74^{**}	0.45^{**}	-0.10^{**}	0.04	0.56^{**}	0.54^{**}	1					
崩壁倾角	0.11^{**}	0.09^{*}	-0.02	0.05	0.09^{**}	0.16^{**}	0.26^{**}	1				
主沟长度	0.73^{**}	0.71^{**}	-0.41^{**}	0.03	0.96^{**}	0.58^{**}	0.53^{**}	0.09^{**}	1			
主沟坡降	-0.14^{**}	0.35^{**}	0.59^{**}	-0.06	-0.02	-0.12^{**}	-0.18^{**}	-0.10^{**}	-0.10^{**}	1		
沟口宽度	0.61^{**}	0.41^{**}	-0.07^{*}	0.04	0.49^{**}	0.43^{**}	0.62^{**}	0.06	0.45^{**}	-0.07^{*}	1	
支沟数量	0.64^{**}	0.54^{**}	-0.07^{*}	-0.03	0.58^{**}	0.60^{**}	0.58^{**}	0.11^{**}	0.52^{**}	-0.10^{**}	0.40^{**}	1

3. 形态参数的主成分分析

由表 2-4 可知，前 4 个主成分 $\lambda>1$，由此可知，4 个主成分包含了绝大多数因子的信息，能够充分表示这些指标所涵盖的信息，故提取因子数为 4，即原来的 12 个崩岗形态参数可以综合成 4 个主成分因子。

表 2-4　崩岗形态参数的特征值及贡献率

成分	初始特征值		
	特征值	方差贡献率/%	累积贡献率/%
1	5.387	44.894	44.894
2	1.875	15.624	60.518
3	1.096	9.136	69.655
4	1.002	8.349	78.003
5	0.879	7.326	85.330
6	0.651	5.428	90.757
7	0.478	3.983	94.740
8	0.318	2.650	97.390
9	0.180	1.498	98.889
10	0.086	0.719	99.608
11	0.031	0.255	99.863
12	0.016	0.137	100.000

表 2-5 为提取的 4 个主成分在原始变量上的载荷矩阵和特征向量，表示主成分和相应指标间的相关关系。通过主成分表达式，可以提取出 4 个评价崩岗侵蚀的综合指标。第一综合指标主要表示崩岗面积、崩岗高度、崩岗朝向、斜边长、崩壁高度、崩壁倾角、沟口宽度、支沟数量。第二综合指标主要是表示崩岗坡度、主沟坡降。第三综合指标主要表示崩壁宽度。第四综合指标主要主沟长度。由此看出，其中第一综合成分中的指标影响最复杂。用表 2-5 中的数据除以主成分相对应的特征值，并开平方根得到 4 个主成分中每个指标所对应的系数，将得到的系数与标准化后的数据相乘，就可以得出各主成分表达式如下所示：

$$F_1 = 0.390X_1 + 0.354X_2 - 0.064X_3 + 0.395X_4 + 0.354X_5 + 0.331X_6 + 0.079X_7 + 0.372X_8 - 0.003X_9 - 0.040X_{10} + 0.283X_{11} + 0.318X_{12}$$

$$F_2 = -0.024X_1 + 0.342X_2 + 0.643X_3 - 0.031X_4 + 0.160X_5 - 0.090X_6 - 0.073X_7 - 0.0127X_8 - 0.202X_9 + 0.609X_{10} - 0.039X_{11} + 0.008X_{12}$$

$$F_3 = 0.035X_1 - 0.150X_2 + 0.286X_3 - 0.272X_4 + 0.118X_5 + 0.324X_6 + 0.743X_7 - 0.308X_8 + 0.038X_9 - 0.170X_{10} + 0.127X_{11} + 0.095X_{12}$$

$$F_4 = -0.013X_1 + 0.077X_2 + 0.032X_3 + 0.068X_4 - 0.158X_5 + 0.011X_6 + 0.095X_7 + 0.058X_8 + 0.918X_9 + 0.303X_{10} + 0.075X_{11} - 0.098X_{12}$$

表 2-5　4 个主成分的载荷矩阵和特征向量

崩岗参数	载荷矩阵				特征向量			
	PC1	PC2	PC3	PC4	PZ1	PZ2	PZ3	PZ4
X_1	0.905	−0.032	0.038	−0.016	0.391	−0.023	0.036	−0.016
X_2	0.819	0.470	−0.161	0.078	0.353	0.343	−0.154	0.077
X_3	−0.149	0.880	0.301	0.032	−0.064	0.643	0.288	0.032
X_4	−0.006	−0.276	0.038	0.921	−0.002	−0.201	0.037	0.920
X_5	0.915	−0.042	−0.289	0.068	0.395	−0.031	−0.276	0.068
X_6	0.819	0.220	0.121	−0.156	0.354	0.161	0.116	−0.156
X_7	0.768	−0.123	0.340	0.010	0.331	−0.090	0.325	0.010
X_8	0.183	−0.099	0.771	0.100	0.079	−0.072	0.736	0.100
X_9	0.862	−0.174	−0.327	0.058	0.372	−0.127	−0.313	0.058
X_{10}	−0.093	0.833	−0.178	0.302	−0.040	0.609	−0.171	0.302
X_{11}	0.657	−0.052	0.135	0.069	0.284	−0.038	0.129	0.069
X_{12}	0.749	0.007	0.111	−0.089	0.323	0.005	0.106	−0.088

根据主成分的理论依据，主成分因子的权重=因子贡献率/入选因子的累积贡献率，由表 2-5 可知，主成分因子 1、2、3、4 的权重依次为 0.575、0.201、0.117、0.107，从而建立综合得分数学模型，即模型：

$$F = 0.575F_1 + 0.201F_2 + 0.117F_3 + 0.107F_4 \tag{2-1}$$

式中，F_1、F_2、F_3、F_4 为提取的 4 个主成分得分。

将崩岗形态参数原始数据标准化处理后，代入综合得分数学模型，求得 859 个崩岗的综合评价得分，可以体现崩岗的侵蚀强度，排名越靠前，说明该崩岗侵蚀强度越高；相反，排名越靠后，该崩岗侵蚀强度越低。

4. 形态参数的权重分析

从表 2-6 可以看出，对于崩岗侵蚀强度的综合评价，各指标所占的权重不同，权重排序由大到小依次为崩岗高度、崩壁高度、面积、崩壁宽度、斜边长、支沟数量、沟口宽度、主沟长度、坡度、崩壁倾角、主沟坡降、崩岗朝向。由此可见，可以通过调查权重较大的指标评价来崩岗的侵蚀强度，如崩岗高度、崩壁高度和面积。然而现实调查过程中，面积比较难以直接获取，崩岗高度需要计算，最直接的指标为崩壁高度，崩壁越高，一般可以判定为崩岗侵蚀强度越大。此外，权重较小的四个参数分别为崩岗坡度、崩壁倾角、主沟坡降和崩岗朝向，这说明了这 4 个参数对于崩岗侵蚀强度的评价占据很小的权重。

表 2-6　崩岗形态参数的各指标权重

指标	主成分权重系数	归一化权重	排名
崩岗高度	0.262	0.126	1
崩壁高度	0.233	0.112	2
面积	0.223	0.107	3
崩壁宽度	0.212	0.102	4
斜边长	0.196	0.094	5
支沟数量	0.190	0.091	6
沟口宽度	0.178	0.086	7
主沟长度	0.158	0.076	8
坡度	0.129	0.062	9
崩壁倾角	0.128	0.061	10
主沟坡降	0.111	0.053	11
崩岗朝向	0.061	0.029	12

2.1.4　环境因素与崩岗侵蚀的关系分析

1. 人为因素

人为活动是崩岗侵蚀启动和发育极为关键的因素，具体表现在人类对于山坡土体的扰动，这些扰动可划分为坡面扰动和坡脚扰动。根据野外调查，坡面扰动的主要方式包括森林砍伐、地表草地破坏和山地开发不当等；坡脚扰动的主要方式包括土石资源的开采、交通与工业建设和不同的土地利用方式等。这些人为活动，给崩岗侵蚀创造了良好的条件，同时也带来了不可估量的经济损失。

2. 气候因素

气候因素是崩岗侵蚀发育的决定性因素，尤其是降雨产生的径流为崩岗发育的主要外营力。南方花岗岩丘陵区处于热带、亚热带季风气候，降雨量充沛，气候温和。气候因素对崩岗侵蚀的形成和发育主要体现在两个方面：一是湿热的气候条件，有利于花岗岩区深厚的风化壳的形成，深厚风化壳的形成依赖于水和热的共同作用，这为崩岗发育奠定了物质基础；二是湿热的气候，对坡面土体直接性的破坏而导致崩岗侵蚀的形成和发育，集中降雨和突发性暴雨是崩岗侵蚀的直接动力，气温的极值不断交替而导致土体的热胀冷缩产生裂隙，加快土体的风化，同时也为降雨条件形成优先流提供水分通道。

不同崩岗样区平均月降雨量和最大连续降雨量，见图 2-10。由图 2-10（a）可知，各崩岗样区平均月降雨量最大值为 3～8 月。通城样区平均月降雨量最大的为 6 月，其次是 5 月、7 月和 4 月。赣县样区平均月降雨量最大的也为 6 月，其次是 7 月、5 月和 4 月。而长汀样区依次为 6 月、5 月、4 月和 3 月，五华样区依次为 6 月和 8 月，4 月、5 月和 7 月平均降雨量相当，各样区的 1 月、10～12 月的平均降雨量均较少。由图可知，除了长汀样区的 4～6 月的平均降雨量稍高外，各样区的平均月降雨量没有明显的差异，结合全年平均降雨量，通城样区为 1604mm，赣县样区为 1446mm，长汀样区为 1712mm，五华样区为 1528mm，四个样区没有明显的变化规律。由图 2-10（b）可知，通城、赣县、长汀和五华样区最大连续降雨量的最大值分别为 7 月、6 月、8 月和 9 月，尤其

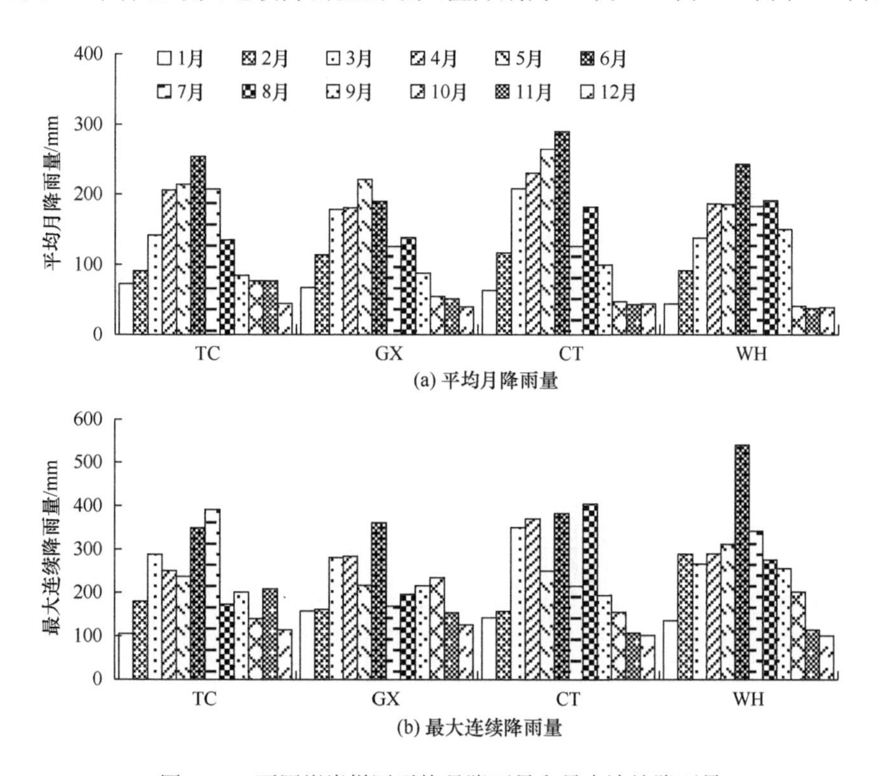

图 2-10　不同崩岗样区平均月降雨量和最大连续降雨量

五华样区 6 月的最大连续降雨量为 539.80mm，远大于该样区和其他样区的最大连续降雨量，其次，各崩岗样区最大连续降雨量最大值为 3～8 月。最大连续降雨量比平均降雨量对于崩岗侵蚀的影响更大，平均降雨量包括了整个时段，可能有连续降雨和间歇性降雨，而崩岗侵蚀具有突发性和连续性，尤其在连续的强降雨作用下发育最快，侵蚀最严重。同时最大连续降雨量由北往南有增加的趋势，这与崩岗侵蚀的强度对应，五华样区 6 月的连续降雨量极其显著，崩岗侵蚀强度显著大于其他样区。综上，根据年平均降雨量的数据显示，华南崩岗侵蚀主要发生在年降雨量 1400～1700mm 等雨量线的区域。

温度是岩石物理风化的重要条件（Elliott，2008），同时在化学风化中也能起到催化条件。华南丰富的热量条件促使花岗岩母质产生强烈的风化过程，促进岩石的崩解和风化壳的形成。温度促进岩石风化的机理主要包括岩石本身的热胀冷缩，岩石内的水分变化以及生物活动等。通城、赣县、长汀和五华样区的年平均气温分别为 17.1℃、19.6℃、18.5℃和 21.4℃。由此可知，由北往南，年平均气温有明显的递增趋势，同时，分析崩岗与温度的关系可知，华南崩岗侵蚀主要发育在年均温 17℃的等温线以南的区域。通城、赣县、长汀和五华样区的最高气温≥30.0℃日数分别为 96 日、123 日、106 日和 138 日，与年平均气温相似，由北往南呈现递增趋势。

3. 植被因素

植被覆盖度与水土流失的关系密切，不仅能保护土壤免受降雨的击溅作用，也能遏止坡面径流的发生和发展。植被覆盖度越高，防止水土流失的作用越大（Vásquez- Méndez，2010；Kateb et al.，2013）。植被的凋落物还为土壤提供了有机物质，提高土壤的抗蚀能力（Cerdà，1999；Gu et al.，2013）。植被对崩岗侵蚀的影响比较复杂。坡面植被的破坏是导致面蚀和沟蚀的主要因素，而崩岗的形成大部分是由面蚀和沟蚀引起的（丁光敏，2001）。然而，根据四个崩岗样区的野外调查，植被较好的区域仍然存在崩岗发育。因此，我们调查了不同样区每个崩岗所在的坡面植被覆盖度的分布特征。由图 2-11 可知，四个样区崩岗坡面植被覆盖度的平均值为 21.2%，说明南方发生崩岗的坡面植被覆盖度较低。

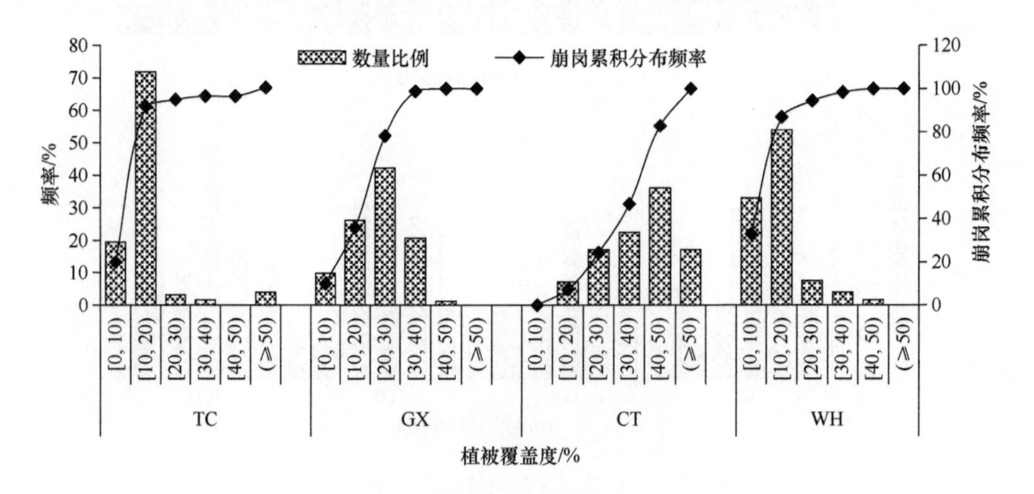

图 2-11　不同样区崩岗坡面植被覆盖度的分布特征

通城样区崩岗坡面的植被覆盖度为 10%～20%的崩岗比例最高，其次是 0～10%，说明通城样区崩岗坡面的植被覆盖度普遍偏低。赣县样区崩岗坡面的植被覆盖度为 20%～30%的崩岗比例最高，其次是 10%～20%和 30%～40%，植被覆盖度高于通城样区的崩岗坡面。长汀样区崩岗坡面的植被覆盖度为 40%～50%的崩岗比例最高，其次是 30%～40%，崩岗坡面平均植被覆盖度在四个样区中最高。五华样区崩岗坡面的植被覆盖度在四个样区中最低，其中坡面植被覆盖度为 10%～20%的崩岗比例最高，其次是 0～10%，植被覆盖度≥30%的坡面崩岗数量较少。

综上，各样区崩岗坡面的植被覆盖度分布各异，其中长汀样区崩岗坡面的植被覆盖度平均值最高，其次是赣县、通城样区，五华样区最低。结合崩岗数量，五华样区崩岗最多，其次是赣县、长汀样区，通城样区崩岗最少。五华样区崩岗坡面植被覆盖度最低与崩岗数量最少相对应，这说明了植被覆盖度较少影响了崩岗的发生和形成；然而，通城样区崩岗数量最少，坡面植被覆盖度也极低，又说明植被覆盖度不一定是影响崩岗侵蚀强度的因素。赣县和长汀的植被覆盖度相对较高，然而崩岗数量较多，侵蚀强度也较大，说明坡面植被覆盖度不一定与崩岗侵蚀数量成反相关，较好的植被条件下崩岗侵蚀仍然会形成和发育。

4. 地形因素

地形是指地表各种各样的形态，具体指地表以上分布的固定物体共同呈现出的高低起伏的各种状态（Hofer and Frahm，2006；Sun et al.，2014），其中包括了海拔、坡度和坡向等。海拔影响着地貌发育过程，海拔越高则气温越低，地表岩土风化过程越缓慢，风化壳一般就越薄（刘希林和连海清，2011；Yisehak et al.，2013）。相反，海拔越低越有利于深厚风化壳的发育，风化壳的厚度是崩岗侵蚀的物质基础。坡度可反映丘陵坡面的陡峭程度。坡面越陡峭，岩土风化物质越不容易积累，土地利用困难，人为破坏较少，风化壳越薄，不容易发生崩岗，坡面越平缓，风化壳越深厚（Reubens et al.，2007；Ziadat and Taimeh，2013）。坡向定义为坡面法线在水平面上的投影的方向，坡向对坡面的水热条件有较大影响，阳坡和阴坡之间降雨量、气温和植被覆盖度均有较大差异，因此影响着崩岗的形成。

2.2　花岗岩风化岩土体力学特性

2.2.1　花岗岩风化成土过程

我国花岗岩出露面积约 90.9 万 km^2，占全国面积高达 10%，且主要集中于我国东南部，其中鄂、赣、湘三省占全国花岗岩分布面积的 10%～20%，桂、闽、粤三省则占了 30%～40%（曾昭璇，1960）。该区域气候湿热，化学风化作用强烈，花岗岩尤其是粗粒结构的花岗岩更容易风化，沿着节理和裂隙的风化作用深入岩土内部，形成很厚的风化壳，导致南方花岗岩区域特殊的崩岗地貌。崩岗的地带性分布规律与花岗岩风化成土过程的地带性变化一致，研究花岗岩风化成土特性的地带性变化规律对于揭示崩岗形成的内在机理具有重要意义。

1. 结构与物理风化特征

受母岩与风化成土过程的影响，花岗岩风化岩土体呈现明显的非均质性和层次性：风化彻底的表层残积土已经完成丧失了母岩的组织和结构；基岩以上风化程度相对较轻的深层残积土仍保存了母岩的原生及次生结构特征，节理裂隙发育、大孔隙含量较高（Drake et al.，2015）。通过对温带-亚热带花岗岩风化壳土壤颗粒组成进行分析发现，花岗岩残积土的黏粒、粉粒含量呈现从北往南增加的趋势，而砂粒和砾石则相反，其中，黏粒、粉粒、砂粒和砾石的含量分别为6.93%～29.33%、3.46%～45.03%、25.01%～72.15%和0.82%～29.33%，总体呈现“中间多、两头少”的颗粒分布特征。粗粒（砾石和砂粒）构成了花岗岩残积土的骨架结构，而由于填充粗粒骨架中的细砂及粉砂含量较少，因此孔隙较大。通过颗粒组成对湿筛法测定的土壤团聚体校正后发现，花岗岩残积土的分解值（decomposition radius，DR，等同于团聚体平均重量直径）在0.13～1.12mm的范围内，从北到南，DR值呈增加趋势，说明供试土壤的团聚体稳定性逐渐增加，且亚热带地区土壤的团聚体稳定性高于温带；在不同层次间，从上到下，DR值呈减小趋势，表层土壤的团聚体稳定性较大，说明表层土壤是花岗岩风化壳的关键保护层，对土壤侵蚀的发生具有重要影响。此外，花岗岩风化壳的残积土层内抗剪强度和贯入强度随着剖面深度的增加，总体上呈逐渐减小的趋势，且对于同一风化层次而言，温带地区土壤的抗剪强度（0～3.5kPa）和贯入强度（125～280kPa）显著低于亚热带地区（图2-12）。

2. 矿物与地球化学风化特征

矿物风化是深厚风化壳形成的前提（Hayes et al.，2020）。从温带到亚热带，花岗岩残积土的黏土矿物类型逐渐由2∶1型矿物向1∶1型矿物转变，蒙脱石和蛭石逐渐消失，同时伴有原生矿物斜长石的溶蚀和石英颗粒的富集，而高岭石逐渐增加，并伴有少量的三水铝石生成，温带地区蛭石的含量达16.72%～71.62%，而亚热带崩岗侵蚀区高岭石的含量达60.28%～90.98%，且呈现自下而上增加的剖面变化规律。偏光显微镜分析发现，石英颗粒粒径分布在2～5mm之间，为其他形粒，斜长石粒径分布在2～4mm之间，为自形-半自形板状，其他如黑云母粒径分布在1～2mm之间，为片状，而榍石粒径

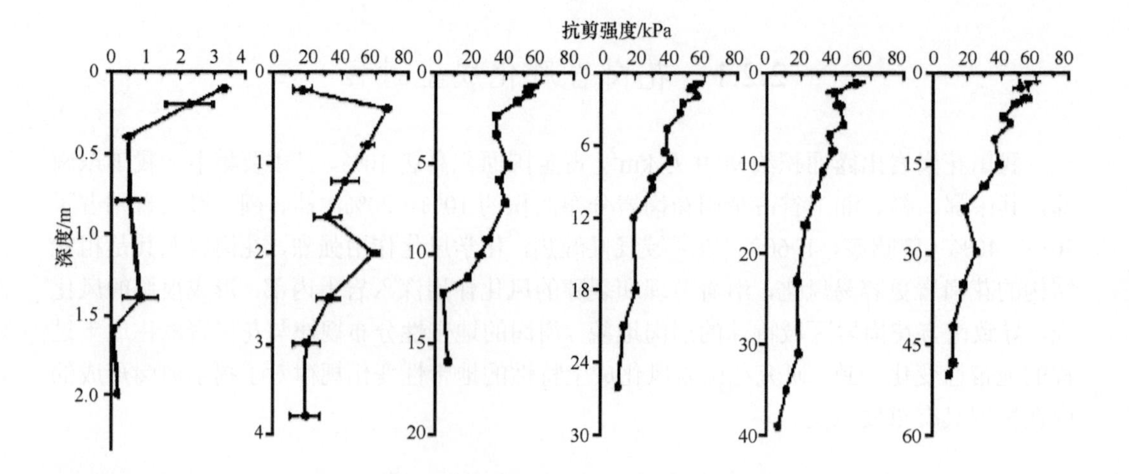

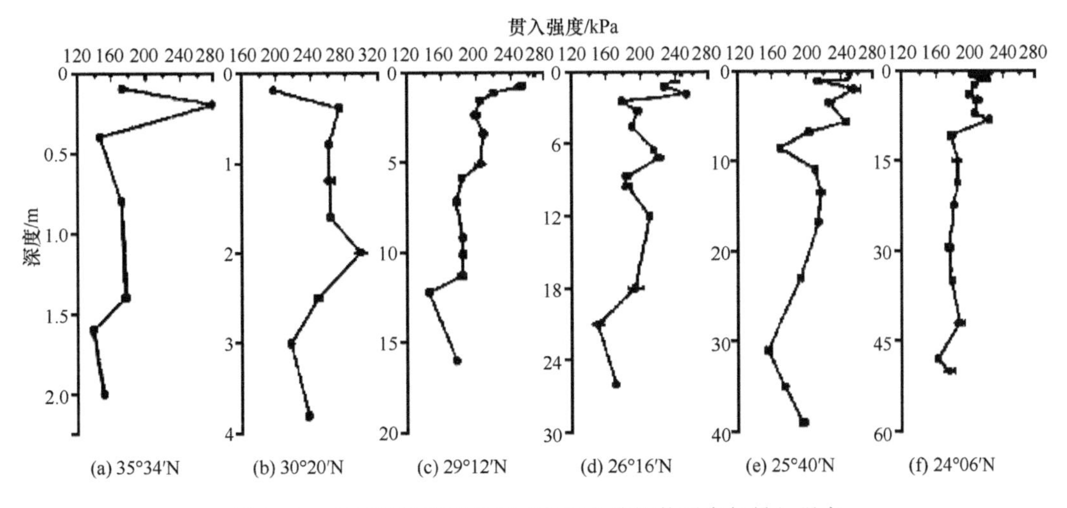

图 2-12　不同气候带下花岗岩残积土的抗剪强度与贯入强度

较小，分布在 0.1～0.2mm 之间，为菱形。其中，粗砂（>0.5mm）的石英颗粒物理化学性质很稳定，不容易风化成细砂及粉砂，而<0.5mm 的颗粒主要是长石风化的产物，物理化学性质的稳定性较差，且因粒度较小，比表面积较大，活动性较高，比较容易继续风化成粉粒和黏粒。此外，花岗岩地貌多为丘陵和坡地，地表和地下水作用强烈，导致细小且无黏性的颗粒容易被侵蚀。此外，对残积土层的理化性质分析发现，温带花岗岩残积土呈中性，而亚热带花岗岩残积土呈明显的酸性，土壤 pH 和容重均呈现从北往南逐渐减小的趋势，土壤可溶性盐和有机质含量都很低，游离氧化物含量较多，阳离子交换量较小，且以 Ca^{2+}为主；比表面积很小；氧化物以 SiO_2、Al_2O_3和 Fe_2O_3为主，除了 K_2O 含量略大于 1%外，FeO、CaO、MgO、Na_2O 的含量均<1%（表 2-7）。自温带至亚热带，花岗岩首先经历了斜长石风化为主的阶段，Ca^{2+}、Na^{+}逐渐淋失；当斜长石风化殆尽后，转向钾长石风化为主的风化阶段，进行脱 K^{+}风化；到达炎热潮湿的热带、部分亚热带地区，因其风化程度剧烈，风化趋势点逐渐向 $A1_2O_3$端点靠近，最后落在 $A1_2O_3$端点附近，这与本章中赣县、长汀、五华的风化产物以高岭石-三水铝石为主一致。

表 2-7　不同气候带下花岗岩残积土氧化物的描述性统计　　（单位：%）

地区	土层	统计指标	氧化物						
			SiO_2	Al_2O_3	Fe_2O_3	K_2O	Na_2O	MgO	CaO
温带地区	A	平均值	65.86	15.81	6.50	2.52	2.71	1.33	1.01
		标准差	1.11	0.60	1.64	0.16	0.39	0.15	0.00
	B	平均值	66.90	15.23	5.18	2.68	3.51	1.55	1.36
		标准差	0.68	0.51	1.45	0.20	0.09	0.20	0.23
	C	平均值	68.85	14.52	3.55	3.03	4.70	1.86	1.70
		标准差	0.52	0.03	0.83	0.16	0.00	0.11	0.35
	R	平均值	72.40	12.00	2.27	3.37	5.22	2.18	2.11
		标准差	0.42	0.36	0.64	0.23	0.50	0.11	0.55
亚热带地区	A	平均值	63.04	27.25	4.65	1.96	0.10	0.36	0.04
		标准差	3.03	2.16	1.55	0.82	0.06	0.28	0.04

续表

地区	土层	统计指标	氧化物						
			SiO_2	Al_2O_3	Fe_2O_3	K_2O	Na_2O	MgO	CaO
亚热带地区	B	平均值	65.46	24.61	4.05	2.67	0.14	0.52	0.07
		标准差	4.39	1.16	1.35	1.17	0.12	0.43	0.11
	C	平均值	67.88	20.47	2.74	3.94	0.40	0.65	0.45
		标准差	3.88	2.07	1.08	1.01	0.35	0.37	0.41
	WF	平均值	70.46	16.71	1.98	4.70	1.91	0.95	0.87
		标准差	2.15	2.27	0.87	1.19	0.94	0.35	0.36
	R	平均值	72.08	13.73	1.69	4.92	3.53	1.39	1.71
		标准差	1.74	1.22	0.73	1.30	0.37	0.30	0.52

注：A 表示淋溶层；B 表示淀积层；C 表示母质层；WF 表示风化层；R 表示基岩

不同气候带下花岗岩残积土的稀土元素均呈现相似的球粒陨石标准化配分模式，相对富集轻稀土元素，且存在一定程度的铕元素（Eu）和铈元素（Ce）异常（图 2-13），表明风化作用会导致稀土元素的迁移和分馏（Pazand and Javanshir，2014），并且优先将稀土元素释放到溶液中（Migaszewski and Galuszka，2015），而重稀土元素易与土壤溶液中的无机阴离子形成水合物，且其稳定常数高于轻稀土元素，因此，重稀土更易从剖面中淋失，导致重稀土元素的亏损大于轻稀土元素（Aubert et al.，2004）。亚热带地区不同层位的稀土元素总量均显著大于温带地区，并且亚热带地区的标准差也较大，表明虽然亚热带稀土元素含量高，但其变异程度也较大，这在球粒陨石标准配分模式图中也有体现，表现为各层次曲线跨越幅度较大，考虑造成这一现象的原因主要是亚热带地区风化程度强，形成了深厚的风化壳，故其各层次之间差异较大。

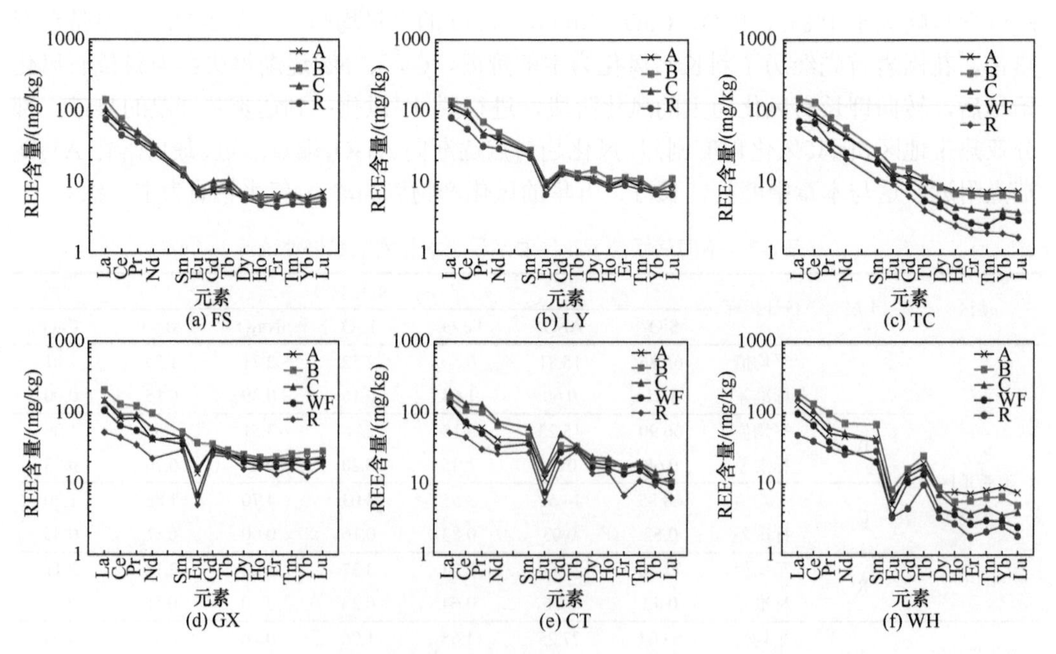

图 2-13 不同气候带下花岗岩残积土稀土元素球粒陨石标准化配分图

2.2.2　花岗岩岩土体崩解特性

花岗岩残积土的崩解性是指当其浸泡在水中时呈散粒状、片状、块状剥落的现象。采用自制崩解仪（图 2-14），研究不同风化层次的花岗岩残积土，在干湿交替作用下的崩解特性，对于揭示花岗岩残积土的稳定性机制具有重要意义。

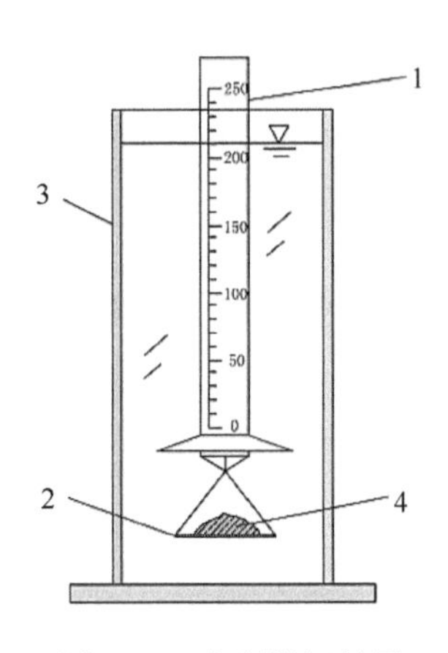

图 2-14　自制崩解装置

1. 浮筒：量程为 250mL 的量筒，最小刻度为 2mL；2. 金属网板：10cm×10cm，方格网孔径 1cm×1cm，用细线与浮筒相连；3. 玻璃水槽：25cm（宽）×25cm（长）×80cm（高），内盛清水；4. 试验土样

1. 风化程度对崩解过程的影响

花岗岩残积土的崩解过程分为三个阶段：①慢速崩解阶段，主要以土壤的吸水为主，水分以不同的速度侵入岩土孔隙，快速填满小孔隙后再进入基质吸力较小的大孔隙，粒间吸力不平衡导致岩土体内部空气排出缓慢，表现为浸水初期的散粒状崩解；②快速崩解阶段，由孔隙气压增大引起的斥力超过岩土颗粒间吸力时，土体微结构骨架遭到不同程度的损伤，随着水的楔裂作用，土体微结构损伤逐渐演化、微裂隙逐渐扩展，直至“土崩瓦解”，呈块状崩解；③随着岩土体含水量增大，其基质吸力逐渐减小，水分进入孔隙速率变缓，原本被挤压的气体逐渐得到释放，岩土体内孔隙气压逐渐与外部大气压平衡，崩解速度也变缓，最后至完全崩解或试样仅剩较难崩解的小土块放置长时间仍无法完全崩解，此时认为试样崩解过程已经结束。进一步分析发现，崩解速率与土壤的机械组成、容重、黏聚力和孔隙结构关系密切，其中机械组成对崩解速率的影响最显著，而最终崩解量受机械组成和黏聚力的影响较显著（图 2-15）。细颗粒含量升高会增大岩土体总体表面积，岩土体间咬合力更大，岩土体浸入水中后，水需要浸润更大的接触面积、克服更大的咬合力；另外，细颗粒一定程度上增大试样的黏聚力，土粒间黏结程度较高。因此，随着风化程度的降低，土壤颗粒组成变粗，黏聚力降低，崩解速率和最终崩解率都显著升高。

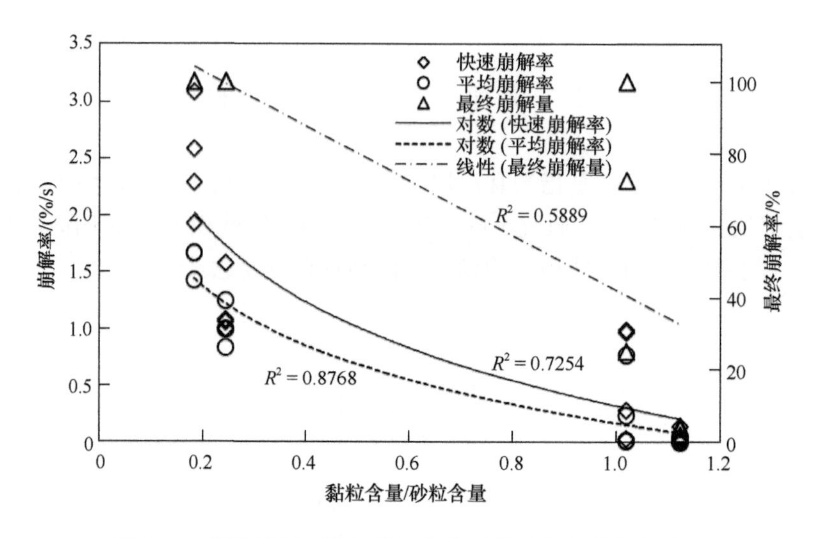

图 2-15　崩解特征参数与黏粒含量/砂粒含量间的相关关系

2. 干湿交替对崩解过程的影响

岩土体的崩解破坏机理包括：①被封闭在孔隙或者裂隙中的气体受到浸入水分的挤压导致张应力的产生；②土壤矿物的差异膨胀导致张应力或者剪应力的产生；③浸水溶蚀导致矿物颗粒间的胶结能力削弱（Chugh and Missavge，1981）。花岗岩残积土的膨胀性较弱，因此，结构缺陷（岩土体内裂隙、孔隙、节理等）是其崩解的内在因素。而干湿交替处理导致土壤样本不断吸水脱水膨胀收缩为崩解创造了一定的条件。随着干湿交替处理次数的增加，崩解速率和最终崩解量均增大。经过干湿交替处理后的淋溶层土体崩解性有少许提高，但最终崩解率也小于 2%；过渡层不经过干湿交替处理的土样在崩解 40 分钟后达最终崩解率 25.31%，经过 2 次交替的土样在崩解 48 分钟后达最终崩解率 51.38%，经过 5 次、10 次交替的土样则分别在崩解 7 分钟和 130 秒后完全崩解；随着干湿交替次数的增加，母质层完全崩解时间由原本的 70～120 秒缩短到 60～100 秒（2 次、5 次、10 次干湿交替）。相对而言，干湿交替处理对淋溶层土样的崩解过程影响较小，崩解速率和最终崩解量都只有微弱的提升。而对过渡层影响较大，表现为随着干湿交替次数增加，过渡层土壤最终崩解量及崩解速度均显著增大，干湿交替次数增至 5 次以上，土样可完全崩解，干湿交替 10 次后，过渡层土样的平均崩解率（从开始崩解到完全崩解期间的崩解速率）和快速崩解率（快速崩解阶段即第②阶段的崩解速率）分别增大了 3200%和 7195%。进一步分析发现，花岗岩残积土的快速崩解率和平均崩解率均与总孔隙度和孔径>3μm 的孔隙占比呈显著正相关。其中，崩解率和最终崩解量均受当量孔径 0.6～29μm 的孔隙占比影响较大，随着 0.6～29μm 孔隙占比的增大，土样快速崩解率和平均崩解率也相应增大（表 2-8）。干湿交替导致土体内部裂隙发育，结构损伤扩大，强度降低，颗粒间咬合力降低，大孔隙发育，胶结物质溶解，从而促进崩解。在亚热带地区，花岗岩风化壳在雨水的浸润作用下产生溶解性损伤，加上雨水的冲刷作用，沟蚀发展，在雨水的结构性和溶解性崩解作用下发生崩塌。

表 2-8　崩解特征参数与各当量孔径段的孔隙占比间的相关关系

崩解特征参数	孔隙当量直径/μm					
	<0.2	0.6～3	3～6	6～10	10～15	15～29
快速崩解率	-0.629^{**}	0.854^{**}	0.833^{**}	0.565^{*}	0.650^{**}	0.708^{**}
平均崩解率	-0.681^{**}	0.915^{**}	0.882^{**}	0.602^{*}	0.746^{**}	0.833^{**}
最终崩解量	-0.500^{*}	0.904^{**}	0.746^{**}	0.746^{**}	0.701^{**}	0.807^{**}

2.2.3　花岗岩岩土体收缩特性

亚热带地区雨热资源丰富，充沛的降雨和强烈的蒸发条件使土壤水变化剧烈。土壤含水率变化，微观上表现为毛细水压力与弯液面表面张力的变化，在这两种力的作用下土颗粒间的距离发生变化，导致孔径变化，宏观上表现为土壤体积的变化。当土体干燥脱水时，体积收缩，引起土体表面沉降。对于黏粒含量较高的细颗粒土，收缩不仅能够引起土体沉降，还能产生一定数量的裂隙（Kleppe and Olson，1985），从而影响土体的稳定性。由于长期的干湿交替导致我国南方花岗岩地区土壤裂隙发育较多，并进一步导致了严重的土壤侵蚀和土体破坏（Xu and Zeng，1992）。在花岗岩残积土成土过程中不同成土层的土壤性质（如质地、有机质、孔隙度等）差异明显（Wu and Wang，2000）。研究不同风化层次花岗岩残积土的收缩特性对于揭示崩岗区土壤变形和失稳具有重要意义。

1. 脱水作用下的收缩特性

土壤由非刚性颗粒组成，在土壤水分减小的过程中，土壤颗粒和团聚体发生重排导致体积减小的现象称为脱水收缩。已有研究表明，当土壤体积收缩应变达到 4%～5%时会引起收缩裂隙，且裂隙的长度和宽度随着含水率的减小不断增大，裂隙数量也不断增多（Kleppe and Olson，1985）。在脱水过程中，花岗岩残积土的线缩率随着含水量的减小逐渐增大并最终趋于稳定；在相同含水率条件下，线缩率总体表现出随着黏粒含量增加而增加的趋势。除了母质层外，花岗岩残积土的脱水收缩过程大致分为四个阶段（图 2-16）：结构收缩、正常收缩、残余收缩和零收缩。结构收缩阶段，也就是饱和到大孔隙收缩这一部分，土体内的以团聚体间孔隙为主的大孔隙失水，失水量大但体积变化不是很明显；而零收缩阶段，由非膨胀性的微孔隙决定，土壤体积不再随着含水率变化而减小；正常收缩阶段和残余收缩阶段，土壤体积的改变主要是由膨胀性的微孔隙或活性黏土有关的结构孔隙失水引起（Boivin et al.，2004）。

Logistic 模型对花岗岩残积土的脱水收缩过程拟合效果良好（R^2>0.99，RSME<0.30），进一步分析土壤的收缩特征参数发现，不同风化层次间土壤的径向收缩应变、体积收缩应变、收缩系数与缩限及其对应线缩率的变化规律相似，总体为淀积层>淋溶层>母质层。淋溶层的缩限对应线缩率、径向收缩应变和体积收缩应变最大，分别为 1.87%、3.01%和 7.43%，而淀积层收缩系数和缩限最大，分别为 0.20g/g 和 0.18g/g。总体而言，母质层土壤收缩应变较小，以垂直方向上的轴向收缩为主，野外表现为地面下沉；而淋溶层和淀积层土壤收缩应变较大，且以水平方向上的径向收缩为主，野外表现主要为易产生

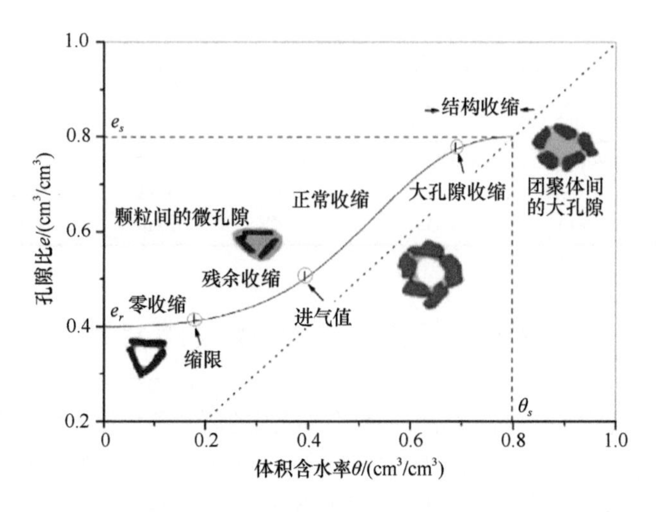

图 2-16　花岗岩残积土脱水收缩过程

e_s、e_r 分别表示饱和、残余孔隙度

张拉裂隙，这会降低土体强度，并为雨水下渗提供通道。由体积收缩应变和黏粒含量的关系图（图 2-17）可知，试验土壤的体积收缩应变 δ_v 随着黏粒含量的增加而增加。此外红土层的 L1 与 L2 黏粒含量基本接近，但它们的收缩特征曲线差异明显，说明除黏粒含量外，土壤结构的紧实状况也可能影响土壤收缩程度（陈祯等，2013）。

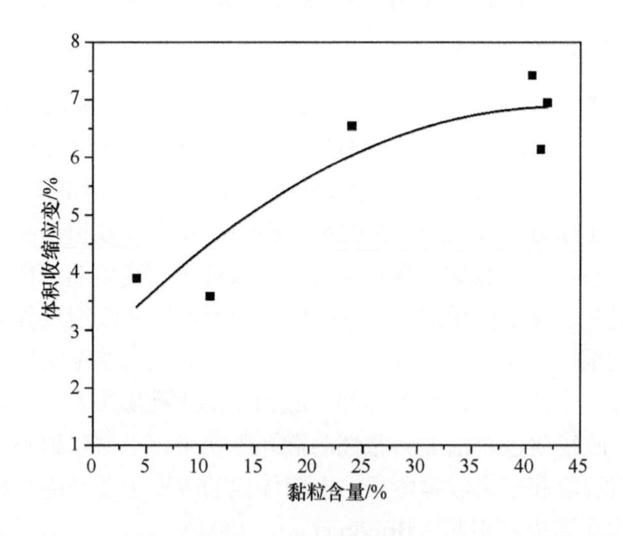

图 2-17　土壤体积收缩应变与黏粒含量的关系

2. 干湿交替下的收缩特征

土壤的体积变化受压实、荷载等外应力以及毛管、水压等内应力的影响，而干湿交替会改变土壤中孔隙的毛管应力，相关研究认为土壤在吸水过程中体积增大，失水后收缩（Peng et al.，2007）。由于线性膨胀率与线缩率之间存在极显著的负相关关系（R=–1.0），因此，可采用线性膨胀率进行分析，以消除初始含水率差异的影响。试验发现，

经过干湿交替处理后花岗岩残积土的线性膨胀率呈现不同程度的增加趋势（图 2-18），其中，母质层的增加量大（1.74%～6.71%）。此外，前 6 次干湿交替处理下，线性膨胀率升高较快，其后膨胀系数的增加趋势较缓，甚至出现小幅度下降。比较不同土层岩土体在经过干湿交替处理后达到的最高线性膨胀系数，发现淋溶层在 10 次干湿交替后达到最高线性膨胀率（0.045），比干湿交替处理前增加了 3.7%；过渡层和母质层均在 9 次干湿交替后达到最大线性膨胀率，其线性膨胀率分别较干湿交替处理前增加了 4.0%和 6.7%。

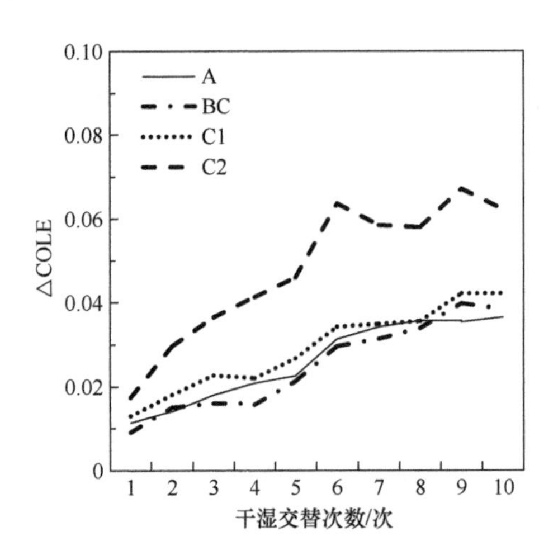

图 2-18　干湿交替作用下花岗岩残积土线性膨胀率的变化

△COLE 为线性膨胀率

土壤在干燥过程中，会失水收缩产生裂隙，这些裂隙在岩土体中形成软弱地带，导致其机械强度下降（Tang et al.，2008）。而干湿交替条件下反复的饱和-失水过程会使岩土体内产生不可逆的裂隙发育。如唐朝生和施斌（2011）、张家俊等（2011）均认为周期性的干湿交替作用会导致岩土体中原生裂隙的扩展以及新裂隙的产生，并在岩土体中形成相互贯通的裂隙网，降低岩土体的完整性。而岩土体强度的下降必然影响到崩岗的形成和发育。在干湿交替作用下，花岗岩残积土在 2 次干湿交替后主裂隙已经形成，干湿交替次数的增加主要使得主裂隙继续扩大和加深。裂隙的发育会降低土体强度，并为雨水下渗提供通道，从而促进土体失稳。

2.2.4　花岗岩残积土的饱和-非饱和强度

抗剪强度是指土体抵抗剪切力破坏的极限能力。对于自然土坡，土体受自重应力的作用下产生下滑力，从而引起对土体的剪应力。当剪应力达到土体的抗剪强度时，土体会在易滑动区域产生一定的塑性形变，随着剪应力继续增加直至超过抗剪强度，导致土体内产生连续的滑动面，进而引起土体失稳。土壤侵蚀与土体稳定性与土壤的抗剪强度密切相关（Torri et al.，1987；Rose et al.，1990），且土壤抗剪强度的影响因子在过去的几十年内已经被广泛地研究（Igwe et al.，2012；Lehane and Liu，2013；Adunoye，

2014），且大多数研究也证明了抗剪强度参数黏聚力和内摩擦角受土壤含水率影响显著（Fredlund et al.，1978；Gan et al.，1988；Maleki and Bayat，2012）。花岗岩风化岩土体受其成土环境和岩土组分的影响，其物理力学性质比较特殊，尤其是其剖面变异的微结构（Brand and Philipson，1985），这也造成了对花岗岩风化岩土体力学行为和工程特性数值模拟的困难。研究饱和-非饱和花岗岩残积土的抗剪强度特征是花岗岩残积土土体稳定性分析的基础。

1. 土-水特征曲线

土-水特征曲线（soil water characteristic curve，SWCC）是土壤水力特性的重要指标之一，是土水势能与土壤水含量的定量表征，对土壤持水性与水分运移的研究意义重大。本试验采用压力板法测定亚热带崩岗区花岗岩残积土的水分特征曲线，结果（图 2-19）显示当基质吸力 ψ<10kPa 时，母质层的体积含水率最高，但随着基质吸力的增加其降低较快，而淋溶层和淀积层含水率最低，且含水率变化较小，表明母质层结构疏松，进气值相对较小，而淀积层结构紧实，进气值最大；当 10kPa<ψ<100kPa 时，随着基质吸力的增加，各层土壤含水率降低速率增加，其中母质层含水率减小最为明显，相同基质吸力下含水率最低，而淀积层体积含水率减小相对较慢，含水率最高，淋溶层含水率变化处于这两个层次之间；当 ψ>100kPa 时，淀积层持水率最高，其次为淋溶层，而母质层最低。残余吸力区，同一吸力下土壤的含水率分布与各层土的基本性质变化趋势一致：

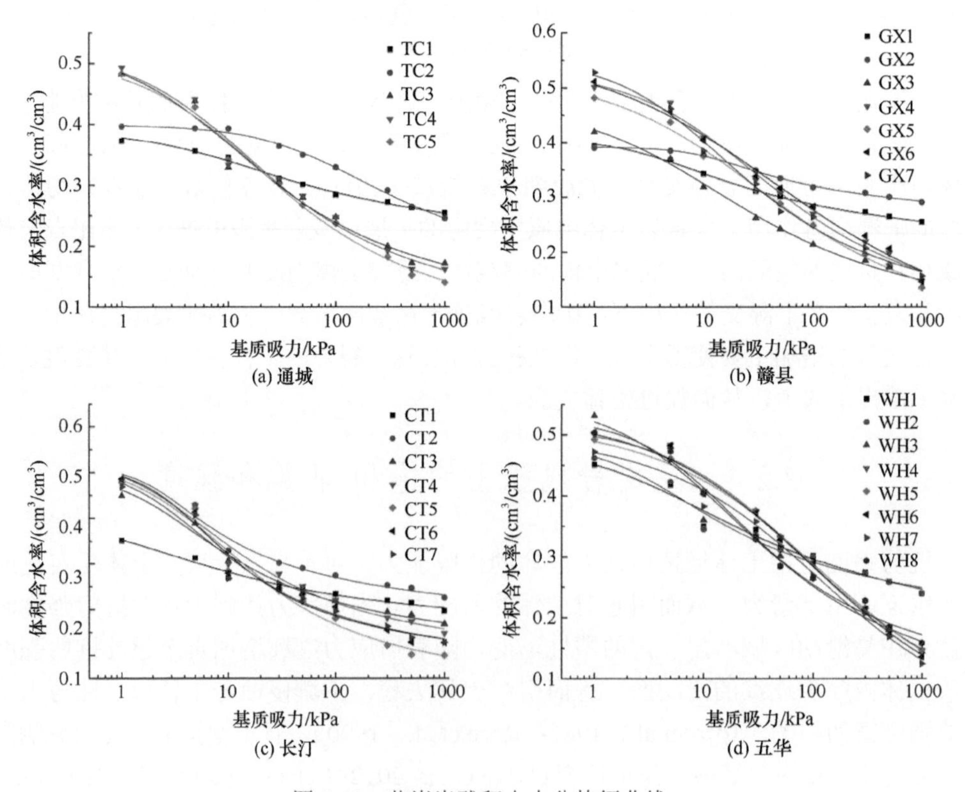

图 2-19　花岗岩残积土水分特征曲线

淀积层细颗粒含量较高，容重相对较大，因此高吸力条件下持水力最大。综合比较 SWCC 的拟合结果发现，Fredlund-Xing 模型适用于花岗岩残积土 SWCC 的拟合（RMSE=0.012，AIC<–60，NSE=0.97）。土壤进气值总体呈现从北往南减小的趋势，淋溶层受植物根系及生物活动的影响，大孔隙发育，进气值较小，而淀积层黏粒含量多，容重相对较大，进气值较大。总体而言，花岗岩残积土的持水能力由土壤胶结物质（有机质、游离氧化铁）、粉粒及砂粒含量、液限决定。

2. 总应力

土体上的总应力包括作用于土骨架上的有效应力和作用于孔隙水上的孔隙水压力。通过测定不同风化层次花岗岩残积土在不同含水率下及总应力下的抗剪强度（图 2-20），结果发现，抗剪强度随着法向压力 σ 的增加不断增大，随着含水率的降低，抗剪强度大致在 7%～14%的含水率范围内取得最大值。在低含水率条件下，质地黏重的土壤在剪切过程中有明显的峰值，这种应力软化现象对淋溶层层尤其明显，而母质层则更倾向于应力硬化。随着含水率的降低，土体抗剪强度有应力软化的倾向，这与 Tariq 和 Miller（2008）的研究结论一致。此外，土壤的应力软化特征受孔隙度和法向压力的综合影响。对于母质层来说，其剪切特性受大孔隙（松散结构）影响，在法向压力的作用下易发生剪缩。此外，在同一法向压力作用下，随着含水率的降低，土-水混合体系从柔性变为脆性，而不同层次土壤由于颗粒组成的差异，含水率对延展性和脆弱性的影响不同，导致了不同层次土壤的残余剪切强度差异较大（Merchán et al.，2011）。淋溶层和淀积的抗剪强度——位移曲线在低含水率下变化较为混乱，这可能是由吸力和法向压力综合作用

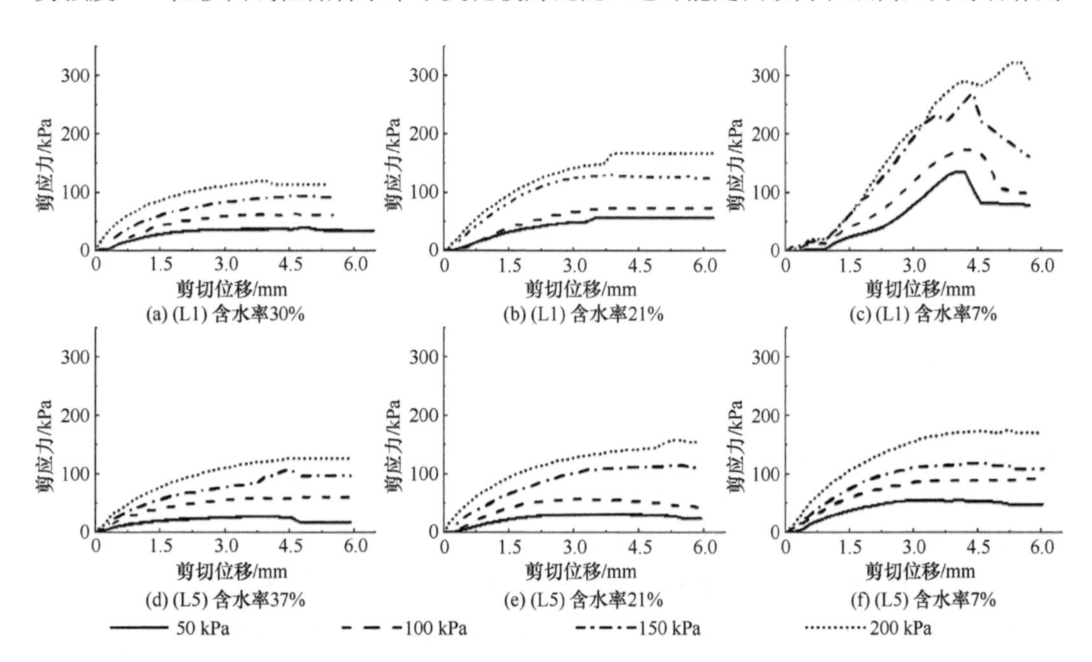

图 2-20　不同含水率和总应力下花岗岩残积土的抗剪强度

L1 和 L5 分别为淋溶层和母质层

下土的颗粒间作用力改变，进一步引起土的硬度变化所致（Han and Sabin，1995；Hoyos et al.，2014）。

根据峰值剪切强度，计算得到不同含水率下的总黏聚力（c）和内摩擦角（φ），结果显示，当含水率为14%～21%时，黏聚力的各向异性明显；当含水率低于14%时，轴向黏聚力总体大于径向黏聚力，而在近饱和状态下，各向异性不明显。内摩擦角的各向异性不显著，当含水率低于21%时，不同层次间的内摩擦角差异明显；在近饱和含水率阶段，整个剖面的内摩擦角差异较小，变化范围为20°～30°。随着含水率的降低，内摩擦角的最大值从淋溶层转移至淀积层。总体而言，花岗岩风化岩土体在非饱和状态下的异向性较明显。这是因为自由水含量较高或者极低的时候，都不利于土颗粒的移动和重排。此外，供试土壤以片状颗粒为主，自由水含量高时，由于水的润滑作用，颗粒移动以滑动为主，而低含水率下颗粒位置相对稳定，土体的紧实程度不容易改变。

3. 有效应力

已有研究结果认为，法向压力和含水率分别独立对抗剪强度产生影响（Escario and Sáez，1986；Fredlund and Rahardjo，1993；Khoury and Brooks，2010）。因此，有效内摩擦角 φ'与有效黏聚力 c'可由峰值抗剪强度（τ_{max}）与法向压力的关系求得。不同风化层次间花岗岩残积土的有效抗剪强度参数（c'和 φ'）随着含水率的变化显示，有效抗剪强度参数总体随着含水率的增加而降低，当含水率高于21%时，c'和 φ'的变化范围分别为10～30kPa和25°～30°。近饱和段，土壤颗粒间的大孔隙被自由水填充导致颗粒间难以接触形成收缩膜，从而导致在此期间的抗剪强度对含水率的变化不明显（Alonso et al.，2010）。此外，在法向压力的作用下，土壤水促进了团聚体的破碎和土颗粒的重新排列，进一步导致土壤紧实程度的变化（Al-Shayea，2001）。由于不同土层间团聚体含量及紧实程度差异，导致同一含水率下不同土层间抗剪强度的差异（Vallejo and Mawby，2000）。当含水率从28%降低到21%的过程中，土颗粒间的收缩膜及毛细管作用逐渐形成，这会有利于增强颗粒间的相互作用力，从而影响抗剪强度的大小（Farouk et al.，2004）。当含水率低于21%时，土层的 c'明显高于其他层次，且随着土层的加深逐渐减小，而 φ'的变化范围较小，且不同层次间的差异随着含水率的增加而减小。

由抗剪强度峰值与质量含水率间的抗剪强度破坏包线（图2-21）可以看出，抗剪强度与含水率间有明显的非线性关系。在一定的含水率下，抗剪强度的增加与法向压力的增加成正比。在低含水率下，法向压力引起的抗剪强度增加量比高含水率下要明显。这很可能是由于高含水率下自由水的润滑作用导致法向压力对土的抗剪强度尤其是摩擦强度的贡献较小。不同含水率下，孔隙水与土壤颗粒的接触面积反映了同一法向压力下基质吸力对抗剪强度的影响（Rahardjo et al.，2004；Thu et al.，2006）。总体而言，具有塑性细颗粒的花岗岩风化岩土体的抗剪强度受含水率的影响明显（Fredlund et al.，1978；Gan et al.，1988；Maleki and Bayat，2012），且风化程度较深的淀积层由于具有较多的胶结物质而具有更大的抗剪强度（Lan et al.，2003）。

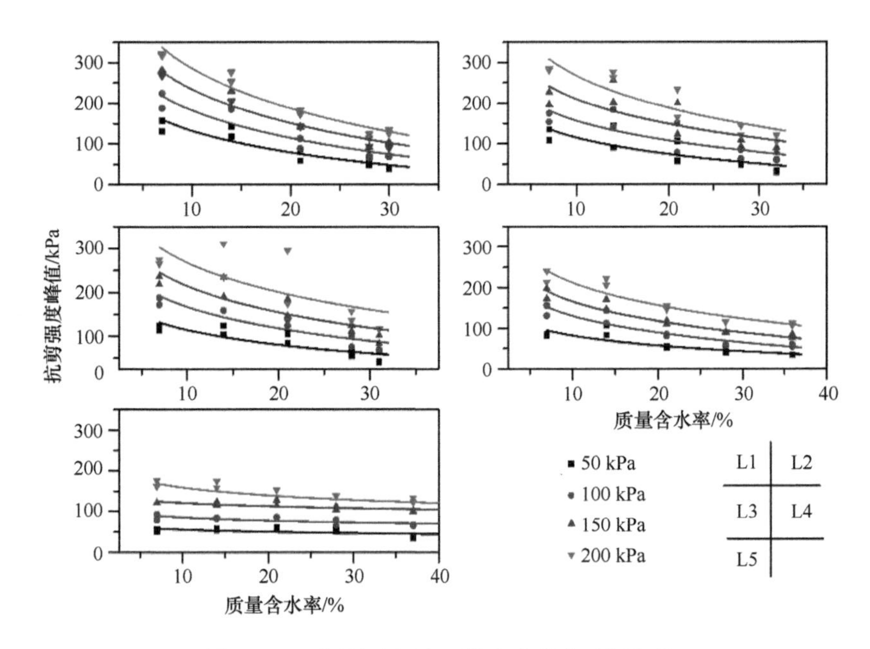

图 2-21 不同法向压力下的抗剪强度破坏包线

4. 饱和-非饱和抗剪强度预测

根据非饱和土的应力状态变量，基质吸力与法向压力属于两个独立变量（Fredlund and Morgenstern，1977）。试验得到的非线性破坏强度包线与土水特征曲线的非线性特性一致（Mohamed et al.，2006）。根据式（2-2）将图 2-21 中的质量含水量转换为基质吸力，结合非饱和土有效应力原理和土抗剪强度准则[式(2-3)]，分析法向压力和基质吸力对抗剪强度的贡献。

$$w(\psi)=C(\psi)\frac{w_s}{\left\{\ln\left[\mathrm{e}+\left(\frac{\psi}{a}\right)^n\right]\right\}^m} \tag{2-2}$$

式中，$w(\psi)$ 表示任意吸力对应的含水率；w_s 为饱和含水率；e 为自然对数常数；$C(\psi)$ 为修正因子；a、m、n 为拟合参数。

$$\tau=c+\left[\left(\sigma-u_a\right)+x\cdot\left(u_a-u_w\right)\right]\cdot\tan\varphi \tag{2-3}$$

式中，τ 为破坏时的抗剪强度；c 为有效黏聚力；σ 为总法向应力；φ 为有效内摩擦角；u_a 和 u_w 分别为孔隙气压力和孔隙水压力；x 为与土的类别和饱和度有关的土性参数。

当基质吸力低于某一值，如<100kPa 对于淀积层，抗剪强度随着基质吸力的增大几乎成比例增加，且基质吸力在 100～1000kPa 的范围内对抗剪强度具有明显的影响，而在这个范围之外的贡献则稍小，这说明当吸力超过一定值时基质吸力的贡献率（φ^b）会降低到一个相对较小的值且保持稳定。当基质吸力小于 10kPa 或者大于 1500kPa 时，吸力对抗剪强度的贡献相对于法向压力的贡献要小。基于此，对基质吸力和抗剪强度间的非线性关系进行拟合（图 2-22）。

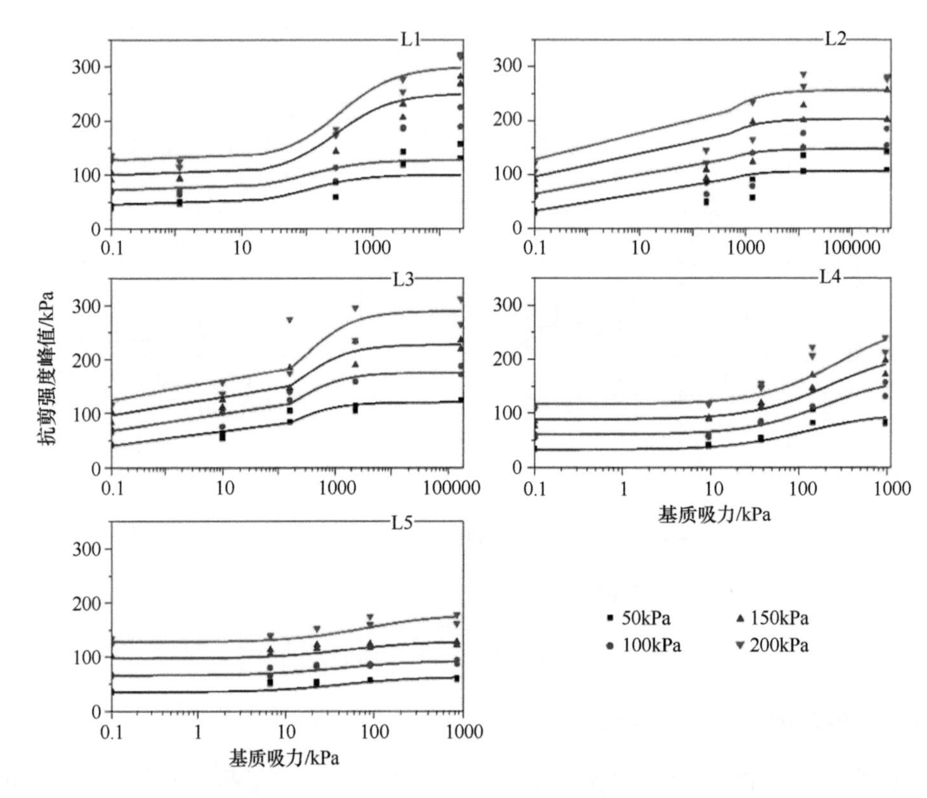

图 2-22　不同法向压力作用下抗剪强度与基质吸力的关系

$$\tau=\begin{cases}c'+\left[(\sigma-u_a)+(u_a-u_w)\right]\cdot\tan\varphi' & (u_a-u_w)\leqslant \text{AEV}\\ c'+\left[(\sigma-u_a)+\text{AEV}\right]\cdot\tan\varphi'+\Theta k\left[(u_a-u_w)-\text{AEV}\right]\left[1+\lambda(\sigma-u_a)\right]\tan\varphi' & (u_a-u_w)>\text{AEV}\end{cases}\tag{2-4}$$

式中，AEV 为进气值。

式（2-4）以进气值 AEV 为界限，通过考虑土水特征曲线的边界效应区和法向压力对 φ^b 的贡献，从而得到改进的花岗岩残积土饱和-非饱和抗剪强度预测模型，并且取得了较好的预测效果（R^2>0.87，RMSE<32）。尽管式（2-3）已经能够对供试土壤提供合理的拟合结果。但是据已有的试验设备，很难对基质吸力超过 1500kPa 的抗剪强度测量。此外，已有的这些模型从基质吸力的角度对抗剪强度进行模拟，有利于土的力学行为的解释，但通常需要测量 SWCC。而对塑性细颗粒土的 SWCC 测定是非常耗时耗力的，而且大多数用于测量吸力的技术手段在基质吸力高于 1500kPa 时测量结果都不太满意（Fredlund and Rahardjo，1993）。然而，基质吸力高于 1500kPa 的情况在自然条件下非常常见，尤其是对于干湿交替特别频繁的南方花岗岩地区。大量的研究都证明，抗剪强度与含水率有着极为显著的相关关系（Vanapalli and Fredlund，1996；Matsushi and Matsukura，2006）。针对本章中基质吸力变化范围较大的情况，有必要从含水率的角度探索非饱和抗剪强度的预测模型。基于非饱和抗剪强度受土壤饱和度影响的事实，对质量含水率进行标准化，从而得到含水率与抗剪强度间近线性的关系。据此提出关于含水

率或土壤饱和度的非饱和抗剪强度方程：

$$\tau = c' + (\sigma - u_a) \cdot \tan\varphi' + n\Theta_w + b \tag{2-5}$$

式中，Θ_w 为标准化质量含水率；n 和 b 是拟合参数。式（2-5）的预测效果（表 2-9）并没有比式（2-4）的精度更高，但通过含水量进行非饱和土抗剪强度预测不需要测量 SWCC，便于对相同含水率下不同层次土壤的抗剪强度进行对比分析。

表 2-9　基于含水率的非饱和抗剪强度公式拟合效果

土层	拟合参数		拟合效果		
	n	b	R^2	RMSE	AICc
L1	–218.21	204.10	0.84	23.25	–17.39
L2	–175.51	170.77	0.70	25.84	–13.17
L3	–149.60	164.03	0.62	27.83	–10.20
L4	–151.51	120.42	0.78	20.03	–23.36
L5	–28.21	34.50	0.54	105.97	43.28

2.3　花岗岩区崩岗崩壁稳定机制及影响要素

根据纬度梯度，各选取湖北通城县、江西赣县、福建安溪县与广东五华县四县的崩岗密集分布区的一处典型崩岗作为研究对象，开展崩壁岩土特性以及崩壁稳定性研究。

2.3.1　崩壁不同土层粒径分布与崩解特性

1. 试验方法

土壤粒径分布采用吸管法（章家恩，2007）。利用分形理论计算了各土层的分形维数值。分形维数值 D 的计算方法参考杨培岭等（1993）中计算公式。根据拟合直线的斜率计算出分形维数值 D。细颗粒越多 D 值越大，粗颗粒越多 D 值越小（杨培岭等，1993；Tyler and Wheatcraft，1989，1992；Bittelli et al.，1999）。土体崩解试验采用简易浸水试验，崩解指数 K_c 的计算方法参考文献 Liu 等（2009a）。K_c 的值越大，土层越不易崩解。

2. 崩壁不同土层粒径分布研究

花岗岩风化壳上发育的崩岗的砂土层和碎屑层的粗颗粒含量高，细颗粒含量低，而表土层和红土层则表现相反。细颗粒在地表径流冲刷下以及在土体中向下淋溶迁移的作用下，会出现表土层的粗颗粒含量高，而红土层细颗粒含量高的情况。本章研究了通城县崩岗不同土层的粒径分布（表 2-10）。

表 2-10 通城县崩岗不同土层的粒径分布 （单位：%）

粒径分布/mm	表土层 TC1	红土层 TC2	红土层 TC3	红土层 TC4	砂土层 TC5	砂土层 TC6
1.0～2.0	9.24±1.61b	7.87±0.65b	4.51±0.36c	3.05±0.55d	5.34±0.71c	19.84±2.28a
0.5～1.0	7.13±0.10d	6.55±0.12e	4.91±0.24f	7.95±0.54c	11.14±0.38b	14.63±0.58a
0.25～0.5	7.09±1.35b	6.12±0.54c	5.27±0.11d	9.78±1.08a	11.75±0.78a	11.95±1.23a
0.15～0.25	3.97±0.64d	6.10±0.07c	6.72±0.85bc	9.19±1.32a	10.21±1.05a	7.58±0.37b
0.05～0.15	9.86±0.93c	6.24±0.93d	10.55±1.14c	17.66±1.57a	13.68±1.45b	16.46±1.04a
0.02～0.05	6.55±1.67d	16.67±1.04a	6.34±1.22d	6.25±0.60d	14.01±1.16b	8.28±0.91c
0.01～0.02	12.07±0.59a	9.81±0.50b	9.74±1.16b	10.97±0.96a	9.44±0.17b	8.48±0.98c
0.005～0.01	5.16±0.58c	6.18±1.07b	3.66±0.84d	3.27±0.63d	7.54±0.25a	5.20±0.33c
0.002～0.005	6.11±0.81b	5.54±0.92c	7.26±0.21a	5.69±0.55c	6.64±0.79b	3.71±0.13d
<0.002	32.81±1.46b	28.91±0.62c	41.03±0.72a	26.19±1.86d	10.24±0.18e	3.87±0.48f

注：同一列不同的小写字母表示在 $P < 0.05$ 水平上呈显著性差异，下同

通过数据分析，不同崩岗的相同土层的粒径分布总体会上差异不大，且随着风化程度的减弱（从表土层到碎屑层），各粒级的含量变化趋势相同，特别是砂粒含量的变化趋势以及黏粒含量的变化趋势。

3. 崩壁不同土层粒径的分形维数

利用 Tyler 和 Wheatcraft（1989，1992）及杨培岭等（1993）提出的分形理论计算了各土层的分形维数（图 2-23）。随着土层深度的加深，分形维数值总体上呈现下降趋势。细颗粒含量较多的表土层和红土层的分形维数值较高，而砂土层和碎屑层的粗颗粒含量较高，其分形维数值则较低。四处崩岗不同风化层次的分形维数，除安溪县的变化趋势为先增后减小，其他三处崩岗都表现为随着风化程度的减弱（从表土层到碎屑层），分形维数值呈现持续性下降的趋势。

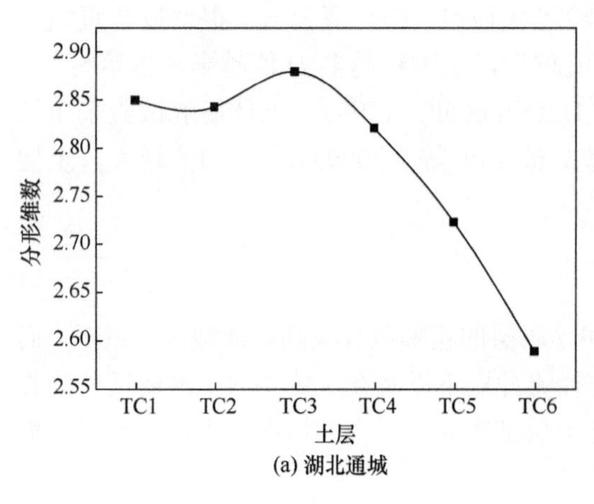

(a) 湖北通城

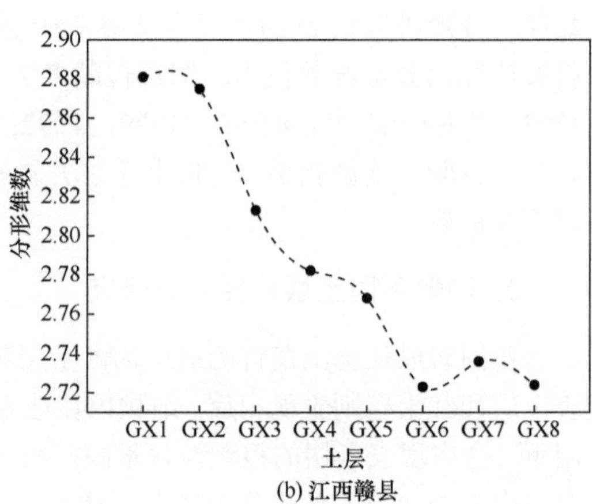

(b) 江西赣县

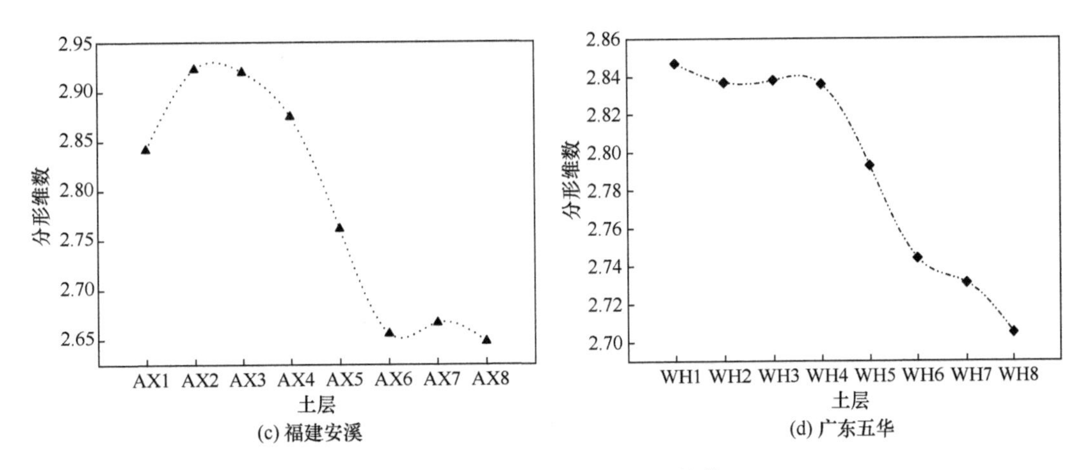

图 2-23　崩岗不同土层的分形维数

4. 分形维数与不同粒径颗粒含量的关系分析

采用一元线性回归和二次线性回归，分析了分形维数与不同粒径颗粒含量的关系（图 2-24）。一元线性回归和二次线性回归结果表明，分形维数与 1.0～2.0mm、0.25～1.0mm、0.05～0.25mm 以及 0.05～1.0mm 的颗粒含量都呈现极显著的负相关关系（$P<0.01$），与<0.002mm 的颗粒含量则呈现极显著的正相关关系（$P<0.01$）。分形维数的大小与 0.002～0.05mm 颗粒含量变化影响较小。

土壤的粒径分布广泛用于土壤的分类，同时也用来评价相关的土壤特征。因此，崩岗不同土层中的粒径分布的变化，能够表征土层的风化程度或是退化状态。花岗岩风化壳从表层到底层，风化程度逐渐减弱，颗粒物变粗，黏粒含量以及有机质含量在下降（Xu，1996）。我国南方热带亚热带、花岗岩丘陵地区具有深厚的花岗岩风化壳，最小的厚度也在 20m（Lan et al.，2003）。红土化过程和风化程度显著影响了风化壳的岩土特性，从而导致崩岗不同土层的粒径分布和其他土壤性质的差异（张晓明等，2012a，2012b；Luk et al.，1997）。在花岗岩崩岗侵蚀区，花岗岩母质及其风化程度对崩岗崩壁不同层次的土壤的粒径分布和分形维数有着重要的影响。本章结果表明，崩岗崩壁不同层次的土壤的分形维数能够用来表征各土层的粒径分布特征，在一定程度上能够反映崩壁不同土层的风化程度。

5. 崩壁不同土层的崩解特性

四处崩岗不同土层在两种水分条件下的崩解指数 K_c 变化趋势如图 2-25。两种状态下，从表土层到碎屑层 K_c 逐渐变小，表明碎屑层土体最容易发生崩解，在风干状态下，各土层的 K_c 差异性不大，数值均较低。表土层和红土层的 K_c 在天然状态下远大于在风干状态下的值，但碎屑层在两种水分条件下 K_c 之间差异不大。这表明崩岗土体在土壤水分含量低的情况下遇到降雨容易发生崩解，而在天然状态下表土层和红土层的 K_c 较高，则土体则不易崩解。

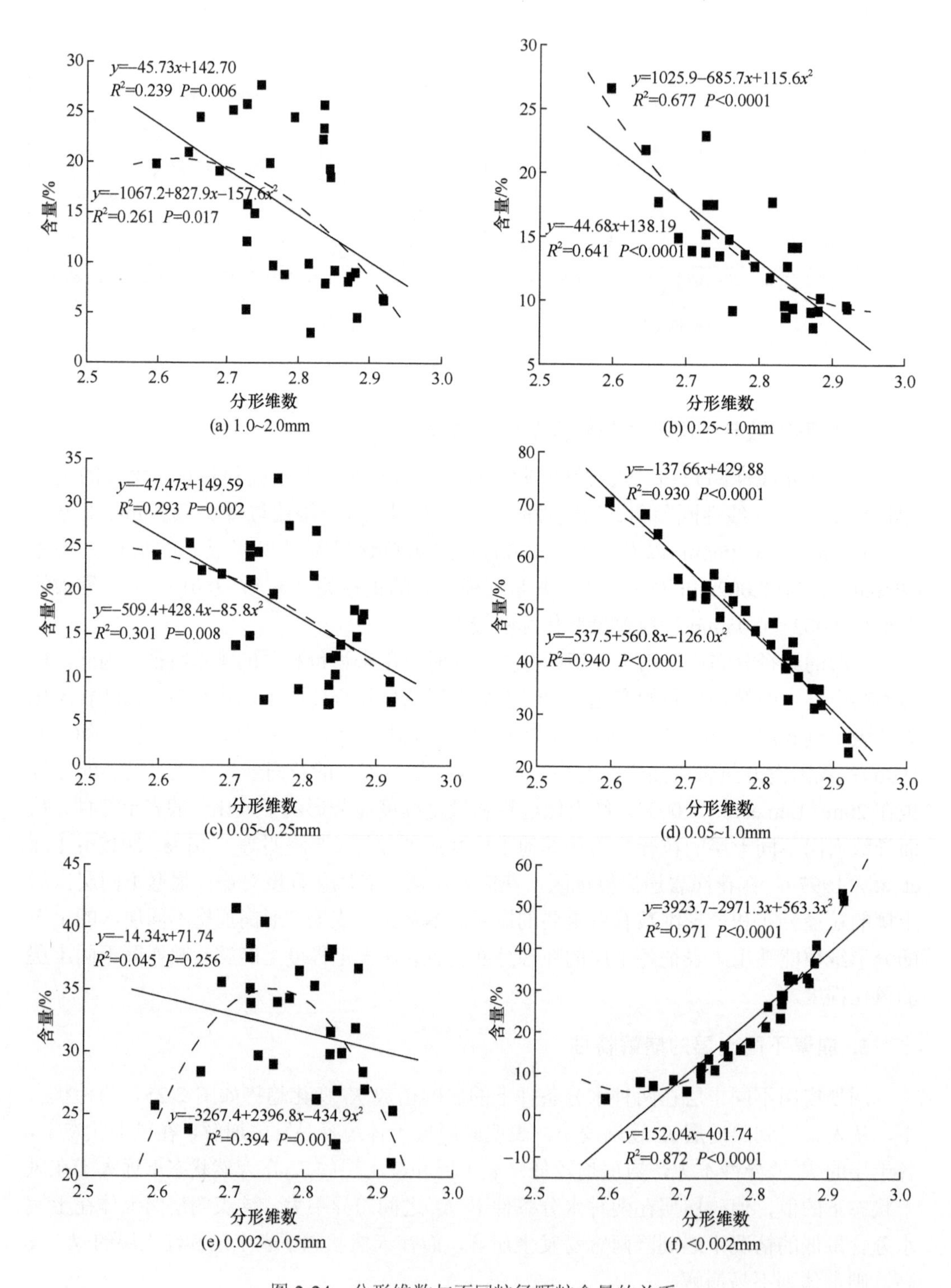

图 2-24 分形维数与不同粒径颗粒含量的关系

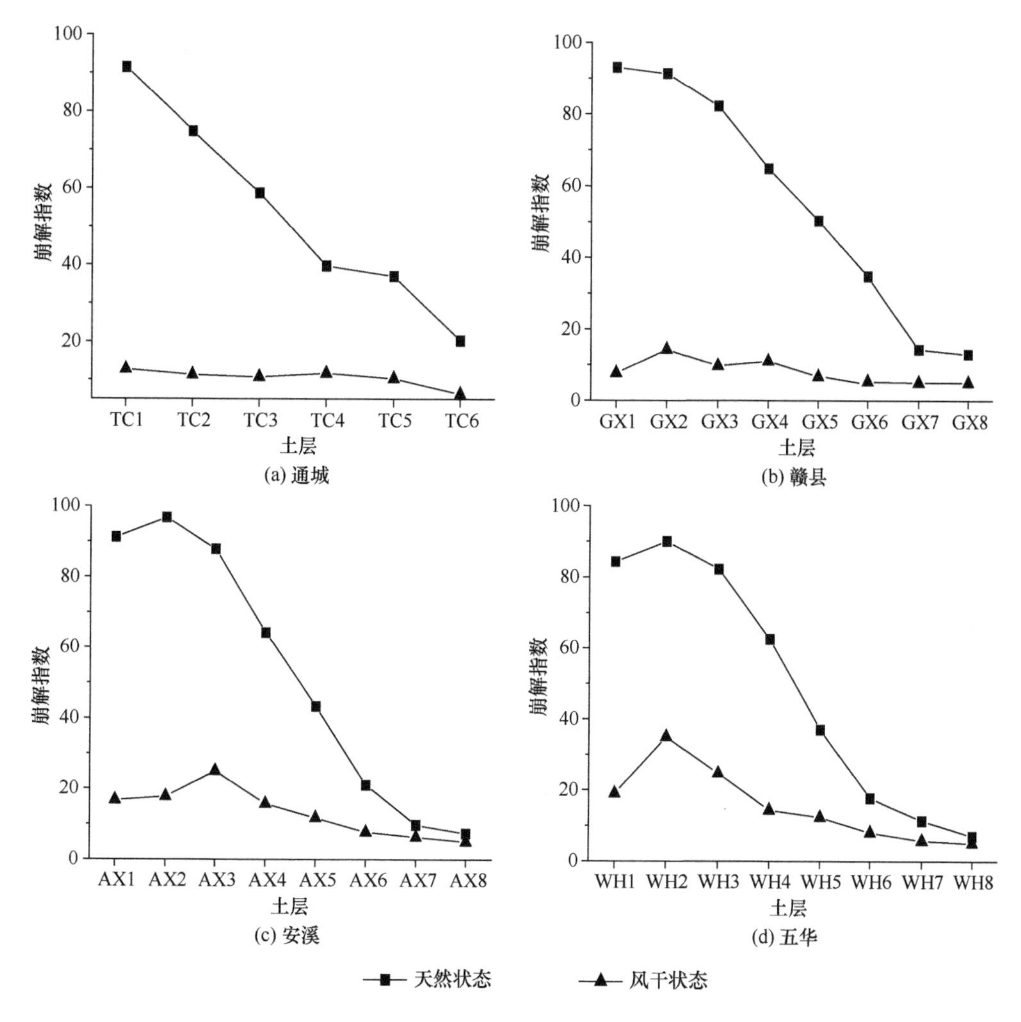

图 2-25 两种水分条件下四处崩岗不同土层的崩解指数变化图

崩岗各土层中含有一定量的结构稳定的石英颗粒，作为土壤中的骨架物质，其他的胶结物质和细颗粒物质以各种方式结合在一起，形成特有的土壤结构。综合上述土体崩解机理及其影响因素，分析可知影响崩岗土体崩解的主要条件是有水分的存在，水分入渗后能与土粒接触以及含有一定量的对土粒胶结起重要作用的黏粒。基于实验结果，对崩岗不同土层的崩解机制进行了探讨。

（1）不同水分差异下的崩解机制：在风干状态下，土体内的各级孔隙大部分被空气所占据，此时的内部孔隙吸力远大于含有一定水分的天然状态下的土壤吸力，因此浸水后，水分以较快的速度进入土体中，气体来不及排出就会被压缩，导致土体内部的孔隙气压力增大而排挤周围的土粒，这种排斥力大于土粒间的吸力时，土体就会发生崩解。也就是说，在较低含水量情况下，崩岗土体遇水后内部气体受挤压而排挤土粒的作用是导致土体崩解的主要原因。实验结果证实，风干状态下的崩岗各土层土体崩解指数均低于天然状态下的，表明在较低含水量情况下崩岗土体遇水后更容易崩解。

（2）不同粒径分布差异下的崩解机制：崩岗的砂土层和碎屑层的粗颗粒含量高，细颗粒含量低，而表土层和红土层则是粗颗粒含量低，细颗粒含量高。由于砂土层和碎屑层中含有的黏土矿物、胶结物质相对于表土层和红土层要少，颗粒与颗粒之间的吸附力较低，使砂土层和碎屑层形成一个结构性差的土体。当砂土层和碎屑层遇到水后，外界的水进入土体内部，颗粒与颗粒之间的吸附力以及毛细吸力随之消散，土体即发生崩解。也就是说，崩岗不同土层的土体遇水后崩解的差异性主要是起胶结作用物质的含量来决定的，起胶结作用物质的含量高则不易崩解。表土层和红土层黏粒含量以及有机质等要高于砂土层和碎屑层，因此其稳定性要高。实验结果证实，在风干状态下和天然状态下，崩岗表土层和红土层的崩解指数均高于砂土层和碎屑层的，表明崩岗的砂土层和碎屑层遇水后更容易崩解。

2.3.2　崩壁不同土层抗剪强度

1. 不同干湿效应下的抗剪强度变化规律

土体抗剪强度采用 ZJ-2 型应变控制式直剪仪快剪。

总体上各土层的黏聚力 c 与内摩擦角 φ 随着水分含量的增加呈下降趋势，表明土体中的水分含量对土体的抗剪强度有一定的影响。对于黏聚力，除五华崩岗的表土层的 c 值要高于其他各层次外，其他三地的崩岗的红土层的黏聚力要高于表土层，显著高于砂土层和碎屑层，表明崩壁各土层以最下层的砂土层和碎屑层抗剪强度最差，容易侵蚀。相对于表土层和红土层，干湿变化对砂土层和碎屑层的 c 值和 φ 值影响程度要小。仅列出安溪县崩岗不同土层土壤黏聚力和内摩擦角变化规律（图 2-26）。

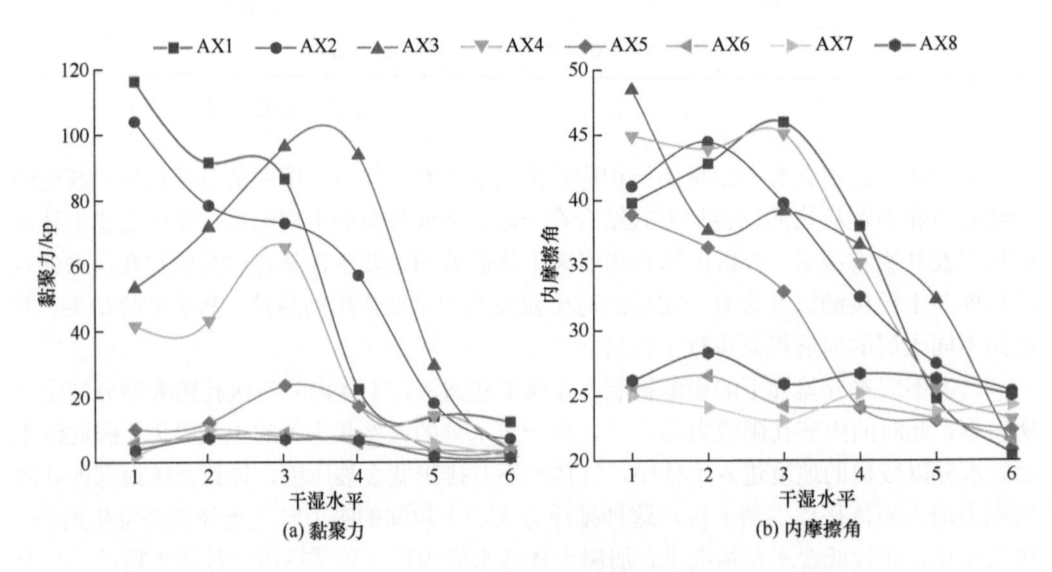

图 2-26　不同干湿水平下安溪县崩岗不同土层土壤黏聚力和内摩擦角变化规律

干湿水平记为 1、2、3、4、5、6。从 1 到 6 含水量在增加，1、2、3 分别表示土样自然风干 48 小时、24 小时和 12 小时；4 为天然状态；5、6 分别为浸水 30 秒和 60 秒表土层和红土层的黏聚力随着水分含量的增加呈现先增后降的趋势，即在土体处于某一含水量时存在一个峰值，表明在含水率很低以及含水率很高的两种极端情况下，崩岗上部土体的强度会下降。

表土层和红土层含有较多黏粒，而砂土层和碎屑层的粗颗粒含量较多。有研究表明土壤中的细颗粒物质能够有效地增加土壤的抗剪强度，如黏土矿物颗粒的黏结和土壤颗粒间的分子引力形成原始凝聚力，细颗粒也是形成土粒间胶结的物质之一（党进谦和李靖，2001；侯天顺和徐光黎，2011；Schnellmann et al.，2013；Eid et al.，2015）。但在含水量较高时，各层次的抗剪强度指标都较低，各层次之间的差异性不大，表明土粒间的水分降低了土壤强度。砂土层和碎屑层的内摩擦角值受含水量的影响不是很明显，呈波动性变化，同一土层不同干湿水平下的内摩擦角值之间差异性不明显，表明砂土层和碎屑层的内摩擦角主要与该层次的结构特性有关，砂土层和碎屑层土质疏松，结构性差，质地较粗，因此土粒之间的水分对沙粒之间的摩擦力影响不明显，因此，内摩擦角受水分含量的影响较小。

2. 粒径分布与土壤抗剪强度的关系

本章分析风干阶段、天然状态和增湿阶段下各土层的黏聚力和内摩擦角与粒径分布的关系。

黏聚力与粒径分布的关系（表 2-11）：在风干阶段和天然状态下，黏聚力与两极的颗粒关系较密切，而与中间粒径的颗粒含量关系不密切；表明在含水量低的情况下，主要是 1.0～2.0mm 和<0.002mm 的两个粒级的颗粒对崩岗土体的黏聚力产生影响较大。在增湿阶段，黏聚力 c 则与大部分粒级颗粒之间较为密切，呈显著相关关系（$P<0.05$），表明崩岗土体在含水量较高时土壤中的各粒级的颗粒组成在一定程度上对黏聚力产生影响。

表 2-11　不同干湿阶段黏聚力与粒径分布关系的拟合方程

粒径分布/mm	风干阶段		天然状态		增湿阶段	
	模拟方程	R^2	模拟方程	R^2	模拟方程	R^2
1.0～2.0	$y=113.21e^{-0.096x}$	0.573	$y=53.91e^{-0.075x}$	0.430	$y=9.86e^{-0.042x}$	0.109
0.25～1.0	$y=1401.2x^{-1.551}$	0.255	$y=343.73x^{-1.167}$	0.178	$y=275.7x^{-1.549}$	0.254
0.05～0.25	$y=37.53e^{-0.02x}$	0.023	$y=21.39e^{-0.012x}$	0.011	$y=15.94e^{-0.065x}$	0.229
0.05～1.0	$y=68.03e^{-0.031x}$	0.107	$y=33.37e^{-0.021x}$	0.064	$y=25.56e^{-0.051x}$	0.300
0.002～0.05	$y=-2.17x+108$	0.149	$y=-1.68x+78.6$	0.155	$y=-0.07x+9.8$	0.004
<0.002	$y=0.82x^{1.2012}$	0.707	$y=1.09x^{0.9562}$	0.551	$y=0.50x^{0.8103}$	0.320

内摩擦角与粒径分布的关系（表 2-12）：在风干阶段，内摩擦角与两极的颗粒关系较密切，而与中间粒径的颗粒含量关系不密切，表明在失水过程中 1.0～2.0mm 和<0.002mm 的两个粒级的颗粒对崩岗土体的内摩擦角产生主要影响。在天然状态和增湿

阶段下，内摩擦角则与大部分粒级颗粒之间关系不密切，相关系数不高，表明崩岗土体在含水量较高时土壤中的颗粒组成对内摩擦角的影响也不占主导地位。

表 2-12　不同干湿阶段内摩擦角与粒径分布的关系的模拟方程

粒径分布/mm	风干阶段		天然状态		增湿阶段	
	模拟方程	R^2	模拟方程	R^2	模拟方程	R^2
1.0～2.0	$y=-0.393x+38$	0.253	$y=-0.173x+30$	0.109	$y=-0.122x+26$	0.169
0.25～1.0	$y=-0.426x+38$	0.105	$y=-0.091x+29$	0.011	$y=0.014x^2-0.264x+24.9$	0.140
0.05～0.25	$y=-0.242x+36$	0.084	$y=-0.155x+30$	0.077	$y=0.056x+23$	0.031
0.05～1.0	$y=-0.200x+38$	0.119	$y=-0.093x+31$	0.057	$y=0.006x^2-0.317x+27.7$	0.128
0.002～0.05	$y=0.034x^2-2.42x+73.6$	0.098	$y=0.069x^2-4.494x+98.9$	0.299	$y=0.016x^2-0.975x+39.0$	0.040
<0.002	$y=25.67e^{0.0091x}$	0.449	$y=24.96e^{0.0045x}$	0.190	$y=24.0e^{0.0001x}$	0.001

在风干阶段，黏聚力和内摩擦角与两极的颗粒关系较密切，且与<0.002mm 的相关系数均高于其他粒级的颗粒含量。土壤中的细颗粒也是形成土粒间胶结的物质之一，细颗粒物质的黏结和分子引力作用形成原始凝聚力（党进谦和李靖，2001；侯天顺和徐光黎，2011；Schnellmann et al.，2013；Eid et al.，2015），有利于土体的抗剪强度增加。

在含水量较高时，黏聚力则与大部分粒级颗粒之间关系较为密切，且呈显著相关关系，而内摩擦角与各粒级的相关关系系数较低。水分的介入使得土粒间的黏聚作用下降，土粒间的胶结物质的溶解（Yang et al.，2005；Knapen et al.，2007；Ma et al.，2013），同时土粒的崩解，剪切时原来密实的颗粒排列之间发生相对滚动，各粒级土粒颗粒之间的位置重新排列（赵建军等，2005），此时表现出的黏聚力是各粒级的共同作用结果，但数值上要低于风干阶段的黏聚力。因此，黏聚力与大部分粒级颗粒之间关系较为密切。但是在水分增加的情况下，剪切时土粒间的摩擦力减小，表现为内摩擦角的下降，因此，在此阶段内摩擦角与各粒级的相关关系系数较低。

3. 水分对崩岗土体抗剪强度影响机制

水分对崩岗表土层和红土层的抗剪强度影响机制：崩岗表土层和红土层属于红壤范畴，该层次的土壤质地黏重，容重以及密度大，毛管孔隙度多，黏粒含量、有机质含量以及游离铁铝的含量均高于砂土层和碎屑层。不同于一般的黏性土，花岗岩发育的红土具有湿胀干缩的特性及低渗透性（张晓明等，2012a；赵媛，2014；魏玉杰等，2015）。表土层和红土层的抗剪强度随着水分含量的增加呈现先增后降的趋势，即在土体处于某一含水量时存在一个峰值，表明在含水率很低以及含水率很高的两种极端情况下，崩岗上部土体的强度会下降。

表土层和红土层在风干过程但未达到水分临界值情况下，土颗粒之间的水膜逐渐变薄，颗粒之间的吸引力增强，土体的原始凝聚力增大，宏观上表现为抗剪强度随着含水率减少而增加。在处于水分临界值时，抗剪强度达到最大。但随着风干程度进一步增加，土粒间的水膜越变越薄，结果是由原来土粒间连续性的水膜逐渐发展成为间断性水膜（张晓明等，2012a，2012b），也就是土粒间的水膜连接隔断，这种由水膜介导传递的凝聚力迅速下降，同时土体的气固态比例增加，基质吸力增大，导致土体收缩。土体里内部收缩的不均匀性导致表土层和红土层的微裂隙的形成，收缩作用会破坏土体的原有结构，导致凝聚力下降，微裂隙相互连接就会形成裂隙面，成为抵抗剪应力最弱的结构面。尽管此时土体中的基质吸力很大，一方面有可能超出了对于土体抗剪强度的贡献值能发挥最大时的含水量界限值范围；另一方面是土体的原始凝聚力、加固凝聚力和吸附凝聚力的共同作用力不足以抵抗裂隙对土体抗剪强度指标的影响，表观上表现为抗剪强度下降。但表土层中根系的加筋作用使得表土层的抗剪强度下降不明显。简而言之，在风干状态，裂隙的产生是崩岗表土层和红土层抗剪强度在此阶段下降的主要作用机制。

在抗剪强度处于峰值的含水状态到天然状态，土体内部各种作用力都发挥作用，因此，原始凝聚力、加固凝聚力和吸附凝聚力的共同作用力是崩岗表土层和红土层在此阶段抗剪强度维持一定值的主要机制。

在增湿阶段，随着含水量的增加，土颗粒之间的水膜逐渐变厚，颗粒之间的吸引力下降，由于十分的润滑作用，土粒间的滑动摩擦力下降，也就是原始凝聚力在下降，但是水稳性团聚体等的结构力仍存在，因此，原始凝聚力下降的幅度不大。同时胶结物质溶解，通过胶结作用形成的加固凝聚力下降，甚至消失。基质吸力等作用也在减弱，崩岗表土层和红土层的抗剪强度下降。简而言之，在增湿阶段，土粒间的加固凝聚力吸附凝聚力的消散是崩岗表土层和红土层抗剪强度在此阶段下降的主要机制。

水分对崩岗砂土层和碎屑层的抗剪强度影响机制：崩岗砂土层和碎屑层风化程度低，该层次的土壤质地粗，分布有一定的原生节理，黏粒含量、有机质含量以及游离铁铝的含量均低于表土层和红土层。砂土层和碎屑层土壤具有砂土的特性，粗颗粒作为土体骨架颗粒，其他的物质填充在骨架颗粒之间。因此其胀缩特性，产生裂隙的特性也不及表土层和红土层明显（赵媛，2014；魏玉杰等，2015）。相对于表土层和红土层，砂土层和碎屑层的抗剪强度要小很多，从低含水率到高含水量，砂土层和碎屑层的抗剪强度也会出现峰值，但干湿变化对砂土层和碎屑层的抗剪强度影响程度没有表土层和红土层那么显著。

基于砂土层和碎屑层土体的特点可知，该层次的原始凝聚力和胶结作用为主加固凝聚力都较低，因此，由基质吸力的变化而产生的吸附凝聚力对抗剪强度的大小起决定性作用。有研究表明，随着基质吸力增大，非饱和砂土的抗剪强度会出现先增大后减小的现象（慕青松等，2004），这与本试验的结果一致。在高含水量时，土粒间的水膜厚度大，土粒出现崩解消散，各种作用力都较小，表现为抗剪强度较小。当含水率下降时，原始凝聚力和胶结作用为主加固凝聚力的变幅不明显，但是基质吸力在增大，由此使得抗剪强度增加，并会在一定含水率时出现峰值。当含水率进一步减小，土粒间的水膜出现间断状态，粗颗粒之间出现孤立状态，尽管此时基质吸力很大，但是土粒间的吸附力却很小，表现为砂土层和碎屑层的抗剪强度下降。综上所述，在风干状态和天然状态下，基质吸力是控制崩岗砂土层和碎屑层抗剪强度的主要作因素。在增湿阶段，土粒间的加固凝聚力吸附凝聚力的消散是控制崩岗砂土层和碎屑层抗剪强度的主要作因素。

2.3.3 崩壁稳定性分析

崩壁稳定性分析是崩岗侵蚀机理研究和实践的重要方向之一。土体在各种内力外力的作用下，会在内部产生剪应力，当剪应力大于土体的抗剪强度时，就会出现土体的破坏，丧失稳定性，表现为滑坡、崩塌等形式（钱德玲，2009；李广信等，2013）。极限平衡方法是目前应用比较多的边坡稳定性分析方法。极限平衡方法以莫尔-库伦抗剪强度理论为基础，先设定土体内存在一个滑动面，建立作用在滑动面上的力以及力矩的平衡方程，进而分析滑动面稳定安全系数（李广信等，2013；Cheng et al.，2007）。边坡的稳定安全系数 K 是指边坡土体滑动面上的抗滑力与下滑力的比值，K 等于 1 时，边坡处于极限平衡状态，小于 1 时则表示坡面土体不稳定，有下滑的倾向，一般情况下 K 值在 1.2～1.5 之间时，能够保证边坡的稳定性（李广信等，2013）。

1. 计算过程

土体的重度为 γ；容重为 ρ；含水率为 w；重力加速度为 g；黏聚力为 c；内摩擦角为 φ；下滑力为 T；β 为滑动面的坡角，则有如下关系：

$$T = G\sin\beta \tag{2-6}$$

$$L = H / \sin\beta \tag{2-7}$$

$$\gamma = \rho\cdot(1+w)\cdot g \tag{2-8}$$

则在滑动面的抗滑力 T_f：

$$T_f = G\cos\beta\tan\varphi + cL \tag{2-9}$$

其中，土体的重力 G 有：

$$G = 0.5\gamma H^2\left(\cot\beta - \cot\alpha\right) = 0.5\rho\left(1+w\right)gH^2\left(\cot\beta - \cot\alpha\right) \tag{2-10}$$

式中，α 为崩壁的坡度角；H 为崩壁高度。

根据稳定安全系数 K 的定义，有如下关系：

$$K = T_f / T \tag{2-11}$$

图 2-27 中的 l 表示潜在滑动面的裂隙长度，因此，实际在滑动面上土体之间接触的长度 L' 有如下关系：

$$L' = L - l \tag{2-12}$$

在考虑有裂隙发育时，则式（2-9）修正为

$$T_f = G\cos\beta\tan\varphi + cL' \tag{2-13}$$

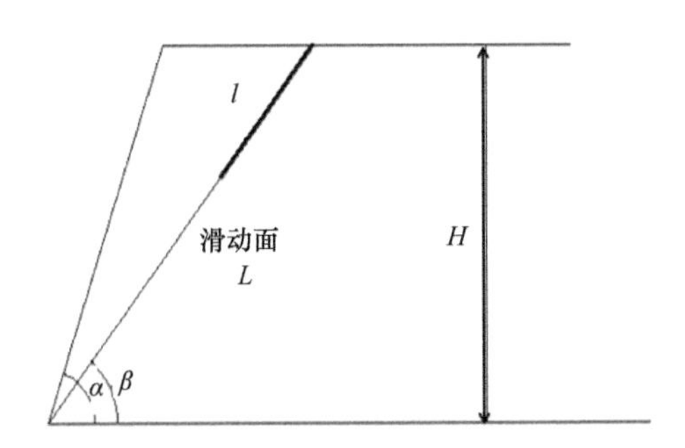

图 2-27　土层崩塌临界高度分析

α 为崩壁的坡度角；β 为滑动面的坡角，下滑力由重力提供，设定土体重力为 G；滑动面的长度为 L；H 为崩壁高度；l 为潜在滑动面的裂隙长度

综合式（2-7）～式（2-10）以及式（2-11）～式（2-13），稳定安全系数 K 有如下计算公式：

$$K=\frac{0.5\gamma H^2\cdot\tan\varphi\left(\cot\beta-\cot\alpha\right)\cdot\cos\beta+c\cdot\left(\dfrac{H}{\sin\beta}-l\right)}{0.5\gamma H^2\cdot\left(\cot\beta-\cot\alpha\right)\cdot\sin\beta}\tag{2-14}$$

式（2-14）就是滑动面有裂隙时的稳定安全系数 K 的计算公式，可以看出，稳定安全系数 K 与崩壁不同土层的临界高度 H、崩壁的坡度角 α，土体的重度 γ 以及滑动面的坡角 β、土体的黏聚力 c 和内摩擦角 φ 有关。

当不存在裂隙发育时，即 $l=0$ 时

$$K=\frac{0.5\gamma H^2\cdot\tan\varphi\left(\cot\beta-\cot\alpha\right)\cdot\cos\beta+c\cdot\dfrac{H}{\sin\beta}}{0.5\gamma H^2\cdot\left(\cot\beta-\cot\alpha\right)\cdot\sin\beta}\tag{2-15}$$

式（2-14）和式（2-15）就是崩壁不同土层在有裂隙存在和无裂隙存在两种情况下的稳定安全系数 K 的计算公式。

为简化计算条件，在本章分析中将崩壁的坡度角设置为 90°，按直立边坡的来计算稳定安全系数 K。此时 $\alpha=90°$，$\cot\alpha=0$。

（1）当滑动面不存在裂隙时，式（2-15）可进一步简化为

$$K=\tan\varphi\cdot\cot\beta+\frac{2c}{\gamma H\cdot\cot\beta\cdot\sin^2\beta}\tag{2-16}$$

（2）当滑动面存在裂隙时，假定此时裂隙的长度是滑动面长度的 1/3，则有

$$l=\frac{1}{3}\cdot\frac{H}{\sin\beta}\tag{2-17}$$

式（2-14）可进一步简化为

$$K=\tan\varphi\cdot\cot\beta+\frac{4c}{3\gamma H\cdot\cot\beta\cdot\sin^2\beta}\tag{2-18}$$

根据实际崩壁崩塌的调查结果，在本章的稳定安全系数 K 计算时，将滑动面的角度设定为 60°，即 $\beta = 60°$，滑动面的垂直高度假定为各土层的实际高度。分无裂隙时和有裂隙存在时（裂隙长度占滑动面长度的 1/3）两种情况，探讨不同土层在不同含水率下的稳定安全系数，以期通过简化的计算结果来说明崩壁稳定性状况。

2. 不同含水率下的稳定安全系数分析

赣县崩岗崩壁不同土层在不同含水率下的稳定安全系数变化规律见表 2-13。稳定安全系数与土体的含水量之间关系密切，主要原因是水分的变化能够改变土体的抗剪强度，各土层的稳定安全系数随着水分变化的趋势与抗剪强度变化趋势类似。同时可以看出有裂隙存在的情况下，能在很大程度上降低土体的稳定性，增加崩塌的概率。

表 2-13　赣县崩岗崩壁不同土层的稳定安全系数

干湿水平	表土层		红土层		砂土层		碎屑层	
	无裂隙	有裂隙	无裂隙	有裂隙	无裂隙	有裂隙	无裂隙	有裂隙
1	53.85	36.04	5.73	3.94	1.79	1.29	0.87	0.70
2	40.75	27.32	5.16	3.58	1.85	1.35	1.42	1.04
3	36.25	24.30	4.70	3.25	1.73	1.25	1.44	1.07
4	33.50	22.43	2.63	1.85	1.16	0.87	1.16	0.87
5	27.46	18.36	1.51	1.10	0.69	0.54	0.68	0.54
6	3.10	2.15	0.40	0.35	0.34	0.31	0.27	0.27

注：干湿水平含义同图 2-26 一致

花岗岩岩体有三组不同方向的节理，有利于风化壳的垂直节理发育，在风化过程中风化壳继承了一部分花岗岩的原生节理，同时在花岗岩风化过程中会产生新的裂隙，使得风化后形成的风化壳中存在大量的软弱结构面，降低了崩壁的稳定性（林敬兰和黄炎和，2010；Lan et al.，2003），同时表土层和红土层的失水收缩特性也会增加土体中裂隙的发育（张晓明等，2012a，2012b；赵媛，2014；魏玉杰等，2015）。崩岗各土层的粒径分布结果表明，由红土层过渡到砂土层时，黏粒含量下降明显，因此，有可能会在此处形成潜在的滑动面，从而影响到崩壁的稳定性。

式（2-14）和式（2-15）是崩壁不同土层在有裂隙存在和无裂隙存在两种情况下的稳定安全系数 K 的计算公式。根据这两个公式，本章中计算出的稳定安全系数是基于以下几个条件而来的：

将崩壁的坡度角设置为 90°，按直立边坡来计算稳定安全系数 K；

崩塌的高度设定为各土层的厚度；

假定滑动面的角度设定为 60°，即 $\beta = 60°$；

在探讨有裂隙存在时的稳定安全系数时，假定裂隙长度占滑动面长度的 1/3。

基于上述四个条件，本章中计算出来的理论稳定安全系数与实际的状况之间有一定的差异。但是得出的稳定安全系数，在一定程度上能够反映崩壁不同土层的稳定性状况，能够说明土体中水分含量变化对稳定安全系数的影响过程，同时可以看出崩壁土体中如果有裂隙的存在，其稳定安全系数会进一步降低。

3. 基于崩壁岩土特性对崩岗治理的建议

表土层和红土层的黏粒含量高，土壤结构好，其岩土特性决定了表土层和红土层具有较高的抗蚀性，而砂土层和碎屑层的抗蚀性较差，容易被雨水以及径流冲刷带走（王艳忠等，2008），因此保护好表土层和红土层不被侵蚀破坏对减少崩岗的发生具有重要意义，因为在表土层和红土层被蚀穿后，砂土层和碎屑层就极易遭受径流冲刷侵蚀进而形成崩岗。同时表土层和红土层的入渗速度快，入渗量大，由于弱渗透层的存在，崩岗上部土层降雨后容易饱和，土体自重增加，强度下降，崩塌风险增加。一方面通过生物治理措施改善地表环境；另一方面可以结合截水沟、排水沟等工程措施，引导集水区的坡面径流，减少径流的侵蚀作用。

通过崩壁不同土层的不同临界高度值可以得出，降低土层的实际高度以及减缓崩壁的坡度能有效减少崩塌的发生。因此可以根据崩岗的实际情况，采用削坡开梯、崩壁小台阶等工程措施来降低土层的高度，减缓崩岗坡面的坡度。削坡开梯就是通过人工或是机械力等方式削挖崩岗崩壁，减缓边坡的坡度，并按照一定的施工标准将其开挖成阶梯形状。而崩壁小台阶指在崩壁上按一定规格沿等高线削掉不稳定的土体，开挖出来的窄阶梯状台地。各工程措施要结合实际情况，合理设计施工标准，同时结合生物治理措施，在开梯后进行植被恢复。

对于崩壁底部崩积堆，能起到减缓坡度的作用，同时对未崩塌的崩壁起到支撑作用。一旦崩积堆被侵蚀，崩壁的临空面的高度增加，在降雨后土体的强度下降，崩塌临界高度下降，在这种情况下，崩壁容易发生崩塌。因此，可以采用生物治理措施开展对崩积堆的植被恢复，减少崩积堆的二次侵蚀。同时也可以采用挡土墙等工程技术措施稳定崩积堆。对于规模小的崩岗、弧形崩岗，挡土墙技术也可以直接修筑在坡脚处，稳定崩壁防止崩壁发生崩塌。此外，在沟道修筑谷坊、拦沙坝等可以降低内部的侵蚀基准面，有利于减少崩积堆的侵蚀。

参考文献

陈祯，崔远来，刘方平. 2013. 不同灌溉施肥模式下土壤湿胀干缩特征曲线及其滞后效应. 农业工程学报, 29(11): 78-84.

党进谦，李靖. 2001. 非饱和黄土的结构强度与抗剪强度. 水利学报, 7: 79-83.

丁光敏. 2001. 福建省崩岗侵蚀成因及治理模式研究. 水土保持通报, 21(5): 10 -15.

冯明汉，廖纯艳，李双喜，等. 2009. 我国南方崩岗侵蚀现状调查. 人民长江, 40(8): 66-68.

侯天顺，徐光黎. 2011. EPS 粒径对轻量土抗剪强度的影响规律. 岩土工程学报, 33(10): 1634-1641.

李广信，张丙印，于玉贞. 2013. 土力学(第二版). 北京：清华大学出版社: 255-288.

林敬兰，黄炎和. 2010. 崩岗侵蚀的成因机理研究与问题. 水土保持研究, 17(2): 41-44.

刘希林，连海清. 2011. 崩岗侵蚀地貌分布的海拔高程与坡向选择性. 水土保持通报, 31(4): 32-36.

慕青松, 马崇武, 苗天德. 2004. 低含水率非饱和砂土抗剪强度研究. 岩土工程学报, 26(5): 674-678.
钱德玲. 2009. 土力学. 北京: 中国建筑工业出版社.
阮伏水. 2003. 福建省崩岗侵蚀与治理模式探讨. 山地学报, 21(6): 675-680.
唐朝生, 施斌. 2011. 干湿循环过程中膨胀土的胀缩变形特征, 岩土工程学报, 33: 1376-1384.
王艳忠, 胡耀国, 李定强, 等. 2008. 粤西典型崩岗侵蚀剖面可蚀性因子初步分析. 生态环境, 17(1): 403-410.
魏玉杰, 吴新亮, 蔡崇法. 2015. 崩岗体剖面土壤收缩特性的空间变异性. 农业机械学报, 46(6): 153-160.
吴克刚, Dannel Clarke, Peter Dicenzo. 1989. 华南花岗岩风化壳的崩岗地形与土壤侵蚀. 中国水土保持, (2): 4-8, 64.
杨培岭, 罗远培, 石元春. 1993. 用粒径的重量分布表征的土壤分形特征. 科学通报, 38(20): 1896-1899.
曾昭璇. 1960. 岩石地形学. 北京: 地质出版社.
张家俊, 龚壁卫, 胡波, 等. 2011. 干湿循环作用下膨胀土裂隙演化规律试验研究. 岩土力学, 32: 2729-2734.
张晓明, 丁树文, 蔡崇法. 2012a. 干湿效应下崩岗区岩土抗剪强度衰减非线性分析. 农业工程学报, 28(5): 241-245.
张晓明, 丁树文, 蔡崇法, 等. 2012b. 崩岗区岩土抗剪强度主要影响因素及衰减机理分析. 安徽农业科学, 40(9): 5534-5537, 5581.
章家恩. 2007. 生态学常用实验研究方法与技术. 北京: 化学出版社: 59-61.
赵建军, 王思敬, 尚彦军, 等. 2005. 香港全风化花岗岩饱和直剪试验中的剪胀问题. 工程地质学报, 13: 44-48.
赵媛. 2014. 鄂东南花岗岩崩岗岩土抗剪强度及崩解特性研究. 武汉: 华中农业大学.
夏栋. 2015. 南方花岗岩区崩岗崩壁稳定性研究. 武汉: 华中农业大学.
Adunoye G O. 2014. Study of relationship between fines content and cohesion of soil. British Journal of Applied Science and Technology, 4(4): 682-692.
Alonso E E, Pereira J M, Vaunat J, et al. 2010. A microstructurally based effective stress for unsaturated soils. Geotechnique, 60(12): 913-925.
Al-Shayea N A. 2001. The combined effect of clay and moisture content on the behavior of remolded unsaturated soils. Engineering Geology Amsterdam, 62(24): 319-342.
Aubert D, Probst A, Stille P. 2004. Distribution and origin of major and trace elements (particularly Ree, U and TH)into labile and residual phases in an acid soil profile (Vosges Mountains, France). Applied Geochemistry, 19(6): 899-916.
Bittelli M, Campbell G S, Flury M. 1999. Characterization of particle-size distribution in soils with a fragmentation model. Soil Science Society of America Journal, 63: 782-788.
Boivin P, Garnier P, Tessier D. 2004. Relationship between clay content, clay type, and shrinkage properties of soil samples. Soil Science Society of America Journal, 68: 1145-1153.
Brand E W, Philipson H B. 1985. Sampling and testing of residual soils: a review of international practice. Scorpion, 1: 1.
Cerdà A. 1999. Parent material and vegetation affect soil erosion in eastern Spain. Soil Science Society of America Journal, 63(2): 362-368.
Cheng Y M, Lansivaara T, Wei W B. 2007. Two-dimensional slope stability analysis by limit equilibrium and strength reduction methods. Canadian Geotechnical Journal, 34(3): 137-150.
Chugh Y P, Missavage R A. 1981. Effects of moisture on strata control in coal mines. Engineering Geology, 17: 241-255.
Costa F M, Bacellar L D A P. 2007. Analysis of the influence of gully erosion in the flow pattern of catchment streams, Southeastern Brazil. Catena, 69(3): 230-238.
Deng Y S, Cai C F, Xia D, et al. 2017. Soil Atterberg limits of different weathering profiles of the collapsing

gullies in the hilly granitic region of southern China. Solid Earth, 8(2): 499-513.
Derose R C, Gomez B, Marden M, et al. 2015. Gully erosion in Mangatu Forest, New Zealand, estimated from digital elevation models. Earth Surface Processes and Landforms, 23(11): 1045-1053.
Drake H, Åström M E, Heim C, et al. 2015. Extreme ^{13}C depletion of carbonates formed during oxidation of biogenic methane in fractured granite. Nature Communications, 6(1): 1-9.
Eid H T, Amarasinghe R S, Rabie K H, et al. 2015. Residual shear strength of fine-grained soils and soil–solid interfaces at low effective normal stresses. Canadian Geotechnical Journal, 52: 198-210.
Elliott C. 2008. Influence of temperature and moisture availability on physical rock weathering along the Victoria Land coast, Antarctica. Antarctic Science, 20(1): 61-67.
Escario V, Sáez J. 1986. The shear strength of partly saturated soils. Gotechnique, 36(3): 453-455.
Farouk A, Lamboj L, Kos J. 2004. A numerical model to predict matric suction inside unsaturated soils. Acta Polytechnica Hungarica, 44(4): 3-10.
Fredlund D G, Morgenstern N R. 1977. Stress state variables for unsaturated soils. Journal of the Geotechnical Engineering Division, The American Society of Civil Engineers, 103(5): 447-466.
Fredlund D G, Morgenstern N R, Widger R A. 1978. The shear strength of unsaturated soils. Canadian Geotechnical Journal, 15: 313-321.
Fredlund D G, Rahardjo H. 1993. An overview of unsaturated soil behaviour. Proceedings of ASCE Specialty Series on Unsaturated Soil Properties, Dallas, Tex, October.
Gan J K M, Fredlund D G, Rahardjo H. 1988. Determination of the shear strength parameters of an unsaturated soil using the direct shear test. Canadian Geotechnical Journal, 25(3): 500-510.
Gu Z J, Wu X X, Zhou F, et al. 2013. Estimating the effect of pinus massoniana, lamb plots on soil and water conservation during rainfall events using vegetation fractional coverage. Catena, 109(10): 225-233.
Han Y C, Sabin G W. 1995. Impedances for radially inhomogeneous viscoelastic soil media. Journal of Engineering Mechanics, 121(9): 939-947.
Hayes N R, Buss H L, Moore O W, et al. 2020. Controls on granitic weathering fronts in contrasting climates. Chemical Geology, 535: 119450.
Hofer S, Frahm J. 2006. Topography of the human corpus callosum revisited - comprehensive fiber tractography using diffusion tensor magnetic resonance imaging. Neuroimage, 32(3): 989-994.
Hoyos L R, Velosa C L, Puppala A J. 2014. Residual shear strength of unsaturated soils via suction-controlled ring shear testing. Engineering Geology, 172(5): 1-11.
Igwe O, Fukuoka H, Sassa K. 2012. The effect of relative density and confining stress on shear properties of sands with varying grading. Geotechnical and Geological Engineering, 30(5): 1207-1229.
Kateb H E, Zhang H, Zhang P, et al. Soil erosion and surface runoff on different vegetation covers and slope gradients: a field experiment in southern shaanxi province, China. Catena, 105(5): 1-10.
Khoury N N, Brooks R. 2010. Performance of a Stabilized Aggregate Base Subject to different durability procedures. Journal of Materials in Civil Engineering, 22(5): 506-510.
Kleppe J H, Olson R E. 1985. Desiccation cracking of soil barriers. Hydraulic Barriers in Soil and Rock ASTM, 263-275.
Knapen A, Poesen J, Govers G, et al. 2007. Resistance of soils to concentrated flow erosion: a review. Earth-Science Review, 80(1-2): 75-109.
Lan H X, Hu R L, Yue Z Q, et al. 2003. Engineering and geological characteristics of granite weathering profiles in South China. Journal of Asian Earth Sciences, 21(4): 353-364.
Lehane B M, Liu Q B. 2013. Measurement of shearing characteristics of granular materials at low stress levels in a shear box. Geotechnical and Geological Engineering, 31(1): 329-336.
Liu J, Shi B, Jiang H, et al. 2009a. Improvement of water-stability of clay aggregates admixed with aqueous polymer soil stabilizers. Catena, 77(3): 175-179.
Luk S H, Yao Q Y, Gao J Q, et al. 1997. Environmental analysis of soil erosion in Guangdong Province: a Deqing case study. Catena, 29: 97-113.
Ma S K, Huang M S, Hu P, et al. 2013. Soil-water characteristics and shear strength in constant water content

triaxial tests on Yunnan red clay. Journal of Central South University of Technology, 20(5): 1412-1419.
Maleki M, Bayat M. 2012. Experimental evaluation of mechanical behavior of unsaturated silty and under constant water content condition. Engineering Geology, 141-142: 45-56.
Matsushi Y, Matsukura Y. 2006. Cohesion of unsaturated residual soils as a function of volumetric water content. Bulletin of Engineering Geology and the Environment, 65(4): 449-455.
Merchán V, Romero E, Vaunat J. 2011. An adapted ring shear apparatus for testing partly saturated soils in the high suction range. Geotechnical Testing Journal, 34(5): 103638.
Migaszewski Z M, Gałuszka A. 2015. The characteristics, occurrence, and geochemical behavior of rare earth elements in the environment: a review. Critical Reviews in Environmental Science and Technology, 45(5): 429-471.
Mohamed T A, Ali F H, Hashim S, et al. 2006. Relationship between shear strength and soil water characteristic curve of an unsaturated granitic residual soil. American Journal of Environmental Sciences, 2(4): 142-145.
Pazand K, Javanshir A R. 2014. Geochemistry and water quality assessment of groundwater around Mohammad Abad Area, Bam District, SE Iran. Water Quality Exposure and Health, 6(4): 225-230.
Peng X, Horn R, Smucker A. 2007. Pore shrinkage dependency of inorganic and organic soils on wetting and drying cycles. Soil Science Society of America Journal, 71: 1095-1104.
Rahardjo H, Heng, O B, Choon L E. 2004. Shear strength of a compacted residual soil from consolidated drained and constant water content triaxial tests. Canadian Geotechnical Journal, 41(3): 421-436.
Reubens B, Poesen J, Danjon F, et al. 2007. The role of fine and coarse roots in shallow slope stability and soil erosion control with a focus on root system architecture: a review. Trees, 21(4): 385-402.
Rose C W, Hairsine P B, Proffitt A P B, et al. 1990. Interpreting the role of soil strength in erosion process. Catena, 17: 153-165.
Schnellmann R, Rahardjo H, Schneider H R. 2013. Unsaturated shear strength of a silty sand. Environmental Geology, 162(4): 88-96.
Sheng J A, Liao A Z. 1997. Erosion control in south China. Catena, 29: 211-221.
Sun W, Shao Q, Liu J, et al. 2014. Assessing the effects of land use and topography on soil erosion on the loess plateau in China. Catena, 121(121): 151-163.
Tang C, Shi B, Liu C, et al. 2008. Influencing factors of geometrical structure of surface shrinkage cracks in clayey soils. Engineering Geology, 101: 204-217.
Tariq B H, Miller G A. 2008. A constitutive model for unsaturated soil interfaces. International Journal for Numerical and Analytical Methods in Geomechanics, 32(13): 1.
Thu T M, Rahardjo H, Leong E C. 2006. Shear strength and pore-water pressure characteristics during constant water content triaxial tests. Journal of Geotechnical and Geoenvironmental Engineering, 132(3): 411-419.
Torri D, Sfalanga M, Sette M D. 1987. Splash detachment: Runoff depth and soil cohesion. Catena, 14: 149-155.
Tyler S W, Wheatcraft S W. 1989. Application of fractal mathematics to soil water retention estimation. Soil Science Society of America Journal, 53(4): 987-996.
Tyler S W, Wheatcraft S W. 1992. Fractal scaling of soil particle size distributions: analysis and limitations. Soil Science Society of America Journal, 56: 362-369.
Valentin C, Poesen J, Li Y. 2005. Gully erosion: impacts, factors and control. Catena, 63(63): 132-153.
Vallejo L E, Mawby R. 2000. Porosity influence on the shear strength of granular material–clay mixtures. Engineering Geology, 58(2): 125-136.
Vanapalli S K, Fredlund D E. 1996. Model for the Prediction of shear strength with respect to soil suction. Canadian Geotechnical Journal, 33(3): 379-392.
Vásquez-Méndez R, Ventura-Ramos E, Oleschko K, et al. 2010. Soil erosion and runoff in different vegetation patches from semiarid central mexico. Catena, 80(3): 162-169.
Wu Z, Wang J. 2000. Relationship between slope disintegration and rock-soil characteristics of granite

weathering mantle in south China. Journal of Soil and Water Conservation, 14(2): 31-35.

Xia D, Deng Y S, Wang S L, et al. 2015. Fractal features of soil particle-size distribution of different weathering profiles of the collapsing gullies in the hilly granitic region, south China. Natural Hazards, 79(1): 455-478.

Xu J, Zeng G. 1992. Benggang erosion in subtropical granite crust geo-ecosystems: an example from Guangdong Province//Walling D E, et al. Erosion, Debris Flows and Environment in Mountain Regions. IAHS Publication, 209: 455-463.

Xu J X. 1996. Benggang erosion: the influencing factors. Catena, 27: 249-263.

Yang Y, Zhang J, Zhang J, et al. 2005. Impacts of soil moisture content and vegetation on shear strength of unsaturated soil. Wuhan University Journal of Natural Sciences (English version), 10(4): 682-688.

Yisehak K, Belay D, Taye T, et al. 2013. Impact of soil erosion associated factors on available feed resources for free-ranging cattle at three altitude regions: measurements and perceptions. Journal of Arid Environments, 98(11): 70-78.

Ziadat F M, Taimeh A Y. 2013. Effects of rainfall intensity, slope, land use and antecedent moisture on soil erosion in arid environment. Land Degradation and Development, 24(6): 582-590.

第 3 章　紫色土侵蚀

3.1　紫色土碎石分布及其对坡面土壤侵蚀的影响

3.1.1　三峡库区紫色土碎石分布特征

土壤中碎石含量具有显著的空间变异性（Childs and Flint，1990），碎石的空间分布特征对地形地貌演变过程、水文过程与侵蚀过程等有重要的影响（Poesen and Lavee，1994a）。土壤中的碎石分布与土地利用、土层深度、坡度、坡位和土壤侵蚀等因素有密切关系。目前，已有不少学者研究了干旱、半干旱地区，表土覆盖碎石的盖度和粒径与坡度、坡位、坡面曲率的关系，特别是碎石盖度与坡度的关系（Simanton et al.，1994a；Simanton and Toy，1994b；Poesen et al.，1998；Nyssen et al.，2002；Govers et al.，2006；Li et al.，2007）。但有关热带、亚热带地区的碎石空间分布的定量数据还比较少，而这些信息对深入理解亚热带地区的坡面水文过程和侵蚀过程有重要的作用。

在紫色土区域，土壤中碎石分布广泛，但在土壤侵蚀研究中，碎石没能得到足够的重视。碎石在坡面的空间分布不是随机的，它受到地貌过程、水文过程与侵蚀过程及其交互作用的影响。由于坡度对侵蚀的影响具有临界值，综合各学者研究结果，本章根据平均坡度的大小，将坡面分为陡坡（>20°）和缓坡（<20°），我们在秭归县紫色土区王家桥小流域选择了一个由一个陡坡（28°）和一个缓坡（20°）组成的典型坡断面，在每个坡面上分别均匀设置 8 个样点，调查了碎石含量与土层深度、坡度和坡位的关系，初步探讨了紫色土坡耕地碎石含量分级及碎石粒径配比。

1. 紫色土的碎石含量分布特征

土壤中的碎石是原地岩石风化崩解的产物或是从其他地方搬运而来，碎石在土壤剖面的垂直方向和坡面方向的分布受自然和人为活动影响，如岩崩、泥石流、土壤侵蚀、牲畜的践踏、耕作措施等均有可能导致碎石含量和大小的再分布（Poesen et al.，1997）。碎石含量和大小的空间变化除了受到上述过程的影响外，还与碎石的岩性以及影响上述过程的地形因素如坡位、坡度等密切相关。故在不同环境条件下，碎石分布具有很强的空间变异性，同时这种变异性又具有一定的方向性。

我们对两个岩性、土地利用方式（耕地改为果园）一致，但坡度不同的坡面的碎石分布调查结果显示，山地紫色土坡地 0～20cm（A）、20～40cm（B）、40～60cm（C）、60～80cm（D）各土层的碎石含量分别从 0 到 20%、30%、38%、55%，各层土壤的平均碎石含量分别为 11.0%、14.5%、15.9%、21.6%，所有碎石粒径都小于 250mm。根据碎石含量分布特征，我们把碎石含量分为<5%（低）、5%～10%（中低）、10%～20%（中）、20%～40%（中高）、>40%（高）五个等级。由图 3-1 可以看出，所有紫色土耕层即 A 土层的碎石含量在中等碎石含量以内，其中低等、中低等和中等碎石含量的土壤分别占 20%、20%和 60%；B、C 土层的碎石含量在中高等以内，碎石含量中等以内的土壤占 70%～80%；D 土层的碎石含量为高等的土壤占 20%，低等、中低等、中等和中高等碎石含量的土壤分别占 10%、20%、30%和 20%。山坡地紫色土中碎石含量集中分布在 0～40%，8 个土壤剖面（0～80cm）样点的平均碎石含量为 0.7%～35%，土壤碎石含量都为中高等以内，低等、中低等、中等和中高碎石含量的土壤分别占 10%、20%、30%与 40%，即 70%紫色土的碎石含量为 20%～40%。

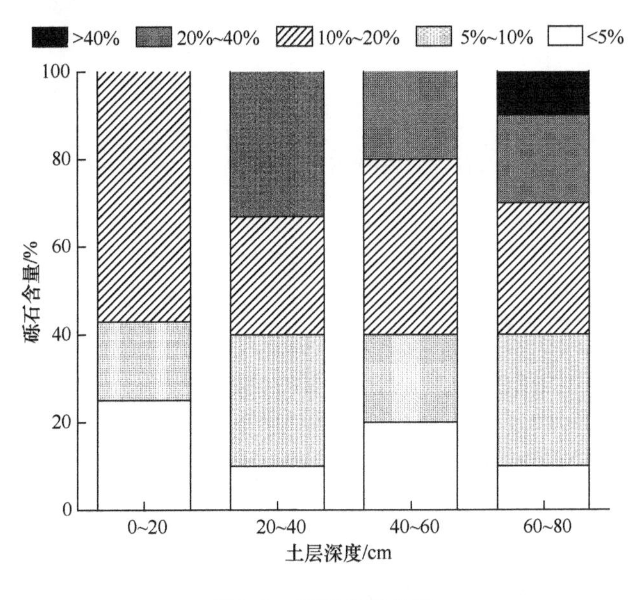

图 3-1　碎石含量分级

2. 碎石在土壤剖面中的分布

图 3-2 为 10 个土壤剖面各土层中不同粒径碎石含量及总的碎石含量（5～250mm）的值。在 0～20cm 土层，小碎石、中碎石和大碎石的含量分别为 5.92%、4.57%和 0.58%；在 60～80cm 土层，三种粒径的碎石含量分别增加至 6.31%、8.60%和 6.64%。除小碎石的含量无明显变化，中碎石和大碎石及总的碎石含量显著增加，表明在紫色土剖面中碎石含量是随着土层深度的增加而增加的。这与李燕等（2008）在丘陵紫色土区的研究结论相反，李燕等得出碎石含量基本上是随土层的加深而减少的，其中相对小一点的碎石含量随土层的加深而增加，相对大一点的碎石含量随土层的加深而减少。这可能与两个研究区不同的人类活动强度有关，在坡耕地上，碎石很容易露出地表。这是由于耕作一方面对不同粒径的颗粒具有筛选作用，导致大的颗粒向上运动以及小的颗粒向下运动（Oostwoud et al.，1997）；另一方面耕作侵蚀使得表层土壤颗粒被径流带走。这两方面作用共同加速了碎石向表土聚集的过程。丘陵紫色土区人口密度大，耕种历史悠久，农

地精耕细作，土壤人为扰动强度大、程度高，而山区紫色土区则相反，人为扰动强度和程度均相对较低。故在丘陵紫色土区和山地紫色土区，碎石在土壤剖面中呈现出不同的分布特征。

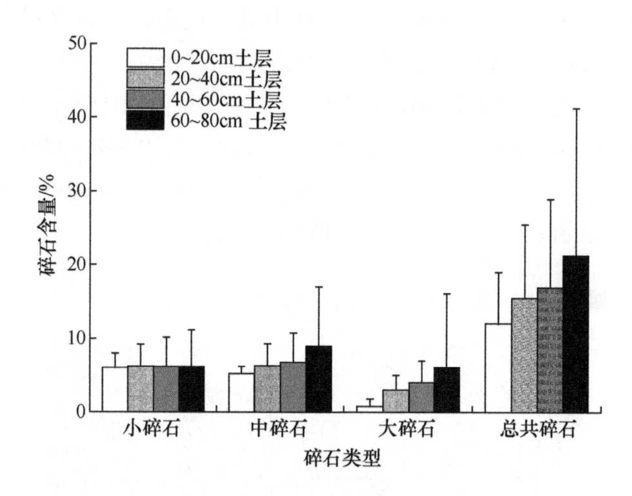

图 3-2　不同粒径碎石在土壤剖面不同土层中的平均含量

3. 碎石在坡面上的分布

坡面碎石分布是土壤发生过程、地形因子、水文过程和侵蚀过程相互作用的结果，不同坡位碎石分布差异较大。初步分析，碎石在陡坡和缓坡上呈现出不同的分布规律应归因于坡度的差异引起的碎石在坡面上的分选。在较陡坡面，其坡度较陡，在重力作用下碎石向下滚落或蠕动，经长期积累逐渐形成了坡脚碎石含量高，而坡顶碎石含量相对较低的碎石分布特点。碎石等效粒径从坡上至坡下逐渐增大证实了这一推测，因为在较陡坡面上，大碎石更易向下滚落[图 3-3(a)]。0～20cm、20～40cm、40～60cm 和 60～80cm 各土层碎石等效粒径从坡下至坡上分别为 50～18mm、84～44mm、74～

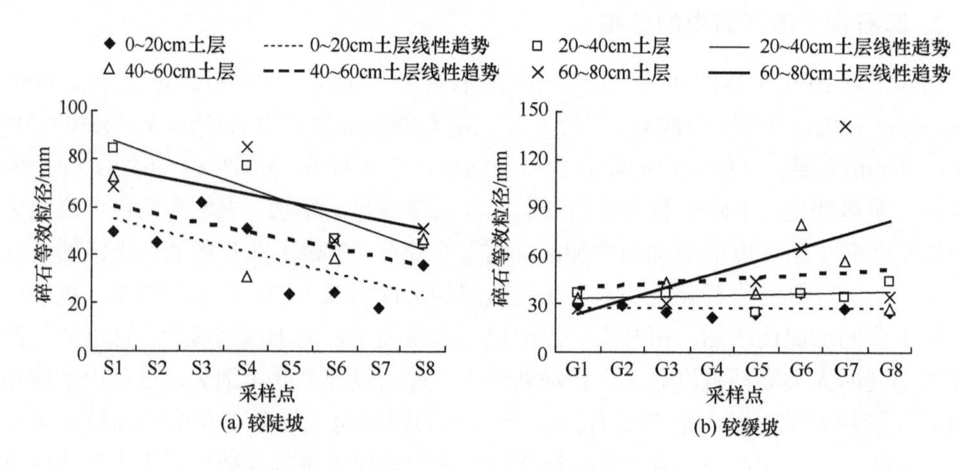

图 3-3　不同土层碎石等效粒径沿坡面的变化

47mm、68～46mm。而在较缓坡面，其坡度较缓，重力对碎石的向下牵引作用降低，侵蚀的分选作用占主导地位：在雨滴击溅和径流冲刷作用下，土壤细颗粒物质向下坡方向移动，而粗颗粒物质如碎石则留在原地（Poesen et al.，1998），在降雨侵蚀的长期作用下，较缓坡面上便逐渐形成了坡顶碎石含量高，而坡脚碎石含量低的分布规律，但除了 60～80cm 土层碎石等效粒径从坡上至坡下变化不大[图 3-3(b)]。Marshall 和 Sklar（2012）也研究发现，碎石含量随着高程的变化受到区域限制，在其中一个研究区碎石含量随着高程的提高而增加，但在另一个研究区碎石含量却随着高程的降低而增加。他们分析指出这种相反的分布方式，可归因于岩性的差异，但同时也与降雨量关系密切，即受到侵蚀分选作用的影响。

3.1.2 三峡库区碎石含量对紫色土物理性质的影响

是否考虑土壤中碎石、土壤中的有效含水量、土壤水渗漏到地下水中的量以及植物能吸收的有效水含量存在很大的差异（Cousin et al.，2003；马东豪和邵明安，2008），在研究含碎石土壤的各种性质时不能忽略碎石的存在。以往研究很少有对碎石与容重和土壤孔隙之间关系做出直接的解释，而且以往的土壤大孔隙研究也多是在土壤质地相对均一的条件下进行的，对以物理风化为主、土壤发育程度不深、碎石含量很高的坡地紫色土中碎石在土壤大孔隙形成中作用的研究还相当缺乏。本章旨在了解三峡库区紫色土中的碎石对土壤容重和孔隙特征的影响及其可能的作用机制，为建立准确预报、模拟径流和土壤侵蚀的时空变化规律的模型提供土壤空间分布的基本参数，也为流域治理和土壤保护提供理论依据。

1. 碎石的基本物理性质

紫色土中的碎石一般为紫色泥岩、页岩或砂岩、泥砂岩风化的产物，形状以不规则块状为主，少量为长菱形、片状。紫色母岩的矿物组成一般较为复杂，在干湿交替、冷热循环条件下，不同的导热率和胀缩性加剧了紫色母岩的物理风化速度。岩石首先从大块状龟裂风化为大于 2mm 的碎屑（碎石）成为疏松多孔的土壤母质，具备了一定的水贮存运移能力。紫色岩碎石继承了紫色母岩的性质，风化程度的差异，导致其密度、孔隙度和饱和含水率的差异。图 3-4 显示了小、中、大三种粒径碎石的密度、孔隙度和饱和含水率，不同粒径碎石的密度、孔隙度和饱和含水率有显著差异。不同粒径碎石的风化程度不同，随着碎石粒径的增大，碎石的风化程度降低，其密度逐渐增大，依次为 1.9g/cm^3、2.2g/cm^3、2.3g/cm^3[图 3-4(a)]，而碎石的孔隙度和饱和含水率逐渐减少，小碎石、中碎石和大碎石的孔隙度依次为 0.16cm^3/cm^3、0.10cm^3/cm^3、0.06cm^3/cm^3[图 3-4(b)]，三种粒径碎石的饱和含水率依次为 8.0%、4.5%、3.2%[图 3-4(c)]，这与李燕等（2008）的研究结果相一致。在分析土壤水分性质与预测土壤有效水分含量时，碎石所持有的水分常常被忽略不计，但在含碎石土壤中，特别是当碎石含量较高时，这部分水分具有重要的作用。在石质山区，植物吸收的水分以及蒸腾所需水分大部分来自岩石裂缝渗水。

干旱条件下，植物所吸收的水分大部分来自深度风化的岩石。有研究进一步指出，与表层土壤相比，底层的风化岩石能为作物生长提供更多的有效水分（Jones and Graham，1993）。Hubbert 等（2001）的研究也表明，在含碎石土壤中，土壤中的碎石为植物生长提供了 70%的水分。

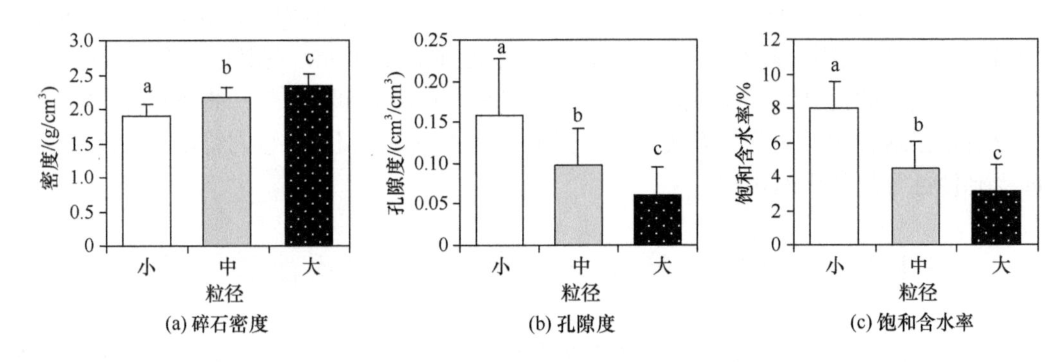

图 3-4　不同粒径碎石的密度、孔隙度与饱和含水率

2. 含碎石土壤的容重

从图 3-5 可以看出，在各土层，随着碎石含量的增加，含碎石土壤的总容重逐渐增加[图 3-5(a)]，而含碎石土壤的细土容重逐渐减少[图 3-5(b)]。碎石与细土容重呈负相关关系可归因于以下几个方面：①当碎石含量较高时，可能会出现细土物质未完全充填碎石之间空隙的情况，从而降低细土容重；②在两种级别粒径颗粒的混合体中，小部分大颗粒体的出现均能减少细颗粒组成部分的容重，因为小颗粒体与大颗粒体之间不可能像它们自身那样紧密结合（Stewart et al.，1970）；③在干湿交替或冻融与解冻交互的过程中，细土和碎石反应方式不同，这也可能引起碎石和细土之间形成孔隙；④土壤中碎石的存在改变了细土部分的性质，随着碎石含量的增加，腐烂的有机质、肥料投入和雨水等集中分布在逐渐减少的细土中（Childs and Flint，1990）。而单位细土的投入物质增加将会影响其他的土壤性质，如土壤结构等。特别是细土部分有机质含量的增加（与碎石含量增加相对应）会导致细土容重的降低，因为有机质的平均密度较低，大约为 224kg/m^3（Rawls，1983）。除了这个影响，有机质含量的增加还常常会使细土部分形成一个更好的（如更高的孔隙度）、更稳定的结构。图 3-5 说明了即便是在土壤总容重较高的条件下，细土容重也不会特别高，这对植物的生长具有重要意义；如果植物生长与细土部分的物理性质有关，那么砾质土/石质土较高的总容重并不一定意味着恶劣的根系生长环境。大量研究表明，无论是从经验上还是理论上细土容重均随着碎石含量的增加而降低（Stewart et al.，1970）。Torri 等利用 Stewart 等（1970）有关森林与农业土壤的调查数据，学者们建立碎石质量含量与细土容重的函数关系：

$$\delta_f = \delta_f^0\left(1-1.67M_r^{\ 3.39}\right) \tag{3-1}$$

式中，δ_f为含碎石土壤的细土容重；δ_f^0为不含碎石的土壤容重；M_r为土壤中的碎石质量含量。式中关键参数 δ_f^0可通过 Rowls（1983）提出的土壤转换函数，根据土壤的质地及有机质含量推算获得。碎石的质量含量和体积含量可以通过下列公式进行换算（Childs and Flint，1990）：

$$V_r = M_r \cdot \frac{BD_r}{BD_{rf}} \tag{3-2}$$

式中，V_r 为土壤碎石体积含量；BD_r 为土壤总容重；BD_{rf} 为碎石密度。

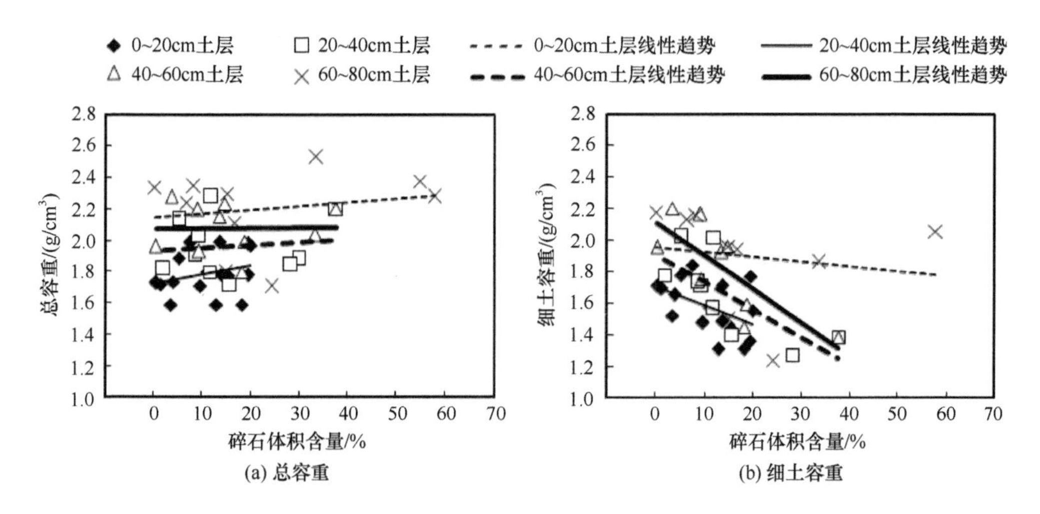

图 3-5 不同土层碎石体积含量与总容重和细土容重的关系

3. 含碎石土壤孔隙分布特征

下面将根据不同土层分析碎石含量与土壤孔隙分布特征的关系。图 3-6 显示了碎石体积含量与总孔隙度、非毛管孔隙度和毛管孔隙度的关系，从该图可以看出，随着碎石体积含量的提高，土壤总孔隙度和毛管孔隙度呈减少趋势[图 3-6(a)～(c)]，而非毛管孔隙度呈增加趋势[图 3-6(b)]。时忠杰等（2007）在黄土区的研究也指出，碎石体积含量增加导致土壤大孔隙的平均半径和体积增大，特别是导致半径大于 1.4mm 的大孔隙密度的增大。目前，有不少学者研究了土壤中碎石存在对水分入渗和渗透过程的影响，有研究结果指出土壤中碎石的存在减少了水分入渗（朱元骏和邵明安，2008；周蓓蓓等，2011）。Zhou 等（2009）的研究还得出碎石对土壤水分运动的影响存在一个阈值，当碎石含量小于 40%时，入渗速率和饱和导水率随着碎石含量的增加而降低，当碎石含量超过 40%时，则随碎石含量的增加而增加。王慧芳和邵明安（2006）采用简单相关分析研究碎石粒径对入渗过程的影响，得出粒径为 2～3mm 的碎石与入渗过程呈显著负相关关系，而>25mm 碎石有利于入渗。这可归因于土壤中碎石存在对土壤总孔隙度和非毛管孔隙度的不同影响。随着碎石含量的增加，土壤总孔隙度减少，这表明了土壤中碎石的存在将减少水分的过水断面；同时，非毛管孔隙度随着碎石体积含量的增加而增加，而非毛管孔隙有利于水分运动，还会促进优先流的形成，从而提高土壤的入渗速率和渗透速率，土壤中碎石的存在是促进入渗还是降低入渗最终取决于这两种相反影响的交互作用。

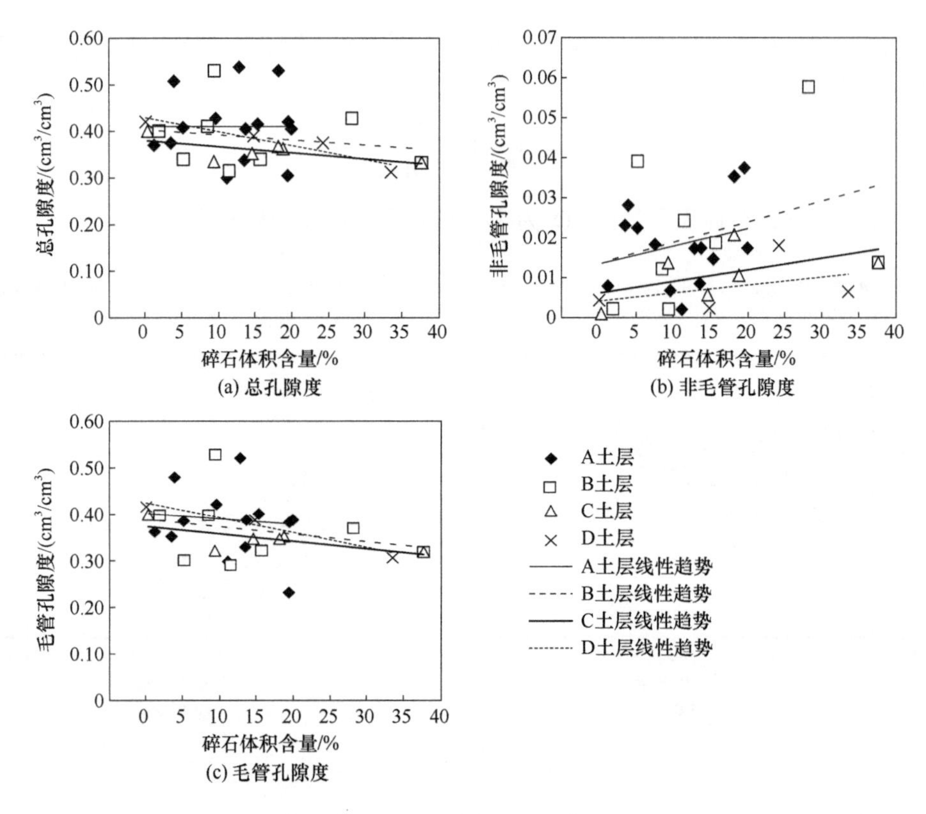

图 3-6　不同土层碎石体积含量与总孔隙度、非毛管孔隙度和毛管孔隙度的关系

3.1.3　含碎石紫色土降雨入渗和产流产沙过程

作为土壤的基本性质，碎石分布对于土壤侵蚀有重要作用。碎石混合改变土壤的水力学性质及地表覆盖直接或间接影响土壤降雨侵蚀入渗、溅蚀、细沟和细沟间侵蚀等子过程（Posesen et al.，1994a，1994b；Brakensiek and Rawls，1994）。以紫色土为研究对象，针对紫色土碎石含量高的特点，研究不同碎石含量土壤的降雨入渗和产流产沙过程是紫色土水文过程、土壤侵蚀研究中一项重要而基础的工作，同时该研究对于我国山区含碎石土壤侵蚀过程的认识及治理也有重要意义。

1. 碎石混合对降雨入渗的影响

图 3-7 为模拟降雨条件下含碎石土壤入渗速率和累积入渗量随着时间的变化关系。从该图可以看出，在模拟降雨试验条件下，不同碎石含量土壤的入渗速率和累积入渗量有一定差异。在降雨初期 0～21 分钟内，土壤入渗量相差不大，随后 30%碎石含量土壤的降雨入渗速率明显下降，而 0 和 10%碎石含量土壤的降雨入渗速率相差不大，后者略大于前者。不同碎石含量土壤的平均入渗速率大小依次为 20%（0.18mm/min）>10%（0.15mm/min）>0（0.14mm/min）> 30%（0.12mm/min）。通过水量平衡法，推算出 0、10%、20%和 30% 等 4 种不同碎石含量土壤在 120 分钟内的累积入渗量分别为 14.25mm、

15.97mm、19.19mm、11.59mm。可见，在本试验条件下，土壤中碎石混合并不总是增加或降低土壤的入渗量。研究结果显示，当土壤中碎石含量低于20%～30%时，土壤入渗速率随着碎石含量的增加而提高，当碎石含量为30%时，入渗速率达到最低值。我们的研究结果与李燕等的研究结果相一致，他们的研究结果指出，不同紫色土（灰棕紫泥、红棕紫泥、棕紫泥）的平均入渗率为随碎石含量的增加先增后减（李燕等，2011）。毛天旭等（2011）针对钙积土垫旱耕人为土采用室内人工模拟降雨的研究也指出，当坡度<5°时，不同鹅卵石（粒径2～5cm）含量的土壤入渗能力表现出明显差异，碎石含量为20%～30%时，土壤入渗相对增加；但当坡度>10°时，碎石含量对入渗能力的影响不明显。

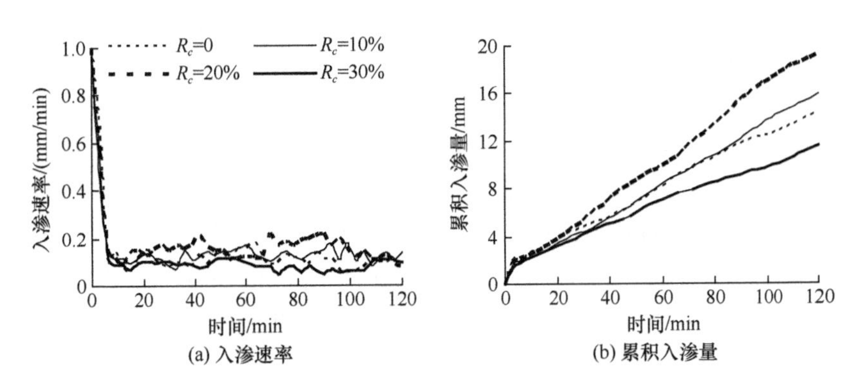

图3-7 含碎石土壤坡面入渗速率和累积入渗量随降雨时间的变化

2. 碎石混合对径流流速的影响

在降雨过程中，坡上部位保持为细沟间侵蚀，而坡下部位在降雨0～3分钟内就开始形成细沟，故坡上为细沟间径流，坡下为细沟径流。不同碎石含量土壤的细沟间径流流速和细沟径流流速随着降雨时间呈现出不同的变化趋势（图3-8）。

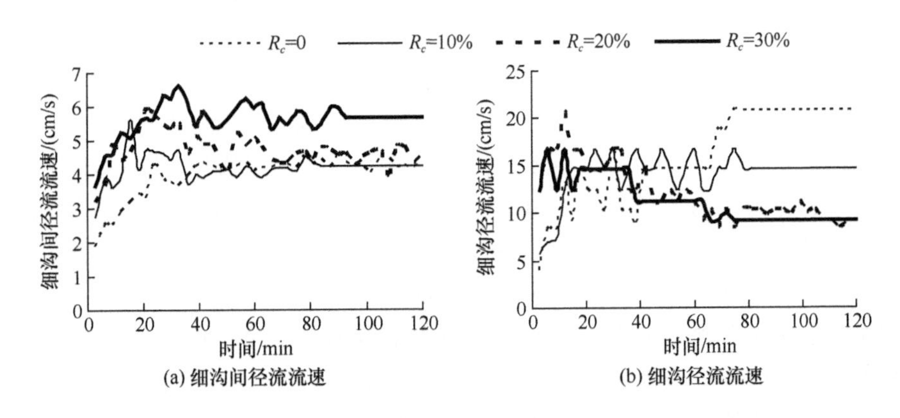

图3-8 含碎石土壤细沟间径流流速与细沟径流流速随降雨时间的变化

降雨开始后不含碎石土壤细沟间径流流速逐渐增加，在降雨历时42分钟时达到最大值 4.3cm/s，而后保持稳定。含碎石土壤在降雨开始后的 15～33 分钟内快速增加至最大值，再逐渐降低，在降雨历时 36～51 分钟时达到最低值，随后保持较为稳定的流速。10%、20%和 30%碎石含量土壤的径流流速分别在降雨历时 15 分钟、21 分钟、33 分钟时达到最大值，分别为 5.6cm/s、5.9cm/s、6.6cm/s。0、10%、20%和 30%四种碎石含量土壤的细沟间稳定径流流速为 4.3cm/s、4.2cm/s、4.6cm/s、5.7cm/s，平均径流流速依次为 4.0cm/s、4.2cm/s、4.7cm/s、5.6cm/s，含碎石土壤的细沟间径流的稳定流速和平均流速都随着碎石含量的提高呈增加趋势。

在降雨过程中，坡上部位保持为细沟间侵蚀，而坡下部位在降雨 0～3 分钟内就开始形成细沟，故坡上为细沟间径流，坡下为细沟径流。不同碎石含量土壤的细沟间径流流速和细沟径流流速随降雨历时呈现出不同的变化趋势（图 3-8）。

降雨开始后不含碎石土壤细沟间径流流速逐渐增加，在降雨历时 42 分钟时达到最大值 4.3cm/s，而后保持稳定。含碎石土壤在降雨开始后的 15～33 分钟内快速增加至最大值，再逐渐降低，在降雨历时 36～51 分钟时达到最低值，随后保持较为稳定的流速。10%、20%和 30%碎石含量土壤的径流流速分别在降雨历时 15 分钟、21 分钟、33 分钟时达到最大值分别为 5.6cm/s、5.9cm/s、6.6cm/s。0、10%、20%和 30%四种碎石含量土壤的细沟间稳定径流流速为 4.3cm/s、4.2cm/s、4.6cm/s、5.7cm/s，平均径流流速依次为 4.0cm/s、4.2cm/s、4.7cm/s、5.6cm/s，含碎石土壤的细沟间径流的稳定流速和平均流速都随碎石含量的提高呈增加趋势。

3. 碎石混合对产流产沙的影响

图 3-9 是含碎石土壤坡面地表径流速率、径流含沙率与侵蚀速率随着降雨时间的变化，从该图可以看出，降雨历时 6 分钟后地表径流就迅速增加到较高的速率，这归因于较高的初始含水率，随后保持稳定[图 3-9(a)]，各碎石含量土壤平均地表径流速率依从大到小次为 30%（0.95mm/min）>0（0.93mm/min）>10%（0.92mm/min）> 20%（0.89mm/min）。当碎石含量小于 20%时，地表径流速率随着碎石含量的增加逐渐降低，当碎石含量提高到 30%时，地表径流速率达到最大值，与上述入渗规律相对应。但各碎石含量土壤的地表径流速率差异并不显著（F=0.266，P>0.05），即碎石含量对地表径流速率没有显著影响。同时，研究结果显示不同碎石含量土壤径流含沙率差异显著（F=625.333，P<0.05）。在降雨初期径流含沙率迅速增加，随后逐渐降低至稳定值[图 3-9(b)]。0、10%、20%与 30%碎石含量土壤的径流含沙率分别在降雨历时 18 分钟、15 分钟、9 分钟、9 分钟时达到最大值，分别为 247g/L、165g/L、97g/L、95g/L，其平均径流含沙率分别为 165g/L、70g/L、46g/L、31g/L，碎石含量对径流含沙率影响显著，特别是在碎石含量小于 20%的低碎石含量范围内，随着碎石含量的增加，径流含沙率降低。侵蚀速率是地表产流量和径流含沙率的函数，在降雨过程中，地表径流速率在短时间内增加到最大值随后保持稳定，而径流含沙率在降雨过程中变化较大，故侵蚀速率随着降雨历时的变化规律与径流含沙率随着降雨历时的变化规律相一致，先增加后逐渐降低至稳定值[图 3-9(c)]。

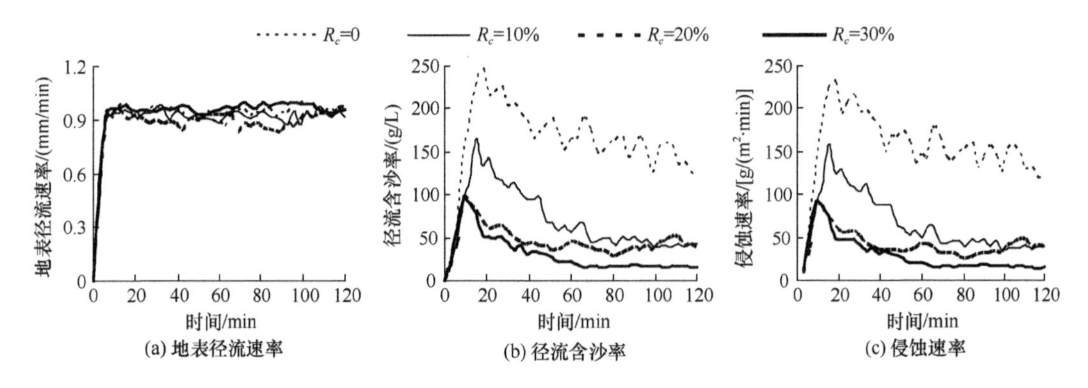

图 3-9　含碎石土壤坡面地表径流速率、径流含沙率与侵蚀速率随着降雨时间的变化

土壤中的碎石本身具有很强的抗蚀性，能消散雨滴击溅动能和径流冲刷动能，降低了径流的挟沙能力，径流含沙率随着碎石含量的提高而显著降低，同时，碎石含量对地表产流量没有显著影响，故土壤中混合的碎石主要是通过提高整个土体的抗蚀性和抗冲性来减少土壤流失，降低侵蚀速率。0、10%、20%与 30%四种碎石含量土壤的平均侵蚀速率依次为 155g/(m^2·min)、65g/(m^2·min)、42g/(m^2·min)、29g/(m^2·min)，随着碎石含量的提高土壤的侵蚀速率逐渐降低。统计分析显示，土壤流失比（含碎石土壤的土壤流失量与不含碎石土壤的土壤流失量的比值，R_{sl}）与碎石含量（R_v）呈极显著指数负相关关系（图 3-10）：

$$R_{sl} = a \cdot \exp(-b \cdot R_v) \tag{3-3}$$

式中，a、b 为经验系数。

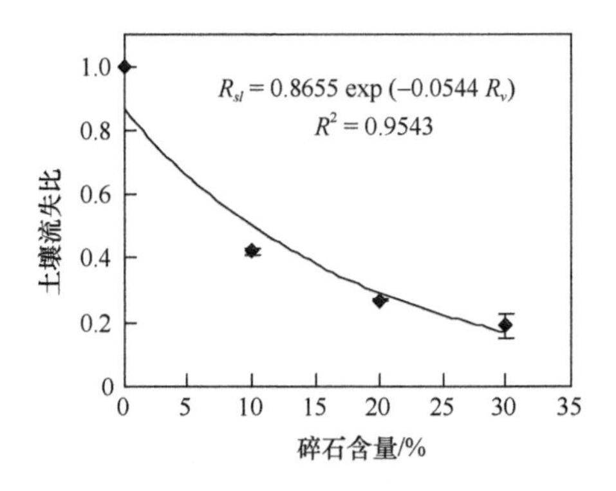

图 3-10　土壤流失比与碎石含量的关系

3.1.4　碎石覆盖紫色土坡耕地土壤侵蚀过程

紫色土中碎石分布广泛，地表常为碎石覆盖，碎石覆盖对土壤水文过程有着重要影响。通过原位人工模拟降雨试验，本节定量研究不同降雨强度下碎石覆盖对降雨入渗、产流产沙过程的影响。

1. 碎石覆盖对降雨分配的影响

土壤中碎石存在对水文过程的影响受到碎石的位置、大小与含量以及土壤结构的影响（Poesen et al.，1994a；符素华和刘宝元，2002）。本章研究结果表明，位于地表之上的砾石覆盖对降雨入渗、地表产流及壤中流产流等水文过程有着重要的影响，降雨分配与砾石覆盖呈显著相关关系。表土砾石覆盖增加了地表糙度和降雨截留（Poesen et al.，1994a），随着表土碎石覆盖度的提高，地表蓄水量增加，从而导致地表填洼时间延长与地表径流发生的延迟，不同降雨强度下，地表产流时间随着碎石覆盖度提高呈增加趋势。地表径流的延迟发生促进了降雨过程中的水分入渗。Cerdà（2001）、Mandal 等（2005）研究证明径流和入渗收到碎石覆盖的影响，主要是由于碎石覆盖增加了地表糙度，随着碎石覆盖度的提高，碎石间的地表径流深度增加，即土壤水向下移动的压力势增加，入渗过程以更快的速率发生，在相同时间内湿润峰能移动到土壤更深处（Cerdà，2001；Luk et al.，1986；Mandal et al.，2005）；在试验过程中，我们还观测到，碎石覆盖下的土壤更有利于水分的入渗，随着降雨历时的延长，碎石覆盖下土壤与碎石间土壤入渗性能的差异更加显著，这归因于表土碎石覆盖保护土壤免受雨滴的溅蚀，减少了地表结皮，使表土维持更高的孔隙度，表土碎石截留的雨水及部分碎石间的径流通过碎石下的表土渗入土体中，从而减少地表径流，促进降雨入渗，故碎石覆盖对入渗速率特别是稳定入渗速率影响显著（Poesen and Ingelmo-Sanchez，1992）。

雨水入渗进入土壤后，一部分贮存于土体，一部分转化为壤中流通过侧渗流出土壤，还有一部分通过深层入渗汇入地下水层。降雨过程中，碎石覆盖促进了降雨入渗，随着入渗速率提高，土壤含水率更快地增加，壤中流发生时间随之缩短，壤中流径流速率也随着入渗速率的增加而提高。入渗是坡面水文过程的起点，碎石覆盖与入渗速率的关系，决定了降雨分配结果（图 3-11）。不同降雨强度下，随着碎石覆盖度的提高，地表径流系数逐渐降低，同时壤中流系数与深层入渗系数逐渐增加。

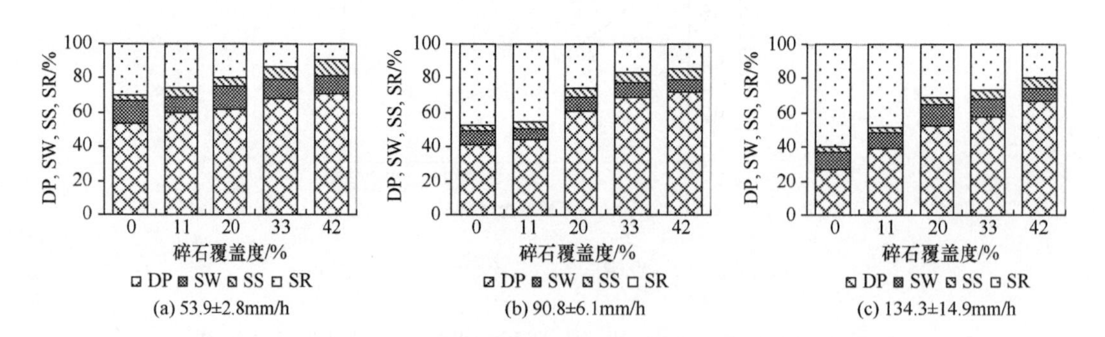

图 3-11　不同碎石覆盖度和降雨强度下降雨分配

地表径流系数（SR）、壤中流系数（SS）、土壤持水系数（SW）与深层入渗系数（DP）

2. 碎石覆盖对径流含沙率的影响

径流含沙率是一个很好的土壤可蚀性指标，它反映了土壤对侵蚀动力引起的分散和运输的敏感性。碎石覆盖保护表土免受雨滴击溅，决定了泥沙分散量，随着碎石盖度增加而减少的径流含沙率证实了这一点。40%碎石覆盖土壤在高雨强条件下的径流含沙率为15.3g/L，比裸露土壤低降雨强度下的径流含沙率更低（39.2g/L）。与裸露土壤相比，碎石覆盖单位产流量得到的泥沙量更小。通过碎石覆盖土壤减少能被分散的土壤，碎石盖度越高，能被分散的土壤便越少。不同降雨强度下，径流含沙率随着碎石盖度的提高而降低。

为了更简单清楚地描述碎石盖度对径流含沙率的影响，建立了相对径流含沙率（碎石覆盖土壤径流含沙率与裸露土壤径流含沙率的比值，R_{sc}）与碎石盖度（R_c）的关系，二者呈指数负相关关系（图 3-12）：

$$R_{sc} = a \cdot \exp(-b \cdot R_c) \tag{3-4}$$

其中，a、b 为经验系数。相对径流含沙率随碎石盖度的提高呈负指数递减趋势，这也说明了当碎石盖度较低时，单位碎石盖度减少泥沙分散运输量的效率更高。40%碎石覆盖土壤与 30%碎石覆盖土壤径流含沙率的差值，比 30%碎石覆盖土壤与 20%碎石覆盖土壤流含沙率的差值小，而后者又比 20%碎石覆盖土壤与 10%碎石覆盖土壤流含沙率的差值小，同样，20%碎石覆盖土壤与 10%碎石覆盖土壤径流含沙率的差值，比 10%碎石覆盖土壤与无碎石覆盖土壤流含沙率的差值小。即随着碎石盖度提高，特别是当碎石盖度超过 20%时，再增加碎石盖度对减少相对径流含沙率的作用显著减弱。这也证实了相对径流含沙率与碎石盖度呈指数负相关关系的趋势。

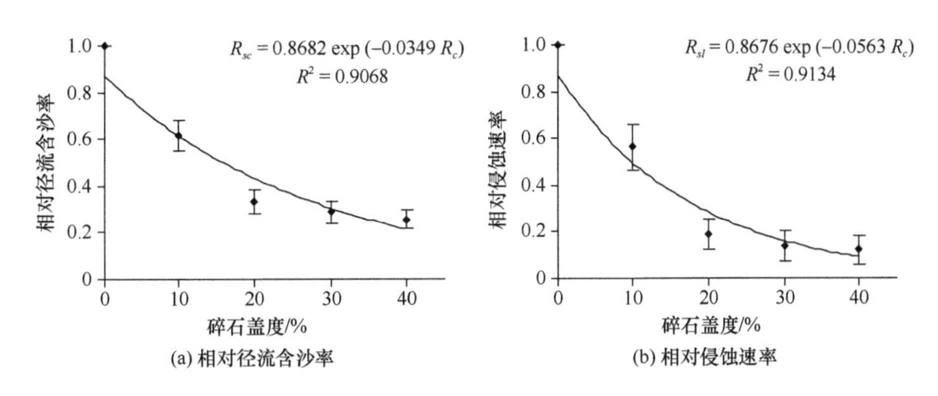

图 3-12　相对径流含沙率和相对侵蚀速率与碎石盖度的关系

3. 碎石覆盖对侵蚀速率的影响

土壤侵蚀速率是单位面积单位时间内的土壤流失量，它是单位面积单位时间内地表产流量与径流含沙率的乘积。不同降雨强度下，地表产流量和径流含沙率都随着碎石盖度的提高而降低[图 3-12(b)]，故侵蚀速率随碎石盖度的变化与地表产流量和径流含沙率随碎石盖度的变化呈同样的趋势，统计分析显示，碎石覆盖对侵蚀速率有显著影响。低雨强条件下，40%碎石覆盖土壤的侵蚀速率小于 1g/(m^2·min)，即便是降雨强度提高到高雨强时，其侵蚀速率也小于 12g/(m^2·min)；而在高雨强条件条件下，裸露土壤的侵蚀速率却高达 59g/(m^2·min)。在土壤表面覆盖碎石能有效降低侵蚀速率。碎石覆盖降低侵蚀速率的能力还受到降雨强度的影响。在低降雨强度下，40%的碎石盖度就可使侵蚀速率降低到可忽略的值 1g/(m^2·min)。在更高的降雨强度下，需要更多的碎石覆盖来避免土壤侵蚀的发生。与地表径流速率和径流含沙率类似，相对土壤流失率（碎石覆盖土壤流失率与裸露土壤流失率的比值，R_{sl}）与碎石盖度（R_c）呈指数覆盖相关性：

$$R_{sl} = a \cdot \exp(-b \cdot R_c) \tag{3-5}$$

式中，a、b 为经验系数。

Poesen 和 Lavee（1994b）总结了 b 值表示碎石盖度减少土壤侵蚀的效率，它受到碎石的大小、位置和形状及土壤结构的影响。Mandal 等（2005）与 Martinez-Zavala 和 Jordan（2008）报道了类似的碎石覆盖与侵蚀速率的指数关系。与碎石盖度对相对径流含沙率的影响相似，随着碎石盖度提高，特别是当碎石盖度超过 20%时，再增加碎石盖度对减少相对土壤流失率的作用显著减弱。

3.2 不同厚度紫色土坡面水文过程及侵蚀响应

3.2.1 紫色土坡面土壤厚度分布及其水力学性质

1. 土壤厚度分布特征

王家桥小流域坡耕地土层厚度变异明显（15～260cm），在所有 348 个坡耕地样点中，土层厚度在 15～75cm 之间的样点占到 75%，69%的坡耕地分布在>15%的陡坡地上（图 3-13）。随着坡度的增加，薄层土壤所占比例逐渐增多，在土层厚度小于 75cm 的

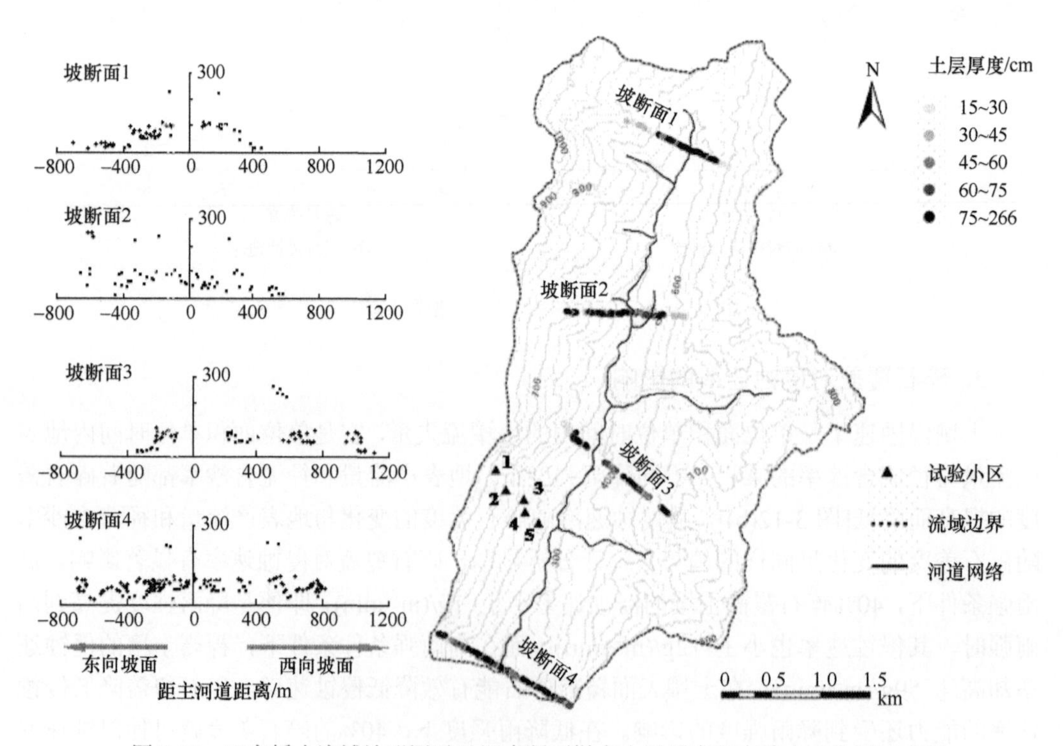

图 3-13　王家桥小流域地形图以及调查断面样点土层厚度和实验小区位置示意图

样点中，分布在大于15°坡地的样点占到73%。以上说明三峡库区紫色土坡耕地坡陡、土层浅薄的特点十分突出。

2. 环境因子对土壤厚度的影响

海拔是重要的山地地形因子之一，海拔的变化会引起地貌、植被、土壤和水文等自然要素空间变异。该流域坡度陡峭，属典型山区小流域，海拔在184～1080m之间。土壤土层厚度与海拔之间相关性不明显。研究表明，只有当山地具有足够的海拔和相对高度时，才会形成气候的垂直带，进而导致其他自然地理要素发生变化（伍光和等，2000），本章研究区的样点主要分布在海拔1000m以下，因此土壤厚度随海拔的变化不明显。通过分析土层厚度与坡度的相关性，发现土层厚度与坡度呈负相关关系，即坡度越小厚度越厚，其回归系数为–2.028，说明该区域土层厚度与坡度相关性较大，因此，王家桥小流域的坡度较大，是影响土壤厚度普遍较薄的一个重要因素。土地利用类型对土层厚度的影响主要表现在：一方面，合理的土地利用可以减缓自然侵蚀过程（如梯田等高耕作等），对紫色土的长期耕作能加速紫色土母质的风化速度，随着耕作年限的增加，土层厚度也会相应增厚；另一方面，人们有选择性地先开垦土层深厚的地块，因而耕地一般分布在土层厚的区域，而土层薄、岩石裸露的地块便成为林地或荒地。

3. 不同厚度紫色土剖面形态及其饱和导水率

小区土壤均表现为土体砾石含量高，土壤颗粒以砂粒和粉粒为主的特征，说明紫色土整体剖面层次发育程度低，具有典型的幼年土特征（表3-1）；从土壤发生层次看，土层厚度为23cm、31cm以及45cm小区不含耕作淀积层，为新成土，而59cm和76cm小区存在较明显的耕作淀积层，为淋溶土，说明土层越厚的紫色土具有相对高的土体发育程度（图3-14）。另外还可以看出，由于紫色土富含砾石的缘故，紫色土容重普遍较高。因此可知，由于紫色土具有质地较粗的特性，再加之土体中砾石含量较高的缘故，紫色土通常表现出较强的水分入渗能力（表3-1）。从这点可以看出，只要土壤水分运移过程没有达到弱透水的风化层或基岩层，紫色土中水分具有很强的垂直下渗能力，在弱透水层以上的土层中将较难形成壤中流或侧渗等水文过程。

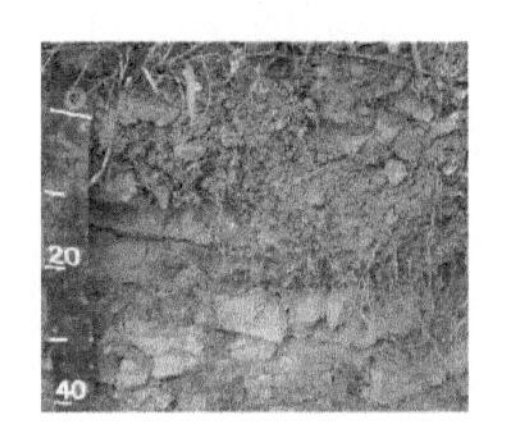

(a) 薄层紫色土剖面（新成土）

(b) 中层紫色土剖面（新成土）

(c) 厚层紫色土剖面（雏形土）

图3-14 典型厚度紫色土坡耕地剖面形态

表 3-1　实验小区土壤基本物理性质

小区号	土层	深度/cm	BD/（g/cm³）	TP/%	NCP/%	θ_S/%	θ_{fc}/%	WSA/%	K_{fs}/（mm/h）	RFC/%	CF/%	沙土/%	淤泥/%	黏土/%
1	AC	0～23	1.36	51.95	17.82	44.24	34.13	48.24	78.47	52	36.78	40.25	49.46	10.29
	C	>23	1.95	—	—	—	—	—	16.02	—	82.50	—	—	—
2	AC	0～20	1.36	50.78	11.63	46.66	39.15	52.12	49.51	44	42.45	34.34	45.77	19.89
	AC	20～31	1.56	46.88	13.48	42.74	33.40	35.68	65.12	—	45.41	37.69	47.57	14.74
	C	>31	1.98	—	—	—	—	—	13.05	—	81.85	—	—	—
3	A	0～20	1.38	48.05	12.30	41.10	35.75	39.72	41.06	28	21.15	37.10	39.42	23.48
	AC	20～45	1.47	47.27	13.58	40.35	33.69	29.13	40.28	—	33.88	38.93	41.02	20.05
	C	>45	2.05	—	—	—	—	—	8.92	—	86.74	—	—	—
4	A	0～20	1.38	47.94	9.01	40.67	38.93	45.05	33.62	12	19.74	40.86	36.50	22.64
	AB	20～40	1.48	43.31	9.30	39.22	34.01	44.30	26.37	—	26.19	38.35	33.38	32.25
	BC	40～59	1.52	37.21	10.10	33.54	27.11	40.36	29.67	—	32.13	32.65	36.42	26.95
	C	>59	2.00	—	—	—	—	—	8.32	—	90.50	—	—	—
5	A	0～20	1.38	46.78	6.14	45.81	40.64	39.38	40.54	9	12.19	42.07	38.62	19.31
	AB	20～40	1.42	46.49	7.38	44.62	39.11	31.41	38.75	—	7.95	40.11	39.67	20.22
	B	40～60	1.46	43.36	4.62	40.67	38.74	28.87	26.57	—	12.73	36.74	33.65	29.61
	BC	60～76	1.54	44.14	11.13	38.36	33.01	34.52	41.59	—	42.42	40.99	38.02	20.99
	C	>76	1.98	—	—	—	—	—	7.75	—	82.45	—	—	—

注：BD＝土壤容重，TP＝土壤总孔隙度，NCP＝ 土壤非毛管孔隙度，θ_S＝土壤饱和含水量，θ_{fc}＝土壤田间持水量，WSA＝水稳性团聚体含量（>0.25mm），K_{fs}＝田间饱和导水率，RFC＝砾石覆盖度，CF＝砾石含量（>2mm）。
A 为淋溶层，B 为淀积层，C 为母质层，AB 为淋溶母质层，AC 为淋溶淀积层，BC 为淀积母质层

小区耕作层土壤具有较高的饱和导水率，但随着土层深度的增加，饱和导水率均表现出逐渐下降的趋势，然而，薄层土壤剖面各土层之间变化幅度大，厚层土壤剖面土层之间变化较为平缓（图 3-15）。这是由于不同土层厚度土壤剖面层次间土壤结构和质地

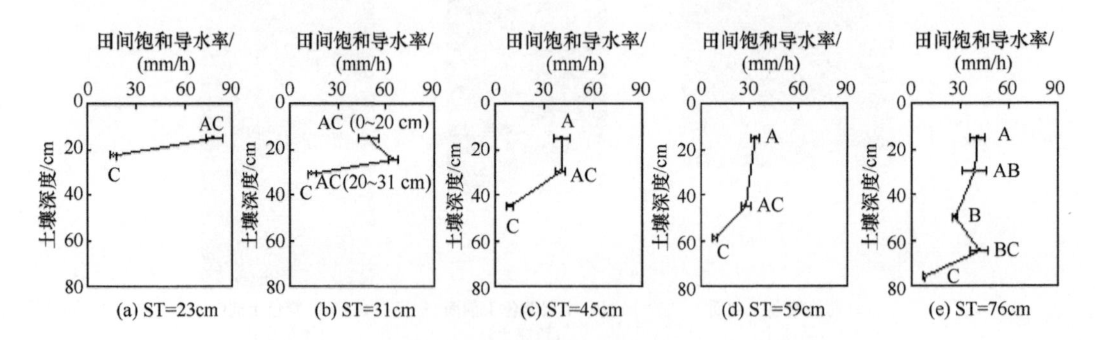

图 3-15　不同厚度小区土壤发生层饱和导水率垂直变化趋势

差异程度不同造成的，薄层紫色土耕作层以下即是岩石风化层，因而在垂直方向上土壤性质变化急剧，厚层紫色土由于土层的缓冲作用，土壤性质在垂直方向上变化不那么剧烈。相邻土层之间饱和导水率的差异是形成壤中流或水分侧渗的主要原因，从以上结果可以推断，在降雨条件下，薄层紫色土可能比厚层紫色土更容易产生壤中流。众多研究表明，在山坡上，如果土层浅薄下覆不透水层或出现透水性能显著降低的土壤层次时，壤中流便容易发生（Peters et al.，1995；Scherrer and Naef，2003），壤中流发生位置的上下土层间由于存在导水率的急剧变化，这一位置将逐渐出现水平发展的优先流通道。

图 3-16 为三个典型厚度紫色土剖面构造示意图，它们分别代表了王家桥小流域薄层、中层、厚层紫色土典型特征。对于薄层紫色土剖面而言，整个土体中砾石含量高，加上农业耕种和作物根系的穿插导致其中细土部分容重，尤其是直接与砾石接触或邻近的部分容重降低，增加了土体中大孔隙的数量和空隙间的水文连通性，促进了土体中优先流路径的发育；同时，薄层紫色土岩土界面直接与土壤耕作层相邻，农业扰动明显加剧了界面上孔隙的形成，为土壤水分沿坡面水平侧渗提供了快速通道，促进了薄层紫色土整个剖面土壤水分的排泄。而随着紫色土土层厚度的逐渐增加，土体砾石含量、土壤饱和导水率的垂直变化幅度、农业扰动对岩土界面大孔隙的影响等促进土体优先流路径发育的因素是趋于逐渐减小或减弱的，因而土体对水分的排泄能力（主要通过壤中流和垂直入渗等过程）是逐渐降低的。

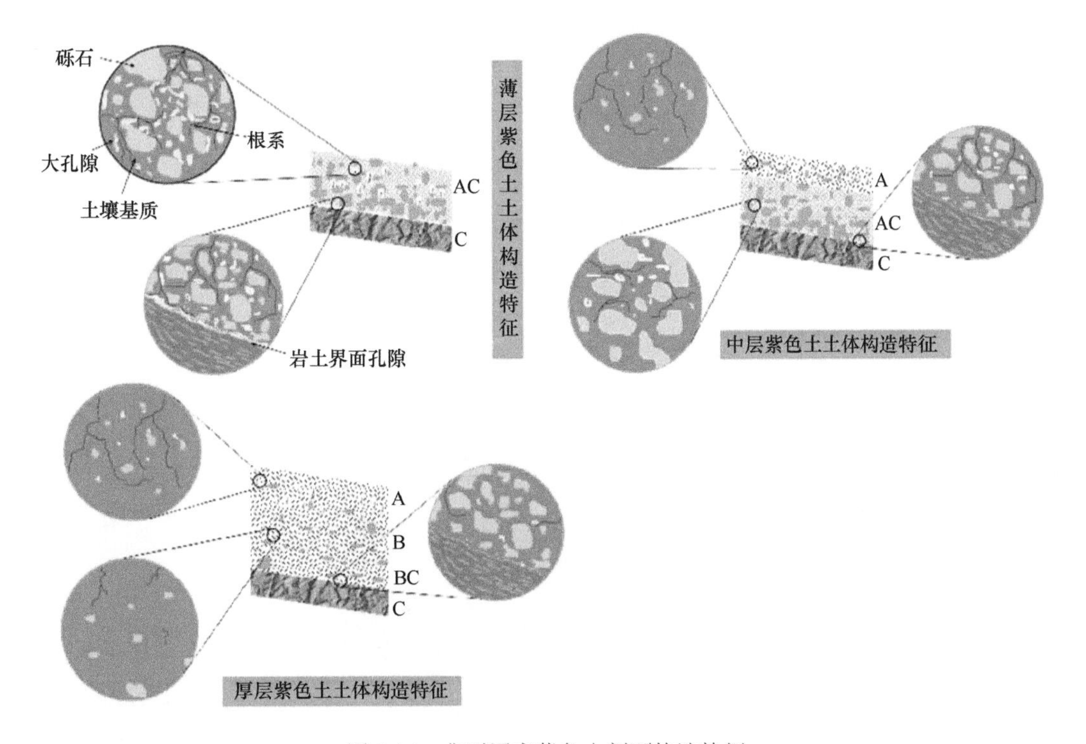

图 3-16 典型厚度紫色土剖面构造特征

3.2.2 不同厚度紫色土坡耕地水文过程

1. 试验方法

基于小流域坡耕地土层厚度的前期详细调查结果，在一个完整坡面上选择五个具有典型土层厚度（23cm、31cm、45cm、59cm、76cm）的坡耕地小区（2m × 1m）进行模拟降雨实验。实验前在选定的小区坡脚处沿垂直坡向的断面垂直开挖一沟渠，沟渠底部挖至土壤层和岩石风化层界面以下 15cm。从沟渠开挖剖面距离地表约 3cm 处打入“V”形集水槽，以导出地表径流；在主要土壤发生层次界面处与坡面平行的方向插入“V”形集水槽，集水槽通过塑料管连接到径流收集桶，以收集壤中流，23cm 小区和 31cm 小区壤中流集水槽均为 1 个，45cm 小区为 2 个，59cm 小区和 76cm 小区则均设置 3 个，此集水槽略窄于小区宽度，以保证只收集小区内壤中流，并防止出口边界测漏地表径流的影响（图 3-17）。

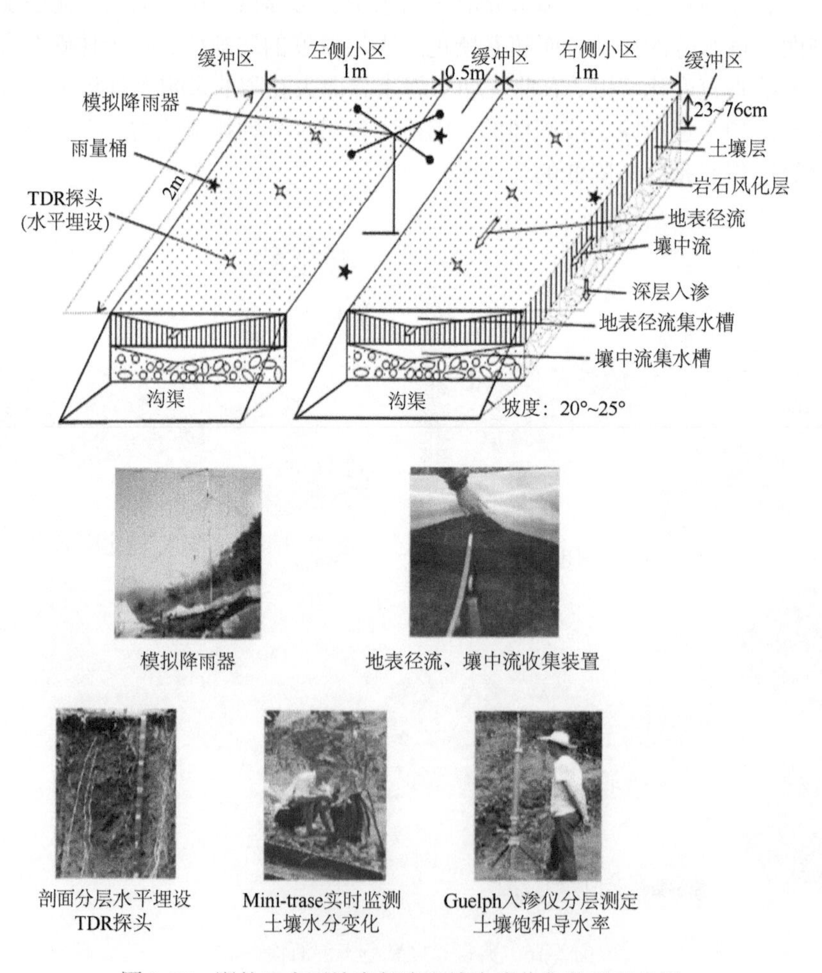

图 3-17　野外双小区地表径流和壤中流收集装置示意图

在每个选定试验小区进行三场模拟降雨，根据当地多年降水特征，试验采用60mm/h、90mm/h、120mm/h三种雨强，分别代表当地小、中、暴雨三个级别，每种雨强下雨量控制为120mm，降雨历时分别为120分钟、80分钟、60 分钟。每场降雨过程中，从产流开始起计时，按照每6mm降雨量的间隔标准收集径流和泥沙样。每场模拟降雨前，齐根拔除小区地表植被，然后对表土5cm进行翻松以破除地表结皮，使小区地表基本平整，保证各小区试验前期地表状况一致，破除地表结皮2～6天后，待地表基本恢复至自然状态后进行模拟降雨。

2. 主要水文路径及水量平衡

土层厚度对水分分配的影响：所有小区均出现壤中流和深层入渗现象，说明壤中流和深层入渗是紫色土地区不可忽视的重要水文过程。在所有场次降雨中，所有雨量分配组分都表现出与土层厚度存在近似线性相关性：地表径流和土壤蓄水量与土层厚度正相关，壤中流和深层入渗与土层厚度负相关。在重新分配入渗水分方面，厚层小区比薄层小区具有较高的地表径流和土壤蓄水量，较小的壤中流和深层入渗量（图3-18）。同一小区壤中流和深层入渗量之间表现出正比例关系，深层入渗量越多则相应壤中流量也会随之增加。不同厚度紫色土坡面水文土壤学性质的差异是导致研究小区间产流过程差异的主要原因。在紫色土地区，紫色砂页岩具有较强的透水性，岩石分化层和基岩的渗水性对降雨水分在坡面的分配过程中起到了重要的影响，此现象尤其在薄层土壤中表现得更为明显。最近众多学者也发现，基岩的渗透性能是决定坡面水文过程的一个重要影响因素（Hopp and McDonnell，2009）。

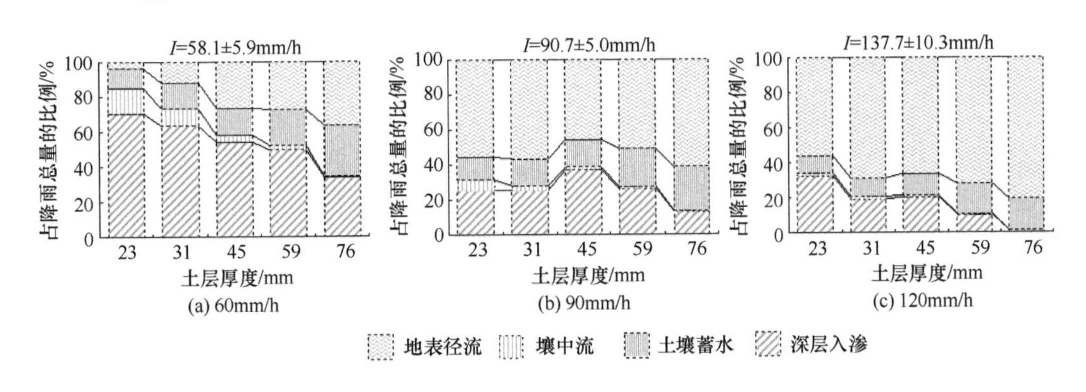

图3-18　不同雨强条件下各小区降雨水分分配

降雨强度对水分分配的影响：不同降雨强度之间表现出明显不同的雨量分配规律和特点，在所有小区产流过程中，长历时低强度的降雨比短历时高强度的降雨更容易促进深层入渗和壤中流的发生（图3-18）。这反映出降雨强度对紫色土降雨水分的分配过程的显著影响，这是由于：降雨水分在地表的入渗时间是决定降雨水分分配的一个重要因素，在本章中，由于采用控制总降雨量均为120mm的模拟降雨方案，雨强为60mm/h、90mm/h、120mm/h的条件下，各自对应的降雨历时分别为120分钟、80分钟、60分钟，因此，小雨强的降雨下降雨水分入渗时间长，而大雨强下则降雨水分入渗时间短。在紫色土地区的类似研究也表明，降雨时间是影响壤中流和入渗过程的重要因子之一（Jia et al.，2007）；大雨强条件下雨滴动能远远高于小雨强降雨，因此，雨强越大则越容易导致土表团聚体破碎进而形成地表结皮，水分入渗速率显著降低。

3. 产流过程和土壤水分动态

由于 31cm 小区和 23cm 小区，以及 59cm 小区和 76cm 小区间相似的土壤剖面构造，其产流过程或机理相差不大。因此，本节中只选择了土层最薄的小区（23cm 小区）、中等厚度的小区（45cm 小区）、土层最厚的小区（76cm 小区）这三个典型厚度的小区，通过耦合产流过程线和土壤水分变化趋势线来描述和分析不同厚度小区所表现出的主要产流过程和产流机制。一般认为，稳定地表径流产流速率和稳定壤中流产流速率能够充分体现出整个小区的稳态过程，因而它们在判断小区产流机制方面具有极其重要的作用。

从图 3-19～图 3-21 可以看到，在历时 120 分钟的模拟降雨过程中，三个小区中

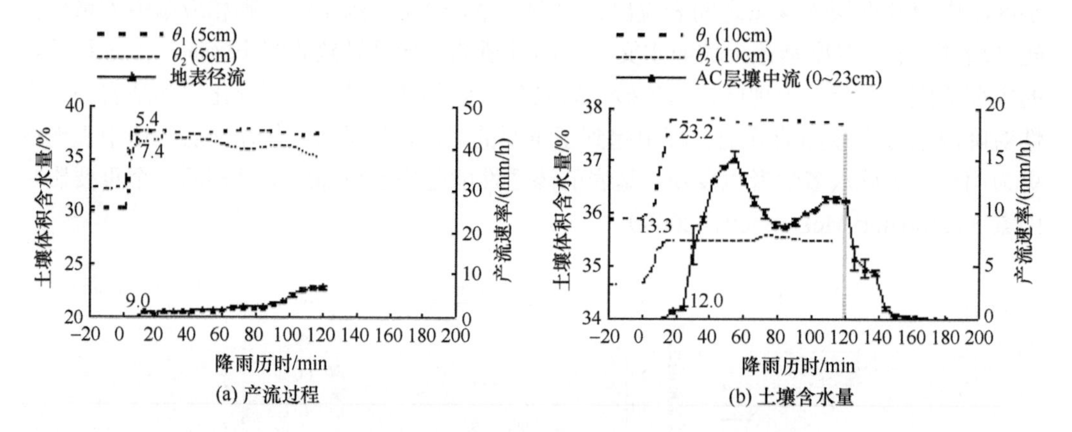

图 3-19　60mm/h 雨强条件下 23cm 小区产流过程和土壤含水量变化过程

θ_1 为左侧小区下坡土壤体积含水量；θ_2 为右侧小区下坡土壤体积含水量；

标注的数字分别为“初始产流时间”和“土壤水分稳定时间”；垂直虚线表示停雨时间点；

负值表示降雨开始前的初始含水量，下同

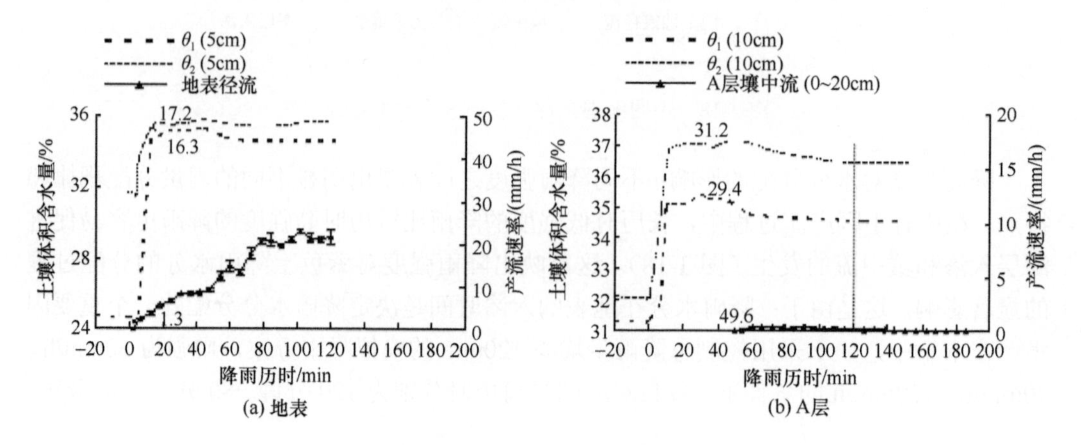

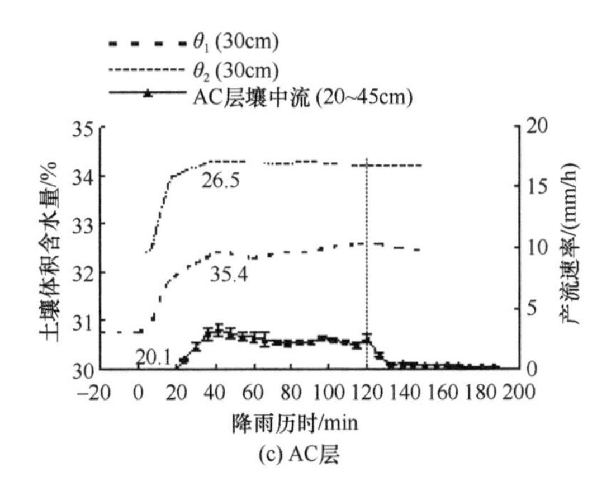

(c) AC层

图 3-20 60mm/h 雨强条件下 45cm 小区产流过程和土壤含水量变化过程

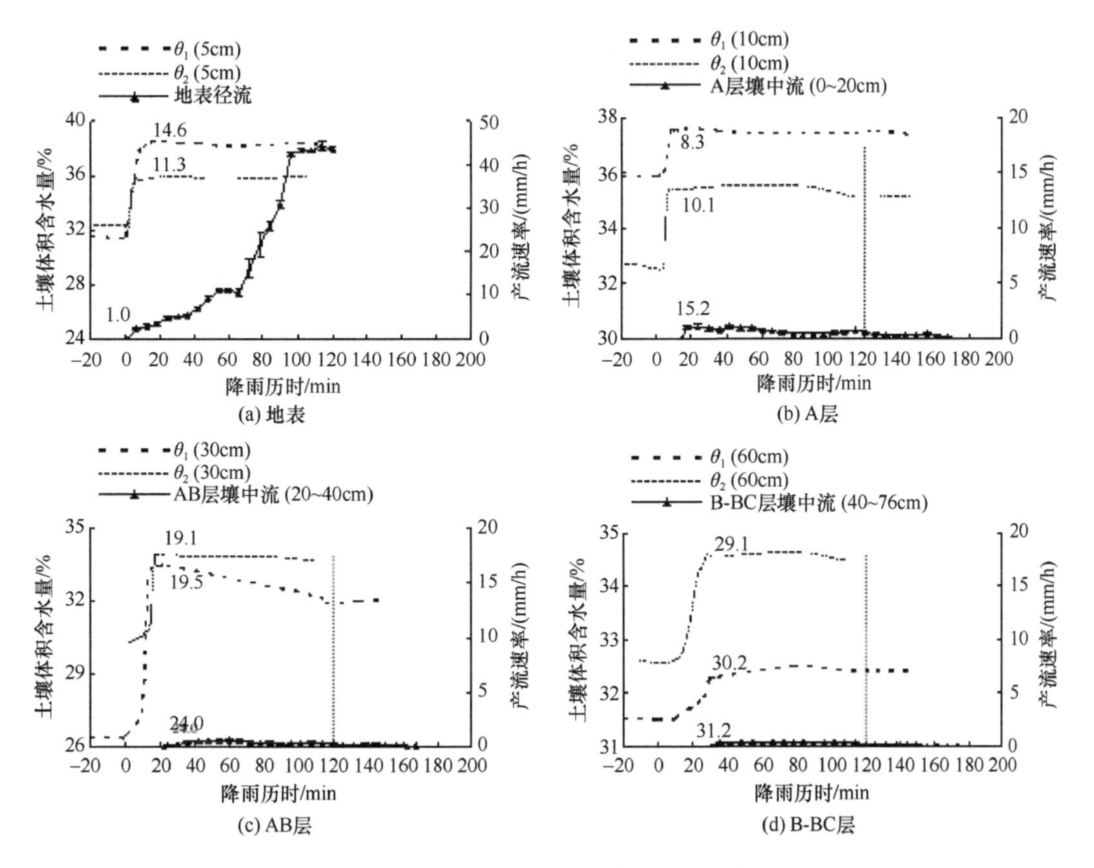

(a) 地表 (b) A层 (c) AB层 (d) B-BC层

图 3-21 60mm/h 雨强条件下 76cm 小区产流过程和土壤含水量变化过程

地表径流和各层次壤中流均基本达到了稳态条件。薄层紫色土（23cm、31cm）壤中流产流对降雨的响应迅速，峰值流量高且受雨强的影响大，我们判断在薄层紫色土中（23cm、31cm）产生的壤中流其产流机制可能为优先流。与此相反，在厚层紫色土小区（59cm、76cm），壤中流产流对降雨的响应迟缓，峰值流量低且受雨强的影响较小，壤中流产流机制表现出基质流的特征。中层小区（45cm）则兼有基质流和优先流两种壤中流产流机制。

Lin 和 Zhou（2008）认为薄层土壤剖面要比厚层土壤剖面更容易发生优先流过程。在流域和坡面尺度上，众多研究结果强调土层厚度对水文过程的种类和相对重要性等方面起着决定性的作用（Buttle et al.，2004；Meerveld and Weiler，2008）。我们发现，土层厚度是集各种影响土壤入渗性能的土壤性质于一身的综合因子，因此能够将其作为鉴别主要产流机制以及分析降雨水分分配规律的重要判别因子。Hopp 和 McDonnell（2009）提出，土层厚度是储存和重新分配降雨水分的关键因子，同时在决定降雨进入土壤以及壤中流或侧渗过程是否发生的过程中充当着土壤筛子的作用。薄层土壤坡面与厚层土壤坡面相比较，由于其对降雨水分的缓冲性能较弱，因此能够更加促进土壤水分的下渗，进而增加壤中流和优先流等产流过程的发生概率。

4. 产流机制与产流概念模型

薄层紫色土对应于新成土，土体中存在较多的优先流路径，岩土界面受到耕作扰动的影响孔隙相对发育，以上构造促进了土体中垂直运移的优先流通过此通道水平优先侧渗形成快速壤中流出流，优先流、壤中流、深层入渗等水文过程发育（图 3-22）；厚层紫色土则对应于淋溶土，土体中垂直优先流路径也较少，同时岩土界面受耕作扰动的影响小，其中水平发育的优先流通道极少，不利于优先流、壤中流、深层入渗等水文过程的出现；中层紫色土坡面土壤剖面构造和水文过程特点则均介于薄层紫色土和厚层紫色土之间。

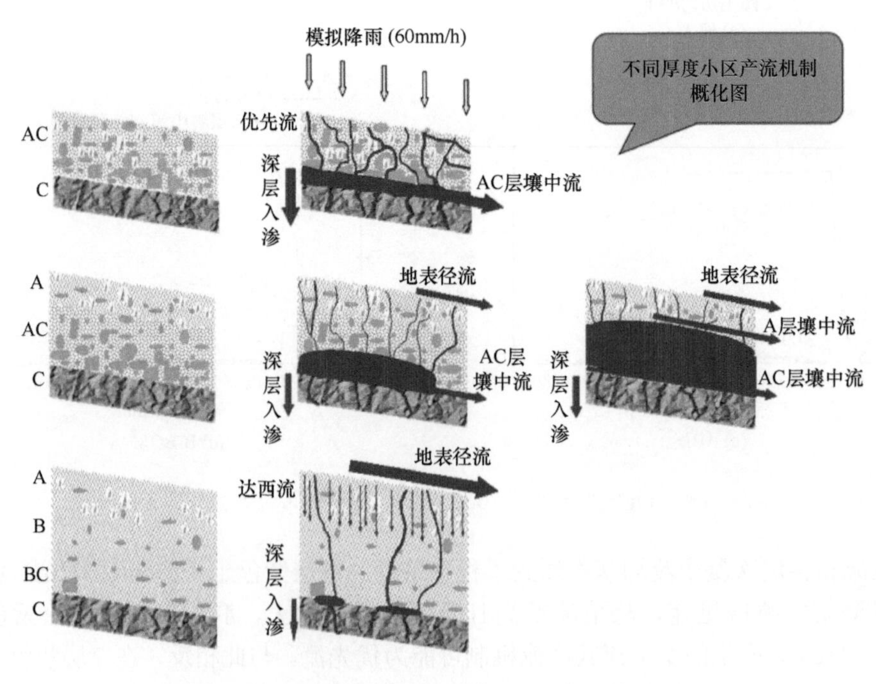

图 3-22　小区尺度上不同厚度紫色土产流机制判别结果

综上可知，当紫色土从土层较薄的新成土逐渐发育到土层较厚的淋溶土时，土壤中优先流路径的逐步减少直接导致了土壤剖面渗水能力的急剧下降，壤中流和深层入渗量也同时减少，从而地表径流量明显增加，并逐渐成为最主要的坡面产流过程。本章在小区尺度上进一步证实了土层厚度亦是决定紫色土坡耕地坡面产流过程的重要因子。不同土层厚度的土体间所表现出的水文过程的差异不仅仅是土层厚度本身的作用，更是不同厚度土壤剖面间土体构造和人为影响对土壤水文过程综合作用的结果（Buttle et al.，2004；Woolhiser et al.，2006；Gochis et al.，2010）。

3.2.3　不同厚度紫色土坡耕地侵蚀特征

1. 侵蚀过程及其主要影响因素

不同厚度紫色土坡耕地小区间坡面表现出明显不同的侵蚀响应特征。不同雨强条件下，薄层小区侵蚀总量均显著小于厚层小区。随着降雨强度的增加，地表侵蚀速率逐渐加剧，但是不同厚度小区间对增加雨强的侵蚀响应有所不同，23cm、31cm 小区随着雨强的增加地表侵蚀强度增加幅度不大，表现出较强的抗侵蚀能力，相反，45cm、59cm、76cm 小区随着雨强的增加侵蚀速率急剧增加，反映出较弱的抗侵蚀能力（图 3-23）。

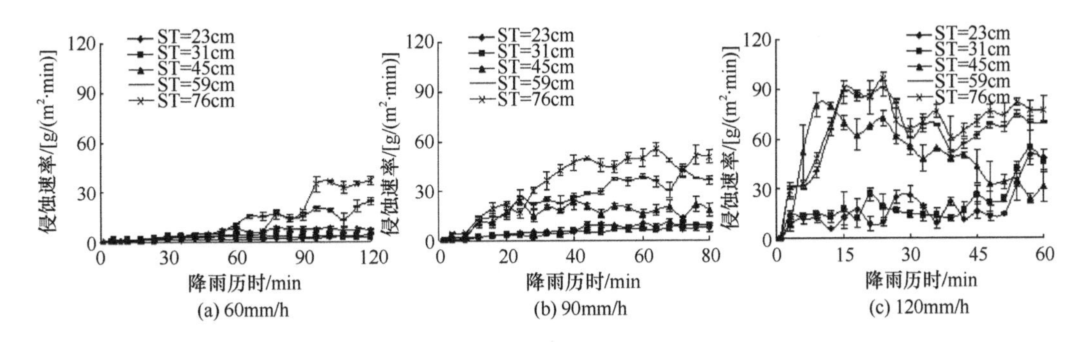

图 3-23　不同雨强条件下各小区土壤侵蚀过程

土层厚度对壤中流起始产流时间、土壤蓄水量、深层入渗系数、土壤侵蚀速率等变量表现出显著影响（表 3-2）。除了地表径流起始产流时间在 90mm/h 和 120mm/h 雨强下无显著性差异以外，在同一降雨强度条件下，不同小区间几乎所有变量均表现出明显差异，且这种显著差异不受雨强级别的影响（表 3-3）。所有小区均表现出土壤侵蚀速率随着降雨强度增加而增加的趋势。同一雨强条件下，与厚层紫色土小区相比，薄层紫色土小区侵蚀速率均显著低于厚层小区，泥沙浓度表现出与侵蚀速率相同的趋势。同时，所有与水文和侵蚀过程相关的参数均受到土层厚度与降雨强度间交互作用的显著影响（表 3-2）。因此，低降雨强度下小区间各变量间的变化幅要明显高于较高雨强下的变化幅度。以上说明，特定雨强的降雨在不同厚度紫色土小区上体现出不同的侵蚀响应效果。

表 3-2　土层厚度、降雨强度与侵蚀参数间的多因素方差分析

变异来源	T_s/min	T_{ss}/min	F_c/(mm/h)	R_s/%	R_{sw}/%	R_{ss}/%	R_{dp}/%	E_r/[g/(m^2·h)]	C_s/(g/L)
土层厚度（ST）	0.72	4.91*	1.47	1.80	10.40**	1.72	3.72*	3.89*	2.38
降雨强度（I）	3.09	2.41	0.40	54.98**	10.66*	5.57*	45.06**	15.17**	1.23
ST × I	6.29**	5.58**	16.73**	44.90**	3.88*	55.91**	19.76**	25.14**	28.73**
协变量									
前期含水量	0.59	13.07**	1.08	0.03	0.13	0.17	0.00	1.28	3.09
坡度	0.76	5.87*	0.23	0.16	0.46	0.13	0.42	0.87	2.35

注：T_s=地表径流起始产流时间，T_{ss}=壤中流起始产流时间，F_c=稳定入渗速率，R_s=地表径流系数，R_{ss}=壤中流系数，R_{dp}=深层入渗系数，R_{sw}=土壤蓄水系数，E_r=土壤侵蚀速率，C_s=泥沙含量；*表示在 0.05 显著性水平显著，**表示在 0.01 显著性水平显著

表 3-3　不同降雨条件下小区间侵蚀响应参数多重比较

降雨强度/(mm/ h)	小区号	T_s/min	T_{ss}/min	F_c/(mm/h)	R_s/%	R_{sw}/%	R_{ss}/%	R_{dp}/%	E_r/[g/(m^2·h)]	C_s/(g/L)
58.1±5.9	1	9.0 a	16.0 a	60.2 a	3.9 d	11.3 d	14.5 a	70.3 a	211 c	45.0 a
	2	5.0 ab	6.0 b	43.8 b	12.3 c	14.5 c	9.9 b	63.2 b	336 bc	22.7 c
	3	1.3 b	7.2 ab	31.8 c	26.3 b	15.6 c	3.9 c	54.2 c	609 b	19.3 c
	4	1.9 b	14.5 ab	32.3 c	27.5 b	20.5 b	2.7 c	49.3 d	1246 a	37.8 ab
	5	1.0 b	15.2 ab	9.3 d	36.5 a	29.1 a	0.3 d	34.2 e	1534 a	35.0 b
90.7±5.0	1	1.0 a	2.0 d	28.7 b	55.9 b	12.7 c	5.7 a	25.7 c	492 d	7.3 c
	2	2.0 a	3.0 cd	28.5 b	56.9 b	15.1 c	2.8 a	25.3 c	390 d	5.7 c
	3	1.0 a	9.6 bc	41.5 a	45.8 d	15.5 bc	1.5 bc	37.1 a	1311 c	23.8 b
	4	1.4 a	15.3 ab	26.4 b	51.1 c	21.5 a	0.8 bc	26.6 bc	2057 b	33.5 a
	5	1.3 a	17.2 a	23.8 b	61.0 a	25.4 c	0.2 c	13.4 d	2886 a	39.4 a
137.7±10.3	1	1.0 a	4.0 b	41.5 a	56.4 d	9.4 c	1.4 a	32.9 a	1145 c	16.7 b
	2	1.0 a	2.0 b	37.1 ab	68.6 bc	10.5 c	1.5 a	19.3 b	1283 c	15.5 b
	3	0.5 a	7.1 ab	36.7 ab	66.3 c	12.3 b	0.9 b	20.4 b	3044 b	38.3 a
	4	0.8 a	10.5 a	28.5 bc	72.2 b	17.0 a	0.4 bc	10.4 c	3943 a	45.5 a
	5	1.0 a	12.2 a	17.6 c	80.6 a	17.7 a	0.3 c	1.3 d	4220 a	43.3 a

注：字母表示多重比较结果，同一列中同一降雨强度下字母不同表示达到 P 为 0.05 显著差异

2. 水文过程对侵蚀的影响

土壤侵蚀速率与降雨强度和地表径流系数间表现出极显著的正相关关系，然而与地表径流起始产流时间、稳定入渗速率、壤中流系数、深层入渗系数等表现出显著的负相关关系（表 3-4）。雨滴和地表径流是细沟间侵蚀过程中的两个最主要动力因子，因此，高降雨强度和地表径流系数必然导致更多的地表土壤颗粒被剥离和搬运。壤中流和深层入渗的出现或增加均会增加地表水分的入渗数量，因而减少了因地表径流冲刷和搬运造成的细沟间侵蚀。然而，土壤蓄水量对土壤侵蚀速率没有体现出显著影响，这说明，由于紫色土土层较薄的特性，土壤蓄水在重新分配降雨水分的作用方面远远不如其他水文路径。

表 3-4　土壤侵蚀速率和降雨强度及水文参数间的简单相关分析

	I	T_s	T_{ss}	F_c	R_s	R_{ss}	R_{sw}	R_{dp}
E_r	0.587^{**}	-0.430^{*}	0.309	-0.394^{*}	0.745^{**}	-0.612^{**}	0.277	-0.799^{**}
P 值	0.001	0.018	0.096	0.031	0.000	0.000	0.139	0.000

注：I 为降雨强度，T_s 为地表径流起始产流时间，T_{ss} 为壤中流起始产流时间，F_c 为稳定入渗速率，R_s 为地表径流系数，R_{ss} 为壤中流系数，R_{sw} 为土壤蓄水系数，R_{dp} 为深层入渗系数，E_r 为土壤侵蚀速率；*表示在 0.05 显著性水平显著，**表示在 0.01 显著性水平显著

在小区尺度，紫色土中水文过程与侵蚀过程表现出了极强的相互作用。如果某一特定紫色土剖面土壤构造有利于壤中流和深层入渗等水文过程，那么其细沟间侵蚀速率将明显低于不存在这些水文过程的其他小区。由于薄层紫色土小区存在比厚层小区更加明显的壤中流和深层入渗等水文过程，薄层小区表现出比厚层小区低得多的土壤侵蚀速率（图 3-24）。

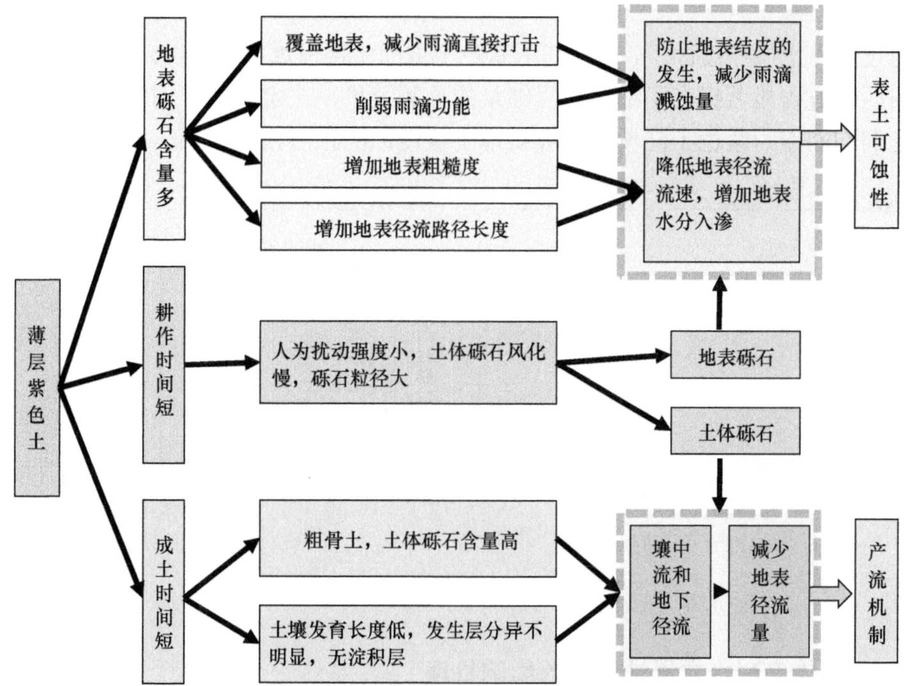

图 3-24　薄层紫色土细沟间侵蚀特征及内在机理

3. 土壤厚度因子预测土壤侵蚀量

研究区内及广大紫色土区域坡耕地侵蚀类型主要为面蚀，细沟侵蚀较少，故本章中采用 WEPP 细沟间侵蚀预测模型建立土层厚度（S_t）与坡面侵蚀量关系。从拟合结果可以看出（图 3-25），用 WEPP 模型中细沟间侵蚀速率方程计算得到的估算值远大于实测值，说明在紫色土陡坡地区运用 WEPP 模型预测细沟间侵蚀速率存在高估的风险，因而有必要根据紫色土坡面侵蚀的特点，对侵蚀模型做出修正。WEPP 高估紫色土坡地细沟

间侵蚀的可能原因如下：在紫色土坡地土壤中，砾石和土体构型的差异是影响坡地土壤可蚀性的两个主要因素，然而，在 WEPP 模型细沟间侵蚀公式中土壤可蚀性 K 值仅考虑了质地的影响，从而导致预测结果出现较大误差。

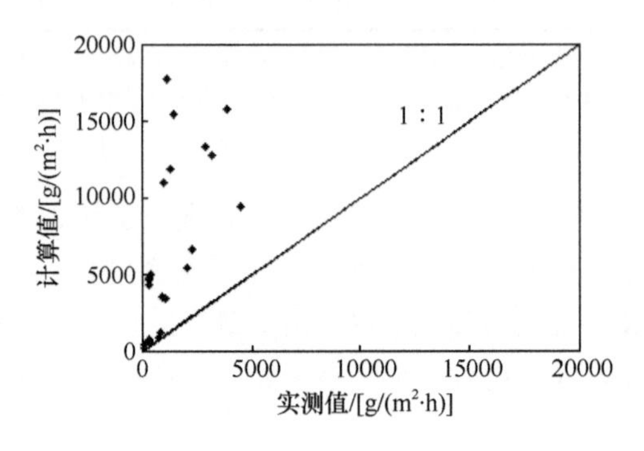

图 3-25　基于 WEPP 模型的细沟间侵蚀量计算值与实测值比较

通过引入土层厚度因子，建立基于紫色土坡面土层厚度因子（K_{st}）的侵蚀预测方程，改进的两个方程显著提高了细沟间侵蚀量的预测效果，决定系数分别达到 0.82 和 0.88，因此它们均能作为紫色土陡坡地区坡耕地土壤侵蚀的预测模型（图 3-26）。

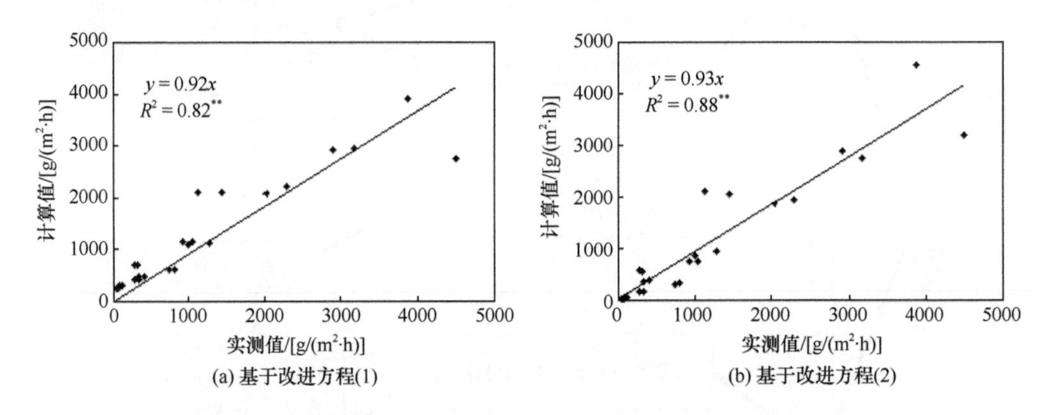

图 3-26　基于改进方程的细沟间侵蚀量计算值与实测值比较

4. 土层厚度对水文侵蚀过程的影响机理

图 3-27 简单描绘出了不同土层厚度紫色土坡耕地土壤性质和水文过程及侵蚀响应之间的内在联系框架图，由于不同厚度紫色土坡耕地坡面间土壤主要水力学性质和土壤剖面发育程度的不同，不同厚度坡面所体现的水文过程和侵蚀响应差异明显。总体上看，薄层紫色土和厚层紫色土土壤性质的差异主要包括以下四个方面：地表砾石含量、砾石含量、耕作年限和人为扰动强度、土壤剖面发育程度。与厚层紫色土相比较，薄层紫色土体现出较短的耕作年限，较弱的人为扰动程度和成土过程。以上这些水文土壤学性质的差异最终导致了不同厚度紫色土坡面间水文过程和侵蚀响应的差异。

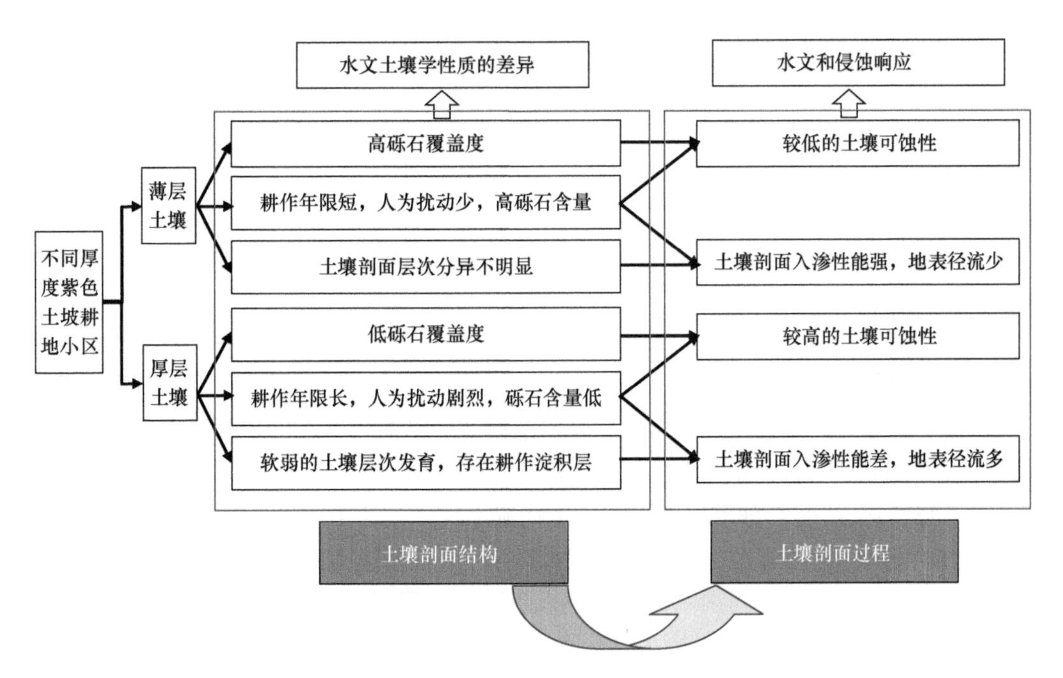

图 3-27　不同土层厚度紫色土坡耕地土壤性质和水文过程及侵蚀响应间的内在联系框架图

3.3　紫色土区低等级土质道路侵蚀及防护

道路网络建设和发展是区域经济发展的基础和保障，是促进不同区域之间能流、物流、信息流交换的重要通道。然而道路作为一种纯粹的人为景观，必然对周边生态环境产生影响。截至 2012 年，各等级公路里程中，村道 206.22 万 km，占总路网比例 48.7%，并且在公路总里程中，未铺装路面道路里程 144.08 万 km，占总路网比例的 34%，其中绝大部分未铺装道路都属于村级及以下的低等级道路。在三峡库区，道路建设活动所形成的土壤侵蚀已经成为一类不可忽视的土壤流失类型，严重影响流域水文过程、受纳水体水质，加速河流及库区淤积，成为一个亟待解决的环境问题。开展低等级土质道路的侵蚀规律及防护等相关研究，能够有效解决三峡库区道路侵蚀基础研究严重滞后于工程应用等问题。

3.3.1　紫色土区低等级土质道路边坡侵蚀及防护

1. 研究区及方法

实验区概况：野外试验点位于湖北省宜昌市夷陵区墨子溪小流域，东经 111°30′，北纬 30°37′，属北亚热带大陆性季风气候区，年平均气温 17°，降雨集中在 4～9 月，占全年降雨总量的 70%以上，年降水量 1217mm，土壤类型为黄棕壤。流域主干道为水泥路，村落与村落之间以砾石道路为主，村落与耕地以土质道路相连，以及大量土质和草皮田间小道，路网密度高达 9.24km/km^2，除主干道边坡有少量工程护坡之外，其他类型道路边坡大部分被用作农业用地，路堑边坡主要种植南瓜、西葫芦等藤本瓜果，坡度较低的路堤边坡常开垦成耕地，道路及边坡的坡度调查结果如表 3-5 所示，该流域道路状况和边坡利用现状在长江中上游山区有着广泛的代表性。

表 3-5　道路及边坡坡度调查结果

坡度	路面	路堑边坡	路堤边坡
平均值/（°）	5.5±2.9	42.5±20.6	21.2±17.1
最大值/（°）	13.6	62.4	36.8
最小值/（°）	0.4	33.2	12.7
样本数/个	32	27	32

径流小区布设：实验所选道路为一条村落通往坡耕地的土质作业道，于 2009 年 8 月修建完成，路宽为 3m，路面坡度为 5°～8°，在路堑选择 45°和 30°两个坡度，在路堤选择 30°和 15°两个坡度，每个坡度设置 4 个径流小区，共计 16 个小区，小区规格及编号如图 3-28 所示，小区长×宽为 5m×2m，小区采用水泥预制板围成，预制板埋入土内 35cm，土面预留 15cm，预制板间用水泥浆勾缝以防透水，保证各个小区水文状况相对独立。每个小区底部设置大小为 $2m^3$ 集水池，收集降雨径流和泥沙。

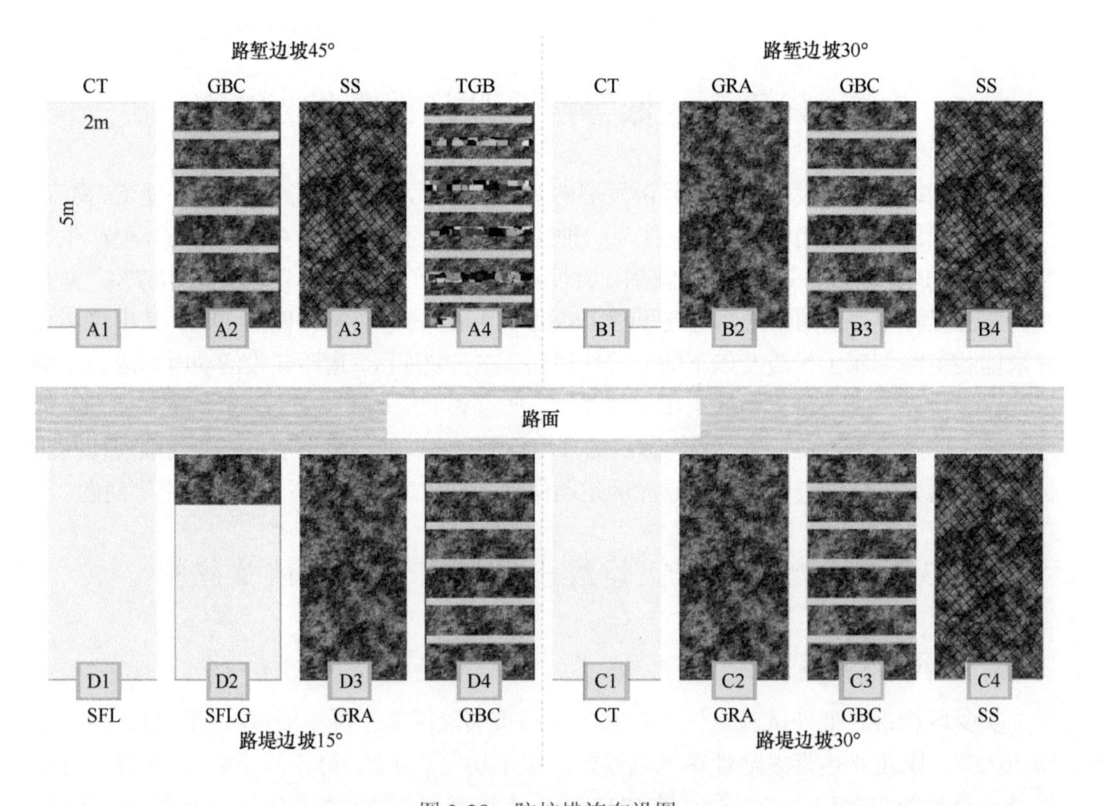

图 3-28　防护措施布设图

CT，对照处理（control treatment）；GBC，草灌结合（grass and bush combination）；SS，植生带（sodded strips）；TGB，梯坎+草灌（terrace with grass and bush）；GRA，草本措施（grass）；SFL，坡耕地（sloping farmland）；SFLG，草本+坡耕地（sloping farmland with grass）

防护措施布设：草本物种为狗牙根，灌木为牡荆，为当地的优势种，植生带选用可自然降解的无纺布材料，种子为狗牙根。狗牙根和灌木种植均采用移栽成苗的方式，牡荆选用 80～100cm 的当年苗，灌木株间距与行间距为 60cm，狗牙根为 20cm。路堤 15°草本与坡耕地组合措施草本缓冲带长度设置为 2m。

数据观测和处理：数据观测从 2009 年 11 月份开始，记录每一场降雨的起止时间、雨强和总降雨量，取混合水样两瓶各 1000mL，过滤烘干称重计算降雨产沙量。取边坡 0～20cm 层土壤样品和环刀样进行基本性质测定，土壤质地测定采用吸管法，容重采用环刀法，饱和导水率采用定水头法测定，有机质采用重铬酸钾外加热法测定。土壤砾石含量采用 10cm×10cm×10cm 框格取表层土，然后水洗烘干称重法测定。为降低植被移栽对容重和导水率测定结果的影响，小区建成之后，维持表层土壤原状不翻耕，环刀取样位置为株间空地。每隔 2～3 个月测定一次边坡植被盖度，跟踪观测植被的恢复状况，植被盖度测定采用网格法。采用 SPSS18.0 统计分析软件对数据进行 Pearson 方差分析和差异显著性检验（LSD 法）。

2. 边坡土壤基本性质

边坡表层 0～5cm 土壤基本性质见表 3-6，道路建设对原坡面土层的扰动，表层熟土被破坏转移走，有机质含量偏低. 路堑和路堤边坡土壤质地不同，路堑边坡土壤沙粒平均含量 671.4±30.1g/kg，粉粒含量 177.6±17.2g/kg，属砂壤土，路堤边坡土壤沙粒含量 514.1±37.4g/kg，粉粒含量 277.7±46.5g/kg，黏粒含量为 205.2±45.3g/kg，属砂黏壤。砾石含量偏低，路堑与路堤边坡差异不大。

表 3-6　边坡表层土壤基本性质

边坡类型	有机质/(g/kg)	沙粒/(g/kg)	粉粒/(g/kg)	黏粒/(g/kg)	砾石含量/(g/kg)
路堑	5.8±3.7	671.4±30.1	177.6±17.2	150.9±19.4	49.2±11.8
路堤	9.2±3.8	514.1±37.4	277.7±46.5	205.2±45.3	54.5±27.0
ANOVA，*P*	0.105	0.000	0.000	0.012	0.640

3. 植被恢复

边坡植被覆盖度测定结果如图 3-29 所示，2009 年 11 月植物移栽完成，最高为坡耕油菜地的 37.0%，其次为梯坎+草灌组合的 24.9%和草本+坡耕地组合的 24.8%，草灌结合为 20.2%，草本盖度为 15.7%，对照小区和植生带小区盖度为零，2010 年 3 月底完成植生带布设，草灌的恢复状况较草本好，草灌结合为 37.2%～51.4%，草本盖度为 24.6%～41.0%，但对照小区为 0.5%～4.4%，平均只有 1.4%，2010 年 7 月底的测定结果显示，经过近 8 个月的恢复期，草灌结合处理恢复效果最好，平均盖度为 91.6%，C3 小区达到了最高的 95.9%，其次是草本处理小区为 86.3%，梯坎+草灌组合为 85.2%，植生带盖度为 72.9%，而对照小区处理均值只有 4.6%，B1 小区最低为 1.3%，只有极少量的先锋物种生长。

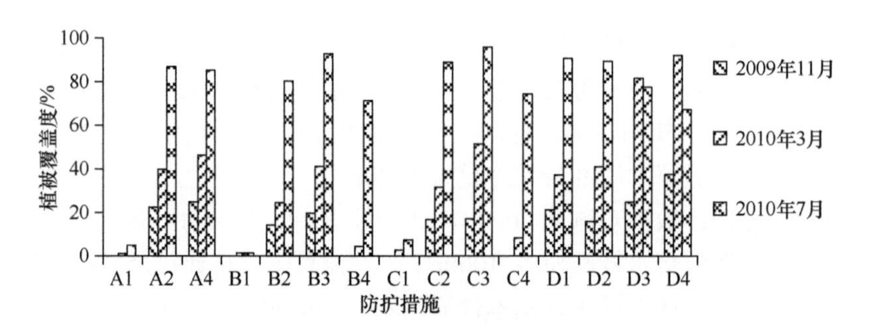

图 3-29　边坡植被恢复状况

4. 土壤结构变化

植被生长对边坡土壤结构的影响，主要表现在土壤紧实度和渗透性方面，测定结果如图 3-30 所示，路堑边坡容重都有明显降低，草灌结合降低了 9.5%，其次是植生带 8.8%，草本 7.4%，对照小区容重变化很小只降低 1.9%，但路堤边坡植被对土壤容重的影响则比较复杂，有些小区还呈增加的趋势，主要是因为路堤边坡由工程填方形成。土壤饱和导水率（K_s）的大小和土壤容重密切相关，如图 3-31 所示，植被对 K_s 的影响在路堑边坡表现得更加明显，植生带处理增幅最大为 1021.6%，其次是草灌结合和草本，依次为 678.1%和 224.7%，路堤边坡草灌结合最大为 151.2%，草本的增幅只有 43.2%。植被恢复对路堑边坡土壤性质的改良作用要优于路堤边坡。

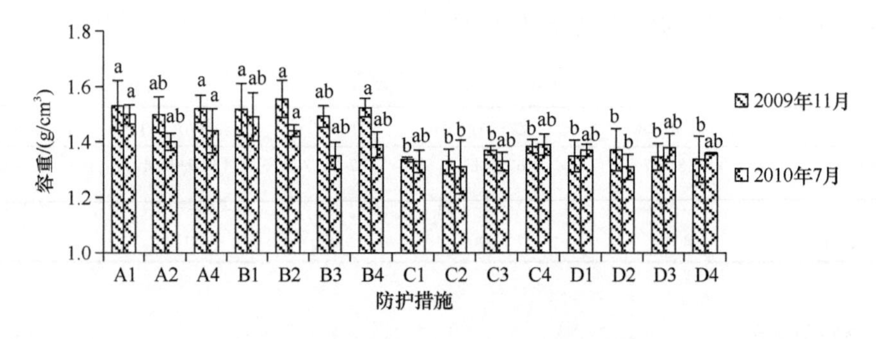

图 3-30　植被恢复对边坡土壤容重的影响

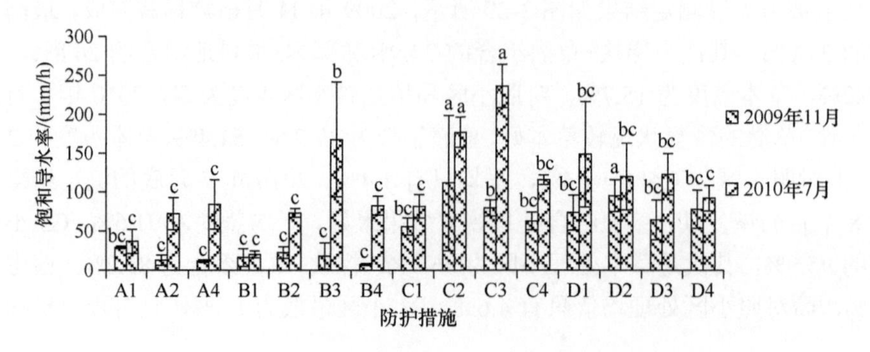

图 3-31　植被恢复对边坡土壤饱和导水率的影响

5. 边坡侵蚀特征

从2009年11月至2010年10月，总降雨量1087.6mm，共监测到边坡产流效果明显的降雨25次，其中6月底和七月9场次由于自然降雨取样过程和模拟降雨试验交织在一起无法区分，因此删去，留下16场次。4月和5月降雨频繁，但降雨量雨强不大，雨强最大为8月一次降雨为5.9mm/h，降雨量最大为10月份的57.4mm（图3-32）。

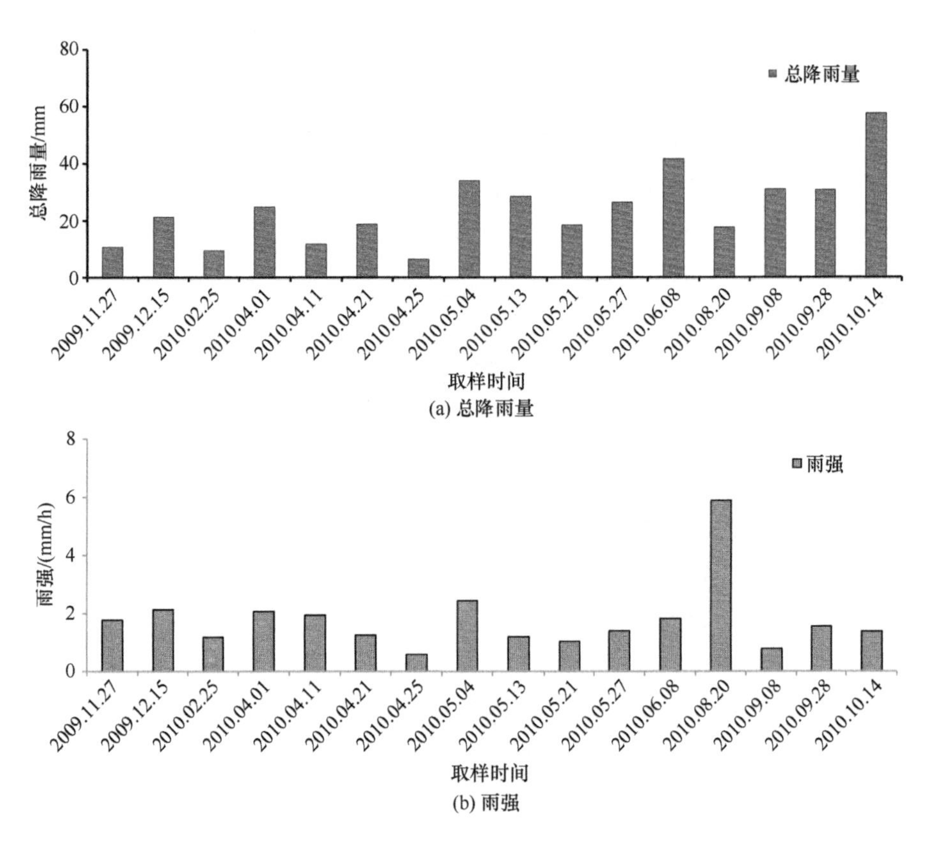

图3-32　总降雨量和雨强分布

边坡侵蚀变化情况见图3-33，对照小区侵蚀模数显著高于有植被防护小区，梯坎+草灌结合侵蚀模数最低，随着时间变化，有植被防护小区侵蚀模数迅速降低，观测初期的3场降雨侵蚀量很大，如草灌结合前3场降雨侵蚀量占全年总量的85.3%，草本为80.1%，梯坎+草灌组合为77.8%，主要受植被覆盖度的影响，7月份之后植被盖度非常高，草灌和梯坎+草灌受降雨影响很小，侵蚀模数只有0.71g/(m^2·h)和0.08g/(m^2·h)。

次降雨径流深受降雨影响显著，Pearson相关分析发现，径流深与降雨量呈极显著性相关（R^2=0.683，P=0.004），与最大60分钟雨强呈显著相关性（R^2=0.528，P=0.035）. 边坡各处理径流系数见图3-33，对照小区径流系数最大，表现出与雨强相同的大小波动，与有植被防护小区相比，两者差值随时间延长而增大，有植被防护小区在植被得到恢复之后，产流能力有明显的下降，梯坎+草灌组合和草灌两种措施对产流削弱能力最强，

8 月之后的几场降雨，降雨量大，但产流量很小，梯坎+草灌径流系数只有 3%左右，其次是草灌的 7%，草本和植生带分别为 11%和 14%。

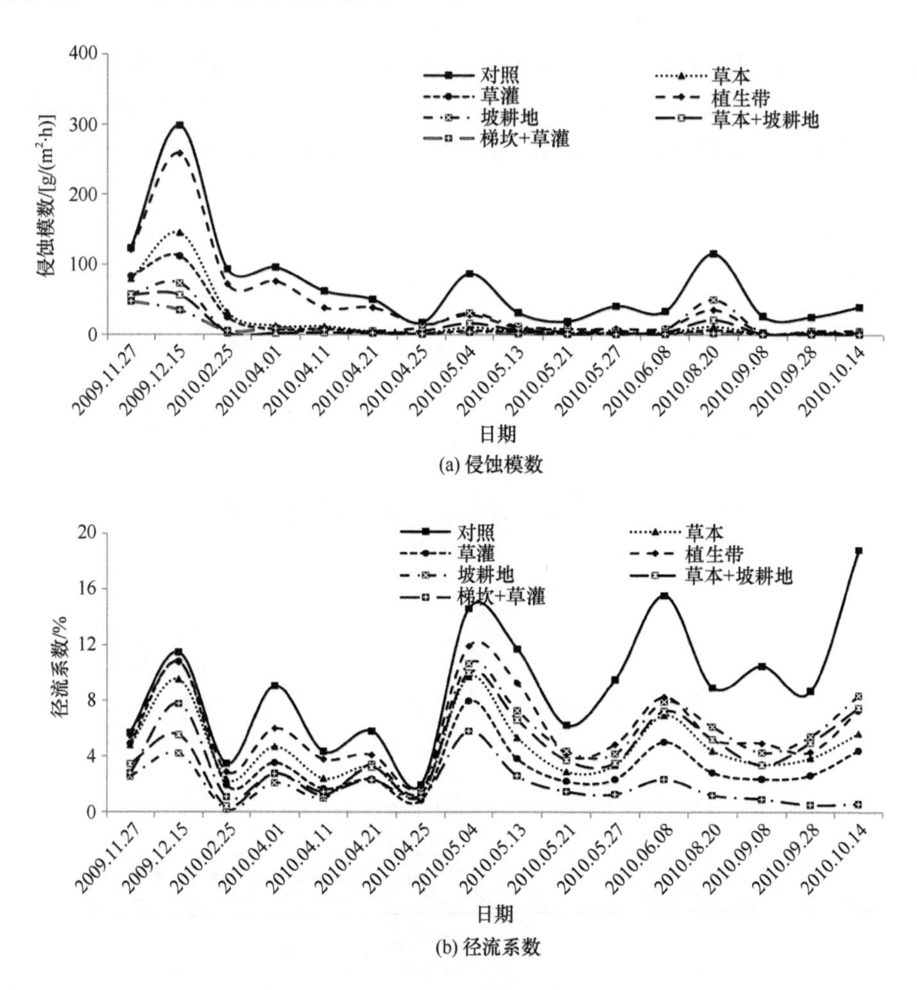

(a) 侵蚀模数

(b) 径流系数

图 3-33 边坡侵蚀特征随时间的变化

6. 植被恢复对边坡侵蚀的影响

道路边坡植被的恢复速度和生长状况是衡量防护效果好坏的两个基本的标准，植被的迅速恢复能极大地削弱降雨雨滴对工程裸露地表的击溅侵蚀和径流冲刷。而实际情况是，在这些裸露地面，植被的自然恢复是非常困难，坡度陡峭，土壤养分匮乏，强烈的人为干扰和降雨侵蚀，严重影响种子在路堑坡面的定根与生长。本实验选用植物物种狗牙根和牡荆都为乡土物种，对恶劣环境的耐受性较强，多年生且耐寒耐旱，尤其是狗牙根，营养繁殖能力强，一旦定根极易形成以狗牙根占绝对优势的植物群落。选择一些耐贫瘠、耐旱、萌生能力强等特点的乡土树种，通过播种、移栽、管护等人为措施对边坡植被自然演替进行干扰，能快速增加边坡盖度，缩短植被恢复周期，这对控制工程活动造成的裸露地表侵蚀是非常有效的。

影响土壤侵蚀的重要因素有气候、土壤、水文、地形等，其中前3个在一定程度上以一定方式受植被的影响。对于地表侵蚀，植被（尤其是草本和低矮灌木）可以显著降低由降雨引起的土壤侵蚀，所起作用主要包括降雨截流、径流延滞、土壤增渗、蒸腾作用以及根系土层固结作用等. 然而植被体不是标准件，植被的生长发育有着极大的时空变化，对侵蚀的影响也随着植被生长有所差别，随着时间推移，植被盖度、生物量、植被根系等因子对边坡侵蚀的控制能力逐渐加强，侵蚀量随时间因素逐渐降低，并且这种控制力是连续的，在植被建植初期最弱，侵蚀发生最容易，建议在工程结束之后，可以采取薄膜或者稻草等对裸露地进行覆盖，一方面弥补建植初期植被控制力的不足；另一方面稻草等腐烂之后能增加土壤肥力，有助于改良土壤性质。

7. 防护措施效率及适用性

不同的植被组合方式，对土壤侵蚀的影响也不相同。表3-7所示的是不同生态防护措施的产流产沙，以及阻沙效率TSE和截流效率TRE。由表可以得出，在路堑45°边坡，草灌结合、梯坎+草灌组合两种防控措施都能显著地降低边坡的产流和产沙，尤其是梯坎+草灌组合，TSE和TRE达到了91.3%和77.3%，但考虑到梯坎的建设成本较高，进行大面积的推广有一定的困难，单纯的草灌结合方式防治效率也较高，TSE和TRE分别为72.3%和57.0%，可以适用于路堑45°及以上陡坡的水土保持防护。

表3-7　不同防护措施间产流产沙与防护效率

防护措施	侵蚀模数/[g/(m^2·h)]	径流系数/%	阻沙效率/%	截流效率/%
A1	71.8±101.9a	41.2±8.2a	0	0
A2	25.0±53.1bc	20.0±13.1c	65.2	51.4
A4	14.2±35.0c	11.4±9.3c	80.2	72.3
B1	45.4±58.6ab	33.1±6.8ab	0	0
B2	27.9±60.3bc	21.0±10.9bc	38.7	36.5
B3	22.8±56.1bc	13.7±14.5c	49.8	58.5
B4	31.5±58.7b	24.9±11.2bc	30.6	24.7
C1	66.8±80.1a	41.1±11.0a	0	0
C2	26.6±60.2bc	25.6±13.6bc	60.1	37.8
C3	27.1±68.1bc	21.4±16.3bc	59.4	47.9
C4	32.6±52.4ab	30.2±12.2b	51.1	26.5
D1	11.2±22.9c	14.9±8.8c	32.5	20.6
D2	11.7±21.9bc	17.3±8.9c	29.7	7.6
D3	12.8±20.9bc	18.4±8.0bc	23.0	2.0
D4	16.6±21.5bc	18.8±8.5bc	0	0

路堑30°和路堤30°边坡防护措施相同，从表3-7可以看出，路堑30°草灌结合在拦

截降雨径流上要显著高于草本和植生带，TRE 达到了 65.0%。路堤 30°边坡，防护措施的阻沙作用要高于截流作用，TSE 都大于 TRE，草灌结合在前几场降雨时截流阻沙效率都是要高于草本，但是在 8 月之后的几场降雨，草本措施的防护效果要比草灌结合更好。出现这些差异，原因在于路堑边坡最主要的侵蚀力是雨滴打击力，草灌结合由于灌木和草本的双重截流作用，分散了雨滴打击动能，高覆盖率下产流能力也较差。路堤边坡除受降雨影响外，路面汇水汇沙也是一个关键的因素。在没有排水沟的情况下，路面产流和路面拦截的坡面径流和潜流只能通过道路路面或者路堤边坡排走，大量的路面高含沙水流常将松散的路堤边坡冲刷成大大小小的侵蚀沟，因此，路堤边坡的植被防护除需要考虑减轻雨滴打击力和增加降雨入渗之外，更重要的是降低坡面径流速度和过滤径流中所携带的大量泥沙，草本措施根系发达，根茎众多，如同一排排致密的栅栏，将坡面径流分割成众多细小水流，降低水流流速和剪切力，大量泥沙就地沉积。因此，在防护措施选择上，草本措施更适合于路堤边坡，草灌结合措施在路堑边坡防护效果更理想。

在路堤 15°边坡，草本措施与草灌措施截流和阻沙作用并不明显，草本+坡耕地组合措施虽然截流效果比草本和草灌差，只有 2.0%，但是阻沙能力与草本措施相当为 23.0%。对于缓冲带的长度，Ziegler 等（2001）的研究结果证明，植物篱带对泥沙的拦截效率与长度之间并不存在线性相关，长度为 1m 时阻沙效率只有 30%，当长度从 1m 上升到 2m 时，阻沙效率增加了 42%，而当长度从 12m 上升到 15m 时，增幅只有 2%，因此，对于坡度较缓的路堤，如果进行农业耕作，必须在坡顶设置 2m 长的草本缓冲带或植物篱，降低路面对路堤的影响。

3.3.2 紫色土区低等级土质道路侵蚀特点

1. 研究方法

试验土槽：本试验所用土壤类型为砂页岩发育黄棕壤，土壤质地为砂壤土（砂粒含量 63.27%，粉粒含量 22.17%，黏粒含量 14.56%）。将土壤风干过 2mm 筛然后装袋备用。本试验所用钢制结构土壤槽规格为 2m×0.8m×0.5m（长×宽×深），土槽底部铺设一层纱布，并均匀开孔保证降雨下渗。通过体积计算，将过筛土壤称重，按 1.65g/cm^3 容重分层填入土槽当中，每 5cm 为一层进行压实。填土深度为 35cm。根据野外调查结果，为了保证排水便利和通车安全，侧向型路面的侧向坡度设计为 4°，拱型路面弧度为 0.1（对应中心角度约为 5°）。每场降雨结束后，重新按上诉容重装填土槽。试验在三个坡度条件下进行，分别为 5°、10°和 15°，代表山区缓坡道路、中等坡度道路和陡坡道路。不同坡度下每个路型设定三个重复。

模拟降雨试验在华中农业大学水土保持研究中心的降雨大厅内进行。模拟降雨器是下喷式降雨器，采用美国 SPRACO 锥形喷头，喷头距地面垂直高度 4.75m，通过压力调节系统和阀门来控制雨强和雨滴粒径分布，使其接近天然降雨。供水压力 0.08MPa，在稳定水压下，降雨动能约为等雨强天然降雨的 90%，均匀度约 0.9。降雨雨强为 60.0±3.5mm/h，降雨历时为 45 分钟。自产流开始后，径流和泥沙收集时间间隔为 3 分钟，并将收集的泥沙样过滤后，在 105℃下烘干至恒重，计算路面径流含沙量和侵蚀速率。

水力学参数：坡面径流流速采用 $KMnO_4$ 染色法测定。分别在降雨进行至 10 分钟、20 分钟、30 分钟时，测定径流流速，测定的距离为距顶部 0.5～1.5m 处，多次测定计算平均值为路面径流平均流速。由于所测路面径流流速为优势流流速，断面平均流速采用下式进行校正得到：

$$V = aV_m \tag{3-6}$$

式中，V 为断面平均流速，cm/s；V_m 为实测径流流速，cm/s；a 为校正系数，校正系数受水流流态的影响，当水流流态由层流向紊流变化时，a 值也将发生改变。

对于路面径流，由于本试验降雨强度比较小，径流流速较低，根据经验值 a 取 0.67。

在模拟降雨条件下，路面径流水深非常薄，难以通过实测得到，在假定水流均一情况下，采用如下方法计算得到

$$h = \frac{Q}{VBt} \tag{3-7}$$

式中，h 为径流水深，m；Q 为产流量，m^3；B 为过水断面宽度，m；t 为时间，s。

雷诺数（Re）和弗劳德数（Fr）是表征水流流态的两个重要参数。分别由下式计算得到

$$Re = \frac{Vh}{v} \tag{3-8}$$

$$Fr = \frac{V}{\sqrt{gh}} \tag{3-9}$$

式中，V 为水运动黏性系数，m^2/s；g 为重力加速度，m/s。当 $Re<500$ 时，水流为层流；当 $Re \geqslant 500$ 时，水流为紊流。当 $Fr<1$ 时，水流为缓流；当 $Fr \geqslant 1$ 时，水流为急流。

Darcy-Weisbach 阻力系数（f）和曼宁糙率系数（n）是表征径流动力学特征的两个重要指标，计算公式如下所示：

$$f = \frac{8gRJ}{V^2} \tag{3-10}$$

$$n = \frac{R^{2/3}J^{1/2}}{V} \tag{3-11}$$

式中，R 为水力半径；J 为水流能坡，近似为坡度的正切值。

泥沙粒径：将每场降雨过程中所有水沙样收集混匀，取 200mL 混合样送实验室进行侵蚀泥沙颗粒粒径测定。泥沙粒径采用 EyeTech 激光粒度粒形仪测定，该仪器采用激光电阻法，可以测量颗粒的粒度分布，测量范围 0.1～2000μm。用移液枪取经过超声分散水沙样 3mL 至测量池比色皿内开始测量，持续约 3 分钟，分析结束后导出测试数据。选择 D_{50}、D_{10} 和 D_{90} 来表征侵蚀泥沙颗粒粒径特征。

2. 路面产流

模拟降雨试验下，路面产流响应都比较迅速，初始产流时间均低于 30 秒。从所有产流过程线可以看出，在降雨开始之后 10～15 分钟，产流达到稳定（图 3-34）。坡度对产流的影响在拱型路面最显著，在侧向型和凹型路面影响最低。随着坡度增大，路型对产流的作用差异降低。降雨产流量最低为拱型路面，其次为侧向型和平直型，凹型最高，15°坡条件下产流量达到 3400mL。所有路型降雨径流系数都在 70%以上，见图 3-35，随着坡度变化，拱型路面径流系数依次为 73%、76%和 82%，最高的凹型路面为 89%、92%和 95%。高压实低渗透性主导了路面降雨产流响应速度和高产流特性。

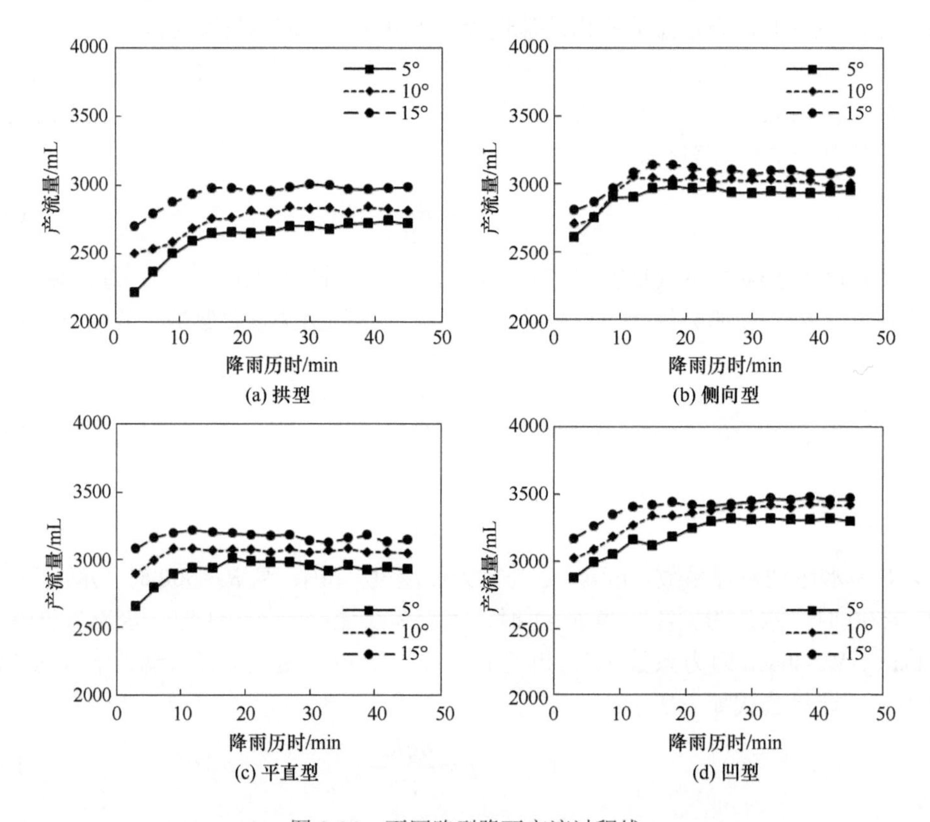

图 3-34 不同路型降雨产流过程线

3. 路面产沙

路面产沙特征曲线如图 3-36 所示，路面由于可蚀性物质补充困难，产沙量在初始几分钟内较高，然后迅速下降至稳定。随坡度增大，路面降雨产沙量增大。拱型路面产沙量最低，5°坡时泥沙平均浓度为 19.06g/L，10°和 15°坡条件下分别为 23.35g/L 和 30.93g/L；侧向型路面随坡度增大泥沙平均浓度依次为 25.37g/L、32.31g/L 和 38.94g/L；凹型路面产沙量最高，泥沙平均浓度依次为 31.62g/L、50.53g/L 和 62.32g/L，是拱型路面产沙量的两倍；平直型路面产沙能力和凹型路面接近为 42.17g/L、46.69g/L 和 54.81g/L。

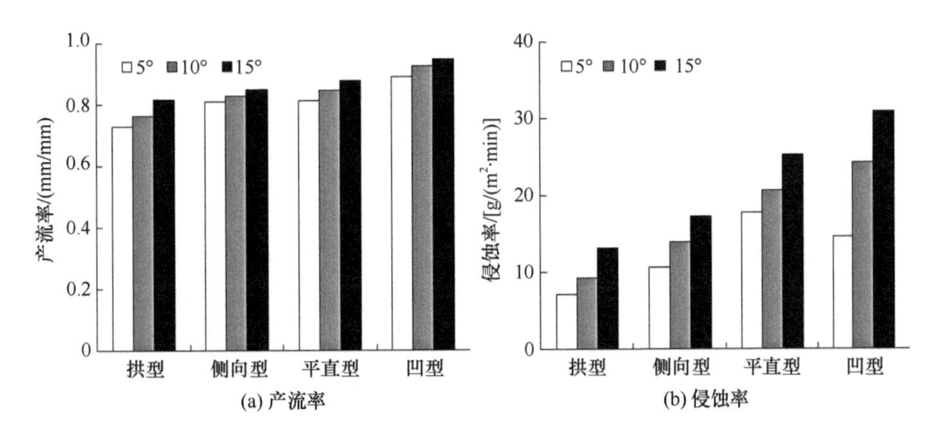

图 3-35　不同路型降雨产流率和土壤侵蚀率

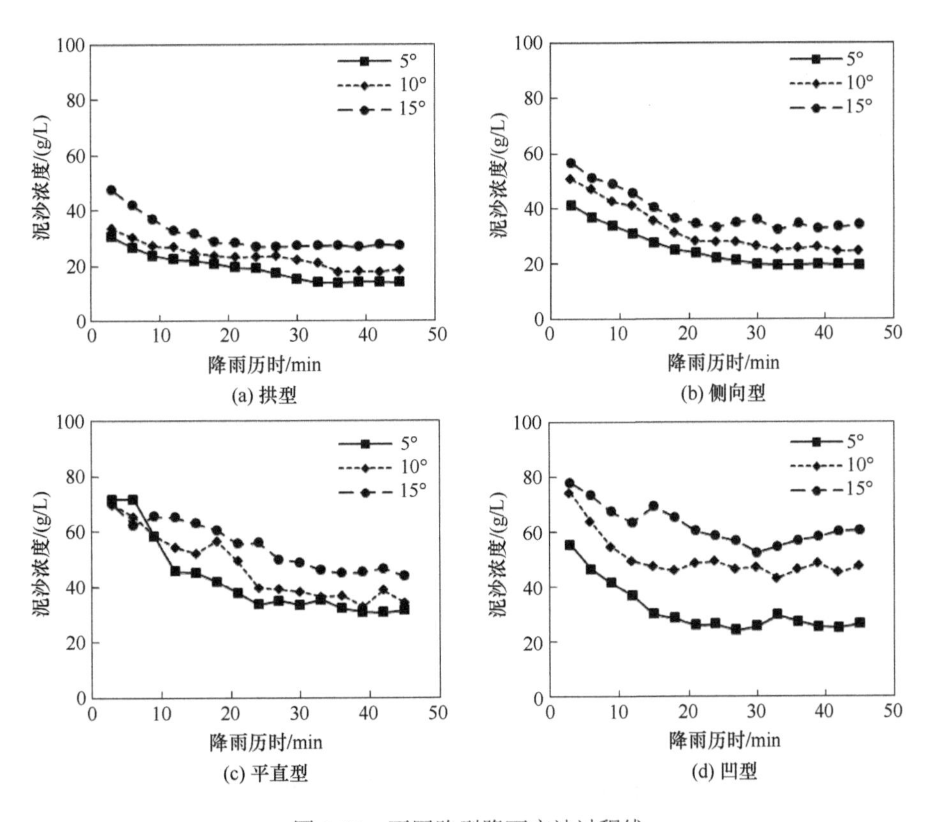

图 3-36　不同路型降雨产沙过程线

路面土壤侵蚀率见图 3-35，坡度显著改变路面的土壤侵蚀率，随坡度增大，侵蚀率显著增大，拱型和凹型路面，15°坡条件下土壤侵蚀率高于 5°坡侵蚀率 1 倍，侧向型和平直型路面则超出约 50%。拱型路面土壤侵蚀率最低，随坡度增加依次为 7.15g/(m²·min)、9.25g/(m²·min)和 13.13g/(m²·min)，凹型路面土壤侵蚀率为四种路型中最高为 14.58g/(m²·min)、24.29g/(m²·min)和 30.80g/(m²·min)。

4. 水力学参数

降雨径流的水力学参数能够很好地反应径流流态、能量等信息，对揭示侵蚀过程有重要作用。不同坡度下四种路型路面径流的流速、水深、弗劳德数等信息如表 3-8 所示。不同路型下，坡面水流流速显著差异，拱型路面下流速最低为 6.4～9.4cm/s，侧向型和平直型流速接近（8.6～14.7cm/s），凹型路面径流流速最大 12.6～17.6cm/s，是拱型流速的 2 倍。坡面径流深和阻力系数依坡度降低而下降，且随拱型>侧向型>平直型>凹型次序下降，拱型路面阻力系数远高于其他三类为 2.11～2.25，其次为侧向型 0.77～0.92，而凹型最低为 0.32～0.38。阻力系数和曼宁糙率越大，流速越低，径流在路面存在时间越长，增加入渗和降低产流。

表 3-8　模拟降雨试验下路面径流水力学参数

路型	V/（cm/ s）	h /mm	f	Re	$n\times10^{-2}$	Fr
拱型（5°）	6.4	0.40	2.11	254.36	1.41	0.32
拱型（10°）	7.9	0.34	2.16	266.87	1.45	0.43
拱型（15°）	9.4	0.30	2.25	285.47	1.39	0.54
侧向型（5°）	8.6	0.31	0.92	269.13	0.89	0.49
侧向型（10°）	11.7	0.24	0.78	286.43	0.79	0.76
侧向型（15°）	13.6	0.22	0.77	293.94	0.77	0.93
平直型（5°）	9.8	0.28	0.63	270.20	0.72	0.60
平直型（10°）	12.5	0.23	0.63	282.20	0.70	0.84
平直型（15°）	14.7	0.20	0.60	292.91	0.67	1.05
凹型（5°）	12.6	0.24	0.32	297.04	0.50	0.83
凹型（10°）	15.8	0.19	0.34	307.84	0.50	1.15
凹型（15°）	17.6	0.18	0.38	315.49	0.52	1.33

雷诺数和弗劳德数表征水流流态，并是水流能量大小的一个侧向说明。雷诺数随坡度升高而小幅增大，并依拱型<侧向型<平直型<凹型次序增加，根据雷诺数的划分标准，所有模拟降雨试验下，路面径流雷诺数均低于 500，属层流流态。弗劳德数随坡度增大而显著提高，拱型最低为 0.32～0.54，其次为侧向型 0.49～0.93，两种路型弗劳德数都小于 1 为缓流；平直型在 5°和 10°坡时，弗劳德数均小于 1 为缓流，15°坡时为 1.05 为过渡流；凹型路面在 5°条件下水流流态为缓流，而在 10°和 15°时表现为急流。

5. 泥沙粒径

模拟降雨试验下，路面侵蚀泥沙的粒径特征值 D_{10}、D_{50} 和 D_{90} 分布如表 3-9 所示。由颗粒特征值可以总结出，凹型路面侵蚀泥沙颗粒粒径要明显大于其他三类，尤其是 D_{50} 和 D_{90}，分别为 91～173μm 和 165～236μm，而拱型路面 D_{50} 为 42～46μm，侧向型 D_{50} 为 43～55μm。且坡度对粒径的影响在凹型路面表现更明显，随坡度增加，粒径大幅提升，坡度由 5°增至 15°D_{10} 增幅为 59%，D_{50} 增幅为 90%，D_{90} 增幅为 63%，而在拱型

（D_{50} 增幅为 9%）和侧向型（D_{50} 增幅为 27%）上增幅则小得多，平直型路面上，粒径随坡度也有较大增加，D_{10} 增幅为 48%，D_{50} 增幅为 75%，D_{90} 增幅为 60%。

表 3-9　模拟降雨下路面侵蚀泥沙粒径分布

粒径	拱型			侧向型			平直型			凹型		
	5°	10°	15°	5°	10°	15°	5°	10°	15°	5°	10°	15°
D_{10}	14	15	20	16	19	21	23	24	34	32	38	51
D_{50}	42	45	46	43	53	55	55	74	96	91	119	173
D_{90}	50	53	67	49	66	71	62	81	99	145	186	236

6. 道路形态的水文意义

土质道路受路基压实、机械碾压和人畜踩踏等影响，入渗率低水文响应速度快，在无集中水流冲刷下，路面可蚀性物质来源有限，侵蚀特征与路域其他土地利用类型迥异，而路面微结构差异导致不同路段之间水沙输移特征和水文过程多样化。路面形态是路面微结构的表现形式，受路面形态影响，路段尺度降雨产流产沙特征及路面径流水动力学参数分异显著。拱型路面由于中间高两边低，以路面中部成分水线降雨径流分两侧汇集，路面径流分散，且由于横向和纵向坡度共同作用，汇水面积较少，路面径流流速低，径流动力小，侵蚀泥沙颗粒主要为路面细颗粒。凹型路面由于初始给定的水流汇聚形状，降雨产流后迅速形成集中水流，流速大而水流侵蚀动力强，冲刷形成侵蚀细沟，因此侵蚀泥沙颗粒粒径显著大于拱型路面，15°坡下 D_{50} 为 173μm。由于侵蚀动力的差异，导致凹型和拱型路面，虽然降雨径流量的差异不太明显，但土壤侵蚀率却相差 2 倍以上。平直型路面侵蚀随机特性较大，侵蚀特征由路面细沟形成与否和细沟走向决定，且这类路型极易向凹型转化。

道路主要侵蚀动力为集中水流，除本章研究的路型影响外，道路累积汇流长度是集中水流形成的一个不可忽视的控制因子，长度累加效应极大增强了汇聚径流的数量和能量，造成严重的“on-site”效应（如路面损毁等）和“off-site”效应（如沟道淤塞、农田冲毁、水质污染等）。在山区道路的日常维护中，常采用侧倾、开沟、设置导水梗等方式来减缓这种长度累加效应。拱型和侧向型两种路面形态主要通过降低径流汇水面积和有效径流汇聚长度，从而削弱路面径流的水流动能，降低路面产沙。

路型的选择依道路周边环境而定，如交通荷载、土壤条件、水系分布等差异而选择拱型、侧向型和平直型，以及多种路型组合。道路的设计标准是影响路型的一个重要因素，尤其在一些欠发达区域，受资金影响而较少考虑道路对环境的影响，往往追求道路修建的效率而通常以平直型作为唯一选择，加之后续配套的管理和维护跟不上，这类土质道路极容易往凹型路面发展，导致严重的水土流失，威胁通行安全，降低道路使用寿命。凹型路面虽然不是设计路型，但却是山区道路的主要存在形式，山区道路侵蚀主要源自这类道路，维护费用高，治理难度大，修复技术不达标往往形成更严重的二次侵蚀。

不同道路之间相互连接形成道路网络，而道路网络在流域水沙“源-汇”转变过程中扮演重要角色。路面和沟渠作为过渡构件连接道路上下边坡，成为道路系统水沙传递的桥梁，路型和沟渠的组合显著改变着这种传递过程。在外倾型无内侧沟渠条件下，道路上下边坡水沙连通性最高，导致道路上边坡的地表汇流、道路拦截的壤中流及路面产汇流经路面传递到路堤边坡，造成松散的路堤边坡剧烈集中水流冲刷形成侵蚀沟，这一状态下的路堤边坡侵蚀风险最高，防护的标准也高于其他类型边坡。内倾型路面（含内侧沟渠和无内侧沟渠两种）和凹型路面（含内侧沟渠和无内侧沟渠两种）路堤边坡的集中冲刷风险最低，防治的重点在控制自然降雨侵蚀。在凹型无内侧沟渠条件下，路面侵蚀最严重，道路上边坡的地表径流、路堑拦截的壤中流、路面超渗产流在道路表面汇集，加上道路的长度累积效应，形成渠系化道路，水流能量巨大，路基冲蚀剧烈，形成新增侵蚀源点，这类道路未及时进行修护，一遇暴雨往往造成灾难性后果。拱型无内侧沟渠和内倾形无内侧沟渠条件下，降雨汇流至路堑边坡坡脚，形成掏蚀，边坡失稳造成崩塌、塌方等地质灾害，在进行道路设计时，内侧沟渠的配套是必需的。平直型道路侵蚀发展随机性比其他几种路型都高，自身稳定性较差，在无内侧沟渠条件下，受上边坡地表径流影响，极容易往外倾型道路发展，形成侧向侵蚀沟，而在含内侧沟渠条件下，受路面产流和车辆通行影响，以车辙为起始点形成纵向侵蚀沟，多以凹型路面为最终存在方式。

在实际条件下，道路的形态往往不是单一的，而是多种路型相互组合，在连续变化过程中体现不同路型及“路-渠”组合的水沙调控能力。在进行道路的设计规划时，针对路域不同的水沙环境选择恰当的“路-渠”组合形式，将极大降低道路建设对流域生态环境的影响，也降低后期管理和维护的成本。

3.3.3 紫色土区低等级土质道路养分流失特征

1. 材料与方法

路面径流小区：综合流域道路网络及流域水文情况，本章选择 2 条道路中的 5 个路段作为研究对象，每个路段根据具体道路情况，修建相应路面径流小区。路段信息如表 3-10 所示。MR1、MR2、MR3 位于一条村落与村落之间相连的干道，路面类型为土质-砾石路面，根据两个居民聚居区的大小，估算出道路日通行量为 100～300 辆。BR1 和 BR2 位于流域主干道通往农居的支道，主要供小型农用车和摩托车及居民通行，路面类型为土质-草皮路面，日通行量<50 辆。路面径流观测小区四周采用混凝土浇筑而成，

表 3-10　所研究 5 个路段概况

路面小区	坡度/%	长度/m	宽度/m	面积/m²	交通荷载	道路等级	道路类型	行车类型
MR1	5.3	25.3	3.6	91.08	100～300	村级干道	土质-砾石	主要通行小型四轮和三轮农用车、轿车、摩托车
MR2	7.1	33.2	3.1	102.92	100～300	村级干道	土质-砾石	
MR3	9.4	29.6	3.5	103.60	100～300	村级干道	土质-砾石	
BR1	10.1	30.1	3.3	99.33	<50	村级支道	土质-草皮	主要通行摩托车及居民
BR2	8.6	22.8	3.8	86.64	<50	村级支道	土质-草皮	

在最下端设置出水口和储水桶，保证路面径流在降雨过程中全部汇聚到出水口并进行收集。小区修建完成一个月之后，开始进行降雨观测。

小区修建之前，对路面表层土壤（0～10cm）理化性质进行测定，土壤容重采用环刀法，土壤质地采用吸管法测定，土壤饱和导水率采用环刀-恒定水头法测定。路面盖度采用影像法测定，用数码相机垂直选取样方进行拍照，然后用 ERDAS 9.0 分析路面盖度。路面砾石含量采用环刀-水洗称重法测定，测定结果如表 3-11 所示。

表 3-11 所研究道路基本理化性质

小区	沙粒/%	粉粒/%	黏粒/%	容重/(g/cm^3)	导水率/(mm/h)	盖度/%	砾石含量/%
MR1	63.5±0.8	20.5±4.9	16.0±4.6	1.79±0.7	13.2±2.5	9.3±0.3	45.6±4.3
MR2	69.1±0.9	13.2±2.5	17.7±2.1	1.80±1.1	9.0±3.1	6.6±1.2	53.4±2.1
MR3	63.6±0.9	18.8±2.1	17.5±2.0	1.75±0.0	11.2±2.3	5.4±3.1	43.1±5.0
BR1	54.3±1.5	24.6±2.9	21.1±1.8	1.55±0.4	21.6±3.6	14.1±2.2	37.8±1.3
BR2	55.4±2.2	21.4±0.7	23.2±1.7	1.56±0.4	18.6±3.6	15.7±1.2	30.3±3.7

自然降雨观测：自然降雨观测时间为 2012 年 5 月至 2013 年 8 月，总共监测场次为 13 场（编号为 NO.1～NO.13）。降雨雨强用翻斗式雨量计进行收集，采样间隔为 1 分钟，雨量计距路面小区 300m。所监测 13 场降雨的降雨量（P）、最大 10 分钟雨强（I_{10}）、最大 30 分钟雨强（I_{30}）、次降雨平均雨强（I_{ave}）、降雨能量（EI_{30}）等信息见表 3-12。自降雨开始，小区径流收集时间间隔为 10 分钟。每 10 分钟收集两瓶径流样（1000mL），分别用来测定泥沙量和养分含量。泥沙样采用室内滤纸进行过滤，然后烘干法测定（鼓风干燥箱 105℃下烘干 12 小时）。

表 3-12 自然降雨特征参数

降雨场次	P/mm	I_{10}/(mm/h)	I_{30}/(mm/h)	I_{ave}/(mm/h)	EI_{30}/[MJ·mm/(hm^2·h)]
NO.1	8.4	7.4	7.2	6.3	13.68
NO.2	16.1	13.6	9.7	6.5	19.11
NO.3	14.2	23.1	19.4	17.0	41.71
NO.4	18.6	14.7	13.4	12.4	29.25
NO.5	11.2	7.0	5.1	4.1	11.20
NO.6	26.4	12.3	9.8	5.3	22.83
NO.7	15.4	6.5	4.6	3.2	15.43
NO.8	17.7	11.2	8.9	3.9	23.65
NO.9	10.2	3.2	2.7	2.2	6.43
NO.10	8.6	4.1	3.3	3.1	9.98
NO.11	11.8	6.2	5.1	4.6	14.65
NO.12	21.4	6.7	5.2	3.9	12.49
NO.13	12.8	11.4	9.6	5.1	25.43

样品分析：试验样品在酸性条件下冷藏并迅速带回实验室进行分析。将径流样滤纸过滤进行水沙分离，泥沙样烘干测定泥沙吸附态磷（PP），测定方法采用 $HClO_4$-H_2SO_4 消煮，钼锑抗比色法测定。分离的水样用 0.45nm 滤膜过滤，然后测定水样中总氮（TN）、铵态氮（NH_4^+-N）和溶解态磷（DP），TN 采用 $K_2S_2O_8$ 消煮-紫外分光光度法测定，NH_4^+-N 采用靛酚蓝比色法测定，DP 采用 $K_2S_2O_8$ 消煮-钼锑抗比色法测定。

采用 SPSS 18.0 统计分析软件对试验数据进行 Pearson 方差分析和差异显著性检验（LSD 法）。

初始冲刷：在降雨过程中污染物随径流变化的情况可以采用两条曲线来进行表示，即径流随时间变化曲线 Q_t 和污染物随时间变化曲线 C_t，Q 表示径流速率，C 表示污染物浓度。为了对不同降雨事件进行对比研究，引入量纲表示法。这种表示法由一条曲线组成，即 $M(V)$ 曲线，M 表示从这条曲线可以了解累积污染物与总的污染物之比相对于累积径流量与总的径流量之比的变化情况，对于一次降雨事件中 N 次按降雨历时采样，Q_i 为径流速率，C_i 为污染物浓度，假设 Q 和 C 的变化呈线性关系，则 $M(V)$ 曲线可以表示为

$$\frac{\sum_{i=1}^{j} C_i Q_i \Delta t_i}{\sum_{i=1}^{N} C_i Q_i \Delta t_i} = f\left(\frac{\sum_{i=1}^{j} Q_i \Delta t_i}{\sum_{i=1}^{N} Q_i \Delta t_i}\right) = f\left(\frac{\sum_{i=1}^{j} V_i}{\sum_{i=1}^{N} V_i}\right) \tag{3-12}$$

式中，N 为总的测量次数；j 为测量次数，$j=1$，2，…，N；V_i 是在 Δt 时间段的径流量。

对每一降雨事件的每一种污染物质，用累积污染负荷除以整个降雨事件中总的污染负荷与累积径流负荷除以整个降雨事件中总的径流量所得结果进行比较，前者为纵坐标、后者为横坐标作图，即可以形成 $M(V)$ 曲线。

为了科学合理地对暴雨径流污染进行管理控制，如何定量化表示初始冲刷就显得非常重要，在初始冲刷定义上多采用 Geiger（1987）的定义，即以污染物的累积污染负荷与累积径流量的相关性为基础，以两者所形成无量纲累积曲线的发散来确定是否发生了初始冲刷。Bertrand-krajewski 等（1998）通过拟合的方法对 $M(V)$ 曲线进行拟合，并根据回归系数 b 值，将曲线发散度分为 6 个区域，如表 3-13 所示，确定初始冲刷强度的大小。

表 3-13　根据 *b* 值定义的初始冲刷区域识别

区域	b 值变化范围	初始冲刷识别	与对角线的偏差
1	$0<b\leqslant0.185$	正	强烈偏高于对角线
2	$0.185<b\leqslant0.862$	正	较强偏高于对角线
3	$0.862<b\leqslant1.000$	正	较小偏高于对角线
4	$1.000<b\leqslant1.159$	负	较小偏低于对角线
5	$1.159<b\leqslant5.395$	负	较强偏低于对角线
6	$5.395<b<\infty$	负	强烈偏低于对角线

2. 路面降雨侵蚀特征

次降雨事件下，路面产流率状况如图 3-37 所示。总体而言，干道小区 MR1、MR2 和 MR3 产流率要高于支道小区。产流率最高为 MR3 小区，所有场次均值产流率为 0.43mm/mm，其次为 MR2 小区 0.40mm/mm 和 BR1 的 0.39mm/mm，MR1 小区比 BR1 小区偏低为 0.38mm/mm，最低为 BR2 小区 0.35mm/mm。从统计分析结果来看（表 3-14），综合所有场次降雨下，5 个路面小区在产流率上并无统计上的显著差异。

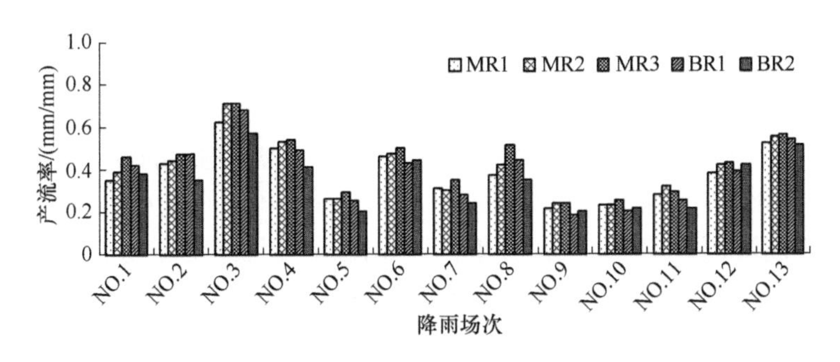

图 3-37 自然降雨下道路路面产流率

表 3-14 路面小区 13 场监测降雨产流率和侵蚀率

研究路段	产流率/(mm/mm)				侵蚀率/[g/(m²·mm)]			
	平均值	最小值	最大值	标准差	平均值	最小值	最大值	标准差
MR1	0.38 a	0.21	0.62	0.12	7.07 c	2.35	17.11	4.44
MR2	0.41 a	0.23	0.71	0.14	12.97 b	5.51	25.59	6.28
MR3	0.43 a	0.24	0.71	0.14	19.34 a	10.27	42.42	9.82
BR1	0.39 a	0.68	0.18	0.15	15.36 ab	3.64	30.42	9.71
BR2	0.35 a	0.57	0.20	0.13	4.86 c	1.09	15.56	3.93

影响道路路面降雨产流的因子非常多，本章将降雨因子和道路路面的理化性质进行相关分析，结果如表 3-15 所示。对产流影响较大的因子为降水量（P），达到极显著正相关性（R^2=0.850，P<0.001）。而平均雨强（I_{ave}）、最大 10 分钟雨强（I_{10}）、最大 30 分钟雨强（I_{30}）与产流率之间相关性较低，均未达到显著相关性。路面基本性质中，只有

表 3-15 降雨因子和道路理化性质对产流率和侵蚀率的方差分析

影响因子	参数	产流率/(mm/mm)		侵蚀率 /[g/(m²·mm)]	
		R^2	P 值	R^2	P 值
降雨因子	P	0.850**	0.000	0.428	0.145
	I_{10}	0.458	0.115	0.910**	0.000
	I_{30}	0.426	0.147	0.922**	0.000
	I_{ave}	0.184	0.547	0.781**	0.002
	坡度	0.160	0.797	0.404	0.500

续表

影响因子	参数	产流率/(mm/mm)		侵蚀率 /[g/(m²·mm)]	
		R^2	P 值	R^2	P 值
土壤性质	砂粒	0.611	0.274	0.317	0.604
	粉粒	–0.459	0.437	–0.162	0.794
	黏粒	–0.644	0.241	–0.445	0.453
	容重	0.592	0.293	0.298	0.626
	导水率	–0.626	0.259	–0.296	0.628
	盖度	–0.872	0.054	–0.632	0.252
	砾石含量	0.659	0.226	0.484	0.409

小区面积与产流率之间显示出显著相关性。而与产流率密切相关的容重、导水率和盖度等路面性质，统计分析的结果显示，与产流率之间没有达到显著相关性。

监测的 13 场降雨事件中，大部分事件下 MR3 的侵蚀率均要高于其他小区，尤其在 NO.1、NO.6、NO.7 和 NO.12 等场次下（图 3-38）。13 场降雨事件下，5 个小区平均侵蚀率的统计分析结果显示（表 3-14），各小区之间平均侵蚀率存在显著差异。MR3 小区最高为 19.34g/(m²·min)，其次为 BR1 小区 15.36g/(m²·min)，MR2 小区为 12.97g/(m²·min)，MR1 为 7.07g/(m²·min)，最低为 BR2 的 4.86g/(m²·min)。

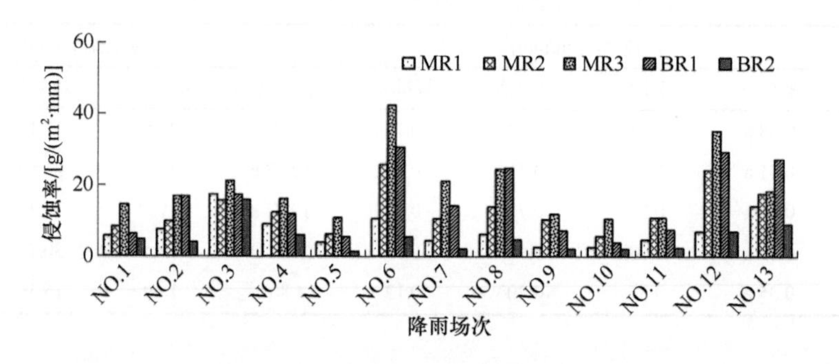

图 3-38　自然降雨下道路路面侵蚀率

表 3-15 所列降雨因子和道路路面的理化性质与侵蚀率之间的多因素相关分析结果显示，降雨因子中，雨强对侵蚀率影响极为显著，I_{10}、I_{30} 和 I_{ave} 与侵蚀率的统计显著性均达到极显著级别（$R^2 = 0.910$，$P<0.001$；$R^2 = 0.922$，$P<0.001$；$R^2 = 0.781$，$P = 0.002$）。EI_{30} 与侵蚀率达到极显著正相关（$R^2 = 0.913$，$P<0.001$）。

3. 污染物流失特征

为研究不同侵蚀污染物随降雨时间的流失规律，对一部分降雨事件进行了全程监测。本章选择其中两场雨型差别较大的降雨事件 NO.2 场次（中期集中型降雨）和 NO.6 场次（前期集中型降雨）进行讨论，分别发生在 2012 年 8 月和 2013 年 7 月。NO.2 场次降雨，降雨量为 16.1mm，持续时间为 148 分钟，平均雨强为 6.5mm/h，属于单峰型降雨类型，雨强峰值出现在降雨中期，最大降雨量监测峰值在50～60分钟之间为5.9mm。NO.6场次降雨，降雨量为26.4mm，持续时间为300分钟，平均雨强为5.3mm/h，降雨雨强峰值出现在前期，并呈破浪式起伏，最大降雨量监测峰值在70～80分钟之间为5.2mm。

图3-39列举出了所有小区在前期集中型和中期集中型降雨事件下，径流量（RV），泥沙浓度（SS），TN、NH_4^+-N、PP和DP等污染物浓度随降雨时间的变化过程线。从图中可以得出，RV表现出与降雨量相同的趋势性，产流峰值与降雨峰值基本吻合，产流滞后性不是很明显。这种规律在干道小区上和支道小区上是相似的。中期集中型降雨下，前期泥沙的输出量比较低，SS峰值和降雨量峰值和产流率峰值出现的时间是大致相同的，峰值出现过后，随着降雨量的减小，产沙量急剧降低。前期集中型降雨下，SS峰值与降雨量的峰值并不一致，SS峰值在20～40分钟之间，而降雨量的和径流量的峰值出现在70～80分钟，但从图中可以看出，在降雨量峰值和径流量峰值出现时，泥沙浓度显著低于泥沙浓度峰值。

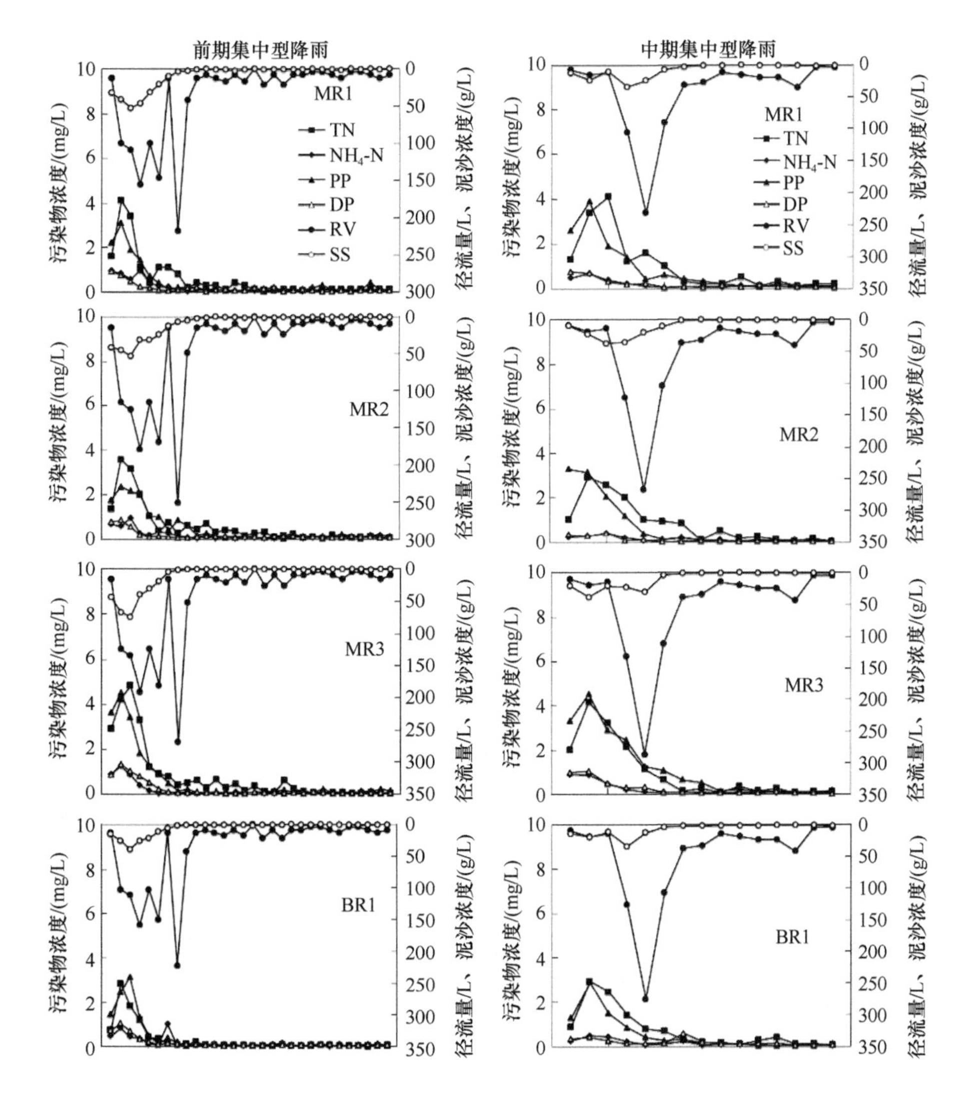

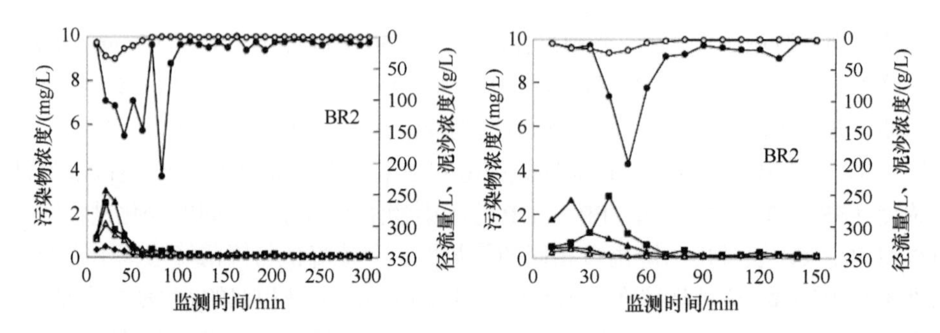

图 3-39　前期集中型和中期集中型降雨下径流量、泥沙浓度和污染物浓度过程线

中期集中型降雨下，TN 流失量占总流失量的 90%左右，NH_4^+-N 占总流失量的 10%左右。前期集中型降雨下，TN 流失量占总流失量的 80%左右，NH_4^+-N 占总流失量的 20%左右。中期集中型降雨下，TN 输出峰值和 SS 输出峰值出现了时间错峰，而前期集中型降雨下，TN 流失特征与 SS 流失特征是相似的，两者之间滞后性表现不明显。路面上磷素的流失主要为 PP 形式，在中期集中型降雨下，PP 的流失量占总流失量的 85%以上。前期集中型降雨下 PP 流失量占总流失量的 80%左右，DP 占总量的 20%左右（表 3-16）。

表 3-16　前期集中型和中期集中型降雨下氮磷总流失量

降雨类型	TN/g	NH_4^+-N/g	PP/g	DP/g
中期集中型	709.58±123.41 b	84.06±23.94 b	497.01±299.57 b	103.41±52.29 b
前期集中型	1368.93±658.98 a	331.18±104.64 a	1223.87±404.46 a	395.38±155.46 a

4. 初始冲刷特征

初始冲刷系数 b 与初始冲刷效应强度成反比，随着定量值 b 的增加，初始冲刷效应强度越弱，b=1 表示径流污染物输出速度保持不变，即 $M(V)$ 累积曲线中的平衡线，b<1 则表示发生了初始冲刷效应。利用初始冲刷幂函数拟合公式，我们将不同污染物在前期集中型和中期集中型降雨下，计算出其初始冲刷强度系数 b 值，从而对不同污染物进行定量分析。计算出的初始冲刷强度系数 b 值如表 3-17 所示。

表 3-17　侵蚀性物质初始冲刷系数 b 值

	小区	TN	NH_4^+-N	PP	DP	SS
中期集中型降雨	MR1	0.8720	0.6218	0.6120	0.6294	1.0487
	MR2	0.9015	0.7955	0.5304	0.6494	1.0482
	MR3	0.7733	0.5224	0.7363	0.6336	0.9242
	BR1	0.8459	0.7308	0.6567	0.7688	0.9468
	BR2	1.1765	0.5569	0.6495	0.7035	1.0920

续表

	小区	TN	NH_4^+-N	PP	DP	SS
前期集中型降雨	MR1	0.8273	0.7634	0.6958	0.6176	0.8565
	MR2	0.8458	0.7564	0.8518	0.6219	0.8044
	MR3	0.7980	0.6421	0.6841	0.7589	0.7842
	BR1	0.8377	0.7450	0.7718	0.7030	0.8975
	BR2	0.7939	0.7492	0.7941	0.7682	0.8987

中期集中型降雨下，SS 没有发生初始冲刷效应，在 MR1、MR2 和 BR2 小区上，其初始冲刷系数 b 均略高于 1，分别为 1.0487、1.0482 和 1.0920，MR3 和 BR1 小区，b 值接近 1 分别为 0.9242 和 0.9468。BR2 小区，TN 的 b 值也大于 1 为 1.1765，没有发生初始冲刷现象，MR3 和 BR1 小区 TN 的 b 值处于区域 2，而 MR1 和 MR2 小区处于区域 3。NH_4^+-N、PP 和 DP 均发生了较强的初始冲刷现象，冲刷系数 b 均位于区域 2 内。前期集中型降雨下，TN、NH_4^+-N、PP、DP 和 SS 均发生了不同程度的初始冲刷现象。TN、NH_4^+-N、PP 和 DP 冲刷系数 b 值位于区域 2 内，SS 在 MR1、MR2 和 MR3 干道小区上，b 值处于区域 2 内，初始冲刷现象比较明显，BR1 和 BR2 支道小区 b 值处于区域 3 内，初始冲刷强度微弱。

路面污染物的输移特征与路面状况有着极为密切的联系。在高交通荷载条件下，路面物质被反复碾压，细颗粒如粉尘、浮尘等容易形成，而养分、重金属等物质的流失与泥沙的颗粒级配有显著相关性，如 Zn、Cu 等主要通过吸附在黏粒上随径流流失。在低交通荷载下，干扰较少，有些路段甚至有草本恢复，细颗粒物质较少，污染物质输出较低。

参考文献

符素华，刘宝元. 2002.土壤侵蚀量预报模型研究进展.地球科学进展, 17(1): 78-84.
李燕，刘吉振，魏朝富，等. 2011. 砾石对土壤水分入渗(扩散)的影响研究. 土壤学报, 48(2): 435-439.
李燕，魏朝富，刘吉振，等. 2008. 丘陵紫色土碎石的性质及其空间分布. 西南农业学报, 21(5): 1320-1325.
马东豪，邵明安. 2008. 含碎石土壤的含水量测定误差分析. 土壤学报, 45(2): 201-206.
毛天旭，朱元骏，邵明安，等. 2011. 模拟降雨条件下含砾石土壤的坡面产流和入渗特征. 土壤通报, 42(5): 1214-1218.
时忠杰，王彦辉，熊伟，等. 2007. 六盘山典型植被类型土壤中石砾对大孔隙形成的影响. 山地学报, 25(5): 541-547.
王慧芳，邵明安. 2006. 含碎石土壤水分入渗试验研究. 水科学进展, 17(5): 604-609.
伍光和，田连恕，胡双熙，等. 2000. 自然地理学. 北京：高等教育出版社: 355-360.
周蓓蓓，邵明安，王全九. 2011. 不同碎石种类对土壤入渗的影响. 西北农林科技大学学报(自然科学版), 39(10): 141-148.
朱元骏，邵明安. 2008. 黄土高原水蚀风蚀交错带小流域坡面表土碎石空间分布. 中国科学(D 辑：地球科学), 38(3): 375-383.
Bertrand-Krajewski J L, Chebbo G, Saget A. 1998. Distribution of pollutant mass vs volume instormwater

discharges and the first flush phenomenon. Water Research, 32(8): 2341-2356.

Brakensiek D L, Rawls W J. 1994. Soil containing rock fragments: effects on infiltration. Catena, 23(1-2): 99-110.

Buttle J M, Dillon P J, Eerkes G R. 2004. Hydrologic coupling of slopes, riparian zones and streams: an example from the Canadian shield. Journal of Hydrology, 287(1-4): 161-177.

Cerdà A. 2001. Effects of rock fragment cover on soil infiltration, interrill runoff and erosion. European Journal of Soil Science, 52(1): 59-68.

Childs S W, Flint A L. 1990. Physical properties of forest soils containing rock fragments // Gessel S P, et al. Sustained Productivity of Forests Soils. Faculty of Forestry, Univ. of British Columbia, Vancouver, BC, Canada: 95-121.

Cousin I, Nicoullaud B, Coutadeur C. 2003. Influence of rock fragments on the water retention and water percolation in a calcareous soil. Catena, 53(2): 97-114.

Geiger W F. 1987. Flushing effects in combined sewer systems//Proceedings of the 4th International Conference on Unban Storm Dranage. Lausanne, Switzerland, 6: 40-46.

Gochis D J, Vivoni E R, Watts C J. 2010. The impact of soil depth on land surface energy and water fluxes in the North American Monsoon region. Journal of Arid Environments, 74(5): 564-571.

Govers G, Van Oost K, Poesen J. 2006. Responses of a semi-arid landscape to human disturbance: asimulation study of the interaction between rock fragment cover, soil erosion and land use change. Geoderma, 133(1-2): 19-31.

Hopp L, McDonnell J J. 2009. Connectivity at the hillslope scale: Identifying interactions between storm size, bedrock permeability, slope angle and soil depth. Journal of Hydrology, 376(3): 378-391.

Hubbert K R, Beyers J L, Graham R C. 2001. Roles of weathered bedrock and soil in seasonal water relations of *Pinus Jeffreyi* and *Arctostaphylos patula*. Canadian Journal of Forest Research, 31(11): 1947-1957.

Jia H Y, Lei A L, Lei J S, et al. 2007. Effects of hydrological processes on nitrogen loss in purple soil. Agricultural Water Management, 89(1): 89-97.

Jones D P, Graham R C. 1993. Water-holding characteristics of weathered granitic rock in chaparral and forest ecosystems. Soil Science Society of America Journal, 57(1): 256-261.

Li X Y, Contreras S, Sole-Benet A. 2007. Spatial distribution of rock fragments in dolines: a case study in a semiarid Mediterranean mountain-range (Sierra de Gador, SE Spain). Catena, 70(3): 366-374.

Lin H, Zhou X. 2008. Evidence of subsurface preferential flow using soil hydrologic monitoring in the Shale Hills catchment. European Journal of Soil Science, 59: 34-49.

Luk S, Abrahams A D, Parsons A J. 1986. A simple rainfall simulator and trickle system for hydro-geomorphical experiments. Physical Geography, 7: 344-356.

Mandal U K, Rao K V Mishra P K, et al. 2005. Soil infiltration, runoff and sediment yield from a shallow soil with varied stone cover and intensity of rain. European Journal of Soil Science, 56(4): 435-443.

Marshall J A, Sklar L S. 2012. Mining soil databases for landscape - scale patterns in the abundance and size distribution of hillslope rock fragments. Earth Surface Processes and Landforms, 37(3): 287-300.

Martinez-Zavala L, Jordan A. 2008. Effect of rock fragment cover on interrill soil erosion from bare soils in Western Andalusia, Spain. Soil Use and Management, 24(I): 108-117.

Meerveld I T, Weiler M. 2008. Hillslope dynamics modeled with increasing complexity. Journal of Hydrology, 361: 24-40.

Nyssen J, Poesen J, Moeyersons J, et al. 2002. Spatial distribution of rock fragments in cultivated soils in northern Ethiopia as affected by lateral and vertical displacement processes. Geomorphology, 43(1-2): 1-16.

Oostwoud Wijdenes D, Poesen J, et al. 1997. Chiselling effects on vertical distribution of rock fragments in the tilled layer of a Mediterranean soil. Soil and Tillage Research, 44(1-2): 55-66.

Peters D L, Buttle J M, Taylor C H, et al. 1995. Runoff production in a forested, shallow soil, Canadian Shield basin. Water Resources Research, 31(5): 1291-1304.

Poesen J, Ingelmo-Sanchez F. 1992. Runoff and sediment yield from topsoils with different porosity as affected by rock fragment cover and position. Catena, 19(5): 451-474.

Poesen J, Lavee H. 1994a. Rock fragments in top soils: significance and processes. Catena, 23(1-2): 1-28.

Poesen J, Wesemael B V, Govers G, et al. 1997. Patterns of rock fragment cover generated by tillage erosion. Geomorphology, 18(3-4): 183-197.

Poesen J W, Torri D, Bunte K. 1994b. Effects of rock fragments on soil erosion by water at different spatial scales: a review. Catena, 23(1-2): 141-166.

Poesen J W, van Wesemael B, Bunte K, et al. 1998. Variation of rock fragment cover and along semiarid hillslopes: a case-study from southeast Spain. Geomorphology, 23(2-4): 323-335.

Rawls W J. 1983. Estimating soil bulk density from particle size analysis and organic matter content. Soil Science, 135(2): 123-125.

Scherrer S, Naef F. 2003. A decision scheme to indicate dominant hydrological flow processes on temperate grassland. Hydrological Processes, 17(2): 391-401.

Simanton J R, Renard K G, Christiansen C M, et al. 1994a. Spatial distribution of surface rock fragments along catenas in Semiarid Arizona and Nevada, USA. Catena, 23(1-2): 29-42.

Simanton J R, Toy T J. 1994b. The relation between surface rock fragment cover and semiarid hillslope profile morphology. Catena, 23(3-4): 213-225.

Stewart V I, Adams W A, Abdulla H H. 1970. Quantitative pedological studies on soils derived from Silurian mudstones II. The relationship between stone content and the apparent density of the fine earth. European Journal of Soil Science, 21(2): 248-255.

Woolhiser D A, Fedors R W, Smith R E, et al. 2006. Estimating infiltration in the upper split wash watershed, Yucca Mountain, Nevada. Journal of Hydrologic Engineering, 11(2): 123-133.

Zhou B B, Shao M A, Shao H B. 2009. Effects of rock fragments on water movement and solute transport in a Loess Plateau soil. Comptes Rendus Geoscience, 341(6): 462-472.

Ziegler A D, Sutherland R A, Giambelluca T W. 2001. Acccleration of Horton overland flow and crosion by footpaths in an upland agricultural watershed in northern Thailand. Geomorphology, 41(4): 249-262.

第4章　土壤侵蚀调控

4.1　等高绿篱坡地农业复合系统紫色土水分特性

等高绿篱技术是目前国内外广泛采用的一种十分有效的坡耕地植被恢复和水土保育技术，被众多专家学者认为是解决三峡库区季节性干旱与水土流失并存这一重要生态问题，以及促进坡地农业生态系统持续发展的有效途径之一（李秀彬等，1998；许峰等，1999；孙辉等，2001）。等高绿篱技术自20世纪30年代兴起以来，各国专家学者在绿篱（过滤带）的泥沙运移、地表水及土壤水文等效益做了大量研究（Kang et al.，1989；蔡强国和黎四龙，1998；许峰，1999；蔡崇法等，2000；黄丽和蔡崇法，2000；Adisak，2002；陈一兵等，2002），结果都表明绿篱在蓄水减流、保土减沙、促进土壤水分入渗，改善土壤水分时空分布，提高土壤水分有效利用率等方面具有显著效益。然而，目前等高绿篱坡地农业系统下针对土壤水分特性研究主要集中在热带地区（主要是雨林开垦、干旱与半干旱坡地农业等），面积广大的亚热带和温带丘陵山区涉及较少，如我国的三峡库区，而且紫色土作为一种特殊的土类，研究三峡库区等高绿篱坡地农业系统紫色土水分特性具有重要意义。

本章围绕等高绿篱坡地农业系统土壤水分特性为主要内容，从土壤水形态学和土壤水动力学两方面展开研究，揭示等高绿篱影响下的土壤水分有效性、土壤水分入渗性能以及其空间分布特征，确定不同质地紫色土水动力学参数，探讨土壤水动力学参数间接推求方法在紫色土上的适用性，根据所获得资料通过物理模型和数学方法模拟等高绿篱篱前淤积土特殊剖面构造的土壤水分入渗过程，研究不同土壤剖面构造的水分运移特征，为评价等高绿篱效益提供参考标准，为优化绿篱配置、推广等高绿篱技术提供科学依据，以及为三峡库区坡地土壤侵蚀模型建立提供关键参数，为紫色土水土保持与水分管理提供指导。

试验选择25°的山坡地，绿篱品种为近年在南方山区普遍应用的新银合欢（*Leucaena leucocephala*，含羞草科，常绿乔木，具有速生、固氮、地上生物量高的特点）、黄荆（*Vitex negundo*，马鞭草科，落叶小灌木或小乔木，掌状复叶对生，耐干旱瘠薄，根系发达，高一般为2～3m）和马桑（*Coriaria sinica*，马桑科，落叶阔叶灌木，适应性强，根系发达），于1996年3月等高定植，坡面间距2m，株距20cm，篱带间栽种柑橘。由于绿篱层层拦截，使流失的土壤不断在绿篱基部淤积，在2006年8月10日调查时已形成以绿篱为地埂的水平或近水平的生物梯地土坎高度增至近80cm，其中淤积土层厚度约60cm。以同年在邻近位置修筑的石坎梯田（梯高约90cm，宽2m）或无任何水保措施的自然坡面为对照。

等高绿篱及土壤理化性质监测：观测不同绿篱处理的挡土效果和坡度坡长变化；监测土壤水分变化、绿篱的生物量及篱间作物（柑桔）产量；选取典型的新银合欢、黄荆和马桑绿篱模式下的淤积生物梯地和自然坡面，为尽量避开主作物柑橘影响，在两棵柑橘株间（株行距 1.5m），分层挖掘剖面，取化学分析样测定土壤有机质，全量 N、P、K 和有效 N、P、K 等，取环刀样测定土壤容重、孔隙度及土壤水分常数等。

土壤水分及物理性质测：选取典型的新银合欢和黄荆二种绿篱模式下的淤积生物梯地和石坎梯田，为尽量避开主作物柑橘的影响，在两棵柑橘株间（株行距 1.5m），按照距篱（坎）60cm、90cm、120cm、150cm 采点，分四层（0～15cm、15～30cm、30～45cm、45～60cm）挖掘剖面，分别取环刀样测定土壤容重、非毛管孔隙度和饱和含水量，利用 TSC-Ⅰ型土壤水分速测仪测定土壤自然含水量。同时，在距篱（坎）60cm、90cm、120cm 处，分 3 层（0～15cm、15～30cm、30～45cm）利用 Guelph 2800K1 渗透仪野外现场测定土壤饱和导水率。

土壤水分入渗试验：选取典型的新银合欢和黄荆两种绿篱模式下的淤积生物梯地，和石坎梯田，为尽量避开主作物柑桔影响，在两棵柑桔株间，按照距篱（坎）50cm、100cm、150cm 取点，分三层（0～15cm、15～30cm、30～45cm）挖掘土壤剖面，采用双环法现场测定土壤水分入渗，测试前采用 TSC-Ⅰ型土壤水分速测仪测定土壤初始含水量，并取环刀样和理化分析样室内测定土壤容重、毛管孔隙度、质地和有机质。双环法采用特制的两个同心圆薄壁铁环，内环直径 15cm，外环直径 30cm，内外环高均为 15cm，测定时垫上木块用铁锤将内外环打入土中 10cm，内环插入一小钢丝作为标识物，采用人工量筒加水，保持恒定水位 2cm，外环只要保持同一水位即可。秒表计时，根据由密到疏的原则，记录入渗时间和入渗水量。试验一般持续 60 分钟左右即可以稳定，个别当土壤黏重时，30 分钟左右就稳定了。

土壤基本理化性质和土壤水分常数测定：土壤基本理化性质（全 N、有效 N、全 K、有效 K、全 P、有效 P、有机质、机械组成、容重和密度）和土壤水分常数均按国家林业行业标准执行。利用定水头法测定扰动和非扰动土壤饱和导水率。

土壤水分特征曲线测定：土壤水分特征曲线测定采用常规张力计法。将不同供试土样，过 2mm 筛分别按设计容重分层均匀装入 1L 大烧杯中，然而插入张力计。在实验过程中，保持恒温（20℃），首先加水湿润直至饱和，然后让其慢慢蒸发脱水，用称重法得出一定土壤水吸力与土壤含水量相对应的脱湿曲线。

水平一维吸渗试验：水平一维吸渗试验系统包括试验土柱与供水装置两部分。试验土柱由直径为 9cm、长 80cm 的有机玻璃圆柱制成。内有长 13cm 的供水水室，侧壁开有取土孔，试验结束后取样测定土壤含水率；供水装置采用马氏瓶，可实现在恒定水头下自动供水。

土样经风干过 2mm 筛，按设计容重分层均匀装入试验土柱。在试验过程中，根据由密到疏的原则，记录入渗时间、湿润锋和马氏瓶水位。当湿润锋到达土柱长度的 3/4 左右时，结束实验，从湿润锋开始迅速取土，测出土柱的含水率分布。

土壤水分再分布试验：将自然风干的土样过 2mm 筛后，按设计容重装入有机玻璃管（直径 4cm，高 35cm）内，随后把装好的土柱垂直放在实验台上。

按计算好的灌水量加水（本实验中 H=0.03m 和 0.06m），然后覆盖防止蒸发。待管中水面消失时，开始记录湿润深度与时间的关系，水平水分分布亦在此时将土柱置于水平位置。记录的时间间隔随着水分再分布的进行逐渐延长。

每种土样为两种加水量处理，每个处理 5 个重复。另增设部分重复以待试验结束后，测定平均湿度与湿润锋湿度之间的关系。平均湿度仅需简单的计算，湿润峰湿度则取 4mm 厚的干湿交界层测定。

土壤水分入渗模拟：土壤水分入渗模拟系统包括试验土箱与供水装置两部分。试验土箱采用有机玻璃按高 40cm（其中填土至 35cm）、宽 25cm、厚 6cm 的方形尺寸制成。供水装置采用马氏瓶，可实现在恒定水头下自动供水。

土样经风干，过 2mm 筛，借助隔板分别设置正直角三角形和倒直角三角形单一质地土壤剖面，以及按分界线分别设置上粗下细和上细下粗两层、两种不同质地土壤三角形剖面，按设计容重分层均匀装入试验土箱。在试验过程中，保持 1cm 恒定水位，秒表计时，根据由密到疏的原则，记录入渗时间、湿润锋面和马氏瓶水位。当湿润锋面接近土箱底部时，结束实验，打开土箱正面的活动面，从湿润锋面开始迅速取土，测出土箱剖面的含水率分布。

本章涉及的方差分析、相关分析以及回归拟合均通过 SPSS 专业数据统计软件完成。

以均方根误差（root mean square error，RMSE）作为衡量模拟或预测方法准确性的标准（Willmott et al.，1985），其公式定义为

$$\mathrm{RMSE}=\sqrt{\frac{1}{N}\sum_{i=1}^{N}\left(X_i-\mathrm{Obs}_i\right)^2} \tag{4-1}$$

式中，Obs_i 为实测值；X_i 为模拟值或预测值；N 为个案数。

4.1.1 等高绿篱技术保水抗旱效益

1. 拦沙淤土

由于绿篱层层拦截，有效地减轻土壤受降雨溅蚀和径流冲蚀，以及较高的泥沙沉积作用，具有显著的拦沙淤土效益，10 年左右的时间，土坎高度增至近 80cm，减缓坡度 20° 左右。

2. 培肥改土

刈割的绿篱枝叶及根系的穿插和固土作用，与对照相比，土壤有机质增加 52%～65%，全 N、P、K 增加 9.8%～39.7%，有效 N、P、K 增加 42.5%～218.2%，保肥增肥效益显著。同时，土壤容重减小 14%～17%，总孔隙度增加 25.5%～29.0%，尤其是非

毛管孔隙增加明显，增幅达 66%～124%，土壤结构改善明显。

3. 蓄水保墒

按等高绿篱模式增加有效土层 60cm 计算，新银合欢、黄荆和马桑三个处理增加土壤水总库容分别为 271mm、257mm 和 247mm，最大土壤有效库容分别占总库容的 66.9%、65.6%和 60.1%，有力增强了土壤的抗旱性能。

4. 抗旱保收

等高绿篱可使坡耕地逐渐成为生物梯田，有效防止水土流失，改善土壤肥力和水分状况，提高土地生产力和抗旱能力，从而实现农业生产稳产增产和持续发展。绿篱-桔园系统下柑桔坐果率比对照增加 1.2%，其平均单产 34500kg/hm^2，比对照高 15%。

4.1.2　等高绿篱技术对土壤水分及物理性质的影响

1. 主要土壤物理性质特征

等高绿篱保育土壤效益显著，绿篱处理土壤非毛管孔隙度、饱和入渗率、饱和含水量和自然含水量均高于石坎梯田处理，而土壤容重却小于石坎梯田处理，尤其在表层和第 2 层差异更明显。同一土层，随着距篱的延长，绿篱处理土壤容重、自然含水量逐渐增大，土壤非毛管孔隙、饱和入渗率和饱和含水量逐渐减小，而石坎梯田处理基本没有变化。随着土层的加深，由于土体压实作用，各处理土壤容重、自然含水量逐渐增大，土壤非毛管孔隙、饱和入渗率和饱和含水量逐渐减小，且处理之间差异也逐渐缩小。距篱远近间接反映了绿篱处理对土壤水分及物理性质的影响程度，距篱越近，影响越大。绿篱新银合欢处理与黄荆处理之间相比，效应相当。

2. 等高绿篱对土壤物理性质的影响

等高绿篱技术可从两个方面保育土壤：一方面在绿篱生长过程中，当长至 1m 左右时，从距地面 30～50cm 处刈割，避免其与农作物争光热，刈割的枝叶敷于篱带上侧或作物底下，这样既可以加快篱网的形成，同时修剪的枝叶又可作为绿肥，增加土壤有机质，增强土壤生物的活动，促进团粒结构的形成，从而可改善土壤的生化环境，提高土地生产潜力。另一方面绿篱植物截留的泥沙属于细小的土壤颗粒，含有较高的土壤养分，减少了土壤养分由于径流和土壤侵蚀而产生的损失，从而提高系统的保肥能力。同时植物根系的穿插和固土作用，也促进了土壤结构的改善。另外有些绿篱品种，如新银合欢是豆科作物，有根瘤固氮作用，还可增加土壤氮素含量。

绿篱处理土壤水分及物理性质存在明显的空间变化规律，其主要通过水平和垂直 2 个方向来体现。垂直方向，也就是土层深度因素，无论是绿篱处理还是石坎梯田处理，由于土体压实作用，随着土层加深，必然导致土壤相关性质的顺序变化。水平方向，由于距篱远近不同，绿篱处理土壤水分及物理性质呈规律性变化。为进一步证实其规律性，以土层因素作为控制变量，对距篱与土壤物理性质分别做偏相关分析，结果如表 4-1。

表 4-1　距篱与土壤物理性质偏相关系数

土壤物理性质	距篱		
	新银合欢	黄荆	石坎梯田
土壤容重	0.90**	0.90**	0.64*
非毛管孔隙度	–0.44	–0.56*	0.17
饱和入渗率	–0.68	–0.65	–0.60
饱和含水量	–0.90**	–0.90**	–0.65**
自然含水量	0.69**	0.90**	0.72**

**表示在 0.01 水平上显著，*表示在 0.05 水平上显著，下同

从表 4-1 可看出，除自然含水量参数外，距篱与土壤水分及物理性质偏相关系数绝对值绿篱处理均高于石坎梯田处理，证实了相对于石坎梯田处理，绿篱处理在水平方向上土壤水分及物理性质具有规律性变化特征，也就是说，距篱远近间接反映了绿篱对土壤水分及物理性质的影响程度，距篱越近，影响越大。绿篱新银合欢与黄荆之间相比，效应相当。至于自然含水量，是由新银合欢处理自然含水量变化幅度太大所致。

4.1.3　等高绿篱坡地农业系统土壤水分入渗特性

1. 土壤水分入渗特征

等高绿篱新银合欢和黄荆处理，同一土层，随着距篱变长，土壤入渗性能依次减弱，不同距离土壤入渗性能存在较大差异，随着土层加深，土壤入渗性能也相应逐渐减弱。

石坎梯田处理，同一土层，尽管随距坎变长，土壤入渗性能依次递减，但不同距坎土壤入渗性能差异相对不明显，随着土层加深，土壤入渗性能急剧减弱。

等高绿篱与石坎梯田处理相比，对于表层土壤平均入渗性能，均表现为：石坎梯田处理>黄荆处理>新银合欢处理，其中平均稳定入渗率，新银合欢处理和黄荆处理分别是石坎梯田处理的 0.56 倍和 0.93 倍，处理间差异不显著；对于二层土壤平均入渗性能，均表现为：黄荆处理>新银合欢处理>石坎梯田处理，其中平均稳定入渗率，新银合欢处理和黄荆处理分别是石坎梯田处理的 2.94 倍和 13.76 倍；三层土壤，各处理土壤入渗性能进一步减弱，处理间基本相当。

黄荆处理土壤入渗性能存在明显的空间变化规律，主要通过水平和垂直两个方向来体现。其中水平方向，距篱远近间接反映了黄荆对土壤入渗性能的影响程度，距篱越近，影响越大。然而未能证实新银合欢处理水平方向上的规律。石坎梯田处理水平方向上土壤性质相对较为均一。

2. 土壤水分入渗因素分析

土壤水分入渗是水在土体内运行的初级阶段，同时是一个非常复杂的动态过程，土壤入渗性能受制于许多因素，诸如土壤因子、地形地貌因子、植被因子、降雨因子和土地利用因子等。选择土壤容重、总孔隙度、毛管孔隙度、非毛管孔隙度、砂黏比、有机质含量和初始含水量 7 个因子与初始入渗率、稳定入渗率和前 30 分钟入渗量分别做相关分析，探讨各因子对土壤入渗性能的影响（表 4-2）。

表 4-2　土壤入渗性能因子相关分析

	容重	总孔隙度	毛管孔隙度	非毛管孔隙度	砂黏比	有机质	初始含水量	初始入渗率	稳定入渗率	前 30 分钟入渗量
初始入渗率	–0.534**	0.519*	0.189	0.184	0.562**	0.435*	–0.466*	1	0.895**	0.926**
稳定入渗率	–0.656**	0.645**	–0.006	0.377	0.620**	0.524*	–0.349	0.895**	1	0.832**
前 30 分钟入渗量	–0.520*	0.503*	0.148	0.199	0.527**	0.431*	–0.405	0.926**	0.832**	1

结果显示，土壤容重、砂黏比与有机质对土壤入渗性能均有显著影响，而初始含水量仅对初始入渗率有显著影响，其中砂黏比对初始入渗率、前 30 分钟入渗量影响最大，容重对稳定入渗率影响最大。初始入渗率、稳定入渗率及前 30 分钟入渗量具有较好的统一性，均可用于指示土壤入渗性能。

3. 土壤水分入渗模型拟合

目前描述土壤水分入渗过程的模型一般可分为两大类：一类为经验性模型，如 Kostiakov 模型（Kostiakov，1932）和 Horton 模型（Horton，1940）；另一类为理论模型，如 Green-Ampt 模型（Green and Ampt，1911）和 Philip 模型（Philip，1957a，1957b，1958c，1959d）。本章选择该 4 种模型，对上述入渗试验数据分别进行拟合，探讨该 4 种模型在本章中的适用性和准确性。拟合结果显示，4 种模型拟合效果均较好，决定系数 R^2 在 0.79 以上（78%以上 R^2 在 0.90 以上），均达到极显著水平。以各处理表层距篱（坎）0.5m 入渗率曲线拟合为例（图 4-1），充分说明 4 种模型的拟合效果均较好。

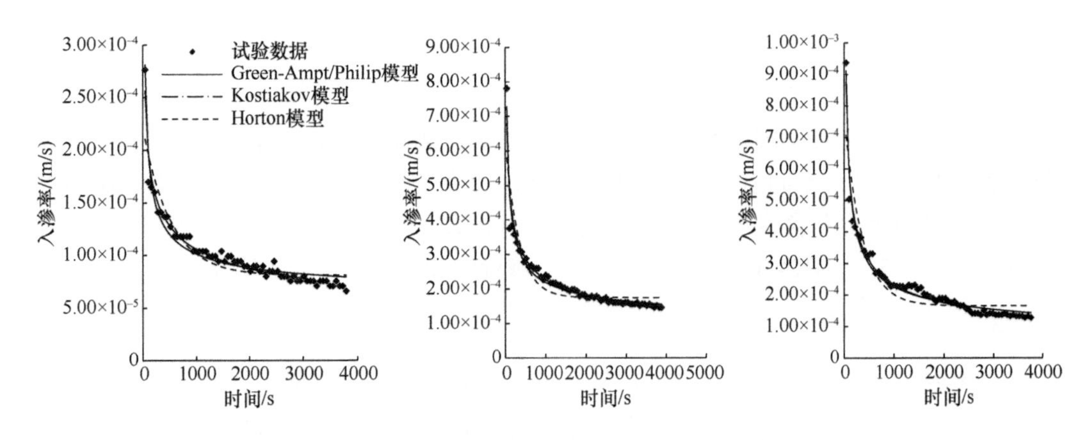

图 4-1　各处理表层距篱（坎）0.5m 入渗率曲线拟合

4 种模型相比，Green-Ampt 模型和 Philip 模型更适合本章土壤水分入渗过程描述和模拟，且具有较高的准确性。

4.1.4 紫色土水动力学参数测定及数值模拟

供试土样为侏罗纪上统蓬莱镇组紫色砂页岩发育的中性或石灰性紫色土，取自三峡库区秭归县王家桥小流域 3 种不同水保措施下的表层（0～20cm）土壤，其中土样 1 为等高绿篱新银合欢篱前淤积土，土样 2 为石坎梯田土，土样 3 为自然荒坡土。选取典型的新银合欢篱前淤积生物梯田、石坎梯田和自然坡面，为尽量避开主作物柑橘影响，在两棵柑橘株间（株行距 1.5m），取表层土样，采用国际制分类标准对土壤质地进行分类。该 3 种质地紫色土在三峡库区具有典型代表性，其基本理化性质如表 4-3。

表 4-3　供试土样理化性质

土样编号	质地	容重/(g/cm^3)	机械组成/%			有机质/(g/kg)
			0.02～2mm	0.002～0.02mm	<0.002mm	
1	壤黏土	1.39	46.33	22.82	30.85	12.30
2	砂黏土	1.47	55.05	20.74	24.21	10.40
3	砂黏壤	1.49	58.69	23.38	17.93	8.09

1. 土壤水分特征曲线

土壤含水量与土壤水吸力呈负相关关系，随着土壤水吸力增大，各土样土壤含水量均逐渐减小。不同质地紫色土水分特征曲线存在较大差异。同一土壤水吸力水平下，土样 1 的持水量最高，其次为土样 2，土样 3 的持水量最小。随着土壤水吸力增大，各土样间差异愈来愈明显。当量孔径与土壤含水量关系曲线切实反映了小于或等于一定当量孔径的孔隙度：土样 1>土样 2>土样 3。Gardner 模型和 van Genuchten 模型均可用于描述紫色土水分特征曲线，根据不同的需要选取不同的模型，Gardner 模型适合简单快捷的田间土壤水分管理，van Genuchten 模型适合进一步土壤水力传导参数的推求应用。

2. 土壤水分扩散率

土壤水分扩散率与土壤含水量呈正相关关系，随着土壤含水量增大，各土样土壤水分扩散率逐渐增大。不同质地紫色土水分扩散率存在较大差异。在低含水量时（$\theta=0.25$ 左右），各土样水分扩散率差异不明显。随含水量增加（$\theta>0.25$），各土样水分扩散率差异愈大，土样 3>土样 2>土样 1，尤其是在土壤近饱和状态，差异更明显。

3. 土壤导水率

土壤导水率与土壤含水量呈正相关关系，随着土壤含水量增大，各土样土壤导水率逐渐增大。不同质地紫色土导水率存在较大差异，同一含水量水平，土壤导水率：土样 3>土样 2>土样 1，而且依次基本相差 1 个数量级。3 种模型均可用于表达紫色土导水率关系，幂函数模型和 Brooks-Corey 模型简单，两种模型表达式也非常接近，当 θ_r=0，Brooks-Corey 模型就转变成幂函数经验模型，而 Mualem-van Genuchten 模型相对复杂一些。

4.1.5　紫色土水动力学参数间接推求

1. 根据土壤粒径分形估计紫色土水分特征曲线

室内通过水平一维吸渗试验和土壤水分再分布试验，结合土壤颗粒分析等物理实验，探讨间接推求紫色土非饱和导水参数的适用性。结果显示，分形维数的大小与土壤质地密切相关，土壤黏粒含量越高，质地越细，分形维数越高。土壤粒径数量分布分形维数（2.98～3.26）和土壤粒径重量分布分形维数（2.73～2.81）存在较大的差异，但二者间却存在显著的线性关系。土壤粒径分形维数与土壤水分特征曲线模型拟合分形维数（2.72～2.84）均存在显著的线性关系，尤其是土壤粒径重量分布分形维数与土壤水分特征曲线模型拟合分形维数数值十分接近。通过建立的土壤水分特征曲线模型分形维数与土壤粒径分布分形维数关系式，结合 Tyler-Wheatcraft 模型进行土壤水分特征曲线预测，预测值与实测值具有良好的一致性。

2. 根据土壤水平一维入渗推求紫色土水动力学参数

通过水平一维入渗试验，简单入渗法和入渗特性法推求的水动力学参数中，水分特征曲线准确性较好，水分扩散率和非饱和导水率准确性较差。简单入渗法推求的水分扩散率和非饱和导水率均低于实测值 1～2 个数量级，但推求值与实测值曲线趋势较为一致。入渗特性法推求的水分扩散率和非饱和导水率在高含水量时小于实测值，在低含水量时大于实测值，推求值随着含水量变化趋势响应缓慢。两种方法推求值准确性相比，入渗特性法优于简单入渗法。

3. 基于土壤水分再分布过程推求紫色土导水参数

根据土壤水分再分布过程推求紫色土的水分扩散率与实测值具有良好的一致性，能基本保持在同一数量级，准确度均较高，但推求的非饱和导水率与计算值均有很大的出入，高出 3～7 个数量级不等。然而，单一的土壤水分垂直或水平再分布过程结合实测水分特征曲线推求的非饱和导水率与计算值基本相当，准确性均很高；湿润锋湿度与湿润剖面平均湿度不同函数关系对推求非饱和导水率和水分扩散率影响不大，不同函数关系之间差异不明显。另外，该方法比较适合低湿土壤的非饱和导水参数推求。

因此，根据土壤粒径分形估计紫色土水分特征曲线，根据简单入渗法和入渗特性法推求紫色土水动力学参数，以及根据土壤水分再分布过程推求紫色土导水参数经一定的参数修正，3 种间接方法均可适用于紫色土。

4.1.6 紫色土特殊剖面构造水分入渗模拟

1. 模型建立

基本假定：在积水入渗过程中，任意时刻的土壤湿润锋剖面概化为两部分（图 4-2 和图 4-3），即饱和区和过渡区。饱和区入渗可视为一个活塞流过程，过渡区概化为均一吸力值。

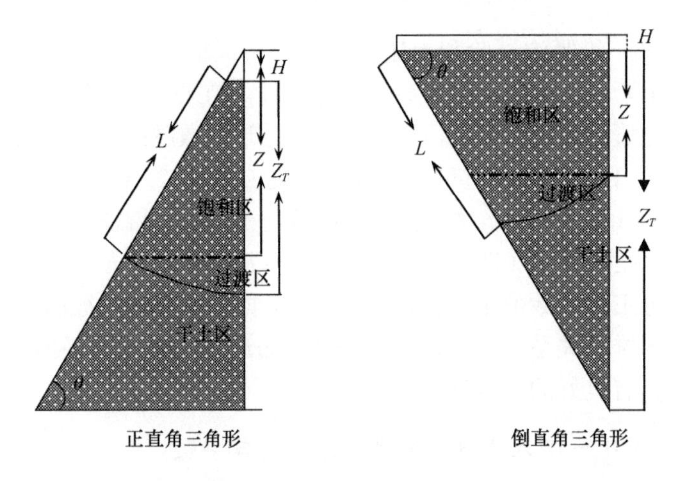

图 4-2 单一质地土壤三角形剖面入渗示意图

正直角三角形剖面入渗模型：设积水深度为 H，土层深度为 Z_T，垂直湿润锋的位置为 Z，饱和区垂直湿润锋的位置为 Z_0，斜面湿润锋的位置为 L，坡度为 θ，过渡区土壤水吸力为 S_f。

根据 Green-Ampt 模型，由达西定律可得表土入渗速率（q）的表达式：

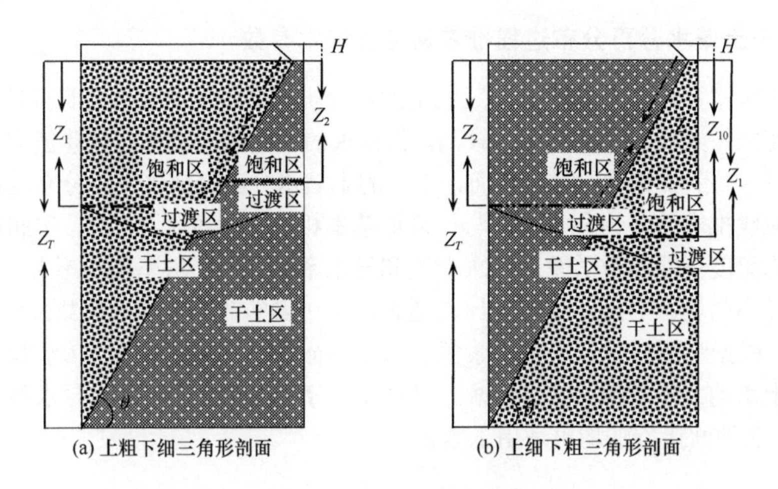

图 4-3 不同质地土壤三角形剖面入渗示意图

$$q = K_s \times \left(1 + \frac{H + S_f}{Z_0}\right) \times A \tag{4-2}$$

式中，K_s 为饱和导水率；$Z_0 = L \times \sin\theta$；$A$ 为过水截面面积，当地表积水深度 H 很小，或入渗时间 t 较长，上式可转化为

$$q = K_s \times \left(1 + \frac{S_f}{L \times \sin\theta}\right) \times A \tag{4-3}$$

倒直角三角形剖面入渗模型，如图 4-2 所示，同理可得表土入渗速率 q 的表达式：

$$q = K_s \times \left(1 + \frac{H + S_f}{Z}\right) \times A \tag{4-4}$$

当地表积水深度 H 很小，或入渗时间 t 较长，式（4-4）可转化为

$$q = K_s \times \left(1 + \frac{S_f}{Z}\right) \times A \tag{4-5}$$

上粗下细三角形剖面入渗模型：设粗质土饱和导水率为 K_{s1}，垂直湿润锋为 Z_1，过渡区水吸力为 S_{f1}，过水截面面积为 A_1，细质土饱和导水率为 K_{s2}，垂直湿润锋为 Z_2，过渡区水吸力为 S_{f2}，过水截面面积为 A_2。

入渗速率 q 的表达式：

$$q = K_{s1} \times \left(1 + \frac{H + S_{f1}}{Z_1}\right) \times A_1 + K_{s2} \times \left(1 + \frac{H + S_{f2}}{Z_2}\right) \times A_2 \tag{4-6}$$

当地表积水深度 H 很小，或入渗时间 t 较长，式（4-6）可转化为

$$q = K_{s1} \times \left(1 + \frac{S_{f1}}{Z_1}\right) \times A_1 + K_{s2} \times \left(1 + \frac{S_{f2}}{Z_2}\right) \times A_2 \tag{4-7}$$

上细下粗三角形剖面入渗模型：入渗速率 q 的表达式为

$$q = K_{s1} \times \left(1 + \frac{H + S_{f1}}{Z_{10}}\right) \times A_1 + K_{s2} \times \left(1 + \frac{H + S_{f2}}{Z_2}\right) \times A_2 \tag{4-8}$$

式中，$Z_{10} = L \times \sin\theta$，当地表积水深度 H 很小，或入渗时间 t 较长，上式可转化为

$$q = K_{s1} \times \left(1 + \frac{S_{f1}}{L \times \sin\theta}\right) \times A_1 + K_{s2} \times \left(1 + \frac{S_{f2}}{Z_2}\right) \times A_2 \tag{4-9}$$

2. 均质紫色土正直角三角形剖面入渗

由于模型表达式（4-3）中 K_s、A、$\sin\theta$ 为常数项，式（4-3）可简化为

$$q = a + b / L \tag{4-10}$$

式中，$a = K_s \times A$，$b = K_s \times A \times S_f / \sin\theta$。将实测入渗速率与斜面湿润锋数据对式（4-10）进行拟合。

结果显示，入渗速率与斜面湿润锋数的倒数呈极显著线性关系，决定系数 R^2 均在 0.98 以上。

土样 1 和土样 2 拟合的线性关系分别为

$$q = 1\times10^{-8} + 2\times10^{-9} / L \quad (R^2=0.9983) \tag{4-11}$$

$$q = 3\times10^{-8} + 2\times10^{-9} / L \quad (R^2=0.9887) \tag{4-12}$$

3. 均质紫色土倒直角三角形剖面入渗

由于模型表达式（4-5）中，K_s、A 为常数项，式（4-5）可简化为

$$q = a + b / Z \tag{4-13}$$

式中，$a = K_s \times A$；$b = K_s \times A \times S_f$。

将实测入渗速率与垂直湿润锋数据对式（4-13）进行拟合。结果显示，入渗速率与垂直湿润锋数的倒数呈极显著线性关系，决定系数 R^2 均在 0.97 以上。

土样 1 和土样 2 拟合的线性关系分别为

$$q = 2\times10^{-8} + 1\times10^{-9} / Z \quad (R^2=0.9780) \tag{4-14}$$

$$q = 2\times10^{-8} + 5\times10^{-9} / Z \quad (R^2=0.9927) \tag{4-15}$$

4. 不同质地紫色土三角形剖面入渗

由于模型表达式（4-7）和式（4-9）中 K_{s1}、K_{s2}、A_1、A_2、$\sin\theta$ 为常数项，式（4-7）和式（4-9）分别可简化为

$$q = a + b / Z_1 + c / Z_2 \tag{4-16}$$

式中，$a = K_{s1} \times A_1 + K_{s2} \times A_2$，$b = K_{s1} \times A_1 \times S_{f1}$，$c = K_{s2} \times A_2 \times S_{f2}$。

$$q = a + b / L + c / Z_2 \tag{4-17}$$

式中，$a = K_{s1} \times A_1 + K_{s2} \times A_2$，$b = K_{s1} \times A_1 \times S_{f1} / \sin\theta$，$c = K_{s2} \times A_2 \times S_{f2}$。

将各自实测入渗速率、垂直湿润锋、斜面湿润锋数据对式（4-16）和式（4-17）进行拟合。结果显示，拟合入渗速率与实测入渗速率呈极显著线性关系（斜率≈1），决定系数 R^2 均在 0.99 以上。

土样 1 和土样 2 拟合的线性关系分别为

$$q = 0.95\times10^{-9} + 1.97\times10^{-9} / Z_1 + 3.54\times10^{-9} / Z_2 \quad (R^2=0.9962) \tag{4-18}$$

$$q = 1.51\times10^{-9} + 2.74\times10^{-9} / L + 4.98\times10^{-9} / Z_2 \quad (R^2=0.9971) \tag{4-19}$$

4.2 等高绿篱坡地农业复合系统氮素循环研究

等高绿篱-坡地农业复合系统（ontour hedgerow intercropping system）作为一种有效的、可持续发展的土地利用和综合生产途径，在世界范围内有着广泛的应用。自 20 世

纪 90 年代以来，该模式在我国亚热带地区得到了广泛试验和研究，目前已被推荐为我国红壤丘陵区防治水土流失、充分利用水肥光热资源、提高系统生产力的重要措施（蔡强国和吴淑安，1998；孙辉等，2002a，2002b；丁树文等，2004）。但是，这一经营方式也有一些弱点和限制因素，在不合理的经营管理下，就会表现出来，影响了这一有效措施的推广应用。

南方红壤丘陵区土壤侵蚀退化严重，养分含量不高，严重制约了区域农业的快速发展。本章以氮素为例，在大田试验（表 4-4）基础上，采用田间监测和室内分析相结合的研究方法，对红壤丘陵区不同等高绿篱-坡地农业复合经营系统的氮素吸收和时空分布特征进行了研究，探讨了绿篱复合经营下温室气体 N_2O 排放及影响因素，旨在深入了解氮素在等高绿篱复合体系的吸收利用、分布和损失特征，寻求避免措施，构建优化模式，以期为坡地农林复合经营技术的推广应用和山地丘陵区水土保持及生态环境建设提供理论依据。

表 4-4　绿篱巷道种植作物轮作试验处理

编号	绿篱种植方式（A）	作物种植方式（B）
1	紫穗槐-紫穗槐复合系统（A-A）	小麦-玉米（WM）
2		蚕豆-玉米（FM）
3		蚕豆-大豆（FS）
4	紫穗槐-香根草复合系统（A-V）	小麦-玉米（WM）
5		蚕豆-玉米（FM）
6		蚕豆-大豆（FS）
7	香根草-香根草复合系统（V-V）	小麦-玉米（WM）
8		蚕豆-玉米（FM）
9		蚕豆-大豆（FS）
10	无绿篱种植（NH）	小麦-玉米（WM）
11		蚕豆-玉米（FM）
12		蚕豆-大豆（FS）
13	紫穗槐单作　（SA）	
14	香根草单作（SV）	
15	撂荒地（CK）	

4.2.1　等高绿篱坡地农业复合系统氮素吸收和分布

1. 植物氮素吸收与分布特征

绿篱进入农田，与作物复合经营对作物生长有一定影响，不同绿篱和作物组合复合优势不同；玉米与紫穗槐和香根草复合种植明显提高了作物产量，小麦和蚕豆与紫穗槐和香根草复合种植表现出一定的复合优势，大豆与紫穗槐和香根草复合种植表现复合劣势（表 4-5 和表 4-6）。

表 4-5　小麦（蚕豆）种植期绿篱地上部吸氮量　　（单位：kg/hm²）

绿篱处理	轮作处理	紫穗槐		香根草	
		第 1 季	第 2 季	第 1 季	第 2 季
A-A	WM	44.27	60.62		
	FM	41.27	72.01		
	FS	38.75	78.45		
A-V	WM	40.04	84.63	29.84	28.92
	FM	55.92	67.43	29.84	28.92
	FS	55.92	67.43	22.58	41.18
V-V	WM			19.60	41.38
	FM			17.52	49.25
	FS			17.97	43.55
SH		38.45	58.13	19.52	43.91

表 4-6　玉米（大豆）种植期绿篱地上部吸氮量　　（单位：kg/hm²）

绿篱处理	轮作处理	紫穗槐		香根草	
		第 1 季	第 2 季	第 1 季	第 2 季
A-A	WM	69.05	86.71		
	FM	70.66	87.94		
	FS	53.69	88.49		
A-V	WM	44.49	70.21	174.75	170.35
	FM	47.09	69.52	174.75	170.35
	FS	47.09	69.52	187.44	217.82
V-V	WM			188.03	215.61
	FM			228.37	223.60
	FS			235.20	194.80
SH		55.41	78.27	194.4	192.75

绿篱氮素吸收利用：绿篱复合经营影响了氮素在绿篱和作物体内的时空分布。在可比面积上，第 1 季 A-A 复合体系紫穗槐吸氮量，WM、FM 和 FS 处理分别为 44.27kg/hm²、41.27kg/hm² 和 38.75kg/hm²，分别比单作紫穗槐高 15.13%、7.33%和 0.78%；A-V 复合体系，紫穗槐吸氮量依次比单作高出 4.13%和 45.43%；第 2 季时，A-A 复合体系中，WM 样地显著低于 FM 和 FS，分别降低 15.82%和 23.70%；A-V 复合体系，WM 样地紫穗槐吸氮量最高，为 84.63kg/hm²，显著高于其他处理。就香根草来看，第 1 季最高吸氮量为 A-V 复合体系中 WM 和 FM 处理，为 29.84kg/hm²，显著高于 FS；V-V 复合体系中，三种轮作处理间差异没有 5%的显著水平；A-V 复合体系三种样地香根草吸氮量明显高于 V-V 复合体系；第 2 季时，在 V-V 复合体系中，WM、FM 和 FS 香根草吸氮量分别为 41.95kg/hm²、49.25kg/hm² 和 43.55kg/hm²，与单作香根草间无显著差异；A-V 体

系中，WM 和 FM 处理香根草吸氮量为 28.92kg/hm^2，显著低于 FS 吸氮量，低于 V-V 复合体系样地香根草吸氮量。

作物氮素吸收利用：在总面积上，A-A、A-V、V-V 和 NH 管理方式下，小麦吸氮量，第 1 季分别为 66.57t/hm^2、66.82t/hm^2、71.16t/hm^2 和 75.56t/hm^2，第 2 季依次为 63.08t/hm^2、54.79t/hm^2、57.09t/hm^2 和 65.16t/hm^2；对于蚕豆，在 FM 方式下，第 1 季蚕豆吸氮量 A-A 表现为最高，为 95.03t/hm^2，可是第 2 季 V-V 为较高，为 90.52t/hm^2，两个季节 A-V 都表现为最低，分别 74.90t/hm^2 和 86.32t/hm^2；NH 处理蚕豆吸氮量为 96.79t/hm^2 和 90.52t/hm^2。在 FS 区，第 1 季与 FM 区相似，最高吸氮量也被发现在 A-A 体系，为 102.81 t/hm^2，但第 2 季 V-V 表现为最低，仅 94.43t/hm^2，与 FM 区变化趋势完全相反。2006 年和 2007 年两个季节玉米和大豆吸氮量，无论是第 1 季，还是第 2 季，三种复合体系大豆吸氮量由高到低顺序都为：V-V、A-V、A-A；三者之间无显著差异，但都显著低于 NH；对于玉米，在总面积上，FM 种植方式下，第 1 季吸氮量 A-A 体系表现为最高，达 123.27t/hm^2，分别比 A-V 和 V-V 体系提升了 32.71%和 6.71%；但第 2 季吸氮量 V-V 体系表现为最高，为 101.92t/hm^2。对于 FS 种植方式，三种复合体系中，第 1 季玉米吸氮量，V-V 表现为最高，达 144.08t/hm^2，其次是 A-A，为 140.71t/hm^2，A-V 表现为最低，仅 117.95t/hm^2；第 2 季吸氮量 A-A 表现为最高，为 117.57t/hm^2，其次是 V-V，为 112.51t/hm^2，最低为 A-V，为 98.21t/hm^2。

在可比面积上，小麦在与紫穗槐复合种植中吸收了更多氮素，小麦与紫穗槐/香根草复合种植对氮素的竞争能力弱于绿篱，小麦与香根草种植氮素吸收量显著增加；蚕豆与紫穗槐、紫穗槐/香根草复合种植，氮素吸收量较单作增加，但相对绿篱对氮素竞争能力年份间有差异，蚕豆与香根草种植促进了蚕豆氮素的吸收，且不同轮作管理有所差异；玉米与绿篱复合种植对玉米氮素的吸收有积极作用，在紫穗槐/香根草复合体系，对氮素竞争能力显著强于绿篱；大豆与紫穗槐、香根草复合种植，氮素在大豆体内的积累量严重减少，大豆相对于绿篱的 CR 小于 1，对氮素的竞争能力弱于绿篱，且受紫穗槐的影响强于香根草。

2. 土壤氮素分布特征

不同绿篱复合及作物轮作类型差异引起农田全氮、铵态氮和硝态氮各组分时空变化显著。与试验前相比，土壤剖面全氮、铵态氮和硝态氮含量均有不同程度的降低。对于土壤铵态氮（表 4-7 和表 4-8），0～100cm 土壤剖面累积量减少量由大到小顺序依次为：香根草复合体系>无绿篱种植体系>紫穗槐复合体系>紫穗槐/香根草复合体系；对于小麦-玉米、蚕豆-玉米和蚕豆-大豆 3 种轮作方式，紫穗槐和紫穗槐/香根草复合体系及无绿篱种植体系中均以蚕豆-大豆处理减少量最多，而香根草复合体系中蚕豆-大豆处理减少量最少，其中土壤剖面铵态氮含量夏季作物收获时降低幅度明显高于冬季作物收获时。对于土壤硝态氮，土壤剖面含量在 4 个生长季节呈先降低后增高，尔后又降低再升高的趋势，紫穗槐、紫穗槐/香根草复合体系及无绿篱种植体系，0～100cm 土壤剖面硝态氮减少量均以蚕豆-玉米处理最低，而香根草复合体系以蚕豆-大豆处理最低；土壤剖面全氮含量变化趋势与土壤剖面硝态氮含量变化趋势一致。在土壤剖面垂直方向上，土壤铵态氮和硝态氮含量均以 0～40cm 土层变化最大。

表 4-7　第 1 季作物收获后不同土地利用方式对土壤铵态氮累积量的影响（单位：kg/hm^2）

绿篱处理	轮作	小麦（蚕豆）				玉米（大豆）			
		0～20cm	20～60cm	60～100cm	0～100cm	0～20cm	20～60cm	60～100cm	0～100cm
A-A	WM	7.57	11.61	11.68	30.86	7.52	16.75	15.84	40.55
	FM	6.54	9.51	9.95	26.00	9.67	15.87	25.36	61.53
	FS	6.84	15.77	10.90	33.51	8.65	31.14	21.40	48.57
A-V	WM	5.58	12.69	10.40	28.66	6.48	19.25	26.41	56.30
	FM	6.48	12.07	14.94	33.49	6.85	23.36	24.38	53.51
	FS	5.35	11.20	19.65	36.19	5.90	19.72	20.63	55.52
V-V	WM	7.84	12.93	16.06	36.84	9.90	26.17	33.21	65.11
	FM	5.90	11.81	17.77	35.48	10.30	25.48	33.71	67.47
	FS	7.24	11.90	14.56	33.69	8.30	25.75	35.29	68.46
NH	WM	6.12	11.85	12.86	30.83	10.51	21.60	28.50	61.37
	FM	5.78	8.66	8.76	23.19	6.30	26.78	22.18	53.63
	FS	6.59	11.95	12.46	31.01	12.82	21.31	24.69	59.97
SA		7.47	14.11	13.73	35.32	8.76	22.07	17.96	48.07
SV		7.40	13.81	13.18	34.39	8.30	23.11	40.85	75.51
CK		6.69	12.27	13.44	32.40	6.40	25.55	23.37	41.06

表 4-8　第 2 季作物收获后不同土地利用方式对土壤铵态氮累积量的影响（单位：kg/hm^2）

绿篱处理	轮作	小麦（蚕豆）				玉米（大豆）			
		0～20cm	20～60cm	60～100cm	0～100cm	0～20cm	20～60cm	60～100cm	0～100cm
A-A	WM	6.81	13.06	12.46	32.34	3.74	10.80	15.21	29.75
	FM	5.82	10.93	10.70	27.45	4.89	10.73	13.62	29.24
	FS	6.35	16.10	11.67	34.12	4.24	11.00	12.20	27.44
A-V	WM	3.86	15.78	10.88	30.52	4.72	14.33	13.18	32.24
	FM	3.78	15.22	14.84	33.84	4.80	14.49	12.59	31.88
	FS	3.37	14.58	19.76	37.71	4.60	11.86	14.38	30.85
V-V	WM	6.49	17.07	17.81	41.38	3.99	9.25	10.47	23.72
	FM	4.57	15.50	14.01	34.08	4.06	9.60	11.13	24.78
	FS	5.91	15.68	10.93	32.53	4.15	10.27	13.56	27.97
NH	WM	6.00	16.43	11.00	33.44	3.93	10.34	12.50	26.78
	FM	5.64	13.01	10.85	29.50	3.86	11.83	11.98	27.66
	FS	6.40	16.37	14.29	37.05	4.88	9.99	9.05	23.91
SA		8.19	12.08	10.40	30.67	4.82	11.05	10.85	26.71
SV		6.79	14.65	18.44	39.89	4.02	10.31	10.93	25.26
CK		5.54	17.48	15.26	38.28	3.87	10.67	12.13	26.67

不同绿篱与小麦（蚕豆）和玉米（大豆）复合种植，土壤剖面 0～100cm 土壤硝态氮累积量（表 4-9 和表 4-10），第 1 季小麦（蚕豆）收获后，A-A 复合体系三种轮作处理均高于作物单作，A-V 和 V-V 复合体系 WM 和 FM 处理略高于单作，FS 都低于作物单作，紫穗槐种植土壤高于单作，香根草和撂荒地与单作处理 WM 和 FM 相当；第 1 季玉米（大豆）收获后，A-A、A-V 和 V-V 三种复合体系土壤剖面 0～100cm 硝态氮累积量都高于作物单作，紫穗槐和撂荒地土壤剖面硝态氮累积量高于单作，而香根草种植下土壤低于作物单作；第 2 季小麦（蚕豆）收获后，三种复合体系中 WM 土壤硝态氮剖面累积量均略高于作物单作，FS 处理土壤剖面硝态氮含量均低于作物单作，A-V 和 V-V 复合体系中 FM 处理与单作作物处理相当。第 2 季玉米（蚕豆）收获后，作物单作 WM 处理土壤剖面硝态氮含量低于 A-A 和 A-V 复合体系，与 V-V 复合体系相当；A-A 复合体系中 FM 和 V-V 复合体系中 FS 土壤硝态氮累积量均明显高于作物单作；A-V 复合体系 FM 和 FS 处理均低于单作。撂荒地土壤剖面 0～100cm 硝态氮累积量略高于紫穗槐种植土壤，显著高于香根草种植土壤。

经过 2 年复合经营，复合系统土壤氮营养养分发生了显著变化。土壤剖面 0～100cm 氮素，与试验布置前相比，不同土地管理方式下土壤剖面全氮、铵态氮和硝态氮累积量均有不同程度的减少；作物单作系统土壤剖面 0～100cm 氮素损失量高于绿篱复合系统。

表 4-9 第 1 季作物收获后不同土地利用方式对土壤硝态氮累积量的影响（单位：kg/hm^2）

绿篱处理	轮作	小麦（蚕豆）				玉米（大豆）			
		0～20cm	20～60cm	60～100cm	0～100cm	0～20cm	20～60cm	60～100cm	0～100cm
A-A	WM	34.66	48.57	44.45	127.68	38.48	81.79	78.14	197.23
	FM	37.50	46.73	47.20	131.43	40.43	85.93	69.50	194.63
	FS	39.62	42.61	41.80	124.02	35.58	75.40	54.37	163.83
A-V	WM	27.82	41.95	39.89	109.66	46.40	89.37	57.21	174.60
	FM	36.02	37.26	43.33	116.61	37.71	75.75	62.94	167.17
	FS	39.05	49.80	42.82	131.67	44.19	86.47	67.27	182.89
V-V	WM	26.80	36.94	33.97	97.71	32.38	65.25	37.14	127.21
	FM	40.73	42.59	34.62	117.94	41.16	79.98	44.73	150.82
	FS	31.27	36.72	44.40	112.39	34.41	71.48	56.16	157.95
NH	WM	27.16	29.29	30.11	86.56	25.43	54.37	29.45	109.09
	FM	32.96	40.12	33.74	106.83	36.45	60.83	38.63	121.84
	FS	36.92	47.42	43.78	128.12	34.00	74.63	48.55	144.09
SA		29.82	50.89	65.50	146.21	45.72	91.48	74.88	200.22
SV		28.76	35.23	28.06	92.05	23.96	49.83	39.56	110.62
CK		17.93	34.08	37.98	89.98	38.60	72.40	69.22	161.36

表 4-10 第 2 季作物收获后不同土地利用方式对土壤硝态氮累积量的影响（单位：kg/hm^2）

绿篱处理	轮作	小麦（蚕豆）				玉米（大豆）			
		0～20cm	20～60cm	60～100cm	0～100cm	0～20cm	20～60cm	60～100cm	0～100cm
A-A	WM	22.36	48.33	51.38	122.06	31.10	58.36	57.91	147.38
	FM	24.96	46.52	54.14	125.61	33.05	61.65	71.26	165.96
	FS	27.55	42.85	48.70	119.10	31.73	56.83	45.89	134.46
A-V	WM	17.98	49.02	39.88	106.89	27.33	53.10	51.20	131.63
	FM	25.69	44.68	34.72	105.09	23.52	49.63	72.23	145.38
	FS	29.20	56.86	33.62	119.68	26.52	51.95	52.46	130.93
V-V	WM	16.95	45.25	40.66	102.87	22.47	47.09	47.57	117.13
	FM	20.77	46.21	42.54	109.52	29.84	55.07	64.33	149.24
	FS	18.97	45.61	50.46	115.04	29.77	56.21	66.99	152.97
NH	WM	22.24	30.98	58.06	111.28	24.05	47.66	46.87	118.59
	FM	27.67	39.36	59.86	126.90	28.09	54.50	61.35	143.94
	FS	32.00	46.78	68.10	146.88	20.72	52.77	70.20	143.69
SA		23.03	67.48	33.04	123.55	36.88	64.82	48.83	150.53
SV		15.69	37.21	40.44	93.34	19.87	42.60	48.69	111.16
CK		15.47	39.72	39.29	94.47	17.51	52.20	72.85	142.56

4.2.2 等高绿篱坡地农业复合系统土壤 N_2O 排放及影响因素

土地利用变化是全球性气温持续升高的一个重要影响因素。在坡地利用过程中，绿篱进入农田，在保持坡面水土的同时，其一方面必然改变土壤相关性质，影响作物产量；另一方面其必定影响农田微生境，影响土壤微生物活性，从而影响农田土壤 N_2O 排放量（Rizhiya et al.，2007）。因此，在评价绿篱复合系统氮素循环，如吸收利用、分布及损失等的基础上，探讨农田转变为绿篱复合系统、绿篱地和撂荒地后，土壤温室气体释放特征和差异，从而为评价坡耕地利用过程中，土地利用类型变化对区域气候的影响及合理土地利用提供参考。

1. 土壤 N_2O 排放特征

紫穗槐复合种植下，小麦-玉米（WM）、蚕豆-玉米（FM）和蚕豆-大豆（FS）三种轮作处理土壤 N_2O 排放通量 7～8 月最高，在 3.52～35.63μg N/(m^2·h)之间变化，平均值在 13.92～14.85μg N/(m^2·h)之间。整个玉米（大豆）生育期间，WM 处理土壤 N_2O 排放变化幅度较大，在 3.43～32.11μg N/(m^2·h)之间变化，作物单作系统（NH）土壤 N_2O 排放通量，变化在 5.34～21.61μg N/(m^2·h)之间，平均在 7.80～11.58μg N/(m^2·h)之间。SA 处理土壤 N_2O 排放量变化在 5.89～26.615.34～21.61μg N/(m^2·h)，平均为 15.18μg N/(m^2·h)；SV 处理土壤 N_2O 排放通量介于 2.68～22.47μg N/(m^2·h)之间，平均为 11.60μg

N/(m²·h)；CK 处理土壤 N_2O 排放在 1.07～18.80μg N/(m²·h)之间，平均为 16.32μg N/(m²·h)（表 4-11）。

表 4-11　不同土地管理方式玉米（大豆）生育期土壤 N_2O 排放特征

绿篱	轮作	平均值/[μg N/(m²·h)]	变化范围/[μg N/(m²·h)]	样本标准差	变异系数/%	排放总量/（g N/hm²）
A-A	WM	14.85	4.08～35.63	9.91	66.73	494.81
	FM	13.95	3.52～31.11	9.67	69.34	482.46
	FS	13.92	5.07～23.20	6.60	47.41	423.03
A-V	WM	15.19	4.18～28.67	7.93	52.21	382.27
	FM	14.94	3.19～26.19	8.28	55.43	364.89
	FS	11.74	6.07～19.88	5.49	46.75	375.59
V-V	WM	16.26	3.43～32.11	9.77	60.10	449.73
	FM	13.88	5.70～21.36	6.48	46.72	393.77
	FS	12.82	5.90～22.55	6.69	52.14	319.49
NH	WM	11.58	6.08～21.62	5.71	49.31	328.71
	FM	9.80	6.25～16.68	3.31	33.82	305.84
	FS	7.80	5.34～15.10	3.37	43.20	238.93
SA		15.18	5.89～26.61	7.55	49.72	470.26
SV		11.60	2.68～22.47	6.74	58.08	372.34
CK		16.32	7.02～18.80	9.72	59.54	390.57

紫穗槐、香根草以不同组合和种植方式进入农田后，不同土地管理方式土壤 N_2O 排放通量有不同程度地增加。整个玉米生育期，紫穗槐复合体系（A-A）三种轮作处理土壤 N_2O 排放通量排放量大小顺序为：小麦-玉米（WM）>蚕豆-玉米（FM）>蚕豆-大豆（FS）；紫穗槐/香根草复合体系（A-V），由大到小顺序为 WM>FS>FM；香根草复合体系（V-V）土壤 N_2O 排放通量大小顺序为：WM>FM>FS；作物单作体系大小顺序为：WM>FM>FS。可以看出，三种复合体系和作物单作体系土壤 N_2O 排放通量均表现为 WM 最高，FS（A-V 复合体系除外）最低。进一步分析可以看出，无论是紫穗槐复合体系，还是紫穗槐单作体系，土壤 N_2O 排放通量均高于香根草复合和单作体系。这可能与紫穗槐是豆科绿篱有关，可以通过生物固氮向土壤提供氮素有关。

2. 土壤 N_2O 排放的影响因素

土壤氮和上季作物残留氮对土壤 N_2O 排放的影响：Velthof 等（2002）表明，含氮量高的植物残体显著促进土壤 N_2O 排放。Baggs 等（2006）在肯尼亚西部研究发现，农林复合系统土壤 N_2O 的排放与残留物氮含量是正相关的，与残留物碳氮比是负相关的。蚕豆根系残留物碳、氮含量均高于小麦根系残留物，且 FS 处理高于 FM 处理。但本章中不同管理方式下土壤 N_2O 排放量，未能像预期的一样，FS 处理最高（表 4-12）。

表 4-12　作物根系残留物生物量和基本性质

种植体系	作物	生物量/（kg/hm²）	氮/（g/kg）	碳/（g/kg）
A-A	小麦	217	3.05	101.3
	蚕豆	165	5.48	114.9
	蚕豆	186	7.53	118.6
A-V	小麦	218	2.99	99.8
	蚕豆	128	6.33	108.4
	蚕豆	154	6.87	109.3
V-V	小麦	232	3.02	106.1
	蚕豆	153	6.39	104.9
	蚕豆	138	6.41	105.2
NH	小麦	241	2.97	92.9
	蚕豆	213	4.72	105.7
	蚕豆	227	6.35	106.7

植物生长对土壤 N_2O 排放的影响：一般而言，豆科作物不仅增加了人类的食物和蛋白质来源，而且通过生物固氮能增加土壤氮素，生物固氮的能量来源于光合作用，不会污染环境。就整个玉米（大豆）生长期间土壤 N_2O 排放量来看（表 4-11），紫穗槐单作样地>撂荒地样地>香根草样地；紫穗槐复合系统小麦-玉米、蚕豆-玉米和蚕豆-大豆三种轮作处理整个玉米（大豆）生育期土壤排放量为：494.81g N/hm²、482.46g N/hm² 和 423.03g N/hm²，高于香根草复合系统 449.73g N/hm²、393.77g N/hm² 和 328.71g N/hm²，充分证明上述观点。

土壤温湿度对土壤 N_2O 排放的影响：土壤中 N_2O 主要来源于土壤微生物的硝化和反硝化反应（Bergstrom et al.，1994；曾江海和王智平，1995），温度通过影响土壤微生物的活性来影响土壤 N_2O 的产生。相关分析表明（数据未标明），本章中土壤 N_2O 与土层 5cm 温度没有显著相关关系。但自 7 月 22 日后，土壤 N_2O 排放与土壤温度变化规律基本一致，如 8 月 8 日至 8 月 18 日土壤 5cm 温度较高，该期土壤 N_2O 排放量也相对较高。本章中土壤 N_2O 排放与土壤含水量之间具有正相关关系，但不显著。N_2O 排放显然受土壤含水量的影响；与降雨量和土壤含水量相比，土壤 N_2O 排放有明显的滞后期。如本章最大降雨量出现在 7 月上旬，土壤 N_2O 较大排放量出现在 7 月下旬～8 月下旬。

土壤 CO_2 排放对土壤 N_2O 排放的影响：经相关性分析，紫穗槐复合体系（A-A）中，小麦-玉米（WM）、蚕豆-玉米（FM）和蚕豆-大豆（FS）处理土壤 N_2O 排放随着土壤 CO_2 排放的增加呈指数递减；紫穗槐/香根草（A-V）体系中，WM 和 FM 土壤 N_2O 排放随土壤 CO_2 排放增加呈指数递减，FS 表现为增加；香根草复合体系（V-V）和无绿篱种植体系（NH）中，WM、FM 和 FS 处理土壤 N_2O 排放均随着土壤 CO_2 排放量增加呈指数递增；紫穗槐单作（SA）、香根草单作（SV）和撂荒地（CK）土壤 N_2O 排放随着土壤 CO_2 排放的增加呈指数递减。但除 NH 体系 WM 处理（R^2=0.566）外，相关性均未达到显著水平。可以看出，坡耕地种植绿篱后，影响了土壤 N_2O 排放和土壤 CO_2 排放的相关关系。

4.2.3　等高绿篱坡地农业复合系统氮素转移和循环

农田系统氮平衡和循环研究对全面了解农田系统氮素转移机制和方向，以及对整个生态系统的调控都具有重要的理论意义和实践应用价值。有关氮循环研究主要有两种方法。一种是涉及整个系统的总氮收支，即用整体论和系统论的观点，通过测定系统总氮输入和输出及其在系统中各物质间转移，说明系统总的氮循环特征；另一种是氮同位素示踪法，通过追踪标记氮在系统中的归宿来说明标记氮是如何与系统各组分间相互作用和影响（Lehmann and Muraoka，2001）。农林复合系统由于系统组分的特殊性和组成的复杂性，特别是根系空间分布的复杂性，影响了对系统氮素时空分布的研究（Dinkelmeyer et al.，2003）。采用 ^{15}N 示踪技术探讨坡耕地种植绿篱后，氮素在土壤和植物体内的分布，研究复合系统与单作系统的差异，有望为系统调控和优化提供支撑。

1. 肥料氮在植物系统的分布

^{15}N 在作物体内的分布：微区结果表明（表 4-13），紫穗槐（A-A）复合系统、紫穗槐/香根草（A-V）复合系统、香根草（V-V）复合系统和无绿篱种植系统（NH），玉米干物质量差异显著，从高到低顺序为：A-A>A-V>V-V>NH；三种复合系统干物质量的差异主要差异在籽粒上，A-A 复合系统玉米籽粒产量高达 3625kg/hm^2，A-V 和 V-V 复合系统仅为 1375kg/hm^2 和 1107kg/hm^2，NH 体系干物质量低主要是由于玉米秸秆产量比

表 4-13　^{15}N 肥料施用后玉米对氮素的吸收模式

种植体系	作物部分	干物质量/（kg/hm^2）	含氮量/%	吸氮量/（kg N/hm^2）	原子百分超/%	肥料利用率/%	吸 ^{15}N 量/（kg N/hm^2）
A-A（肥料吸收量=7.49kg N/hm^2，肥料利用率=18.72%）	秸秆	4845	0.95	46.03	1.26	12.19	5.61
	籽粒	3625	0.45	16.31	0.76	7.36	1.20
	根系	1872	0.40	7.49	0.94	9.10	0.68
	小计	10342a		69.83a			
A-V（肥料吸收量=6.83kg N/hm^2，肥料利用率=17.07%）	秸秆	4625	0.38	17.58	2.20	21.27	3.74
	籽粒	1375	1.06	14.58	1.78	17.21	2.51
	根系	1350	0.37	5.00	1.21	11.67	0.58
	小计	7350b		37.15b			
V-V（肥料吸收量=7.91kg N/hm^2，肥料利用率=19.77%）	秸秆	4242	0.50	21.21	2.59	25.04	5.31
	籽粒	1107	1.05	11.62	1.73	16.73	1.94
	根系	810	0.49	3.97	1.70	16.44	0.65
	小计	6158c		36.80b			
NH（肥料吸收量=2.41kg N/hm^2，肥料利用率=6.03%）	秸秆	2638	0.95	25.06	0.63	6.10	1.53
	籽粒	1108	0.42	4.65	1.25	12.09	0.56
	根系	1127	0.42	4.73	0.69	6.69	0.32
	小计	4873d		34.45b			

较低，分别比 A-A、A-V 和 V-V 低 45%、42%和 37%。植物体内 ^{15}N 原子百分超，A-V 和 V-V 复合体系玉米秸秆、籽粒和根系明显高于 A-A 和 NH 体系。从作物吸收的肥料氮来看，A-A、A-V、V-V 和 NH 体系分别为 7.49kg N/hm^2、6.83kg N/hm^2、7.91kg N/hm^2 和 2.41kg N/hm^2，其中 ^{15}N 肥料利用率，V-V 复合体系表现为最高，为 19.77%，NH 无绿篱种植体系最低，仅为 6.03%。说明相对于紫穗槐、紫穗槐/香根草复合种植，香根草复合种植有利于玉米对肥料氮素的吸收；作物单作不利于作物对氮素的吸收，其吸收的氮素主要来自土壤。

^{15}N 在绿篱体内的分布：表 4-14、表 4-15 为微区复合系统和单作系统紫穗槐、香根草干物质量和吸氮量。其中，紫穗槐体内含氮量，无论是茎叶，还是根系，均表现为单

表 4-14　^{15}N 肥料施用后紫穗槐对氮素的吸收模式

种植体系	作物部分	干物质量/(kg/hm^2)	含氮量/%	吸氮量/(kg N/hm^2)	原子百分超/%	肥料利用率/%	吸 ^{15}N 量/(kg N/hm^2)
SA（肥料吸收量=17.60kg N/hm^2，肥料利用率=44.00%）	茎叶	4477	1.21	54.17	0.630	6.11	3.31
	根系	11192	2.03	227.20	0.649	6.29	14.29
	小计	15669		281.36			
A-A（肥料吸收量=8.95kg N/hm^2，肥料利用率=22.37%）	茎叶	7231	1.00	72.31	0.097	0.96	0.69
	根系	20246	1.99	402.90	0.211	2.05	8.26
	小计	27477		475.20			
A-V（肥料吸收量=10.03kg N/hm^2，肥料利用率=25.07%）	茎叶	3750	0.97	36.38	0.194	1.89	0.69
	根系	9475	1.81	171.50	0.563	5.45	9.35
	小计	13225		207.87			

表 4-15　^{15}N 肥料施用后香根草对氮素的吸收模式

种植体系	作物部分	干物质量/(kg/hm^2)	含氮量/%	吸氮量/(kg N/hm^2)	原子百分超/%	肥料利用率/%	吸 ^{15}N 量/(kg N/hm^2)
SV（肥料吸收量=15.09kg N/hm^2，肥料利用率=37.72%）	茎叶	25612	0.40	102.45	1.267	12.21	12.51
	根系	5123	0.41	21.00	1.273	12.29	2.58
	小计	30735		123.45			
V-V（肥料吸收量=6.85kg N/hm^2，肥料利用率=17.12%）	茎叶	29025	0.36	104.49	0.522	5.04	5.27
	根系	6385	0.36	22.99	0.712	6.87	1.58
	小计	35410		127.48			
A-V（肥料吸收量=3.94kg N/hm^2，肥料利用率=9.85%）	茎叶	26875	0.41	110.19	0.297	2.86	3.15
	根系	6450	0.41	26.45	0.311	3.00	0.79
	小计	33325		136.63			

作紫穗槐（SA）系统>紫穗槐复合（A-A）系统>紫穗槐/香根草（A-V）复合系统；但是紫穗槐的总吸氮量以 A-A 复合体系表现为最高，达 475.20kg N/hm^2，显著高于 SA 和 A-V 体系。从紫穗槐吸收肥料氮占总吸氮量的百分比可以看出，SA 体系茎叶和根系的明显高于 A-V 和 A-A 复合体系。就肥料氮的吸收量来看，SA、A-A 和 A-V 体系分别为 17.60kg N/hm^2、8.95kg N/hm^2 和 10.03kg N/hm^2，其中根系吸收量极显著高于茎叶，相对较高根系生物量和 ^{15}N 原子百分超可能是造成这种差异的主要原因。

三种种植体系下，香根草生物量、总吸氮量差异不明显，香根草单作（SV）、香根草复合（V-V）体系和 A-V 体系吸氮量分别为 123.45kg N/hm^2、127.48kg N/hm^2 和 136.63kg N/hm^2。从香根草吸收的肥料氮占总吸氮量可以看出，单作香根草吸收利用率较高；A-V 肥料吸收量最低，仅 3.94kg N/hm^2，明显低于 V-V 复合体系（6.85kg N/hm^2）。综合分析不同种植方式下玉米、紫穗槐、香根草的生长和氮素吸收量，可知紫穗槐复合种植下，玉米吸收的土壤氮素最多，但肥料氮的吸收低于香根草复合体系；与紫穗槐复合体系、香根草复合体系相比，紫穗槐/香根草复合提高了紫穗槐对氮素的吸收，而香根草对氮素吸收能力降低。

2. 肥料氮在土壤系统的分布

不同处理样地表层土壤氮素含量高低顺序依次为：NH>A-V>V-V>A-A（SA）>SV。紫穗槐单作、紫穗槐/香根草复合体系和无绿篱种植体系土壤氮素含量，随着土壤深度增加而减少，紫穗槐复合体系、香根草单作和香根草复合体系，土壤氮素含量呈先减小（20～40cm）再增大的趋势。以紫穗槐为基础的种植体系，紫穗槐单作样地整个剖面土壤氮素含量均低于紫穗槐和紫穗槐/香根草复合体系，紫穗槐复合体系 0～40cm 土层低于紫穗槐/香根草复合体系，40～100cm 略高于紫穗槐/香根草复合体系。以香根草为基础的种植体系，香根草单作样地 0～60cm 土壤氮素含量低于香根草和紫穗槐/香根草复合体系，60～80cm 高于两种复合体系，香根草复合体系 0～40cm 土壤氮素含量低于紫穗槐/香根草复合体系。

表 4-16 表明，肥料氮在 0～100cm 土壤层中均有残留，随着深度增加，残留量有所减少，表层的残留量最高。但 60～80cm 和 80～100cm 差异不大，说明在本章区域，氮素淋失到 100cm 以下的概率比较小。进一步可以看出，整个土壤剖面肥料氮的残留量，

表 4-16 肥料氮在土壤剖面的回收率 （单位：%）

处理	土层/cm					总计
	0～20	20～40	40～60	60～80	80～100	
SA	10.84	2.55	1.38	1.34	1.86	17.97
A-A	10.63	5.19	5.95	4.51	4.68	30.96
A-V	20.19	6.09	5.39	4.33	2.53	38.54
V-V	23.99	3.34	3.65	3.43	1.84	36.26
SV	14.84	2.61	2.86	5.32	3.59	29.25
NH	55.93	5.52	4.16	2.72	2.66	71.01

无绿篱种植（NH）体系显著高于其他几种体系。其中，紫穗槐单作（SA）整个剖面（0～100cm）只有17.97%肥料氮残留，低于香根草单作（SV）29.25%；紫穗槐复合（A-A）系统0～100cm土壤肥料氮残留率为30.96%，低于香根草复合（V-V）经营样地36.26%。就整个剖面肥料残留率来看，从大到小的顺序依次为：NH>A-V>V-V>A-A>SV>SA。

肥料进入土壤-植物体系后，主要有三种去向：被植物吸收、在土壤中残留、以各种途径损失。在整个土壤-植物体系，就紫穗槐单作体系看，肥料氮素的回收率为61.97%，香根草单作体系为66.97%，紫穗槐复合体系为72.05%、紫穗槐/香根草复合体系为90.53%、香根草复合体系为73.15%、无绿篱种植体系为77.04%。这说明不同绿篱复合种植影响了氮素在土壤剖面、植物体内的分布，坡耕地种植绿篱后，提高了肥料氮素的利用率，尤其是紫穗槐/香根草复合系统对氮素的利用率最高，紫穗槐单作体系最低，这可能与紫穗槐能通过生物固氮补充土壤氮素有关。

4.3 根系纤维成分及力学特征对红壤抗侵蚀效应影响

4.3.1 5种草本植物根系抗拉力学特性及其与纤维成分含量关系

1. 5种草本植物根系的力学特性分析

5种草本植物根系拉力测试的直径范围为0.19～1.48mm。其中，香根草抗拉力范围为3.06～70.13N，平均抗拉力22.37N。百喜草抗拉力范围为1.81～36.63N，平均抗拉力13.10N。狗牙根抗拉力范围为0.85～29.17N，平均抗拉力10.39N。马尼拉草抗拉力范围为1.11～29.23N，平均抗拉力9.91N；狗尾草抗拉力范围为0.81～22.77N，平均抗拉力8.24N。根系的平均抗拉力依次为香根草＞百喜草＞狗牙根＞马尼拉草＞狗尾草。

5种植物根系的平均抗拉强度从大到小依次为香根草＞百喜草＞狗牙根＞马尼拉草＞狗尾草。分布相当于I级钢筋抗拉强度（235MPa）的21.52%、13.60%、10.84%、10.12%和8.60%。5种植物各径级内根系的抗拉力和抗拉强度均服从上述规律。各根系抗拉强度的大小顺序与抗拉力的大小顺序一致，可能是各试验根系在不同直径下获取数量大致相等，且直径大小也大致相似。

程洪和张新全（2002）研究香根草根、Hales等（2009）研究北方红橡和鹅掌楸时发现，根系的抗拉强度随着直径的增大以幂函数的形式减小。杨永红等（2007）研究合欢和桉树时发现，根系的最大抗拉力与直径呈线性正相关关系，而一些草本植物的抗拉力与直径呈现指数函数或线性函数的正相关关系。这些结论的结果均与本章的研究结果相一致，只是具体的变化函数关系根据不同植物物种有所而异。

2. 5种草本植物根系的纤维成分含量分布特征

根系中纤维素、木质素和半纤维素含量之和约为60%，差异较小，但不同植物根系中不同纤维成分的含量存在一定差异。而综纤维素含量是纤维素含量与半纤维素含量之和，而木纤比 L/C 值是木质素含量与纤维素含量比值。不同径级根系纤维素含量范围为

21.90%～34.57%，木质素为 12.85%～19.42%，半纤维素为 14.31%～20.22%，综纤维素为 38.52%～51.83%，木纤比为 0.37～0.90。各根系中均是纤维素的平均含量最高，而木质素和半纤维素平均含量高低各有不同。百喜草、香根草和马尼拉草中木质素平均含量低于半纤维素，而其他两种植物中木质素高于半纤维素。

吕春娟等（2011）的研究结果表明，不同乔木植物根系纤维素、木质素、半纤维素含量范围为 20.09%～38.25%，16.04%～41.67%、6.04%～19.27%、20.87%～37.67%、19.69%～41.67%、1.8%～14.90%，本章中草本植物根系各成分含量与其相比，纤维素含量接近，木质素较低，而半纤维素含量较高，这可能与不同植物种类的根系内部木质素的积累情况有关。但纤维素和木质素随根系直径的变化规律与本章结果完全相反，且他们认为半纤维素含量随直径的增大而增大，且呈幂函数和直线两种函数变化，但本章中半纤维素含量与根系直径并未呈现出明显的变化规律，这可能归结于本章中所用的草本植物根系，而他们使用的乔木根系，根系直径存在很大的差异。

3. 根系的力学特性与纤维成分含量相关性分析

根系纤维成分含量与抗拉强度相关性：5 种草本植物根系的抗拉强度随纤维成分含量增大均增大，而根系抗拉力都随纤维成分含量的增大而减小。经回归分析检验，5 种根系抗拉力均与纤维成分含量呈显著负相关（$P<0.01$）；5 种根系抗拉强度均与纤维成分含量呈极显著正相关（$P<0.01$），这与纤维素分子的线性结构密切相关（表 4-17）。

表 4-17　5 种草本植物根系力学特性与纤维成分含量的相关系数

种类	抗拉力					抗拉强度				
	纤维素	木质素	半纤维素	综纤维素	木纤比	纤维素	木质素	半纤维素	综纤维素	木纤比
狗牙根	–0.79**	0.79**	0.62*	–0.75**	0.92**	0.86**	–0.79**	–0.64*	0.77**	–0.87**
百喜草	–0.83**	0.78**	0.62*	–0.63*	0.92**	0.84**	–0.77**	–0.57	0.77**	–0.96**
香根草	–0.84**	0.56ns	0.12ns	–0.74**	0.91**	0.91**	–0.59*	0.30	0.82**	–0.94**
马尼拉草	–0.85**	0.63*	–0.26ns	–0.80**	0.80**	0.90**	–0.65*	–0.28	0.86**	–0.90**
狗尾草	–0.87**	0.60*	0.06ns	–0.84**	0.90**	0.88**	–0.62*	–0.16	0.76**	–0.94**

Hathaway 和 Penny（1975）研究杨树和柳树根系的抗拉强度，发现细胞壁强度与纤维素含量呈显著正相关（R=0.87）。Sjostrom（1993）认为纤维素结构对于根系抵抗外力抗拉破坏作用有着最理想的效果。Genet 等（2005）研究木质植物根系时发现根系的抗拉强度与根系直径呈显著负相关，而与根的纤维素含量呈正相关关系。赵丽兵和张宝贵（2007）通过研究紫花苜蓿和马唐的根系抗拉力与其相应的纤维素含量的相关性时发现，根的抗拉强度与纤维素含量呈正相关，并且证实了纤维素含量的大小对于维持根抗拉强度的作用大于木质素含量。

根系木质素含量与抗拉特性相关性：5 种草本植物根系的抗拉强度随木质素含量增大均减小，而根系抗拉力随其木质素含量的增加而增加，经回归分析检验，百喜草和狗牙根根系的抗拉力和木质素含量呈极显著正相关（$P<0.01$），马尼拉草和狗尾草根系的抗拉力和木质素含量呈显著正相关（$P<0.05$），香根草根系的抗拉力与木质素含量无显

著相关性；百喜草和狗牙根根系的抗拉强度和木质素含量呈极显著负相关（$P<0.01$），其他 3 种根系的抗拉强度和木质素含量呈显著负相关（$P<0.05$）。

肖东升和张涛（2008）指出，植物根系根径越大，木质素含量越高，抗拉力也越大。而根系的木质素含量的显著差异，会导致根系抗拉强度的大小差别。

根系半纤维素含量与抗拉特性相关性：5 种植物中，狗牙根、百喜草和香根草根系的抗拉力随着半纤维素含量的增加而增加，马尼拉草根系的抗拉力随着半纤维素含量的增加而减少，其中狗牙根、百喜草根系的抗拉力和半纤维素含量呈显著正相关（$P<0.05$），其他 3 种植物根系抗拉力与半纤维素含量无显著相关性。而狗牙根、百喜草、马尼拉草和狗尾草根系抗拉强度随着半纤维素含量的增加而减少，香根草根系抗拉强度随着半纤维素含量的增加而增加，其中狗牙根根系与半纤维素含量呈显著负相关（$P<0.05$），其他 4 种植物根系抗拉强度与半纤维素含量无显著相关性。

根系综纤维素含量与抗拉特性相关性：5 种草本植物根系的抗拉力随着综纤维素含量的增加而减小，而根系的抗拉强度随着综纤维素含量的增加而增加。经回归分析检验，百喜草根系的抗拉力与综纤维素含量间呈显著负相关（$P<0.05$），其他 4 种根系的抗拉力和木质素含量呈极显著负相关（$P<0.01$）；5 种根系抗拉强度均与综纤维素含量呈极显著正相关（$P<0.01$）。

Hales 等（2009）研究北方红橡和鹅掌楸时，均发现根系的综纤维素含量与抗拉强度均随着根系直径的减少而增加，综纤维素含量与抗拉强度之间呈显著正相关。并且不同直径间综纤维素含量差异较大，其中北方红橡和鹅掌楸的最细根（<0.5mm）和最粗根（>2mm）的综纤维素含量相对差异高达 40%。

根系 L/C 比值与抗拉特性相关性：L/C 比值反映了木质素和纤维素二者相对含量对抗拉力学的影响。5 种植被根系根系抗拉力随着 L/C 比值的增大而增大，而 5 种植被根系根系抗拉强度随着 L/C 比值的增大而减小。

Hathaway 和 Penny（1975）在研究了杨树和柳树根系的抗拉强度，发现细胞壁强度与木纤比大小呈显著负相关（$R=-0.80$）。吕春娟等（2011）指出，乔木树种根系强度随着木纤比的增大而增大，呈正相关，这一结论与本章相反，原因可能是其试验根系的化学成分与直径的关系与本章结论并不一致，乔木根系与草本根系的性质相差较大有关。

4.3.2　百喜草根系对土壤抗侵蚀效应的变化特征

1. 不同根系处理土壤基本性质描述

各根系处理中团聚体稳定性指数（MWD、RSI 和 RMI）随着根系密度的增加，两种土壤中的有机质（SOC）含量随之增加，各处理中泥质页岩中 SOC 含量显著高于花岗岩红壤。不同的根系处理中，土壤样品的 MWD 和 SOC 均与播种密度呈显著正相关（$P<0.05$）。各根系处理的 MWD_{FW}、MWD_{WS} 和 MWD_{SW} 范围分别为 0.69～1.32mm、1.37～1.89mm 和 2.44～3.05mm。在各根系处理中，3 种团聚体 MWD 都表现为 $MWD_{FW}<$

$MWD_{WS}<MWD_{SW}$的顺序（表 4-18）。

表 4-18　两种试验土壤不同根系密度处理下理化性质及团聚体稳定性变异性

土壤	SOC/(g/kg)	MWD_{FW}/mm	MWD_{WS}/mm	MWD_{SW}/mm	RSI	RMI
S_0	18.16±0.73	0.69±0.06d	1.68±0.09b	2.85±0.11b	0.76	0.41
S_1	17.25±0.41	0.73±0.03d	1.74±0.08b	2.91±0.12ab	0.75	0.40
S_2	18.42±1.03	0.80±0.03cd	1.81±0.10ab	2.93±0.14ab	0.73	0.38
S_3	18.67±0.87	0.77±0.05cd	1.83±0.05ab	2.96±0.17ab	0.74	0.38
S_4	19.31±0.65	0.87±0.15c	1.89±0.15a	3.05±0.13a	0.71	0.38
G_0	17.11±0.75	1.15±0.06b	1.37±0.04d	2.44±0.03d	0.53	0.44
G_1	17.62±1.08	1.23±0.03ab	1.45±0.09cd	2.51±0.95d	0.51	0.42
G_2	18.04±1.25	1.19±0.05b	1.50±0.06c	2.54±0.11cd	0.53	0.41
G_3	17.79±0.88	1.27±0.04ab	1.56±0.06c	2.57±0.18cd	0.51	0.39
G_4	18.55±1.36	1.32±0.09a	1.62±0.10bc	2.63±0.07c	0.50	0.38

注：S_0～S_4和G_0～G_4分别表示泥质页岩红壤和花岗岩红壤的表土层及不同深度土壤层

根系通过穿插作用（Gyssels et al.，2002；Pohl et al.，2009）、分解土壤有机质（Gyssels and Poesen，2003）、向土壤中释放多价阳离子（Amezketa，1999）等方式，将土壤颗粒黏结成具有稳定性的土壤团聚体，从而增强土壤的团聚性。土壤有机质与播种密度呈显著正相关，而有机质在土壤团聚过程中起着显著的作用（Williams and Petticrew，2009）。本节中发现土壤团聚体稳定性与土壤有机质和根系参数特征成正比，而这一结果与 Pohl 等（2009）报道的结果一致。

2. 不同土壤深度与播种密度下根系分布特征

百喜草根系随着不同的土壤深度以及播种密度分布表现出很大的变异性。在所有的种植土槽中，以 0.1m 土壤深度为间隔，来分析根系的 RAR、RD、RLD 和 RSAD 等参数的平均特征值。两种红壤中根系的生长，超过 70%的测量根系参数分布在表层 0.20m 内。这些根系参数与土壤深度呈显著负相关，而与播种密度呈显著正相关（$P<0.01$）。其中，根系 RAR、RD、RLD 和 RSAD 分别为 0.011%～0.89%、0.136～6.34kg/m^3、11.30～312.73km/m^3、11.38～554.90m^2/m^3。泥质页岩红壤中这些根系参数的大小均大于花岗岩红壤中的根系，两种根系间并未见显著性差异（图 4-4，图 4-5）。

本章中的根系参数大小是前人在开展不同的灌木和乔木的研究中得出的根系特征的数倍（De Baets et al.，2008；Bischetti et al.，2009；Adhikari et al.，2013）。大量关于须根系物种的研究中发现，约 70%～80%的根系分布在表层 20cm 内，而在讨论土壤中的直根、不同的根系分布时，研究发现随着土壤深度增加根系有先增加后减小的趋势，而大部分根系生物量分布在表层土壤中（Bischetti et al.，2005；De Baets et al.，2008）。随着土壤深度的增加，底层土壤的紧实度随之增加，根系参数随之减小，导致土壤孔隙度和土壤肥力状况均呈现减小趋势（Bischetti et al.，2005）。

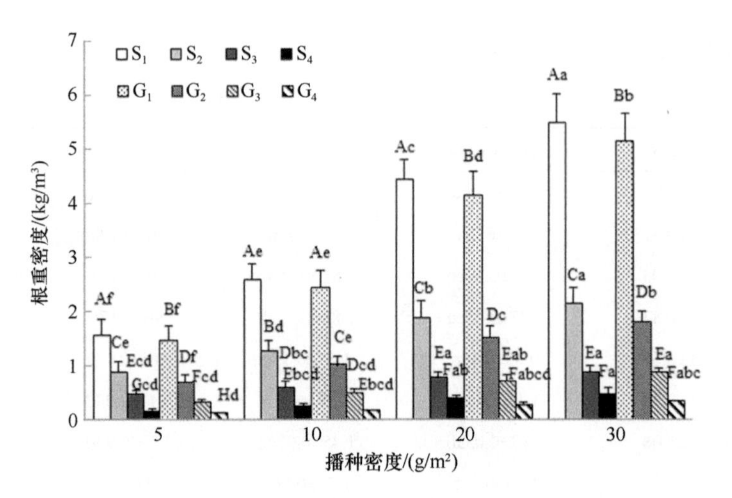

图 4-4 两种供试红壤中不同播种密度和不同土壤深度下根重密度的分布特征

同一组大写字母不同表示不同根径处理间达到 $P<0.05$ 显著性水平差异，同一组小写字母不同表示不同根系间达到 $P<0.05$ 显著性水平差异，下同

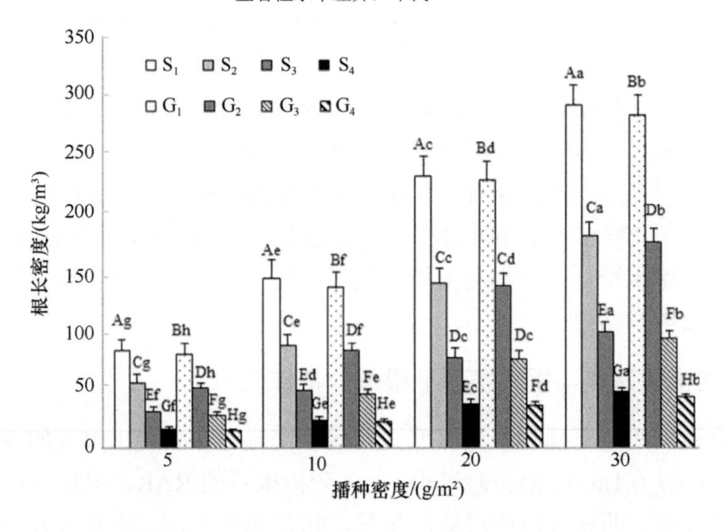

图 4-5 两种供试红壤中不同播种密度和不同土壤深度下根长密度的分布特征

3. 根系抗拉力学特性

根系抗拉力学试验的材料分别取自泥质页岩红壤和花岗岩红壤种植槽中。根系直径分成 4 个直径组。各径级根系的抗拉力学特性，花岗岩红壤和泥质页岩红壤根系抗拉强度（T_r值）变化如图 4-6 所示，根系抗拉力（T_f值）变化如图 4-7 所示。随着根系直径的增加，根系抗拉力逐渐增加，而抗拉强度逐渐减小，两种红壤中根系的力学特征与根系直径间均表示为幂函数关系（$P<0.05$）。

本章中百喜草的抗拉强度值（约 30MPa）要低于地中海地区（De Baets et al.，2008）和意大利阿尔卑斯地区（Bischetti et al.，2009；Comino et al.，2010）的相似直径的草类植物的根系抗拉强度，但要高于来自英国（Loades et al.，2010）和法国阿尔卑斯地区的

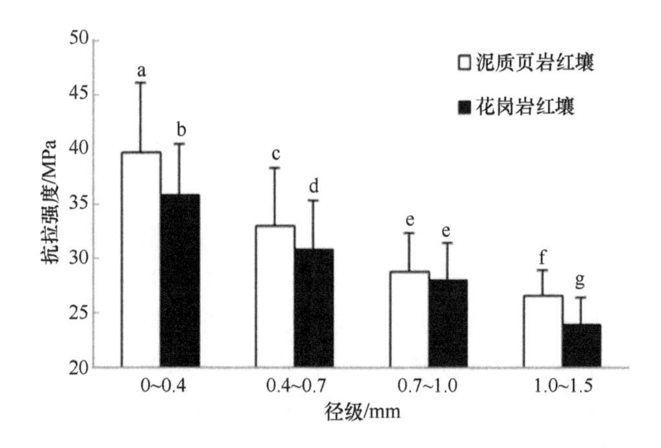

图 4-6　两种供试红壤中不同径级根系的抗拉强度分布特征

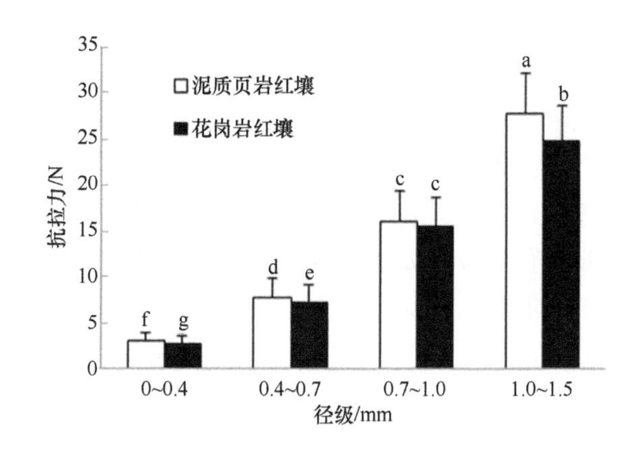

图 4-7　两种供试红壤中不同径级根系的抗拉力分布特征

草类植物的根系抗拉强度，而大致接近伊朗的类似植物（Abdi et al.，2009）。此外，Bischetti 等（2005）和 Burylo 等（2011）指出对于那些规模因素（α 值）较高和衰减因素（β 值）较低的植物品种，往往有着更强的根系抗拉强度。

4. 根系纤维成分含量和根系直径关系

综合各径级根系来看，根系的纤维素、木质素、半纤维素、综纤维素和木纤比等各化学成分含量大小，结果显示各根系处理中，百喜草根系的纤维素、木质素和半纤维素三种纤维成分含量总和超过 60%。其中，对于不同根系径级组的纤维素含量、木质素含量、半纤维素含量、综纤维素含量和木纤比范围分别为 21.90%～34.57%、12.85%～19.42%、14.31%～20.22%、38.52%～51.83%和 0.37～0.90。

随着植物根系直径的增加，乔灌木植物的木质素含量减小而纤维素含量增加（Guo et al.，2004；Zhang et al.，2014）、Hales 等（2009）指出，纤维素含量随着根系直径的增大而减小。上述这些关于草本植物的研究中根系的主要化学成分含量与本章中各根系测量的成分含量接近，但远低于那些乔木植被（Genet et al.，2005；Zhao and Zhang，2007）。

5. 根系力学特性与纤维成分含量的相关性

百喜草根系的力学特性与纤维成分含量的相关性显示，两种红壤中的根系抗拉力与根系纤维素含量和综纤维素含量呈显著负相关（$P<0.01$），与木质素含量、木纤比（$P<0.01$）和半纤维素含量（$P<0.05$）呈显著正相关。

有研究显示，不同植物种类的根系直径的差异会导致根系化学成分含量的不同，从而显著地影响根系的抗拉力学性质（Genet et al.，2011；Zhang et al.，2014）。然而，前人研究中，关于根系化学成分含量与根系抗拉力学特性的相关性关系与本章研究结果并不一致，这可能归因于本章中试验根系的直径范围为 0.19～1.35mm，与他们研究中所用的试验根系直径在 1～8mm 之间有着很大的差异（Genet et al.，2005；Vergani et al.，2012；Zhang et al.，2014）。

6. 根系特征参数与相对土壤分离速率的相关性

在本章中，在较低播种密度下（5～10g/m^2），百喜草根系可以使土壤剥蚀率降低70%以上。根表面积密度（root surface area density，RSD）值的降低过程主要发生在播种密度为 0～20g/m^2 的范围内，之后随着播种密度的增加（20～30g/m^2），RSD 值将会保持在一个相对较低的水平上，表明这些根系参数在超过一定播种密度后，并不会对进一步降低土壤抗冲性有显著的贡献。De Baets 等（2007，2010）指出，根系可以有效地增强土壤强度，哪怕根系密度只有 2～5kg/m^3，使得 RSD 值可以大幅度降低到10%～30%，而这一结果与本节试验结果类似。各根系处理中，花岗岩红壤的 RSD 值显著低于泥质页岩红壤（$P<0.05$），表明百喜草根系对花岗岩抗冲性的影响大于其对泥质页岩的影响。

7. 根系对抗剪强度的影响

两种红壤的含根土环刀样品的剪切强度显著高于对照土的剪切强度（$P<0.01$），施加在样品上荷载应力越大，对应的土壤峰值剪切强度显著增加（$P<0.01$）。这个结果说明，随着播种密度的增加以及土层越靠近地表，须根系分布越密集，使得根系的根面积比（root area ratio，RAR）值越大，从而各根系处理下根系对土壤抗剪强度的实测增强值显著增加（$P<0.01$）。

此外，根系对土壤抗剪强度的增强效应的减小值，随着土壤深度的呈指数函数减小，而这一变化与根系随土壤深度变化一致，而这一结果与其他研究学者利用 Wu-Waldron 模型计算根系对土壤抗拉效应的相关结果相似（Matti et al.，2005；Comino et al.，2010）。土壤黏聚力或者土壤抗剪强度被认为是与土壤分离速率呈幂函数负相关（De Baets et al.，2008；Wang et al.，2012），这可能是由于植被根系系统能将土壤颗粒黏合在一起或者固定在地表，使得其形成一个整体。土壤强度的增加以及团聚体稳定性的增强（De Baets et al.，2008），可以在一定程度上降低土壤侵蚀的破坏。

4.4　紫色土区主要农业活动对坡面土壤侵蚀的影响

4.4.1　坡地开垦对紫色土坡地土壤侵蚀的影响

1. 坡耕地和荒坡地的降雨侵蚀过程

紫色土地区侵蚀面积之广和侵蚀强度之大，仅次于我国北方的黄土。除土壤特性、地形、地质和气候等自然条件外，人为高强度的利用也是紫色土坡地土壤侵蚀的重要原因。在王家桥小流域，选取典型紫色土未扰动荒坡地和常年耕种的坡耕地进行人工模拟降雨试验，坡耕地和荒坡地基本情况见表4-19。两地坡度相差不大，坡耕地已经耕种多年，在人工降雨前为花生地，降雨前将花生去除平整土地。对比分析了两地的地表径流、壤中流和侵蚀产沙情况。

表4-19　坡耕地和荒坡地基本情况

试验点	坡度/(°)	植被覆盖度/%	机械组成/%			土壤容重/(g/cm³)	总孔隙度/%	毛管孔隙度/%	有机质含量/(g/kg)
			砂粒	粉粒	黏粒				
坡耕地	20.0	0	37.3	39.6	22.1	1.47	42.6	31.5	1.17
荒坡地	23.0	65.0	40.2	43.4	16.4	1.44	44.5	32.6	1.23

紫色土坡耕地和荒坡地地表径流和产沙特征见表4-20。坡耕地地表径流系数明显高于荒坡地，在小、中、大三个降雨强度下，坡耕地地表径流系数分别是荒坡地的2.5倍、2.0倍和2.1倍。坡耕地的平均径流强度也明显大于荒坡地。由于坡耕地地表裸露而荒坡地有较好的灌草覆盖，坡耕地和荒坡地的径流含沙量差别显著，坡耕地和荒坡地平均含沙量为42.2g/L和2.3g/L。荒坡地由于地面灌草覆盖，地表径流产流要比坡耕地晚，但这一差别随着降雨强度的增大而减小。在设定的小雨强（1.0mm/min）、中雨强（1.5mm/min）、大雨强（2.0mm/min）下，荒坡地地表径流产流的时间分别是78秒、24秒和12秒，表明在较大雨强下，紫色土坡耕地和荒坡地都迅速产流，且产流时间差别不明显。

表4-20　紫色土坡耕地和荒坡地地表径流及产沙特征

试验点	实际降雨强度/(mm/min)	前期含水量/(cm³/cm³)	地表流产流时间/min	地表径流系数/%	平均径流强度/(mm/min)	平均泥沙含量/(g/L)
坡耕地	1.04	0.32	1.2	43.2	0.25	18.9
	1.53	0.26	1.1	72.1	0.73	45.8
	2.06	0.27	0.7	76.0	1.42	62.0
荒坡地	1.01	0.33	2.5	17.1	0.17	1.5
	1.52	0.32	1.5	24.3	0.34	2.5
	2.02	0.33	0.9	35.7	1.69	3.0

紫色土坡耕地和荒地壤中流特征差异明显（表 4-21）。在相同降雨和前期含水量情况下，坡耕地壤中流产流时间滞后于荒坡地。坡耕地只有较少部分降雨转换为壤中流，坡耕地壤中流平均径流系数为 2.4%，而荒坡地壤中流平均径流系数为 11.2%。对雨强、前期含水量和壤中流径流系数的偏相关分析发现，坡耕地壤中流径流系数和降雨强度呈极显著的负相关关系（R=–0.886，P<0.001），而荒坡地壤中流径流系数和降雨强度的关系不明显（R=–0.398，P=0.225）。坡耕地壤中流径流系数随着降雨强度的增加而减少，而荒坡地壤中流径流系数在不同降雨强度下变化不明显。

表 4-21　紫色土坡耕地和荒坡地壤中流特征

试验点	降雨强度/（mm/min）	前期含水量/（cm^3/cm^3）	壤中流产流时间/min	壤中流径流系数/%	壤中流平均流量/（mL/min）	壤中流占总径流比值/%
坡耕地	1.04	0.32	18.0a	5.0a	46a	10.4a
	1.53	0.26	20.3a	1.4b	25b	1.9b
	2.06	0.27	7.1b	0.8 c	23b	1.0b
荒坡地	1.01	0.33	14.0a	11.3a	344c	39.8a
	1.52	0.32	10.2b	10.7a	460b	29.6b
	2.02	0.33	5.7c	11.6a	749a	26.1b

紫色土坡耕地和荒坡地壤中流产流过程如图 4-8，坡耕地壤中流径流强度小，壤中流产流后迅速增加，表现为先增加后减小的总体形态。与坡耕地相比，荒坡地壤中流径流强度大，产流形态表现为先增加后稳定。由图 4-8 可知，紫色土坡耕地和荒坡地壤中流径流强度都受降雨强度的影响，在坡耕地，壤中流径流强度随着雨强的增大而减小，但在荒坡地壤中流径流强度随着雨强增大而增大。降雨停止后，壤中流径流强度都迅速变小，但在荒坡地壤中流变化更加剧烈。

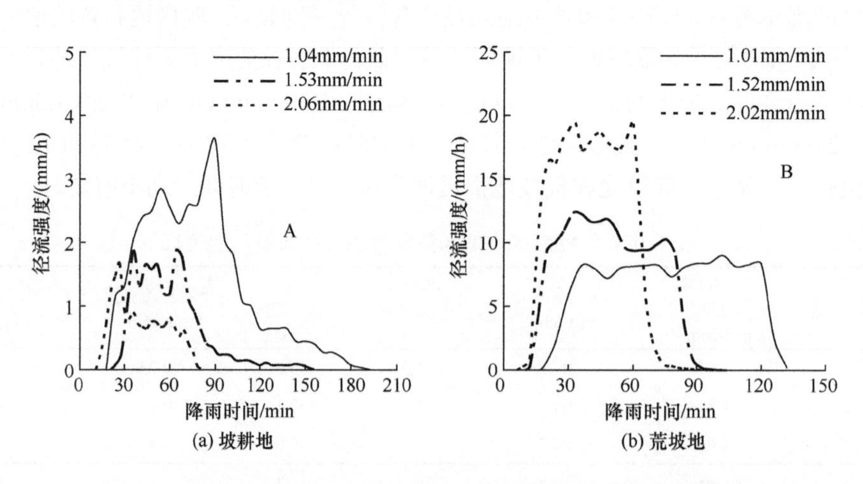

图 4-8　紫色土坡耕地和荒坡地壤中流产流过程

在相同降雨条件下，未扰动荒坡地的壤中流径流系数是裸露坡耕地的 3～15 倍，平均流量是坡耕地的 7～33 倍。荒坡地较高的植被覆盖可能是导致这一差异的主要原因。

地表植被能截留降雨，改变地表径流阻力系数、流速等水力特征，从而减少了地表径流量（李毅和邵明安，2008）。地表植被还能通过保护地面地免受雨滴的击打，减少表土结皮和延缓地表径流产生时间，增加入渗到土体内水分，从而增加壤中流总量（李元寿等，2006）。研究表明，试验小区坡度较陡，渗入土体内的水分增加也会使侧向流动的壤中流增多（尹忠东等，2011）。

2. 坡地植被割除和耕作对土壤侵蚀的影响

在紫色土荒地，进行植被去除和翻耕活动，模拟荒地灌草砍伐和荒地被开垦，通过人工降雨实验，研究这两种人为活动对坡面产流产沙过程的影响。以期为定量研究人为活动对坡面侵蚀的影响提供依据。共建立了 9 个径流小区，在每个小区进行 1.0mm/min、1.5mm/min 和 2.0mm/min 雨强的降雨试验，共进行 27 场有效降雨。

在采取了植被去除和翻耕措施后，试验小区形成了有植被覆盖的未扰动荒地、裸地和新翻地三种地表状况。通过双因素方差分析（表 4-22）可知，地表状况对壤中流产流时间、地表径流系数和含沙量的影响显著，降雨强度对地表径流系数影响显著。雨停后壤中流滞留。

表 4-22 地表状况和降雨强度对产流产沙参数的双因素方差分析

方差来源	T_{ss}/min	T_{ssd}/min	S_c/（g/L）	Q_{sc}/%	Q_{ssc}/%
地表状况（S）	10.61 $^{a)*}$	4.34	12.65*	7.07*	1.82
降雨强度（R）	0.76	0.01	1.80	11.21*	0.96
$S \times R$	1.32	20.11**	40.31**	4.68*	8.90**

注：T_{ss} 为壤中流产流时间；T_{ssd} 为雨停后壤中流滞留时间；Q_{sc} 为地表径流系数；Q_{ssc} 为壤中流径流系数；S_c 为泥沙含量；a）F 值；$^*P < 0.05$；$^{**}P < 0.01$

不同地表状况下地表径流和壤中流径流系数如图 4-9。地表径流系数受地表状况和降雨强度的影响显著。在小雨强下，裸地地表径流系数明显高于原坡地和翻耕地，裸地

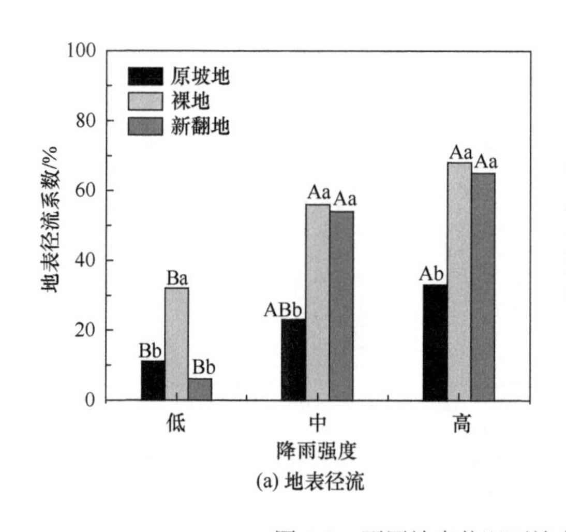

(a) 地表径流

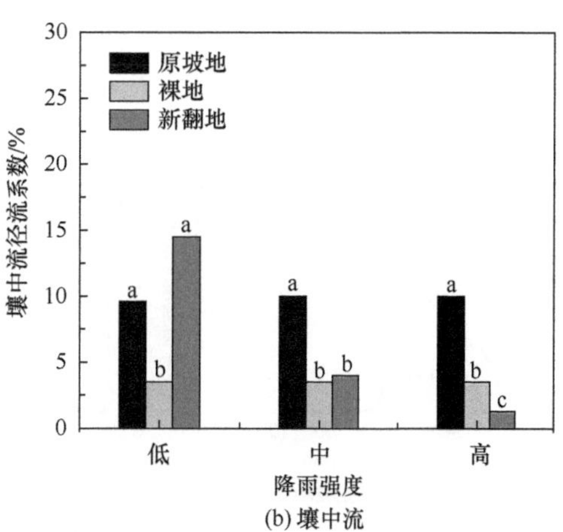

(b) 壤中流

图 4-9 不同地表状况下地表径流和壤中流径流系数

平均地表径流系数为 0.32，而原坡地和新翻地分别为 0.12 和 0.07。在中雨强和大雨强下，新翻地地表径流系数明显增大且与裸地相差不大，新翻地和裸地的地表径流系数明显高于原坡地。

Bruijnzeel（2004）指出在植被砍伐和清除后的地表径流峰值流量迅速增加，表明主要产流机制从壤中流产流转变为地表径流产流的模式。Naef 等（2002）提出当草地转变为林地或耕地后，主要产流机制将从霍顿地表产流机制转变为延迟的饱和产流模式。这些主要产流模式转变的野外证据却很缺乏。本章研究中，荒地植被割除前后，地表径流和壤中流变化明显，比如在小雨强下，未扰动荒地和植被去除后的裸地的地表径流和壤中流的径流系数之比分别为 1.3∶1 和 8.3∶1。这一结果表明，在紫色土陡坡地植被割除后，产流机制从地表径流和壤中流共同产流转变为地表径流产流的过程。这与 Bruijnzeel 提出的植被砍伐和去除后的产流机制变化相同。

不同地表状况和降雨强度下地表径流和壤中流产流过程见图 4-10。在小雨强下[图 4-10(a)～(c)]，原坡地和裸地地表径流产流过程相似，都表现出先增加后稳定且停雨

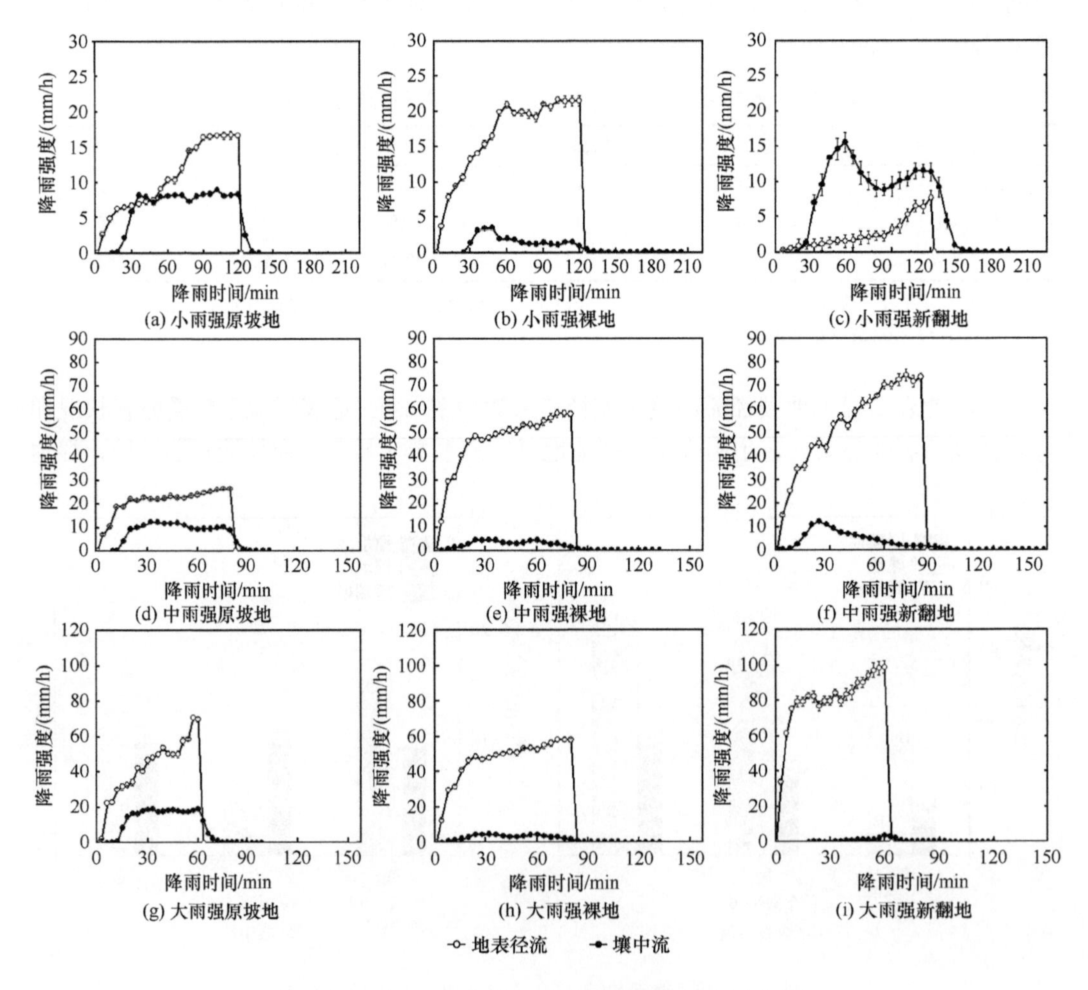

图 4-10　不同地表状况下地表径流和壤中流产流过程

后迅速下降的特征；但壤中流差异明显，原坡地壤中流强度大表现出与地表径流相似的先增加后稳定且停雨后迅速下降的特征，裸地壤中流径流强度下，先增加后减少且在雨停后滞留较长时间。在中雨强下[图 4-10(d)～(f)]，原坡地和裸地的地表径流和壤中流过程与小雨强下基本一致；但在新翻地，地表径流迅速增大，壤中流明显减少，壤中流产流过程表现为单峰过程。在大雨强下[图 4-10(g)～(i)]，裸地和新翻地地表径流过程基本相似，但原坡地地表径流强度一直在增加还未达到稳定，裸地壤中流继续减少。

不同地表状况下侵蚀产沙过程如图 4-11。在所有雨强下，侵蚀速率的顺序都为新翻地>裸地>原坡地。新翻地、裸地和原坡地的平均侵蚀速率分别为 41.9g/(m^2·h)、168.2g/(m^2·h)和 468.4g/(m^2·h)，裸地和新翻地的平均侵蚀速率分别是原坡地的 4.0 倍和 11.2 倍。土壤侵蚀速率在小雨强下随着降雨量的增加变化缓慢，但在中雨强和大雨强下随着降雨量的增加而较快。在原坡地，土壤侵蚀速率在中雨强的前 30mm 降雨过程中迅速增大到峰值 102.2g/(m^2·h)，在随后的 30～120mm 的降雨量中土壤侵蚀速率开始减小；在小雨强和大雨强下，土壤侵蚀速率在前 96mm 的降雨过程中一直增加，随后开始减小。

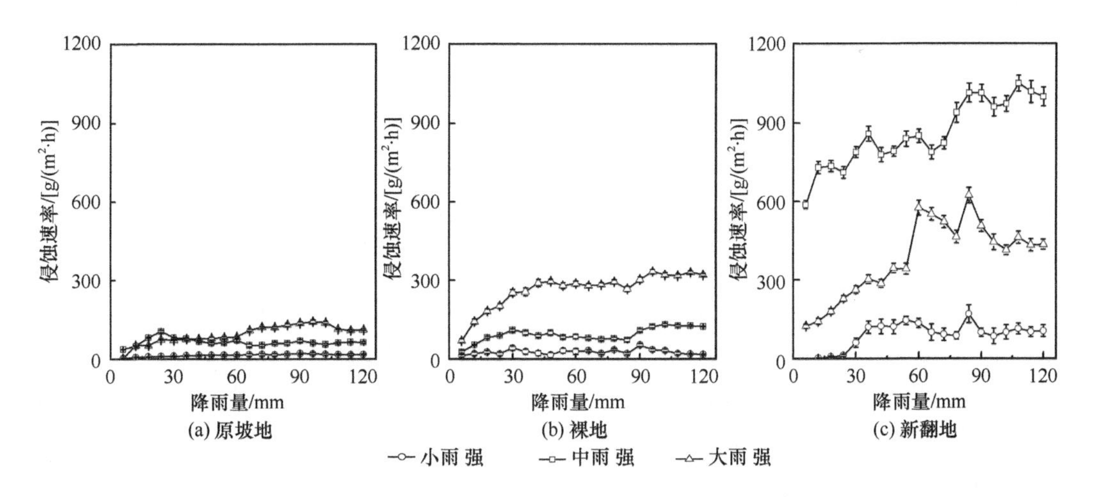

图 4-11　不同地表状况下侵蚀产沙过程

Bochet 等（2006）的研究结果表明，植被覆盖减少侵蚀量的倍数在 1.4～17.6 之间。本章研究结果还表明，植被减少侵蚀量的作用还与降雨强度有关，表明植被不仅减少了地表径流量，也改变了径流-泥沙之间的关系。在本章中，新翻地和未扰动荒坡地的平均侵蚀量之比为 11.2∶1.0。这与前期的研究基本一致，蔡强国和吴淑安（1998）的研究结果表明，新翻地的土壤侵蚀速率是灌丛坡地的 8.6 倍。虽然在小雨强下，新翻地壤中流多地表径流少，但由于新翻地地表疏松、径流中泥沙含量高，新翻地平均侵蚀速率仍是同雨强下原坡地的 5.1 倍。这一结果表明，荒地开垦显著加剧了土壤侵蚀的危害。

4.4.2 水土保持措施对紫色土坡地土壤侵蚀的影响

1. 水土保持措施对产流产沙的影响

荒坡地开垦耕种后，坡面土壤侵蚀加剧。随着对坡地水土流失的重视，水土保持措施开始大量建设，这些措施的保水保土效益是土壤侵蚀研究的一个重点内容。梯田和植物篱是紫色土地区最常用的两种水保措施（Shen et al.，2010）。利用王家桥流域径流小区长期观测资料，定量分析梯田和植物篱两种常见的水保措施的效益。径流小区基本情况如表 4-23，其中 P1～P4 为梯田措施小区，而 P5～P7 为植物篱措施小区，小区农作措施都采用当地常规农作制度。

表 4-23 径流小区概况

编号	试验处理	小区面积/m^2	小区/梯面坡度/（°）	植物覆盖
P1	坡地种柑	50（10×5）	25	脐橙
P2	梯地种柑	50（10×5）	3	脐橙
P3	坡地种粮	50（10×5）	25	小麦-玉米/马铃薯轮作
P4	梯地种粮	50（10×5）	3	小麦-玉米/马铃薯轮作
P5	坡地种粮	20（10×2）	25	小麦-黄豆轮作
P6	坡地种粮+植物篱	20（10×2）	25	小麦-黄豆轮作
P7	坡地种粮+植物篱+作物覆盖	20（10×2）	25	小麦-黄豆轮作

观测期间内（1989～1995 年），梯田橘园的年均径流量和平均侵蚀量比坡地橘园小，说明梯田措施在橘园的保水保土效果要好于在农地。在果园修建梯田后，年均径流量和侵蚀量分别减少了 60%和 68%，而在旱地修建梯田后，年均径流量和侵蚀量分别减少了 23%和 52%，这一结果表明梯田措施的效益与土地利用密切相关。

梯田措施小区的次降雨产流产沙量见图 4-12。次降雨产流产沙结果也表明梯田措施在果园的水保效果比在农地更好。梯田措施通过减少径流量和泥沙含量来减少坡地的土壤侵蚀。在果园修建梯田后，产沙量大于 100g/m^2 的降雨场次从 19 场减少到 4 场，径流量大于 10mm 的降雨场次也从 18 场减少到 4 场；在旱地修建梯田后，产沙量大于 100g/m^2 的降雨场次从 12 场减少到 4 场，径流量大于 10mm 的降雨场次也从 8 场减少到 6 场。

植物篱措施更能减少侵蚀产沙量而不是径流量。与未采取水保措施的对照小区相比，观测期内（1996～2004 年），植物篱小区和植物篱+作物覆盖小区的年均侵蚀量减少了 66%和 67%，而径流量只减少了 37%和 38%。年均侵蚀量和径流量的结果，也表明植物篱和植物篱+作物覆盖两种措施在坡耕旱地上的水土保持效果基本一致。

植物篱措施小区次降雨产流产沙量见图 4-13。植物篱小区和植物篱+覆盖两种措施的保水保土效益相差不大。观测期间内总共观测了 33 场侵蚀性降雨，在未采取任何水土保持措施的对照小区，最大产沙量为 345.3g/m^2，而在植物篱小区和植物篱+

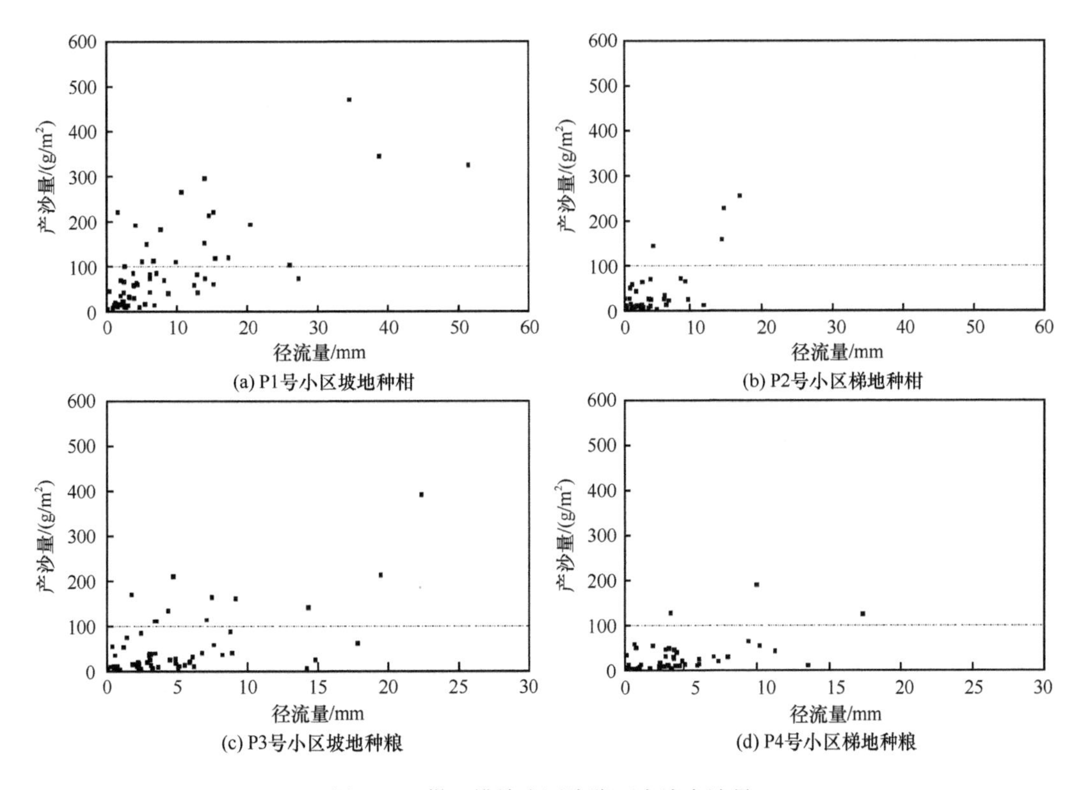

图 4-12　梯田措施小区次降雨产流产沙量

覆盖小区的最大产沙量为 170.4g/m^2 和 121.2g/m^2。对照小区总共有 25 场次降雨产沙量超过 100g/m^2，占到了总共观测降雨次数的 75.7%，而在植物篱小区和植物篱+覆盖小区产沙量超过 100g/m^2 的次降雨却只有 3 次，表明植物篱措施减少侵蚀效果明显。在对照小区次降雨总径流量超过 20mm 的降雨场次为 18 次，而采取水保措施的两个小区的总径流量超过 20mm 降雨场次都为 9 次。这一结果也表明，植物篱措施减少径流的效果不如减少泥沙的效果。

2. 水土保持措施对土壤性质的影响

土壤性质的变化是水土保持措施的效益之一，了解水土保持措施对土壤性质的影响将更有利于当地农民对水土保持措施的接受。在紫色土农作坡地关于水保措施对土壤性质的变化研究较多，但对坡地橘园不同水保措施下土壤性质研究较少，因此，在王家桥流域选择不同水保措施的橘园研究土壤性质的变异。四个橘园样地包括一个无水保措施的对照样地，其他有水保措施的三个样地，具体分布为：等高植物篱（银合欢）、梯田、梯田+种草覆盖。

水土保持措施对土壤物理性质的影响见表 4-24。水土保持措施明显改善了土壤的物理性质。具体表现在有水土保持措施的小区的团聚体稳定性、黏粒含量和饱和导水率有明显增加，而土壤中的砾石含量和容重显著减少。与无水保措施坡地橘园相比，植物篱、

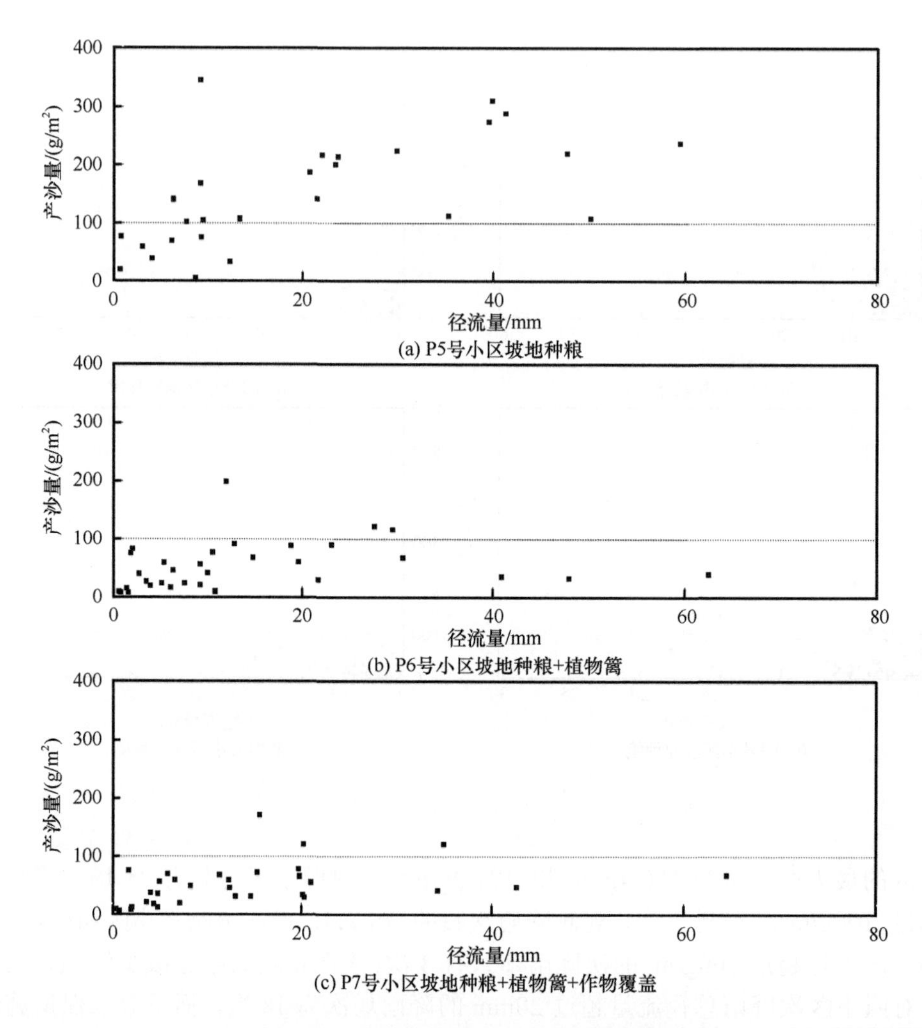

图 4-13　植物篱措施小区次降雨侵蚀量和产沙量

表 4-24　水土保持措施对土壤物理性质的影响

样地（样品数）	水稳性团聚体/%	砾石（>2mm）/%	质地（USDA）			容重/（g /m³）	饱和导水率/（cm /h）
			砂粒/%	粉粒/%	黏粒/%		
坡地橘园（12）	36.5±5.5a（0.15）	23.2±5.3b（0.23）	46.8±3.0b（0.07）	39.2±4.1b（0.11）	15.4±3.2a（0.21）	1.46±0.06a（0.04）	0.74±0.27a（0.36）
坡地橘园+植物篱（15）	43.4±6.6b（0.15）	12.6±5.8a（0.46）	40.1±4.9a（0.12）	45.8±4.4c（0.09）	14.6±2.8a（0.25）	1.41±0.04b（0.03）	1.13±0.48a（0.42）
梯地橘园（18）	48.4±9.6c（0.20）	13.0±6.3a（0.49）	48.6±11.2b（0.23）	31.1±8.9a（0.29）	20.8±2.8b（0.13）	1.39±0.07b（0.05）	1.78±1.10b（0.62）
梯地橘园+种草（15）	55.6±3.8d（0.15）	9.7±3.2a（0.33）	40.1±3.8a（0.09）	44.7±8.1c（0.18）	18.0±5.5b（0.31）	1.38±0.06b（0.04）	1.70±0.79b（0.46）

注：括号内数值为变异系数，不同字母表示差别显著（$P<0.05$），下同

梯田、梯田+种草覆盖三种措施小区的平均 WSA >0.25 的含量分别增加了 19.1%、32.6% 和 52.4%。在有水土保持措施的样地，土壤饱和导水率有所增加，坡地橘园+植物篱样

地的平均导水率为 1.13cm/h，而在无水保措施橘园小区只有 0.74cm/h。梯田橘园的饱和导水率明显高于坡地橘园。董杰等（2007）研究结果表明紫色土地区的土壤侵蚀导致了明显的土壤粗骨化，这与无水保措施的坡地橘园砾石含量明显高有水保措施小区的结果一致。在梯田橘园和梯田橘园+种草样地的土壤容重明显小于对照的坡地橘园。这一结果与 Ramos 等（2007）在西班牙的研究结果并不一致，Ramos 等的结果表明梯地的土壤容重明显高于坡地，这主要是因为两地的果树栽种年限和梯田修筑方法的不同。

水土保持措施对土壤养分的影响见表 4-25。结果表明，水土保持措施还明显改善了土壤的养分状况。与坡地橘园相比，在植物篱、梯田、梯田+种草覆盖三种措施下有机质的含量分别增加了 35.9%、29.5% 和 24.9%。虽然全磷和全钾含量在不同处理的变化并不明显，但在上述三种措施下速效磷分别增加了 50.1%、43.6%和 33.5%，速效钾增加了 42.3%、67.2%和 40.6%。植物篱措施显著增加了土壤全氮的含量，坡地橘园的全氮含量平均为 0.39g/kg，而坡地橘园+植物篱小区的全氮平均含量为 0.50g/kg。表明植物篱具有很好的固氮作用。在有水土保持措施条件下，土壤的速效氮的含量也有显著的提高。

表 4-25　水土保持措施对土壤养分的影响

样地（样品数）	有机质/（g /kg）	全氮/（g /kg）	全磷/（g /kg）	全钾/（g /kg）	速效氮/（mg /kg）	速效磷/（mg /kg）	速效钾/（mg /kg）
坡地橘园（12）	12.9±2.3a（0.18）	0.39±0.12a（0.31）	0.59±0.07a（0.12）	16.1±1.4a（0.09）	47.8±12.8a（0.27）	8.0±4.6a（0.57）	162.4±48.0a（0.30）
坡地橘园+植物篱（15）	17.6±3.1b（0.18）	0.50±0.07b（0.14）	0.82±0.38a（0.44）	16.3±4.0a（0.25）	72.0±14.1b（0.20）	14.1±8.2b（0.67）	231.2±44.0b（0.19）
梯地橘园（18）	16.8±3.6b（0.22）	0.45±0.15a（0.33）	0.80±0.27a（0.34）	14.7±2.2a（0.15）	68.9±11.3b（0.17）	22.0±7.6c（0.35）	272.7±73.8c（0.31）
梯地橘园+种草（15）	16.2±3.7b（0.23）	0.47±0.12a（0.26）	0.60±0.39a（0.65）	14.0±2.3a（0.16）	63.8±17.1b（0.27）	15.8±7.2b（0.45）	227.2±59.2b（0.26）

前期研究结果表明，紫色土速效养分（如磷和钾）与坡面黏粒含量的分布密切相关（Ni and Zhang，2007）。因此，坡地橘园、梯田橘园和梯田橘园+种草样地的速效养分的增加，也可能是这些样地的黏粒含量多所致。四个样地土壤的全磷和全钾含量变化不明显，这主要是因为紫色土母质层中钾含量丰富，土壤中钾的供应充分。

水土保持措施还改变了土壤性质的空间差异（表 4-26）。在坡面范围内，在坡地橘园砾石含量表现出上坡最多，中坡和下坡显著减少的趋势，而黏粒含量表现出中坡和下坡显著增加，全氮表现出下坡显著增加的趋势。这主要是因为上坡土壤中的细颗粒随径流冲走淤积在中或下坡。在坡地橘园栽种植物篱后，坡地橘园土壤的砾石含量、黏粒含量和全氮都未表现出明显的空间变化趋势。这表明，水土保持措施改变了土壤性质在坡面的空间分布。在地块范围内，梯田橘园在地块中部的速效氮含量明显高于其他部位，这可能与当地的施肥习惯有关。在坡地橘园+植物篱措施下，土壤团聚体的含量在地块范围内沿下坡方向显著递增，这主要是因为土壤中黏粒和有机质含量增加；土壤中的全氮也因为植物篱的固氮作用而表现为在离植物篱较近地块的中下部明显增多。

表 4-26　水土保持措施对土壤性质空间变异的影响

样地	土壤性质	上坡/地块上部	中坡/地块中部	下坡/地块下部	ANOVA *P* 值
坡地橘园	砾石/%	28.06±4.23b（0.15）	20.49±4.03a（0.20）	21.30±4.07a（0.19）	0.077
	黏粒/%	12.06±1.89a（0.16）	17.32±2.79b（0.16）	17.00±1.79b（0.11）	0.014
梯地橘园	全氮/(g/kg)	0.29±0.07a（0.24）	0.34±0.03a（0.09）	0.53±0.07b（0.13）	0.010
	速效氮/(mg/kg)	65.60±8.78a（0.13）	79.77±11.97b（0.15）	63.00±8.72a（0.14）	0.022
坡地橘园+植物篱	WSA/%	38.38±3.28a（0.09）	44.24±7.79a（0.18）	47.71±5.28b（0.12）	0.070
	全氮/(g/kg)	0.42±0.02a（0.05）	0.51±0.04b（0.08）	0.56±0.06b（0.11）	0.003

无水保措施的坡地橘园黏粒和砾石的含量在坡面范围内差异明显。这一结果与利用四川盆地紫色土丘陵区 ^{137}Cs 的研究结果相一致，对 ^{137}Cs 的研究结果表明，土壤侵蚀导致黏粒聚集在坡下部（Ni and Zhang，2007；Zhang et al.，2006）。坡地橘园+植物篱样地的黏粒和砾石含量并没有表现出明显的空间差异，表明水土保持措施不仅改变整体的土壤性质，还改变了土壤的空间差异。

参 考 文 献

蔡崇法, 王峰, 丁树文, 等. 2000. 间作及农林复合系统中植物组分间养分竞争机理分析. 水土保持研究, 7(3): 219-221, 252.

蔡强国, 黎四龙. 1998. 植物篱笆减少侵蚀的原因分析. 土壤侵蚀与水土保持学报, 4(2): 54-60.

蔡强国, 吴淑安. 1998. 紫色土陡坡地不同土地利用对水土流失过程的影响. 水土保持通报, 18(2): 1-8.

陈一兵, 林超文, 朱钟麟, 等. 2002. 经济植物篱种植模式及其生态经济效益研究. 水土保持学报, 16(2): 80-83.

程洪, 张新全. 2002. 草本植物根系网固土原理的力学试验探究. 水土保持通报, 22(5): 20-23.

丁树文, 王峰, 蔡崇法等. 2004. 两种绿篱植物对作物养分吸收的影响. 资源科学, 26(增刊): 156-160.

董杰, 张重阳, 罗丽丽, 等. 2007. 三峡库区紫色土坡地土壤粗骨沙化和酸化特征. 水土保持学报, 21: 31-34.

黄丽, 蔡崇法. 2000. 几种绿篱梯田中紫色土有机质组分及其性质的研究. 华中农业大学学报, 19(6): 559-562.

李秀彬, 彭业轩, 姜臣, 等. 1998. 等高活篱笆技术提高坡地持续生产力探讨——以三峡库区为例. 地理研究, 17(3): 309-314.

李毅, 邵明安. 2008. 草地覆盖坡面流水动力参数的室内降雨试验. 农业工程学报, 24: 1-5.

李元寿, 王根绪, 王一博, 等. 2006. 长江黄河源区覆被变化下降水的产流产沙效应研究. 水科学进展, 17: 616-623.

吕春娟, 陈丽华, 周硕, 等. 2011. 不同乔木根系的抗拉力学特性. 农业工程学报, 27(增刊 1): 329-335.

孙辉, 唐亚, 陈克明, 等. 2001. 等高固氮植物篱控制坡耕地地表径流的效果. 水土保持通报, 21(2): 48-51.

孙辉, 唐亚, 何永华, 等. 2002b. 等高固氮植物篱模式对坡耕地土壤养分的影响. 中国生态农业学报, 10(2): 79-82.

孙辉, 唐亚, 赵其国. 2002a. 干旱河谷区坡耕地植物篱种植系统土壤水分动态研究. 水土保持学报, 16(1): 84-87.

许峰. 1999. 坡地等高植物篱带间距对表土养分流失影响. 土壤侵蚀与水土保持学报, 5(2): 23-29.

许峰, 蔡强国, 吴淑安. 1999. 等高植物篱在南方湿润山区坡地的应用——以三峡库区紫色土坡地为例. 山地学报, 17(3): 193-199.

肖东升, 张涛. 2008. 边坡土体强度与植被根系作用的研究. 路基工程, (1): 135-137.

杨永红, 刘淑珍, 王成华, 等. 2007. 含根量与土壤抗剪强度增加值关系的试验研究. 水土保持研究, 14(3): 287-288.

尹忠东, 左长清, 荀江涛, 等. 2011. 川中紫色土区小流域土地利用与土壤流失关系. 水利学报, 42(3): 239-365.

曾江海, 王智平. 1995. 农田土壤 N_2O 生成与排放研究. 土壤通报, 26(3): 123-134.

赵丽兵, 张宝贵. 2007. 紫花苜蓿和马唐根的生物力学性能及相关因素的试验研究. 农业工程学报, 23(9): 7-12.

Abdi E, Majnounian B, Rahimi H, et al. 2009. Distribution and tensile strength of Hornbeam (*Carpinus betulus*) roots growing on slopes of Caspian Forests, Iran. Journal of Forestry Research, 20(2): 105-110.

Adhikari A R, Gautam M R, Yu Z B, et al. 2013. Estimation of root cohesion for desert shrub species in the Lower Colorado riparian ecosystem and its potential for streambank stabilization. Ecological Engineering, 51: 33-44.

Adisak S. 2002. Management of Sloping land for sustainable Agriculture. IBSRAM Publication, 151-186.

Amezketa E. 1999.Soil aggregate stability: a review. Journal of Sustainable agriculture, 14(2-3): 83-151.

Baggs E M, Chebii J K, Ndufa J K. 2006. A short-term investigation of trace gas emissions following tillage and no-tillage of agroforestry residues in western Kenya. Soil Tillage Research, 90(1): 69-76.

Bergstrom D.W, Tenuta M, Beauchamp E G. 1994. Increase in nitrous oxide production in soil induced by ammonium and organic carbon. Biology and Fertility of Soil, 18(1): 1-6.

Bischetti G B, Chiaradia E A, Epis T, et al. 2009. Root cohesion of forest species in the Italian Alps. Plant Soil, 324(1-2): 71-89.

Bischetti G B, Chiaradia E A, Simonato T, et al. 2005. Root strength and root area ratio of forest species in Lombardy (Northern Italy). Plant Soil, 278(1-2): 11-22.

Bochet E, Poesen J, Rubio J L. 2006. Runoff and soil loss under individual plants of a semi-arid Mediterranean shrubland: influence of plant morphology and rainfall intensity. Earth Surface Processes and Landforms, 31(5): 536-549.

Bruijnzeel L A. 2004. Hydrological functions of tropical forests: not seeing the soil for the trees? Agriculture, Ecosystems and Environment, 104(1): 185-228.

Burylo M, Hudek C, Rey F. 2011.Soil reinforcement by roots of six dominant species on eroded mountainous marly slopes (Southern Alps, France). Catena, 84:70-78.

Comino E, Marengo P, Rolli V. 2010. Root reinforcement effect of different grass species: a comparison between experimental and models results. Soil and Tillage Research, 110(1): 60-68.

De Baets S, Poesen J, Knapen A, et al. 2007. Root characteristics of representative Mediterranean plant species and their erosion-reducing potential during concentrated runoff. Plant Soil, 294(1-2): 169-183.

De Baets S, Poesen J, Reubens B, et al. 2008. Root tensile strength and root distribution of typical Mediterranean plant species and their contribution to soil shear strength. Plant Soil, 305(1): 207-226.

De Baets S, Poesen J. 2010.Empirical models for predicting the erosion-reducing effects of plant roots during concentrated flow erosion. Geomorphology, 118(3): 425-432.

Dinkelmeyer H, Lehmann J, Renck A, et al. 2003. Nitrogen uptake from 15N-enriched fertilizer by four tree crops in an Amazonian agroforest. Agroforestry Systems, 57(3): 213-224.

Genet M, Li M C, Luo T X, et al. 2011.Linkingcarbon supply to root cell-wall chemistry and mechanics at high altitudes in *Abies georgei*. Annual of Botany, 107: 311-320.

Genet M, Stokes A, Salin F, et al. 2005. The influence of cellulose content on tensile strength in tree roots. Plant Soil, 278(1-2): 1-9.

Green W H, Ampt G A. 1911. Studies on soil physics, flow of air and water through soils. Journal of Agricultural Science, 4(1): 1-24.

Guo D L, Mitchell R J, Hendricks J J. 2004. Fine root branch orders respond differentially to carbon source-sink manipulations in a longleaf pine forest. Oecologia, 140(3): 450-457.

Gyssels G, Poesen J, Nachtergaele J, et al. 2002. The impact of sowing density of smallgrains on rill and ephemeral gully erosion in concentrated flow zones. Soil and Tillage Research, 64(3-4): 189-201.

Gyssels G, Poesen J. 2003. The importance of plant root characteristics in controlling concentrated flow erosion rates. Earth Surface Processes and Landforms, 28(4): 371-384.

Hales T C, Ford C R, Hwang T, et al. 2009. Topographic and ecologic controls on root reinforcement. Journal of Geophysical Research: Earth Surface, 114: 1-17.

Hathaway R L, Penny D. 1975. Root strength in some populus and salix clones. New Zealand Journal of Botany, 13: 333-344.

Horton R E. 1940. An approach to ward a physical interpretation of infiltration capacity. Soil Science Society of America Proceedings, 5(3): 399-417.

Kang B T, van der Kruijs A C B M, Couper D C. 1989. Alley cropping for food crop production in humid and subhumid tropics. //Kang B T, Reynolds L. Alley Farming in the Humid and Sub—humid Tropics. Ottawa. Canada: IDRC: 16-26.

Kostiakov A N. 1932. On the dynamics of the coefficient of water percolation in soils and on the necessity of studying it from dynamic point of view for purposes of amelioration. Soil Science, 97(1): 17-21.

Le Bissonnais Y. 1996. Aggregate stability and assessment of soil crustability and erodibility. I. Theory and methodology. European Journal of Soil Science, 47(4): 425-437.

Lehmann J, Muraoka T. 2001. Tracer methods to assess nutrient uptake distribution in multistrata agroforestry systems. Agroforestry Systems, 53(2): 133-140.

Loades K W, Bengough A G, Bransby M F, et al. 2010. Planting density influence on fibrous root reinforcement of soils. Ecological Engineering, 36: 276-284.

Matti C, Bischetti G B, Gentile F. 2005. Biotechnical characteristics of root systems of typical Mediterranean species. Plant Soil, 278(1-2): 23-32.

Naef F, Scherrer S, Weiler M. 2002. A process based assessment of the potential to reduce flood runoff by land use change. Journal of Hydrology, 267(1): 74-79.

Ni S J, Zhang J H. 2007. Variation of chemical properties as affected by soil erosion on hillslopes and terraces. European Journal of Soil Science, 58:1285-1292.

Philip J R. 1957a. The theory of infiltration: 2. the profile at infinity. Soil Science, 83(6): 435-448.

Philip J R. 1957b. The theory of infiltration: 3. moisture profiles and relation to experiment. Soil Science, 84(2): 163-178.

Philip J R. 1957c. The theory of infiltration: 4. sorptivity and algebraic infiltration equations. Soil Science, 84(3): 257-264.

Philip J R. 1957d. The theory of infiltration: 5. the influence of the initial moisture content. Soil Science, 84(4): 329-339.

Pohl M, Alig D, Körner C, et al. 2009. Higher plant diversity enhances soil stability in disturbed alpine ecosystems. Plant Soil, 324(1-2): 91-102.

Ramos M C, Cots-Folch R, Martinez-Casasnovas J A. 2007. Effects of land terracing on soil properties in the Priorat region in Northeastern Spain: A multivariate analysis. Geoderma, 142(3): 251-261.

Rizhiya E, Bertora C, van Vliet P C J, et al. 2007. Earthworm activity as a determinant for N_2O emission from crop residue. Soil Biology and Biochemistry, 39(8): 2058-2069.

Shen Z Y, Gong Y W, Li Y H, et al. 2010. Analysis and modeling of soil conservation measures in the Three Gorges Reservoir Area in China. Catena, 81(2): 104-112.

Sjostrom E. 1993. Wood Chemistry Fundamentals and Applications（Second Edition）. San Diego: Academic Press Inc: 293.

Velthof G L, Kuikman P, Oenema O. 2002. Nitrous oxide emission from soils amended with crop residues. Nutrient Cycling in Agroecosystems, 62(3): 249-261.

Vergani C, Chiaradia E, Bischetti G. 2012. Variability in the tensile resistance of roots in Alpine forest tree species. Ecological Engineering, 46: 43-56.

Wang J G, Li Z X, Cai C F, et al. 2012. Predicting physical equations of soil detachment by simulated concentrated flow in Ultisols (subtropical China). Earth Surface Processes and Landforms, 37(6): 633-641.

Williams N D, Petticrew E L. 2009. Aggregate stability in organically and conventionally farmed soils. Soil Use Manage, 25(3): 284-292.

Willmott C J, Ackleson S G, Davis R E, et al. 1985. Statistics for the evaluation and comparison of models. Journal of Geophysical Research, 90:8995-9005.

Zhang C B, Chen L H, Jiang J. 2014. Why fine tree roots are stronger than thicker roots: the role of cellulose and lignin in relation to slope stability. Geomorphology, 206(1): 196-202.

Zhang J H, Quine T, Ni S J, et al. 2006. Stocks and dynamics of SOC in relation to soil redistribution by water and tillage erosion. Global Change Biology, 12(10): 1834-1841.

Zhao L, Zhang B. 2007. Experimental study on root bio-mechanics and relevant factors of *Medicago sativa* and *Digitaria sanguinalis*. Transactions of the Chinese Society of Agricultural Engineering, 23(9): 7-12.

下　篇

地理要素空间分异与生态效应

第5章　区域景观格局与土壤侵蚀响应与评价

5.1　基于GIS和RS的小流域景观格局变化及其土壤侵蚀响应

5.1.1　景观格局变化与流域水沙过程

1. 流域景观格局变化特征

景观格局即景观结构，包括景观组成单元的类型、数目以及空间分布与配置，是各种生态过程在不同尺度上作用的结果（傅伯杰等，2001）。景观格局决定景观功能，景观的空间分布尤其是障碍、通道和高异质性区域的组合，在很大程度上决定着物质和能量在景观中的流动（Turner，1990）。景观指数是指能够高度概括景观格局信息，反映其结构组成和空间配置某些方面特征的简单定量指标（郭晋平，2001），可以分为斑块水平指数、斑块类型水平指数以及景观水平指数（O'Neill and Krummel，1988；邬建国，2000）。本章从景观结构分析软件 FRAGSTATS 中选取能确保计算精度的 22 个指标进行分析，其中在斑块类型级别上选用了 12 个指标：斑块类型面积（class area，CA）、斑块类型所占景观面积的比例（percent of landscape，PLAND）、斑块个数（number of patches，NP）、斑块平均面积（mean patch size，MPS）、斑块面积标准差（patch size standard deviation，PSSD）、斑块面积变异系数（patch size coefficient of variation，PSCV）、最大斑块指数（largest patch index，LPI）、面积加权的平均形状指数（area-weighted mean shape index，AWMSI）、面积加权的平均斑块分形指数（area-weighted mean patch fractal dimension，AWMPFD）、总边缘长度（total edge，TE）、边缘密度（edge density，ED）、散布与并列指数（interspersion and Juxtaposition index，IJI）；在景观级别上选用了 10 个指标：斑块个数（number of patches，NP）、斑块平均大小（mean patch size，MPS）、面积加权的平均形状因子（area-weighted mean shape index，AWMSI）、斑块密度（patch density，PD）、面积加权的平均斑块分形指数（area-weighted mean patch fractal dimension，AWMPFD）、最大斑块指数（largest patch index，LPI）、香农多样性指数（Shannon's diversity index，SHDI）、香农平均度指数（Shannon's evenness index，SHEI）、散布与并列指数（interspersion and Juxtaposition index，IJI）、蔓延度指数（contagion index，CONTAG）。

通过上述景观指数对王家桥流域在 1989 年和 1995 年两个时期的景观格局进行了分析。1989～1995 年，王家桥流域坡耕地由 309.6hm^2 减少为 148.9hm^2；果园面积由 1989 年的 42.5hm^2 增加到 145hm^2；林地由 620hm^2 减至 578hm^2，疏林地由 180hm^2 减至 174hm^2；部分梯地变为经济效益较高的果园，部分水源条件差的水田变成旱耕梯地；水田的变化不明显，其保留概率较高；居民用地和荒草地都略有增加。

斑块大小变化特征：在自然过程和人为活动的作用下，不同类型斑块相互镶嵌，在空间上不断地扩张与收缩。分析表明：1989～1995 年王家桥流域坡耕地斑块数显著增加但平均面积明显变小，斑块数由 19 个增加到 93 个；水田的斑块数和平均面积均小幅度增加；林地的斑块数量增加而平均面积却减小；疏林地斑块数量增加，总面积却减小；坡式果园和梯式果园的斑块数和面积增加。说明林地、坡耕地不断破碎化而园地呈现持续扩张的空间集中化特征。居民用地斑块数量和规模变异不明显的趋势也很明显，这一变化特征与人口增加和经济的发展相关联（图 5-1）。

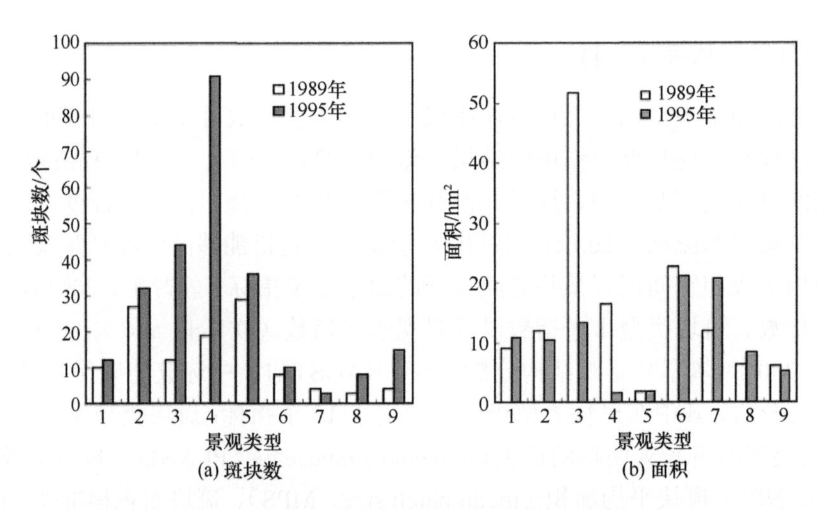

图 5-1　1989～1995 年景观类型斑块特征变化

1～9 分别为：梯地、水田、林地、坡耕地、居民地、疏林地、荒草地、坡式果园、梯式果园

为了进一步了解斑块平均面积的变化特征，对 1989 年和 1995 年的斑块平均面积（MPS）、斑块面积变异系数（PSCV）、斑块面积标准差（PSSD）和最大斑块指数（LPI）进行统计，如表 5-1 所示。结果表明，由于居民用地是人为景观，斑块的大小差异（斑块面积）较小，所以该景观类型的面积变化方差最小。斑块面积差异最大的景观类型是林地和坡耕地，反映了人类活动对其改造作用明显，致使原来连续的林地和坡耕地隔开，因而出现了一些被其他类型包围的面积较小的坡耕地和林地。期间由于园地增幅较大，斑块数增加，所以斑块面积的标准差和变异系数均变大，斑块面积的离散程度加剧。最大斑块指数变化差异较大，林地的最大斑块指数最大，1989 年和 1995 年分别达 11.8 和 7.57；坡耕地在 1989 年的最大斑块指数达 2.8，而 1995 年仅为 0.098，表明在流域的水土保持与生态环境建设中对坡耕地的改造力度较大。这一时期，水田、荒草地、居民地的最大斑块指数变异不大；另外，由于有大面积的坡式果园发展，所以，它的最大斑块指数显著增加。

表 5-1　王家桥流域 1989 年和 1995 年斑块大小特征值

类型	1989 年				1995 年			
	MPS	PSSD	PSCV	LPI	MPS	PSSD	PSCV	LPI
梯地	9.0	8.0	102.0	0.64	11.8	10.3	95.2	0.87
水田	12.0	17.5	145.6	2.00	10.3	16.3	154.5	2.01
林地	51.7	56.80	403.5	11.80	13.2	151	194.8	7.57
坡耕地	16.3	24.7	151.4	2.80	1.6	2.0	314.4	0.098
居民地	1.9	0.8	44.3	0.11	1.8	0.8	45.7	0.25
疏林地	22.6	23.5	124.8	1.92	27.8	21.8	119.9	1.93
荒草地	12.0	11.8	49.0	0.89	20.6	12.0	63.5	0.89
坡式果园	6.2	3.6	63.7	0.13	8.4	46.2	95.1	2.37
梯式果园	6.0	2.5	52.6	0.10	5.2	10.3	107.6	0.75

斑块边缘变化特征：王家桥流域 1989 年和 1995 年的各类斑块边缘的总边缘长度（TE）和边缘密度（ED）结果见表 5-2。就景观类型而言，总边缘长度和边缘密度最大的景观类型为林地，两个时期的边缘总长度分别为 101560m 和 110200m。结果表明，该类景观具有相当的优势程度，特别是在 1995 年其总面积减少的情况下，总边缘长度和边缘密度增大。与面积差异分布不同的景观类型是居民地，它的面积是流域中较小的，但其总边缘长度和密度在所有景观类型中位居第五，其长度在 1989 年和 1995 年分别为 21160m 和 25100m，主要原因是它以较小的斑块散布在其他景观类型中。而果园的分布较为集中，与其他景观类型的镶嵌程度较低，所以其总边缘长度和边缘密度值较小，但 1989～1995 年由于面积的增加其表现出明显的增加趋势。

表 5-2　王家桥流域 1989 年和 1995 年斑块边缘特征值

类型	1989 年		1995 年	
	TE/m	ED/(m/hm^2)	TE/m	ED/(m/hm^2)
梯地	18420	4.61	27390	6.85
水田	68100	17.02	71720	17.93
林地	101560	25.39	110200	27.55
坡耕地	62720	15.68	41700	10.43
居民地	21160	5.29	25100	6.28
疏林地	26660	6.67	29730	7.43
荒草地	6600	1.65	7850	1.96
坡式果园	1580	0.39	18240	4.56
梯式果园	1240	0.31	9870	2.47

斑块形状变化特征：通过面积加权平均斑块形状指数（AWMSI）和面积加权平均斑块分维数（AWMPFD）两个指标探讨斑块的形状变化。从 AWMSI 的分布看自然景观类型的形状指数要比人为景观类型的值大（图 5-2）。林地的 AWMSI 最大，居民用地的 AWMSI 在所有的景观类型中最小。坡耕地和坡式果园的 AWMSI 较大，特别是坡式果

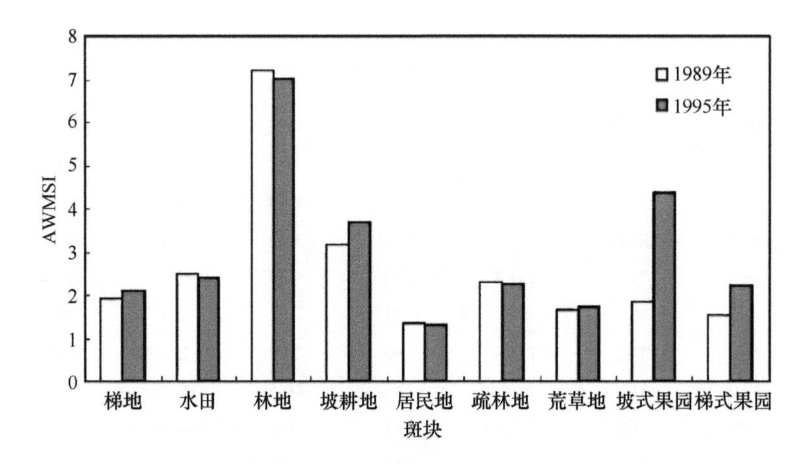

图 5-2 王家桥流域 1989 年和 1995 年斑块类型的 AWMSI 对比

园的指数变化较大，从 1989 年的 1.84 上升为 1995 年的 4.37，这主要是由于它们的面积在扩大过程中受到当地的复杂地貌及土壤肥力所控制。水田和梯地的 AWMSI 都在 2 左右，且变化不大，主要是水田的分布都在水源附近，且保留概率较高，而梯地的建设都是由坡度较均匀且斑块不大的坡耕地改造而来。荒草地和疏林地的 AWMSI 分别约为 1.7 和 2.2，且变化不大。

分维或分维数可以直观地理解为不规则几何形状地非整数维数。在一定程度上也反映了人类活动对景观格局的影响，一般来说，受人类活动干扰小的自然景观的分维数值高，而受人类活动影响大的人为景观的分维数值低。AWMPDF 在王家桥流域的变化规律与 AWMSI 相似（图 5-3），但该指数可以更进一步反映出林地、坡耕地和坡式果园斑块的空间形状复杂，而居民地的形状最为简单。在流域景观发展过程中，林地是不断破碎，坡耕地是破碎和转化为其他类型，坡式果园则是扩张的结果且受到当地的地貌气象条件的限制，AWMPDF 值均有不同程度增加。

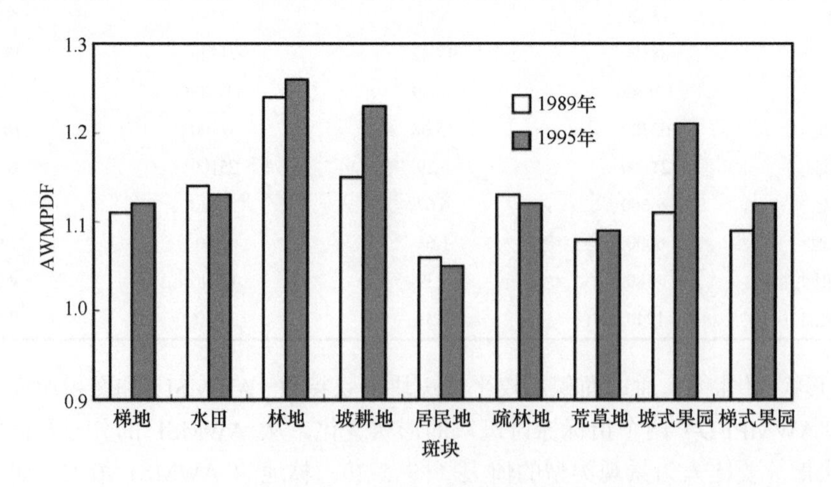

图 5-3 王家桥流域 1989 年和 1995 年斑块类型的 AWMPDF 对比

斑块分布变化特征：图 5-4 显示了王家桥流域 1989 年和 1995 年的散布与并列指数（IJI）。从该图可以看出，坡耕地的 IJI 由 67 降至 27；疏林地的 IJI 值降低了 1.5；梯式果园、居民用地、梯地、坡式果园、水田和林地则分别依次增加了 22.6、12.9、10.8、9.8、8.3 和 5.5。结果表明，坡耕地在流域内由大面积均匀分布变得不均匀，且斑块粒径减小。林地和居民用地分布最为均匀，居民地以农村居民点为主，反映为平均面积小而广泛分布，林地都分布于耕作条件不好的陡坡或坡度起伏大的地区，而流域的地貌条件决定了它在流域内分布非常广泛；由于人口增加和适宜耕种的林地开垦，使它们的 IJI 指数在 6 年后均有不同程度的增加。

利用 Fragstas 3.3 计算出整个流域景观水平的各种指数（表 5-3）。1989～1995 年，王家桥流域的斑块个数 NP 从 116 块增至 251 块，斑块平均面积减少一半，LPI 从 11.8 下降至 7.57。原因是过去的许多大斑块，如林地、坡耕地碎化变成了小斑块，反映出景观的破碎度上升，景观异质性增强。斑块的平均密度 PD 由 6.95 个/km^2 增加至 15.03 个/km^2，说明斑块的空间分布变得更紧凑，彼此间相距更近。AWMSI 和 AWMPDF 增加说明斑块形状更趋复杂；香农多样性指数 SHDI 和平均度指数 SHEI 增加，也说明景观异质程度上升，景观类型有向多样化或均衡化方向发展的趋势。散布与并列指数 IJI 变大，蔓延度指数 CONTAG 下降，说明景观中各类型斑块在空间上的分布也出现均衡化，

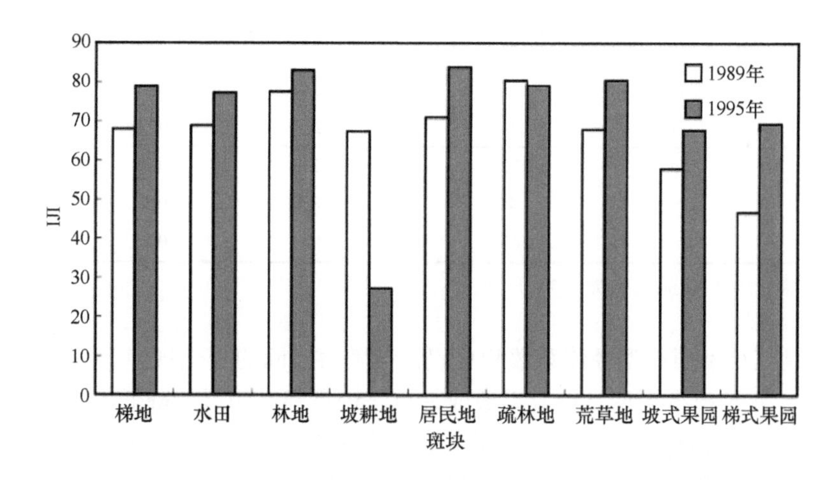

图 5-4　王家桥流域 1989 年和 1995 年斑块类型的 IJI 对比

表 5-3　王家桥流域景观层次上景观指数对比

景观指数	1989 年	1995 年	景观指数	1989 年	1995 年
NP/个	116	251	LPI	11.8	7.6
MPS/（hm^2/个）	14.40	6.65	SHDI	1.32	1.79
PD/（个/km^2）	6.95	15.03	SHEI	0.57	0.82
AWMSI	3.28	4.26	IJI	71.5	76.1
AWMPDF	1.14	1.28	CONTAG	68.5	52.6

景观中的某一类或某几类元素的优势度下降且更小连通性。整个流域受到人类活动的强烈干扰，生态环境建设和社会经济发展是改变景观面貌的最主要最活跃因素。在这 6 年间，流域人口增加和经济发展，耕地和经济林（主要是果园）急剧扩张，使其在景观级别上的优势度明显提高。

2. 流域景观格局变化对水沙过程的影响

通过聚类分析，将 1995～2004 年王家桥流域 152 场次降雨分成三类（表 5-4）。雨型 I 发生 44 次，累计雨量 1349.1mm，雨型 II 只发生 15 次，累计降雨 817.7mm。雨型 III 总计 93 场，累计降雨 2050.3mm，三种雨型平均降雨量和降雨历时依次排序雨型 II>雨型 I>雨型 III，而最大 30 分钟雨强则是雨型 III >雨型 II>雨型 I。可以看出，雨型 I 的特征是中等雨量，中等历时和较小的最大 30 分钟雨强，雨型 II 的降雨平均雨量较大，降雨历时较长，而雨型 III 雨量较小，降雨历时较短。

表 5-4　不同雨型降雨特征

雨型	变量	均值	标准差	变异系数	总和
I	P/mm	31.8	15.1	0.47	1349.1
	D/min	1371	256	0.19	59770
	I_{30}/mm	3.7	1.6	0.44	
II	P/mm	54.0	22.9	0.42	818.7
	D/min	2548	543	0.21	37632
	I_{30}/mm	5.3	4.2	0.78	
III	P/mm	22.2	12.2	0.56	2050.3
	D/min	494	248	0.50	45949
	I_{30}/mm	7.5	7.1	0.95	

注：P=降雨量；D=降雨历时；I_{30}=最大 30 分钟雨强

图 5-5 是三种不同雨型径流系数和总侵蚀量随着时间的变化规律。可以看出，以 2000 年为分界线，三种雨型无论是径流系数或是总侵蚀量都有明显的降低，每种雨型的径流系数和侵蚀量降低趋势较为一致。不同雨型径流系数或侵蚀量变化差异较大。在王家桥流域，1995～2004 年水田和耕地的大幅度减少，而柑橘林地因为其经济效益被广泛推广（面积增长约 2.8 倍，占流域总面积约 11.9%）。由图 5-5 可看出，从 1995～1999 年到 2000～2004 年，雨型 III 的径流系数和产沙量降低趋势比雨型 II 和雨型 I 缓和很多。主要是由于雨型 III 的降雨量和降雨历时比雨型 I 和雨型 II 要低很多，流域的产流、产沙反应比较缓和。较大降雨事件的径流对土地利用变化更加敏感，特别是在土壤入渗和降雨处于同一数量级时（Bronstert et al.，2002）。所以，产生较多径流和较大侵蚀量的降雨事件都发生在 2000 年以前。雨型 I 的平均产沙由 2000 年之前 177605kg 减少到之后的 17099kg。雨型 II 平均产沙量减少了 108208kg。雨型 III 虽然也能看出少数的降雨产生了绝大多数土壤侵蚀，但是这种现象没有雨型 I 和雨型 II 显著，说明土地利用变化对雨型 I、雨型 II 影响较大，对雨型 III 的影响较小。

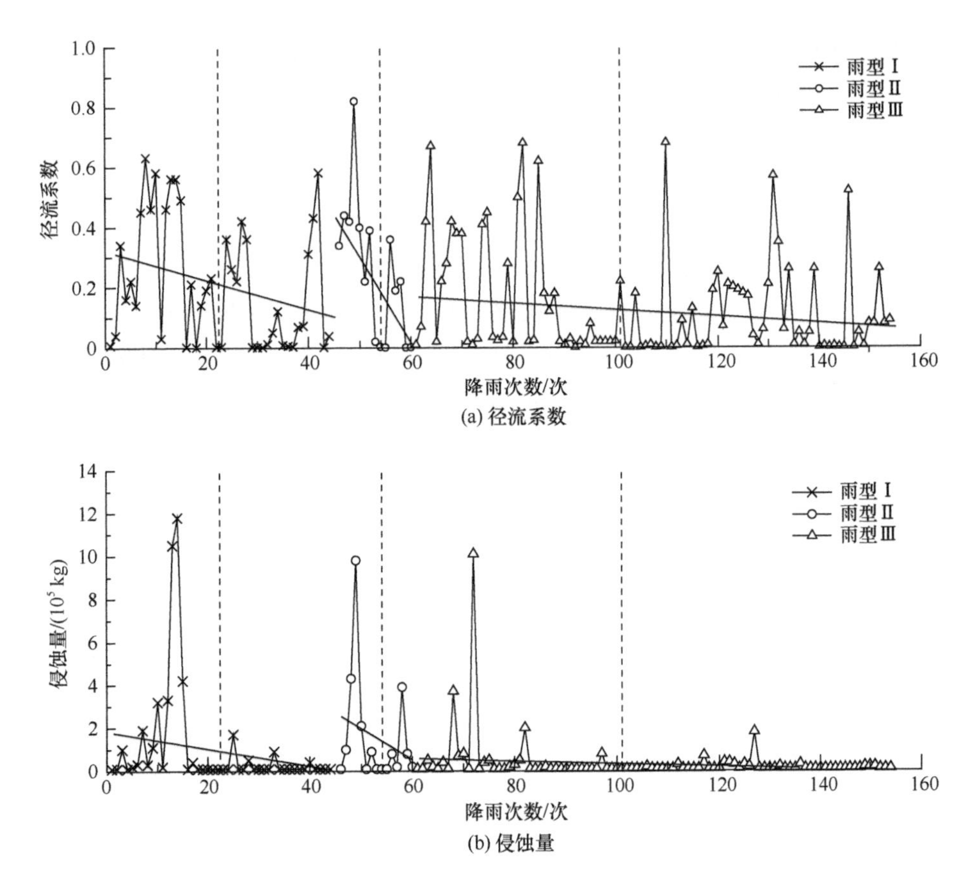

图 5-5　王家桥流域不同雨型径流系数、侵蚀量变化

每种雨型按时间先后在 *X* 轴依次排列，虚线代表 2000 年的分界线，左侧是 1995～1999 年，右侧是 2000～2004 年

5.1.2　基于景观格局优化的水土保持措施配置

小流域景观格局优化是减少水土流失行之有效的方法之一，开展流域景观格局优化需要充分考虑流域耕作制度、林地分布、植物篱、道路、居民点分布等诸多因素。小流域景观格局优化蕴含两层含义：首先，水土保持和区域经济要协调发展，在减少水土流失的同时，要促进农业生产力和区域经济的发展；其次，实施必要的工程、生物措施，减少>25°陡坡地的农业利用。小流域景观格局优化在三峡库区主要包括三个方面：①优化土地利用，陡坡地退耕还林；②坡地梯田建设与垄沟耕作，保持水土；③工程减沙措施，如修建塘凼等。在 1995 年以前，梯田是王家桥流域的水保措施，主要以水稻田和柑橘为主；1995～2005 年，其他水保措施如垄沟种植、沉砂池等陆续推广。

1. 基于情景模拟的流域景观格局优化

为分析流域景观格局变化对土壤侵蚀和泥沙输移的影响，本章模拟了 5 种不同景观格局情景。

情景 1：1995 年王家桥流域下垫面状况，代表流域综合整治前的情况（图 5-6）；

情景 2：土地利用变化及优化；

情景 3：梯田和沟垄耕作等；

情景 4：沉沙凼和水塘等措施；

情景 5：2005 年王家桥流域状况，代表流域综合整治后的情况。

具体模型运行过程如下：所有的情景模拟都在情景 1 的基础上改变；情景 2 使用优化的土地利用，相应地改变植被覆盖因子 *C*；情景 3 改变水保措施因子、反应垄沟、等高种植等措施；池塘被当作单独的图层添加到情景 4 中；情景 5 使用 2005 年的 *C*、*P* 图层和池塘图层，其他因子如 *R*、*K*、LS 保持固定。

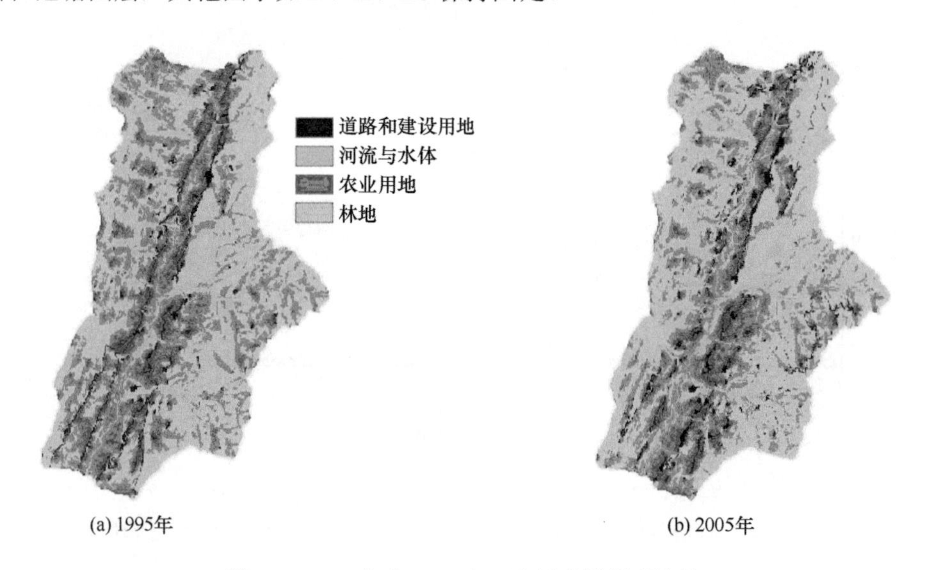

图 5-6　1995 年和 2005 年王家桥流域景观格局

2. 不同优化情景下的水土流失响应

本章研究应用 WATEM/SEDEM 模型分析了不同情景下流域的水土流失特征。根据杜政清（1995）对三峡地区的环境规划，把 10t/(hm^2·a)作为水土流失的警戒线。侵蚀或沉积的结果可以分为 5 类：极强度侵蚀[<50t/(hm^2·a)]、强度侵蚀[20～50t/(hm^2·a)]、中度侵蚀[10～20t/(hm^2·a)]、轻度侵蚀[0～10t/(hm^2·a)]和沉积区[<0t/(hm^2·a)]。1995～2005 年，经历长期的水土流失整治工作，王家桥流域土壤侵蚀和沉积发生巨大变化（图 5-7）。极强度侵蚀、强度侵蚀和中度侵蚀都得到了显著控制。从 1995 年到 2005 年，极强度和强度侵蚀区域由 5.5%和 16.9%分别降低到 2.9%和 7.6%；中度侵蚀区降低了 131.6hm^2；轻度侵蚀区域由 32.5%增加到 42.2%；而沉积区域由 10.4%增加到 20.5%（表 5-5）。

在情景 2 的模拟中，土地结构优化减少了 21.1%的平均土壤侵蚀率。林地的增加，减少了侵蚀的发生，农地转变为林地减少了约 42.9%的泥沙输移。这主要有两方面的原因：一是林地的土壤侵蚀减轻了，二是被侵蚀的土壤很难在林地中发生位移（Van

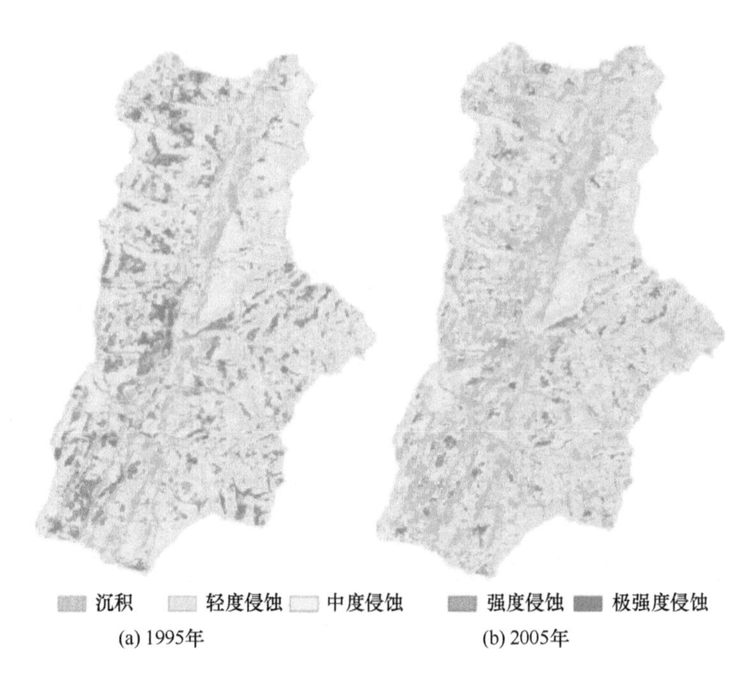

图 5-7　王家桥流域 1995 年和 2005 年水土流失特征图

表 5-5　1995 年和 2005 年流域土壤侵蚀/沉积面积变化

侵蚀/沉积分级	1995 年		2005 年	
	面积/hm^2	百分比/%	面积/hm^2	百分比/%
极强度侵蚀	92.3	5.5	49.2	2.9
强度侵蚀	282.5	16.9	127.5	7.6
中度侵蚀	578.4	34.6	446.8	26.8
轻度侵蚀	542.5	32.5	704.4	42.2
沉积	174.3	10.4	342.1	20.5

Rompaey et al.，2007）。土壤侵蚀很大程度由地表覆盖决定，然而泥沙输移是由原位侵蚀强度、侵蚀源与流域出口的连通性共同决定。由于泥沙输移能力也会随着土地利用的变化而改变（Van Rompaey et al.，2002），因而对陡坡等泥沙输移能力较大的区域实施土地利用优化措施对控制流域土壤侵蚀具有重要影响（表 5-6）。

表 5-6　小流域模拟情景侵蚀产沙特征

模拟情景	E/[t/(hm^2·a)]	ΔE/%	SSY/[t/(hm^2·a)]	ΔSSY/%	SY/t	ΔSY/(t/a)	SDR
流域综合整治前	18.5		8.4		14020		0.454
土地格局优化	14.6	21.1	4.8	42.9	8032	5988	0.329
耕作水保措施	15.3	17.3	5.7	32.1	9512	4508	0.372
减沙措施	18.2	1.6	7.1	15.5	11855	2165	0.386
小流域综合整治后	13.2	28.6	3.9	53.6	6529	7491	0.295

注：E 为平均土壤流失率，t/(hm^2·a)；ΔE 为土壤流失率变化，%；SSY 为局部产沙，t/(hm^2·a)；ΔSSY 为产沙变化，%；SY 为产沙量，t；ΔSY 为产沙量变化，t/a；SDR 为产沙输移比

沟垄耕作和梯田等措施作用下，流域土壤侵蚀由 18.5t/（hm^2·a）减少到 15.3t/（hm^2·a）（降低约 17.3%），输沙量减少约 32.1%，沟垄耕作和梯田等措施能够阻截地表径流和增强入渗，从而降低了径流的输移能力，减少泥沙往沟道搬运。但是，当坡度增加超过 10%，梯田每个台阶间隔会相应减小，修建的花费会显著增大；资金的限制，使得这种水保措施在三峡地区并不能广泛地推广（韦杰和贺秀斌，2011）。沟垄耕作促进了混作，但是垄作下，土壤抗水蚀能力会降低，比较容易发生侵蚀，特别是耕作方向和水流方向相悖时往往增加土壤侵蚀。池塘也能够减少径流和泥沙，在情景 4 的模拟中，池塘的减沙效果达到了 15.4%。比较发现，池塘的减沙效果不如土地格局优化和耕作保护措施。情景模拟 1～5 展现了小流域综合治理在王家桥流域的成效。对比 1995 年和 2005 年模拟结果，可以发现，水蚀产沙减少了 28.6% [由 18.5t/(hm^2·a)减至 13.2t/(hm^2·a)]，泥沙输出减少了 53.6% [由 8.4t/(hm^2·a)减为 3.9t/(hm^2·a)]，泥沙沉积率增加了 15.9%。

5.2 遥感和 GIS 技术支持下的区域土壤侵蚀评价与时空变化分析

土壤侵蚀已成为是全球性的环境问题之一，严重威胁着人类生存与社会可持续发展。迅速掌握大尺度范围内的土壤侵蚀状况，分析土壤侵蚀的时空变化，可以为土壤侵蚀综合治理和生态恢复建设提供重要的理论依据与决策参考。本章研究以土壤侵蚀学为理论基础，以遥感、GIS 技术和现代信息处理手段为技术依托，以湖北省为研究对象，开展省域尺度下土壤侵蚀快速评价方法的研究，分别对研究区 2000 年和 2005 年的土壤侵蚀状况进行评价；在此基础之上，从不同角度对湖北省土壤侵蚀时空变化特征进行分析。

5.2.1 区 域 概 况

湖北省位于 29°05′～33°20′N，108°21′～116°07′E，地处长江中上游，中国地势第二级阶梯向第三级阶梯过渡地带，总面积 18 万 km^2，境内地貌类型多样，山地、丘陵、岗地和平原兼备，其中山地约占全省总面积的 55.5%，丘陵和岗地占 24.5%，平原和湖泊占 20%。

湖北省在生物气候带上属于亚热带，气候类型属亚热带季风气候。湖北省位于我国东部季风区的中部偏南部分，属于亚热带向暖温带的过渡地带。湖北省年日照时数一般为 1200～2200 小时，其分布总趋势是东高西低，北高南低。湖北省的年平均气温，在 15～17℃之间。年平均降水量为 1166mm（在 750～1600mm 之间），为全国平均值 628mm 的 1.86 倍。

湖北省自然条件和人为因素相当复杂，成土母质多种多样，在湿润的亚热带季风气候影响下，在多种地貌形态的制约下，经过人类长期农业生产活动的影响，形成了多种类型的土壤，它的分布规律是自南而北，从中亚热带的红壤与黄壤向北亚热带黄棕壤过渡的水平地带性分布。南部主要为中亚热带型红壤和黄壤，北部主要为北亚热带型黄棕壤。在同一土壤水平地带内，又因地貌、地势、水热、生物等因素的影响，土壤分布呈现垂直地带性差异。此外，还因微域性地形、小气候、成土母岩、成土年龄等因素的影响，主要形成了红壤、黄壤、黄棕壤、黄褐土、砂姜黑土、棕壤、暗棕壤、石灰土、紫色土、山地草甸土、沼泽土、潮土和水稻土等 13 种土种。

湖北省在全国植被区划中，属于东部（湿润）亚热带常绿阔叶林亚区域，包括北亚热带常绿、落叶阔叶混交林地带和中亚热带常绿阔叶林北部亚地带。湖北省林地兼有南北方自然林相，植被具有树种繁多，既有常绿阔叶树种，也有落叶阔叶树种；既有常绿针叶树种，也有落叶针叶树种；既有优质速生的用材林，也有经济价值高的经济林，总数约 1300 种。林种用地结构不协调、林地分布不均匀、有林地面积小和森林覆盖率低的特点。湖北省有林面积中，用材林比例最大，其他林种面积均较小，特别是对保护生态环境起重要作用的防护林，这与本省自然环境特点不相适应。鄂西山地和鄂东南山地山高坡陡，鄂东北地区为本省暴雨中心，水土流失比较严重，防护林面积却很少；江汉平原是全省粮棉重要产区，大面积农田也缺少林带防护。防护林面积少，既不利于涵养水源，保持水土和保护农田，也影响森林生态系统的平衡。

由于自然条件的差异，湖北省内大致可分为 3 大农业区：①鄂西山区。以产玉米、薯类等杂粮为主，农业生产水平低，粮食产量仅占全省的 12%，但木材、桐油、生漆、木耳、药材及柑橘等产品居全省首位，是主要林特产区。②鄂中地区。区内多为水网平原、丘陵岗地，耕地面积占全省总耕地的 56%，土地、热量条件配合较好，水分虽有丰有缺，但水利建设成绩大，旱涝保收程度日益提高，农业生产水平高，粮食、棉花分别占全省粮、棉总产量的 59%和 71%，猪、禽、蛋的产量也居全省首位，是湖北省内水、旱农业并举，畜牧业最发达地区。③鄂东低山丘陵平原湖区。耕地面积占全省的 22.5%，水田比例大。水、土、热条件配合较好，劳动力充足，精耕细作程度高，粮食、棉花分别占全省粮、棉总产量的 29%和 21%。茶叶、桑蚕茧、苎麻、楠竹占重要地位，是湖北省主要的水田农业和丝茶麻竹产区。

5.2.2　区域土壤侵蚀快速评价的原理

1. 区域土壤侵蚀快速评价的理论基础

本章采用的区域土壤侵蚀快速评价方法的主要思想，是通过类比近年来广泛应用于水体、沉积物等生态环境质量评估的快速生物评价方法的基本原理得到。

快速生物评价方法是在 20 世纪 80 年代建立的一种水质评价方法（Wright et al.，1984；Wright，1995），其基本思想基于一个可以接受的假设，即具有相同环境特征的地点（即同一生境的地点）应具有相似的生物群落特征及结构（Wright et al.，1984；Wright，1995）。该方法首先在于选定一系列不受人为活动干扰或最低限度受损害的地点作为“参照点”，将这些参照点按照其生物群落的均匀性，划分为不同类型的组，即“参照组”，确定各个组的群落结构及其特征，并找出与其密切相关的环境变量，形成参照组信息数据库。其次，将测试点根据环境变量特征匹配到参照组中，预测测试点的生物群落结构及特征。最后，将预测结果同实际情况对比，从而得出评价结果。

类比上述快速生物评价方法的原理，可以建立适合土壤侵蚀特点的动态评估方法。本章所基于的快速评价的思想假设：具有相似土壤侵蚀环境因子的区域会呈现相似的土壤侵蚀特征。这一假设的物理意义非常明确，即相似的土壤侵蚀影响因子（如地质、地貌、植被、降雨、人类活动等因子）会导致相似的土壤侵蚀状况（如土壤侵蚀强度等）（李英奎，2001）。与快速生物评价法的前提假设不同的是，这里没有强调分离人类活动的影响，这是因为本章的土壤侵蚀快速评价拟包含人类活动的影响，评价结果直接反映研究区土壤侵蚀的严重程度。下面是区域土壤侵蚀快速评价的主要过程。

参照组构建：利用 GIS 技术将整个研究区划分为基本评价单元，选取有实地调查或监测资料的若干单元作为参照点，参考国家土壤侵蚀分类分级标准，通过估算单元内的土壤侵蚀模数确定单元的土壤侵蚀强度等级。土壤侵蚀的评价根据所选参照点的时间特征以及评估的时间尺度，还可以分为（时空演变）动态评估和静态（现状）评估。

环境变量选取：针对影响区域土壤侵蚀过程的各种自然环境因素，考虑区域尺度评价的适宜性，选择一组能反映区域特征的环境变量子集（如海拔高度、高差、平均坡度、地表物质组成等，对应于不同空间尺度的环境变量可能有所不同），使其能够在一定程度上解释参照组间的大部分差异。对于不同的空间尺度和评估方面，影响土壤侵蚀的因素也会有所不同。例如，对于最小流域单元尺度，主要影响因素可能包括坡度、坡长、地表物质组成等；对于一般的小流域尺度，坡度和坡长因子将可能被平均坡度和坡长替代，同时流域的沟谷密度、地形起伏度以及面蚀/沟蚀比等指标，也可能成为影响流域土壤侵蚀的重要因素；对于较大的流域尺度，坡度和坡长可能已经不再是重要的影响因子，而代之以宏观的地貌类型等。因此，在进行环境变量选择时，需要考虑空间尺度的影响，选择对应空间尺度的环境变量进行分析。环境变量的选择还应该与同尺度条件下土地利用变量的分辨率相一致。

待评估区域的参照组匹配：确定待评估区域对应的环境变量，根据其环境变量信息，结合实地调查或监测数据，通过现代智能技术模拟专家决策知识进行判别分析等方法判别该区域所属的参照组。

评价结果与实际观测结果的比较分析：选取有实地调查或监测资料的若干单元作为检验点，对实际观测结果与模型评价结果进行精度检验，以便对评价模型进行修正。

2. 区域土壤侵蚀的基本评价单元划分方法

基本评价单元是进行区域土壤侵蚀评价的最小单位，评价单元的划分应客观地反映出研究区区域尺度下土壤侵蚀自然环境背景在一定空间及时间上的差异。在同一评价单元中侵蚀环境因子具有一致的基本属性，不同的评价单元都应有自己独特的自然属性，能反映出不同的地貌类型、土壤类型和土地利用类型等信息（李智广，2001）。

本节借用马蔼乃（2000）提出的最小图斑概念，作为模型数据集成和处理的基础。最小图斑具有如下特征：①图斑内每个独立因子（或相对独立因子）的属性是均一的，每个图斑代表着一个有特定地理含义的小区域；②图斑的空间形状和大小随着所研究区域的空间尺度和研究内容的变化而变化；③任何属性相同的两个图斑的特性是一致的，即两个图斑的空间形状、大小可能有很大的差异，但二者表达的研究内容的特性是一致的。在进行土壤侵蚀评价时，事先已经有相应比例尺、时间的相关空间数据，就可以通过侵蚀因子图层叠加，得到土壤侵蚀评价的最小单元，以及对应于每个最小单元——最小图斑所包含的各个侵蚀因子值。

3. 神经-模糊评价模型

模糊神经系统是模糊系统和神经网络相结合的产物，目前广泛应用于模式识别领域。本章采用的神经-模糊评价（NEFCLASS）模型就是一种典型的应用模糊神经技术进行多重模式特征分类识别的模型（Nauck and Kruse，1999）。它可以从已知样本数据中学习分类知识，提取分类规则并构成规则库。NEFCLASS 模型通常可以用一个三层前馈网络表示。其中，第 1 层为输入层，节点代表输入的多重模式特征；第 2 层为推理层，节点代表模糊评价规则；第 3 层为输出层，节点代表分类结果。图 5-8 即表示了一个用 5 条语言规则把具有两个特征的输入模式分成两类 NEFCLASS 模型。NEFCLASS 模型的推理过程可以用“IF-THEN”的语言形式来解释，如一个多输入多输出的模糊分类规则可以描述为

$$\text{If } x_1 \textit{ is } \mu_p^{(1)} \text{ and } x_2 \text{ is } \mu_p^{(2)}, \cdots, x_i \text{ is } \mu_p^{(i)}$$

$$\text{Then pattern}(x_1, x_2, \cdots, x_i) \text{ belong to } C_j$$

其中，x_1，x_2，…，x_i 为输入模式特征，如本章研究中所选用的坡度、植被覆盖度等评价指标；$\mu_1^{(i)}$，$\mu_2^{(i)}$，…，$\mu_p^{(i)}$ 为评价指标的分级标准的模糊集合，如坡度可以分为缓坡、中等坡、斜坡、陡坡、急坡和急陡坡 6 个级别；C_j 为分类类别，如土壤侵蚀强度等级评定结果。

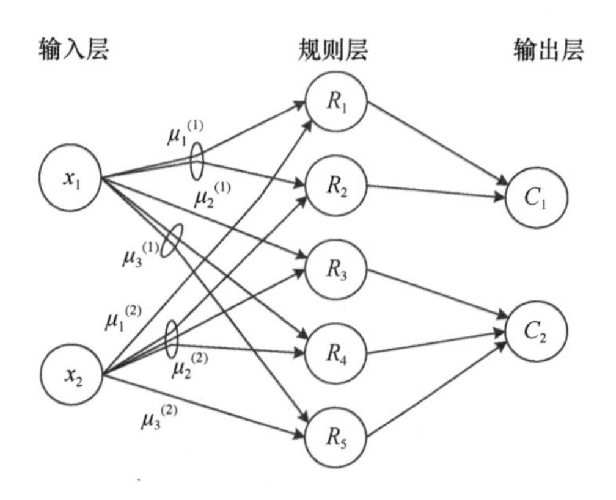

图 5-8　NEFCLASS 模型结构示意图

NEFCLASS 模型利用神经网络的学习能力实现模糊分类系统的创建及训练。它采用的是有导师的监督学习，需要一批正确反映输入和输出数据关系的样本。学习过程主要是调节模型各层次间的连接权值及内部参数，并从样本中提取模糊评价规则构成规则

库，同时还可以对规则库进行补充及修正，使其更全面完善，以提高模型的评价精度。

5.2.3 区域土壤侵蚀评价方法与步骤

1. 区域土壤侵蚀评价数据来源

遥感影像：采用中分辨率卫星遥感数据（IRS-P6 LISS3 和 Landsat 5）包括 2000 年和 2005 年两个时间段的影像，对其进行解译和分类，得到 2000 年和 2005 年两个时间段较为精确的土地覆盖/土地利用专题图，作为研究区域土壤侵蚀状况的基础。并用 MODIS 植被指数产品进行动态植被覆盖的监测，主要研究植被盖度的变化，比如乔木、灌木、草场、农作物的长势和面积变化等，可以较好地反映毁林开荒以及退田还林过程。

地形数据：地形数据包括湖北省 1∶25 万地形数据库和 1∶5 万数字高程模型。地形数据库包括水系、居民地、铁路、公路、境界、地形、其他要素、辅助要素、坐标网等 14 个数据层，主要用于各专题图层的制作。数字高程模型分辨率为 25m×25m，高程等高距平原区为 10m，山区为 20m。

土壤调查数据：土壤数据来自湖北省内的全国第二次土壤普查分县成果数字化成果，共分为 13 个土类，包括红壤、黄壤、黄棕壤、黄褐土、砂姜黑土、棕壤、暗棕壤、石灰土、紫色土、山地草甸土、沼泽土、潮土和水稻土。

降雨数据：降雨数据源于湖北省气象局，490 个气象站的观测资料。2000 年和 2005 全年逐月降水资料，缺失的部分日期降雨量，由相邻站点同期降雨量替代。

实地观测数据：①已有的固定监测站点监测数据；②野外实地调查资料。调查工作于 2006 年 7～8 月进行，共选择了 14 个县的 187 个调查区进行了详细的实地调查。在每个调查区现场勾绘样方，并用 GPS 定位。记录样方的土地利用类型、植被覆盖度及土壤类型等自然环境因素情况。根据地表侵蚀特征结合样区的气候环境估算样方图斑内的土壤流失量，并依照水利部规定的土壤侵蚀强度划分为微度（无明显）、轻度、中度、强度、极强度和剧烈共 6 个等级。

2. 区域土壤侵蚀评价指标因子提取

影响土壤侵蚀的自然环境因素主要包括：气候、地质地貌、植被以及土壤与地面组成物质；同时也受人为影响因素。参考相关标准及已有研究成果，综合考虑湖北省主要侵蚀形式及特征，选择坡度、植被覆盖度、土地利用、降雨侵蚀力和地表物质组成 5 项指标作为评价模型的输入模式特征，利用 GIS 和遥感软件从原始数据中提取评价指标的空间信息，并结合实际情况划分成若干级别。所有数据均转换成统一的空间分辨率和投影坐标系。

坡度是最直接反映侵蚀过程的重要地形因素。由 DEM 生成平均坡度图，通过 ArcGIS 中 Spatial Analyst 模块的 Surface Analysis 功能实现坡度计算，用度数表示，变化范围为 0°～90°，并划分成 0°～5°、5°～8°、8°～15°、15°～25°、25°～30°、>30° 共 6 个级别。

植被是抑制土壤侵蚀的重要因素。归一化植被指数（normalized difference vegetation index，NDVI）是反映植被生长状态及植被覆盖的最佳指示因子。它被定义为近红外波段与可见光红波段数值之差和这两个波段数值之和的比值。即

$$\text{NDVI} = (\text{NIR} - R)/(\text{NIR} + R) \tag{5-1}$$

式中，NIR 为近红外波段的反射率值；R 为红波段的反射率值。

由于年内不同季节的植被指数动态变化频繁，研究中对 MODIS-NDVI 16 日合成数据进行时间序列分析，计算植被平均覆盖度，并将其划分为 0～30%、30%～45%、45%～60%、60%～75%、>75% 共 5 个级别。

土地利用状况可以反映自然条件或人为作用下不同水土保持措施对土壤侵蚀的影响。结合调查资料，利用遥感影像进行监督分类，主要划分为旱地、灌草、林地、水田、水域与城镇用地 6 种主要类型。

降雨是引起土壤分离和搬运的动力因素。采用 Arnoldus（1977）提出的一种简易方法由月降雨量与年降雨量计算每个站点的降雨侵蚀力，再通过 GIS 空间插值得到降雨侵蚀力的空间分布图。

$$R = 4.17 \times \sum P_i^2 / P - 152 \tag{5-2}$$

式中，R 为年均降雨侵蚀力，MJ·mm/(hm^2·h·a)；P_i 为月均降雨量；P 为年均降雨量，mm。将 R 划分为 0～400MJ·mm/(hm^2·h·a)、400～500MJ·mm/(hm^2·h·a)、500～600MJ·mm/(hm^2·h·a)、>600MJ·mm/(hm^2·h·a)共 4 个级别。

土壤和地表组成物质是侵蚀的对象，也是决定侵蚀过程及强度的内在因素。参考土壤地质图，根据土壤和地表物质组成成分对侵蚀作用的敏感程度，将其划分为高、中、低 3 个级别。

3. 区域土壤侵蚀评价步骤

区域土壤侵蚀快速评价的主要步骤包括评价指标的数据预处理、基本评价单元划分、模型训练及单元评价，最终生成区域土壤侵蚀等级分布图，基本流程如图 5-9 所示。将与实地观测数据对应的图斑作为训练样本用于 NEFCLASS 模型的监督学习。训练样本的 5 项评价指标属性编码作为模型的模式特征输入；训练样本的侵蚀强度等级编码作为输出的分类结果。并从中选择 120 个样本（每类 20 个）建立误差矩阵进行抽样检验，计算模型评价结果的总体精度和 Kappa 系数。

5.2.4　区域土壤侵蚀时空变化分析

1. 区域土壤侵蚀评价结果

采用部分实地观测调查数据和土壤侵蚀遥感解译确定土壤侵蚀强度的最小图斑作为训练样本用于 NEFCLASS 模型的监督学习，建立区域土壤侵蚀评价规则知识库。模拟专家经验进行推理、判断。训练样本最小图斑的 5 项评价指标属性编码作为模

型的模式特征输入；训练样本的侵蚀强度等级编码作为输出分类结果。将土壤侵蚀强度的评价结果赋给对应的图斑，最终生成研究区两个研究时间段的土壤侵蚀等级分布图（图 5-10）。

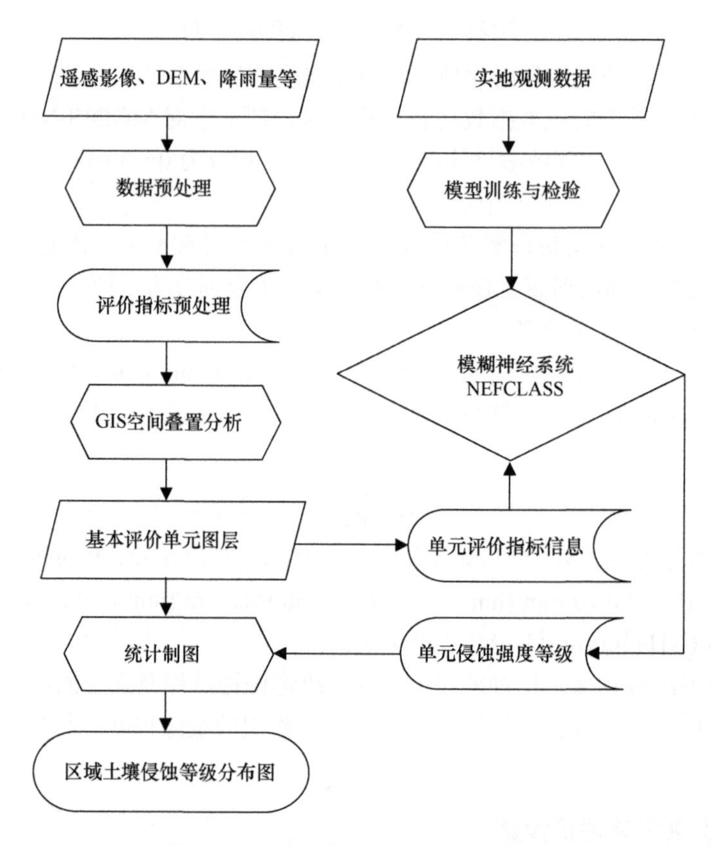

图 5-9 区域土壤侵蚀评价基本流程图

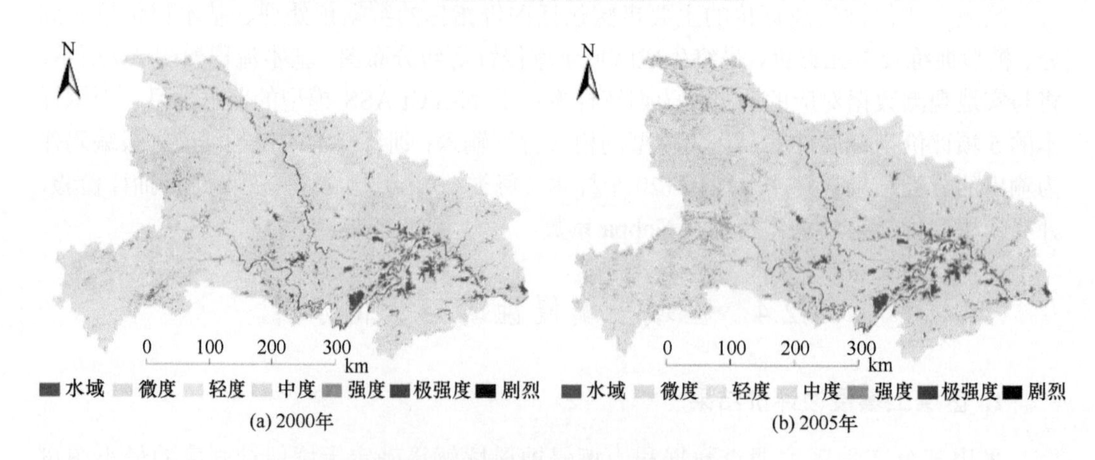

图 5-10 湖北省土壤侵蚀等级分布图

就地域分布而言，鄂西南、鄂西北高山区土壤侵蚀最为严重，这是自然因素和人为因素共同作用的结果。该地区山高坡陡，松散母岩发育的山地黄土、石灰土和紫色土分布较广，且鄂西南山区在湖北境内降雨量最高，因此，除植被茂密的林地不易发生侵蚀外，其他土地利用类型均易遭受侵蚀危害。由于人为毁林开荒，陡坡耕垦，局部区域的生态环境明显退化，坡耕地是导致该地区土壤流失严重的主要原因，尤其以丹江口库区及三峡库区周边最为突出。鄂东北、鄂东南低山丘陵地区地势复杂，地面破碎，地表侵蚀物质以第四纪黏土红壤及花岗岩风化物发育的土壤为主，降雨量较高，人为活动频繁，林地破坏严重，因此侵蚀也比较严重。鄂北岗地坡缓宽广，耕地连片，大多为旱地，自然植被久经破坏，中度侵蚀面积较大。而在湖北中南部江汉平原地区地势平坦，土壤类型大多为发育于近代河流冲积物的水稻土和潮土，稻田耕作面积大，绝大部分地区无明显侵蚀。

精度检验与误差分析：选择 120 个样本（每类 20 个），建立误差矩阵进行抽样检验，计算模型评价结果的总体精度和 Kappa 系数。2005 年的评价结果的精度检验所示，总体精度为 88%，Kappa 系数为 0.89。其中，微度侵蚀评价结果精度最高，为 100%。而强度、极强度精度最低，但也达到了 80%（表 5-7）。

表 5-7　评价结果的精度检验

	微度	轻度	中度	强度	极强	剧烈	总和	制图精度/%
微度	20	0	0	0	0	0	20	100
轻度	0	19	1	0	0	0	20	95
中度	0	0	18	2	0	0	20	90
强度	0	0	2	16	2	0	20	80
极强	0	0	0	1	16	3	20	80
剧烈	0	0	0	0	3	17	20	85
总和	20	19	21	19	21	20	120	
用户精度/%	100	100	86	84	76	85	88	

注：总体精度=88%；Kappa=0.89

2. 区域土壤侵蚀演变分析

根据 2000 年、2005 年研究区两期土壤侵蚀评价结果，统计研究区 2000～2005 年各级别的土壤侵蚀强度面积变化及其变化情况（表 5-8）。

表 5-8　2000～2005 年土壤侵蚀强度面积变化与变化率

侵蚀强度	2000 年/km^2	2005 年/km^2	2000～2005 年间变化/km^2	变化率/%
微度侵蚀（无明显）	125620.16	130074.35	4454.19	3.55
轻度侵蚀	28797.65	29281.81	484.16	1.68
中度侵蚀	21506.46	18012.20	−3494.26	−16.25
强度侵蚀	8119.62	6745.34	−1374.28	−16.93
极强度侵蚀	1513.26	1373.19	−140.07	−9.26
剧烈侵蚀	391.13	461.39	70.26	17.96
侵蚀面积合计（微度以上）	60328.12	55873.93	−4454.19	−7.38

从表 5-8 中可以看出，研究区内主要的土壤侵蚀强度类型为轻度侵蚀[土壤模数 500～2500t/(km^2·a)]为主，此种侵蚀类型一般以面蚀形式为主，分布相对平均。2000 年的轻度侵蚀面积为 28797.65km^2，占侵蚀总面积的 47.73%；2005 年的轻度侵蚀面积为 29281.81km^2，占侵蚀总面积的 52.40%。

中度侵蚀[土壤侵蚀模数 2500～5000t/(km^2·a)]是侵蚀发展的中级阶段，若不采取有力的措施，极易演变成强度级别以上的侵蚀，2000 年的中度侵蚀面积为 21506.46km^2，占侵蚀总面积的 35.64%；2005 年的中度侵蚀面积为 18012.20km^2，占侵蚀总面积的 32.24%。

强度以上[土壤侵蚀模数 5000～15000t/(km^2·a)]是土壤侵蚀的高级阶段，具有强度大、破坏力强、不易恢复原貌等特点。此种侵蚀主要表现为研究区的山地、丘陵区，由于人为毁林开荒、陡坡耕垦的森林砍伐、陡坡开荒等非点源侵蚀，以及各种开矿采石、大型基础建设和大型路桥建设等点源或线源侵蚀形式。2000 年的强度以上侵蚀面积为 10024.01km^2，占侵蚀总面积的 16.62%；2005 年的强度以上侵蚀面积为 8571.09km^2，占侵蚀总面积的 15.34%。

对研究区两期土壤侵蚀强度图进行统计，分析随着时间的变化，研究区土壤侵蚀的总体变化特征。然后，利用转移矩阵对研究区 2000～2005 年时段土壤侵蚀强度等级的变化转移情况进行了度量，分析研究区土壤侵蚀强度时间变化趋势（表 5-9～表 5-10）。

表 5-9　2000～2005 年土壤侵蚀各强度类型转移矩阵　（单位：%）

		2005 年					
		微度	轻度	中度	强度	极强度	剧烈
2000 年	微度	91.60	6.02	1.17	0.96	0.23	0.01
	轻度	19.54	60.54	18.16	1.49	0.26	0.01
	中度	32.54	10.16	44.68	11.37	0.95	0.29
	强度	27.62	22.84	17.48	30.05	1.19	0.82
	极强度	9.14	16.06	17.68	12.84	40.35	3.93
	剧烈	0.03	0.74	2.76	6.38	25.06	65.03

表 5-10　2005 年各土壤侵蚀强度类型由 2000 年各土壤侵蚀强度类型转移而来的面积比
（单位：%）

		2000 年					
		微度	轻度	中度	强度	极强度	剧烈
2005 年	微度	88.46	4.33	5.38	1.72	0.11	0
	轻度	25.83	59.54	7.46	6.33	0.83	0.01
	中度	8.16	29.03	53.35	7.88	1.49	0.06
	强度	17.88	6.36	36.25	36.17	2.88	0.37
	极强度	21.04	5.45	14.88	7.04	44.47	7.14
	剧烈	2.72	0.62	13.52	14.43	12.89	55.13

为了使不同侵蚀强度等级之间具有可比性，根据侵蚀强度等级进行量化分级，依据其对生态环境的影响大小，对不同土壤侵蚀类型的不同强度等级的分级值划分如下：微度侵蚀、轻度侵蚀、中度侵蚀、强度侵蚀、极强度侵蚀、剧烈侵蚀的分级值分别为 0、2、4、6、8、10。分级值越大，表示土壤侵蚀越厉害。在此基础上，可以计算土壤侵蚀综合指数，对不同区域单元内的土壤侵蚀强度进行比较。土壤侵蚀综合指数，计算公式如下：

$$\mathrm{INDEX}_j = \sum_{i=1}^{n}\sum_{j=1}^{m} W_{ij} A_{ij} \tag{5-3}$$

式中，INDEX_j 为第 j 单元的土壤侵蚀综合指数；W_{ij} 为第 i 类第 j 级土壤侵蚀强度的分级值；A_{ij} 为第 i 类第 j 级土壤侵蚀强度面积比例；m、n 分别为类数和级数。

研究区土壤侵蚀总体变化特征表现为以下内容。

2000～2005 年，研究区土壤侵蚀总体呈现好转趋势。土壤侵蚀面积由 2000 年的 60843.12km^2 减少到 2005 年的 55873.93km^2，面积比减少了 2.67%，其中，中度、强度和极强度类型面积均有所减少，中度和强度土壤侵蚀面积表现出明显降低趋势，分别比 2000 年减少了 16.25%和 16.92%。轻度侵蚀强度面积增加 1.68%，但剧烈侵蚀强度面积增加 70km^2，上升了 17.96%，多是由局部地区开发建设项目引起的比较严重自然环境破坏所致。

研究区土壤侵蚀强度表现出较明显的降低趋势，2000～2005 年，研究区由侵蚀到非侵蚀的面积为 15006.35km^2，原来侵蚀等级由重到轻的面积为 6300.42km^2，总计土壤侵蚀降低的地区面积为 21306.77km^2，占辖区面积的比例为 11.46%；由非侵蚀到侵蚀的面积为 10539.53km^2，侵蚀等级由轻变重的面积为 8671.13km^2，总计土壤侵蚀加剧的地区面积为 19210.66km^2，占辖区面积的比例为 10.33%。

2000～2005 年各土壤侵蚀强度类型的主要转移方向表现为：剧烈—极强度—强度—中度—轻度；极强度—中度—轻度—强度；强度—微度—轻度—中度；中度—微度—强度—轻度；轻度—微度—中度；微度—轻度—中度，总体上表现为强度减弱趋势，表明多年来研究区水土保持生态修复措施已经一定程度上发挥了效果。

2000 年研究区的土壤侵蚀综合指数为 112.05，2005 年研究区的土壤侵蚀综合指数为 100.39，呈下降趋势。说明 2000～2005 年治理措施取得一定成效，研究区土壤侵蚀整体状况有所好转。

5.3　“人-自然”耦合下土壤侵蚀时空演变及其防治区划应用

5.3.1　土壤侵蚀影响因素及关键驱动因素的选择

土壤侵蚀变化的社会经济驱动因素是一种宏观意义上的概括，Tumer（1990）指出社会经济驱动因素应包括人口、经济状况、技术水平、政治和文化状况等。但在研究分析社会经济因素与土壤侵蚀变化之间的关系时，仅靠宏观的概括是不够的，需要将这些因素量化，通过各项变量加以体现和分析。本节通过数理统计分析与定性分析方法，来探讨湖北省土壤侵蚀变化的社会经济驱动力。首先确定因素筛选的基础原始指标；然后从建立的评价指标中，利用 PLS 方法筛选出两个时期与土壤侵蚀相关性较强的影响因素；最后对两个时期评价指标变化量与土壤侵蚀三个因变量的变化量进行分析，得到短时期内驱动土壤侵蚀变化的重要因素，对筛选后的模型进行了精度评价。

本章采用偏最小二乘回归模型变量投影重要性准则，结合自变量与因变量的标准化相关系数综合筛选因素（Mehmood et al.，2011）。利用自然因素和人为因素共 34 个指标，对土壤侵蚀严重指数、土壤侵蚀面积分布、土壤侵蚀强度三个因变量，建立两个时间截面 2000 年、2006 年和 2000～2006 年的多元 PLS 模型。通过实验得出 VIP 大于 1 的因素是对因变量贡献大的指标，再根据提出的 VIP 大于 1 的这些指标重新建模，在交叉验证的条件下，逐步累计剔除 VIP 值最小的变量，通过不断调试而最终得到最佳的 PLS 模型，使选择出来的主成分能解释的因变量的方差比例及拟合值和实测值的 R^2 达到最大（张政和冯国双，2012）。利用筛选出的主要变量建立的模型精度都要更高（Höskuldsson，2001）。

利用全因素模型的重要性 VIP 值和相关系数，从 34 个因素中选出 VIP 值达到 1 的 16 个因素，包括坡度差均方差、高程差均方差、水系密度、棉花产量、除涝面积比例、固定资产、农村居民纯收入、化肥使用量、第一产业比例、第三产业比例、道路密度、水土流失治理面积、从业人员比例、人口变化率、木材量和灌溉面积。

图 5-11 和表 5-11 显示的结果表明，坡度差均方差、高程差均方差这两个短期内不会发生变化的地形地貌因素仍然对土壤侵蚀严重指数贡献很大，但是却呈现出负相关关系，在土壤侵蚀严重指数变化图中，可以明显地看出坡度、高程相对较大的山区，2006 年水土流失比 2000 年有所好转，这也说明了相对于丘陵平原区人类在山区对自然干扰较少，同时注重水土流失治理，因此，山区比丘陵平原区水土流失情况现在有所好转。

通过上述数据，还可以看出农村居民纯收入、第一产业比例、道路密度这三个因素与水土流失变化呈现正相关关系，与除涝面积比例、灌溉面积比例、水土流失治理面积的比例均呈现负相关，这也说明了人类活动中对水土流失治理以及生态保护的措施得到了一定的成效。而人口变化率、第三产业比例的变化也与土壤侵蚀严重指数呈负相关，这在一定程度上同社会发展的城镇化建设、国家产业结构比例调整等有很大的关系。采伐木材量与土壤侵蚀变化量成反比，主要是因为木材大部分分布在山地林区，这些地方总体人烟较为稀少，相对其他区域人类干扰活动少，再加上比较注重水土流失的治理，因此呈现反比现象。化肥使用量、棉花产量、从业人员比例、固定资产、水系密度在第一成分上与土壤侵蚀变化呈现正比，在第二成分上却与土壤侵蚀强度呈现反比关系。流域密度作为一个假定不变量，在分析中与土壤侵蚀分布面积的变化呈现正相关，说明流域分布密集的区域土壤侵蚀面积在扩大，但是个别区域土壤侵蚀强度却在降低。前两个因素反映了对耕地过度开发和使用会加剧水土流失，固定资产的变化从一个侧面反映了

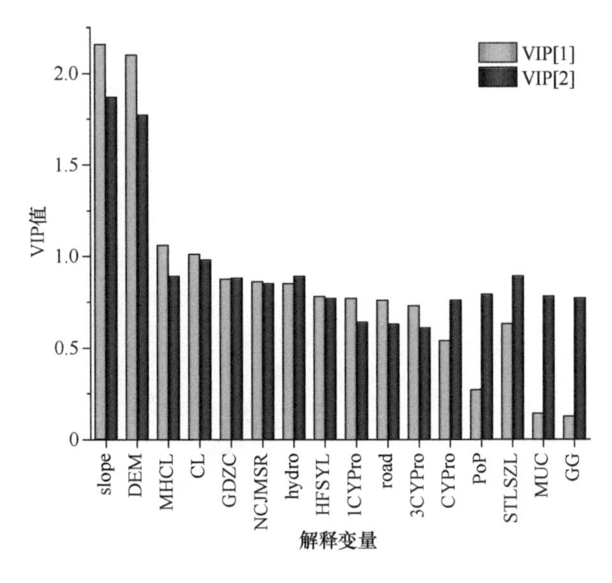

图 5-11　2000～2006 年全因素模型变量投影重要性（VIP）值

slope 表示坡度差均方差，DEM 表示高程差均方差，MHCL 表示棉花产量，CL 表示除涝面积比例，GDZC 表示固定资产，NCJMSR 表示农村居民纯收入，hydro 表示水系密度，HFSYL 表示化肥使用量，1CYPro 表示第一产业比例，road 表示道路密度，3CYPro 表示第三产业比例，CYPro 表示从业人员比例，PoP 表示人口变化率，STLSZL 表示水土流失治理面积，MUC 表示木材量，GG 表示灌溉面积

表 5-11　湖北 2000～2006 年全因素模型标准化回归系数

解释变量	SECI1	SECI2	SEArea1	SEArea2	SEIndens1	SEIndens2
MHCL	0.0779	0.0684	0.1150	0.1115	0.0086	–0.0049
GDZC	0.0656	0.0281	0.0969	0.0833	0.0072	–0.0463
NCJMSR	0.0643	0.1146	0.0950	0.1132	0.0071	0.0787
hydro	0.0620	0.0156	0.0915	0.0747	0.0068	–0.0592
HFSYL	0.0586	0.0308	0.0865	0.0764	0.0064	–0.0331
1CYPro	0.0578	0.0823	0.0853	0.0942	0.0064	0.0413
road	0.0575	0.0639	0.0849	0.0872	0.0063	0.0154
CYPro	0.0413	–0.0138	0.0609	0.0410	0.0045	–0.0739
GG	–0.0100	–0.0950	–0.0147	–0.0455	–0.0011	–0.1222
MUC	–0.0106	–0.0947	–0.0156	–0.0461	–0.0012	–0.1210
STLSZL	–0.0152	–0.1182	–0.0225	–0.0598	–0.0017	–0.1484
PoP	–0.0209	–0.1079	–0.0309	–0.0624	–0.0023	–0.1263
3CYPro	–0.0540	–0.0711	–0.0797	–0.0859	–0.0059	–0.0303
CL	–0.0757	–0.1374	–0.1117	–0.1341	–0.0083	–0.0963
DEM	–0.1570	–0.1734	–0.2317	–0.2377	–0.0173	–0.0407
slope	–0.1605	–0.2114	–0.2369	–0.2554	–0.0177	–0.0903

注：编号 1、2 表示两个主成分

随着区域社会经济的持续发展，开矿、筑路、兴建水利工程及城镇开发等生产建设活动日益增多，严重破坏了地表植被和地貌形态，为土壤侵蚀及其迁移提供了潜动力及物质源，导致以前的流失区土壤侵蚀量增加，新的土壤侵蚀也常有发生（李景保等，2001）。

2000～2006 年主要影响因素对土壤侵蚀变量的贡献率见图 5-12，其中人为因素的贡献率达到 39%，本章选取的自然因素贡献率一共达到 12%。

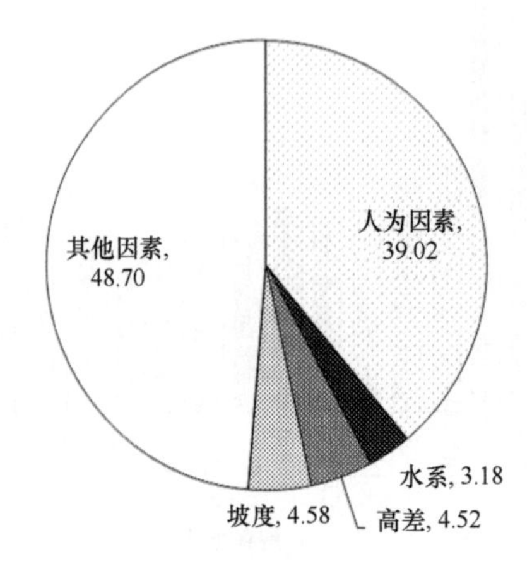

图 5-12　2000～2006 年主要影响因素对土壤侵蚀变量的贡献率（单位：%）

通过对第一个成分 VIP 和标准化后的相关系数分析，得出以下结论：人口变化率、水土流失治理面积比例、灌溉面积、农村用电量、油料产量、常用耕地面积比例的变化均与土壤侵蚀强度成反比，地形因素中坡度均方差与之成反比；而旱涝保收面积比例、肉类产量、农村居民纯收入的增长则导致部分地区土壤侵蚀的加剧。这些相关关系的正负性恰好与总体模型分析中第二成分的反比是一致的，说明这些影响因素在一些区域对土壤侵蚀的面积有影响，还有些因素对土壤侵蚀强度的变化影响比较大（表 5-12）。

表 5-12　湖北 2000～2006 年土壤侵蚀强度全因素模型变量投影重要性（VIP）值与标准化回归系数

因变量	VIP（SEIndens）	Coeff（SEIndens）
STLSZL	1.320	–0.160
HLBS	1.315	0.160
RLCL	1.065	0.129
GG	1.055	–0.128
NCYDL	0.992	–0.121
PoP	0.988	–0.120
YLCL	0.876	–0.106
CYGD	0.783	–0.095
slope	0.703	–0.085
NCJMSR	0.666	0.081

本章主要介绍了研究中主要用于变量筛选与因素分析的关键技术 PLS 模型以及模型在土壤侵蚀影响因素筛选中的应用。将不同指标变化量同土壤侵蚀变化量建立 PLS 模型进行分析，结果发现：①短期内影响土壤侵蚀严重的直接因素不是自然因素，人类活动才是驱动土壤侵蚀变化的主导因素；②影响因素数量增多，但各个因素贡献性和模

型精度相对不高；③驱动因素变化量在宏观上存在空间分异性，虽然聚集程度不高，但具有局部特征规律。

5.3.2　区域土壤侵蚀及其驱动因素时空演变特征

本章通过对比分析 2000 年和 2006 年两个时期湖北省的土壤侵蚀特征，发现两个时期的土壤侵蚀分布规律在宏观区域上比较一致，但是在局部区域侵蚀分布面积和强度发生了变化，总体侵蚀面积减少，水土流失得到了一定的治理，但仍存在侵蚀加剧的局部区域。根据建模分析得到的主要影响因素对土壤侵蚀分布、演化特征进行了剖析，利用空间自相关分析、热点分析及地理加权回归方法，揭示了土壤侵蚀驱动机制的主要影响因素的空间分布特点，提出分区研究土壤侵蚀变化驱动机制的思路。

基于 PLS 模型提取出来与土壤侵蚀相关性显著的因素，利用 ArcGIS 软件空间分析功能，通过空间插值、空间统计、栅格分类、空间自相关、热点分析法和地理加权回归法，来直观地展示出指标因子在空间上的异质性与分布规律，进而剖析土壤侵蚀空间变异的主要驱动因素。各类自然和人为因素与土壤侵蚀的相关程度在不同时间截面、不同空间位置上具有较大差异。某个影响因素在宏观上对土壤侵蚀影响的重要性主要通过以下两个方面确定：一是对土壤侵蚀具有直接的影响；二是在空间上具有比较明显的异质性。

1. 土壤侵蚀空间变化特征

通过湖北省前后三次水土流失调查得到的结果，全省的土壤侵蚀分别在 1995 年、2000 年和 2006 年三个时期的分布如表 5-13，不同土壤侵蚀等级面积分布所占比例如图 5-13。

表 5-13　湖北省三个时期侵蚀强度分布面积　　（单位：km^2）

年份	微度	轻度	中度	强度	极强度	剧烈	轻度及以上
1995	117416.02	25859.24	22108.32	15765.24	2050.73	0	68483.53
2000	124918.10	27777.58	22806.47	9084.60	1173.26	1.13	60843.14
2006	137589.50	24454.62	17946.40	7157.30	1317.61	444.84	55873.93

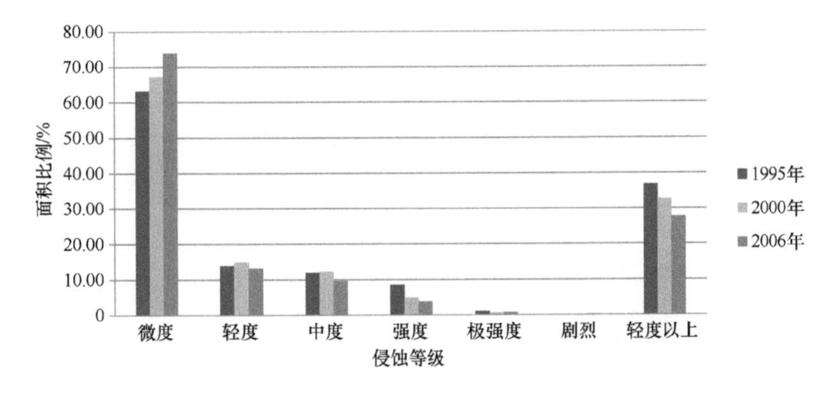

图 5-13　湖北省三个时期土壤侵蚀等级分布面积比例图

以上数据表明：湖北省这三个时期土壤侵蚀面积由 1995 年的 36.84%下降到 2000 年的 32.73%，到 2006 年轻度等级及以上的侵蚀下降到了 27.61%，总体侵蚀区域的面积在不断减少。2000 年强度和极强度侵蚀面积减少，微度侵蚀和轻度侵蚀面积增加，侵蚀强度和面积都有不同比例的降低和减少。2000～2006 年土壤侵蚀治理面积比 1995～2000 年的要多出 1%，参见图 5-14。其中，2006 年比 2000 年微度侵蚀区域面积增加了 12671.4km^2，相对 1995～2000 年减少的面积多出近 5170km^2。轻度侵蚀和中度侵蚀在 1995～2000 年普遍增加，强度侵蚀和极强度侵蚀减少。2000～2006 年轻度、中度和强度侵蚀面积均减少，极强度和剧烈侵蚀增加了 144.35km^2 和 443.71km^2。

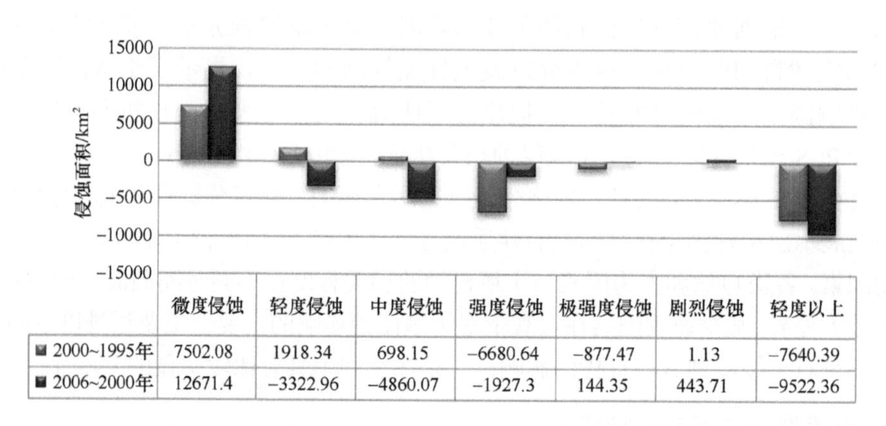

	微度侵蚀	轻度侵蚀	中度侵蚀	强度侵蚀	极强度侵蚀	剧烈侵蚀	轻度以上
2000~1995年	7502.08	1918.34	698.15	−6680.64	−877.47	1.13	−7640.39
2006~2000年	12671.4	−3322.96	−4860.07	−1927.3	144.35	443.71	−9522.36

图 5-14　湖北省土壤侵蚀等级分布面积变化图（单位：km^2）

2. 土壤侵蚀驱动因素空间异质性动态分析

图 5-15 显示湖北省各县（区）GWR 模型拟合优度的空间分布，R^2 取值在 0.359～0.418 之间，可见不同区域的因素变化对土壤侵蚀严重指数变化的影响是不同的。鄂西南地区（鄂渝山地）有较好的拟合优度，整体选择的这些因素对这一区域的影响度大一些；相反，江汉平原北部、鄂北岗地（南阳大洪山、桐柏山地区）有较小的拟合优度，

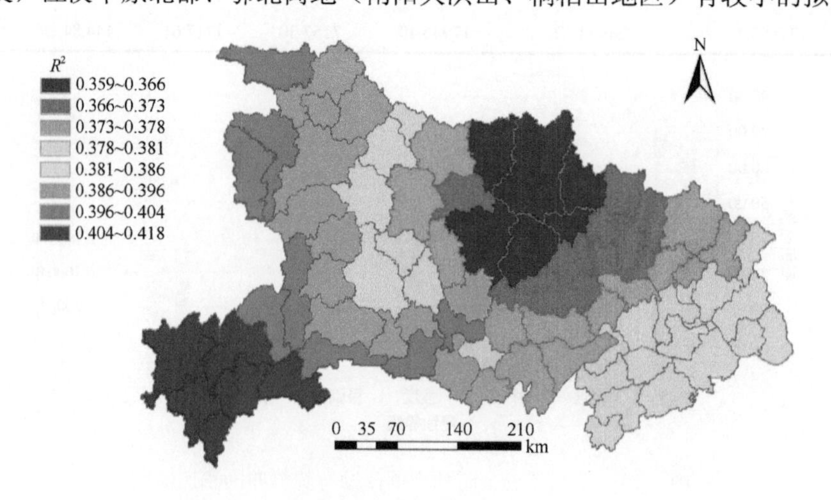

图 5-15　R^2 的空间分布

即当前这些影响因素在这些区域对土壤侵蚀变化的驱动作用不是非常明显，还有其他因素的影响，而模型中未考虑到这些因素。

从图 5-16 中分析得出：自然因素在短期内不是影响土壤侵蚀恶化的直接因素。图中 C1_DEM 和 C2_Slope 分别是地形因素的影响系数，高程差均方差对土壤侵蚀变化的

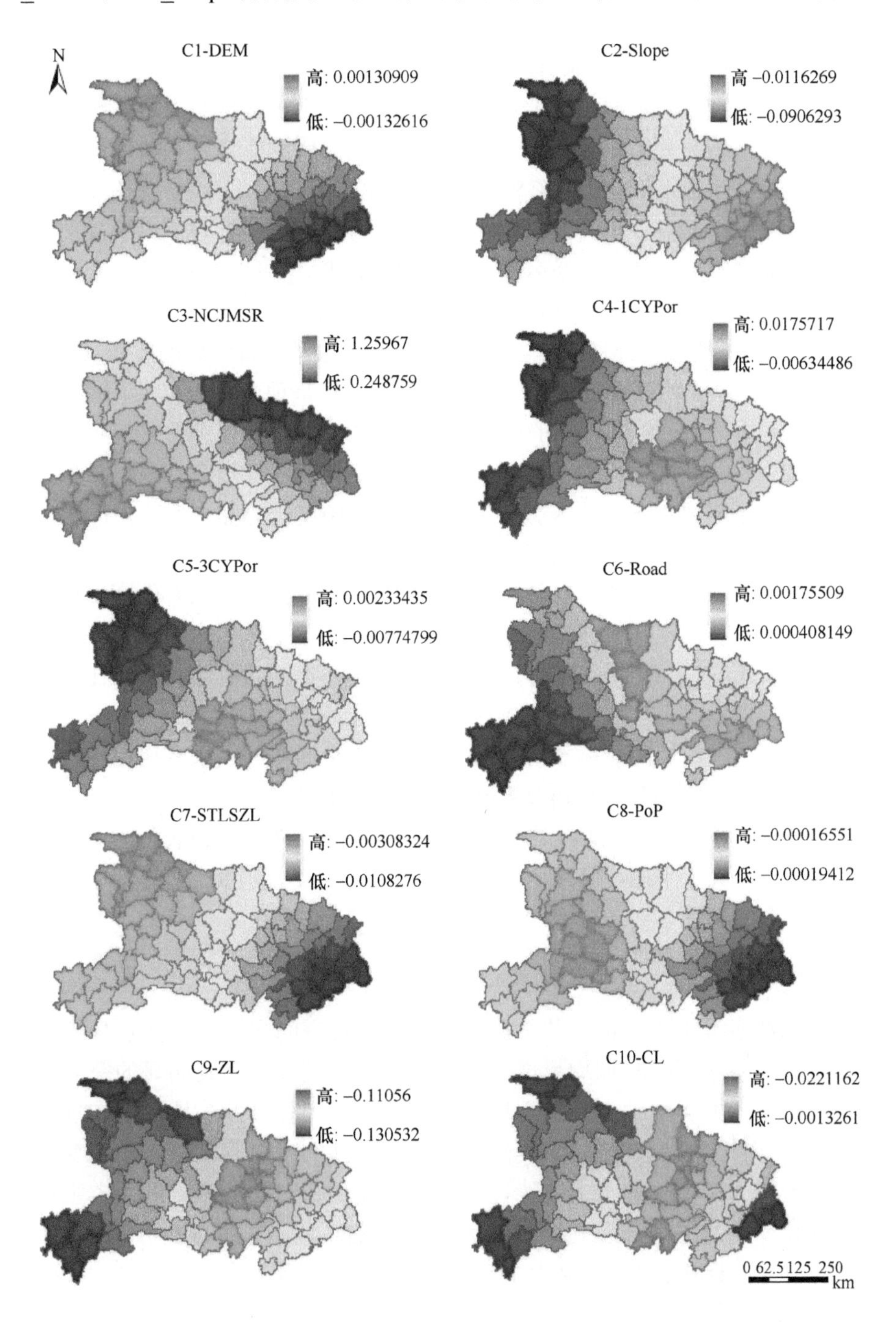

图 5-16　土壤侵蚀严重指数 GWR 模型参数估计及 P 值空间分布

影响在鄂西地区呈现负相关，但在鄂东地区呈现正相关，说明在鄂西山地海拔变化越大的山区，由于人为干扰较小，土壤侵蚀不但不会加剧，反而因为自然的自我恢复能力而减小，但是鄂东地区从全局来说高程差较鄂西小，人类活动相对频繁，尤其是作为“鱼米之乡”的鄂东南，部分低山区域以农业活动为主，加之地形因素，使得高差均方差大的区域在人为因素的影响下会略微加剧土壤侵蚀。

产业结构对土壤侵蚀变化影响较为显著。C4_1CYPro 分布系数表明，第一产业对土壤侵蚀变化的影响在空间上的分异性非常显著，表现为山地区域第一产业比例变化与土壤侵蚀变化呈现正相关关系，而平原地区的第一产业比例的变化对土壤侵蚀变化呈现负相关关系，但相关系数很低。C5_3CYPro 第三产业比例变化在山地区域呈正相关关系，主要说明了近年来湖北省各个县区，为了发展当地经济，大力建设基础设施的同时，积极推动第三产业的发展，包括交通运输、仓储和邮政业、住宿和餐饮业、金融业、旅游业、房地产业、水利、环境和公共设施管理业、居民服务和其他服务业等方面。

水保措施与水利措施的实施对改变和缓解土壤侵蚀恶化有较好的成效。C7_STLSZL 的分布表明，水土流失治理面积的变化与土壤侵蚀变化呈现负相关关系，即水土流失治理面积越大的地方，土壤侵蚀治理的效果越好。另一个对土壤侵蚀恶化起到抑制作用的是造林面积 C9_ZL 的变化。这一因素与土壤侵蚀变化相关性较高，呈现负相关。造林面积的变化对平原地区和丘陵地区影响大于山区。C10_CL 分布表明除涝面积的变化与土壤侵蚀变化呈现负相关关系，也表现为山地区域尤为明显。

人口变化率对土壤侵蚀变化影响不显著。从 C8_Pop 分布可以看出，人口变化率对土壤侵蚀的影响在鄂西比鄂东要大一些，这主要是因为虽然人口数量在增加，但是由于计划生育，增长速度较为缓慢，同时，城镇人口比例不断增大，乡村人口比例减小，因此人口变化在短期内对土壤侵蚀的影响在全局宏观上不是主要因素。

经济发展对土壤侵蚀的影响显著。C3_NCJMSR 分布表明，农村居民纯收入的增加与土壤侵蚀变化呈现正相关，且相关系数空间差异也很大。

C6_Road 这一因素的变化对土壤侵蚀的影响在空间分布上，也表现为山区修建道路对加剧土壤侵蚀要大于平原丘陵区，尤其是区域坡度和高差越大的地区影响越大，体现在鄂西大于鄂东北、鄂东南部分区域。

3. 结论

针对时间截面上土壤侵蚀及其主要影响因素进行空间自相关和热点分析得出：土壤侵蚀和这些因素在两个时期均呈现出很强的空间自相关关系及明显的空间聚类分布特征。由此说明：人类活动受到地理环境的制约，空间分异性与地形分布规律基本保持一致。因此，自然因素是影响人类活动和土壤侵蚀的稳定驱动机制，但变化的因素在空间分布上较为离散。基于上述特征，利用地理加权回归法得到湖北省主要因素对土壤侵蚀变化影响的空间分布规律：①坡度比高程对土壤侵蚀的影响更大，坡度差均方差越大的地方，地形复杂，短期内土壤侵蚀恶化速度小于地形平缓区域；②产业结构（第一产业比例）、经济发展水平（农村居民纯收入）对土壤侵蚀影响显著；③水土保持与水利措施对改善和缓解土壤侵蚀恶化有较好的成效；④人口变化率在短期内对土壤侵蚀变化影响不显著；⑤道路修建加速土壤侵蚀的作用在山地区域大于丘陵平原地带。

5.3.3　区域土壤侵蚀驱动因素在防治区划中的应用

自然因素中地形地貌、水系等因素均为长时间序列上（几千、几万甚至上亿年）的稳定因素，这些因素在短时期内不会发生很大的变化，并且一直制约着人类生产、生活方式，使得人类活动在空间上也呈现与自然因素相一致的分布规律。这些稳定因素同样也影响了土壤侵蚀在长时间序列下的发生发展，使得土壤侵蚀在宏观上也与自然环境的空间分布规律比较一致。本章对湖北省土壤侵蚀进行了一级区划，然后分区研究一级区划下各子区域土壤侵蚀变化的主要驱动因素。

利用湖北省调查的 2000 年和 2006 年的土壤侵蚀数据、数字高程模型、降雨量、水文分布和社会经济因素，在宏观多尺度范围上，建立两个时期土壤侵蚀动态变化的偏最小二乘回归（PLS）模型，提取土壤侵蚀主要相关指标，利用 ArcGIS 空间分析功能得到土壤侵蚀和相关因素的空间关系。采用定性和定量的方法分析该区域土壤侵蚀空间及时间分异与演化规律。在此基础上，确定影响土壤侵蚀的稳定因素，依据稳定因素的空间分布规律完成一级分区，从而保证一级区划内稳态因素的均一性。然后在 6 个一级区内分别分析土壤侵蚀动态变化及其驱动因素和规律性，完成二级区划，根据这些稳态和动态驱动因素特征及对土壤侵蚀的正负干扰性和干扰程度，因地制宜提出防治措施。

1. 土壤侵蚀一级区划

首先根据湖北省地形地貌类型、降雨量空间异质特征进行一级分区。地形地貌利用数字高程模型得到地形的高程图、坡度图，利用空间插值方法得到湖北省降雨分布图；然后对两个因子制作等级图。为了减少分区的破碎图斑，将地形分三个等级、降雨量分布分两个等级。将每个等级图进行矢量化处理，得到两个矢量分区（图 5-17），利用 ArcGIS 软件将这两个矢量图层叠加分析，把两个分区指标综合在一起（图 5-18），得到湖北省土壤侵蚀一级分区图，结果见图 5-19。

根据叠加结果，湖北省一级区划从西向东，由北至南分别为秦巴山山地区（I 区）、鄂渝山地丘陵区（II 区）、南阳盆地及大洪山丘陵区（III 区）、桐柏-大别山山地丘陵区（IV 区）、江汉平原及周边丘陵区（V 区）、幕阜山九岭山山地丘陵区（VI 区）六大区域。一级区划分布图见图 5-19，分区简表见表 5-14。

2. 土壤侵蚀二级区划

针对一级分区的区内驱动因素分析结果，可将利用 PLS 方法提取出来的各因素对主成分的贡献系数、利用解释变量与因变量得到的主成分 t_1、u_1（一般第一成分对 Y 的贡献更大），通过层次聚类分析（hierarchical cluster analysis），得到二级分区聚类数图，再进行调整及归并，最终得到二级区划分布图。

最终，把湖北省 6 个一级区又分成了 16 个土壤侵蚀功能二级区（图 5-20，表 5-15）。

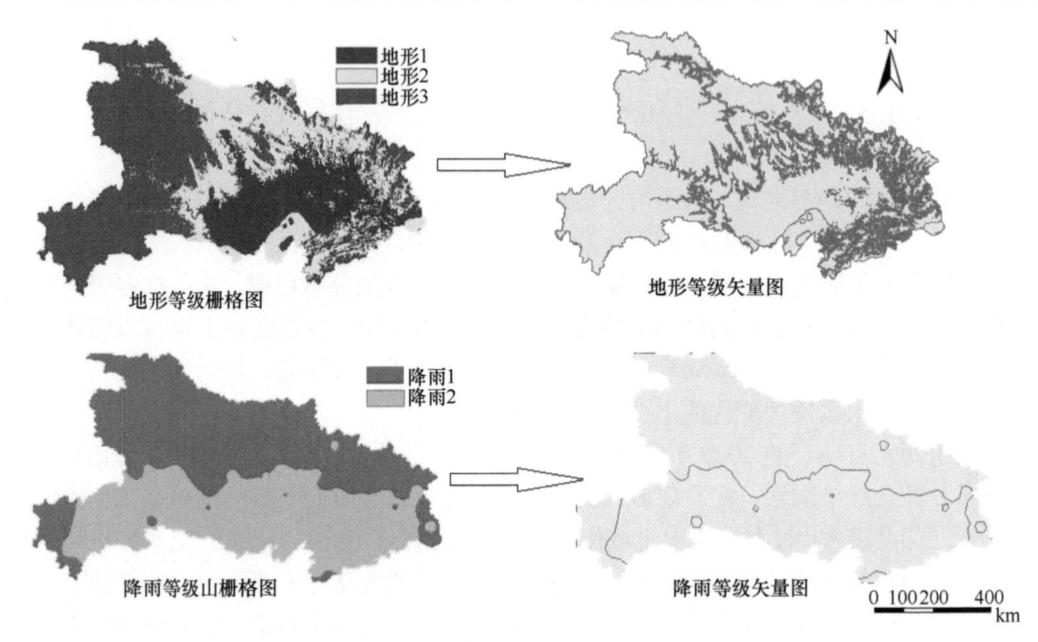

图 5-17 土壤侵蚀一级区划基础数据

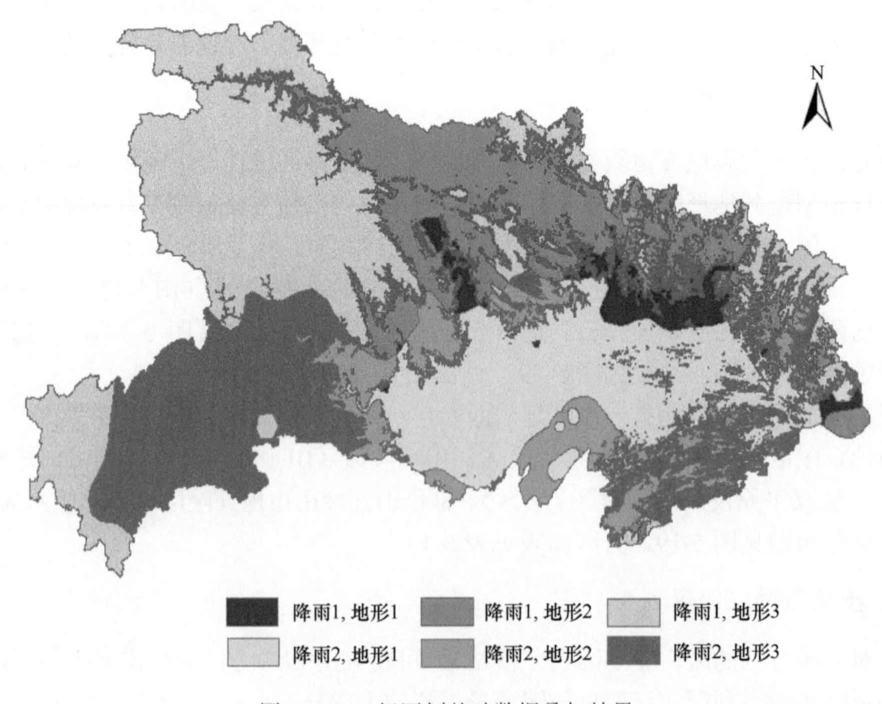

图 5-18 一级区划基础数据叠加结果

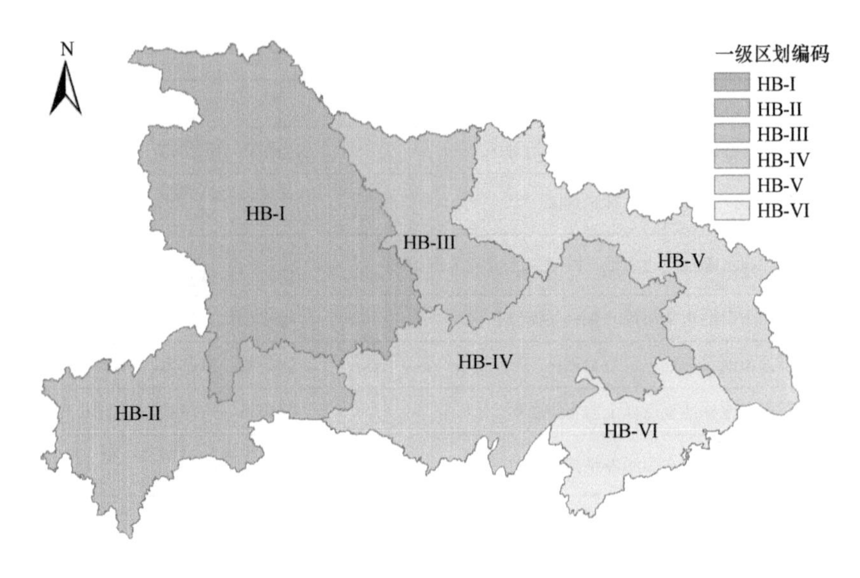

图 5-19　一级区划结果图

表 5-14　一级区划区域分区简表

编码	一级区划名	指标特点
HB-I	秦巴山山地丘陵区	山地、丘陵，年降雨量 10027mm
HB-II	鄂渝山地	山地、丘陵，年降雨量 10960mm
HB-III	南阳盆地及大洪山丘陵平原区	丘陵、盆地，年降雨量 9533mm
HB-IV	江汉平原及周边丘陵区	平原、丘陵，年降雨量 11509mm
HB-V	桐柏大别山山地丘陵区	山地、丘陵，年降雨量 10969mm
HB-VI	幕阜山九岭山山地丘陵	山地、丘陵，年降雨量 11891mm

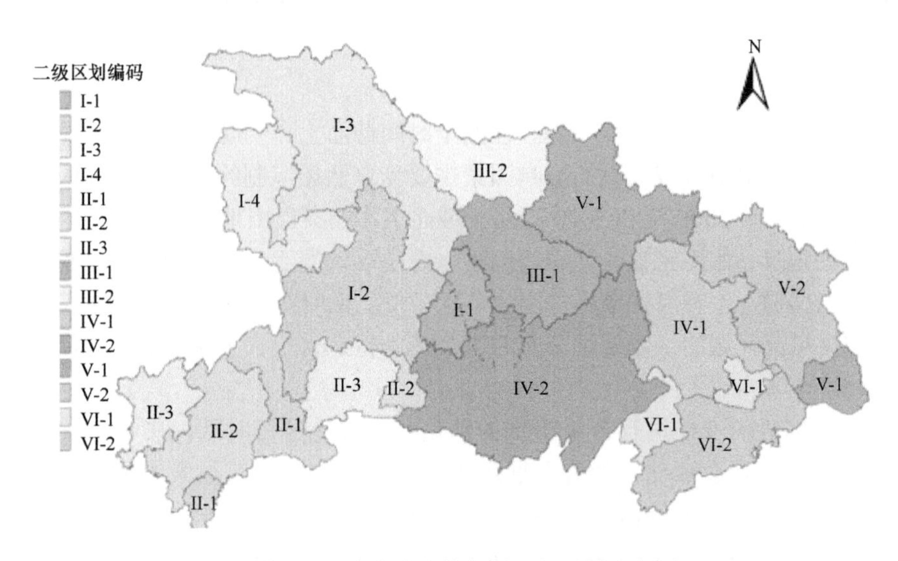

图 5-20　湖北省土壤侵蚀二级区划分布图

表 5-15 湖北省土壤侵蚀区划结果表

二级编码	二级区划名	包含县（区）
HB-I-1	秦巴山丘陵农田防护综合重点治理区	当阳市、荆门市
HB-I-2	三峡库区山地保土农林治理区	保康县、兴山县、巴东县、宜昌市、远安县、秭归县
HB-I-3	丹江口水库及周边山地丘陵生态水源涵养维护区	郧县、郧西县、丹江口市、十堰市、房县、谷城县、南漳县
HB-I-4	秦巴山山地水土保持与森林生态维护区	神农架市、竹山县、竹溪县
HB-II-1	鄂渝山地农林重点监督治理区	建始县、宜都市、鹤峰县、来凤县
HB-II-2	鄂渝山地林地重点保土监督维护区	恩施市、宣恩县、咸丰县
HB-II-3	鄂渝山地林地水源涵养维护区	长阳土家族自治县、利川市、五峰土家族自治县
HB-III-1	大洪山保土农田重点治理区	宜城市、钟祥市、京山市
HB-III-2	南阳盆地保土农田重点防护区	老河口市、枣阳市、襄阳市
HB-IV-1	江汉平原浅丘农田防护人居环境重点监督防治区	孝昌县、黄陂区、孝感市、新洲区、武汉市、蔡甸区、鄂州市、江夏区、黄石市
HB-IV-2	江汉平原农田防护水质重点监督防治区	云梦县、应城市、天门市、汉川市、潜江市、荆州区、枝江市、仙桃市、松滋市、洪湖市、公安县、江陵县、监利市、石首市、沙洋县
HB-V-1	桐柏大别山地丘陵农林保土保水重点治理区	曾都区、广水市、大悟县、安陆市、黄梅县、武穴市
HB-V-2	大别山山地林草保土保水重点防护区	麻城市、红安县、罗田县、英山县、蕲春县、团风县、浠水县、黄冈市
HB-VI-1	幕阜山丘陵农林保土重点监督防治区	大冶市、嘉鱼县、赤壁市
HB-VI-2	幕阜山山地农林保土重点监督维护区	阳新县、崇阳县、通城县、通山县、咸宁市

3. 结论

从长时间序列的稳态方面来考虑，在两个时间截面上，全局和局部的影响因素具有一定差异性，秦巴山地区域提取的影响因素主要受自然环境制约，自然环境因子对土壤侵蚀的贡献更大。而 2006 年和 2000 年两个截面上影响秦巴山地区域的主要因素没有代表自然环境的地形、水系密度、降雨等因素，而是以人类活动为主的产业结构、农业生产方式、人口结构、生态保护措施等因素，这一现象说明在下垫面因素基本稳定一致的前提下，宏观局部区域的土壤侵蚀分布与人类活动特点有很大关系，受人为活动的影响要大于自然环境本身。

对两个时间段的变化进行分析得到的结论是：该地区短时期内影响土壤侵蚀变化的驱动机制与人类社会活动、经济发展水平、政策导向变化有很大的关系，主要引起土壤侵蚀变化的因素为人类活动对环境的干扰程度。利用 PLS 方法对 6 个区域的变化分别建模，比较模型分析结果和精度，提取出各个区域影响土壤侵蚀变化的主要驱动因素，并对这些驱动机制的特征进行了比较与分析。在此基础上，利用分析结果得到各个一级区域下县（区）单元在典型相关分析结果分布图上的规律进行二级区划，得到二级区划结果。

5.4　基于环境要素的湖北省土壤系统分类与分异特点

5.4.1　湖北省成土环境要素

土壤发生学是研究土壤发生演变规律与环境条件之间的科学，是土壤学研究的基础（龚子同等，2007）。土壤发生学派的创始人道库恰耶夫提出了五大成土因素学说，最早揭示了土壤发生与外界环境的联系（陈留美和张甘霖，2011）。在土壤发生学理论基础之上，美国土壤学家 Jenny（1941）提出了著名的土壤形成方程：$S=f$（Cl，O，R，P，T，…），式中，S 表示土壤，Cl 表示气候，O 表示生物，R 表示地形，P 表示母质，T 表示时间，这 5 个变量为影响土壤成土的环境要素。土壤发生的过程中受到不同环境要素的影响和制约，在多种环境要素的综合作用下，形成了不同土壤类型。

土壤系统分类与土壤发生具有紧密的联系。土壤系统分类中的核心是诊断层和诊断特性，其中，诊断层是在性质上有一系列定量规定的、用于区别土壤类别（taxa）的特定土层；而诊断特性则是用于分类目的、具有定量规定的形态的、物理的、化学上的土壤性质。诊断层和诊断特性均是在一定的发生过程下形成的，是不同成土过程的产物，并且具有可以量化的属性供鉴别，也就是说，诊断层和诊断特性是具有发生学意义的。根据诊断层和诊断特性进行土壤分类，实际上也体现了发生分类与系统分类的联系。土壤发生可强化系统分类的理论基础，提供土壤分类量化的依据（Buol et al.，1980；Wilding et al.，1983）。因此，本章主要目的是把土壤发生过程中影响土壤成土条件和成土过程的环境要素同诊断层、诊断特性以及土壤系统分类联系起来，通过建立环境要素与土壤系统分类类型的关系，来分析推理在特定环境要素下产生的土壤类型，从而获取湖北省土壤系统分类类型的分布规律和分异特点。

1. 气候

湖北省位于典型的亚热带季风区内，季风气候的影响特别显著。湖北境内复杂的地形对各地的气候要素具有再分配作用，形成了湖北省特有的地方气候。

气温：湖北省气温分布特点大体上是南高北低，这是由于纬度影响造成的。鄂东一般高于 17℃，江汉平原和大别山南坡的低山、丘陵区为 16.5～17.5℃，鄂中丘陵和鄂北岗地为 15.5～16.5℃，鄂西山区一般低于 16℃，南北相差 1.0～1.5℃。

降水：湖北省年降水量的地理分布特点是等雨量线大致呈纬向分布，南部高于北部，同纬度山地比平原多。大部分地区在 800～1600mm 之间，在北纬 32° 以北地区年降水量小于 900mm，在北纬 32° 以南地区，明显分成三大降雨量区，鄂西南、鄂东南为多雨区，雨量为 1300mm 以上，江汉平原是相对少雨区，雨量为 1000mm 左右。位于北纬

31°～32°之间的神农架，最高峰海拔3000m以上，受山地局部气候影响，年降水量较多，在900～1000mm之间。全省的降雨量分布形势为由鄂西南、鄂东南两个多雨区向鄂西北少雨区雨量递减，等雨量线由东南向西北减少。

蒸发：湖北省年平均蒸发量一般在1100～1450mm之间，并由北向南递减。因为蒸发量的多少与风速、温度、湿度等因素有关，风速大、气温高、湿度小的地方蒸发就多，反之则少。所以蒸发量最大区域出现在日照多、风速大、湿度比较小的鄂东和鄂北部分地区，在1400mm以上，最小区域在多云雾、风速小、湿度大的鄂西南，在1100mm以下。

2. 地形地貌

湖北省地貌复杂多样，根据海拔高度、形态特征等，可划分为山地、丘陵、岗地、平原四种基本类型。

山地一般在海拔500m以上，是湖北省面积最大的一种地貌类型，约占全省面积的56%。低山主要分布在鄂东北与鄂东南，前者以花岗岩或片麻岩组成的低山为主，后者以顶部为石灰岩覆盖的低山居多。此外，还散布一些平缓低山和陡峭低山。中、高山主要集中分布于鄂西地区。

丘陵和岗地海拔高度一般在100～500m之间，约占全省面积的24%，其中，丘陵分布在江汉平原外围，以鄂中和鄂东北最为集中。岗地可分为垄岗状岗地和波状岗地两类。前者集中分布于鄂北，后者分布较零散，鄂北岗地主要由第四纪堆积平原新构造运动抬升受切割而成，地面起伏较大，顶部相对平坦，土层较深厚。

平原是海拔高度低于100m，相对高度一般不超过10m的较平坦地域。全省平原约占总面积的20%，主要是第三纪拗陷、第四纪堆积而成的堆积平原，包括河谷阶地、河漫滩、自然堤等。平原地势起伏小，土层深厚，是发展农业最优越的地貌类型。

3. 地表水和地下水

地表水：湖北省雨量充沛，河流纵横，湖泊众多，库塘密布，径流量大，地表水资源极为丰富。河流的支流自边缘群山向长江汇集，构成向心状的长江干流。全省共有中、小河流1193条（不包括长江和汉水），总长度达35100多千米。丰富的地表径流资源为江汉平原和江汉沿岸广大地区发展农业生产提供了十分有利的条件。但在汛期，由于外来客水和当地径流骤然汇集，洪水、内涝威胁很大。

地下水：湖北省不仅地表水量大，地下水也很丰富。地下水主要分布在两种地区：第一是基岩山区，主要是碳酸盐岩类裂隙岩溶含水岩组。该含水岩组主要分布于鄂西南、鄂东南、大洪山及鄂西北郧县与河南交界地带。而鄂东北与武当山变质岩和岩浆岩地区，地下水资源较少。碳酸盐岩类含水岩组分布区，地下水占全省地下水的64%，以恩施和咸丰等县市最为丰富。第二是江汉平原、鄂北岗地及山间盆地，主要含水岩组是松散岩类（砾石、砂和第四纪沉积物）孔隙含水岩组，在平原地区中多数是河流的第一、二级阶地。

4. 母质母岩

湖北省现在出露地表的岩石（或地层）是在漫长的地质年代里，几经海陆变迁、冷热交替、侵蚀和沉积而后形成的，在地质史上的燕山运动晚期至喜马拉雅期的断陷活动以后确定了湖北省目前的地质格局。主要的母岩类型有：岩浆岩类及其风化物、砂岩类风化物、泥质岩类风化物、碳酸盐岩类风化物、石英质岩类风化物、紫红色砂、页岩的风化物、更新世地层和全新世地层。

其中，更新世地层是更新世形成的地层，组成了长江和汉水流域第二至第四级阶地。土层深厚，地势平坦，适宜耕作，因此成了湖北省最大的耕作区域。全新世地层（Q4）主要是近代河流冲积物——湖积物，广泛分布于现代的河谷地区，组成第一级阶地和河漫滩，是形成潮湿雏形土的地层。江汉盆地因长时期受新构造运动和河道变迁的影响，沉积层除碳酸钙外，质地差异很大，现在上层沉积物的质地有依地势从西北向东南倾斜由粗变细的趋势，离河床远的又比离河床近的细，并且由于每次河流泛滥期的流速和持续时间不同，形成质地断面不同和厚度不一的夹砂或夹黏层，影响土壤中的水、肥运行，对作物生长关系极大，对于土壤基层分类的划分具有指导意义。

5. 植被

湖北省植被的分布情况受到水热、地貌等自然条件及人类活动的长期影响，表现出空间分布的规律性，包括地带性和非地带性规律。

植被的地带性是植被分布随着水平地带（纬向和经向）和垂直地带的变化而变化的规律性。在水平地带上，由于湖北省的热量分布由南向北递减，植被的分布也随之变化，可分为南半部的中亚热带常绿阔叶林和北半部的北亚热带常绿、落叶阔叶混交林两个植被地带。山地植被的垂直分布会受到山地海拔高度升高所带来的气候因素影响，但是湖北省的山地海拔不高，落差不大，只有局部地区植被分布具有垂直地带性，总体还是具有水平地带性规律（谭景燊等，1982）。

影响植被分布的非地带性因素有很多，比如地质、地表组成物质、地貌、局部气候、水文、人类活动等，它们造成了植被类型的异质性和多样化，有时还引起了植被的区域性地带规律。例如，湖北省江汉平原上的一些沼生植被、河漫滩植被与周围的地带性植被区别明显；而在人类农业活动频繁的地区，自然植被基本上都被人工植被和次生植被代替。

5.4.2　湖北省主要土壤发生过程与土壤类型分析

总结历史研究成果，综合分析土壤形成环境要素基础上，结合野外调查结果，确定湖北省主要有如下发生过程。

1. 泥炭化过程

泥炭化过程是指有机质以植物残体的累积过程。在湖北神农架、鄂西北和鄂西南高山区的山间洼地以及江汉平原的河湖洼地地区，地下水位很高或地表有积水的地段上生长着密集的喜湿性沼泽植被，这些湿生植被经常被水饱和，在嫌气环境中不能分解彻底，因而形成具有高含量有机碳的泥炭质有机土壤物质表层。当泥炭质有机土壤物质表层厚度≥5cm 时，称为有机表层，否则称为有机现象。而厚度≥40cm 时，则为有机土土纲的鉴别依据之一。

2. 腐殖化过程

腐殖化过程是指土体依靠动植物残体分解，积累腐殖质的过程，使土体上部形成腐殖质表层。湖北省具有的腐殖质表层包括暗沃表层、暗瘠表层和淡薄表层。

腐殖质特性是指土壤B层伴有腐殖质的淋溶积累或重力积累的特性。均腐殖质特性是指有机质的剖面分布随草本植物根系分布深度中数量的减少而逐渐减少，无陡减现象的特性，与腐殖质特性的区别是均腐殖质只由生物积累引起，腐殖质含量与根系分布一致，且空间分布较为均匀。

在湖北省大部山地土壤中，腐殖质向下延伸较深，均具明显的腐殖质特性或均腐殖质特性。在中山、高山的山顶，山原或山间洼地边缘着生草甸植被，夏季温暖多雨时植物生长繁茂，在冬季冷湿条件下进行腐殖质积累，有机质以根系形式进入土体，随着根系分布含量由上至下逐渐减少，与凋落物形式进入导致有机质随深度突然下降不同，为均腐殖质特性。均腐殖质特性加暗沃表层是鉴别均腐土土纲的依据。

3. 人为土壤形成过程

湖北省有悠久的农业生产历史，大部分自然土壤都受到人类生产活动的影响，而转化为各种类型的人为土壤，随着城市化进程增快、人口增长和耕地减少，人为作用对土壤演化的影响也越来越深刻，主要表现在以下方面。

水耕人为作用过程：水耕人为作用过程是指在淹水条件下的耕作熟化过程。由于水稻种植导致的季节性淹水排水，改变了土壤原有的水分状况，形成人为滞水水分状况，并改变了黏粒、铁锰的淀积，形成水耕表层和水耕氧化还原层等诊断层，水耕现象、水耕氧化还原现象、氧化还原特征诊断特性。根据水耕表层和水耕氧化还原层可以鉴别水耕人为土亚纲，并可按照其氧化还原特点及游离氧化铁含量，划分为潜育水耕人为土、铁渗水耕人为土、铁聚水耕人为土、简育水耕人为土四个土类。

旱耕人为作用过程：旱耕人为作用过程是指在无水层条件下的耕种表熟化过程。湖北省武汉、襄阳、宜昌、荆州、黄石等大中城市的市郊有大面积的蔬菜土壤，常呈环状分布于城镇周围、条带状平行于河流两岸。在富磷、肥熟作用下，可形成肥熟表层或肥熟现象，部分归属于旱耕人为土。

人为扰动作用：由于平整土地、修筑梯田、矿山开采、城市建设等活动造成原有土壤发生极大的扰动，表层被剥离或埋藏，有的土层缺失或者倒置，有的土层有砖块、瓦片的侵入，具有人为扰动层次，形成人为扰动新成土。

4. 变性作用

变性作用是富含高胀缩性黏粒（如蒙皂石等）的土壤的开裂、翻转、扰动过程。湖北“三北”（枣阳北、襄阳北、老河口北）地区南阳盆地边缘漫岗平原的原砂姜黑土由黄土性古河湖相沉积物发育，胀缩性黏粒含量高，具有滑擦面和自吞特征，即变性特征和变性现象。

5. 潜育化过程

土壤形成中的潜育化过程，即指在土体中发生的还原过程。整个土体或土体下部或某一土层，在长期渍水条件下，形成一个颜色呈现蓝灰或青灰色的还原土层，称为潜育层，具有潜育特征或潜育现象。将具有潜育特征或潜育现象的土壤归属于潜育土，主要分布于现代大的湖泊洼地，沿湖呈带状或环带状分布，如洪湖、长湖、梁子湖的周边、武汉市的黄花涝与李家墩一带、张渡湖西侧、保安湖的西北侧等地，常为沼泽湿地、芦苇丛生。

6. 氧化还原过程

由于潮湿、滞水、人为滞水水分状况的影响，在水分季节性饱和情况下发生的过程。在此过程中产生的氧化还原特征一般具有锈纹锈斑、铁锰胶膜或铁锰结核等条件。

7. 白散化过程

白散化过程是在季节性还原淋溶条件下，黏粒和铁锰的淋溶过程，使土体的黏粒和游离氧化铁淋失，形成漂白层。湖北中部和北部由下蜀黄土组成的平缓岗地的土壤上，部分地区由于地形倾斜，土体中具缓透水层，因而黏粒和铁锰遭受长期漂洗，在腐殖质层与耕层以下出现漂白层。水耕人为土中较常见，可形成漂白简育铁渗水耕人为土和漂白铁聚水耕人为土等。

8. 富铁铝化过程

富铁铝化过程是土壤物质由于矿物风化，使得可溶性盐、碱金属和碱土金属及硅酸离子大量流失，铁铝氧化物相对富集的过程，包含脱硅作用和富铁铝作用（龚子同等 2007）。湖北省位于暖温带向亚热带过渡地带，土壤从北向南经历弱度至中度富铁铝化，形成低活性富铁层、聚铁网纹层、铁质特性、富铝特性等诊断层和诊断特性，部分原棕红壤可划分为富铁土。

9. 土壤黏化过程

土壤黏化过程是指土壤中原生硅铝酸盐形成次生硅铝酸盐，土体中黏粒的聚积过程，可形成黏粒淀积层或次生黏化层。表层受到侵蚀时，黏化层可出露地表外（中国科学院南京土壤研究所土壤系统分类课题组和中国土壤系统分类课题研究协作组，2001）。湖北气候南北干湿交替明显，土壤黏粒的形成与淋淀作用十分明显，常形成淀积黏化层，甚至形成黏磐。有的土壤黏化层的黏化比虽未达到黏化层判定指标，但存在光性定向黏粒胶膜和铁锰淀积物。微形态观察表明，鄂南由中更新世红黏土发育的黏化湿润富铁土为棕红色铁质黏粒胶膜，有老化现象；鄂中由上更新世黄黏土发育的黏磐湿润淋溶土为淡黄色黏粒胶膜；鄂北由上更新世黄黏土发育的黏磐湿润淋溶土的黏粒胶膜更厚更多（蔡崇法，1987；周勇等，1997）。

10. 钙积过程

钙积过程主要是指碳酸盐在土体中淋溶与淀积的过程，在季节性淋溶条件下，存在于土壤上部土层中的钙向下移动，在一定深度以 $CaCO_3$ 形式累积下来，形成钙积层或者钙积现象。湖北省土壤钙积过程主要受母质影响。广泛分布于江汉平原的石灰性冲积物（Q4）、鄂中、鄂北的富含碳酸盐的黄黏土母质（Q3）以及碳酸盐岩类母质、富含钙质的红色砂砾岩等形成的土壤均进行不同程度的钙积过程，有粉状、假菌丝体、结核、凝团等多种形态。除进行近代钙积过程外，大多为残留碳酸钙结核。剖面分布深度从北向南趋增。

11. 土壤雏形发育过程

雏形发育过程为初始的风化成土过程，形成剖面发育不明显或很微弱的雏形层。雏形层可以由各种母岩母质风化物以及河流冲积物、湖积物发育而成。

5.4.3 湖北省主要土壤系统分类类型单元分布

根据湖北省土壤成土条件，结合《湖北土种志》上已有剖面资料，提取土壤剖面的地形条件、母质类型、剖面性态特征、理化分析数据，推断土壤主要成土过程、次要成土过程、附加成土过程及成土过程中可能产生的诊断层和诊断特性，根据系统分类进行检索，归纳出主要土壤系统分类类型与地形、母质的对应关系及其分布规律，见表 5-16。

表 5-16 湖北省主要土壤系统分类类型单元分布表

土纲	亚纲	土类（亚类）	主要地形部位	主要母质类型
有机土	正常有机土	纤维正常有机土（半腐）	高山或中山山间洼地	泥质页岩坡积物
		半腐正常有机土（普通）	高山或中山山间洼地	泥质页岩坡积物
人为土	水耕人为土	潜育水耕人为土（变性、复钙、铁渗、铁聚、普通）	河湖湿地及冲积平原和丘陵沟谷的低洼地	湖积物和河流冲积物
		铁渗水耕人为土（变性、漂白、底潜、普通）	冲积平原、丘陵下部及沟谷底部	各种母质
		铁聚水耕人为土（变性、漂白、底潜、普通）	冲积平原、丘陵下部及沟谷底部	各种母质
		简育水耕人为土（变性、漂白、底潜、普通）	丘陵低山或冲积平原，一般地势较高	各种母质
变性土	旱耕人为土	肥熟旱耕人为土（石灰-斑纹、斑纹、石灰、普通）	冲积平原	河流冲积物
	潮湿变性土	钙积潮湿变性土（砂姜、普通）	漫岗平原（枣阳、襄阳、老河口地区）	黄土性河湖相沉积物
潜育土	滞水潜育土	有机滞水潜育土（纤维、普通）	中山、高山低洼地、沟谷盆地、岩溶盆地	各种母质
		简育滞水潜育土（暗沃、普通）	中山、高山低洼地、沟谷盆地、岩溶盆地	各种母质
	正常潜育土	有机正常潜育土（纤维、高腐、普通）	平原沼泽或低洼地	湖积物和河流冲积物

续表

土纲	亚纲	土类（亚类）	主要地形部位	主要母质类型
潜育土		暗沃正常潜育土（酸性、石灰、普通）	低洼地	各种母质
		简育正常潜育土（石质、酸性、石灰、普通）	低洼地	各种母质
均腐土	岩性均腐土	黑色岩性均腐土（普通）	中、低山阴坡，岩溶丘陵顶部、基岩裂隙或低洼地	碳酸盐岩类
富铁土	湿润富铁土	钙质湿润富铁土（表蚀、腐殖、淋溶、黏化、普通）	低山丘陵	碳酸盐岩类
		黏化湿润富铁土（表蚀、腐殖、斑纹、网纹、普通）	低山丘陵	各种母质
		简育湿润富铁土（石质、表蚀、耕淀、腐殖、斑纹、网纹、普通）	低山丘陵	各种母质
淋溶土	冷凉淋溶土	简育冷凉淋溶土（潜育、斑纹、普通）	中山顶部	各种母质
	干润淋溶土	钙积干润淋溶土（斑纹、普通）	低山丘陵、山麓平原	黄土状母质
		简育干润淋溶土（石质、斑纹、普通）	低山丘陵、山麓平原	黄土状母质
	常湿淋溶土	钙质常湿淋溶土（腐殖、普通）	中山中上部	碳酸盐岩类
		铝质常湿淋溶土（腐殖、普通）	中山中上部	泥质岩类残、坡积物
		简育常湿淋溶土（腐殖、铝质、普通）	中山中上部	泥质岩残积物
	湿润淋溶土	漂白湿润淋溶土（普通）	低山丘陵	酸性结晶岩残积物
		钙质湿润淋溶土（腐殖、普通）	丘陵岗地	碳酸盐岩类
		黏磐湿润淋溶土（表蚀、砂姜、饱和、普通）	岗地上部、顶部	下蜀黄土
		铝质湿润淋溶土（石质、腐殖、普通）	丘陵岗地	石英砂岩、红砂岩残积、坡积物
		铁质湿润淋溶土（石质、腐殖、耕淀、漂白、斑纹、普通）	丘陵岗地	各种母质
雏形土	潮湿雏形土	砂姜潮湿雏形土（水耕、漂白、变性、普通）	（襄阳）南阳盆地	老的河湖相和河流沉积物
		暗色潮湿雏形土（水耕、酸性、普通）	沿河低阶地、谷地	湖积物和河流冲积物
		淡色潮湿雏形土（水耕、石灰、酸性、普通）	冲积平原	湖积物和河流冲积物
	干润雏形土	简育干润雏形土（普通）	低山丘陵	下蜀黄土

续表

土纲	亚纲	土类（亚类）	主要地形部位	主要母质类型
雏形土	常湿雏形土	冷凉常湿雏形土（腐殖、普通）	中山、高山鞍部、垭口、洼地	泥质岩、酸性结晶岩类残、坡积物
		滞水常湿雏形土（漂白、暗色、普通）	中山上部、顶部缓坡或低洼处	各种母质
		钙质常湿雏形土（石质、腐殖、普通）	中山上部凹坡或顶部洼地	碳酸盐岩类坡积物
		铝质常湿雏形土（石质、腐殖、斑纹、普通）	低山顶部、中山上部	各种母质
		酸性常湿雏形土（腐殖、铝质、铁质、普通）	中山中上部	花岗岩、泥质岩、砂页岩等残积、坡积物
		简育常湿雏形土（石质、腐殖、铁质、普通）	低山、中山中上部坡地	各种母质
	湿润雏形土	冷凉湿润雏形土（漂白、暗沃、斑纹、普通）	中山、高山上部坡地	花岗岩、砂页岩、石灰岩等风化物
		钙质湿润雏形土（石质、表蚀、淋溶、腐殖、普通）	丘陵岗地	碳酸盐岩类
		紫色湿润雏形土（石灰、酸性、表蚀、耕淀、斑纹、普通）	丘陵	紫色砂、页岩
		铝质湿润雏形土（石质、表蚀、腐殖、斑纹、普通）	丘陵上部或陡坡、低山下部	第四纪红黏土或酸性结晶岩、石英砂岩、泥质岩类等残积物
		铁质湿润雏形土（表蚀、普通）	丘陵岗地、缓坡	各种母岩风化物和黄土母质（Q3）
		酸性湿润雏形土（表蚀、腐殖、普通）	丘陵坡地、低山坡脚	酸性结晶岩、砂岩、页岩等残积、坡积物
		简育湿润雏形土（斑纹、普通）	低山丘陵陡坡	各种母岩残积、坡积物
新成土	人为新成土	扰动人为新成土（石灰、酸性、普通）	洼地、沟渠	湖积物和河流冲积物
	冲积新成土	潮湿冲积新成土（潜育、普通、石灰）	冲积平原、低阶地	近代河流冲积物
		干润冲积新成土（斑纹、石灰、普通）	高滩地、沟谷低阶地	洪、冲积物、黄土状冲积物
		湿润冲积新成土（斑纹、普通）	河流高阶地	近代河流冲积物
	正常新成土	紫色正常新成土（石灰、酸性、普通）	低山丘陵	紫色砂、页岩
		红色正常新成土（石灰、饱和、普通）	丘陵	红色砂砾岩、砂页岩、第四纪红黏土
		干润正常新成土（钙质、石质、普通）	低山丘陵	各种母质
		湿润正常新成土（钙质、石质、普通）	山地丘陵顶部、陡坡或侵蚀地形部位	各种母质

从表 5-16 可以看出，土壤类型与地形母质之间具有对应关系，不同母质和不同地形条件会形成不同的土壤类型。比如，在海拔较高的中山、高山地区，为冷性土壤温度

状况，风化作用较弱，在山顶形成简育冷凉淋溶土，山体上部坡地形成冷凉湿润雏形土，山体洼地易形成冷凉常湿淋溶土、正常有机土、滞水潜育土；在海拔较低的中山地区，土壤温度状况以温性为主，水分状况以常湿润为主，在中山的中上部形成常湿淋溶土、常湿雏形土；低山丘陵和岗地地区的土壤温度主要是热性，因为土壤水分状况各异，则会形成湿润富铁土、湿润淋溶土、湿润雏形土、干润淋溶土、干润雏形土，在水耕条件下会形成简育、铁渗、铁聚水耕人为土；而在鄂北漫岗平原上，由于特殊的黄土性母质，会形成钙积潮湿变性土。在冲积平原地区，会出现水耕人为土、潮湿雏形土、湿润雏形土、冲积新成土交错出现的土壤类型单元。

5.4.4 土壤类型空间分异与环境要素关系——以江汉平原为例

土壤分类是土壤资源调查评价的基础，也是因地制宜管理土壤、保护生态和推广农业技术的重要依据。目前，国内学者在不同地区进行了区域土壤的系统分类研究，取得了一定的成果（何毓蓉和黄成敏，1995；章明奎，1995；陈健飞，2000，2001；刘付程等，2002a，2002b；夏建国等，2002；陈志诚等，2003；顾也萍等，2003，2007；冯跃华等，2005；韩春兰等，2010，2013；何忠俊等，2011），对于完善中国土壤系统分类体系，推进土壤科学发展，具有十分积极的意义。然而在平原河湖地区，土壤受人类活动和河湖演变干扰频繁，农业利用时间、方式、强度等因素对土壤发育有不同程度的影响，土壤属性变异有其特殊性，研究该类区域土壤的空间分布特点及其在土壤系统分类中的归属，有利于丰富土壤系统分类研究案例。本章以江汉平原为研究区域，分析土壤分布和演化的特点，对供试土壤剖面进行了系统分类的划分，为进一步完善我国土壤系统分类研究提供范例。

综合考虑地质地貌、农业利用、水文特征等因素，结合第二次土壤普查形成的土壤图和土壤调查资料，将江汉平原位于长江和汉水之间的中部区域作为典型研究区域，此区域具有江汉平原典型的冲积-湖积母质类型，具有该区域主要的冲积-湖积平原及局部丘陵的地形地貌特征，土地利用方式也与整个平原区域主要利用方式一致，具有代表性。采用区域控制与路线调查相结合的方法，进行选点布点。根据母质、地形地貌、土地利用方式等因素，在典型研究区选取了 69 个典型土壤剖面，分布在江陵县（J）、潜江市（Q）、仙桃市（X）、洪湖市（HH）、嘉鱼县（JY）、汉川市（H）、监利市（JL）等县（市）。

其中剖面 H-9、X-6 位于地形略起伏的局部低岗地区，剖面 JY-1、JY-6 位于 II 级阶地，其余剖面均位于地形较平坦的冲积-湖积平原。各剖面的成土母质类型和土地利用方式见表 5-17。

土壤样品采集根据土壤剖面发育层次，分层采样和观测记录。土壤理化分析按照《土壤调查实验室分析方法》的要求进行（张甘霖等，2012）。主要观测项目：①采样点经纬度和海拔、景观特征、水文特征、生产性状等；②土壤各层次形态特征，如土壤颜色（门塞尔值）、结构、新生体、侵入体等；③室内分析测定：pH、容重、机械组成、碳酸钙、有机碳、CEC、交换性盐基、全铁、游离铁等。

表 5-17 样点对应的成土母质类型及土地利用方式

	Q3 黄土	Q4 湖积物	Q4 河流冲积物	Q4 冲-湖积物
水旱轮作	—	H-1	HH-4	HH-5、HH-8
荒草地	—	H-14	—	JY-5、X-10
旱地	H-9、X-6	—	D-1、D-2、H-5、H-7、H-8、H-13、HH-12、HH-13、J-2、J-3、J-4、J-6、J-7、J-9、JL-1、JL-2、Q-2、Q-7、X-7、X-8、X-9	D-3、HH-11、J-5、J-8、JY-3、JY-4
水田	JY-1、JY-6	H-2、H-4、H-6、HH-1、HH-6、HH-9、J-1、Q-4	H-12、Q-1、Q-3、Q-6、Q-8、X-1	D-4、D-5、H-3、H-10、H-11、HH-2、HH-3、HH-7、HH-10、JY-2、Q-5、Q-9、X-2、X-3、X-4、X-5、X-11

注：Q3 为晚更新世地层，Q4 为全新世地层

1. 诊断层

根据样点的调查和分析，江汉平原土壤的主要诊断层如下所示。

淡薄表层：D-1、H-1、HH-4 等 36 个剖面表层厚度在 10～30cm 之间，平均 21cm，其中有 30 个剖面表层厚度<25cm（土体层厚度均≥75cm），有机碳含量在 5.44～36.10g/kg 之间，润态色彩以暗黄棕、暗灰棕、暗棕、棕为主，干态色彩以灰黄、灰黄棕、棕为主，主要呈粒状结构或小角块状结构，发育程度较差，属于淡薄表层。

水耕表层：D-4、H-2、HH-1 等 29 个剖面的耕作层厚度在 10～29cm 之间，平均 16cm，壤土为黏壤土，团粒状或小角块状，结构发育较好，根孔有铁锈斑纹。犁底层厚 8～15cm，平均 13cm，黏壤土或黏土，块状结构，较多根系，有根锈条纹。犁底层与耕作层的容重比值大于 1.1，满足水耕表层条件。

雏形层：D-1、H-1、HH-4 等 23 个土壤剖面层次有较弱的结构发育，无物质淀积，未发生明显黏化，厚度 19～65cm，平均 58cm，质地以砂土、砂质壤土、粉壤土、壤土为主，主要呈小角块状结构，主要颜色有灰黄、暗灰棕、棕，符合雏形层指标。

水耕氧化还原层：D-4、H-2、HH-1 等 29 个剖面厚 27～82cm，平均 48cm，棱柱状结构发育，结构体表面密布灰色胶膜，有铁锰斑纹和胶膜，其中 2 个剖面（JY-1、JY-6）还可见少量铁锰结核，属于水耕氧化还原层。

黏化层：在 H-9、X-6 两个剖面 Bt 层结构体表面和孔隙壁上，可见明显光性定向黏粒胶膜，且较上覆层的黏粒含量增加 20%以上，属于黏化层。

2. 诊断特性

江汉平原土壤的主要诊断特性如下。

冲积物岩性特征：H-5、HH-11、J-2 等 11 个土壤剖面土表面至 125cm 范围内土壤性状明显或较明显保留了母质的性质特征，土壤颗粒有分选性，有明显的水平沉积层理，且至今仍承受洪水泛滥，不断有新鲜冲积物加入，具有明显冲积物岩性特征。

氧化还原特征：D-1、H-1、HH-1 等 64 个剖面中下部层次观察到铁锰胶膜、锈纹锈

斑，其中 X-6、H-9 这两个剖面除了铁锰胶膜外，还发现了铁锰凝团、结核等新生体，均属于氧化还原特征。

潜育特征和潜育现象：D-4、H-6、HH-2 等 19 个剖面处在地势较低平的湖泊洼地和平原低地，地下水位较高，土壤长期被水饱和，发生强烈还原形成青灰色或蓝灰色的还原层，属于潜育特征。潜育特征出现的深度不等，其中 Q-4、X-5、Q-5、D-5 剖面的潜育特征土层在 50cm 范围内出现，HH-9、HH-6、HH-2、HH-7 的潜育特征土层在 60cm 内出现。HH-10 符合潜育特征条件的土壤基质不到 50%，但具有潜育现象。

土壤水分状况：本地区地下水位多年平均在 0.9～1.15m 之间，常年地下水位在 1m 以内的旬数占全年旬数 25%～59%，即某些时期土壤全部或部分土层被地下水或毛管水饱和并呈还原状态，普遍具有潮湿土壤水分状况。经过调查，D-1、H-5、HH-4 等 32 个土壤剖面具有潮湿土壤水分状况。D-4、H-1、HH-1 等 33 个剖面在水耕条件下，由于犁底层的隔水作用，耕作层大多数年份至少有 3 个月被灌溉水饱和，具有人为滞水水分状况。剖面 D-5、X-5 的地下水位始终接近地表，属于常潮湿土壤水分状况。剖面 H-9、X-6 位于丘陵地区，地形部位较高，所处地区年均干燥度<1，但月干燥度并非均<1，为湿润水分状况。

土壤温度状况：江汉平原样区内各县（市）的年平均土温≥15℃，但<22℃，为热性土壤温度状况。

水耕现象：D-5、H-1、HH-4 等 10 个剖面在水耕作用影响较弱或种植水稻时间较短，部分土壤犁底层对耕作层的容重比值<1.1，达不到水耕表层标准，归为水耕现象。

对各项指标按照《中国土壤系统分类检索（第三版）》进行检索，各剖面详细的诊断层和诊断特性见表 5-18。

表 5-18　江汉平原典型土壤剖面的诊断层及诊断特性

诊断层和诊断特性	剖面编号
淡薄表层	D-1、D-2、D-3、D-5、H-1、H-5、H-13、H-7、H-8、H-14、HH-4、HH-5、HH-8、HH-11、HH-12、HH-13、J-2、J-3、J-4、J-5、J-6、J-7、J-8、J-9、JL-1、JL-2、JY-3、JY-4、JY-5、Q-2、Q-7、X-5、X-7、X-8、X-9、X-10
水耕表层	D-4、H-2、H-3、H-4、H-6、H-10、H-11、H-12、HH-1、HH-2、HH-3、HH-6、HH-7、HH-9、HH-10、J-1、JY-1、JY-2、JY-6、Q-1、Q-3、Q-6、Q-8、Q-9、X-1、X-2、X-3、X-4、X-11
水耕现象	D-5、H-1、H-9、HH-4、HH-5、HH-8、Q-4、Q-5、X-5、X-6
雏形层	D-1、D-2、D-3、H-1、H-7、H-8、H-14、HH-4、HH-5、HH-8、HH-13、J-4、J-5、J-6、J-8、J-9、JL-1、JL-2、JY-3、JY-4、Q-7、X-7、X-9
水耕氧化还原层	D-4、H-2、H-3、H-4、H-6、H-10、H-11、H-12、HH-1、HH-2、HH-3、HH-6、HH-7、HH-9、HH-10、J-1、JY-1、JY-2、JY-6、Q-1、Q-3、Q-6、Q-8、Q-9、X-1、X-2、X-3、X-4、X-11
冲积物岩性	H-5、H-13、HH-11、HH-12、J-2、J-3、J-7、JY-5、Q-2、X-8、X-10
潮湿土壤水分状况	D-1、D-2、D-3、H-5、H-7、H-8、H-13、H-14、HH-4、HH-5、HH-8、HH-11、HH-12、HH-13、J-2、J-3、J-4、J-5、J-6、J-7、J-8、J-9、JL-1、JL-2、JY-3、JY-4、JY-5、Q-2、Q-4、Q-5、Q-7、X-7、X-8、X-9、X-10
常潮湿土壤水分状况	D-5、X-5

续表

诊断层和诊断特性	剖面编号
人为滞水水分状况	D-4、H-1、H-2、H-3、H-4、H-6、H-10、H-11、H-12、HH-1、HH-2、HH-3、HH-6、HH-7、HH-9、HH-10、J-1、JY-1、JY-2、JY-6、Q-1、Q-3、Q-6、Q-8、Q-9、X-1、X-2、X-3、X-4、X-11、
湿润水分状况	H-9、X-6
潜育特征	D-4、D-5、H-6、H-10、HH-2、HH-3、HH-5、HH-6、HH-7、HH-9、J-1、Q-4、Q-5、Q-6、X-2、X-3、X-4、X-5、X-11
氧化还原特征	D-1、D-2、D-3、D-4、H-1、H-2、H-3、H-4、H-5、H-6、H-7、H-8、H-9、H-10、H-11、H-12、H-13、H-14、HH-1、HH-2、HH-3、HH-4、HH-5、HH-6、HH-7、HH-8、HH-9、HH-10、HH-11、HH-12、HH-13、J-1、J-2、J-3、J-4、J-5、J-6、J-7、J-8、J-9、JL-1、JL-2、JY-1、JY-2、JY-3、JY-4、JY-5、JY-6、Q-1、Q-2、Q-3、Q-6、Q-7、Q-8、Q-9、X-1、X-2、X-3、X-4、X-6、X-7、X-8、X-9、X-10、X-11
石灰性	D-1、H-4、H-5、H-7、H-8、H-13、HH-11、HH-12、HH-13、J-2、J-3、J-4、J-5、J-7、J-6、J-8、J-9、JL-1、JY-4、JY-5、Q-2、Q-5、Q-7、X-3、X-5、X-7、X-8、X-9、X-10
盐基不饱和	D-2、D-3、D-4、D-5、Q-1、Q-3、Q-4、Q-6、Q-8、H-10、H-14
黏化层	H-9、X-6

参考文献

蔡崇法. 1987. 湖北中晚更新世沉积物母质上土壤某些特性的比较. 华中农业大学学报, (4): 328-335.
陈健飞. 2000. 武夷山土壤形成特点与系统分类. 土壤通报, (3): 97-101, 145.
陈健飞. 2001. 福建山地土壤的系统分类及其分布规律. 山地学报, (1): 1-8.
陈留美, 张甘霖. 2011. 土壤时间序列的构建及其在土壤发生研究中的意义. 土壤学报, 48(2): 419-428.
陈志诚, 赵文君, 龚子同. 2003. 海南岛土壤发生分类类型在系统分类中的归属. 土壤学报, 40(2): 170-177.
杜政清. 1995. 三峡地区生态环境及其治理保护规划. 国土与自然资源研究, (1): 33-37.
冯跃华, 张杨珠, 邹应斌, 等. 2005. 井冈山土壤发生特性与系统分类研究. 土壤学报, 42(5): 18-27.
傅伯杰, 陈利顶, 马克明, 等. 2001. 景观生态学原理与应用(第 2 版). 北京: 科学出版社.
龚子同, 张甘霖, 陈志诚. 2007. 土壤发生与系统分类. 北京: 科学出版社.
顾也萍, 刘必融, 汪根法, 等. 2003. 皖南山地土壤系统分类研究. 土壤学报, 40(1): 10-21.
顾也萍, 刘付程. 皖南. 2007. 紫红色砂石岩上发育土壤的系统分类研究. 土壤学报, 44(5): 776-783.
郭晋平. 2001. 森林景观生态研究. 北京: 北京大学出版社.
韩春兰, 顾欣燕, 刘杨杨, 等. 2013. 长白山山脉火山喷出物发育土壤的特性及系统分类研究. 土壤学报, 50(6): 1061-1070.
韩春兰, 王秋兵, 孙福军, 等. 2010. 辽宁朝阳地区第四纪古红土特性及系统分类研究. 土壤学报, 47(5): 836-846.
何毓蓉, 黄成敏. 1995. 云南省元谋干热河谷的土壤系统分类. 山地研究, 13(2): 73-78.
何忠俊, 王立东, 郭琳娜, 等. 2011. 三江并流区土壤发生特性与系统分类. 土壤学报, 48(1): 10-20.
李智广. 2001. 区域土壤侵蚀遥感定量监测技术研究. 杨凌: 中国科学院, 水利部水土保持研究所.
李景保, 蔡炳华, 李敏. 2001. 论人类活动方式对土壤侵蚀的效应-以湖南省为例. 热带地理, 21(2): 108-112.
李英奎. 2001. 基于土地利用结构变化的土壤侵蚀动态评估方法研究. 北京: 北京大学.
刘付程, 顾也萍, 胡德春, 等. 2002a. 皖南白垩纪紫红色砂页岩发育土壤的特性和系统分类. 土壤, (1): 27-31.

刘付程, 顾也萍, 史学正. 2002b. 安徽休屯盆地紫色土的特性和系统分类. 土壤通报, (4): 241-245.
马蔼乃. 2000. 地理科学与地理信息科学论. 武汉: 武汉出版社.
谭景燊, 班继德, 王增学. 1982. 湖北植被区划. 华中师院学报(自然科学版), (3): 102-127.
韦杰, 贺秀斌. 2011. 三峡库区坡耕地水土保持措施研究进展. 世界科技研究与发展, 33(1): 41-45.
邬建国. 2000. 景观生态学. 北京, 科学出版社.
夏建国, 邓良基, 张丽萍, 等. 2002. 四川土壤系统分类初步研究. 四川农业大学学报, 20(2): 117-122.
章明奎. 1995. 浙西北山地土壤特性和系统分类的研究. 土壤通报, (4): 153-156.
中国科学院南京土壤研究所土壤系统分类课题组, 中国土壤系统分类课题研究协作组. 2001. 中国土壤系统分类检索(第三版). 合肥: 中国科学技术大学出版社.
周勇, 蔡崇法, 王庆云. 1997. 湖北省土壤系统分类命名及其类比. 土壤, (3): 130-136.
张甘霖, 龚子同. 2012. 土壤调查实验室分析方法. 北京: 科学出版社.
张政, 冯国双. 2012. 变量投影重要性分析在自变量筛选中的应用. 现代预防医学, 39(22): 5813-5815.
Arnoldus H M J. 1977. Methodology used to determine the maximum potential range average annual soil loss to sheet and rill erosion in Morocco. FAO Soils Bulletin, 34: 39-48.
Bronstert A, Niehoff D, Bürger G. 2002. Effects of climate and land-use change on storm runoff generation: present knowledge and modelling capabilities. Hydrological Processes, 16(2): 509-529.
Buol SW, Hole FD, McCracken RJ. 1980. Soil Genesis and Classification (Second edition). Ames.: the Iowa State University Press.
Höskuldsson A. 2001. Variable and subset selection in PLS regression. Chemometrics and Intelligent Laboratory Systems, 55(1): 23-38.
Jenny H. 1941. Factors of Soil Formation: A System of Quantitative Pedology. New York: McGraw-Hill Book Company.
Mehmood T, Martens H, Sæbø S, et al. 2011. A Partial Least Squares based algorithm for parsimonious variable selection. Algorithms for Molecular Biology, 6(1): 1-12.
O'Neill R V, Krummel J R. 1988. Indices of landscape pattern. Landscape Ecology, 1(3): 153-162.
Turner M G. 1990. Landscape changes in nine rural counties of Georgia. Photogrammetric Engineering and Remote Sensing, 56(3): 379-386.
Van Rompaey A, Govers G, Puttemans C. 2002. Modelling land use changes and their impact on soil erosion and sediment supply to rivers. Earth Surface Processes and Landforms, 27(5): 481-494.
Van Rompaey A, Krasa J, Dostal T. 2007. Modelling the impact of land cover changes in the Czech Republic on sediment delivery. Land Use Policy, 24(3): 576-583.
Wilding L P, Smeck N E, Hall G F. 1983. Pedogenesis and Soil Taxonomy: Concepts and Interactions: Concepts and Interactions. New York: Elsevier.
Wright J F. 1995. Development and use of a system for predicting macro-invertebrates in flowing waters. Australian Journal of Ecology, 20 (1): 181-197.
Wright J F, Moss D, Amitage P D, et al. 1984. A preliminary classification of running-water sites in Great Britain based on macro-invertebrate species and the prediction of community using environmental data. Freshwater Biology, 14 (3): 221-256.
Nauck D, Kruse R. 1999. Neuro-fuzzy systems for function approximation. Fuzzy Sets and Systems, 101(2): 261-271.

第6章　区域土地利用变化机制与生态效应评价

6.1　新疆不同尺度土地利用/覆被变化与驱动机制

6.1.1　区域尺度耕地变化特征与驱动机制

本节的研究区为我国西北部的新疆。新疆气候干旱，海拔范围跨度较大、南北气候差异明显、民族构成多样，这使得新疆不同的区域土地利用变化的主要影响因素存在很大的差异。根据新疆各县的属性，将研究区进行分区，探讨不同区域内耕地变化规律及其主要驱动力，比较各驱动因素的作用力特征，以期为新疆土地利用规划与管理提供决策支持。

1. 耕地格局分区与特征

为了将新疆划分为不同的区域，收集了各县的耕地面积、总面积、人口数量和牧业人口数量，利用他们计算出耕地比例、人口密度以及牧业人口比例，作为聚类分析的三个因子。将参与聚类的县分为6个类别。

图6-1为6个类别中各县（市）在1988年、1993年、1998年、2003年和2008年的耕地面积。大部分的县（市）1988～2008年耕地均在不断地增长，其中，1988～2003年，耕地增长速度较为均匀，但2003～2008年，耕地增长速度突然增加，许多县（市）的耕地面积在最后五年的增长值甚至超过了之前耕地的总面积。从图中可以看出，在整体上第II类和第V类耕地面积增长的最为明显，尤其是在第V类中，各县（市）耕地均有较大比例的增长，有的甚至超过了200%。在第III类中，除了少数几个县（市）耕地面积在最后五年出现剧烈增长的趋势外，其他的大部分县（市）耕地增长速度较为缓慢，而墨玉县、皮山县、策勒县和民丰县则呈现出先增加后减小的趋势。

参与聚类分析的三个变量及各类别耕地总体增长情况统计显示（表6-1)，耕地面积最大的为第I类和第V类，牧业人口比例最大的为第IV类，从而可知第Ⅰ类和第Ⅴ类为农业县，第Ⅳ类为牧业县；第I类中有较高人口密度，耕地增长较多的是第II类和第V类，增长比例分别达到了212.0%和189.2%。

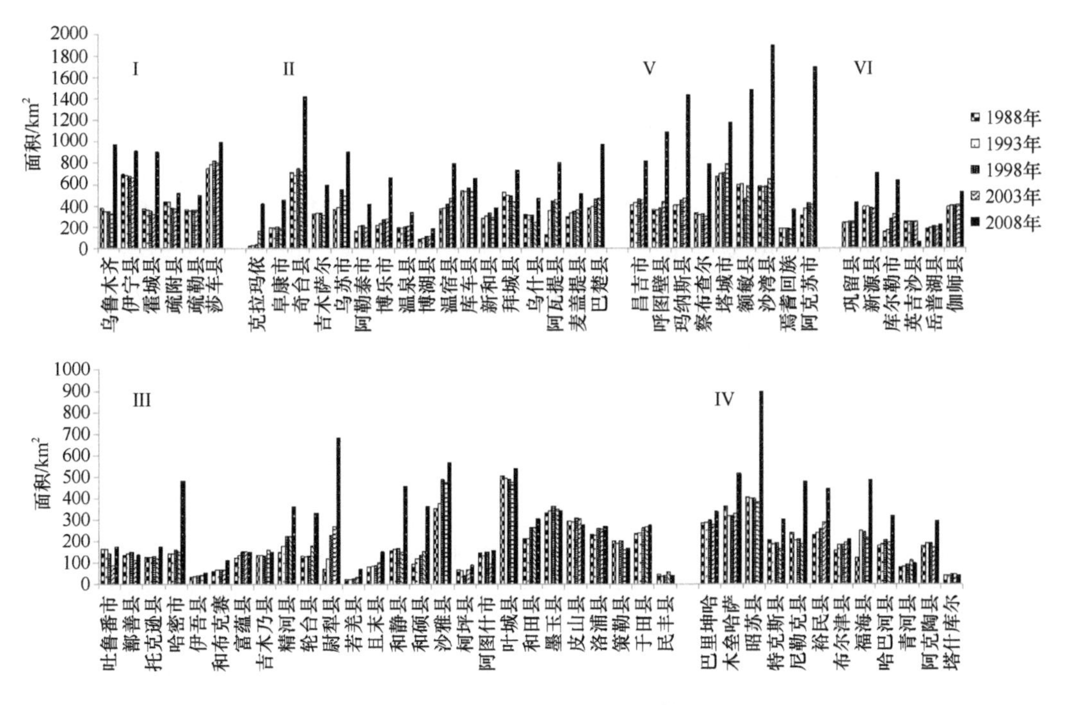

图 6-1 各县（市）1988～2008 年耕地面积

表 6-1 各类别变量统计

类别	样本数	耕地面积比例/%		人口密度/（人/km²）		牧业人口比例/%		耕地增长比例（1988～2008 年）/%	
		均值	标准差	均值	标准差	均值	标准差	均值	标准差
I	6	14.8	5.2	103	33.8	5.0	4.0	69.4	62.3
II	17	5.7	1.3	21	6.6	4.5	2.5	212.0	455.5
III	26	1.1	0.8	7	5.5	6.4	3.6	98.7	177.4
IV	12	3.2	2.6	9	6.5	23.3	6.3	77.8	78.3
V	9	15.7	5.5	33	13.8	4.4	2.0	189.2	117.4
VI	6	7.8	3.1	58	12.9	6.2	5.2	76.2	134.3

2. 区域尺度耕地变化驱动因素分析

本章通过偏最小二乘回归模型来探讨六个类别中耕地面积变化与社会经济因素之间的关系。因此，模型的因变量为耕地面积在 1988～2008 年之间的变化量，自变量为所选取的 14 个社会经济变量，包括人口密度（T-POP）、少数民族人口密度（M-POP）、农业人口密度（A-POP）、农业机械总动力（TPAM）、作物产量（Y-GRA）、棉花产量（Y-COT）、油料作物产量（Y-OIL）、化肥施用量（CCF）、农村用电量（ECRA）、牲畜年底头数（NL）、农业总产值（GOVA）、林业总产值（GOVFO）、牧业总产值（GOVAH）和渔业总产值（GOVFI）。

将聚类分析后的所有类别分别进行回归建模，模型的回归结果见表 6-2。在六个模型中，R^2Y 均大于 50%，Q^2 均大于 0.097，这表示各个模型均具有较好的稳健性和预测能力。在提取成分时，设置了一定的规则，即当 Q^2 的值小于 0.097 时，停止提取下一个成分。在本章的六个回归模型中，提取第一分成后，Q^2 的值已经满足要求，因此六个模型均只提取了第一个成分。回归结果显示，农业总产值（GOVA）、化肥施用量（CCF）和农业机械总动力（TPAM）作为重要的影响因子（VIP>1）出现的频率最高。而少数民族人口（M-POP）、林业总产值（GOVFO）、牧业总产值（GOVAH）和油料作物产量（Y-OIL）在六个模型中作为重要的影响因子各自只出现了一次。

在第 I 类中，模型对耕地变化的解释能力为 62.9%，各县（市）的耕地随着人口密度（T-POP，VIP=1.26）和农村用电量（ECRA，VIP=1.63）的增加而增加，随着化肥施用量、农作物产量（Y-GRA）、农业机械总动力、牲畜头数（NL）（VIP=1.16～1.57）的增加而减少。第 II 类中，模型对耕地变化的解释能力为 61.7%，作用力最大的影响因子为牧业总产值（VIP=1.62），此外，重要的影响因子还包括农业总产值、农业机械总动力、农村用电量和农作物产量（VIP=1.57～1.23）。模型对第 III 类与第 IV 类耕地变化的解释能力分别为 63.7%和 73.6%。在这两个模型中，农业总产值和化肥施用量的 VIP 值均大于 1。在第 III 类中，少数民族人口密度（VIP=1.25）和棉花产量（Y-COT，VIP=2.01）等两个变量对耕地变化也有着较大的驱动作用。在第 IV 类中，对耕地变化有较大驱动作用的变量还包括渔业总产值（GOVFI）、油料作物产量和牲畜头数（VIP 值分别为 1.09、1.49、1.89）。

第 V 类中模型对耕地变化的解释能力为 80.2%，在 14 个社会经济变量中共有 7 个重要的影响因子。VIP 值最大的为化肥施用量（VIP=1.66），此外，农业机械总动力、总人口密度、农业总产值、棉花产量、林业总产值和少数民族人口密度等因子对耕地变化也有较大的驱动作用。模型对第 VI 类耕地变化的解释能力为 85.0%，影响力最大的因子为渔业总产值（VIP=1.81），重要的影响因子还包括农业人口密度、油料作物产量、农业总产值和农业机械总动力，其中，除农业人口密度外，其他影响因子均和耕地变化呈正相关的关系（表 6-2）。

本章描述了耕地变化和社会经济变量之间的一个长期关系。在对这一关系进行回归建模时，由于数据获取的限制性、变量未识别或无法量化等原因不可能将所有影响耕地变化的因素考虑进来（Marcucci，2000；Hietel et al.，2005）。人口的增长使得对食物的需求增加，这也导致耕地面积的不断增长，有些地区即使是贫瘠的土地和较陡峭的地形条件也被开垦为耕地（Schulze-von Hanxleden，1972；Hietel et al.，2005）。本章研究区内的耕地在 1988～2008 年之间随着对粮食及其他相关资源需求的增长而发生了较大的改变。这一趋势没有直接包含于模型中，但其影响却与其他的变量近似，如农业人口密度、农业机械总动力、化肥施用量和农业总产值等。经济的繁荣、机械化的提高、农业的强化与专业化及城市化的发展等也同样导致了耕地的剧烈变化（Reger et al.，2007）。

表 6-2　偏最小二乘回归模型结果

	I		II		III		IV		V		VI	
	VIP	RC	VIP	RC	VIP	RC	VIP	RC	VIP	RC	VIP	RC
T–POP	1.26	0.119	0.43	–0.05	0.36	–0.042	0.78	0.108	1.44	–0.157	0.44	0.052
M–POP	0.11	–0.011	0.92	–0.105	0.80	–0.094	0.66	0.091	1.04	–0.113	0.01	–0.001
A–POP	0.06	0.006	0.83	–0.095	0.73	–0.085	0.01	0.001	0.81	–0.089	1.37	–0.161
GOVA	0.71	–0.067	1.57	0.181	1.43	0.167	1.74	0.240	1.44	0.157	1.00	0.118
GOVFO	0.67	–0.063	0.11	0.013	0.29	–0.033	0.15	–0.020	1.12	0.123	0.58	–0.068
GOVAH	0.72	0.068	1.62	0.187	0.01	0.002	0.56	0.078	0.27	0.029	0.80	0.094
GOVFI	0.51	0.048	0.66	–0.075	0.60	0.071	1.09	0.150	0.27	–0.029	1.81	0.214
TPAM	1.16	–0.110	1.48	0.170	1.25	0.146	0.79	0.108	1.25	0.137	1.38	0.163
Y–GRA	1.31	–0.123	1.23	0.142	0.75	–0.087	0.54	–0.074	0.66	–0.072	0.86	–0.101
Y–COT	0.37	–0.034	0.77	0.089	2.01	0.235	0.28	–0.038	1.35	0.147	1.13	0.133
Y–OIL	0.86	0.081	0.08	0.009	0.51	–0.059	1.49	0.205	0.44	0.048	0.64	0.075
CCF	1.26	–0.119	0.76	0.088	1.76	0.206	1.13	0.156	1.63	0.178	0.32	0.037
ECRA	1.63	0.153	1.35	0.156	0.79	0.093	0.59	–0.081	0.08	0.009	1.49	0.176
NL	1.57	–0.147	0.17	0.019	0.29	–0.034	1.89	0.261	0.13	–0.115	0.13	–0.016
R^2Y	62.9		61.7		63.4		73.6		80.2		85.0	
Q^2	0.15		0.24		0.38		0.31		0.60		0.29	

注：R^2Y：模型解释能力，%；Q^2：交叉有效性；VIP：独立变量在每个模型预测中的重要性；RC：回归系数

回归结果显示，虽然 14 个社会经济变量作为重要的影响因子没有出现在同一个类别中，但总体上他们均对耕地变化有着重要的驱动作用。回归系数的正负能反应各变量对耕地变化影响因子的正负关系。人口密度在第 I 类与第 V 类中对耕地变化分别起到正向与负向驱动作用。农业总产值在除了第 I 类的其他所有类别中均对耕地变化呈正相关关系，而农业机械总动力在除了第 IV 类的其他所有类别中均对耕地变化具有较大的影响。棉花产量在第 III 类、第 V 类、第 VI 类中与耕地变化为正相关关系。化肥施用量与牲畜头数均在第 I 类与第 IV 类中对耕地变化起负向与正向驱动作用，而化肥施用量在第 III 类与第 V 类中对耕地变化也有着较大的影响。许多研究认为，人口不断增长极大地促进了土地利用方式的变化（Lin and Ho，2003；Xiao et al.，2006；Xu et al.，2013；Yu and Ng，2007）。1988～2008 年，第 I 类中的县人口迅速增长，因此人口密度在第 I 类中与耕地变化为正向驱动关系。第 V 类中化肥施用量、农业机械总动力和农业总产值等与农业相关的因子对耕地变化有较大的驱动作用，这也表明了农业在第 V 类中具有重要的地位。在第 III 类中，大量土地被沙漠覆盖，干旱的气候促使农民种植大量的耐旱作物，因此棉花产量在第 III 类中与耕地变化呈正向影响关系。

此外，现行制度与政策也是导致土地利用方式发生改变的重要驱动因素（Lambin et al.，2003；Xu et al.，2013）。改革开放以来，我国经济体制由计划经济转变为市场经济（Clem，2009）。新疆所处的西部地区经济发展较为缓慢，近年来，公路与铁路的建设极

大地改善了新疆的运输条件，增强了货物运输能力。高速公路与铁路的建设使新疆的水果、粮食、肉类及其他经济作物能够方便且快速地运输至周围的城市及其他国家，而运输条件的不断改善同时对区域的特色农业也有一定的促进作用。

6.1.2 县域尺度土地利用/覆被变化特征与驱动机制

新疆的人口由 47 个民族构成，是我国民族最为丰富的地区。为探讨不同民族背景下土地利用变化的动态过程和驱动因素，在第 II 类和第 III 类中的挑选出拜城县与特克斯县这两个民族构成具有较大差异的县作为本章节的研究区域。这两个县相互毗邻，并且两县居民具有不同的文化背景，因此是进行人类干扰与土地利用动态变化研究的典型区域。

1. 土地利用空间格局与变化特征

特克斯县和拜城县在 1998 年、2006 年和 2011 年的土地利用空间分布见图 6-2。从图中可知，耕地与居民地在河流的两岸有较多分布。特克斯县的草地在离居民地较远的山地丘陵区域有较多的分布，同时在离居民地较近的缓坡地与平地上也有大量的分布。而拜城县草地则多分布于离居民地比较远的山坡与山谷区域。

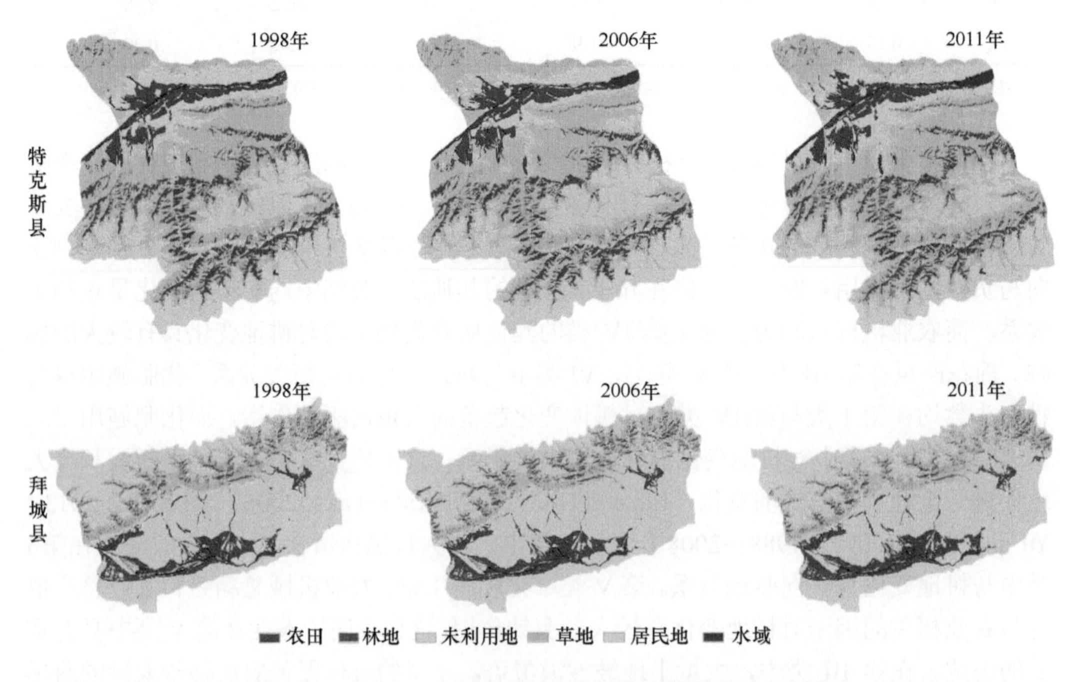

图 6-2 1998 年、2006 年和 2011 年土地利用空间分布图

拜城县与特克斯县在两个阶段中不同土地利用之间的转化面积与转化率如表 6-3 所示。统计结果显示，未利用地仍然是两县最主要的土地利用类型，在两个阶段中，拜城县未发生变化的未利用地比例分别为 71.7%和 72.0%，而特克斯县与之对应的比例分

别为 34.8%和 32.1%。

特克斯县 1998～2006 年（第 1 阶段）耕地转化为其他类型的比例高于 2006～2011 年（第 2 阶段）。在第 1 阶段中，特克斯县耕地转化为草地与未利用地的比例（转化面积占县总面积的百分比）分别为 0.2%，转化为居民地和水域的比例为 0.1%和 0.4%；在第 2 阶段中，耕地的减少主要是转化为了居民地（0.2%）和未利用地（0.3%）。拜城县在阶段 1 中由耕地转化为未利用地的面积为 76.10km^2（0.5%），阶段 2 中转化为居民地和未利用地的面积分别为 17.07km^2（0.1%）和 57.20km^2（0.4%）。

第 1 阶段中，特克斯县和拜城县草地转化为林地的面积为 39.16km^2（0.5%）和 91.31km^2（0.6%），在第 2 阶段中，这一比例分别为 122.15km^2（1.5%）和 50.93km^2（0.3%）。草地的减少主要是转化为了未利用地，在两个阶段中，特克斯县草地转化为未利用地的比例分别为 4.4%和 5.0%，而拜城县这一比例相对较小，分别为 3.5%和 0.5%。

表 6-3　两个阶段内不同土地利用转化面积与转化率

		耕地		草地		林地		居民地		未利用地		水域	
		面积/km^2	占比/%	面积/km^2	占比/%	面积/km^2	占比/%	面积/km^2	占比/%	面积/km^2	占比/%	面积/km^2	占比/%
特克斯县 1998～2006 年	耕地	417.83	5.0	15.26	0.2	3.72	0	11.51	0.1	12.73	0.2	33.15	0.4
	草地	18.32	0.2	2714.96	32.6	39.16	0.5	0.78	0	369.73	4.4	0.99	0
	林地	2.05	0	156.30	1.9	990.12	11.9	0.72	0	48.42	0.6	7.81	0.1
	居民地	5.69	0.1	0.18	0	0	0	42.55	0.5	0.71	0	3.08	0
	未利用地	48.77	0.6	404.38	4.9	23.00	0.3	2.09	0	2897.10	34.8	3.88	0
	水域	1.39	0	0.61	0	2.52	0	1.12	0	5.76	0.1	40.52	0.5
特克斯县 2006～2011 年	耕地	437.81	5.3	6.58	0.1	7.64	0.1	16.01	0.2	23.46	0.3	2.55	0
	草地	35.12	0.4	2716.46	32.6	122.15	1.5	2.22	0	414.42	5.0	1.32	0
	林地	2.45	0	81.52	1.0	959.71	11.5	0.05	0	12.56	0.2	2.23	0
	居民地	7.12	0.1	1.61	0	0.79	0	47.04	0.6	1.91	0	0.30	0
	未利用地	20.92	0.3	579.94	7.0	50.08	0.6	3.60	0	2673.10	32.1	6.81	0.1
	水域	2.83	0	0.05	0	4.47	0.1	0.23	0	3.75	0	78.10	0.9
拜城县 1998～2006 年	耕地	1217.25	7.7	0.25	0	0.13	0	2.73	0	76.10	0.5	6.22	0
	草地	32.31	0.2	1094.26	6.9	91.31	0.6	0	0	551.95	3.5	3.96	0
	林地	0	0	67.77	0.4	773.12	4.9	0	0	53.58	0.3	0	0
	居民地	2.11	0	0	0	0	0	47.80	0.3	0.01	0	0.02	0
	未利用地	125.18	0.8	57.90	0.4	162.87	1.0	0.94	0	11354.52	71.7	4.09	0
	水域	12.02	0.1	1.03	0	0	0	0	0	9.90	0.1	95.28	0.6
拜城县 2006～2011 年	耕地	1301.40	8.2	1.54	0	0	0	17.07	0.1	57.20	0.4	11.65	0.1
	草地	2.19	0	1083.77	6.8	50.93	0.3	0	0	83.62	0.5	0.70	0
	林地	0	0	153.17	1.0	675.00	4.3	0	0	199.27	1.3	0	0
	居民地	0.98	0	0	0	0	0	50.49	0.3	0	0	0	0
	未利用地	133.63	0.8	447.88	2.8	30.79	0.2	1.54	0	11410.87	72.0	21.36	0.1
	水域	12.30	0.1	0.27	0	0	0	0.05	0	7.87	0	89.07	0.6

特克斯县的林地也出现了较为严重的退化现象：第 1 阶段中转化为草地和未利用地的面积分别为 156.30km^2（1.9%）和 48.42km^2（0.6%）；第 2 阶段中转化为草地与未利用地的面积分别为 81.52km^2（1.0%）和 12.56km^2（0.2%）。而拜城县的林地与特克斯县有同样的变化趋势，第 1 阶段转化为草地与未利用地的面积分别为 67.77km^2（0.4%）和 53.58km^2（0.3%），第 2 阶段林地退化较第 1 阶段更为明显，其转化为草地与未利用地的面积分别为 153.17km^2（1.0%）和 199.27km^2（1.3%）。

在第 1 阶段中，特克斯县转化为耕地和草地的主要土地利用类型为未利用地，其面积分别为 48.77km^2 和 404.83km^2；在拜城县，由分别有 125.18km^2、57.90km^2 和 162.87km^2 的未利用地转化成为耕地、草地和林地。在第 2 阶段中，变化最为明显的类型是特克斯县未利用地到草地的转化，其转化面积为 579.94km^2，占特克斯县总面积的比例为 7%。

2. 土地利用变化驱动力分析

本章研究共选取了 8 个环境变量，这些环境变量根据各自属性被分为 3 组，即地形因素、人为因素和气候因素（Hietel et al.，2005）。地形因素包括高程（Elev）、坡度（Slp）和坡向（Asp）等三个因子，人为因素包括到居民地的距离（Distr）、人口密度（Pop）和 GDP 等三个因子，气候因素包括年平均气温（Temp）和年平均降雨量（Pre）两个因子。

拜城县与特克斯县土地利用分布与环境变量间冗余分析的排序图如图 6-3 所示，环境变量与前四个排序轴的相关系数如表 6-4 所示。前四个排序轴的累积解释量为 98.5%，表明冗余分析能很好地分析土地利用分布与环境变量间的关系。Monte Carlo 置换检验结果表明冗余分析排序轴特征值通过显著性检验（$P<0.01$）。冗余分析结果显示，第 1 轴与高程、坡度、距居民地的距离、年平均气温、人口密度、GDP 和年平均降雨量有显著的相关性，第 2 轴与所有的 8 个变量均有显著相关性，第 3 轴与坡向、人口密度和年平均气温有较显著的相关性，而第 4 轴仅与人口密度和年平均降雨量显著相关。

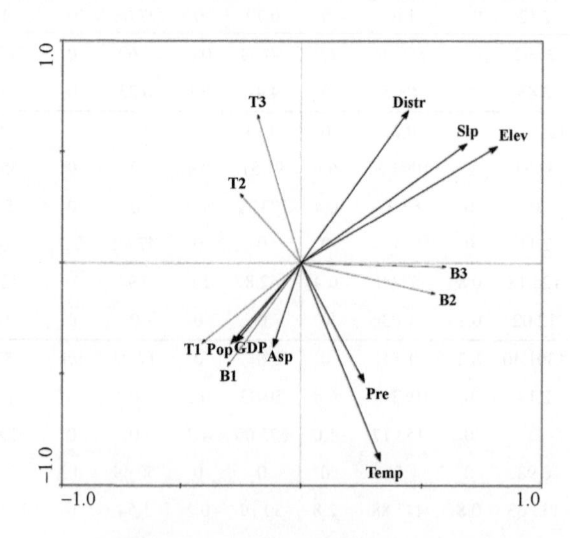

图 6-3 拜城县与特克斯县土地利用分布与环境变量间冗余分析的排序图

T：特克斯县；B：拜城县；1：农田；2：草地；3：林地

表 6-4　土地利用类型分布冗余分析中环境变量与前四个排序轴的相关系数

变量	第 1 轴	第 2 轴	第 3 轴	第 4 轴
Elev	0.757**	0.456**	0.104	0.005
Slp	0.640**	0.468**	–0.047	–0.050
Asp	–0.108	–0.329**	0.414**	–0.054
Distr	0.410**	0.597**	–0.012	–0.010
Pop	–0.271**	–0.315**	–0.113*	–0.114*
GDP	–0.252**	–0.310**	–0.077	0.018
Pre	0.242**	–0.466**	0.039	0.143*
Temp	0.304**	–0.774**	–0.117*	–0.002

两县每个阶段中土地利用变化与环境变量的冗余分析排序图如图 6-4 所示，对应的前四个排序轴与环境变量的相关系数如表 6-5 所示。

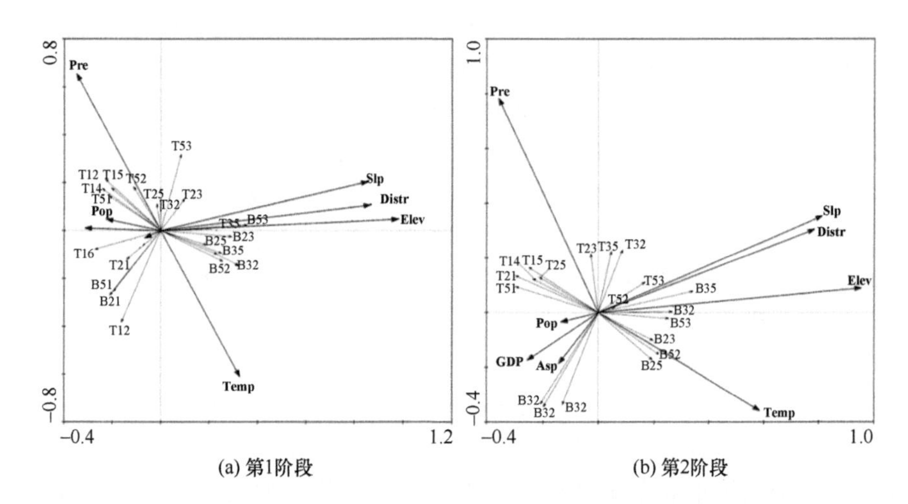

(a) 第1阶段　　(b) 第2阶段

图 6-4　第 1 阶段和第 2 阶段土地利用变化与环境变量排序图

T：特克斯县；B：拜城县；1：农田；2：草地；3：林地；4：居民地；5：荒地；6：水域

表 6-5　土地利用变化冗余分析中环境变量与前四个排序轴的相关系数

变量	第 1 阶段（1998～2006 年）				第 2 阶段（2006～2011 年）			
	第 1 轴	第 2 轴	第 3 轴	第 4 轴	第 1 轴	第 2 轴	第 3 轴	第 4 轴
Elev	0.919**	0.037	0.049	–0.074	0.858**	0.071	–0.064	0.096*
Slp	0.802**	0.160**	–0.149**	0.153**	0.732**	0.280**	0.146**	–0.147**
Asp	–0.063	–0.024	–0.197**	–0.049	–0.129**	–0.147**	0.122**	0.053
Distr	0.812**	0.084*	–0.038	0.096*	0.706**	0.241**	0.218**	0.174**
Pop	–0.211**	0.038	0.051	0.038	–0.123**	–0.027	0.045	–0.105*
GDP	–0.294**	0.008	0.080*	0.062	–0.231**	–0.137**	0.093*	–0.113**
Pre	–0.327**	0.514**	–0.240**	–0.164**	–0.322**	0.620**	–0.128**	0.057
Temp	0.307**	–0.479**	–0.309**	0.027	0.526**	–0.284**	0.129**	0.070

在两个阶段的冗余分析中，前四个排序轴的累积解释比例分别为 87.0%和 83.6%，表明冗余分析能很好地解释该阶段中土地利用变化与环境变量间的相互关系。Monte Carlo 置换检验结果表明第 1 阶段的冗余分析排序轴特征值通过显著性检验（$P<0.01$）。

第 1 阶段的冗余分析结果显示，与第 1 轴显著相关的变量有年平均降雨量、高程、坡度、距居民地的距离、年平均气温、GDP 和人口密度。与第 2 轴显著相关的变量包括年平均降雨量、坡度、年平均气温以及距居民地的距离。年平均气温、坡向、坡度、年平均降雨量和 GDP 等变量与第 3 轴有较高的相关性。与第 4 轴显著相关的变量则包括年平均降雨量、坡度和距居民地的距离。

第 2 阶段的冗余分析结果显示，所有的八个环境变量均与第 1 轴显著相关性。除了高程与人口密度外，其余的六个变量均与第 2 轴显著相关。与第 3 轴显著相关变量有坡度、距居民地距离、年平均气温、坡向、年平均降雨量和 GDP。与第 4 轴有较显著相关性的变量则包括距居民地的距离、坡度、GDP、人口密度和高程。

两县的耕地均分布在人口密度和 GDP 较高的区域，而草地和林地在海拔较高和地形陡峭的地方也有较多的分布，并且很多草地和林地距离居民地的距离要远于耕地距居民地的距离。由图 6-3 可知，拜城县草地与距居民地的距离比特克斯县有着更高的相关性，这说明特克斯县许多草地分布在离居民地较近的地方，而拜城县草地的分布离居民地较远。拜城县绝大部分居民都从事的是从业，因此他们需要更多的耕地。而在特克斯县，48%的人口以牧业为生，因此有大量的草地分布在离居民地较近的地方。

1998～2006 年，拜城县有大量的耕地变成了未利用地，也有大量的草地被改造为耕地，这表明当耕地出现退化时，会有一定量的草地被开垦为农田以满足当地居民对耕地的需求。而在特克斯县，大量耕地转化为了草地。在这个阶段中，拜城县严重的耕地退化现象是由于高强度的农业活动导致的，当原有耕地由于各种原因不再适宜进行耕作利用时，草地资源则被用来弥补耕地的空缺。由图 6-4 可知，拜城县耕地转化为未利用地和草地转化为耕地这两种转化类型均与坡度、高程和距离居民地的距离呈负相关关系，这说明这两种类型的转化大多发生在居民地附近和坡度较小、海拔较低的区域。

2006～2011 年，特克斯县草地到未利用地的转化与距居民地的距离呈负相关关系，在拜城县，同样的转化类型则与距居民地的距离呈正相关关系。这种现象与两个县的人类活动和文化背景有关。特克斯县的人口对草地有更大的需求，因此，居民地附近的草地会出现退化现象。未利用地的不断增加反映出草地的退化，这一现象很可能是过度放牧造成的。而在拜城县，大部分草地离居民地较远，因此草地的退化主要受到年平均气温和高程等自然因素的影响，而受人类活动的影响较小。

三个冗余分析过程的方差分解结果见图 6-5。在土地利用分布与环境变量的冗余分析中，地形与人类干扰、气候共同解释的部分占地形解释量的比例分别为 2%和 35%。人类干扰与气候、地形共同解释的部分分别占人类干扰解释量的比例为 10%和 61%。在第 1 阶段中，人类干扰与气候没有共同解释的部分，地形与气候和人类干扰共同解释的部分占其总解释量的比例分别为 6%和 45%。在第 2 阶段中，气候与地形共同解释的部分为 21%，与人类干扰共同解释的部分为 15%。在三个冗余分析中，地形因素与气候和人类干扰因素相比解释的部分最大，地形因素与人类干扰共同解释的部分较多，但是与气候因素共同解释的部分却很少。共同解释比例的多少表明了不同组别变量间具有较为复杂的关系。

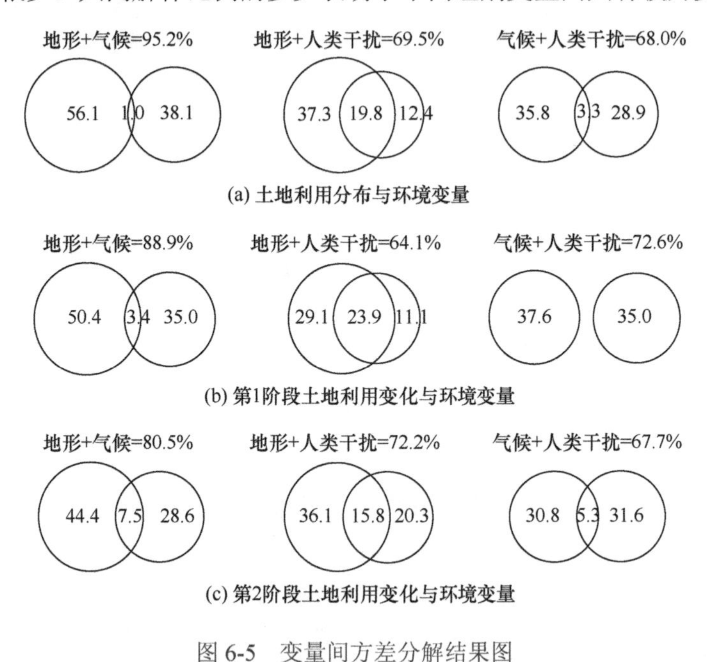

图 6-5　变量间方差分解结果图

6.1.3　县域尺度土地利用/覆被变化预测

本节在上一节研究的基础上，选取特克斯县为研究区域，结合影响其土地利用变化的驱动因素，模拟不同情景下未来土地利用的变化趋势，分析各情景下土地利用的变化特征，找出土地利用变化的热点区域，以期为土地利用规划管理提供科学依据。

1. 模型检验

CLUE-S 模型是一种基于栅格数据来进行土地利用变化预测的。预测过程中所采用的土地利用变化驱动因子为上一节中的 8 种因子。本节在模型验证阶段采用 1998 年的土地利用来预测 2011 年的土地利用，通过 2011 年的实际土地利用数据来对预测结果进行验证。2011 年特克斯县的土地利用图及模拟图如图 6-6 所示。模拟结果的 Kappa 值为 0.7721，大于 0.6，代表模型取得了理想的模拟精度。因此该模型能较好地预测该研究区土地利用的变化情况，可将该模型用于接下来多种约束条件下的土地利用变化预测。

2. 土地利用变化情景模拟

在情景预测阶段，采用 2011 年的数据作为基期数据来对研究区未来的土地利用分布进行预测。土地利用变化情景模拟是为了研究在不同约束下各种土地类型的分布格

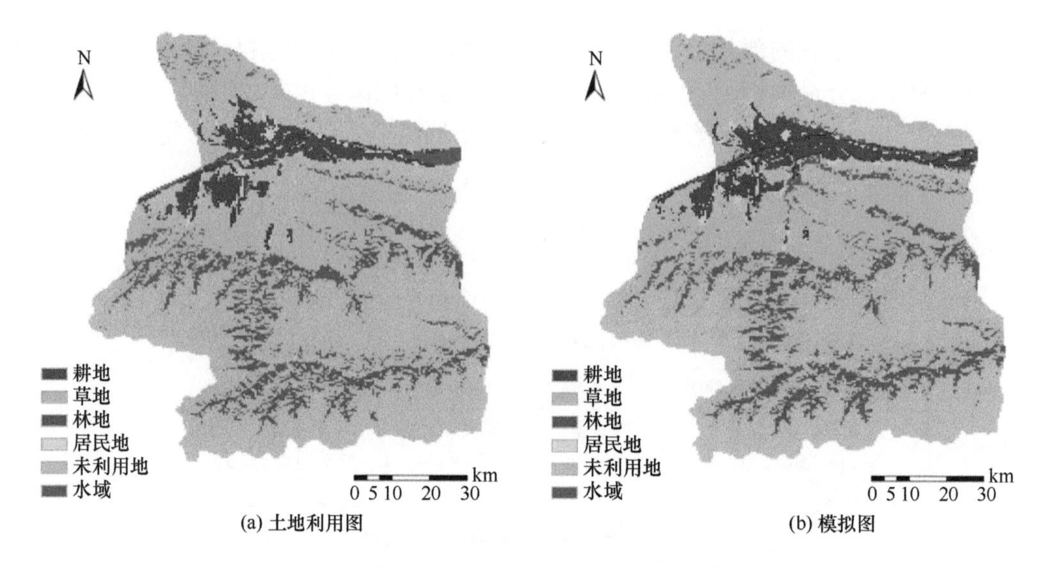

(a) 土地利用图　　(b) 模拟图

图 6-6　特克斯县 2011 年土地利用图与模拟图

局，而土地利用需求是作为假设条件并作为基础数据输入到模型中（张学儒等，2009）。本节设定了四种情景：①趋势发展情景。在这一情景约束中，假定各种土地类型不受重大政策法规的制约与驱动，在 1998～2011 年土地利用变化趋势基础上，采用灰色模型，预测研究区 2020 年不同土地类型的数量。②耕地保护情景。为了有效地保护耕地资源，将现有农田区域的空间分布区域设置为绝对限制区域，从而约束耕地向其他类型的用地转化。在这种情景下，耕地不能转化成其他的地物类型。③生态安全情景。该情景是为了保护目标区域内的环境，维持生态的平衡，以促进区域的可持续发展（周锐等，2011）。在这种情景下，面积较大的林地、草地、水体等对生态安全起重要作用的土地利用类型将得到保护，生态用地的开垦会得到限制，土地变化会在农田、居民地以及未利用地上发生。④人为改造情景。该情景主要是针对非耕地进行农业改造，即将非耕地改造为农业用地，包括设施农业和直接用作耕地等方式。在该情景下，土地变化将主要发生于未利用地上，且耕地的需求将得到较大增长。

基于以上设置的四种情景，计算出 2020 年特克斯县各种土地利用需求面积（表 6-6）。以 2011 年的数据为基期数据，对四种情景下特克斯县 2020 年的土地利用变化进行分别进行预测，预测结果如图 6-7 所示。

表 6-6　2020 年不同情景下土地利用需求　（单位：km^2）

情景	耕地	草地	林地	居民地	未利用地	水域
2011 年	506.3	3386.2	1144.8	69.1	3129.2	91.3
趋势发展	511.1	3564.7	1048.4	82.6	2983.8	136.3
耕地保护	666.2	3580.6	1124.1	99.9	2706.2	149.9
生态安全	582.9	3663.8	1249.0	99.9	2589.7	141.6
人为改造	749.4	3580.6	1165.8	99.9	2589.7	141.6

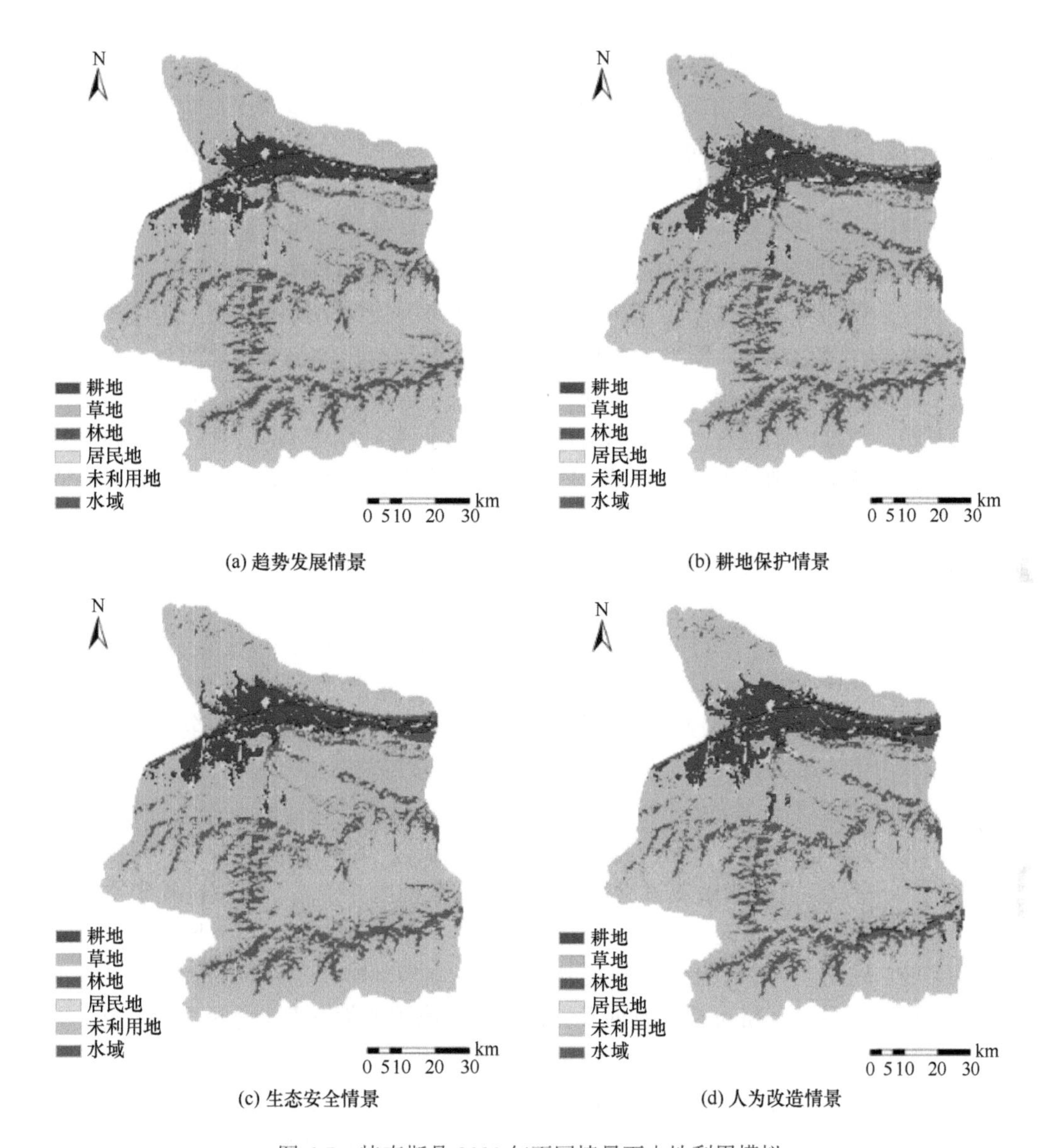

(a) 趋势发展情景　(b) 耕地保护情景

(c) 生态安全情景　(d) 人为改造情景

图 6-7　特克斯县 2020 年不同情景下土地利用模拟

趋势发展情景下，居民地面积不断扩张，增加的部分主要出现在原有居民地附近及耕地周围。草地面积不断增加，增长的部分多出现在离居民区较近的地方，且大部分来自未利用地。在人类活动的影响下，林地的面积在不断减少，林地面积减小的部分多出现在居民地较近的地方。趋势发展情景下，生态环境没有得到很好的重视，其质量存在下降的趋势。

耕地保护情景下，耕地面积有一定量的增加，耕地在空间分布上沿着原有耕地逐渐向外围扩张，增加的部分主要来自未利用地，也有少部分来自草地等类型。在这种情景下，原有耕地受到保护，且不会开发成其他类型。在农田和居民区较近的区域，许多未利用地变成草地，且林地在居民区的附近也有一定量的增加。

生态安全情景下，为保护生态环境，促进社会经济与环境的和谐发展，林地和草地等生态用地向其他土地利用类型的转变受到限制，且林地和草地面积不断变大，增长的部分大部分由未利用地转变而来。未利用地在距离居民地较近的地方更容易转化为草地和林地，这主要是因为受到人类活动的影响，一方面人工植树种草比草地与林地的自然增长更容易取得成效；另一方面，距离居民地较近的草地更方便于放牧，在这种生产生活方式的影响下，距离居民地较近的未利用地更容易转化为草地。

人为改造情景下，耕地面积显著增加，这主要是因为许多的未利用地通过设施农业的方式被人为改造为耕地。新增加的耕地主要分布在原有耕地与居民地的周围，这些地方距离水源较近，地势平坦，交通方便，十分有利于农业的发展。在特克斯县南部，人口较为稀疏，耕地面积也有一定量的增加，这是由于在人为改造情景下，人口稀少的地方也有一部分未利用地被改造为耕地。居民地面积也有较大的增大，主要在原有耕地的西南部有较大的增长。此外，与前三种情景类似，草地与林地面积在 2020 年有较明显的增加，主要分布在原有耕地与居民地的西北部及南部等距离较近的区域。

6.2 湖北省土地利用/覆被变化及其对自然环境要素的影响

土地利用/覆被变化是人类活动作用于自然环境的具体表现形式，是全球环境变化的重要组成部分和主要原因，是自然环境变化的主要驱动因素之一。人类活动通过土地利用/覆被变化改变自然环境的空间格局和过程，影响了自然环境形成与变化的复杂性。湖北武汉历来有“九省通衢”之称，随着国家“中部崛起”战略的逐渐推进，武汉城市圈“两型”社会建设综合配套改革试验总体方案获国家批准并实施，区域内土地覆被格局将发生显著的变化，对该区域的土壤环境、水环境和气候环境等自然环境要素也将产生深远的影响。因此，开展土地利用/覆被变化及其对自然环境要素影响的研究对本区水土资源优化配置、社会经济可持续发展及自然生态环境改善都有着十分重要的意义。

本章研究以 20 世纪 80 年代中期、90 年代中期和 21 世纪初期的 TM 卫星影像资料和相关的社会经济统计资料等为数据源，结合野外调查，运用 3S 集成技术，对各种数据和信息进行科学的校正和处理。通过室内分析、模式识别、模型模拟、空间演算等多种手段，分析了湖北省过去 20 年间土地利用/覆被变化的动态过程、驱动因子，提出了典型性分区模式，针对 11 个典型县市的土地利用覆被变化进行聚类分析，在此基础上，对湖北省土地利用变化最活跃的耕地、林地和建设用地进行了预测分析。本节结合湖北省土壤侵蚀遥感资料和土壤养分资料，探讨了土地利用/覆被变化对土壤侵蚀和土壤质量的影响；结合水文水质资料，探讨了土地利用/覆被变化对水文环境的影响；结合多年气象气候资料，探讨了土地利用/覆被变化所产生的气候效应。

6.2.1 湖北省土地利用/覆被变化动态过程

遥感技术是空间对地观测技术的重要组成部分，其信息的空间性特点和周期性特点，可以全面满足土地利用/覆被变化调查所需要的信息源，对于把握土地利用/覆被变化的空间特点具有无可比拟的优势，是目前国内外研究土地利用/覆被变化问题最重要的技术方法。全面依托遥感和GIS技术，以陆地卫星TM数据为主要信息源，通过人机交互判读分析，获取土地利用/覆被变化专题信息，以GIS专业软件作为数据信息处理、管理、分析的主要技术手段，是土地利用/覆被变化调查的主要方法和技术保障。

土地利用/覆被变化可引起许多自然现象和生态过程及环境效应影响。土地利用是人类为了一定的社会经济目的，对土地进行长期或周期性经营的一系列生物和技术活动，土地利用/覆被变化反映了不同时期人类出于各种目的对土地利用方式的改变。由于不同时期人们对土地利用方式的差异，导致了土地利用时空模式的变化。这种变化既包括土地资源数量、质量随时间的变化，也包括土地利用空间格局的变化及土地利用类型组合方式的变化。土地利用/覆被变化是一个长期复杂的现象和过程，从时间和空间上完整把握土地利用/覆被变化是很不容易的。本节从时间序列上利用湖北省1985年土地利用详查资料和1995年、2005年TM遥感影像解译数据，分析湖北省近20年土地利用/覆被变化的幅度、速率、转化类型和空间变化模式。

1. 近20年土地利用/覆被变化特征

土地利用类型面积变化是区域土地利用变化的重要方面，而面积变化首先反映在不同类型土地的总量变化上，通过分析土地利用类型的总量变化，可了解土地利用变化总的态势和土地利用结构变化。

对湖北省1985～1995年土地利用/覆被状况统计分析的结果见表6-7。

表6-7 1985～1995年湖北省土地利用覆被变化 （单位：万 hm^2）

土地利用类型	1985年	1995年	1985～1995年变化
耕地	520.32	497.97	–22.35
林地	797.70	808.19	+10.59
草地	5.20	5.50	+0.30
水域	213.30	220.51	+7.21
居住建设用地	108.78	114.74	+5.96
未利用土地	213.80	212.09	–1.71
总面积	1859.00	1859.00	0

从表6-7中可以看出：①耕地是各种土地类型中变化总量最大的；②林地面积增加，其中果园等园地面积大幅度增加；③草地面积有所增加，但幅度不大；④水域面积增加；⑤居民建设用地面积大幅度增加；⑥未利用土地面积有所减少，但幅度不大。

对湖北省1996～2005年土地利用/覆被状况统计分析的结果见表6-8。

从表6-8可以看出：十年间面积减少的土地类型有耕地、牧草地、交通用地和未利用地，耕地面积减少了27.6万 hm^2，牧草地面积减少了1万 hm^2，交通用地减少了12.9万 hm^2，未利用地减少了60.5万 hm^2，其中未利用地和耕地减少幅度很大。

表 6-8 1996～2005 年湖北省土地利用/覆被变化 （单位：万 hm^2）

类型	1996 年	2005 年	1996～2005 年变化
耕地	495.2	467.6	–27.6
园地	39.3	42.7	+3.4
林地	772.9	798.9	+26.0
牧草地	5.5	4.5	–1.0
居民点及工矿用地	94.6	99.5	+4.9
交通用地	21.3	8.4	–12.9
水利设施	19.4	29.9	+10.5
水域	199.1	256.3	+57.2
未利用土地	211.7	151.2	–60.5
总面积	1859.0	1859.0	0

在过去 20 年间，湖北省土地利用/覆被发生了显著的变化。从数量上来看，1985～1995 年，变化幅度从大到小依次是：耕地、林地、水域、居民建设用地、未利用土地、草地，其中耕地减少明显；1996～2005 年则为未利用地、水域、耕地、林地、交通用地、水利设施、建设用地、园地、草地。20 年间土地利用/覆被变化的主要趋势是耕地不断减少，林地面积呈增加趋势，建设用地呈逐年增长趋势。

2. 土地利用/覆被变化驱动因子

湖北省域土地利用/覆被变化是多种因素交织在一起共同作用造成的，其主要驱动因子有：人口增加、国民经济的发展、耕地的比较效益低下以及洪涝灾害的威胁是耕地减少、以鱼塘增加为主要特征的水域增加以及建设用地扩张的主要原因。另外国家有关土地使用、保护耕地、维护生态平衡的政策，城市化进程加快、农业技术进步、富裕程度、政策法规等因素的变化驱动着研究区土地利用/覆被的变化。

3. 土地利用/覆盖变化的分区模式

根据选取的 11 个典型市（县）2000～2004 年的土地利用结构变化的绝对量和相对量显示（表 6-9）。总体耕地面积均下降，丹江口的最大减幅度达到 25.03%，林地面积除平原湖区的两个城市有微小减少，其余 9 个市（县）均有所提高，草地（洪湖无草地类型）有不同程度的减少，均为对荒草地的开发利用。建设用地面积除秭归县外均呈上升趋势，经济基础较好，GDP 排名靠前的大冶市和枣阳市的建设用地变化绝对量最大，而通城县在发展小城镇建设进程中力度较大，因而相对变化量增长最大。水域在大部分市（县）均呈比例微弱上升趋势，只有三峡工程所在地秭归县和水乡湖区洪湖市面积扩大幅度高，两者分别增长 1383.97hm^2 和 6449.39hm^2，而后者因水域面积基值大，增幅不及秭归的 18.14%。未利用地以丹江口市、秭归县的变化相对量较明显。

表 6-9　2000～2004 年 11 市（县）土地利用变化

地区	土地利用变化绝对量					
	耕地/hm²	林地/hm²	草地/hm²	建设/hm²	水域/hm²	未利用土地/hm²
丹江口	−6308.41	8215.91	−921.46	233.77	−5.24	−1214.57
枣阳	−1018.42	995.70	−298.45	476.15	−138.59	−16.39
宜城	−995.67	1400.32	−670.33	318.24	−48.25	−4.31
竹山	−5935.34	6807.27	−374.21	46.04	9.17	−552.94
秭归	−4422.73	6446.60	−741.31	−113.89	1383.97	−2552.65
建始	−4032.63	4757.93	−437.65	46.62	3.52	−337.79
潜江	−619.33	−9.21	−33.00	269.01	396.71	−4.19
洪湖	−6442.37	−35.89	0	82.90	6449.39	−54.03
蕲春	−3725.32	3361.26	−175.03	218.51	502.83	−182.25
大冶	−2564.80	2534.36	−539.76	539.85	280.23	−249.87
通城	−1477.14	1370.13	−140.25	339.23	1.31	−93.29
地区	土地利用变化相对量					
	耕地/%	林地/%	草地/%	建设/%	水域/%	未利用土地/%
丹江口	−25.03	4.91	−1.71	1.91	−0.01	−9.92
枣阳	−0.79	1.14	−1.97	1.46	−0.31	−0.09
宜城	−1.41	2.51	−2.07	2.11	−0.18	−0.10
竹山	−13.62	2.80	−0.87	0.52	0.15	−3.90
秭归	−13.10	4.86	−4.56	−1.26	18.14	−9.08
建始	−9.34	2.88	−1.28	0.52	0.12	−2.71
潜江	−0.55	−0.11	−3.53	1.41	0.82	−0.10
洪湖	−5.84	−0.47	0	0.49	5.74	−2.36
蕲春	−6.77	3.09	−1.11	1.10	1.59	−2.12
大冶	−5.06	7.06	−6.27	3.40	1.11	−1.24
通城	−4.87	2.46	−1.57	5.41	0.02	−1.90

注：负值代表减少

探讨典型性分区模式，结合社会-经济-生态现状将湖北省划分为 4 个一级区划，14 个二级区划。选择 11 个典型性县市，对 2000～2004 年的土地利用变化进行聚类分析，聚类操作在 SPSS 中进行，以欧式距离为度量，组内平均距离最小为聚类方法，结果分为四类：第一类是以大冶为首的六个市（县），建设用地增长显著；第二类是洪湖市境内无与伦比的巨大湖泊资源优势，使得该市的土地利用在水上大做文章，该区的土地利用最大特点就是水域面积的增加；第三类是秭归县位于举世瞩目的三峡大坝所在地，因此其土地利用变化体现出明显的受大型工程影响的特征，具体为水域面积大幅增加；第四类是丹江口等三个市（县），他们位于湖北省西部的山区，耕地猛减，林地剧增，两者呈此消彼长的趋势，主要原因是退耕还林和封山育林所致。根据遥感解译和统计资料显示，湖北省土地利用变化最活跃的是耕、林、建三类用地，本节研究选用灰色预测 GM（1，1）模型，以 2000～2004 年的土地利用面积为原始数据，预测 2005 年至 2010

年的情况（表 6-10）。预测结果是：耕地面积几乎呈线性剧烈减少，但下降曲线应该更为平稳，林地面积将稳步上升，建设用地面积将不断在增加。

表 6-10　土地利用灰色预测结果

土地类型	灰色预测模型方程式	预测年份			模型精度检验	
		2005 年	2007 年	2010 年	c	p
耕地	$x（t+1）=-315740000e^{-0.0156t}+320660000$	4599600	4458100	4253900	0.1902	0.99998
林地	$x（t+1）=821420000e^{0.0098t}-813320000$	8453900	8622000	8880400	0.2410	0.99999
建设用地	$x（t+1）=200490000e^{0.0059t}-199310000$	1212200	1226600	1248400	0.1024	0.99999

6.2.2　土地利用/覆被变化对土壤侵蚀的影响

土地利用形式的改变，对产沙影响明显。土地为人类提供了生产生活基地和场所，土地利用变化主要是由于土地开发引起的。在自然条件下，土地和其他物质一样在不断变化，主要变化表现为土壤侵蚀、沙漠化和盐碱化等（蔡崇法等，2000；蔡强国和黎四龙，1998）。而当土地利用方式改变时，就会加剧土地质与量的变化（万军等，2004）。这种人为改变土地利用形式引起的土地变化，不知道要大于自然条件变化的多少倍。因此，研究土地利用/覆被变化对土壤侵蚀的影响规律是十分必要的。

湖北省土壤侵蚀是这一区域头号生态环境问题。鉴于研究区重要的生态地理位置以及目前相关研究的局限性，本节对研究区 2000～2005 年的土壤侵蚀问题，从时空格局演变及其与地学背景要素的相关特征进行了深入细致的分析，从分析中初步得出研究区土壤侵蚀时空格局的特征与规律。

1. 湖北省土壤侵蚀状况

分析 2000 年和 2005 年两次遥感数据的解译结果（图 6-8），解译数据见表 6-11，可以得出湖北省各强度级别的土壤侵蚀面积分布。从图中可以看出，轻度侵蚀面积[土壤模数 500～2500t/(km^2·a)]为 29281.81km^2，占侵蚀总面积的 52.40%，是流域内主要的侵蚀表现形式，此种侵蚀类型一般以非点源侵蚀为主，分布相对平均；中度侵蚀[土壤侵蚀模数 2500～5000t/(km^2·a)]面积为 18012.20km^2，占侵蚀总面积的 32.24%，一般以面蚀形式出现，是侵蚀发展的中级阶段，若不采取有力的措施，极易演变成强度级别以上的侵蚀；强度以上[土壤侵蚀模数 5001～15000t/(km^2·a)]侵蚀面积为 8579.92km^2，占流域总面积的 15.36%，是水土流失的高级阶段，具有强度大、破坏力强、不易恢复原貌等特点。此种侵蚀主要表现为本区域山区的陡坡开荒、西部山区的森林砍伐、陡坡栽参、蚕场沙化非点源侵蚀，以及各种开矿采石、大型水利工程（如三峡工程、南水北调工程等）、大型基础建设和大型路桥建设等点源或线源侵蚀形式。

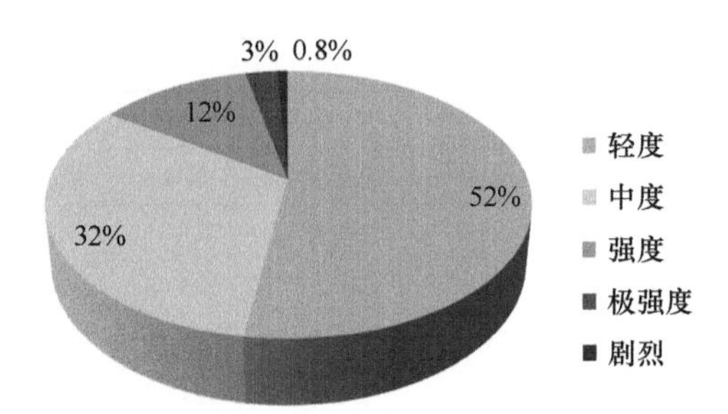

图 6-8　湖北省各侵蚀强度级别面积分布图

表 6-11　湖北省侵蚀强度统计表

区域		国土面积/km²	水土流失面积						
			小计/km²	百分比/%	轻度/km²	中度/km²	强度/km²	极强度/km²	剧烈/km²
武汉市	武汉城区	979.38	575.81	403.57	41.21	396.40	6.21	0.91	0.05
	东西湖区	493.05	405.27	87.78	17.80	73.12	3.24	11.42	0
	汉南区	301.65	281.27	20.38	6.76	20.29	0.07	0.02	0
	蔡甸区	1087.16	880.22	206.94	19.03	170.98	32.00	3.93	0.03
	江夏区	2020.20	1694.94	325.26	16.10	239.14	72.95	13.11	0.06
	黄陂区	2255.27	1624.45	630.82	27.97	443.90	130.60	55.99	0.30
	新洲区	1463.07	1173.40	289.67	19.80	177.85	64.82	46.95	0.05
黄石市	黄石港区	30.27	13.55	16.72	55.24	15.05	1.50	0.15	0.02
	西塞山区	109.01	72.18	36.83	33.79	28.97	7.17	0.57	0.10
	下陆区	64.50	27.83	36.67	56.85	31.26	4.36	0.79	0.24
	铁山区	23.13	7.86	15.27	66.02	12.99	2.19	0.06	0.03
	阳新县	2779.11	1938.00	841.11	30.27	531.52	273.52	30.04	4.92
	大冶市	1580.87	1214.75	366.12	23.16	241.64	112.54	11.31	0.55
十堰市	茅箭区	526.92	405.73	121.19	23.00	87.87	25.71	5.18	2.14
	张湾区	636.58	455.04	181.54	28.52	108.31	53.38	13.97	5.25
	郧县	3838.93	2127.18	1711.75	44.59	620.11	644.91	271.32	128.51
	郧西县	3470.51	1862.68	1607.83	46.33	780.60	576.48	116.95	90.41
	竹山县	3588.61	2316.81	1271.80	35.44	643.91	480.64	64.81	53.46
	竹溪县	3305.73	2360.22	945.51	28.60	405.36	439.82	40.08	38.14
	房县	5094.37	3256.69	1837.68	36.07	827.58	869.29	75.18	44.91
	丹江口市	3124.82	1866.45	1258.37	40.27	492.85	485.71	208.08	64.20
宜昌市	西陵区	75.99	16.81	59.18	77.88	32.64	9.75	14.02	2.36
	伍家岗区	84.72	23.25	61.47	72.56	28.81	12.29	18.34	1.93
	点军区	523.73	262.22	261.51	49.93	69.40	116.07	48.62	18.70
	猇亭区	121.70	54.31	67.39	55.37	28.36	21.59	17.00	0.43
	夷陵区	3391.48	2208.08	1183.40	34.89	684.65	390.15	74.47	26.03
	远安县	1743.41	1312.77	430.64	24.70	181.33	182.81	49.87	12.38
	兴山县	2343.73	1765.90	577.83	24.65	268.95	245.92	33.08	20.72
	秭归县	2284.65	1374.85	909.80	39.82	326.55	328.75	132.57	90.78

续表

区域		国土面积/km²	水土流失面积						
			小计/km²	百分比/%	轻度/km²	中度/km²	强度/km²	极强度/km²	剧烈/km²
宜昌市	长阳县	3391.43	2194.46	1196.97	35.29	385.71	628.89	108.72	53.90
	五峰县	2378.36	1635.49	742.87	31.23	395.88	301.06	26.60	12.86
	宜都市	1351.01	976.06	374.95	27.75	215.48	134.86	21.43	2.65
	当阳市	2153.36	1406.60	746.76	34.68	424.26	149.18	170.56	2.52
	枝江市	1375.97	1178.04	197.93	14.38	48.32	49.82	99.68	0.11
襄阳市	襄城区	665.29	500.45	164.84	24.78	110.47	27.55	26.19	0.60
	樊城区	490.74	406.03	84.71	17.26	78.32	2.18	4.21	0
	襄州区	2511.79	2276.03	235.76	9.39	195.68	17.98	22.09	0.01
	南漳县	3860.12	2436.70	1423.42	36.88	886.99	419.79	93.18	18.35
	谷城县	2545.82	1499.06	1046.76	41.12	588.34	335.97	106.54	12.98
	保康县	3234.08	1984.13	1249.95	38.65	338.45	619.54	147.51	106.33
	老河口市	1060.54	903.68	156.86	14.79	127.83	9.44	19.51	0.08
	枣阳市	3281.32	2261.04	1020.28	31.09	600.90	257.61	161.03	0.67
	宜城市	2118.83	1230.17	888.66	41.94	314.17	289.51	284.21	0.73
鄂州市	鄂城区	560.42	407.43	152.99	27.30	104.33	29.54	18.76	0.34
	华容区	486.91	418.85	68.06	13.98	28.02	11.63	28.41	0
	梁子湖区	543.98	470.43	73.55	13.52	56.17	10.56	6.65	0.16
荆门市	东宝区	1656.77	703.69	953.08	57.53	439.90	297.53	209.64	5.49
	掇刀区	585.24	387.74	197.50	33.75	41.06	48.65	107.67	0.12
	京山市	3514.01	2330.94	1183.07	33.67	504.25	447.73	212.68	16.50
	沙洋县	2168.87	1903.52	265.35	12.23	33.09	171.46	60.80	0
	钟祥市	4414.01	3264.20	1149.81	26.05	379.20	303.53	456.92	8.58
孝感市	孝南区	1034.30	888.56	145.74	14.09	47.89	18.07	79.78	0
	孝昌县	1190.09	696.65	493.44	41.46	174.83	205.55	111.07	1.81
	大悟县	1959.43	920.74	1038.69	53.01	504.01	330.88	191.62	11.43
	云梦县	607.28	578.39	28.89	4.76	13.44	8.72	6.73	0
荆州市	应城市	1098.08	913.68	184.40	16.79	32.34	65.15	86.91	0
	安陆市	1362.11	805.98	556.13	40.83	264.65	114.25	176.31	0.88
	汉川市	1649.69	1582.46	67.23	4.08	50.77	5.04	11.26	0.16
	沙市区	515.80	464.63	51.17	9.92	51.17	0	0	0
	荆州区	1045.41	1007.18	38.23	3.66	33.69	2.59	1.95	0
	公安县	2259.27	2211.93	47.34	2.10	35.42	5.91	6.01	0
	监利市	3131.88	3078.95	52.93	1.69	52.71	0.20	0.02	0
	江陵县	1042.28	1033.01	9.27	0.89	9.25	0.02	0	0
	石首市	1427.38	1356.29	71.09	4.98	39.90	15.75	15.08	0.34
	洪湖市	2503.02	2351.15	151.87	6.07	151.74	0.13	0	0
	松滋市	2177.85	1669.05	508.80	23.36	234.47	156.04	117.34	0.86
	黄州区	385.85	323.27	62.58	16.22	42.78	4.11	15.69	0

续表

区域		国土面积/km^2	水土流失面积						
			小计/km^2	百分比/%	轻度/km^2	中度/km^2	强度/km^2	极强度/km^2	剧烈/km^2
荆州市	团风县	819.97	466.07	353.90	43.16	257.30	77.73	18.39	0.45
	红安县	1785.71	1276.54	509.17	28.51	385.41	103.38	19.26	1.01
	罗田县	2135.19	1090.77	1044.42	48.91	453.72	303.87	171.21	87.32
	英山县	1422.03	838.39	583.64	41.04	301.54	192.83	63.10	20.94
	浠水县	1955.51	1526.36	429.15	21.95	302.40	115.63	10.60	0.50
黄冈市	蕲春县	2382.79	1653.05	729.74	30.63	404.57	230.97	66.34	23.04
	黄梅县	1680.57	1344.75	335.82	19.98	182.78	79.96	70.82	1.95
	麻城市	3596.09	1756.29	1839.80	51.16	1374.20	403.79	56.68	4.45
咸宁市	武穴市	1245.56	959.73	285.83	22.95	176.62	83.88	24.27	0.91
	咸安区	1505.47	1115.58	389.89	25.90	324.61	59.72	4.83	0.66
	嘉鱼县	1027.47	883.55	143.92	14.01	113.06	26.78	4.06	0.02
	通城县	1115.88	731.83	384.05	34.42	283.63	83.56	14.50	1.99
	崇阳县	1984.27	1409.36	574.91	28.97	343.50	210.73	18.46	1.68
	通山县	2419.34	1572.20	847.14	35.02	669.55	170.40	4.56	1.99
	赤壁市	1712.62	1318.35	394.27	23.02	282.48	101.60	9.49	0.60
	曾都区	6973.26	3075.77	3897.49	55.89	2659.27	836.95	385.64	13.65
	广水市	2645.30	1252.56	1392.74	52.65	510.34	523.54	343.88	13.58
恩施州	恩施市	3973.02	2511.18	1461.84	36.79	768.67	471.90	145.56	59.10
	利川市	4597.88	3356.75	1241.13	26.99	804.50	325.17	78.28	26.63
	建始县	2657.86	1857.59	800.27	30.11	250.46	367.80	108.66	56.54
	巴东县	3355.09	1926.95	1428.14	42.57	477.20	708.27	137.83	77.47
	宣恩县	2741.58	1964.51	777.07	28.34	472.78	195.90	68.23	31.92
	咸丰县	2546.87	1558.04	988.83	38.83	618.99	264.50	64.31	30.53
	来凤县	1327.64	810.42	517.22	38.96	185.06	206.19	86.23	32.84
	鹤蜂县	2883.73	2034.72	849.01	29.44	213.41	540.83	79.53	10.06
仙桃市		2524.99	2524.99	2278.65	246.34	9.76	246.30	0.04	0
潜江市		2007.20	2007.20	1969.31	37.89	1.89	37.76	0.11	0.02
天门市		2621.90	2621.90	2477.15	144.75	5.52	29.11	8.33	107.31
神农架林区		3222.35	3222.35	2822.75	399.60	12.40	146.32	226.98	11.74
合计		185948.30	185948.28	130074.35	55873.93	30.05	29281.81	18012.20	6745.34

湖北省主要侵蚀类型是水力侵蚀，以面蚀和沟蚀为主。在自然状态和没有大的地质灾害条件下水对土壤的侵蚀作用表现为循序渐进的过程，即轻度水力侵蚀和中度水力侵蚀占湖北省侵蚀面积的绝大部分。

2. 不同土地利用类型的土壤侵蚀动态分析

土地利用形式的改变，加剧了土壤侵蚀速度和侵蚀强度，进而使土壤侵蚀模数和土壤侵蚀量增加。这种人为改变土地利用形式引起的土地变化，远远大于自然条件变化引起的土地变化。但由于湖北省近年来十分注重了对水土流失的治理，效果十分明显。

从地类上看，耕地、林地的土壤侵蚀面积最大，占流域侵蚀总面积的95.9%。从侵蚀类型上看，水力侵蚀是湖北省主要侵蚀类型。从地域分布上看西部山区最为严重，中南部次之。分析其原因，主要有两个方面：一是没有处理好开发建设与保护和合理利用水土资源的关系，只注重经济效益，忽视生态效益和社会效益；二是自然灾害频繁。水灾、旱灾连续发生，造成了生态与环境恶化，土壤侵蚀加重。

土壤侵蚀主要发生在受人类活动影响最为剧烈的坡耕地尤其是陡坡耕地和疏林地，二者土壤侵蚀面积比超过了70%。高强度土壤侵蚀90%以上发生在旱坡地。

土壤侵蚀与坡度具有很好的相关性。土壤侵蚀主要分布在15°以上的陡坡地，其土壤侵蚀面积比基本在70%左右。高强度土壤侵蚀主要也分布在15°以上的陡坡地，尤其是极强度以上土壤侵蚀，有80%以上都分布在这一坡度范围。

从几个影响本区土壤侵蚀的环境因子的作用强度来看，人类不合理的土地利用方式是本区土壤侵蚀最为主要的影响因子，坡度因子其次。二者往往是综合发生作用的，通过上述分析也可以看出，陡坡旱地是本区土壤侵蚀最为严重的地区。

6.2.3 土地利用/覆被变化与土壤质量空间变异特征

随着人口-资源-环境之间的矛盾越来越严重，人们认识到土壤在保证粮食的稳产、高产以及维持环境安全中的作用，土壤质量问题不断得到世界范围内的共同关注。不同土地利用方式土地利用变化可以改变土地覆被状况并影响许多生态过程，如生物多样性、地表径流和侵蚀、土壤环境等。合理的土地利用可以改善土壤结构，增强土壤对外界环境变化的抵抗力，维持和提高土壤（土地）质量；不合理的土地利用则会导致土壤质量下降，增加土壤侵蚀，降低生物多样性。土地利用变化可以引起地表植被的变化，地表反射率的变化，影响植物凋落物和残余量，影响土壤微生物的活动，引起养分在土壤系统的再分配，引起土壤管理措施的改变。

湖北省土壤、地质条件复杂，地貌类型多样，人类对区域土地利用方式的干扰也越来越强烈。研究者已经在中小尺度上对土地利用、覆盖变化与土壤质量的关系进行了探讨（史志华等，2001；王洪杰等，2004），但在大尺度上，以全省区域为对象研究土壤质量的空间变异规律还较少。因此，本节通过传统统计学、地统计学及GIS分析手段，对湖北省土壤质量8个要素的空间异质性与格局进行了研究，初步得到如下结果。

1. 土壤质量数据统计分析

湖北省内土壤质量要素的空间异质性明显，土地利用类型的改变严重影响土壤的空间异质性。不同土壤质量要素在不同深度的统计变异不同，0～20cm的大小顺序是：有效磷、速效钾、TP、水解性氮、TN、有机质、TK、pH，20～100cm的大小顺序是：有效磷、有机质、速效钾、TP、水解性氮、TN、TK、pH。

湖北省表层土壤pH平均值为6.23，深层土壤平均值为6.83，全区域呈弱酸性，随采样深度而逐渐升高。pH表层和深层土壤的各要素变异系数pH都排在最后，说明土地利用和方式改变对 pH 影响不大。各要素变异系数最大的是有效磷，表层和深层变异程度都大于 80%以上，深层土壤更大，说明湖北省在今后农业生产活动中需要注意磷肥的施加。全省有机质平均含量较高，表层达 1.926，说明湖北农业基础条件较好，种植业比较发达，在荒草地和湖区沙地含量较低，说明土壤有机质含量既受到自身地理环境条件的影响，也受到土地利用方式改变和耕作管理措施的影响。在 0～20cm，TP 和有效磷的变异系数达到 40%；而在 20～100cm，除 pH 和 TK 外的六指标均超过 50%，说明底层土壤的质量指标存在更多的不确定性。

2. 土壤质量的空间变异特征

从块金值与基台值之比来看，表层土壤的 pH 最小，为 19.8%，其他的土壤要素都没有大于 50%，说明影响 pH 分布的结构性因素控制导致样点之间的空间自相关作用强，而其他各土壤要素为中等强度的空间自相关。这是因为土壤养分分布是由结构性因素和随机性因素共同作用的结果。结构性因素，如气候、母质、地形、土壤类型等可以导致土壤养分强的空间自相关性，而随机性因素如施肥、土地利用方式、耕作制度等各种人为活动使得土壤养分的空间相关性减弱，朝均一化方向发展。同 0～20cm，该层所有指标在空间上均具有中等或者强烈的相关性。

土壤的空间异质性与成土因子和成土过程的土地利用方式密切相关，同时与生态系统的养分循环和迁移过程相连。因此，可以将土壤的空间异质性与植被、坡度、高程等自然因子，同时与施肥、土地利用方式、耕作制度等社会经济因子结合起来研究，将能进一步揭示出土壤空间异质性的规律。

6.2.4　土地利用/覆被变化对水文环境的影响

土地利用变化能改变局地的能量平衡和物质交换，改变蒸发和蒸散，这将直接影响水分在各个水文系统中的循环，不同的土地利用类型具有不同的水分循环特征。生态系统、流域或其他任何大区域的热平衡是该区水平衡的直接动力。土地利用/覆被变化可以通过影响气候而影响水文状况，气候变化的结果又反作用于土地利用/覆被变化，各要素之间亦有互馈关系，只是等级和强度不一（图 6-9）。

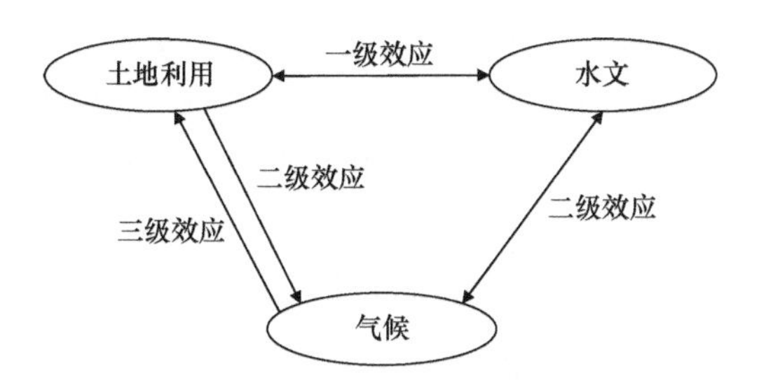

图 6-9　土地利用覆被变化与水文、气候的互馈关系

人类对土地的利用将导致许多的污染物进入水生系统，导致水文水质的变化。农业

和林业是两个主要的非点源污染源，控制土地利用能有效地控制非点源污染，在控制污染物扩散中，防护林和草地可起到化学屏障的功能。

城市化的快速发展，一方面产生城市“雨岛效应”，使得城市降水多于郊区和农村的降水；另一方面，城市化改变了自然地形地貌，以不透水地面铺砌代替原有透水土壤和植被，造成下渗与蒸发的显著减少，使同强度暴雨增大地表径流量，增大洪峰流量，增加防洪与排水的压力（图 6-10）。

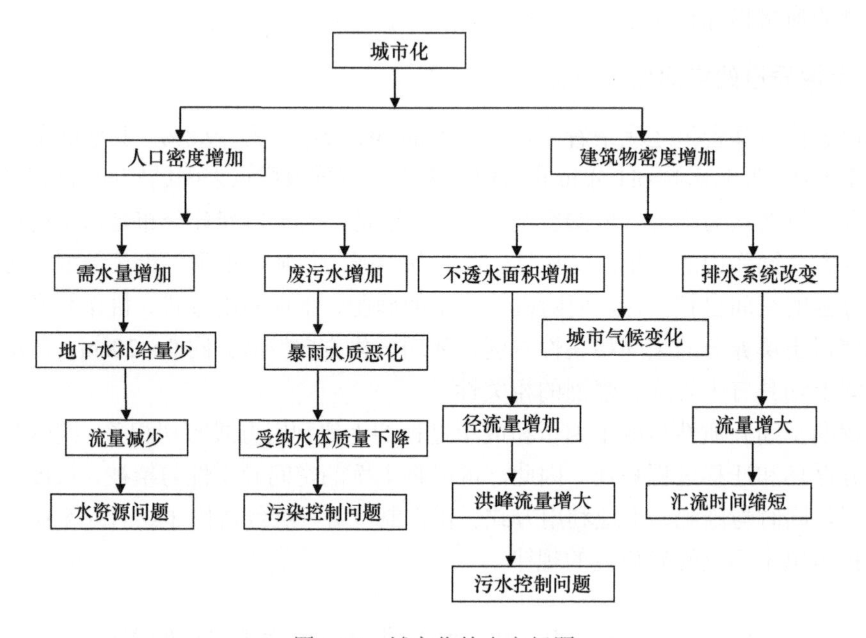

图 6-10　城市化的水文问题

本节通过分析湖北省水资源现状和水质环境现状，探讨了土地利用/覆被变化对水资源、水质及水患的影响。

1. 土地利用/覆被变化对水资源环境影响

从全国范围看，湖北水资源相当丰富，是本区社会经济可持续发展的优势所在，但随着社会发展和城市化进程加快，湖泊河塘面积剧减，尤其是经济发展较快地区，水资源利用面临严峻形势。通过计算，21 世纪初湖北省以武汉市为首的鄂东一带和以襄樊为首的鄂北地区存在较为严重的水量紧张状态和安全问题。本节结合当前湖北生产生活用水现状，对 21 世纪中期和末期的生产生活用水做了预测分析，发现 21 世纪前 50 年生产生活用水增加 101.6 亿 m^3，增长幅度非常明显，而后 50 年仅增长 10.4 亿 m^3，且增长趋势渐缓。总体来看，湖北省将在水资源利用和保护上将面临日益严重的挑战。

2. 土地利用/覆被变化对水质的影响

结合 2007 年湖北水环境监测发布的数据，湖北主要河流水质总体偏好，主要湖泊、水库中水质良好并符合 II、III 类标准的占 50%。本节从城市化和农业土地利用两个方面探讨了对水质的影响。以武汉市为例，城市化对水质的影响表现在：江河近岸、湖泊富营养化污染严重，城市污水处理率较低导致水质急剧恶化等方面。以洪湖为例，农业土地利用对水质的影响主要表现在化肥、农药污染，畜禽养殖、居民生活垃圾污染等多方面。

3. 湖北省土地利用/覆盖变化引发水患的分析

在土地利用/覆被变化剧烈的情况下，对湖北而言最典型的表现是水灾，本节认为土地利用/覆被的变化是水灾的主要诱因之一，并以武汉市为例，探讨了城市化对雨洪径流的影响，得出结论如下：一是城市化使地表径流系数增大；二是城市化使洪水的洪峰变窄，风险提前；三是现有排水方式造成雨水资源的浪费和污染。

6.2.5　土地利用/覆被变化产生的气候效应

土地利用/覆被变化对气候变化的影响主要有两个途径：生物物理和生物地球化学两种反馈机制。生物地球化学反馈是指不同土地利用/土地覆盖条件下的生态系统碳和养分循环变化对地面与大气之间温室气体和气溶胶交换的影响，由此导致气候变化。

有关城市热岛效应的研究表明，城市化所带来的土地利用的改变会对局地气候产生影响。城市化进程中土地利用/覆盖变化对区域气候的影响，主要通过改变下垫面的性质来实现，即通过地表反射率、粗糙度、植被叶面积以及植被覆盖比例的变化引起温度、湿度、风速以及降水发生变化，由此引起局地与区域气候变化。因此，城市化中土地利用变化造成的陆地下垫面特征变化是影响区域气候的重要因子之一。

显而易见，城乡土地利用/覆被变化对大气环境的影响存在很大的差别，本节以江汉平原湿地恢复的气候效应和武汉城市气候为主要研究线索，分别对农村和城市土地利用/覆盖变化的气候效应进行研究。

本节以湖北省气象档案馆和国家气象中心提供的近 50 年的湖北气象气候资料为基准，研究了湖北省气候变化事实、平原湖区湿地恢复的气候效应、武汉市土地利用/覆被变化对气候的影响、城市化对大气成分的影响等内容。

1. 湖北省气候变化事实

湖北省约 45 年的年平均气温为 15.9℃，年均气温上升了 0.54℃，上升速率为 0.12℃/10a。20 世纪 80 年代以来极端最高气温呈现较明显的上升趋势。省会城市武汉市城市热岛增温强度在不同季节均有所增加，表明武汉市城市热岛效应进一步增强。湖北省近 45 年平均降水量为 1145.8mm，年降雨量增加速率为 6.9mm/10a，呈现出明显的年际和年代际变化。湖北省年平均日照时数为 1749.9 小时，年日照时数呈现明显的下降趋势，其下降速率为 68.6h/10a。近年来的强降水的增加直接导致了洪涝灾害的增加。

2. 江汉平原湿地恢复的气候效应

以江汉平原湖区湿地为例探讨了对湖区气候的影响，利用距平方法、气温变化趋势线、线性趋势线、气候趋势系数，多年滑动平均等方法分析了江汉平原气温的变化特征，得出以下主要结论：江汉平原自 1958 年后年平均气温呈上升趋势，气温增加为 0.246℃/10a，但 1998 年之后气温出现了明显下降趋势，年平均气温从 1998 年的 17.92℃下降到现在的 16.96℃，平均为 0.4℃/a，这一事实与目前人类所警惕的全球性气候变暖的事实正好相反，表明江汉平原湖区的气候环境近年来出现了明显的好转。在降水量的变化方面，与气温的下降正好相反，20 世纪 90 年代以来江汉平原降水量增加的趋势非常明显。年降水量以平均 4.9mm/a 的速率增加，并以夏、冬季降水增加为主，导致上述气候变化事实的原因很可能与该地区湿地恢复有关。

3. 武汉市土地利用/覆盖变化对气候的影响

以武汉市为例探讨了城市气候效应，得出以下主要结论：城市化所带来的土地利用变化会对城市局地气候产生较大影响，城市环境温度与下垫面温度、下垫面结构差异、水体、植被等因素密切相关。随着城市化进程加快，武汉市城市热岛效应愈强，根据 1961～2000 年的平均气温、最高气温和最低气温的比较研究表明：对同一项气温，增温速率的季节差异明显，冬季增温速率非常显著；对同一季节，最低气温的增温速率最大，最高气温的增温速率最小，平均气温居中，非对称性明显；无论是城区还是郊区，3 项气温的增温速率在不同的季节都得以加强，这反映了武汉区域大的气候变暖趋势；热岛增温速率明显增加，尤其是夏季的最高气温和冬季的最低气温。由于城市热岛的存在，产生了武汉的城市风场，武汉市城市风场与武汉市城市热岛中心位置非常吻合。

6.3 南水北调中线水源区多尺度生态环境综合评价

作为南水北调中线工程的水源区，丹江口库区的生态环境状况在水质安全和净化上具有重要作用，对整个南水北调工程及汉江盆地的经济发展也具有重要意义。本节针对南水北调中线水源区生态环境的特征及生态环境主要问题，借鉴集成研究思路，基于丹江口水库水源区土地利用、森林植被现状及时空变化特征，结合地形、地质、地貌、土壤、降雨等自然环境因子，从“水源区-库区-小流域”多尺度、多方位、多角度、采用不同的方法研究生态环境状况、林地变化、土壤侵蚀、面源污染的时空特征、土地利用的水文响应，全面了解研究区生态环境状况，并提出相关综合整治对策和措施，加强水源区生态环境建设，确保水源区水质安全，为中线水源区生态环境建设以及可持续发展提供科学依据。

6.3.1 研究思路及技术路线

本节将水源区生态环境作为一个庞大的、非线性的、多层次的、动态时变的系统进行集成研究。基于丹江口水库水源区土地利用、森林植被现状及时空变化特征，结合地形、地质、地貌、土壤、降雨等自然环境因子，从“水源区-库区-小流域”多尺度、多方位、多角度、采用不同的方法研究生态环境状况及演变趋势、土壤侵蚀、面源污染的时空特征、土地利用的水文响应，揭示水源区不同尺度区域生态环境存在关键问题的差异及其内在联系，在此基础上提出水源区生态环境建设对策和保障措施，形成水源区综合整治技术体系和模式。综合评价技术路线见图 6-11。

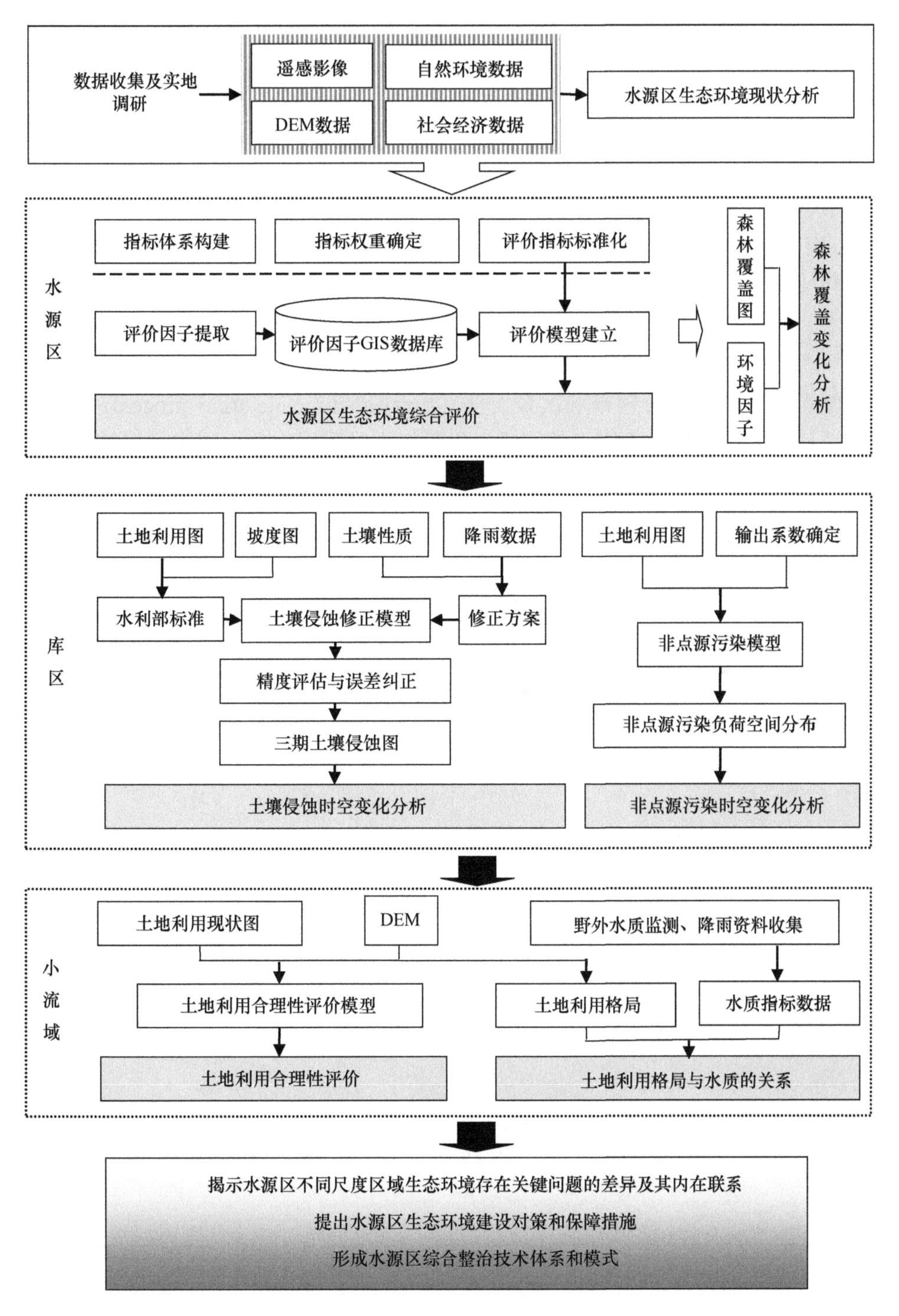

图 6-11　南水北调中线水源区多尺度生态环境综合评价技术路线图

6.3.2 水源区生态环境状况

丹江口水利枢纽位于湖北省丹江口市，丹江口以上汉江干流长约925km。南水北调中线工程水源区地处我国南北过渡、东西交替的秦巴山地之间，涉及陕、鄂、豫、川、渝、甘六省（市）11个地（市）共计48个县（市、区），土地总面积$9.52\times10^4km^2$。

1. 水源区生态环境脆弱性评价

本节基于GIS技术、模糊综合评判法和层次分析法相结合（Laarhoven and Pedrycz，1983），构建综合模糊层次分析法应用于水源区生态环境脆弱性评价研究。通过对水源区生态环境的定性分析，兼顾指标可操作性、可比性及简练性的原则，构建脆弱性评价指标体系。包括：目标层A层，指标体系以反映生态脆弱程度为目标；指标B层，分为土地资源指标、水热气象指标、地质地貌指标及人为影响指标；因子层C层，依据流域实际情况而选择。综合模糊层次分析法（fuzzy analytic hierarchy process，FAHP）确定生态环境脆弱性评价评价因子的权重。因子权重采用层次分析法进行权重赋值。为消除指标间数量级和量纲差异的影响，对评价因子的等级和隶属度值进行标准化，进行综合多指标分析，划分脆弱性等级。采用评语集构建专家对各评价因子所给出的评语的集合。本模型的评语分为潜在脆弱性、轻度脆弱性、中度脆弱性、严重脆弱性、极端脆弱性5个等级。不同等级确定的依据标准见表6-12。

表6-12 生态环境脆弱性评价因子的标准化

因素	等级				
	1	2	3	4	5
植被覆盖	>0.8	0.65～0.8	0.5～0.65	0.3～0.5	<0.3
可耕地面积比率	<0.03	0.03～0.1	0.1～0.3	0.3～0.5	>0.5
土壤类型	潮土、新积土	水稻土、紫色土	黄棕壤、棕壤	黄褐土	石灰土、石质土、粗骨土
年均温/℃	>15	14～15	13～14	12～13	<12
>10℃积温/℃	>4800	4500～4800	4200～4500	3800～4200	<3800
年均降雨量/mm	>900	875～900	830～850	800～825	<800
干燥度	<0.95	0.95～1.05	1.05～1.15	1.15～1.25	>1.25
湿润指数	>14	9～14	6～9	3～6	<3
高程/m	<300	300～500	500～800	800～1100	>1100
坡度/（°）	6	6～15	15～25	25～40	>40
地质条件	火山岩	沉积岩、变质岩	闪长岩等	碳酸盐	花岗岩
人口密度/（人/km^2）	<2	2～50	50～100	100～250	>250
人均GDP/（元/km^2）	<10	10～30	30～60	60～100	>100
道路密度/（km/km^2）	<0.2	0.2～0.4	0.4～0.8	0.8～1.2	>1.2

注：1为潜在脆弱性；2为轻度脆弱性；3为中度脆弱性；4为严重脆弱性；5为极端脆弱性

土地资源的空间分布呈现出明显的区域分异特征，水源区西北区域和南部区域的土地资源条件明显好于中部区域（图 6-12）。水源区水热气象条件较好，空间分布呈现明显的区域分异特征，水热气象条件从南向北逐渐恶化，库区南部和西南部为典型大陆季风气候，水热充足，水热气象条件最好；其次环库周区域受到水库小气候影响，水热气象条件较好。而北部秦岭由于高山环境导致光热资源不足，水热气象条件较差。地质地貌条件空间分布与土地资源分布基本相反，库区北部和南部的地貌条件较中部平原区差。特别是秦巴山区特殊的两山夹一川的地形结构，山区坡陡沟深，加上复杂的地质构造，导致地质地貌条件较差；相反，汉江谷底由海拔较低、地势平缓的冲积洪积平原组成，非常适合植物的生长发育和人类居住。人为影响脆弱性在时空分布上显示出山区和平原及不同省份之间的差异，库区湖北、河南境内人口众多、道路密集、工业集中，导致 40%的严重、极端脆弱区分布在这两个省份，库区西部陕西境内平原地区人口影响也十分严重。

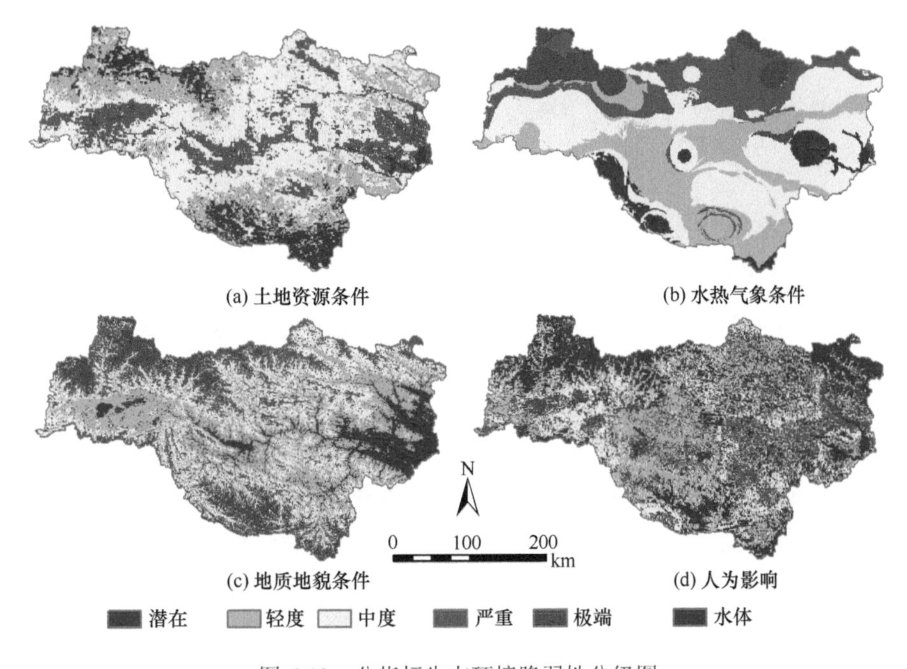

图 6-12　分指标生态环境脆弱性分级图

由图 6-13 可见，水源区生态环境总体属于中度脆弱区，水源区各级脆弱性面积呈不对称的正态分布，脆弱性整体为中度水平。潜在和轻度脆弱性主要分布在三个区域：水源区西北部的秦岭山区、南部的大巴山区和神农架林区、东部环丹江口水库库周区域。秦巴山区植被状况较好，人为影响较少，生态环境状况良好；但由于山高坡陡引起的植被保护缺失、水土流失严重等原因，在秦巴山区依旧可以发现一些严重和极严重的脆弱性区域。需要特别注意的是环丹江口水库库周区域主要以潜在、轻度脆弱性为主，但少数区域呈现严重和极严重的脆弱性。环水库库周区域植被覆盖状况较好，人为干扰较少是造成以上库周脆弱性状况的根本因素，而地势较低、水库小气候影响下较好的水热条件也是很重要的因素。严重脆弱区主要分布在两个区域：丹江口水库北部河南境内和西部陕西省的平原地区。这些区域多为城市，建筑物密集，植被覆盖状况有限，再加上较差的地质条件，加速了生态环境的脆弱性。中度脆弱性区域主要分布在陕西的安康平原和湖北南部，这些区域生态环境因子和人为活动影响都较为适中，土地利用以旱地和水田为主，还有一些草地和灌丛，因此，这些区域生态环境主要受人类活动影响。

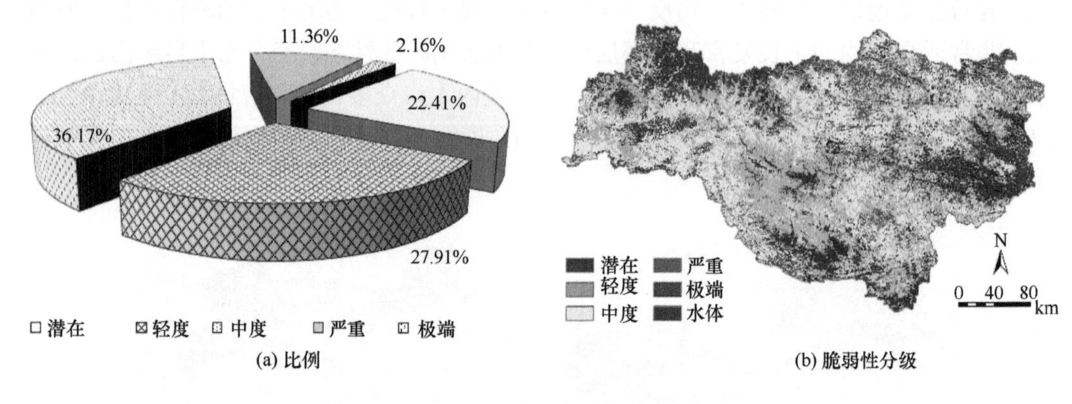

图 6-13　水源区整体生态环境脆弱性分级图

2. 水源区森林覆盖变化及其影响因子分析

以南水北调中线水源区 1980 年、1990 年、2000 年 LANDSATMSS/TM/ETM+遥感影像为主信息源，辅以 DEM、植被分布图、土地利用图、气象数据及相关社会经济资料，对该区域 20 年来森林覆盖的动态变化和区域分异特征进行了研究。在此基础上，采用典范对应分析（CCA）研究了林地分布及其变化与环境因子间的关系。

1980～2000 年，水源区森林覆盖发生了很大变化，林地面积呈先减少后增加的趋势，1980～1990 年林地变化率高于 1990～2000 年，而林地景观呈破碎化趋势，林地总体变化与国家政策和经济发展密切相关。

CCA 排序显示：水源区林地分布主要由海拔、降雨和坡度等因素决定，林地主要分布在海拔较高、降雨充沛、温度相对较低的地区，且所分布的坡度相对较陡，阴面分布林地较多，非林地主要分布于人口密集、海拔较低、地势平坦的地区（图 6-14）；林地变化的主要影响因子为海拔、坡度和人口密度。林地转入过程主要发生在中等海拔、缓坡位及偏向阳坡，而林地流出过程主要发生在海拔较低、人口较为密集、缓坡位附近（图 6-15）。

应用 CCA 排序技术对林地变化与环境因子间的关系进行定量分析与评价，反映了该技术在林地变化与环境关系分析方面的可行性与优越性，但这只是一次尝试，影响林地变化的因素复杂，还有待进一步完善。

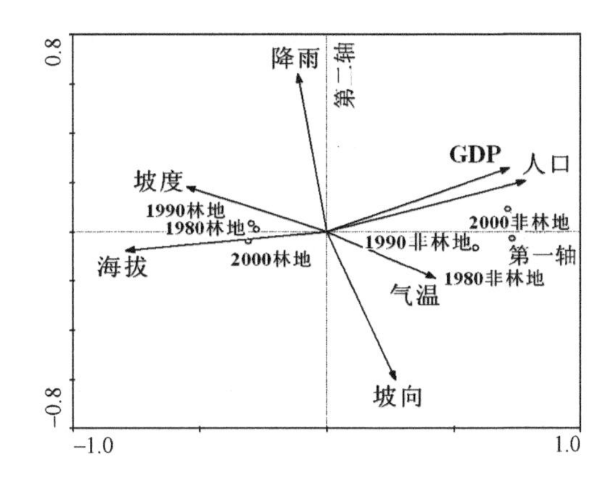

图 6-14 林地分布 CCA 排序图

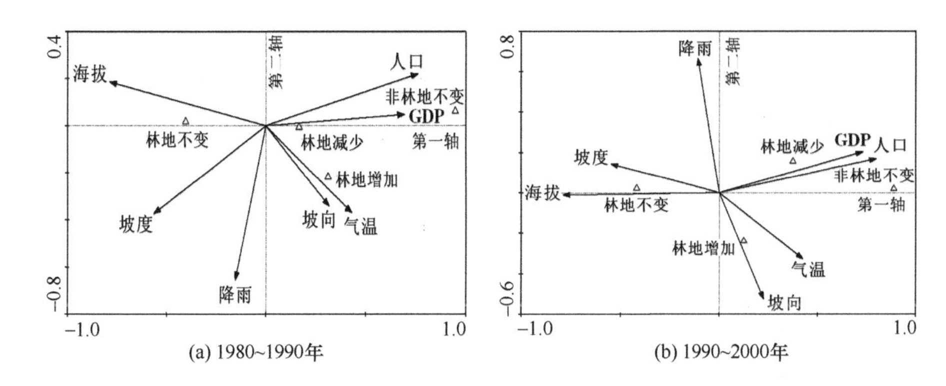

图 6-15 林地变化 CCA 排序图

6.3.3 丹江口库区生态环境状况

丹江口水库的大坝加高工程位于湖北省十堰市丹江口市郊，库区水面位于湖北十堰市和河南南阳市境内，分布于十堰市所辖的丹江口市、郧县、郧西县、十堰市区，南阳市所辖的淅川县、西峡县，该区域是中线水源区的核心区域，也是中线水源保护最为敏感的地区。随着南水北调中线工程的实施，该区域的生态环境问题尤其是土壤侵蚀、面源污染成为影响水库水质和调水工程成败的重要因素。丹江口库区尺度，我们主要对土壤侵蚀、面源污染两个主要问题展开研究，以期为丹江口库区水土保持和非点源污染防治提供科学参考。

1. 库区土壤侵蚀时空变化

丹江口库区土壤侵蚀类型以水力侵蚀为主，本章主要针对水力侵蚀进行。以 GIS 为支撑，以遥感影像为主要信息源，在实地抽样调查的基础上，建立侵蚀强度分级影像判读标志；对 Landsat TM 影像解译完成土地利用现状图；依靠人机交互判读分析系统，按土壤侵蚀判读指标对区域土壤侵蚀强度进行判读。依据植被覆盖、地面坡度、土地利用、土壤图、降水量等多种资料，以及实地的调查结果和已知的土壤侵蚀状况，对解译结果进行综合分析及修正，最终得到库区土壤侵蚀强度图，研究土壤侵蚀时空变化规律。借助土地利用动态变化中的单一土地利用动态度的概念来研究土壤侵蚀的动态变化。利用土壤侵蚀空间重心转移分析土壤侵蚀的空间变化。

1990～2007年，丹江口库区水土流失状况逐步好转，表现在微度、轻度土壤侵蚀面积呈持续增加，中度以上土壤侵蚀面积呈减小的趋势（表 6-13）。尤其是中度侵蚀和极强度侵蚀二种侵蚀类型的面积变化最显著。土壤侵蚀等级年变化率的大小排序为剧烈侵蚀>极强度侵蚀>中度侵蚀>轻度侵蚀>微度侵蚀>强度侵蚀。土壤侵蚀各县的情况看，土壤侵蚀面积从大到小排列依次为：郧西>郧县>西峡>丹江口>淅川>十堰市区。土壤侵蚀等级空间分布上剧烈侵蚀整体趋势向东北偏移，极强度、强度和中度侵蚀均向西南偏移，轻度侵蚀整体向东北偏移。总体来看，各个等级土壤侵蚀平均重心在经度上的变化大于在纬度上的变化。

表 6-13　1990～2007 年土壤侵蚀面积变化情况

等级	1990 年		2000 年		2007 年	
	面积/km^2	比例/%	面积/km^2	比例/%	面积/km^2	比例/%
微度	10846.12	60.46	10987.90	61.25	11268.40	62.82
轻度	2934.05	16.36	3155.35	17.59	3216.84	17.93
中度	2978.57	16.60	2761.21	15.39	2461.28	13.72
强度	699.21	3.90	680.44	3.79	691.44	3.85
极强	376.89	2.10	297.59	1.66	237.73	1.33
剧烈	103.24	0.58	55.65	0.31	62.46	0.35

等级	1990～2000 年		2000～2007 年		1990～2007 年	
	面积变化/km^2	年变化率/(km^2/a)	面积变化/km^2	年变化率/(km^2/a)	面积变化/km^2	年变化率/(km^2/a)
微度	141.78	14.18	280.50	40.07	422.28	24.84
轻度	221.30	22.13	61.49	8.78	282.79	16.63
中度	–217.36	–21.74	–299.93	–42.85	–517.29	–30.43
强度	–18.77	–1.88	11.00	1.57	–7.77	–0.46
极强	–79.30	–7.93	–59.86	–8.55	–139.16	–8.19
剧烈	–47.59	–4.76	6.81	0.97	–40.78	–2.40

土壤侵蚀等级之间转化十分复杂，有严重土壤侵蚀向轻微土壤侵蚀转化的情况，但也不乏微度侵蚀、轻度侵蚀向极强度侵蚀和剧烈转化的现象。这些源于影响土壤侵蚀变化的因子错综复杂，自然条件决定了区域土壤侵蚀严重，但自然条件相对而言较为稳定，对土壤侵蚀变化的影响较小，而区域人口增长、土地利用变化和区域综合治理等对土壤侵蚀变化则起着重要的作用。由于自然因素和人为因素的双重影响，库区自然生态环境受到严重破坏，土壤侵蚀仍处于边治理、边破坏的状态。

2. 库区面源污染评价分析

以 1990 年、2000 年、2007 年三期 TM 影像为基础，解译出土地利用图，参考全国土地利用分类标准及库区实际情况，土地利用分为 9 类：水田、旱地、林地、园地、灌木、草地、城镇用地、荒地、水体。辅以 DEM、气象数据及相关社会经济资料，在 GIS 支持下使用输出系数模型对库区三期非点源污染进行空间模拟和负荷估算。输出系数采用模型估算和参考文献相结合的方法确定。分别计算各种土地利用中泥沙结合态和溶解态 N、P，二者之和就是 TN、TP，参考史志华等（2006）研究，确定库区不同土地利用输出系数；人畜输出系数参考国内外已有研究（丁晓雯等，2006；刘瑞民等，2008）。

丹江口库区非点源污染 TN、TP 负荷 1990～2007 年总量呈增长趋势，2000 年以后增长速度加快，整体非点源污染形势恶化（图 6-16）。1990～2007 年，丹江口库区非点源污染 TN、TP 空间分布状况变化不大，总体特点是“东高西低，局部集中，分布不均，靠近水源”。库区河南省的 TN 负荷明显大于湖北省。TN、TP 负荷最高地区是河南省淅川县。TP 分布和 TN 具有相似性，但并不一致，特别是十堰城区，TP 负荷较大，局部集中特点明显，但是 TN 单位面积负荷却不是很高。

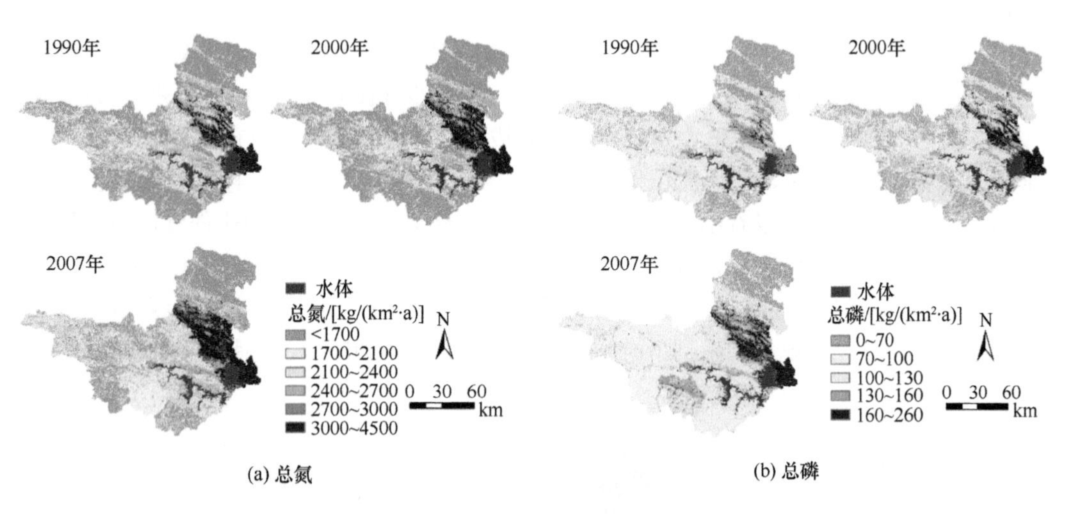

图 6-16　丹江口库区非点源污染 TN、TP 负荷分布图

丹江口库区 TN 最大来源是耕地，库区具有人口密度大、土地负荷重、生态环境脆弱的特点，加上水土流失严重，山地灾害多，农业氮肥大量施用，导致耕地成为库区 TN 负荷的主要来源。1990～2007 年库区土地利用结构有所改善，旱地减少，林地增多，土地利用对库区非点源污染负荷正在逐年减少。人是主要 TP 负荷来源，人口增长、畜禽养殖业对库区 TN、TP 负荷贡献已经超过了土地利用。

库区河南省淅川县非点源污染最为严重，该县耕地面积最大，人口数量最多，畜禽养殖发达，应成为重点治理区域。

6.3.4　典型小流域生态环境状况

综上，我们认为面源是南水北调工程水质安全的首要任务。虽然各级政府积极开展水源区水环境综合整治，但治理和控制工作中，更多关注对工业点污染源的控制和污染削减，有一定成效却不明显，关键在于忽视了面源贡献。我们选择丹江口库区典型小流域——胡家山小流域为研究区域，深化对面源污染的发生发展规律的认识，以期为面源污染治理提供理论与技术支撑。胡家山小流域位于湖北省丹江口市汉江以北习家店镇和嵩坪镇位于东经 111°12′22″～111°15′20.5″，北纬 32°44′17.8″～32°49′15.6″，面积 23.96km^2，属于汉江二级小支流，从北向南汇入丹江口水库。

1. 小流域土地利用结构研究

基于高分辨率影像解译获取胡家山小流域土地利用图，通过叠加运算，分析土地利用与坡度、距离河道距离等空间特征的关系，提取 15 个集水区对其土地利用结构进行分析；基于各集水区土地利用现状数据应用经济学洛伦兹曲线概念进行土地利用结构的定量化研究；参照陈利顶等提出的土地利用相对合理指数（*Lr*），对各集水区土地利用结构合理性进行分析。

胡家山小流域的土地利用类型以旱地和林地为主，在各个集水区内，越往下游，旱地、居民地面积所占比例逐渐增大，林地所占比例逐渐减少（图 6-17）。林地主要分布在高海拔、坡度 15°～25°区域，旱地主要分布在低海拔区域，居民地主要分布在 350m 以下较为平缓的区域。整体看来，整个流域土地利用类型距离河岸两边距离：林地>草地>居民地>农田。从洛伦兹曲线可以看出，所有集水区集中于林地和耕地，集中化程度最高 1 号、3 号集水区的均位于西侧支流，都位于胡家山小流域的上游；土地利用集中化程度最低的是 10 号、11 号和 9 号集水区，均位于中部支流，处于胡家山小流域的下游区域。对整个胡家山小流域而言，呈现从上游到下游土地利用相对合理指数减少的趋势（图 6-18）。

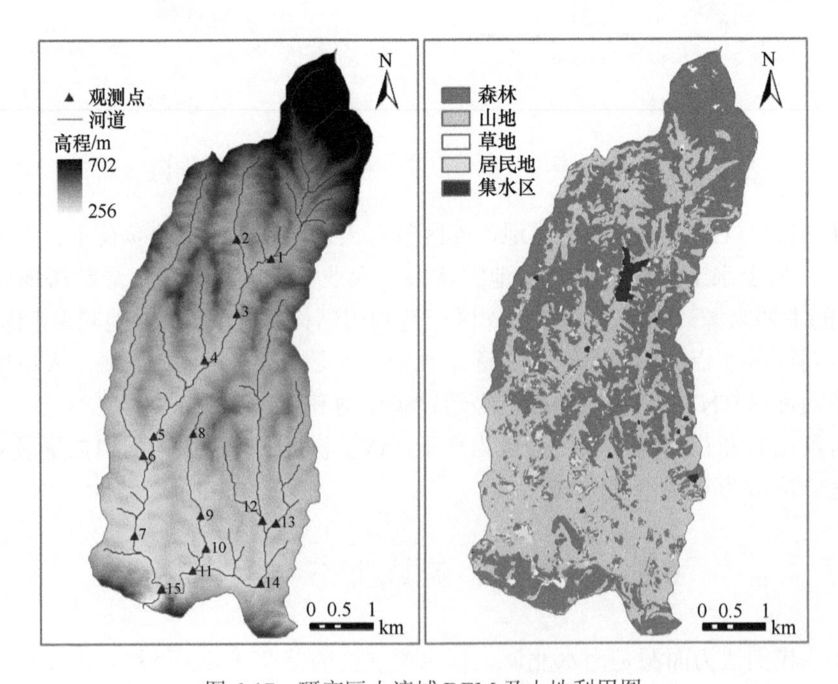

图 6-17 研究区小流域 DEM 及土地利用图

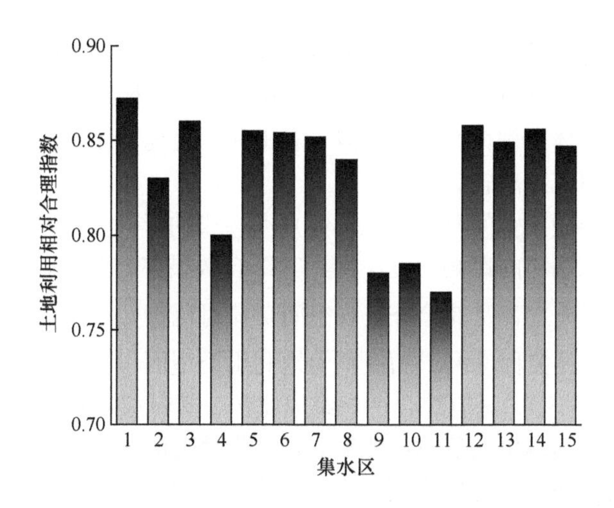

图 6-18　胡家山小流域不同土地利用类型的相对合理性指数

2. 小流域将景观格局对氮素输出的影响

结合降雨气候资料和水质监测点的氮素输出数据，引入非点源污染的空间识别方法——景观空间负荷对比指数，用统计学定量地分析土地利用结构对氮素输出的影响。陈利顶等（2001）提出借用洛伦兹曲线理论来确定“源”“汇”在空间的分布格局。综合考虑流域不同景观类型的权重及“源”“汇”景观总量的贡献，将各类景观的权重及面积百分比引入到计算公式之中[式（6-1）]，景观空间负荷对比指数的计算公式如下（陈利顶等，2001）：

$$\mathrm{LCI} = \log\left(\frac{\sum_{i=1}^{m} S_{i\mathrm{ODBC}} \times W_i \times P_{ci}}{\sum_{j=1}^{n} S_{j\mathrm{OFBC}} \times W_j \times P_{cj}}\right) \tag{6-1}$$

式中，$S_{i\mathrm{ODBC}}$、$S_{j\mathrm{OFBC}}$分别表示第 i 种“源”景观和第 j 种“汇”景观在洛伦兹中累积曲线组成的不规则图形的面积；m、n 分别表示“源”“汇”景观的种类；W_i、W_j 分别是第 i 种“源”景观和第 j 种“汇”景观的贡献权重；P_{ci}、P_{cj} 分别表示第 i 种“源”景观和第 j 种“汇”景观在流域中所占的面积百分比。

将 15 个集水区的土地利用数据与 DEM、坡度和距河道距离数据叠加，并绘制每个集水区每种土地利用类型的洛伦兹曲线，采用梯形积分（trapezoidal integration）计算每种土地利用类型的洛伦兹曲线多边形面积，可以得出每个子流域每种土地利用类型的景观海拔指数、景观坡度指数、景观距离指数和景观空间负荷对比指数。

对比各集水区“源”“汇”景观随相对高度、坡度、相对距离的空间配置，源景观类型的面积累计曲线的变化比较有规律，农田和居民点呈现出一种先快后慢的增长趋势，表明随着相对高度、距河流相对距离的增加，这些景观类型在空间上靠近集水区出口，主要分布在相对高度较低的地区，对流域的氮素输出贡献较大；对于坡度来说，则刚好相反，随着坡度的增加，农田和居民点主要分布在坡度较缓的地方，养分流失的风险性较低，对流氮素输出的贡献也较小。汇景观类型——林地和荒草地的面积累计百分数曲线在各集水区整体上规律性不强，但与农田和居民地相比，主要分布在相对高度较高，坡度较陡，距河流距离较远区域。

尽管土地利用类型的空间分布格局对非点源污染的影响复杂，相对高度、坡度、相对距离对流域非点源输出的影响程度不同，其综合效果亦有差异。在 0.01 显著水平上，相对高度、坡度和距离三者及其综合景观空间负荷对比指数与 TN、NO_3^--N 输出浓度均具有显著相关性，其相关程度高于加权重土地利用类型面积百分比之和，高于任何单一土地利用类型（图 6-19）。只有综合考虑组成比例、贡献权重和空间配置，才能全面度量流域景观格局对氮素输出的影响；景观空间负荷对比指数对于发生非点源污染的空间风险具有很好的指示作用，可以作为非点源污染空间风险评价的有用方法。

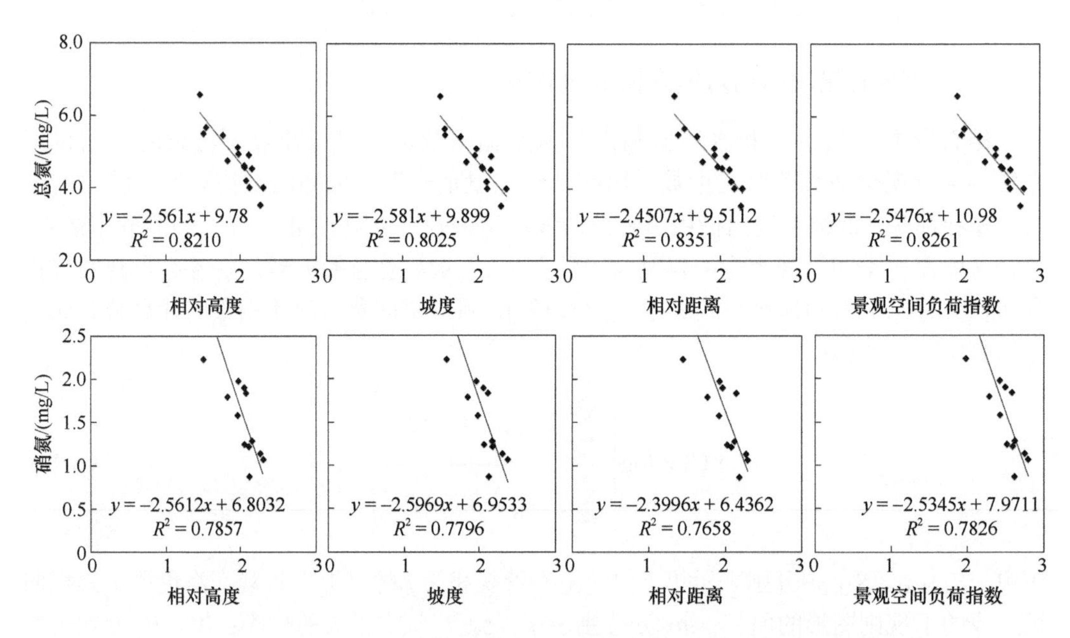

图 6-19　胡家山小流域景观空间负荷指数与氮素输出的线性回归图

6.4　黄河三角洲道路网络特征及其对生态影响

6.4.1　研究背景与区域简介

道路是陆地生态系统中最为重要的人文景观之一，建设与自然相和谐的道路生态系统是公路建设者和环境保护者所追求的目标。近年来，我国不断加快的道路建设尤其是高等级公路建设，带来了巨大的经济和社会效益。但是对道路和车辆的依赖却对环境造成了一定的损害。随着环境意识的不断增长，道路建设和交通运输对周边生态的影响逐渐被人们所重视。道路的修建会造成局部小气候（Geiger，1965；Trombulak and Frissell，

2000）和水文环境（Montgomery，1994；Harr et al.，1975）的变化，同时会影响动植物的种群和行为（Ross，1986；Tyser and Worley，1992；Munguira and Thomas，1992；Tikka et al.，2001）。此外，车辆尾气造成的重金属、有机物、臭氧和营养物的排放、融冰盐的施用等也会对其周边的环境产生污染（Forman and Alexander，1998；Pedersen and Randrup，2000）。

目前，我国关于道路生态的研究已逐渐从道路的生态环境影响评价发展到了道路建设、交通等对动植物生境、物种生存等方面的影响（李月辉等，2003）。总体上看，我国对道路生态的系统化研究不足，研究对象也主要集中于西部高原和山区，且主要以高速公路为研究对象（甘淑和陈娟，2006；陈辉等，2003；杨喜田等，2001）。平原区尤其是滨海平原的报道较少，也缺乏不同道路类型之间生态影响的差异性对比研究。因此，有必要在不同生态区以不同道路类型为研究对象，深入地探讨道路对生态环境的影响。

黄河三角洲位于山东省东北部，渤海凹陷西南，自然资源丰富，遍布天然草场、天然实生柳林和天然柽柳灌木林，是目前中国三大三角洲中唯一具有保护价值的原始生态植被地区，也是世界珍稀濒危鸟类黑嘴鸥的重要繁殖地（赵延茂和宋朝枢，1995；田家怡，1999）。但由于该区域形成时间较晚，土壤肥力低，加之气候干旱，地下水矿化度高，极易引起土壤盐渍化，生态系统脆弱性表现得极为典型，一直是学术界研究的热点（王红等，2006）。

近年来，随着黄河三角洲开发速度不断加快，人类活动（修建黄河大堤、垦殖、城建、高速公路、海堤、石油开采等）剧烈地改变着该地区的微地貌形态和生态环境特征。目前黄河三角洲的公路建设进入了高速发展阶段，近 10 年来，通车公路里程增长了 25.4%，公路密度达到 $96.3km/10^2km^2$，形成了一张庞大的道路网络。道路建设等人为干扰已成为包括黄河三角洲在内的河口湿地景观演变的主要驱动力（王树功等，2005）。

道路已经造成了黄河三角洲野生动物栖息地破碎、稀有物种灭失和湿地水生生态系统的退化，而这些恰恰是黄河三角洲维持其独特湿地景观的关键因素。与其他地区相比，黄河三角洲景观较为单调，生物多样性较差，生态脆弱，是典型的生态敏感区。在受到道路系统的干扰后，更容易使生态逆向发展。围绕人为干扰与黄河三角洲生态环境变化的关系，许多学者已经开展了相关的研究（陈利顶和傅伯杰，1996；肖笃宁，2001），但对道路廊道系统的研究却是一个薄弱点。在该典型区域对道路廊道系统的生态环境效应进行研究，能够较好地探明道路网络对生态环境干扰的机理。所得结果有助于协调三角洲经济社会发展与湿地生态保护的矛盾，对黄河三角洲地区的自然资源的合理利用和区域可持续发展具有重要意义。

6.4.2　黄河三角洲道路网络特征分析

1. 道路网络提取及时空特征分析

以多时相遥感数据结合市志、年鉴等文档资料的综合提取方法为基础，采用基于模型约束的半自动方法提取多时相道路网络。遥感数据源为 1984～2006 年美国陆地卫星

TM、ETM+影像，资料参考山东省省志、东营市市志和东营市统计年鉴。

根据研究区道路的类型，将所有道路区分为以下 4 类：高速公路（Rg）、干线公路（Rs）、县乡公路（Rx）和油田专用公路（Ry）。获取黄河三角洲 1984～2006 年的逐年道路里程统计情况如图 6-20。

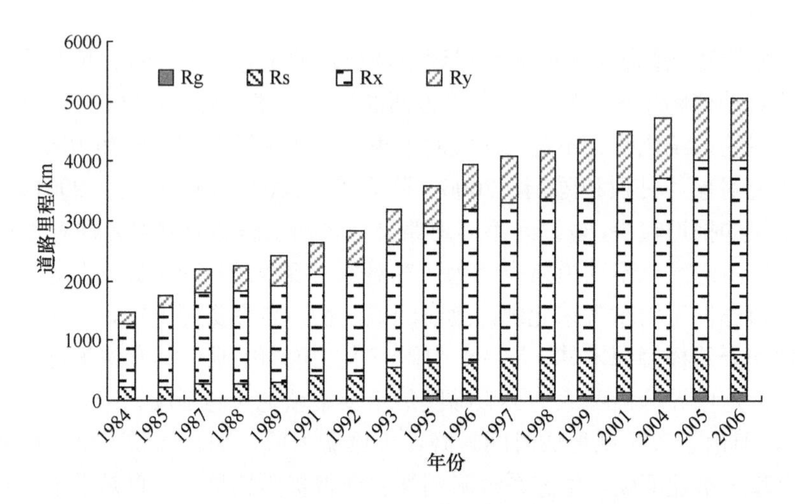

图 6-20　黄河三角洲各类道路逐年道路里程统计

从不同类型道路的扩张速率上来看，不同类型道路的扩展特点存在差异。省道和国道以及县乡公路在东营市建市初期发展较慢，从 20 世纪 90 年代初期开始主要是对原有县乡公路的改造升级和部分道路的新建，至 90 年代末期，省道网络骨架基本构建完成。高速公路呈阶跃式发展。县乡公路初期发展得较慢，1992～1997 年发展速度增快，5 年通车里程间增加了 40.55%。油田专用公路有两个快速发展时期 1985～1988 年，随着孤东油田的开发，胜利油田处于快速发展阶段，油田公路增加了 225.5km，增长了 108.5%，1997 年至今，随着滨海和浅海采油区的发展，油井与县乡公路连接线的通车里程增加较快，10 年累积增加了 236.6km。

将研究区按 5km×5km 划分网格，逐网格统计每个网格居民区面积，工矿用地面积和各类道路通车里程的相关关系及其年际变动规律。结果表明居民出行需求是 Rs、Rx 这两类道路扩张的主要驱动力，Ry 的修建主要以满足胜利油田石油生产为主要目的，Rg 的修建主要是国家宏观产业布局和交通布局的需要。分析后发现，各类道路的发展与居民区面积和工矿用地面积在不同年份呈现不同的相关关系，表明道路的发展与经济社会发展之间紧密联系。

2. 道路的网络特征及其时序演变

道路网络是线要素图层，具有拓扑属性和用于对象流（如交通）的适当属性，不同于一般矢量线要素的集合，需要建立一个面向多级网络的数据集，详细记录道路的等级、通行状况、连通规则等与环境的影响能力有关拓扑规则。本节选用网络数据集构建黄河三角洲道路网络数据库。结合黄河三角洲实际交通现状，建立如下连通和转弯规则。

高速公路与普通道路相交处如无出口，必然为立交，将二者的相对高程值设为不一致，实现不连通；高速公路与普通道路相交处如为高速出口，或者高速与高速之间的相交处，必然为互通式立交，设为双向可转弯，二者相对高程设为一致，实现连通；普通道路的交叉口均设为双向可转弯，相互连通。

地理事物的空间格局或空间排布，一向被认为是区域研究的核心问题。本章尝试从地理网络的图论描述入手，对地理系统的网络分析作一些探讨。基于网络分析的基础指标，获取网络的一般性的测度指标：α 指数、β 指数、回路数 k、γ 指数。其中，α 指数又称网络闭合度或网络环度，指实际回路数与网络内可能存在的最大回路数之间的比率；β 指数也称为线点率，是网络内每一个结点的平均连线数目；回路是一种闭合路径，它的始点同时也是终点；γ 指数又称网络连接度，指网络内连线的实际数目与连线可能存在的最大数目之间的比率。

通过对网络数据集中构建的网络数据库的查询和统计，得到黄河三角洲 1984～2006 年道路网络的特征参数变动情况（图 6-21）。

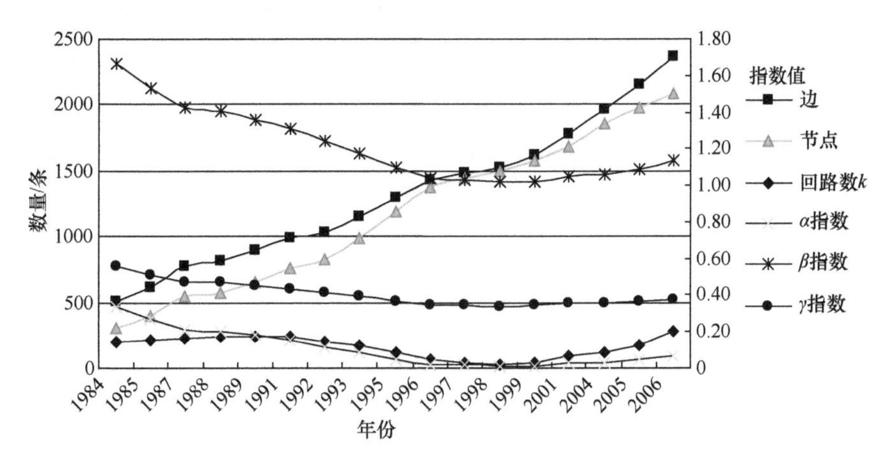

图 6-21　黄河三角洲道路网络特征参数

从图中可以看出，从 1984 年东营市建市以来，随着社会的发展，道路数量和道路连结点的数量均在不断上升。α 指数、β 指数、回路数 k 和 γ 指数的变化趋势较为一致，可以大致分为三个阶段（1984～1995 年、1996～1999 年和 2001～2006 年）。通过对研究区道路交通网络发展历程和空间网络拓扑结构的分析，可以归纳出其空间形态呈现出“一轴两核扩张→两岸四区对峙→多核网络互通”的发展演化模式。

6.4.3　道路边际土壤重金属分布格局

1. 土壤重金属分布调查与模拟

选取现代黄河三角洲区域高速公路（东青高速北段）、干线公路（省道，S312）和县乡道路中典型道路作为采样对象。沿所选道路远离明显的干扰源区域布设一定数量的采样中心点，从每个采样中心点向两侧对称布设各 5 个采样点，采样点距道路边际的距离分别为 1m、10m、20m、30m、50m，每个采样点按梅花形选取 5 个 0～10cm 土壤表层样混合。采集的土样应用 ICP（Varian 700-ES）测定 Cd、Cr、Cu、Mn、Pb、Zn 的含量。

以 SPOT5（2.5m 分辨率，2006 年）卫星影像为底图，通过人工目视解译提取道路网络。以道路为中心，以道路两侧 50m 为缓冲距离，在 GIS 中建立缓冲区并栅格化，获取各栅格单元土壤、植被、气象及其他生态环境数据。选取与实测重金属含量多因素方差分析结果显著的与主风向方位、土壤 pH、有机质含量、距道路距离、地表覆被、道路类型 6 个因子作为神经网络模型的输入参数，分别建立 6 个神经网络模型。

道路边际土壤的污染程度评价按照国家相关标准，采用单项污染指数和内梅罗综合污染指数评价。单项污染指数 PI =土壤污染物实测值/土壤污染物质量标准。其中，环境标准为国家土壤环境质量标准 I 级标准上限值。内梅罗综合污染指数 PN = { [（PI^2 $_{均}$）+（PI^2 $_{最大}$）] /2}1/2，式中 PI $_{均}$和 PI $_{最大}$分别是平均单项污染指数和最大单项污染指数。污染程度的分级按照土壤环境监测技术规范（HJ/T 166—2004），基于土壤内梅罗综合污染指数分为清洁、尚清洁、轻度污染、中度污染和重污染 5 个级别（表 6-14）。

表 6-14　土壤重金属污染程度分级表

等级	内梅罗污染指数	污染等级
I	PN≤0.7	清洁（安全）
II	0.7<PN≤1.0	尚清洁（警戒线）
III	1.0<PN≤2.0	轻度污染
IV	2.0<PN≤3.0	中度污染
IV	PN＞3.0	重污染

通过多次迭代，模拟出现代黄河三角洲主要道路两侧各 50m 范围内的 2.5m 分辨率的重金属元素浓度分布栅格图。采用单项污染指数和内梅罗综合污染指数评价，污染程度的分级按照土壤环境监测技术规范（HJ/T 166—2004）。将 107 个检验点的土壤重金属含量模拟结果与实测值进行成对 *T* 检验统计。结果显示二者之间无明显差异（$T>T_{0.05}$，R^2_{Cd}=0.765，R^2_{Cr}=0.807，R^2_{Cu}=0.741，R^2_{Mn}=0.798，R^2_{Pb}=0.649，R^2_{Zn}=0.842）。

现代黄河三角洲道路边际土壤的重金属含量神经网络模拟结果如图 6-22 所示。整体来看重金属含量从西南向东北依次递减，东部和北部自然保护区以及东北沿海地区道路边际重金属浓度较低，西南部人口密集区重金属浓度较高。对栅格模拟结果的统计表明，道路两侧 50m 范围内的重金属平均浓度 Mn>Zn>Cr>Cu>Pb>Cd，其中 Cu、Pb 略高于山东省土壤背景平均值（分别为 1.42 倍和 1.07 倍）。其中 Cu、Pb 略高于山东省土壤背景平均值（分别为 1.42 倍和 1.07 倍），但未超过国家土壤环境质量标准 I 级标准上限值。

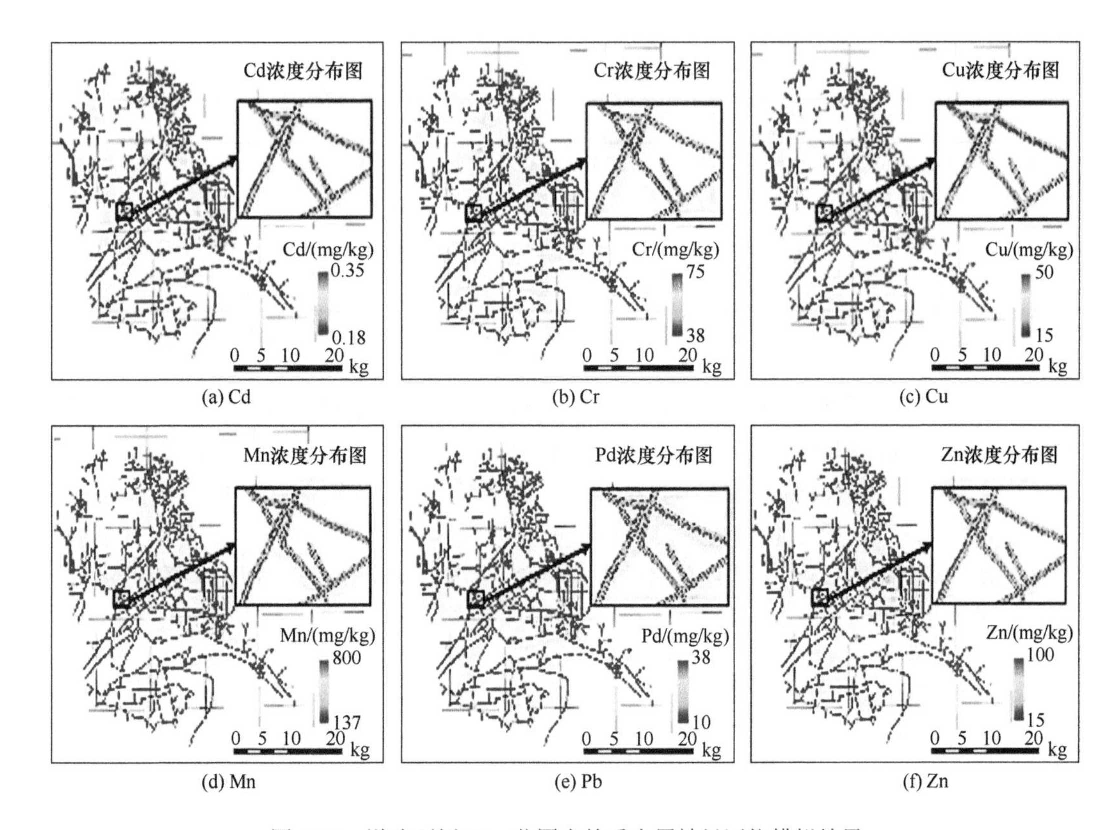

(a) Cd (b) Cr (c) Cu

(d) Mn (e) Pb (f) Zn

图 6-22 道路两侧 50m 范围内的重金属神经网络模拟结果

从单项污染指数上看，Cd 污染指数分布范围为 0.90～1.33，大多数栅格超过国家污染限定值，Cr、Cu、Mn、Pb、Zn 污染指数都在 1.0 以下。研究区道路边际土壤的内梅罗综合污染指数在 0.69～1.52 之间，平均值为 1.15，主要分布区间为 1.0～1.3，像元数占道路边际总像元的 81.2%。根据道路边际土壤重金属污染的空间分布状况，污染较轻的区域主要分布在北部和东北部沿海区，而南部和中部居民点和农田密集，高等级道路网络发达的地区污染较为严重。

2. 道路边际土壤重金属分布影响因素分析

表 6-15 为不同道路边际土壤的重金属污染情况统计。道路边际土壤的重金属沉积特征随道路类型变化有所差异，重金属元素的浓度变化（除 Pb 外）为 Rg>Rs>Rx。道路类型的差异是道路车流量、通车时间、道路宽度、道路功能差异的综合体现。自然环境因素同样会对重金属分布产生影响。道路周边的土壤性质、气象条件、植被状况与重金属的扩散、截留、吸附过程密切相关（朱建军等，2006；Herngren et al.，2006；Farooq et al.，2006），本章发现上风向各污染物的平均浓度和峰值浓度通常高于下风向。土壤的有机质含量和 Ph 影响重金属的吸附解析过程（智颖飙等，2007），研究区道路边际土壤的有机质含量与重金属浓度呈显著正相关（R^2=0.642），Cd、Cr、Zn 与土壤 pH 呈显著正相关（R^2=0.522）。

表 6-15　不同道路边际土壤重金属污染差异比较　　（单位：mg/kg）

道路	Cd	Cr	Cu	Mn	Pb	Zn
Rg	0.28±0.055a	65.3±7.76a	36.5±9.02a	578.5±143.12a	26.1±6.13a	71.5±23.76a
Rs	0.27±0.036ab	60.3±6.07ab	31.4±5.70ab	512.7±123.67b	27.9±3.28a	61.8±13.86b
Rx	0.26±0.025b	58.2±5.10b	30.3±3.74b	507.3±72.63b	24.5±2.49b	60.8±10.59b
平均	0.27±0.03	58.55±12.59	32.40±4.24	509.57±81.01	26.07±2.76	61.26±11.67

注：表中数据为平均数±标准差；对于同种元素，同列不同字母表示差异显著（LSD 检验，$P\leq 0.05$）

受道路两侧配套设施（树篱、护网、地表植被等）对污染物扩散的影响，重金属浓度峰值出现的位置和峰值浓度均有所不同。高速公路两侧种植有蜀葵等观赏灌木，同时10m 左右存在封闭隔离带，受人为干扰较小。隔离带内的植物覆盖度明显高于隔离带外侧植被，也高于 Rs 路边植被覆盖度。植被能有效地截蓄地表径流和空气扬尘，使得污染物的浓度峰值比较显著。县乡公路的浓度峰值不明显，峰值浓度出现的位置也距道路较远（图 6-23）。

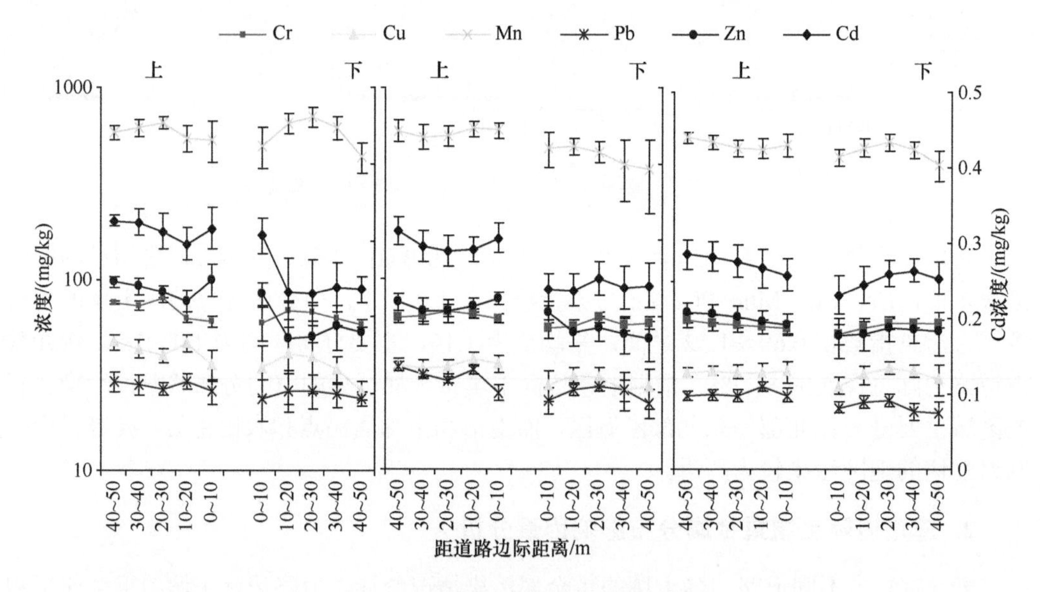

图 6-23　重金属浓度的空间变异规律

根据重金属在道路边际的浓度空间分布规律可将其大致分为两组：一组（Cd、Cu、Zn）浓度在路肩处最高，随距道路的距离增加迅速降低；另一组（Mn、Cr、Pb）浓度在距道路一定距离处（大多在 10～30m 之间）达到最大值，随后逐渐降低接近背景值。公路等级越高、车流量越大，重金属浓度越高。随着距道路距离的变化，重金属浓度发生改变。总体上来说，大多数重金属在 30m 以内达到峰值，其后逐渐降低接近背景值。同时，变化规律受区域环境条件、土地利用方式和重金属累积机制的影响。

6.4.4　道路网络植被梯度变化及道路网络对景观格局的影响

1. 植物调查与特征分析

选择研究区内三种主要的道路类型（Rg、Rs、Rx）作为调查对象，以道路为中心，在道路两侧沿样带布设植被调查样方。样方大小为 1m×1m，共 72 个样方，布设在以路基为起点，向外 1m、5m、10m、15m 的位置。调查记录样方内植物种类、数量、叶层高、盖度等特征属性。采用双向指示种分析（two-way indicator species analysis，TWINSPAN）方法进行群落分类。每一样方内采用梅花形采样法取表土 20cm 土壤样品，风干过筛后测定其全盐、有机质、N、P、K 等相关理化指标。

调查结果如表 6-16 所示。道路边际草本植物种类较少，计有 20 科、41 属、48 种，分别占现代黄河三角洲被子植物的 51.3%、34.5%和 25.5%。种数在 10 种以上的科只有菊科，大于 2 种的科仅有禾本科、藜科、豆科和旋花科，以上 5 科共计 26 属 33 种，分别占道路边际植物属、种数的 63.4%和 68.8%，构成了黄河三角洲道路边际植被的主体。根据 TWINSPAN 二歧式的分割的群落分类结果，按照吴征镒“中国植被”的分类和命名原则（吴征镒，2004），道路 15m 边际内的植被可分为 4 个群系，11 个群丛。

表 6-16　黄河三角洲研究区内道路边际植物分类表

科统计	属数	种数	科统计	属数	种数
菊科（Compositae）	11	16	夹竹桃科（Apocyanceae）	1	1
禾本科（Cramineae）	7	8	锦葵科（Malvaceae）	1	1
藜科（Chenopodiaceae）	3	4	蓼科（Polygonaceae）	1	1
豆科（Leguminosae）	3	3	萝藦科（Asclepiadaceae）	1	1
旋花科（Convolvulaceae）	2	2	马齿苋科（Portulacaceae）	1	1
百合科（Liliaceae）	1	1	茜草科（Rubiaseae）	1	1
车前科（Plantaginaceae）	1	1	蔷薇科（Rosaceae）	1	1
柽柳科（Tamaricaceae）	1	1	桑科（Moraceae）	1	1
大戟科（Euphorbiaceae）	1	1	十字花科（Cruciferae）	1	1
葫芦科（Cucurbitaceae）	1	1	鸢尾科（Iridaceae）	1	1

2. 植物群落梯度变化分析

植物群落在距离梯度上的物种替代规律和周转速率用相邻样方间的β多样性指数和优势种的数量特征变化来衡量。β多样性（β diversity）可以定义为沿着环境梯度的变化物种替代的程度，可用于分析不同生境间的梯度变化，可直观地反映不同群落间物种组成的差异。本节研究β多样性采用基于二元属性数据指标测度的 Cody 指数（β_c）计算：

$$\beta_c = [g(H) + l(H)]/2 \tag{6-2}$$

式中，$g(H)$是沿生境梯度 H 增加的物种数目；$l(H)$是沿生境梯度 H 失去的物种数目，即在上一个梯度中存在的而在下一个梯度中没有的物种数目。采用除趋势典范对应分析（DCCA）进行道路边际种群动态的环境影响因子排序。重要值计算采用公式 IV=相对高度+相对盖度+相对密度（张金屯，2004）。

β多样性分析表明，三类道路的 Cody 指数整体趋势从道路路肩向远处存在明显的递减梯度（图 6-24）。三类道路的 Cody 指数整体趋势从道路路肩向远处存在明显的递减梯度，其中省道的递减趋势尤为明显，平均β_c值从距道路 1～5m 处的 4.667 递减到距道路 10～15m 处的 0.583，形成了以道路为中心的单峰分布格局，表明道路是引起其沿线植物群落变化的主要因素，不同的道路类型，其边际植被的梯度变化规律存在差异。

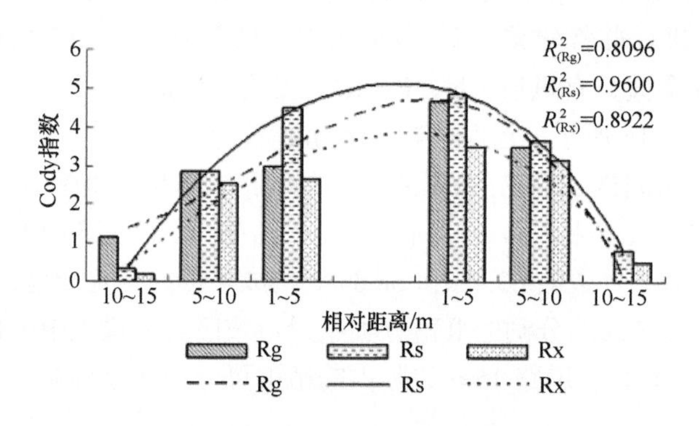

图 6-24　三种道路的 Cody 指数随道路距离的变化

通过分析各样方内主要物种重要值，结合物种出现频率，筛选出研究区道路边际草本植被中的 5 个优势种代表：芦苇、碱蓬、狗尾草、野大豆和长裂苦苣菜，其植株高度和出现频率等数量特征在道路边际的分布规律，体现了道路边际的土壤水分梯度对路边物种分布的制约。DCCA 排序结果表明，距道路距离，距海岸线距离和道路类型是决定道路边际植物种群分布的主要因素。不同道路类型对其边际植被的影响存在差异。

道路的修建改变了局部微气候和微地形，加速了环境因子的改变。紧邻道路的两侧，变化尤为剧烈，使得道路边际的植被分布在宏观海陆演替的格局上叠加了局部小环境的影响。道路边际土壤养分也影响着植物群落的分布格局。根据土壤分析结果，道路两侧 0～10m 的土壤有机质、全氮含量显著低于 15m 处，且低于东营市土壤背景值，并在垂直于道路方向存在明显的梯度。道路作为风媒物种的重要传播通道，使道路邻近区域的物种种类相对丰富，并出现了非黄河三角洲本土的外来物种。不同道路类型对其边际植被的影响存在差异。道路类型的差异是道路车流量、道路宽度、通车时间和道路功能差异的综合体现。

3. 道路边际景观格局变化及生态过程分析

黄河三角洲成陆时间较短，自然景观格局尚未经过充分的发展演化即被人为干扰过程所影响，尤其是农业开发、居民点发展和石油开采更是对原生自然景观的直接占用和毁灭性破坏。为此，在多次野外调查的基础上，结合道路边际景观斑块的组成特点，将黄河三角洲道路边际平原景观分为湿地景观、农业景观和人工景观 3 个景观亚类，进一步划分为：内陆水体、居民及工矿用地、旱地、水田、林地、未利用地、滩涂、灌草地、盐田、苇地、海水、河流等 12 个景观系。

选用 1984 年、1991 年、1996 年、2001 年、2006 年 5 个时期 TM 影像进行景观解译，预处理后利用 ERDAS 9.0 图像处理软件进行图像监督分类，于 2007 年 7 月、9 月、11 月分别进行野外建标，将野外建标区域数字化后作为训练区对遥感影像进行分类，提取景观类型。分类后的图像通过 Clump 与 Eliminate 工具将图像进行处理，用来达到去除噪声点、修整图像的目的。经过以上步骤，得到各年份景观分类图。选取斑块大小指数、斑块形状指数——分维数、景观多样性（异质性）指数、景观破碎化指数、景观聚集度指数和景观结合度指数作为黄河三角洲景观格局分析的主要指标。

黄河三角洲道路两侧边际 1km 范围缓冲区的景观格局特征及其变化如图 6-25 所示。总体上看，分维数，油田公路>高速公路>省道>县乡公路；景观多样性指数，油田公路和高速公路>省道>县乡公路；景观破碎化指数，县乡公路>省道>高速公路>油田公路；聚集度和结合度指数，油田公路>县乡公路>省道>高速公路。不同道路边际景观特征的差异主要由其集中分布区的区域景观背景决定，不同道路由于穿越的主要景观类型区不同，其边际景观特征存在较大差异。

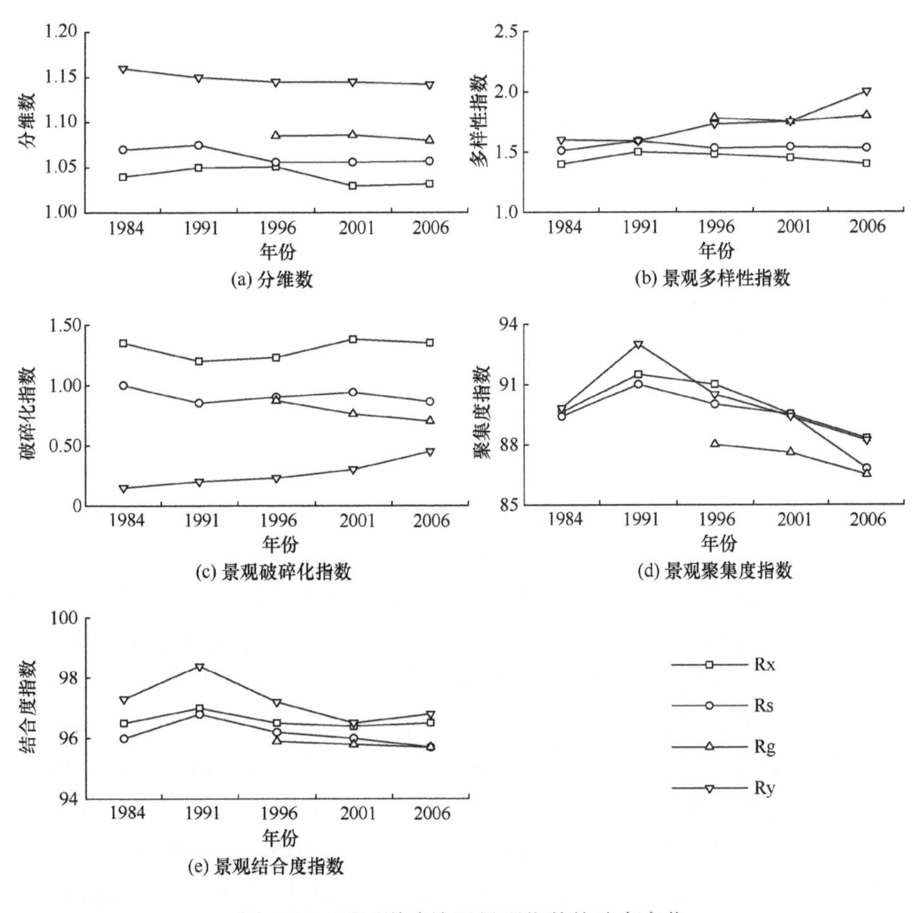

图 6-25　不同道路边际景观指数的动态变化

黄河三角洲省道边际景观格局的变化可以划分为三个阶段：道路扩张影响期（1984～1991 年）、景观快速演替期（1991～1996 年）、景观稳定演替期（1996～2006 年）。县乡公路边际景观与省道变化规律类似，但二者道路网络的发展规律不同，景观变化过程有所差异。高速公路主要影响景观类别的增减和空间分布。油田公路建设工程占用地的原生湿地植被受到毁灭性的破坏，部分道路边际区域变为裸土，失去了原有生境的异质性，使景观斑块的分维数下降，多样性减少，景观破碎化增加。通过分析道路边际不同缓冲区范围的景观指数变化情况，发现距道路越远，分维数越高，多样性数越高，破碎化指数越低，聚集度指数和结合度指数均增高。

4. 道路边际景观稳定性与动态生态过程分析

根据道路边际稳定性特点，将其分为自然景观区和非自然景观区，其稳定性分别用 P_Z 和 P_{NZ} 表示。景观稳定性的影响主要由道路的主要功能以及由此产生的人类负熵输入的强度决定。从表 6-17 可以看出，道路边际自然景观的景观稳定性 Ry>Rg>Rx>Rs，农业景观和人工景观的稳定度 Rx>Rs>Rg>Ry。人类对道路边际持续的负熵输入是决定非自然景观稳定性的主要原因，负熵输入的强度主要受道路功能和分布区域的影响，而自然景观平衡或非平衡状态的稳定性是自然选择的结果。

表 6-17　各类道路边际的景观稳定性

稳定性	道路类型			
	Rg	Rs	Rx	Ry
P_Z	68.2	35.4	41.7	87.4
P_{NZ}	51.6	88.6	73.1	32.2

道路边际的景观格局和景观稳定性的现状与动态演变过程，是自然选择和人为干扰综合作用的结果。道路对其边际植被、土壤的微观生态影响不足以导致景观尺度上的格局改变。

道路边际景观分布格局和演变主要受到以下因素控制：一是水盐生态过程。黄河三角洲是陆进海退地理过程长期作用的结果，形成了从滨海到内陆的明显水盐梯度。随着土壤盐分的变化，从滨海到内陆，道旁边际景观逐渐由滩涂、盐生植被过渡为农耕地。作为区域景观的组成部分，道路边际的景观格局无法脱离这种大尺度海陆空间位置变化带来的深刻影响，这是决定黄河三角洲道路边际景观分布格局的最主要因素。二是流通过程与接近效应。道路运输增加了生态系统之间物质和能量交换的范围和频率，使许多原先人类难以到达的滨海滩涂和原生湿地变得易于进入，并对那里的资源加以利用，即增强了人类接近景观斑块的能力，从而大大增加了人类对景观斑块的干扰概率。三是效益梯度场。道路对周围区域的特殊作用，使得在道路周边形成以道路为轴线的近似对称的噪声、温度、水势等的梯度场。这种独特的区域小气候对影响区域内动植物的分布和行为产生干扰。此外道路作为区域间物质能量主要交流通道，其在周围存在的道路梯度场，促使人们的文化观念、生活方式发生改变，从而间接地影响区域景观格局。四是破碎化过程。道路网络将均质的景观单元分割成众多的岛状斑块（道路网眼），在一定程度上影响景观的连通性，阻碍生态系统间物质和能量的交换，导致物质和能量的时空分异。人类对道路边际土地的利用也会带来景观的破碎化加剧。

6.5　基于GIS的村镇建设用地时空变化分析与节地整治模式

6.5.1　村镇建设用地时空变化特征

1. 研究区土地利用现状特点

商城县隶属河南省信阳市，是河南省的东南门户，位于鄂豫皖三省交界处。全县总面积2130km^2，其中，林地面积120600hm^2，耕地面积51300hm^2，水面面积14600hm^2，素有“七山半水半分田，一分道路和庄园”之称。人口75万人，辖19个乡镇、3个县管管理处，370个村（居）。

双椿铺镇位于商城县西北部，镇政府所在地距县城18km。东临淮河支流灌河与河凤桥乡、上石桥镇隔河相望，南与鲇鱼山乡、汪桥镇分水而治，西邻潢川县江集镇、双柳树镇，北与鄢岗镇为界。沪陕高速公路和宁西铁路越境而过，距合肥和武汉各180km，区位优势明显，交通便利。土地总面积为14774.73hm^2，占全县土地总面积的6.99%。2009年，全镇总人口6.16万人，其中农业人口5.06万人，非农业人口1.10万人。双椿铺镇是河南省政府授予的“省级小城镇建设重点镇”“中州名镇”“省级绿化模范乡镇和卫生乡镇”。

全镇现辖官庄、龙堂、邵楼、梅山、陈寨、郭寨、万楼、古城、金寨、大岗、张畈、蔡店、三里坪、迎山庙、三教洞、西冲、敦窑、黄楼、王店、宋岗、闵楼、赵畈、鲍店、红石桥、仙桥、吴冲、路石、塔湾、顾畈29个行政村和双椿铺街道办事处，316个自然村。

2009年，全镇农用地面积11601.22hm^2，占全镇土地总面积的78.52%。其中耕地面积为5020.04hm^2，占农用地面积的43.27%；园地面积为352.02hm^2，占农用地面积的3.03%；林地面积为5106.60hm^2，占农用地面积的44.02%；其他农用地面积为1122.56hm^2，占农用地面积的9.68%。全镇建设用地面积1602.90hm^2，占土地总面积的10.85%。其中建制镇用地面积85.58hm^2，占建设用地面积的0.53%；农村居民点用地面积1395.93hm^2，占建设用地面积的87.08%；采矿用地面积为28.04hm^2，占建设用地面积的1.75%；铁路公路用地1.31hm^2、水库水面73.29hm^2、水工建筑用地1.52hm^2、其他建设用地17.23hm^2，共占建设用地总面积的10.64%。全镇未利用地面积1570.61hm^2，占全镇土地总面积的10.63%。其中滩涂沼泽面积221.78hm^2，水域面积143.84hm^2，自然保留地面积1212.99hm^2，分别占未利用地面积的14.14%、9.17%和77.26%。

2. 村镇建设用地时空变化特征

双椿铺镇村镇建设用地利用有节约的趋势，但整体上还处于粗放利用状态。村镇建设用地层面上，从 1997～2009 年人口增长远高于村镇建设用地增长，人均用地趋于下降，表明村镇建设用地整体上是趋于节约利用。但人均用地高于国家规定村镇用地上限的 1.6 倍，说明目前村镇建设用地还处于较为粗放的利用状态；农村居民点层面上，从 1997～2009 年人均农村居民点面积不降反增，且高于国家规定上限人均 150m^2 的标准 1.84 倍，表明农村居民点用地还处于粗放的利用状态。

应用分形分维理论定量化地研究，建立如下模型：

$$[S(r)]^{t/D} \infty [V(r)]^{1/3} \tag{6-3}$$

式中，$S(r)$为表面积；r 为度量尺度；$V(r)$为体积；D 为分维值。根据式（6-3）可推导出适合于 n 维欧氏空间的分形维数计算公式：

$$[S(r)]^{1/D}(n-1) = Kr^{(n-1-D/n-2)/D}{}_{n-1}[V(r)]^{1/n} \tag{6-4}$$

在式（6-4）中，令 n=2，便得到 2 维空间中分形几何体的分维值、周长与面积的关系：

$$[P(r)]^{1/D} = Kr^{(1-D)/D}[A(r)]^{1/2} \tag{6-5}$$

式中，$P(r)$为某一土地利用嵌块的周长；$A(r)$为面积；K 为常数；D 为某一土地利用镶嵌结构的分维值。对公式做对数变换，就得到

$$\ln[A(r)] = \frac{2}{D}\ln[L(r)+C] \tag{6-6}$$

借助 ArcGis 软件提取双椿铺镇农村居民点的每一个图斑的面积和周长，利用 SPSS 软件实现回归分析计算。从时间变化上分析，经过十多年的发展，双椿铺镇自然村分维值总体上呈变化趋势，其中 265 个自然村落的分维值增加，占全部自然村落的 86%，42 个自然村落分维值下降的只占 14%。表明双椿铺镇农村居民点用地形态演变趋于复杂和不规则，并且该土地类型在空间上呈现扩展趋势，利用趋于分散。

双椿铺镇自然村数量大、规模小、分布散。全镇各行政村的自然村落密度为 8～38 个/10km^2，丘陵山地区一般作物耕作半径在 1.0～4.0km 之间，按耕作半径最小值计，每个自然村落应服务的面积约 3km^2。显然双椿铺镇自然村落密度过大，全镇自然村落密度平均大于自然村落最小服务面积近 7 倍。全镇自然村落平均人口规模为 106～594 人，按照河南省住建厅颁布的《河南省村庄建设规划导则》，进行集中建设的村庄，每个村庄集聚的人口规模不宜低于 800 人。全镇 29 个行政村的自然村落平均人口规模都低于 800 人的规模；全镇自然村平均用地规模为 1.28～15.51hm^2，按照《河南省村庄建设规划导则》规定的人均村庄用地 120～140m^2 的标准，村庄用地规模应达到 9.6～11.2hm^2，全镇除金寨外，其余行政村的自然村平均用地规模均低于该规模要求。

6.5.2　镇域村镇土地整治规划建设类型划分

1. 村镇规划建设模式选择条件

规划建设层级类别的判定。在镇域村镇体系规划编制技术中，中心村是由若干行政村组成的，它介于乡镇与行政村之间，是城乡居民点最基层的完整的规划单元；基层村是指镇域镇村体系规划中，中心村以外的村。而中心镇区处于区域经济社会中心，适宜建设较大型的村镇社区，即中心社区。据此，在村庄建设体系中，选取中心社区、中心村和基层村作为村庄建设用地整治的规划建设的三种基本类型。

建设选址类别的判定。村庄规模的确定和建设节地技术，主要是在对村庄建设原则进行研究的基础上，制定一套村庄建设用地节地标准，选择合理的村庄人口预测方法，确定村庄建设规模，再综合考虑村庄建设用地指标的分配和运用，将村庄的建设位置选取划分为新址建造型和原址改造型两个基本类型。

行政管理类别的判定。中心社区、中心村和基层村的规划建设一般有以下三种形式。第一种是整合集聚式的拆建，即村庄迁并向中心村集聚；第二种是拆迁新建社区，一般适合城郊村庄的建设；第三种是内部整合式的拆建。综合三种拆建方式，主要涉及原有行政村是否打破的问题。据此，可以将村庄规划建设模式中的管理问题归结为两种基本类型：一是在原行政村内部进行建新拆旧；二是在行政村之间进行建新拆旧。中心社区类的村庄建设模式，从地形条件来说，适合于平原和丘陵地区的村庄；从区位条件来说，适合于城镇中心集镇的郊区类村庄；从经济发展水平方面来说，适合于经济发展水平较高的村庄；从基础设施方面来说，适合于基础设施好，配套设施较为齐全的村庄。

2. 不同规划建设模式的适用范围和条件

中心社区类的村庄建设模式，从地形条件来说，适合于平原和丘陵地区的村庄；从区位条件来说，适合于城镇中心集镇的郊区类村庄；从经济发展水平方面来说，适合于经济发展水平较高的村庄；从基础设施方面来说，适合于基础设施好，配套设施较为齐全的村庄。

中心村类的村庄建设模式，从地形条件来说，适合于平原和丘陵地区的村庄；从区位条件来说，适合于距中心集镇有一定距离且在镇域内分布均匀、合理的村庄；从经济发展水平方面来说，适合于经济发展水平较高或是经济发展水平一般的村庄；从基础设施方面来说，适合于基础设施一般的村庄。

在符合上述条件的村庄中，没有建设用地指标，但村庄的拆建不需要打破原有行政村界线的，适用原址村内中心社区（村）型村庄建设模式；没有建设用地指标，且村庄的拆建需要打破原有行政村界线的，适用原址村间中心社区（村）型村庄建设模式；有足够的建设用地指标，但村庄的拆建不需要打破原有行政村界线的，适用新址村内中心社区（村）型村庄建设模式；有足够的建设用地指标，但村庄的拆建需要打破原有行政村界线的，适用新址村间中心社区（村）型村庄建设模式。

基层村类的村庄建设模式，从地形条件来说，适合于丘陵地区的村庄；从区位条件来说，适合于距中心集镇有一定距离或是距离较远的村庄；从经济发展水平方面来说，适合于经济发展水平一般或是经济发展水平差的村庄；从基础设施方面来说，适合于基础设施较差村庄。

3. 双椿铺镇村镇土地整治规划建设模式

双椿铺镇处于浅山丘陵垄岗区，自然村数量过多，根据当地的实际情况，迁村并点在各个行政村范围内进行，所以中心村和基层村内部都要进行自然村的迁村并点，面积较大的自然村保留，面积较小的自然村就近迁并到附近较大的村庄，并结合地形来具体考虑。为了减少执行难度，尽量不跨出所属村的行政区划。依据上述模式选取原则和双椿铺镇区位、经济社会条件，双椿铺镇村镇土地规划建设模式应属于以下 6 种：原址村内中心社区型、新址村内中心社区型、原址村内中心村型、新址村内中心村型、原址村内基层村型、新址村内基层村型（表 6-18）。

表 6-18　村镇土地整治规划建设模式

	层级											
	中心社区 A1				中心村 A2				基层村 A3			
建设选址	原址建设 B1		新址建设 B2		原址建设 B1		新址建设 B2		原址建设 B1		新址建设 B2	
行政管理	不打破行政村界线 C1	打破行政村界线 C2	不打破行政村界线 C1	打破行政村界线 C2	不打破行政村界线 C1	打破行政村界线 C2	不打破行政村界线 C1	打破行政村界线 C2	不打破行政村界线 C1	打破行政村界线 C2	不打破行政村界线 C1	打破行政村界线 C2
组合方式	共有 4 种组合				共有 4 种组合				共有 4 种组合			
主要模式	①A1+B1+C1 ②A1+B1+C2 ③A1+B2+C1 ④A1+B2+C2				①A2+B1+C1 ②A2+B1+C2 ③A2+B2+C1 ④A2+B2+C2				①A3+B1+C1 ②A3+B1+C2 ③A3+B2+C1 ④A3+B2+C2			
模式命名	①原址村内中心社区型 ②原址村间中心社区型 ③新址村内中心社区型 ④新址村间中心社区型				①原址村内中心村型 ②原址村间中心村型 ③新址村内中心村型 ④新址村间中心村型				①原址村内基层村型 ②原址村间基层村型 ③新址村内基层村型 ④新址村间基层村型			

6.5.3　村庄整治时机时序的判别

1. 村庄整治时机评价指标体系构建

评价指标体系设计。首先，村庄整治是促进农村建设用地合理化、科学化、有序化的活动，是改善农村的生活环境和提高生活质量的重要手段，只有获得农民的支持才能成功的实施；其次，当前土地整治主要是政府投资主导，而政府投入不足是制约村庄整治的瓶颈。因此，发展农村经济、形成内部积累机制是村庄整治的重要问题；同时，村庄用地的利用程度也是影响村庄整治的重要因素。因此，村庄整治时机评价指标设计应从经济社会发展水平、土地利用程度、土地权利人意向三个方面考虑（表 6-19）。

表 6-19　村庄整治时机评价指标体系

目标层（A）	准则层（B）	指标层（C）
村庄整治时机评价 A	经济社会发展水平 B1	经济总量 C1
		人均收入 C2
		劳动力转移量 C3
		人口自然增长量 C4
	土地利用程度 B2	人均建设用地 C5
		村庄密度 C6
		闲散地面积 C7
		建设用地增加量 C8
	土地权利人意向 B3	村民意向 C9
		村集体意向 C10
		村集体的领导力 C11

评价指标分级。村庄整治时机评价中的各评价指标，有的可以定量的描述，如人口自然增长、村庄密度、人均收入等，而有的评价指标难以定量的描述，只能定性的描述，如村民意向等。通过对研究区域的经济社会发展水平的调查、村庄用地利用程度以及土地权利人意向的问卷调查，同时参考和类比河南省平均发展水平，得出相关评价指标分级（表 6-20）。

表 6-20　村庄整治时机评价指标分级

评价指标	评价标准					
	90～100	80～90	70～80	60～70	50～60	<50
经济总量/万元	>3000	2000～3000	1000～2000	500～1000	100～500	<100
人均收入/元	>5500	4500～5500	3500～4500	2500～3500	1500～2000	<1500
劳动力转移量/人	>60	50～40	40～30	30～20	20～10	<10
人口自然增长量/人	>90	70～90	50～70	30～50	10～30	<10
人均建设用地/（m^2/人）	<150	150～200	200～250	250～300	300～350	>350
村庄密度/（个/km^2）	0.4	0.6	0.8	1.0	2.0	3.0
闲散地面积/hm^2	0～0.25	0.25～0.5	0.5～0.75	0.75～1	1～1.25	>1.25
建设用地增加量/hm^2	0	0～0.5	0.5～1	1～1.5	1.5～2	>2
村民意向	非常愿意	愿意	同意	无所谓	不愿意	反对
村集体意向	非常支持	支持	同意	无所谓	不支持	反对
村集体的领导力		强	较强	一般	弱	差

2. 村庄整治时序评价指标体系构建

评价指标体系设计。依据村庄整治时序的内涵，在遵循指标筛选原则的基础上，参照国内相关研究成果和河南省村庄整治实践，进而构建村庄整治时序评价指标体系。村庄整治时序评价指标设计应从区位条件、经济社会条件和公共服务条件三个方面考虑（表 6-21）。

表 6-21　村庄整治时序评价指标体系

目标层（A）	准则层（B）	指标层（D）
村庄整治时序评价 A	区位条件 B1	距中心集镇距离 D1
		距最近公路距离 D2
	经济社会条件 B2	村庄人口规模 D3
		村庄用地面积 D4
		村庄经济总量 D5
		人均可支配收入 D6
	公共服务条件 B3	小学数量 D7
		诊所数量 D8
		超市数量 D9
		水电供给率 D10
		通信便利度 D11

评价指标分级。通过对研究区域河南省商城县的经济社会发展水平的调查、双椿铺镇区位条件以及公共服务设施的调查，同时参考和类比河南省平均发展水平，得出相关评价指标分级（表 6-22）。

表 6-22　村庄整治时序评价指标分级

评价指标	评价标准					
	<50	50～60	60～70	70～80	80～90	90～100
距集镇距离/km	>15	12～15	9～12	6～9	3～6	<3
距最近公路距离/km	>15	12～15	9～12	6～9	3～6	<3
村庄人口规模/人	<300	300～600	600～1000	1000～1500	1500～2500	>2500
村庄用地面积/hm^2	<5	5～10	10～20	20～30	40～50	>50
村庄经济总量/万元	<100	100～500	500～1000	1000～2000	2000～3000	>3000
人均可支配收入/元	<1500	1500～2500	2500～3500	3500～4500	4500～5500	>5500
小学个数						1
诊所个数					1	>1
小卖部或超市个数		1	1	2	2	>3
水电供给率/%	<60	60～70	65～70	75～80	80～85	>85
通信便利度/%	<30	30～40	40～50	50～60	60～70	>70

3. 双椿铺镇村庄整治时机时序的判别

通过分析影响村庄整治时机的土地权利意向、经济社会发展水平、土地利用程度三方面的因素，构建村庄整治时机评价指标体系，对商城县双椿铺镇 29 个行政村整治时机进行评价，得出综合评价分值。从双椿铺镇村庄整治时机评价结果来看，最高值为三里坪村 52.52，最低分值为路石村 20.44，但多数村庄综合分值集中在 30～45 之间。

通过离差平方和法对评价结果进行聚类分析，结果可将双椿铺镇划分村庄整治时机成熟区和村庄整治时机欠成熟区。成熟区包括三里坪村、三教洞村等 10 个行政村。一是双椿铺镇的中部，该区域主要以三里坪镇域副中心为依托；二是双椿铺镇的东北部，该区域主要以中心镇区为依托；三是双椿铺镇的南部。三个区域都是当前双椿铺镇资源环境条件、经济社会发展水平下适宜开展村庄整治的农村居民点或者界定为近期（按规划期 5 年内）可开展整治的农村居民点，是双椿铺镇进行村庄整治的优先区域。整治时机欠成熟区包括官庄村、大岗村等 19 个行政村，是当前双椿铺镇资源环境条件、经济社会发展水平下不适宜开展村庄整治的农村居民点或者界定为远期（按规划期 5～10 年内）可开展整治的农村居民点，是双椿铺镇进行村庄整治的非优先区域。

在村庄整治时机判别的基础上，对村庄整治时机成熟区和欠成熟区进行整治时序的评价分析。通过分析影响村庄整治时序的区位条件、经济社会发展条件、公共服务条件三个方面，构建村庄整治时序评价指标体系，对商城县双椿铺镇 29 个行政村进行评价。在评价的基础上，对整治时机成熟区的 10 个村庄和欠成熟区的 19 个村庄分别进行聚类分析，从整治的先后顺序可以看出，整治时机成熟区分为三个时期：A-Ⅰ期、A-Ⅱ期、A-Ⅲ期。A-Ⅰ期包括仙桥村、三里坪村 2 个村；A-Ⅱ期包括王店村、龙堂村、三教洞村、郭窑村、闵楼村、迎山庙村、西冲村 7 个村庄；A-Ⅲ期为万楼村。整治时机欠成熟区分为三个时期：B-Ⅰ期、B-Ⅱ期、B-Ⅲ期。B-Ⅰ包括古城村、大岗村、顾畈村 3 个行政村；B-Ⅱ期包括红石桥村、鲍店村、蔡店村、吴冲村、梅山村 5 个行政村；B-Ⅲ期包括赵畈村、路石村、张畈村、宋岗村、邵楼村、塔湾村、陈寨村、金寨村、关村、陈村、黄楼村、郭寨村 11 个行政村。

6.5.4　村镇整治空间布局的优化

1. 中心村评价指标体系构建

评价指标体系设计。在中心村判定指标体系设计时，遵循指标筛选原则，结合当地实际，运用德尔菲法，从经济社会条件、地理资源条件和基础服务设施条件三个方面构建中心村评价指标体系（表 6-23）。

评价指标分级。中心村评价指标体系中的定性指标如对外交通状况等，需要经过处理才能得出结果，因此在借鉴相关研究的基础上，进行量化，定性指标处理标准如表 6-24 所示；而定量指标如经济总量、人口规模等可通过相关数据直接得出。

表 6-23　中心村评价指标体系

目标层	准则层	指标层
村庄综合发展潜力 A	经济社会条件 B1	经济总量 C11
		人口规模 C12
		村庄规模 C13
		人均收入 C14
	地理资源条件 B2	对外交通条件 C21
		资源环境条件 C22
	公共服务与基础设施条件 B3	基础设施 C31
		商业服务条件 C32
		教育医疗条件 C33

表 6-24　中心村评价指标分级标准

指标名称	评价标准			
	<45	45～65	65～85	85～100
对外交通条件 C21	农村道路	乡村道	四级公路	三级及以上公路
资源环境条件 C22	限制建设区	生态缓冲区	适度建设区	适宜建设区
基础设施 C31	差	一般	中等	较好
商业服务 C32	差	一般	中等	较好
教育医疗资源 C33	差	一般	中等	丰富

2. 中心村布点结果检验与修正

通过中心村评价指标体系确定的乡镇区域中心村后，还应考虑中心村的辐射作用，其相隔的距离应适中，如果太近会造成辐射的重叠，资源浪费，如果太远会使一些村庄超出中心村的辐射范围。

双椿铺镇中心村结果的检验与修正流程如图 6-26。双椿铺镇北部以镇区为中心，主要种植粮食作物，以粮食作物的耕种半径（1.12～4.5km）确定耕作半径；南部以三里坪为中心，以林果业为主，以经济作物的耕作半径（1.5～6km）确定耕作半径。如果在检验过程中，两个中心村相距很近，则选择得分高的，淘汰得分低的；若相距太远，则酌情增加中心村个数。三教洞、郭窑、仙桥、三里坪村位于镇区域南部，龙堂、王店村位于镇域北部，在三教洞附近，距离最近的是三里坪村，距离为 3.75km，在耕作半径范围之内；距离三里坪村最近的是龙堂村，为 3.5km，在耕作半径范围之内。对 6 个村逐一检验，均处于耕作半径合理范围之间。

3. 双椿铺镇村庄空间布局优化

原始数据的收集和整理。收集双椿铺镇经济社会统计数据、土地利用数据、土地规划和村镇规划，同时进行实地调查获取各行政村的原始数据。

双椿铺镇各行政村评价结果。通过对各评价单元原始数据的无量纲化处理，结合各

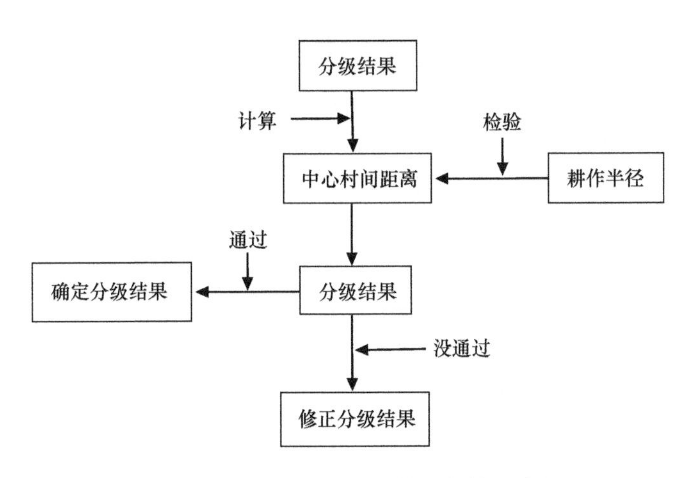

图 6-26　中心村布点结果检验与修正流程

指标的权重，采用加权指数和法计算出各评价单元的综合分值。结果显示：三教洞村分数最高为 80.7677 分，宋岗村最低为 19.4850 分，村庄平均分数为 47.8759 分。依据该镇村镇历史传承和村镇发展规划，参与评价的 29 个村庄中，我们将大于 60 分的 6 个村庄被确定为中心村，即三教洞村、三里坪村、仙桥村、王店村、郭窑村和龙堂村。

4. 双椿铺镇村庄整合的空间布局

双椿铺镇整治规划建设可归纳为：①原址村内中心社区型，原双椿铺办事处的街道、街北和街南基础上扩建；②新址村内中心社区型，原双椿铺办事处的陈小店、潘井、余老营、赵楼、力术林和凡桥 6 个自然村合并到中心镇区；③原址村内中心村型，三里坪中心村、王店中心村、龙堂中心村、三教洞中心村、仙桥中心村、郭窑中心村，在原行政村中心基础上，对村区域内自然村拆旧合并；④新址村内基层村型，迎山庙基层村在新选址上将区域内自然村合并为一个村；⑤原址村内基层村型，其余的陈寨、闵楼等 22 个行政村。

受地形地貌和交通条件制约大部分行政村保留了一定量的自然村落。保留 1～2 个自然村的有三里坪、王店等 17 个行政村，占全镇行政村的 59%；保留 3～8 个自然村的有塔湾、赵畈和三教洞 3 个行政村，仅占全镇行政村的 10%。

自然村落密度显著降低，大部分处于合理范围。按照自然村落密度≥30 个/km^2 的为Ⅰ级、密度 30～20 个/10km^2 的为Ⅱ级、密度 20～10 个/10km^2 的为Ⅲ级、密度<10 个/km^2 的为Ⅳ级，除鲍店村、赵畈村自然村落密度为Ⅲ级外，其余 27 个行政村的自然村落密度均为Ⅳ级。全镇自然村落平均密度从整治前 22 个/10km^2 降低到整治后的 5 个/10km^2，下降了近 80%，接近于当前经济社会水平下耕作半径 1.0～4.0km 的控制要求。

6.5.5　村镇集聚规模分析与整治节地效果评估

1. 区域乡村人口迁移驱动机制

自下而上的推力：经济增长因素。河南既是人口大省又是农业大省，经济发展带动农业投入增加，使农业综合生产能力日益提高，由此产生的大量的农村剩余劳动力迫切需要转移到非农产业，这成为农业人口加速转移的强大内推力；城镇化战略因素。河南省城镇水平低，农村人口比例大，以“发展大城市、中小城市、小城镇”到培育“中原城市群经济隆起带”的城镇发展战略，成为加快城镇化发展的又一动力。

自上而下的拉力：城乡差异因素。巨大的城乡差异形成了城镇化的强大拉力。近十年来，城乡消费水平差异日益突出。城镇与农村居民消费水平的绝对差值翻了一倍多，城乡居民生活水平差异不断扩大的趋势，强烈吸引着农村人口向城镇转移；三产增加因素。随着河南省城镇化进程加速，第三产业比例的势必增加，必将创造出大量的就业机会，也成为农村人口快速转移的主要拉动力。

人口自然增长与预测。人口自然增长率的预测方法为部门测算法，主要采用商城县计划生育部门测算结果，“十二五”及未来十年应控制在5.8‰以内；农业人口转移与预测。城镇化率预测采用趋势外推法，根据2005～2009年城镇化水平，应用最小二乘法进行数据处理，得到直线模型$y=24.36+2.34x$。因此，“十二五”及未来十年年均增长预计每年应在2.34个百分点；“双栖”人口与预测。“双栖”人口预测采用趋势外推法，根据2005～2009年“双栖”人口比例，应用最小二乘法进行数据处理，得到直线模型$y=48.86-2.11x$。因此，随着城乡一体化进程的加快推进，按照这一发展趋势，“十二五”及未来十年商城县“双栖”人口的比例将呈逐年下降趋势，平均每年下降2.11个百分点。

村庄规划人口规模预测按如下模型计算：

$$P_t = P_o\left(1+r\right)n - Z + S \tag{6-7}$$

式中，P_t为整治规划村庄人口规模；P_o为村庄现状人口规模；r为人口自然增长率；n为规划期限（10年）；Z为农村人口转移为城镇人口规模；S为“双栖”人口规模。

全域村庄人口自然增长为53592人，农村人口转移为城镇人口为13403人，“双栖”人口为2708人。得出整治规划年P_t为42897人。

中心镇区规划城镇人口按如下模型计算：

$$P_t' = P_o'\left(1+r\right)n + N \tag{6-8}$$

式中，P_t'为整治规划后城镇人口集聚规模；P_o'为整治前城镇人口规模；r为人口自然增长率；n为规划期限（10年）；N为农村人口镇内转移为城镇人口数。

双椿铺镇整治规划中心镇区人口集聚规模：2005～2009年双椿铺镇内转移占全镇农村人口转移比例分别为48.3%、49.1%、46.9%、45.3%、45.5%。随着镇区经济社会发展水平提高和城乡一体化进程的加快推进，“十二五”及未来十年期间，农村人口镇内镇外转移将趋于稳定状态。

中心镇区（双椿铺办事处）城镇人口自然增长为1172人，镇内农村人口转移为城镇人口为3457人。得出整治规划年P_t为15630人。

2. 双椿铺镇整治前后自然村落人口变化

按照村庄整治前现状评述中自然村平均人口规模≥300人/村的为Ⅰ级、规模300～250人/村的为Ⅱ级、规模250～200人/村的为Ⅲ级、规模为200～150人/村的为Ⅳ级、规模为<150 人/村为Ⅴ级的分级标准，除三教洞、赵畈和塔湾村仍为Ⅱ级外，其余 26 个行政村自然村平均人口规模都高于Ⅰ级，从整治前低于Ⅰ级增加了 26 个行政高于Ⅰ级。

按照河南省住建厅颁布的《河南省社会主义新农村村庄建设规划导则》，每个村庄集聚的人口规模不宜低于 800 人的标准，全镇自然村落平均人口规模从整治前 165 人/村上升到整治后的 613 人/村，提高了近 3 倍。接近于上述村庄集聚标准。其中，三里坪、龙堂村等 12 个行政村均大于 800 人规模，陈寨、邵楼村等 5 个行政村在 600～800 人之间。而按照本课题研究制订的“河南省村庄规划标准” 中型村庄 300～1000 人，全镇除三教洞、赵畈和塔湾村外，其余 26 个行政村的自然村落平均人口规模都超过中型村庄的人口规模。

3. 双椿铺镇整治前后自然村落用地规模变化

按照现状评述中整治前的自然村落平均用地规模≥8.0hm^2/村的为Ⅰ级、规模 8.0～7.0hm^2/村的为Ⅱ级、规模 7.0～3.5hm^2/村的为Ⅲ级、规模<3.5hm^2/村的为Ⅳ级。整治后三里坪、王店等 18 个行政村为Ⅰ级，比整治前增加了 18 个；宋岗等 11 个行政村级别有增有减。

全镇按照《河南省村庄建设规划导则》规定的人均村庄用地 120～140m^2 的标准，村庄用地规模应达到 9.6～11.2hm^2，全镇自然村落平均用地规模从整治前 4.55hm^2/村上升到整治后的 8.12hm^2/村，提高了近 80%。接近于上述村庄用地集聚规模。其中，三里坪、王店、龙堂村等 15 个行政村均大于 9.6hm^2 规模。

4. 不同整治时机时序的整治节地效果评估

全镇可实现节约村镇建设用地 725.52hm^2，节地率达 48.97%。其中可实现节约农村居民点用地 827.50hm^2，节地率达 58.56%，而建制镇用地（中心镇区）增加 101.98hm^2。从空间和位序上分析结果表明，双椿铺镇整治时机成熟区，通过村镇建设用地整治可实现节地 302.79hm^2，节地率达 57.46%（表 6-25）。其中三个不同整治时序 A-Ⅰ期可实现节地 54.87hm^2，节地率达 54.38%；A-Ⅱ期可实现节地 218.69hm^2，节地率达 57.43%；

表 6-25　双椿铺镇整治时机成熟区不同村庄整治时序节地效果

A-Ⅰ期				A-Ⅱ期				A-Ⅲ期			
行政村	整治面积/hm^2	节地量/hm^2	节地率/%	行政村	整治面积/hm^2	节地量/hm^2	节地率/%	行政村	整治面积/hm^2	节地量/hm^2	节地率/%
仙桥	42.31	18.96	44.81	王店	44.78	21.89	48.88	万楼	45.31	29.23	65.51
三里坪	58.59	35.91	61.29	龙堂	70.65	45.56	64.49				
				三教	47.11	18.96	40.25				
				郭窑	65.24	41.99	64.36				
				闵楼	53.93	34.55	64.06				
				迎山庙	43.32	20.40	47.09				
				西冲	55.75	35.34	63.39				
合计	100.90	54.87	54.38	合计	380.78	218.69	57.43	合计	45.31	29.23	65.51

A-Ⅲ期可实现节地 29.23hm^2，节地率达 65.51%。双椿铺镇整治时机欠成熟区，通过村镇建设用地整治可实现节地 520.53hm^2，节地率达 59.90%（表 6-26）。其中三个不同整治时序 B-Ⅰ期可实现节地 71.13hm^2，节地率达 58.52%；B-Ⅱ期可实现节地 119.02hm^2，节地率达 61.31%；B-Ⅲ期可实现节地 330.38hm^2，节地率达 59.72%。

表 6-26　双椿铺镇整治时机欠成熟区不同村庄整治时序节地效果

B-Ⅰ期				B-Ⅱ期				B-Ⅲ期			
行政村	整治面积/hm^2	节地量/hm^2	节地率/%	行政村	整治面积/hm^2	节地量/hm^2	节地率/%	行政村	整治面积/hm^2	节地量/hm^2	节地率/%
古城	31.04	17.12	55.15	红石桥	40.12	25.79	64.28	赵畈	37.58	22.61	60.16
大岗	51.37	31.48	61.28	鲍店	34.51	20.00	57.95	路石	17.81	6.82	38.29
顾畈	39.14	22.53	57.56	蔡店	38.60	23.41	60.65	张畈	71.97	44.71	62.12
				吴冲	39.85	25.82	64.79	宋岗	37.51	22.47	59.90
				梅山	41.05	24.00	58.47	邵楼	46.26	26.86	58.06
								塔湾	39.93	23.19	58.08
								陈寨	88.11	58.00	65.83
								金寨	46.53	26.90	57.81
								官庄	66.39	42.83	64.51
								黄楼	44.34	23.86	53.81
								郭寨	56.83	32.63	57.42
合计	121.55	71.13	58.52	合计	194.13	119.02	61.31	合计	553.26	330.4	59.72

参考文献

蔡崇法, 丁树文, 史志华, 等. 2000. GIS 支持下乡镇域土壤肥力评价与分析.土壤与环境, (2): 99-102.

蔡强国, 黎四龙. 1998. 植物篱笆减少侵蚀的原因分析. 土壤侵蚀与水土保持学报, (2): 55-61.

陈辉, 李双成, 郑度. 2003. 青藏公路铁路沿线生态系统特征及道路修建对其影响. 山地学报, 21(5): 559-567.

陈利顶, 傅伯杰. 1996. 黄河三角洲地区人类活动对景观结构的影响分析. 生态学报, 16(4): 337-344.

陈利顶, 傅伯杰, 王军. 2001. 黄土丘陵区典型小流域土地利用变化研究: 以陕西延安地区大南沟流域为例. 地理科学, 21(1): 46-51.

丁晓雯, 刘瑞民, 沈珍瑶. 2006. 基于水文水质资料的非点源输出系数模型参数确定方法及其应用. 北京师范大学学报(自然科学版), 42(5): 534-538.

甘淑, 陈娟. 2006. 云南高原山地公路沿线植被群落调查分析——以昆-石高速公路为例. 水土保持通报, 26(1): 38-41, 84.

李月辉, 胡远满, 李秀珍, 等. 2003. 道路生态研究进展. 应用生态学报, 14(3): 447-452.

刘瑞民, 沈珍瑶, 丁晓雯, 等. 2008. 应用输出系数模型估算长江上游非点源污染负荷. 农业环境科学学报, 27(2): 677-682.

史志华, 蔡崇法, 王天巍, 等. 2001. 红壤丘陵区土地利用变化对土壤质量影响. 长江流域资源与环境, (6): 537-543.

史志华, 王天巍, 蔡崇法, 等. 2006. 三峡库区乐天溪流域生态修复效果的遥感监测研究. 自然资源学报, 21(3): 473-480.

田家怡. 1999. 黄河三角洲鸟类多样性研究. 滨州教育学院学报, 5(3): 35-42.

万军, 蔡运龙, 张惠远, 等. 2004.贵州省关岭县土地利用/土地覆被变化及土壤侵蚀效应研究. 地理科学, (5): 573-579.

王红, 宫鹏, 刘高焕. 2006. 黄河三角洲多尺度土壤盐分的空间分异. 地理研究, 25(4): 649-658.

王洪杰, 史学正, 李宪文, 等. 2004. 小流域尺度土壤养分的空间分布特征及其与土地利用的关系.水土保持学报, (1): 15-18, 42.

王树功, 周永章, 黎夏, 等. 2005. 干扰对河口湿地生态系统的影响分析. 中山大学学报(自然科学版), 44(1): 107-111.

吴征镒. 2004. 中国植物志. 北京: 科学出版社.

肖笃宁. 2001. 环渤海三角洲湿地的景观生态学研究. 北京: 科学出版社.

杨喜田, 杨晓波, 苏金乐, 等. 2001. 黄土地区高速公路边坡植物侵入状况研究. 水土保持学报, 15(6): 74-77.

张学儒, 王卫, P.H. Verburg, 等. 2009. 唐山海岸带土地利用格局的情景模拟. 资源科学, 31(8): 1392-1399.

赵延茂, 宋朝枢. 1995. 黄河三角洲自然保护区科学考察集. 北京: 中国林业出版社.

智颖飙, 王再岚, 马中, 等. 2007. 鄂尔多斯地区公路沿线土壤重金属形态与生物有效性. 生态学报, 27(5): 2030-2039.

周锐, 苏海龙, 胡远满, 等. 2011. 不同空间约束条件下的城镇土地利用变化多预案模拟. 农业工程学报, 27(3): 300-308.

朱建军, 崔保山, 杨志峰, 等. 2006. 纵向岭谷区公路沿线土壤表层重金属空间分异特征. 生态学报, 26(1): 146-153.

Clem T. 2009. Economic reform and openness in China: China's development policies in the last 30 years. Economic Analysis and Policy, 39(2): 271-294.

Farooq K A, Hale W H G, Headley A D, et al. 2006. Heavy metal contamination of roadside soils of northern england. Soil and Water Research, 1(4): 158-163.

Forman R T T, Alexander L E. 1998. Roads and their major ecological effects. Annual Review of Ecology and Systematics, 29(1): 207-231.

Geiger R. 1965. The Climate Near the Ground. Cambridge: Harvard University Press.

Harr R D, Harper W C, Krygier J T, et al. 1975. Changes in storm hydrographs after road building and clear-cutting in the Oregon Coast Range. Water Resources Research, 11(3): 436-444.

Herngren L, Goonetilleke A, Ayoko G A. 2006. Analysis of heavy metals in road-deposited sediments. Analytica Chimica Acta, 571(2): 270-278.

Hietel E, Waldhardt R, Otte A. 2005. Linking socio-economic factors, environment and land cover in German Highlands, 1945-1999. Journal of Environmental Management, 75(2): 133-143.

Laarhoven P J M, Pedrycz W. 1983. A fuzzy extension of Saaty's priority theory. Fuzzy Sets and Systems, 11(1): 229-241.

Lambin E F, Geist H J, Lepers E. 2003. Dynamics of land-use and land-cover change in tropical regions. Annual Review of Environment and Resources, 28(1): 205-241.

Lin G C S, Ho S P S. 2003. China's land resources and land-use change: insights from the 1996 land survey. Land Use Policy, 20(2): 87-107.

Marcucci D J. 2000. Landscape history as a planning tool. Landscape and Urban Planning, 49(1): 67-81.

Montgomery D. 1994. Road surface drainage, channel initiation, and slope instability. Water Resources Research, 30(6): 1925-1932.

Munguira M L, Thomas J A. 1992. Use of road verges by butterfly and burnet populations and the effect of roads on adult dispersal and mortality. Journal of Applied Ecology, 29: 316-329.

Pedersen L B, Randrup T B. 2000. Effects of road distance and protective measures on deicing NaCl

deposition and soil solution chemistry in planted median strips. Journal of Arboriculture, 26(5): 238-245.
Reger B, Otte A, Waldhardt R. 2007. Identifying patterns of land-cover change and their physical attributes in a marginal European landscape. Landscape and Urban Planning, 81(1): 104-113.
Ross S M. 1986. Vegetation change on highway verges in south-east Scotland. Journal of Biogeography, 13: 109-113.
Schulze-von Hanxleden P. 1972. Extensivierungserscheinungen in der Agrarlandschaft des Dillgebietes. Marburger Geographische Schriften, 54.
Tikka P M, Hgmander H, Koski P S. 2001. Road and railway verges serve as dispersal corridors for grassland plants. Landscape Ecology, 16 (7): 659-666.
Trombulak S C, Frissell C A. 2000. Review of ecological effects of roads on terrestrial and aquatic communities. Conservation Biology, 14(1): 18-30.
Tyser R W, Worley C A. 1992. Alien flora in grasslands adjacent to road and trail corridors in Glacier National Park, Montana (U.S.A.). Conservation Biology, 6(2): 253-262.
Xiao J Y, Shen Y J, Ge J F, et al. 2006. Evaluating urban expansion and land use change in Shijiazhuang, China, by using GIS and remote sensing. Landscape and Urban Planning, 75(1): 69-80.
Xu Y Q, McNamara P, Wu Y F, et al. 2013. An econometric analysis of changes in arable land utilization using multinomial logit model in Pinggu district, Beijing, China. Journal of Environmental Management, 128: 324-334.
Yu X J, Ng C N. 2007. Spatial and temporal dynamics of urban sprawl along two urban-rural transects: a case study of Guangzhou, China. Landscape and Urban Planning, 79(1): 96-109.

第 7 章　地理要素空间异质性与利用

7.1　小流域地理环境中硒分布特征、控制因素及其生态效应

7.1.1　流域内地理环境中硒的含量、分布特征及控制因素

硒在环境中的分布极不均衡（Tan et al.，2002；Luo et al.，2004；Li et al.，2008；Zhu et al.，2008；Ni et al.，2016），在不同区域硒变化显著。国内外学者对缺硒区、硒毒害区环境中的硒开展了较多研究（Yu et al.，2014；Luo et al.，2004；Zhu et al.，2008；Xing et al.，2015；Pérez-Sirvent et al.，2010），然而对富硒的碳酸盐岩地区的硒关注相对较少，尤其是尚未见到从流域角度开展地理环境（岩石、土壤）中硒的含量、分布及控制因素的综合研究。本章以被“中国老年协会”认证的“中国长寿之乡”——永福县百寿河流域地理环境中的硒为研究对象，调查岩石、土壤中硒的含量和在流域内分布特征，探究土壤富硒成因，分析岩石、土壤中硒在流域内分布的控制因素及其相互关系，从而为富硒土壤资源的开发利用和精准农业实施提供依据。

1. 研究方法

研究区位于广西壮族自治区桂林市永福县百寿镇。研究区百寿河流域为一近南北向的宽展向斜（轴向北偏东 5°～10°）。百寿河，系珠江水系西江支流柳江支流洛清江的支流西河（永福河）的支流。研究区属中亚热带季风气候，历年均温 18.3℃，历年（1957～1990 年）平均蒸发量为 1583mm。研究区地带性土壤为红壤，非地带性土壤为水稻土、石灰土、紫色土。区内大部分地层缺失，出露地层有寒武系、泥盆系、石炭系和第四系。

鉴于硒与地层的密切关系，采样时按照地层取样，取样地层划分到组（部分地层到段）。采样时间 2015 年 3 月～2016 年 5 月。为了便于空间插值和采样点均匀分布，在较宽的地层区域采样间距 1km 左右。在研究区内共采集 226 个表层（0～20cm）土壤样品和 125 个岩石样品。在采集土壤样品的位置，采集新鲜的岩石样品。采样点避开有潜在污染的区域，例如村庄、道路和垃圾场。采样点位置通过 Garmin GPS 记录坐标。采样点分布图见图 7-1。

土壤和岩石采用王水消解（Yu et al.，2014）、氢化物发生-原子荧光光谱法测定。

2. 流域内岩石硒含量、分布特征、影响因素

流域内全部为沉积岩，发育有泥盆系、石炭系，其中泥盆系分布最广。流域内岩石硒含量为 0.012～0.690mg/kg，面积加权平均值为 0.064mg/kg，岩石中的硒含量远远低

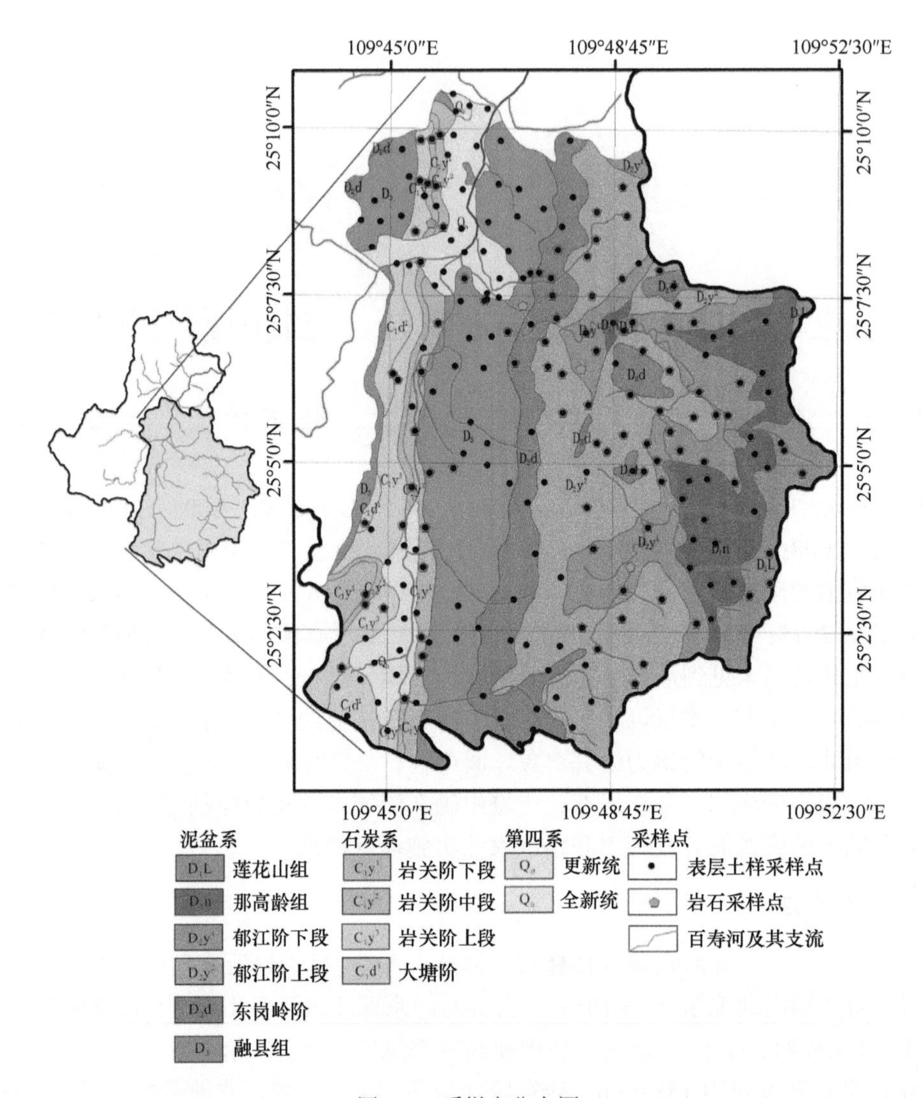

图 7-1 采样点分布图

于硒毒害地区陕西紫阳县闹热村鲁家坪组炭质页岩和火山凝灰岩中 22mg/kg（Luo et al.，2004）以及湖北恩施鱼塘坝茅口组和吴家坪组碳质板岩和炭质页岩中 6471～83124mg/kg（Zhu et al.，2008）的硒含量。利用 ArcGIS 软件，对流域内的岩石硒进行插值，岩石硒的普通克里金插值结果见图 7-2。从图 7-2 可知，在流域内岩石硒分布较为均匀，大部分区域岩石硒含量在 0.045～0.068mg/kg 之间，在流域内仅零星分布着少数岩石硒含量较高或者较低的区域。研究区内缺少黑色岩系是造成研究区岩石中硒含量较低，不同地层和岩性岩石中硒含量显著差异较小、硒分布相对较为均匀的主要原因。

3. 流域内土壤硒含量、分布特征、影响因素

研究区土壤表层中的硒含量面积加权平均值为 0.74mg/kg。按照中国土壤硒分级系统（Tan et al.，2002），土壤中硒平均值处于高硒水平，土壤属于富硒土壤（土壤硒含量

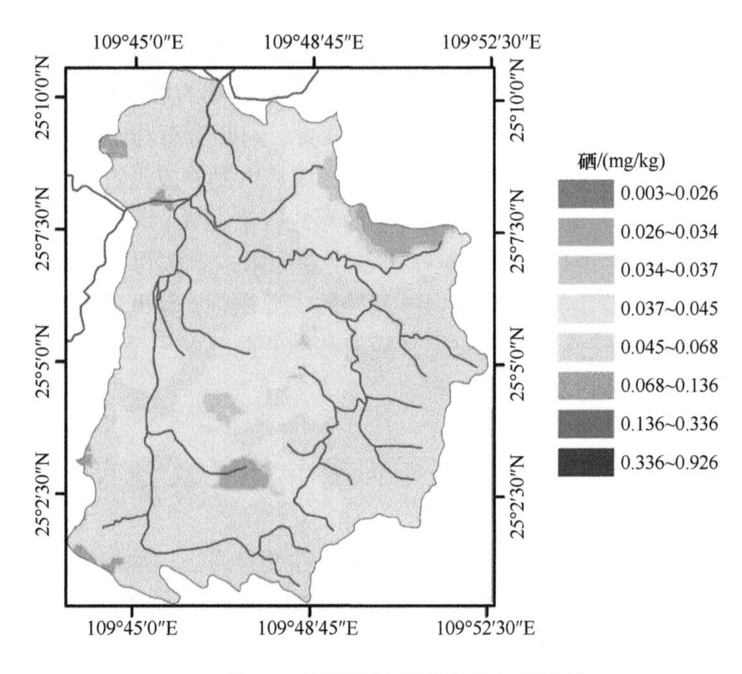

图 7-2　岩石硒的普通克里金插值图

0.4～3.0mg/kg）（杨忠芳，2017）。研究区表层土壤硒含量是世界平均标准 0.40mg/kg 的 1.85 倍（Fordyce，2013），是中国硒平均含量 0.239mg/kg 的 3.10 倍（Tan et al.，2002）。经多因子协同克里金插值，研究区土壤硒含量分布图见图 7-3。整体来看，土壤硒含量

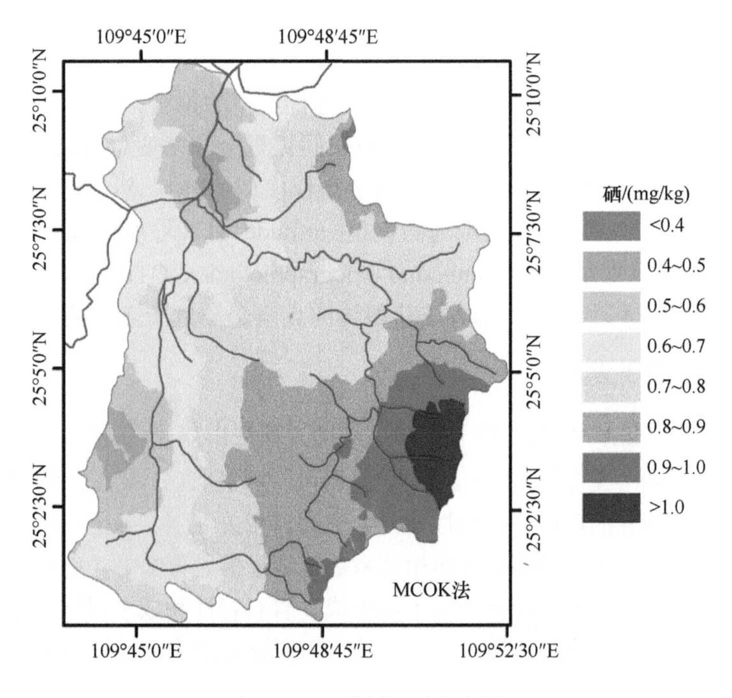

图 7-3　土壤硒含量分布图

随着高程降低有逐渐减少的趋势，从流域上游到下游硒含量逐渐降低。随着成土过程的进行，母质对硒含量的影响逐渐降低，而土壤理化性质对硒的影响逐渐变强（Matos et al., 2017）。作为母质来源的岩石，其作用就更加微弱，因此岩石与土壤硒含量无显著相关性。研究区位于中亚热带地区，地带性土壤为红壤，主要的成土过程为脱硅富铝化过程（赵其国和黄国勤，2014）。硒能以内圈复合物的形式吸附在铁铝氧化物表面（Gabos et al., 2014）。因此，气候是造成研究区土壤富硒的主要因素。土壤母质在成土过程上的差异是引起土壤硒在碎屑岩岩区和碳酸盐岩区差异的主要原因。有机质可能是造成第四系沉积物分布区土壤硒含量较低的主要原因。随着高程的降低，土壤总硒含量有降低趋势。高程间接影响土壤硒在研究区内的分布。

7.1.2　流域土壤硒空间变异特征及分布预测

从以往研究来看，土壤硒的空间变异以结构性变异为主，地形、母质等为主要结构因子（孙维侠等，2008；马友平，2010；王丽等，2016；徐强等，2016；张建东等，2017）。若空间变异的性质为结构性变化，结构性强则用地统计方法构建硒空间分布图明显优于其他方法，因为它考虑了空间位置因素（马友平，2010）。本章在分析流域内土壤硒空间变异特征的基础上，探索使用地形指数作为辅助数据源，利用逐步回归的方法来降低解释变量间的多重共线性问题。通过比较普通克里金法、单变量和多变量协同克里金法插值精度，确定流域内土壤硒空间插值的最佳方法。获取研究区土壤总硒空间分布图，为探讨小流域内土壤硒的空间分布规律提供依据。

1. 研究方法

使用 GS+ 来构建各向同性的变异函数并进行模型的拟合，在此基础上分析流域土壤硒空间变异特征。使用普通克里金、单变量协同克里金和多变量协同克里金方法插值。利用研究区 1∶5 万地形图，获取研究区数字高程模型 DEM。然后利用 ArcGIS 提供的空间分析工具和水文分析工具，提取海拔高度（altitude，H）、坡度（slope）、坡向（aspect）、曲率（curvature）、复合地形指数（compound topographic index，CTI）、汇流动力指数（stream power index，SPI）。利用逐步回归方法获得协同克里金插值所需要的辅助变量。

2. 土壤硒空间变异特征

根据空间异质性指数计算公式，研究区的空间异质性指数 Q=0.079。块金值 C_0=0.0058，基台值 C_0+C=0.0736，变程为 780m。根据空间异质性类别划分方法（刘付程等，2004），研究区土壤硒空间变异的性质为结构性变异，空间自相关性强。从土壤全硒含量与地形指数的相关性分析来看，土壤硒与高程的相关系数达到了极显著水平（R=0.41，n=222），高程通过物质和能量的重新分配间接影响土壤形成。岩石岩性和成土母质对流域内土壤硒的空间变异产生重要影响，也是流域内土壤硒的空间变异为结构性变异的主要原因。

3. 流域土壤硒空间分布预测

协同克里金插值关键在于辅助变量的选取，由于流域内土壤硒为结构性变异，受地形影响较大，因此可选择地形指数作为自变量，土壤硒作为因变量进行线性回归。然而地形指数间可能存在着共线性问题，因此利用逐步回归方法消除变量的共线性（鲁茂，2007），选择最优的回归方程。普通克里金、单因子协同克里金和多因子协同克里金插值交叉验证结果见表 7-1。从表 7-1 可知，普通克里金和单因子协同克里金以及多因子协同克里金插值精度有所差异。由于区域化协变量的作用，无论是单因子协同克里金和多因子协同克里金插值结果较普通克里金插值结果精确，而多变量协同克里金插值精度最高。

表 7-1　不同方法预测土壤总硒精度评价

方法	平均值	平均标准化值	均方根	平均标准误差	标准均方根
普通克里金	0.0027	0.0118	0.2708	0.2781	0.9774
协同克里金	0.0007	0.0029	0.2602	0.2624	0.9923
协同克里金	0.0006	0.0025	0.2598	0.2624	0.9911

7.1.3　流域内硒元素的生态效应研究

从来自西非、中国、英国和美国的长寿区分布来看，长寿趋向于钙硒富集且低水平汞分布区（Foster and Zhang，1995）。在一个长寿之乡小流域内，农作物硒含量、居民硒膳食摄入水平以及人体硒是什么情况，对长寿人口分布有无影响，需要进一步研究。通过在流域内选择代表性村落，采集人口信息，收集农作物样、饮用水样和居民发样等，分析农作物硒含量及影响因素，探讨居民硒膳食水平、人体硒蓄积水平与长寿人口分布规律，以揭示硒元素在流域内的生态效应。

1. 研究方法

采样方法：在桂林永福百寿河流域不同岩性区（碎屑岩区、碳酸盐岩区、第四系沉积物分布区）选择代表性村庄 6 个（人口≥300 人，不同岩性区各 2 个）。在每村内随机选择代表农户 5 家，在水稻成熟时采集居民食用的稻谷样 19 件，同时采集水稻根系土，采集时间为 2017 年 8 月。为研究水稻土硒形态和在水稻不同部位（根、茎、叶、糙米）硒积累的关系，采集 6 组水稻（O. *sativa subsp.* indica）全株样品，同时采集水稻根系土，采样时间为 2017 年 8 月。食用蔬菜均为村民自家种植，在不同岩性区共采集 44 件蔬菜样，采样时间为 2017 年 11 月。采集分布在碎屑岩区、碳酸盐岩区和第四系沉积物分布区 6 个村庄内的居民发样 30 件。分析测试方法：水稻、蔬菜样品和发样采用微波消解消解，氢化物发生器-原子荧光法测定。

2. 流域内农作物硒含量及影响因素

流域内粮食类稻谷（糙米）中硒平均含量为 63.22μg/kg，富硒稻谷比例为 78.95%。

流域内蔬菜中硒含量为 11.17 ± 5.50μg/kg（*n*=44），蔬菜中的硒含量接近《广西富硒农产品标准》（DB45/T1061—2014）富硒蔬菜硒含量下限值 10μg/kg。从水稻各部位（根、茎、叶、糙米）硒含量与土壤硒形态（水溶态、可交换态、酸溶态、有机结合态、残渣态）的相关分析来看，糙米和水稻茎中的硒含量与水稻土中可交换态硒含量显著相关（$P<0.05$），其他部位硒含量和土壤硒形态无显著相关性。利用线性逐步回归方法进行通径分析，水稻土可交换态硒与糙米、水稻茎硒含量的相关系数等于直接通径系数，水稻土中的可交换态硒对糙米和水稻茎中的硒含量表现出明显的直接正效应（0.89、0.88）。提高土壤中的可交换态硒是提高大米硒含量的有效措施。该地区土壤硒的活化程度不高，是造成蔬菜中硒含量不高的原因。

3. 居民硒膳食摄入量以及来源

经计算，研究区成人每天硒摄入总量为 43.63μg，稍高于人体生理需求量 40μg/d。从人体硒摄入的来源贡献看，大米的贡献率最高（57.24%），其次为肉类（31.26%）和蔬菜（11.03%），饮用水贡献最低（0.47%）。

4. 居民发样硒含量与硒膳食摄入量关系

当地居民中发样中的硒含量范围为 0.221～0.553μg/g 之间，算术平均值为 0.427±0.077μg/g。碳酸盐岩区居民硒摄入量 51.60μg/d 与使用 Gao 等（Gao et al.，2011）关系式计算的结果 54.24μg/d 较为接近；第四系沉积物分布区居民硒摄入量 34.98μg/d 与使用杨光圻等（冯磊和沈建，2005）等方法计算的结果 35.05μg/d 较为接近；碎屑岩区居民硒摄入量 44.30μg/d 与使用杨光圻等（冯磊和沈建，2005）和 Gao 等两种方法计算的结果均值 44.30μg/d 一致。因此，虽然发硒含量与膳食摄入量之间存在线性关系，但对于不同岩性区的居民，这种关系并不一致。

5. 流域内长寿人口分布特征及影响因素

从不同岩性区来看，80 岁以上高龄老人人口占总人口比例差异较小，然而在碳酸盐岩区高龄老人（>90 岁）的比例更高（8.03‰），显著高于碎屑岩区和第四系沉积物分布区。而高龄老人（>90 岁）的比例较高则更有潜力符合长寿之乡的评判标准。长寿人口较多分布在高钙富硒区的主要原因可能是碳酸盐岩区居民较适宜的硒膳食摄入量以及土壤中较高含量的钙、锰等人体必需元素所致。

7.2 基于空间统计的湖北省农业功能分析与分区

7.2.1 湖北省农业的多功能特征

湖北省总体地势变化呈东、西部高中部低，北高南低的马蹄形不完整盆地，土地呈由中南部平原向外围山地逐渐过渡的环带状空间结构。中南部是宽阔低平的江汉平原，平原外缘为波状起伏的岗地，岗地外围是宽谷低丘相间的丘陵，丘陵外围依次分布着低山、中山和高山带。同一土地类型又相对集中，形成多个具有区域特征的土地类型区：西部为鄂西山地，又可分为鄂西南山地和鄂西北山地；东部为鄂东北山地和鄂东南山地；中部自北而南为鄂北岗地、鄂中丘陵和江汉平原。地貌类型多样，山地、丘陵、岗地、平原俱全，以山地丘陵为主。在总土地面积中，山地、丘陵、岗地和平原分别占 46.86%、21.06%、14.44%和 17.64%，这种地貌组合决定了湖北“七山一水二分田”的土地利用格局。

由于新构造运动中内力、外力作用具有节律性和不平衡性，湖北土地发育也具有多层性。江汉平原内部河湖泊相沉积形成低湖平原，河流冲积物在河流两岸形成高位平原，平原外围可见多级台地；在山地丘陵区，山间河谷形成多级阶地，山区又形成多级夷平面。从土地的海地面高程的分布可见，湖北省低海拔的土地面积所占比例大。海拔 50m 以下的地面占 1/4 以上，50%以上的面积低于海拔 200m。若以海拔 800m 以下为自然地带的基带，全省则有 77.82%的面积属于湿润亚热带的范围。水热组合条件优越，水资源丰富，有利于湖北省农业和农村经济的持续发展。多样的自然条件决定了湖北省不同地区农业生产的结构和生产方式不同，甚至农业在区域现代社会经济中的地位和功能也发生了变化。

第一，湖北省位于亚热带东亚季风性湿润气候区，地形条件复杂多样，因而适合多种亚热带农作物和畜禽、水产品的生产。但受农业自然条件的局地性差异影响，省内不同地区，光热、地形、岩性、土壤、水资源等自然条件有着明显的差异，农业的主要生产类型及其组合有显著的地域分异。因而，不同地区供应的主要农产品类别各异，供应农产品的能力大相径庭。江汉平原、鄂中鄂北岗地丘陵是国家商品粮、棉、油的重要生产基地，同时鄂西南、鄂西北、鄂东南、鄂东北的山区农业也有较好的发展基础，并且形成美丽的乡村景观。

第二，农业生产活动中物质和能量循环不仅改变了农用土地自身的性质，同时影响着区域乃至全球的自然环境变化。一方面，在农业生产过程中，不断地从其环境介质中吸取矿物质，通过光合作用和生物化学作用转化为生物质，部分生物质借助食物链由初级生产者传递到次级消费者和高级消费者，同时向环境释放氧气、矿物质等物质，其排泄物和死亡残体被分解成腐殖质、矿物质等返回环境介质。这一过程循环往复，被称为生物地球化学循环。另一方面，农业生态系统是一个人为控制系统，人为因素对农业及其环境效应的影响极为深刻。这种影响既有有利的，也存在不利的方面。不合理的利用方式破坏了农业赖以生存的资源，其本身背离了农业的宗旨，因而不是农业的本质。农业的本质是在利用水土资源的增加人类福利的同时，保护水土资源，实现农业的持续性。

第三，农业是湖北农村社会赖以长期发展的基础产业，是农民就业和生活的基本保障。虽然在人口城市化中湖北乡村人口不断减少，湖北 2019 年末乡村人口 2132 万人，比 2008 年乡村人口减少近 1000 万人，2019 年乡村人口占全省人口的比例 39%，比 2008 年下降 14 个百分点。也就是说湖北省仍然有 2000 多万农村人口在农村劳动和生活，农业就业具有灵活性，使得部分青壮年农村劳动力得以在城市和乡村兼业，中老年农民以务农为主，农业为农村劳动力实现就业避免涌入城市造成大规模失业现象，为乡村人口提供福利保障。

第四，农业生态系统形成特有的农业景观，这种景观的组分、要素和结构及其空间分布与季相变化与自然景观有明显的不同，同时它与同为人为景观的城市景观又有着巨大差异。一方面，农业景观与自然景观相比，缺少了不少自然成分，景观一般也较单一，但农业景观中蕴涵着自然景观所没有的乡土文化和农业技艺，人为控制下的农业景观的稳定性比自然景观受人为干扰时的稳定性要好。另一方面，农业景观一般与城市景观在空间上邻近，农业植被、生产技术和农业文化与城市景观相比形成巨大的反差，相对于城市人群，农业景观与乡村文化有着清洁、新奇、闲逸等特点，因而可作为城市人群观光体验、休闲度假和青少年科普等方面的便捷场所。此外在一些旅游风景区周边的偏远山丘区，景观独特的生态农业、农业梯田和农田水利设施在风景区旅游发展的基础上也可发展农业休闲。

农业具有多功能性在欧美不少发达国家已形成共识，中国学者早在20世纪90年代中后期也提出农业具有多种功能及其功能定位问题。2007年中国农业部区划司开始着手中国的农业功能区划，并结合中国国情把农业功能归纳为农产品供应、就业与保障、生态调节、休闲与文化传承四大类。

7.2.2 湖北省农业功能的空间结构分析

由于自然条件、农业资源的地域分异，以及不同地区农业发展基础的差异，各种农业功能在区域上一般存在着一定的空间集聚特征。这种空间集聚特征是农业功能分异的自然基础和历史背景，也是产业集聚和规模化经营的必然趋势，是区域农业分区和定位的重要依据。

1. 农产品供应功能的空间集聚与分等

主要农产品的全局空间自相关分析结果如表7-2所示。粮棉油和水产品、糖类生产均表现出极显著的空间自相关，Moran指数的显著性水平*P*值是0.01（糖类*P*值为0.05），*G*统计量的*P*值多在0.01以下（粮食的*P*值为0.10），这些农产品空间集聚效应显著。肉类和奶类的空间自相关不显著，这类农产品仅限于少数大中城市郊区有规模化生产。

表7-2 湖北省主要农产品全局空间自相关分析

指标	Moran's *I*			*G*统计量		
	I	*Z*（*I*）	*P*值	*G*	*z*（*G*）	*P*值
粮食	0.38	5.75	0.01	0.07	1.65	0.10
棉花	0.69	9.10	0.01	0.15	8.40	0.01
油料	0.54	7.11	0.01	0.08	6.23	0.01
肉类	0.01	0.53	—	0.05	–0.83	—
奶类	–0.03	–0.29	—	0.04	–0.21	—
水产品	0.44	5.96	0.01	0.11	7.01	0.01
糖类	0.17	2.53	0.05	0.12	3.50	0.01

农产品供应功能指标分为资源禀赋、规模和结构 2 类。资源禀赋指标取乡村人口人均耕地面积、耕地粮食单产、乡村人口人均园地面积；规模和结构指标取：人均粮食产量、人均肉类产量、人均奶类产量、人均水产品产量和主要农产品（粮食、棉花、油料、糖料、肉、奶类、水产品等）供给优势指数，主要农作物（小麦、水稻、油料、棉花、玉米等）播种面积结构。依据以上指标以商品粮、油料和棉花的总产量为主要依据，以肉类、奶类、水产品和水果产量为辅助变量，对全省农产品的供给功能进行分等。聚类方法使用 *K* 均值聚类法。

湖北省农产品供给功能分为以下 4 个等级：一等区主要位于江汉平原区及其外围丘岗地区，鄂中丘陵和鄂北岗地。此类地区是全省农业生产条件最优越的地区，农产品供给不仅决定着湖北粮食等农产品的自给水平，而且关系到湖北对全国粮棉油供应的能力。二等区分布于鄂东沿江平原，鄂东南、鄂东北低山丘陵，三峡河谷。该类型区内农产品结构差异较大，大致分两种结构类型：鄂东沿江平原以粮棉油生产为主，果园生产较少；鄂东南和鄂东北低山丘陵不仅粮棉油生产具有一定的规模，同时经济林和果园生产规模也较大，三峡河谷以柑橘为主的果园生产优势明显。三等区分布于鄂西山区、鄂东北及鄂东南中低山区。这类区域粮食生产自给有余，但坡耕地较多，保水保土能力较弱；林果特生产条件较优越，生产多种林特产品。四等区主要分布于鄂西的中高山区，以及城市郊区。耕地面积极其有限，农作物播种面积普遍较小，农产品供应能力在各类等级区中最弱；山区县市坡耕地占很大的比例，需要加强坡改梯工程和防护林保护，才能在发展农业生产的同时避免水土流失和土地沙化石漠化。

2. 农业就业与保障功能的空间集聚与分等

农业的基本保障功能选择农村人口占总人口的比例、农业收入占农村总收入的比例等指标，它们的全局空间自相关结果如表 7-3。其中，农业人口占总人口比例全局 Moran 指数为相关性不显著，全局 *G* 统计量表现为弱的负相关，后者表明存在低值集聚的现象，可能是由于城市密集地区城市化水平较高，第二、第三产业相对发达，其农业人口占总人口较之周围区域偏低，当地农村居民依靠农业增收、致富的依赖度较低；而其他地区这项指标大多呈随机分布现象。农业收入占农村收入比例的全局 Moran 指数为显著正相关，全局 *G* 统计量相关性不显著，前者表明该指标具有相似属性的县域分布呈现集聚特征（高值与高值集聚，低值与低值集聚）。

表 7-3　湖北农业保障功能的全局空间自相关分析

指标	Moran's *I*			*G* 统计量		
	I	*Z*（*I*）	*P* 值	*G*	*z*（*G*）	*P* 值
农村人口占总人口的比例	0.02	0.47	—	0.05	–2.51	0.05
农业收入占农村收入比例	0.19	2.59	0.01	0.06	1.54	—

农业就业和社会保障功能分等指标分 3 类：①份额指标，包括农业（农林牧渔）劳动力占乡村总劳动力比例、农业收入占农村总收入比例、农业增加值占 GDP 的比例；

②压力指标，包括单位土地面积农村富余劳动力数量、单位耕地农业劳动力数量；③水平指标，农民人均纯收入、劳均农业（农林牧渔）总产值。使用 K 均值聚类法，聚类结果分为 4 等。由于湖北城镇化率不高，工业化水平低，绝大多数县（市、区）农业在保障就业和农村居民收入增长上仍然起着重要的作用。

3. 农业生态调节功能的空间结构与分等

农业的生态调节作用主要取决于区域耕地规模的大小及其生态系统的稳定性。耕地规模的大小和耕地与自然生态系统的对比有重要关系，耕地生态系统的稳定性和区域耕地地块景观的破碎程度关系密切。在此先引入耕地优势度和破碎度，再讨论湖北农业生态调节的地域分异。

耕地优势度以各县级行政单位为基础，统计各县（市、区）耕地面积、林地面积和草地面积，然后以耕地面积比林草地面积之和计算耕地优势度，结果如图 4-20。可见，湖北省耕地优势度存在显著的地域分异。首先江汉平原耕地优势度显著高于其他地区，位于平原腹地的县（市）耕地优势度都大于 20.00，耕地中水田比例高，加之养殖水域、滩地，湿地效应明显，其农业生态调节作用在全省最强。其次是江汉平原外围的沙洋县、荆州市和武汉中心城区和汉江中游的襄阳市襄州区和老河口市，耕地优势度高于 10.00，农业生态调节作用也很强，其中城市地区耕地优势度高有着特殊的意义，其城郊园艺农业占有较大的比例，一方面可为城市供应充足的时鲜农产品，另一方面对城市景观塑造、城市气候和生物多样性有着重要的意义。再次是江汉平原外围的丘岗、鄂北岗地和鄂东沿江平原低丘区，耕地优势度在 1.00～10.00 之间，耕地面积大于自然生态系统，水田多于旱地，林地以疏林地、灌木林居多，森林覆盖率不高，农业生态系统调节作用仍然较为重要。外围的荆门、当阳、京山、随县、大悟、麻城、赤壁、咸安、阳新、通城等低山丘陵为主的县市耕地优势度在 0.50～1.00 之间，耕地面积少于自然生态系统，林地以灌木林和疏林地为主，其农业的生态调节作用相对较弱。耕地优势度小于 0.50 的县（市、区）集中于鄂西山区，鄂东大别山区的罗田、英山和幕阜山区的通山、崇阳也小于 0.50，黄石市城区耕地极少因而也小于 0.50。鄂西山区除少数县市外耕地优势度均小于 0.50，耕地面积远小于自然生态系统，十堰市、郧西县、保康县、丹江口市、巴东县、五峰县、兴山县、秭归县和神农架林区耕地优势度甚至小于 0.10，即耕地面积不到自然生态系统面积的 1/10，耕作业对区域生态环境的调节作用极为有限。必须说明的是，这类地区耕地优势度小，生态调节作用弱，但这并不意味着农业对生态环境的影响小。由于其人均耕地少，耕地开垦需求大，坡耕地甚至陡坡开垦现象难以控制，不当的开发和粗放的耕作方式造成水土流失现象较普遍。

耕地破碎度以区域耕地地块平均面积与全区所有地块平均面积之比计算。首先运用湖北省行政区划图和湖北省土地利用图分割出各县（市、区）土地利用类型的地块，测算各地块的面积，统计出全省所有地类地块面积、地块总数量（耕地地块中水田和旱地分别作为不同地块）和各县（市、区）耕地总面积和耕地地块数量，然后计算各县（市、区）耕地破碎度。指数小于 0.25，说明该区域耕地地块平均面积不足全省地块平均面积的 1/4，破碎度高；指数大于 2.00，说明该区域耕地地块平均面积是全省地块平均面积的 2.00 倍以上，破碎度小。湖北省耕地破碎度分布具有西高东低，江汉平原高周围低的总体特征。

生态调节功能分等指标筛选从湖北农业生产的自然条件与主要生态环境问题的具体情况出发，选择具有代表性的指标；在各区域分析中，结合生物多样性保护、森林资源保护、水资源保护、洪水调蓄等定性指标，分析描述农业生态调节的空间特征。数据来源是 2004～2007 年调查数据，取平均值进行 *k*-means 聚类分析，聚类结果分为 4 等。一等区主要分布在江汉平原、鄂北、鄂中以及鄂东沿江平原地区。土地面积 73270.42km^2，占全省面积的 39.41%，水田面积比例大，林地面积小，水土流失面积和石漠化面积少，退耕还林还草比例相对处于中等水平。二等区主要分布在鄂东北低山丘陵、鄂东南低山丘陵区及鄂北岗地的部分区域。土地面积 26414.74km^2，占全省面积的 17.41%，水田、退耕还林还草和水土流失面积比例较大，林地比例较小，局部石漠化现象明显。三等区主要分布在鄂西山区的中南部和丹江口库区。土地面积 54716.53km^2，占全省面积的 29.43%。由类中心点可知，此类地区的水田面积比较小林地面积大，宜退耕还林还草、水土流失以及石漠化面积所占比例都比较大。四等区主要分布在鄂西北秦巴山区。共有土地面积 25569km^2，占全省面积的 13.75%。此类地区山高谷深、地形破碎，耕地资源偏少，林地、草地资源相对较富裕，土地沙化、石漠化现象较普遍。

4. 农业休闲功能的空间结构与分等

郊区农业的休闲功能强弱取决于城市人口规模和城乡交通便利程度。农业休闲的目标市场是城市居民，尤其是大型、特大型城市。湖北省市区常住人口 50 万人以上的大城市有武汉市、宜昌市、襄阳市、荆州市和黄石市 5 个，其中武汉市是人口市区常住人口达 643.44 万人的特大城市。参照国内大城市休闲半径的一般水平，襄阳市、宜昌市和荆州市农业休闲空间的半径取距离城市中心 50km（1 日，下同）和 100km（2 日）；武汉市城市建成区面积大，人口规模大，对外交通网络比其他城市发达，因而其休闲半径取城市中心城区（半径约 1.5km）以外 50km 和 100km；黄石市位于武汉市辐射半径以内，纳入武汉市休闲空间。

交通因素是影响城市居民外出休闲的重要因素。城市对外交通网络影响居民外出休闲的便利程度，进而影响居民在双休日外出休闲的可行性和休闲概率，甚至制约着一个城市休闲辐射半径的大小。对于短期休闲活动来说，快速便捷的交通环境尤为重要。由于城市和经济高度密集，武汉市周边交通网络密度远远高于省内其他地区。便捷的交通环境决定着武汉城市居民农业休闲从规模和辐射范围上都高于省内其他地区。此外高速铁路的发展也大幅度扩大了武汉休闲客源规模和休闲半径。襄阳市位于南（阳）襄（阳）隘口和汉江中游河谷的交汇点，历史上就有“南船北马”“七省通衢”之称。2000 年以来相继建设汉十高速（福州-银川高速湖北区间段）和襄（阳）-荆（州）高速，高速公路网的形成将有效地改善襄阳辐射区域的农业休闲业的发展环境。宜昌市是中国优秀旅游城市，旅游交通设施建设基础较好，有利于休闲农业的发展。快速交通的发展使宜昌辐射区内休闲农业的发展前景良好，辐射半径向西南可延伸至少数民族聚居区，由于宜昌是湖北最知名的旅游城市之一，对外交通快速化使其独具特色农业休闲的客源不仅限于本地市民。地处江汉平原腹地的荆州市公路交通发达。公路、铁路和水运构成荆州多种方式相衔接的现代交通网络，其承接东西、南北的区位和交通优势明显。

可持续性农业休闲景观的形成一个重要前提是具有一定的规模和多样性。农业休闲景观多度指数计算公式如下：

$$D_j = \sum x_{ij} / \sum y_{kj} \times \left(\sum x_{ij} / n_{ij} / \sum y_{kj} / N_j \right) \tag{7-1}$$

式中，D_j 指区域 j 的多度指数；x_{ij} 和 n_{ij} 分别为区域 j 耕地地块 i 的面积和耕地地块数；y_{kj} 和 N_j 分别为区域 j 所有地块中地块 k 的面积和地块总数。据此计算的多度指数分级图如图。从理论上看，多度指数越高，农业休闲景观的可塑性和稳定性越好，农业休闲开发的优势越明显。多度指数大于 1 表示区域农业规模化明显，农业休闲景观的可塑性和稳定性均较好；多度指数小于 1 则表示区域农业分布分散，地块规模小，农业休闲景观的可塑性和稳定性均相对较差。

采用多因素地图叠置法，以主要城市辐射域为基础，与行政区划图和高等级交通图叠置进行农业休闲功能分等。一等区分为 3 片，分布在武汉市、宜昌市、荆州市、襄阳市 4 大城市及其周边地区；二等级区分布于一等区外围，其主体部分连片分布在江汉平原、鄂中丘陵和鄂北岗地东部，鄂西山区宜昌和襄阳 2 市辐射区的西侧外围部分县市；三等区分布较分散，分为鄂东南和鄂东北低山丘陵、鄂西北山区和鄂西南山区；四等区集中分布在鄂西山区，虽然山地景观多样，生态环境良好，但交通不便，其发展农业休闲制约因素明显。

7.2.3 湖北省农业功能分区

农业功能分区旨在针对湖北省城乡社会经济发展形势、农业发展基础和生态环境保护的现实，根据地域分工原理，采用定量与定性分析相结合的方法，基于农业存在的多功能性特征，划分具有不同主导功能的农业区，确定不同地区农业发展的特色方向，并制定有利于农业功能转变的各项保障政策和措施。湖北省农业功能分区遵循区域相关性、可持续发展、相对一致性、主导功能、县域行政区域完整性等原则。

分区方法采用地图叠加法，即在农业单项功能分等的基础上，叠置单项功能分等界限，确定农业功能区的初步边界；在此基础上利用地形、河流等自然特征进行区域融合确定一级主导功能区的边界；具有相同主导功能的一级区在区域上不具有连续性，再根据其地理特征分解为各自连续的二级区。具体做法是：利用 ArcGIS 的空间叠加分析功能，将 4 个功能的分等图进行空间叠加，拟订初步一级功能区分区边界；由于数据的不稳定性干扰，叠加分区后产生一些单个县域与周围县域主导功能相异的“孤岛”现象，则根据发生学上的一致性和分区的共轭性原则，结合地形和水系流域等自然地理特征或城市经济区的相似性与周边县市融合；有些边缘县域可能会有功能区的交叉，其主导功能确定主要依据该县域所处的地形、水系流域特征和实际的经济发展状况，来选择该县与相似县域融合；根据其分布的空间位置和地貌单元、水系流域将一级主导功能区分解为各自连续的二级区。结合湖北省各个县域农业发展的现状和潜力，得出湖北省各县域农业的农产品供给、就业和社会保障、生态调节和休闲功能的排序，并按照主导功能进行划分。对四个功能的分等图层进行叠加、融合、分解，得出分区方案结果。

农产品供给主导功能区：鄂中及江汉平原粮棉油及水产主产区、鄂北岗地丘陵粮食、畜牧主产区、鄂西南低山特色经济作物及肉类、奶类主产区；就业与社会保障主导功能区：鄂东南低山丘陵及沿江平原就业与社会保障区、鄂东北山地丘陵就业与社会保障区、鄂西北山地就业与社会保障区；生态调节主导功能区：鄂北丹江口库区以及周边生态调节区、鄂西神农架林区及长江沿线防护林生态调节区、鄂西南山地生态调节区；休闲主导功能区：武汉市及其周边辐射文化休闲区、宜昌市及其周边辐射文化休闲区、十堰市、襄阳市城市近郊文化休闲区。

7.2.4　保障区域农业功能实施的对策与措施

农业功能的转变是建立新型农业产业体系，改变农村社会经济发展方式，使农业由初级产品生产的第一产业向第二、三产业领域渗透，因此区域农业功能的科学定位与顺利实施中必然离不开一系列政策和具体保障措施的保驾护航。

第一，强化农业产业政策的实施力度和效率。从 21 世纪初以来，国家相继出台一系列支持和激励农业生产的产业政策。如增加农村民生工程和基础设施建设投入，推行农业补贴制度，实行粮食最低收购价政策，完善农业和农村保险、鲜活农产品流通体系等政策。这些政策的核心是维护农业生产活动的稳定和市场繁荣，带有明显的保护性。由于农业资源和环境条件在地域空间上存在巨大的差异性，不同地区的农业和农村发展环境大相径庭，因而农业政策的实施在区域上存在明显的不平衡性，同时管理渠道成本高，农业受惠效率存在折扣，一些地方甚至存在激励不合理开垦导致生态破坏加剧的问题。究其根源，现行农业政策的制订和实施过程中没有充分考虑激发农业自身的内生动力和创造力，仅仅依靠外部支援不可能改变农业在产业结构中的弱质性，“竭泽求鱼”和“缘木求鱼”都不足以形成农业产业体系的支撑力量。农业的自然生产力是有极限的，而这种农业活动带来的外部效应是无限的，农业产业政策还必须要考虑到这种外部效应。农业的外部效应源于其存在的多重功能，这些功能有些是有形的，还有些是无形的，有形的功能通常可以通过市场价值来衡量，而那些无形的农业外部效应，如关系国家农产品安全，关系外汇储备和国际地位，关系社会稳定、缓冲风险危机和持续发展，关系到区域差距的缩小的平衡性和公平性，对生态环境的调节和保护，与农业相伴的乡村文化的传承等诸多功能，则往往难以估量。农业功能定位有助于在政策的制订和实施过程中针对不同区域农业外部的性质采取差别性、有的放矢的政策制度，科学地评估其有效性。

第二，完善财政支持和市场融资机制。加强农业基础设施建设的财政支持。对于全省来讲，针对农业基础设施老化、抗灾能力不强等特点，财政政策的惠及除加强农业等基础设施建设外，对原有的因年久失修的基础设施要重新投资修缮，这主要分布在江汉平原区低洼易涝易渍等地带，此外在三北岗地等地带要加强堤坝、抗旱系统等建设，在沿汉江、长江的河谷、阶地要注意防洪设施的维护与建设。鄂西山区农村要注意加强农村交通基础设施建设的投入。此外要加强农村基础教育和科研的投入，培养掌握科技知识的农民群体。同时，鼓励农业项目开发的政策性贷款，引导社会资金参与农业项目的开发，积极鼓励社会各方面力量参与农业功能区的建设与发展，通过创造良好的投资环境，加大招商引资的力度，鼓励省内外大型企业参与到项目开发上去，实现投资主体的多元化。

第三，实行以农业部门为主多部门协调的管理体制。在农业多功能拓展中相关利益者会更加广泛，理顺农业管理体制是保障农业多功能有效发挥、真正受益者是农业和农村的关键。

第四，农业功能区建设需要科学的考核体系来保证。农业多重功能重新认定之后，由于农业保障粮食安全、改善城乡居民的生活环境、提高农民收入、增强生态调节能力等这些社会的、生态的效应都不可能明显增加经济总量的水平。农业功能区建设需要科学的考核体系来保证，如对农业外部效应（功能）评价、对政绩考核等。应针对不同功能区设立不同考核目标，制定分阶段的考核指标，完善政绩考核体系，尤其是要加大关系国计民生的、关系可持续发展的重大事件在考核中的权重，使农业的关系人群和溢出效应与其在国民经济中的地位认定相对称。

7.3 基于 MODIS 数据的作物物候期监测及作物类型识别模式研究

7.3.1 植被指数时序数据处理

1. 基于 Savitzky-Golay 滤波方法的植被指数时序数据重构

植被指数时序数据中的噪声去除是植被变化监测中使用这些数据的一个难点，目前减少噪声的这些方法都不能保证有足够的灵活性和有效性。本章引入 Chen 等（2004）提出的基于 Savitzky-Golay 滤波法来去除时序数据中的噪声，重建植被指数数据。分别对华北平原 2004 年、2003 年 8 天合成的 EVI 和 NDVI 时序数据进行了重构处理，得到用于作物种类识别、物候期监测以及时序分析。平滑前后时序数据效果如图 7-4。

从图 7-4 平滑前后曲线对比图可以看出：平滑前 VI 时序曲线有严重的锯齿状波动，直接用于时间序列分析比较困难；重构曲线基本上保持了原有曲线的基本形状，较为真实地恢复了植被指数曲线，同时有效地消除了云和缺失数据的影响，重构曲线对作物生长轨迹特征刻画更为突出。不同作物的曲线形状不同，不同耕作制度，曲线出现的峰的个数不同，不同作物组合峰值出现的位置也不同。这反映了不同作物的物候特性。经平滑后的 EVI 和 NDVI 时序数据可以用来监测作物物候期、作物长势分析以及作物种类识别。

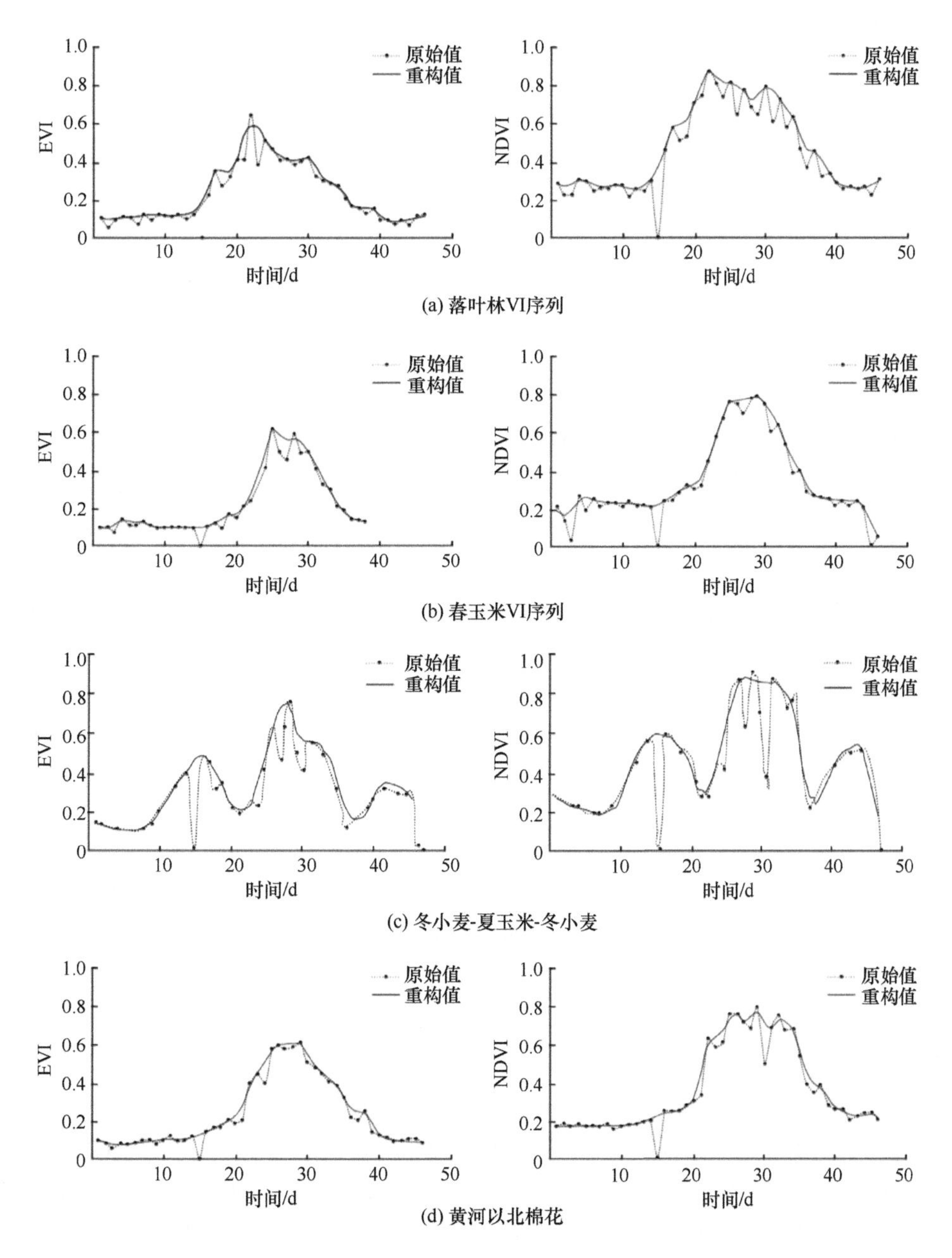

图 7-4　华北平原主要种植模式地块 VI 时序数据平滑前后比较

2. 植被物候期提取方法

利用一年内的时间序列遥感数据确定植被的物候期的方法分为三类（Reed and Brown，2002）：第一类方法是利用阈值来确定物候事件的开始和结束时间；第二类方法是根据时间序列曲线转折点，将转折点对应物候期确定为植物物候期；第三类方法根据时间序列遥感数据的季节变化曲线，找出参数增加和减少显著的日期，并用来确定物候事件开始和结束时间。

本章分别选取 NDVI、EVI 作为遥感参数，利用 Logistic 模型（Zhang et al.，2003）、Gaussian 函数模拟作物生长曲线（Jonsson and Eklundh，2002），结合 MODIS 数据产品中提供的反射率时间信息，重构作物生长过程中每天 EVI，提取冬小麦、夏玉米作物物候期。

7.3.2 作物物候期遥感监测模式研究

遥感提取自然植被生长季始末期已有广泛应用，但作物生长季普遍较短，物候信息是作物生长模型的初始化参数和调节参数，同时关键生育期的异常时间能影响作物的单位面积产量，因此研究年的作物单位面积产量模式就要求更为精细的作物生育阶段估计值。

地面观测的物候信息为遥感作物监测提供必要的变量输入信息，是验证遥感结果的十分重要的参考依据；遥感信息可以将常规农学观测信息推广到未被观测的更大区域。两方面信息在农作物监测过程中缺一不可。遥感信息是二维面上信息，常规农学观测信息是一维点上信息，必须采用合理的点面结合技术，将二者进行同化。全国有 256 个农业气象观测点，由于观测作物类型、观测地点、记录历史不同，必须根据相应的农学、气象、生态、地理规律，进行遥感信息与农业气象观测信息同化研究。下面分别对冬小麦和夏玉米生育期监测结果进行分析。

1. 冬小麦物候遥感监测结果分析

分布于华北平原上的农业气象观测站，冬小麦观测资料最多、最全，本章利用冬小麦物候观测资料作为参考值，评价 MODIS NDVI 和 EVI 对作物物候监测能力。通过对物候遥感监测原理分析，农业气象观测的冬小麦返青期、抽穗期、成熟期分别对应遥感监测的作物生长季开始期、生殖生长转折期、收获期。已有研究也表明，遥感植被指数曲线开始上升时对应冬小麦返青期；曲线最大值对应抽穗期；最后的两个连续的下降期对应为成熟期（辛景峰等，2001）。为了对物候提取结果进行验证，首先需要识别像元类别，然后根据研究区内 27 个农业气象观测站的地理位置数据，生成农业气象站点分布图，以农业气象观测站位圆心，半径为 5km 以内的所有像元为对象，按照四舍五入原则，结合 1∶10 万土地利用图，提取旱地面积大于 50%的像元，参照利用野外 GPS 测量数据所确定的标准冬小麦样方的 EVI 时间序列曲线，逐像元确定其类别，计算所有类别为冬小麦的像元物候提取的均值作为该站点物候遥感监测值，与参考值进行比较。表 7-4 显示分别用 NDVI、EVI 序列数据作为数据源，采用三种监测方法获取的物候期与参考值对比的均方残差。

表 7-4　遥感提取冬小麦物候期与参考值对比的均方残差

物候期	Logistic 最大曲率		Gausian 最大曲率		Gausian 阈值	
	NDVI	EVI	NDVI	EVI	NDVI	EVI
返青期	5.68	5.06	6.12	5.66	7.63	7.28
抽穗期	9.80	6.87	9.42	7.53	11.12	10.64
成熟期	4.30	5.69	4.23	4.57	7.76	8.47

表 7-4 显示，利用阈值法获取物候期偏离参考值较大，这一偏差可能是本章直接采用前人所用阈值 10%（Jonsson and Eklundh，2002）作为提取阈值造成。因此需要一定量样本统计确定阈值，提高作物物候监测精度。利用曲线模拟重构每天植被指数序列，采用曲率最大值法确定物候期的方法中，两种非线性方程模拟方式，提取地作物物候期结果基本一致。因此，本章认为利用这两种模型拟合方式，曲率最大值法提取的冬小麦物候期均与参考值具有一定一致性。

利用 NDVI 序列数据提取作物物候期与 EVI 数据相比，抽穗期的监测结果 RMSE 较大，这或许与 MODIS NDVI 在高生物量区容易饱和有关。因此本章认为利用 EVI 序列数据监测作物生殖生长转折点具有一定优势。

图 7-5 显示了利用 Logistic 方程模拟作物生长期内 EVI 曲线，利用曲率最大值法确定的冬小麦物候期与农业气象观测值对比关系，可以看出利用遥感数据获取的冬小麦生长季始期、生殖生长转折点、生长季末期分别与农业气象观测指标的返青期、抽穗期、成熟期有很好的对应关系。这说明，基于大田作物植株形态以及叶片表征变化而确定的

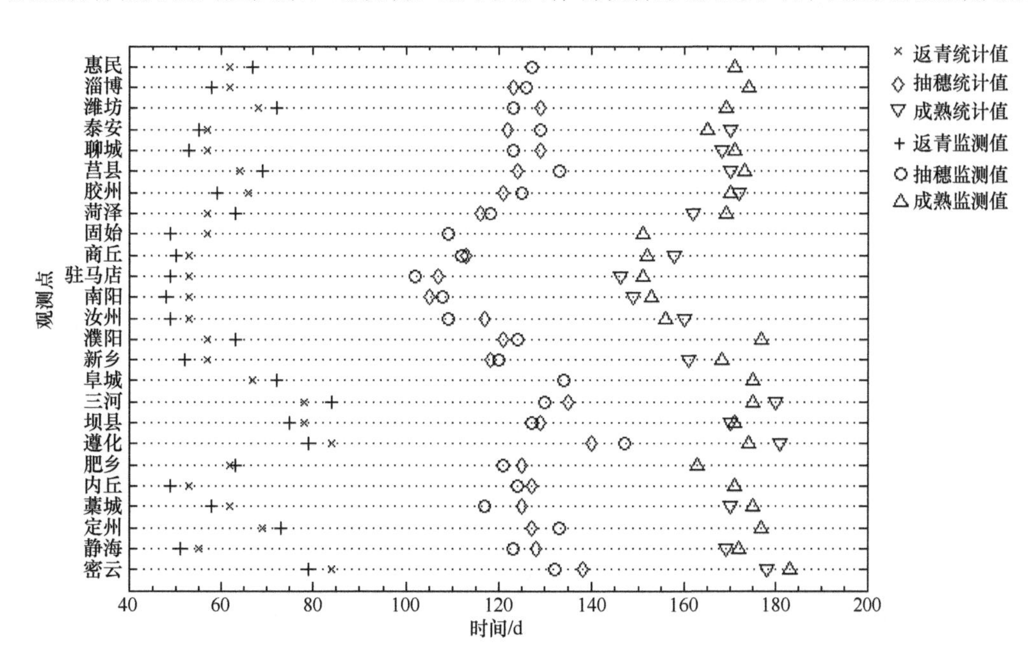

图 7-5　冬小麦物候统计值以及 Logistic 方程模拟曲线最大曲率法提取值

农气象物候观测指标，与利用遥感信息获取的作物光谱特征突变期是一致的，这也符合了前面对作物茎叶生长规律及其光谱响应特征分析。因此，可以认为农业气象观测的冬小麦返青期、抽穗期、成熟期与利用遥感信息获取的冬小麦生长季始期、生殖生长转折点、生长季末期是一一对应的，这也说明了利用遥感信息获取冬小麦生育期是可靠的，这与前人研究结果相似。

2. 夏玉米物候遥感监测结果分析

利用遥感监测玉米物候期信息的研究报道不多，遥感监测结果如何与玉米生育期观测值匹配尚无确切定论。根据冬小麦物候期遥感监测结果分析，两种对植被指数重构的非线性方程拟合方法没有明显差别。因此，本章采用 Logistic 方程模拟玉米生育期内 EVI 曲线，利用最大曲率法提取物候期值作为监测值。根据研究区内 25 个农业气象观测站的地理位置数据，以农业气象观测站为圆心、半径为 5km 范围内，所有像元为对象，按照四舍五入原则，结合 1∶10 万土地利用图，提取旱地面积大于 50%的像元，参照利用野外 GPS 测量数据所确定的标准冬小麦样方的 EVI 时间序列曲线，逐像元确定其类别，计算所有类别为夏玉米的像元物候提取的均值作为该站点物候遥感监测值其均值作为该站点物候遥感监测值，与参考值进行比较。图 7-6 显示利用 Logistic 方程模拟，利用曲率最大值确定的夏玉米物候期与地面观测值对比图，大多数夏玉米生长季始期遥感估计值与玉米观测值三叶期较接近；遥感监测的生殖生长转折点与地面抽雄期相对应，符合玉米生长特性；生长季末期遥感估计值与地面监测玉米成熟期变化趋势具有一致性。

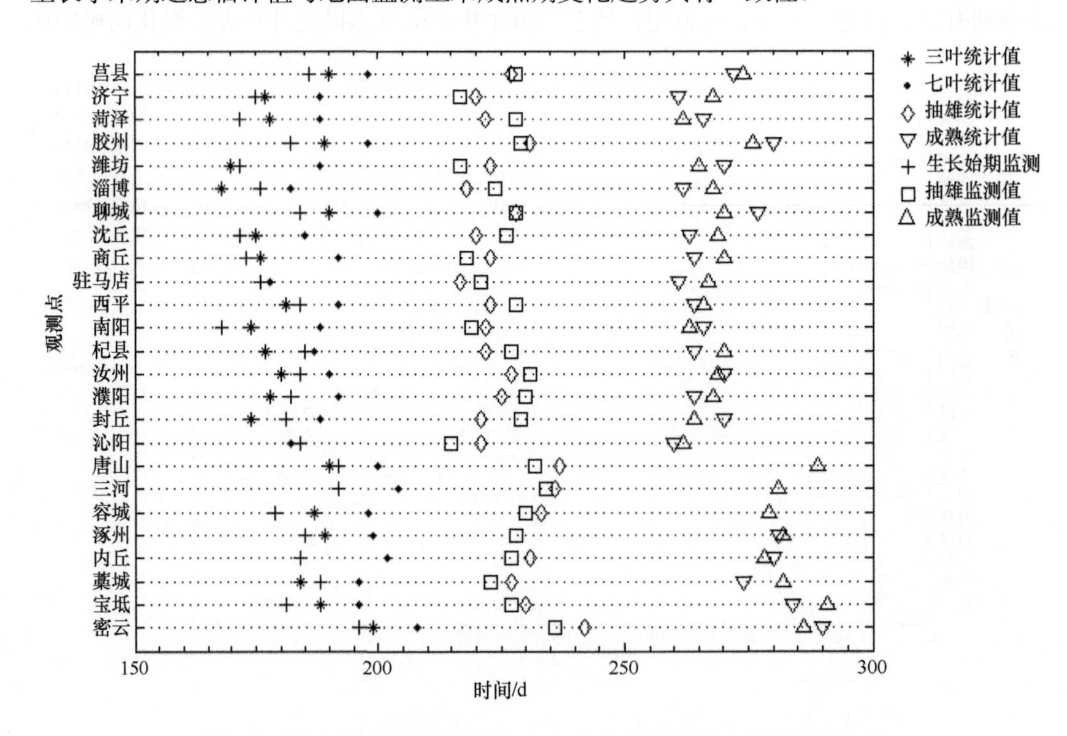

图 7-6　夏玉米物候统计值以及 Logistic 方程模拟最大曲率法提取值

通过以上对作物物候遥感监测结果与地面观测结果比较分析，常用于自然植被生长季始末期的监测方法，可以应用于农作物物候期监测。这些方法监测结果与参考值相比也具有一致性，说明这些方法在监测作物物候方面具有可靠性。利用曲率最大值点确定物候期的方法，不需要设置阈值或经验常数，适应性强。利用非线性方程拟合作物生长期内植被指数曲线，能够反映作物生长变化的自然特征，重构每天植被指数可以用于提取作物物候期。

遥感监测冬小麦生长季开始期与农业气象地面观测的返青期一致；生殖生长转折点与抽穗期一致；收获期与成熟期对应。夏玉米遥感监测生长季开始期对应于三叶期，根据 25 个观测点统计显示，三叶期与七叶期平均相差 11 天。可以通过遥感监测值推算七叶期；生殖生长转折点对应地面观测抽雄期；遥感监测收获期与玉米成熟期变化趋势一致。

3. 误差分析

在对比分析过程中，由于信息来源不同，使得对比结果存在一定误差。这些误差主要有以下几方面：首先，农业气象站的作物物候期观测时按照有关标准规范进行，要求观测结果具有一定代表性，但是由于地块品种及管理措施等客观条件差异，可能产生一定误差；其次，本次以农业气象站点周围 5km 范围内作物物候期遥感监测均值与农业气象观测值进行对比分析，可能存在一定误差；然后，由于参与统计的像元类别的确定，可能存在一定主观性，这也是可能引起对比分析误差的一个因素。

这些误差是不可避免的，甚至是不可预见的。今后的工作中需要改进其中环节以求尽量减少误差。

4. 植被物候期分布

两种数据、三种方法提取物候期结果趋势基本相同，图 7-7 显示通过 Logistic 模拟植被生长过程中 EVI 变化曲线，采用曲率最大值法提取结果。图 7-7 显示了春季植被生长季开始日期[图 7-7(a)]、作物生殖生长转折点（自然植被为成熟期（Zhang et al.，2003）、一年两熟模式为第一个生长周期转折点）[图 7-7(b)]、秋季作物收获期（自然植被为休眠期（Zhang et al.，2003））[图 7-7(c)]。

春季植被生长季开始期由南到北推移过程。中部红色区域主要是一年一熟模式种植区，生长季开始期较晚；河北北部红色区域主要为山地，林地是这一地区主要土地覆盖类型，生长季开始期也较晚；豫南、豫西南山地丘陵地区生长开始期较晚。南阳盆地、豫中冬小麦种植区冬小麦生长季始期较早；山东、河北冬小麦种植区相对较晚颜色略显淡，表明生长季开始期相对河南较晚。生殖生长转折点分布规律与生长季开始期基本相同。秋季生长季末期山地林区普遍结束较晚，除部分一熟种植模式（中部红色）生长季结束较晚外，河南东部、南部南阳盆地，山东西南部两熟模式下，植棉地区生长季结束也相对较晚。

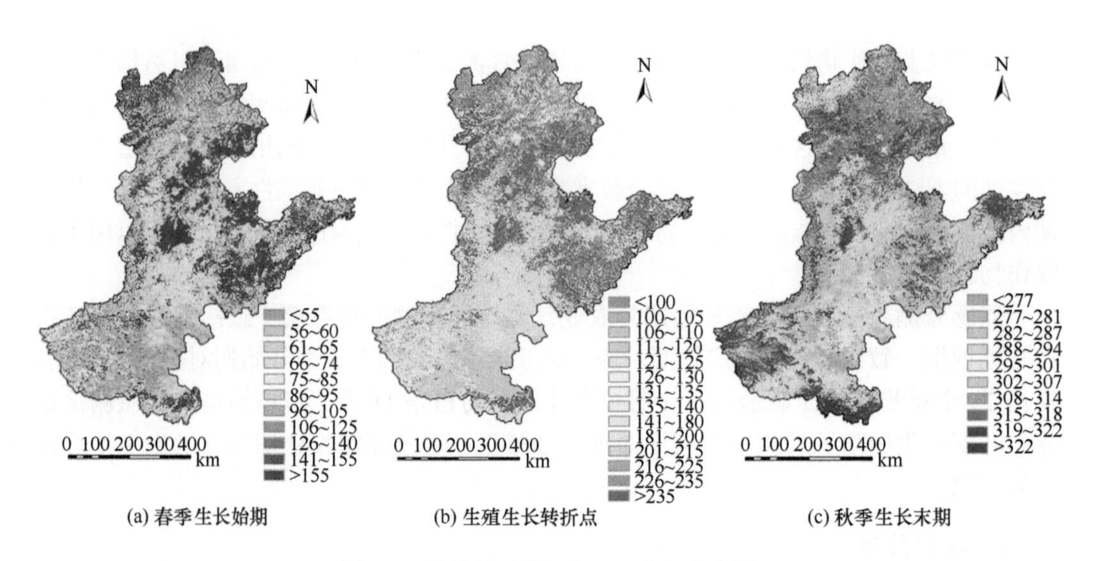

图 7-7 植被不同物候期 EVI 空间分布图

本区域夏季收获作物主要为冬小麦。图 7-8（a）显示本地区夏季收获期分布，收获日期由南至北日期向后推移。夏季第二个生长季始期见图 7-8（b），由南至北日期也是随纬度向后推移。图 7-8（c）为第二个生长季生殖生长转折点，时间分布较集中。关于作物关键物候期分布在后面章节有详细讨论，本章仅对物候提取结果进行简单描述。

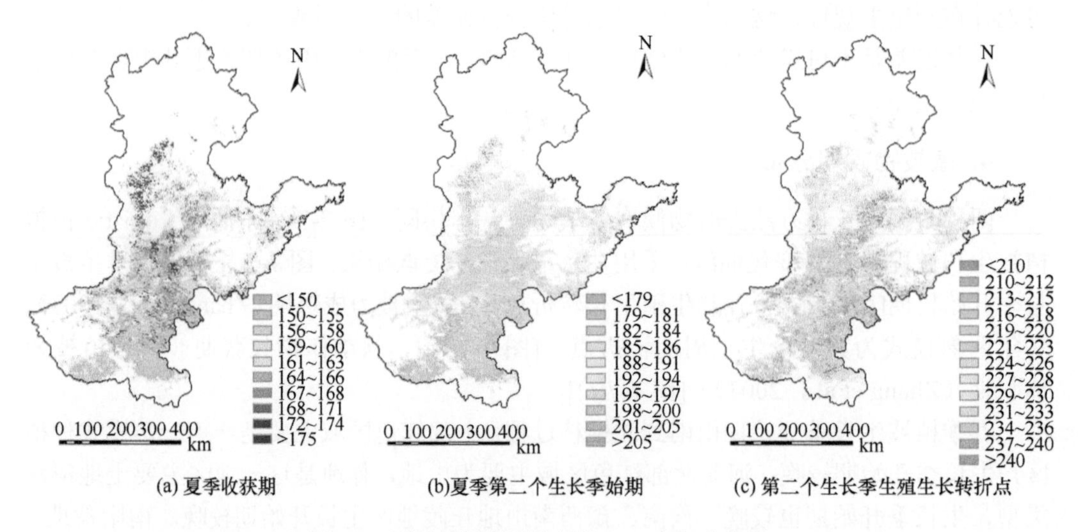

图 7-8 夏季植被不同物候期 EVI 空间分布图

7.3.3 基于 MODIS 时序数据的作物识别模式

遥感图像分类的主要依据是地物的光谱特征，即地物电磁波辐射的多波段测量值，这些测量值可以用作遥感图像分类的原始特征变量。然而，就某些特定地物的分类而言，多波段影像的原始亮度值并不能很好地表达类别特征，需要进一步处理，以寻找能有效描述地物类别特征的模式变量，然后利用这些特征变量对地物进行分类。根据植被光谱特征由于将两个（或多个）光谱观测波段组合可得到的植被指数，比利用单波段来探测绿色植被更具有灵敏性，有助于增强遥感影像的解译能力。在单一时相的图像上，许多植被类型的光谱特征相似，但不同的植被有不同的物候节律，运用多时相遥感数据进行植被分类具有潜在优势（Guerschman et al.，2003）。

目前，很多研究都是根据植被在生长季节 NDVI 的时间变化曲线来进行土地覆盖分类。植被指数序列将植被光谱信息和时序变化信息结合起来，可以比较准确地反映植被的生长季相变化的规律。这也是利用遥感数据进行大区域范围植被监测和植被覆盖分类的基本思路（Cihlar，2000）。本章 EVI 时间序列作为数据源，提取分类特征，对华北地区作物种植面积进行识别。

1. 基于傅里叶变换的秋季作物遥感识别

傅里叶分析是常用的时间序列分析方法，它用于植被时序数据分析，进行噪声去除、物候信息提取以及作物识别（Jakubauskas et al.，2002；Aaron Moody，2001）。本章利用快速傅里叶变换（fast Fourier transform，FFT）对 EVI 时间序列 $f(t)$ 进行分解。首先通过对 $f(t)$ 傅里叶变换，得到傅里叶系数（谐波系数），如式（7-2）所示：

$$F(k)=\frac{1}{n}\sum_{j=0}^{n-1} f(t)\exp(-2\pi ikt/n) \tag{7-2}$$

式中，函数 $F(k)$ 为序列 $f(t)$ 的第 k 个傅里叶系数；n 为序列中元素的个数，且 $k<n$。通过 $F(k)$ 得到各级谐波振幅和初始相位。为了识别各级谐波特征，通过式（7-3）和式（7-4）计算各级谐波振幅所占的比例 g：

$$S=\sum_{1}^{n-1}\frac{\text{amplitude}_j}{2} \tag{7-3}$$

$$g=\frac{\text{amplitude}_j}{S} \tag{7-4}$$

式中，n 为序列中元素的个数；amplitude_j 为第 j 级谐波的振幅。

2. 傅里叶分析结果

野外调查结果显示，华北地区两熟种植模式主要为冬小麦-夏玉米-冬小麦，在热量较充足的豫东部、南部以及鲁西南有部分地区两熟种植模式为冬小麦-棉花-冬小麦；一熟种植模式主要是棉花和春玉米。表 7-5 显示了华北地区 4 种种植模式下前 40 个 8 天合成 EVI 数据组成的时序数据 FFT 分析结果。

0 级谐波表示曲线均值，其他级别谐波控制曲线形状，振幅反映谐波对时序曲线的影响程度。

从表 7-5 可知，对于一年一熟的种植春玉米和棉花，1 级谐波振幅所占比例最大，分别为 49.8%、46.7%，控制曲线基本形状，后几级谐波起调节作用；由于棉花生育期较春玉米长，种植棉花模式下，EVI 均值为 0.330 较种植春玉米的 0.268 大；棉花在 7 月底开花期 EVI 最高，而玉米在 8 月初开始抽雄时 EVI 达到最大，这一差别体现在两者第 1 级谐波的初始相位不同，棉花为 2.16 而春玉米为 2.06。

对于一年两熟种植冬小麦-棉花或冬小麦-夏玉米模式，植被指数曲线出现两个峰分别代表两个作物生长周期。2 级谐波振幅相对较大，分别为 25.2%、25.1%，两者对曲线的基本形状起控制作用，其他级别谐波起调节波形作用。

表 7-5　不同作物 EVI 时序数据 FFT 分析结果

	谐波	振幅	初始相位	*g*	Cum. *g*
春玉米	0	0.268			
	1	0.146	2.06	0.498	0.498
	2	0.071	–2.21	0.243	0.741
	3	0.018	0.07	0.062	0.803
	4	0.010	–2.35	0.035	0.838
棉花	0	0.330			
	1	0.177	2.16	0.467	0.467
	2	0.088	–1.88	0.233	0.700
	3	0.035	0.79	0.092	0.792
	4	0.011	–2.62	0.029	0.821
冬小麦–夏玉米–冬小麦	0	0.383			
	1	0.086	2.58	0.255	0.255
	2	0.085	–2.69	0.252	0.507
	3	0.070	0.09	0.208	0.715
	4	0.027	2.33	0.079	0.784
冬小麦–棉花–冬小麦	0	0.407			
	1	0.109	2.42	0.313	0.313
	2	0.087	–2.73	0.251	0.564
	3	0.052	0.36	0.148	0.712
	4	0.034	–2.70	0.098	0.820

理论上，利用的谐波越多，对曲线描述越精确。但 EVI 时序曲线受许多条件的影响，经过重构，仍保留了一定量噪声。根据以上分析，在本区域这几种种植模式下，除 0 级谐波外，前 1～4 级谐波的振幅占所有谐波振幅之和绝大部分。为了提高作物识别效果，同时考虑去除部分噪声的影响，选择前 1～4 级谐波的振幅所占比例及其初始相位以及 0 级谐波作物共 9 个分量作为本次作物识别特征。图 7-9（a）显示了不同作物和种植制度 EVI 曲线傅里叶变换 1～4 级谐波；图 7-9（b）0～4 级谐波之和形成的新序列与原始 EVI 序列。可以看出 0～4 级谐波合成的新的序列基本反映了原始 EVI 特征。

对比种植春玉米与一季棉花的地块 EVI 序列曲线显示，棉花生育期较春玉米长，生殖生长转折期开始较早。冬小麦-夏玉米-冬小麦种植模式下地块 EVI 序列曲线与冬小麦

-棉花-冬小麦种植模式差别在于表示第二个生长季的第二峰的宽度不同，到达最高值的时间也不同。这是由于第二季种植棉花生长期长度较夏玉米长，同时棉花与冬小麦采用套播模式，而夏玉米是冬小麦收割后播种，使得初期棉花生长速率快于夏玉米，较早进入生殖生长期。

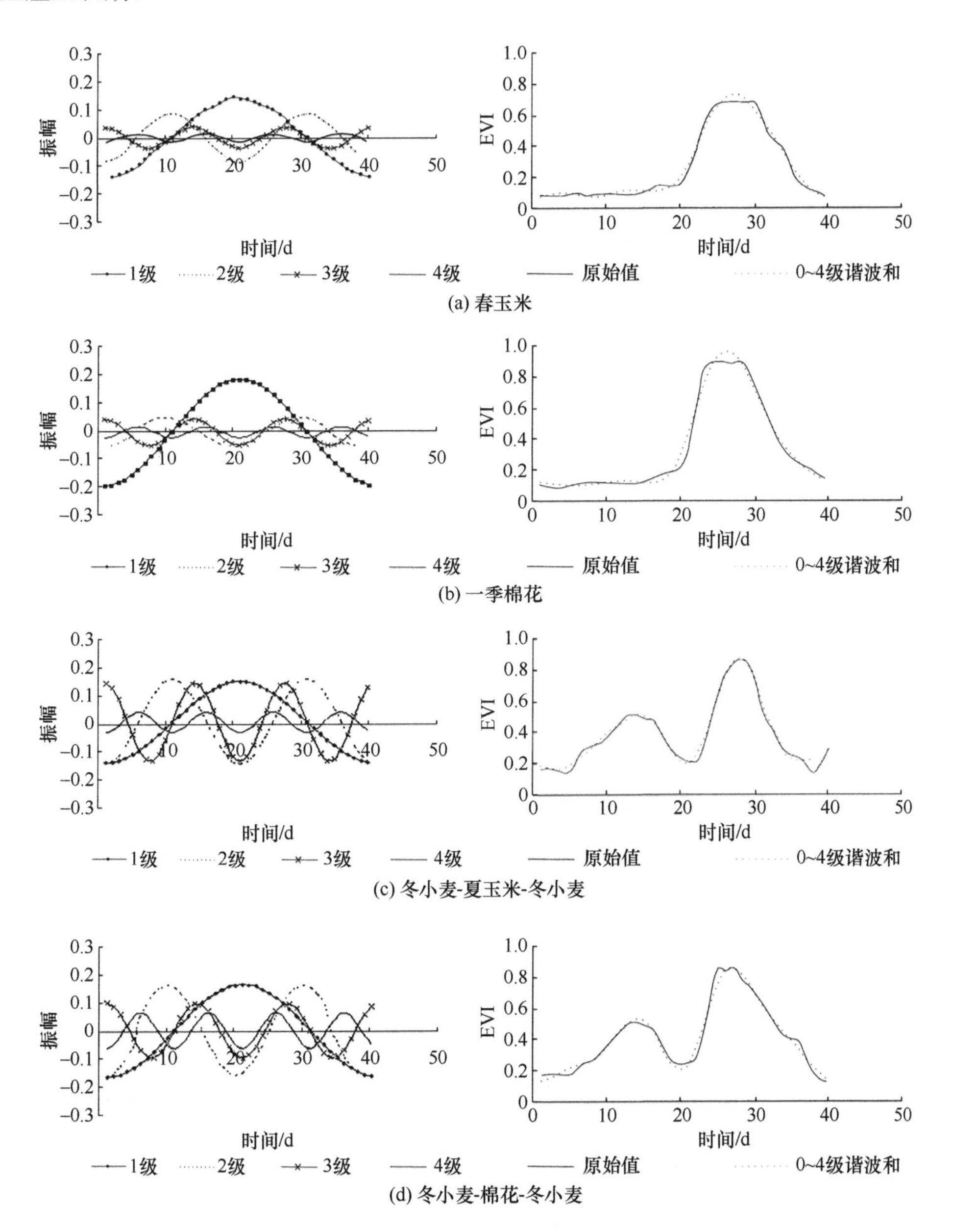

图 7-9　作物生长曲线分解 1～4 谐波振幅、0～4 级谐波之和与原始 EVI 值比较

3. 分类方法

根据以上分析，在此认为 EVI 序列分解的前 4 级谐波和曲线均值可以确定 4 种种植

模式下的作物生长过程曲线基本特征，根据这一关系选取曲线均值（0 级谐波振幅）和 1～4 级谐波的初始相位、振幅比例 g 作为作物识别的参数。首先由 2004 年 EVI 时序数据生成 9 个参数数据层，然后将这 9 个参数数据层叠加生成一个 9 波段的图像数据，对图像进行非监督分类，生成春玉米、棉花、夏玉米、大豆分布图。

4. 精度评价及结果分析

对前 40 个 8 天合成 EVI 时间序列进行傅里叶分析，取 1～4 级谐波以及整个生长季 EVI 均值作为分类特征，对秋季作物类型进行识别。根据分类结果以及野外调查样本，对分类结果进行精度评价，得到误差矩阵，见表 7-6。根据分类目的，整个影像分为 5 类：未分类地物、夏玉米、套播棉、春玉米、一季纯种棉。夏玉米、套播棉、春玉米、一季纯种棉制图精度为 84%、88%、76%、88%。

表 7-6　基于傅里叶变换分量分类精度

	夏玉米	套播棉	春玉米	一季纯种棉
未分类地物	2	1	5	5
夏玉米	72	5	0	0
套播棉	12	45	0	0
春玉米	0	0	28	4
一季纯种棉	0	0	4	69
总和	86	51	37	78
制图精度/%	84	88	76	88

傅里叶分析将 EVI 序列所包含作物物候期的信息转化为谐波的初始相位，将作物的光谱信息转化为振幅，利用了作物整个生长季信息，整个识别过程体现了作物物候期与作物光谱相结合识别作物类型的过程。

图 7-10 显示此次分类结果：春玉米主要分布在长城以北地区；一季纯种棉花主要分布在河北，山东的中部、北部，河南大部分以及山东东南部棉花种植模式为麦棉套种。夏玉米分布很广，主要分布在河北中部、河南全部、山东全部地区。

5. 误差分析

利用中等分辨率 MODIS 植被指数时序数据提取冬小麦、夏玉米、春玉米、棉花分布。由于受到许多方面的影响，由此产生的误差，归结起来如下。

传感器误差。遥感数据是传感器记录的目标地物发射或反射的电磁波能量信息。传感器的光谱响应特征与标定的不同是产生误差的原因。如 MODIS 采用多个扫描器同时对地面进行扫描，其中 1km 采用 10 个扫描器，500m 采用 20 个扫描器，250m 采用 40 个扫描器。由于这些扫描器之间性能上具有一定的差异，扫描图像误差严重的时候会产生条纹。

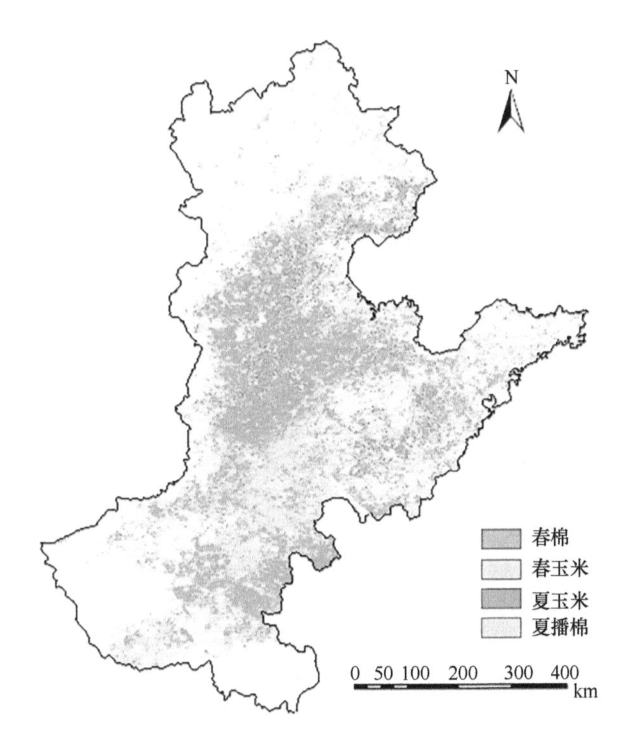

图 7-10　基于傅里叶变换特征分量分类结果图

大气条件的影响。MODIS 为在可见光-红外波段工作的传感器，无疑会受到大气状况的影响。MODIS 反射率产品在大气散射和吸收方程基础上，结合大气点扩散函数 PSF 进行大气校正。校正过程中输入 MODIS 的前端产品如经过定标和定位的 MODIS 数据（MOD02、MOD03）、云掩膜（MOD35）、气溶胶光学厚度（MOD04）、可降水量（MOD05）、臭氧（MOD07）和前 16 天数据得到的表面 BRDF（MOD43），以及其他的辅助数据，包括 DEM、地面气压、水汽、臭氧和气溶胶光学厚度。输出大气校正后的反射率产品（MOD09），有 7 个波段：250m（1～2 波段）和 500m（3～7 波段）分辨率两种。时间频率有每天产品、8 天合成产品。这些反射率数据虽然经过了大气校正，在一定程度上消除了气溶胶、臭氧、薄云等方面的影响，但是由于工作波段的限制，仍无法彻底避免云的影响。特别是在雨季，无法反映出地表植被信息的情况，由此带来一定的误差。

遥感数据空间分辨率的影响。当前普遍提到的遥感数据的空间分辨率是指星下点的分辨率。高时间分辨率的影像具有较大的视场角，如 MODIS 的视场角为 55°。而实际空间分辨率随着扫描视场角增大而增大。在 MODIS 图像的边缘实际分辨率在扫描方向为星下点的 4.83 倍，在轨道方向上为星下点的 2.01 倍。这种实际空间分辨率的变化使地表信息在不同尺度上进行了融合，由此会带来误差。

遥感数据的投影转换误差。本章为与其他数据投影方式相一致，将 SIN 投影转换为 Albers 投影。经过多次投影转换会带来一定的误差。

参 考 文 献

冯磊, 沈建. 2005. 基础营养学. 杭州: 浙江大学出版社.

郭晓燕, 胡志全. 2007. 农业的多功能性评价指标初探. 中国农业科技导报, 9(1): 69-73.

刘付程, 史学正, 于东升, 等. 2004. 基于地统计学和 GIS 的太湖典型地区土壤属性制图研究——以土壤全氮制图为例. 土壤学报, 41: 20-27.

鲁茂. 2007. 几种处理多重共线性方法的比较研究. 统计与决策, 1: 8-10.

马友平. 2010. 恩施土壤全硒含量分布的研究. 核农学报, 24: 580-584.

孙维侠, 赵永存, 黄标, 等. 2008. 长三角典型地区土壤环境中 Se 的空间变异特征及其与人类健康的关系. 长江流域资源与环境, 17: 113-118.

王丽, 张建东, 王浩东. 2016. 汉阴县土壤硒的分布特征. 山西农业科学, 44: 1512-1515.

辛景峰, 宇振荣, Driessen P M. 2001. 利用 NOAA NDVI 数据集监测冬小麦生育期的研究. 遥感学报, 5(6): 442-448.

徐强, 迟凤琴, 匡恩俊, 等. 2016. 方正县土壤全硒空间变异研究. 中国土壤与肥料, (1): 18-25.

杨忠芳. 2017.保护国土生态环境, 安全永续利用资源——解读《广西土地质量地球化学评价报告(2016)》. 南方国土资源, (2): 17-19.

张建东, 王丽, 王浩东, 等. 2017. 紫阳县土壤硒的分布特征研究. 土壤通报, 48: 1404-1408.

赵其国, 黄国勤. 2014. 广西红壤. 北京: 中国环境科学出版社: 18-21.

Aarron Moody D M J. 2001. Land-surface phenologies from AVHRR using the discrete fourier transform. Remote Sensing of Environment, 75: 305-323.

Chen J, Jonsson P, Tamura M, et al. 2004. A simple method for reconstructing a high-quality NDVI time-series data set based on the Savitzky-Golay filter. Remote Sensing of Environment, 91: 332-344.

Cihlar J. 2000. Land cover mapping of large areas from satellites: status and research priorities. International Journal of Remote Sensing, 21: 1093-1113.

Fordyce F M. 2013. Selenium deficiency and toxicity in the environment//Selinus O. Essentials of Medical Geology: Revised Edition. Dordrecht: Springer: 375-416.

Foster H D, Zhang L P. 1995. Longevity and selenium deficiency: evidence from the People's Republic of China. Science Total Environment, 170: 133-139.

Gabos M B, Alleoni L R F, Abreu C A. 2014. Background levels of selenium in some selected Brazilian tropical soils. Journal of Geochemical Exploration, 145: 35-39.

Gao J, Liu Y, Huang Y, et al. 2011. Daily selenium intake in a moderate selenium deficiency area of suzhou, China. Food Chemistry, 126: 1088-1093.

Guerschman J P, Paruelo J M, Dibella C, et al. 2003. Land cover classification in the Argentine Pampas using multi-temporal Landsat TM data. International Journal of Remote Sensing, 17: 3381-3402.

Jakubauskas M E, Legates D R, Kastens J H. 2002. Crop identification using harmonic analysis of time-series AVHRR NDVI data. Computers and Electronics in Agriculture, 37: 127-139.

Jonsson P, Eklundh L. 2002. Seasonality extraction by function fitting to time-series of satellite sensor data. IEEE Transactions on Geoscience and Remote Sensing, 40: 1824-1832.

Li Y H, Wang W Y, Luo K L, et al. 2008. Environmental behaviors of selenium in soil of typical selenosis area, China. Journal of Environmental Sciences, 20: 859-864.

Luo K L, Xu L R, Tan J A, et al. 2004. Selenium source in the selenosis area of the Daba region, South Qinling Mountain, China. Environmental Geology, 45: 426-432.

Matos R P, Lima V M P, Windmöller C C, et al. 2017. Correlation between the natural levels of selenium and soil physicochemical characteristics from the Jequitinhonha Valley (MG), Brazil. Journal of Geochemical Exploration, 172: 195-202.

Ni R X, Luo K L, Tian X L, et al. 2016. Distribution and geological sources of selenium in environmental materials in Taoyuan County, Hunan Province, China. Environmental Geochemistry and Health, 38: 927-938.

Pérez-Sirvent C, Martínez-Sánchez M J, García-Lorenzo M L, et al. 2010. Selenium content in soils from Murcia Region (SE, Spain). Journal of Geochemical Exploration, 107: 100-109.

Reed B C, Brown J F. 2002. Issues in characterizing phenology from satellite observations. Kansas: The 15th Conf on Biometeorology and Aerobiology and the 16th International Congress of Biometeorology.

Tan J A, Zhu W, Wang W, et al. 2002. Selenium in soil and endemic diseases in China. Science Total Environment, 284: 227-235.

Xing K, Zhou S, Wu X, et al. 2015. Concentrations and characteristics of selenium in soil samples from Dashan Region, a selenium-enriched area in China. Soil Science and Plant Nutrition, 61: 889-897.

Yu T, Yang Z, Lv Y, et al. 2014. The origin and geochemical cycle of soil selenium in a Se-rich area of China. Journal of Geochemical Exploration, 139: 97-108.

Zhang X, Friedl M A, Schaaf C B, et al. 2003. Monitoring vegetation phrenology using MODIS. Remote Sensing of Environment, 84(3): 471-475.

Zhu J, Wang N, Li S, et al. 2008. Distribution and transport of selenium in Yutangba, China: impact of human activities.Science of the Total Environment, 392(2-3): 252-261.

materials in Taoyuan County, Hunan Province, China. Environmental Geochemistry and Health, 38: 927-938.
Pérez-Sirvent C, Martínez-Sánchez M J, García-Lorenzo M L, et al. 2010. Selenium content in soils from Murcia Region (SE, Spain). Journal of Geochemical Exploration, 107: 100-109.
Reed B C, Brown J F. 2002. Issues in characterizing phenology from satellite observations. Kansas: The 15th Conference on Biometeorology and Aerobiology and the 16th International Congress of Biometeorology.
Tan J A, Zhu W, Wang W, et al. 2002. Selenium in soil and endemic diseases in China. Science of the Total Environment, 284: 227-235.
Xing K, Zhou S, Wu X, et al. 2015. Concentrations and characteristics of selenium in soil samples from Dashan Region, a selenium-enriched area in China. Soil Science and Plant Nutrition, 61: 889-897.
Yu T, Yang Z, Lv Y, et al. 2014. The origin and geochemical cycle of soil selenium in a Se-rich area of China. Journal of Geochemical Exploration, 139: 97-108.
Zhang X, Friedl M A, Schaaf C B, et al. 2003. Monitoring vegetation phenology using MODIS. Remote Sensing of Environment, 84(3): 471-475.
Zhu J, Wang N, Li S, et al. 2008. Distribution and transport of selenium in Yutangba, China: impact of human activities. Science of the Total Environment, 392(2-3): 252-261.